Electromagnetics

电磁学

主　编　叶邦角

高等教育出版社·北京

内容提要

电磁学是关于电磁现象及电磁相互作用的学科，是物理学类专业的一门重要专业基础课。本书阐述了电磁场的基本概念、基本规律以及它们被发现的过程，内容涉及真空、导体、介质中的静态和随时间演变的电场和磁场规律，主要包括电场、磁场、导体与介质的电磁特性、电磁感应、电磁场能量、直流电、交流电、麦克斯韦方程组和电磁波。本书注重从物理学发展史的角度以基本概念的形成和从实验发现电磁规律为核心，最终推广和总结形成完整的电磁场系统规律。本书以经典电磁学为基础，也引进了现代电磁学发展的物理思想和在其他学科中应用的相关内容。通过学习本书，读者可以掌握电磁相互作用的基本理论和应用，培养严密的科学思维能力和科学精神，熟悉从实验到理论的科学研究基本方法，建立科学研究的思维和分析方法，熟练掌握数学工具在电磁学中的应用，了解电磁学在现代科学技术发展中的作用。

本书可作为综合性大学理工科专业的基础物理课程教材，也可作为中学物理教师的教学参考书以及优秀中学生的“大学先修课”教材或“强基计划”学习参考书。

图书在版编目(CIP)数据

电磁学/叶邦角主编. -- 北京:高等教育出版社，2022.10

ISBN 978-7-04-054849-5

Ⅰ. ①电… Ⅱ. ①叶… Ⅲ. ①电磁学 Ⅳ. ①O441

中国版本图书馆 CIP 数据核字(2020)第 141113 号

DIANCIXUE

策划编辑 程福平　责任编辑 程福平　封面设计 张志奇　版式设计 童 丹
插图绘制 黄云燕　责任校对 王 雨　责任印制 田 甜

出版发行	高等教育出版社	网　　址	http://www.hep.edu.cn
社　　址	北京市西城区德外大街 4 号		http://www.hep.com.cn
邮政编码	100120	网上订购	http://www.hepmall.com.cn
印　　刷	北京七色印务有限公司		http://www.hepmall.com
开　　本	787mm × 1092mm　1/16		http://www.hepmall.cn
印　　张	27.25		
字　　数	570 千字	版　　次	2022 年 10 月第 1 版
购书热线	010-58581118	印　　次	2022 年 10 月第 1 次印刷
咨询电话	400-810-0598	定　　价	59.00 元

物 料 号　54849-00

前　言

电磁学是人类科学发展史上最有代表性的学科之一。经过了人类几百年的实验研究，电磁学逐渐形成了一个系统的学科体系，从实验现象、理论总结、新结果预言再到实验验证，体现了科学研究的基本方法和思路。电磁学是一门应用十分广泛的学科，从基础研究的粒子物理学、分子和原子物理学、新材料电磁特性到空间科学，从工程应用的通信技术、计算科学、信息技术到能源科学，现代科学和技术发展的各个方面几乎都涉及电磁学。目前高等学校理工类专业涉及物理学的本科教学中，电磁学是基本的主干课程，尽管其内容和学时已经调整和改变了不少，但是核心内容是不变的。目前国内外电磁学教材主要有两种类型，第一种主要适用于物理学类专业的本科生，强调电磁学基本规律的发现和电磁理论体系的建立；第二种主要适用于非物理学类专业的理工类专业的本科生，注重电磁现象的简单规律和少量应用。本书的编写目的是兼顾两者，既保持电磁学基本规律的完整性，又尽量结合实际应用进行一些拓展。在编写过程中，作者把场的概念贯穿全书，因为经典物理学中场的概念就是从电磁学开始的。在内容的安排上，作者主要选择电磁学最基本的规律和最基本的应用。本书是一本介于物理学类专业本科生和非物理学类专业本科生之间的教材（物理学类专业和非物理学类专业本科生都可以选择它作为教材或参考书），同时也供高中的优秀学生自学使用。

本书分为八章。第一章主要介绍真空中的静电场，涉及电荷守恒定律、库仑定律、电场强度、高斯定理、环路定理和电势。第二章是静电场中的物质，重点介绍导体和电介质与电场相互作用达到稳定时的状态方程和性质，此外电学的重要器件电容器和静电场的能量也在这一章中讲述。第三章是直流电路，重点介绍电流场、欧姆定律和基尔霍夫定律。第四章是真空中的静磁场，对从磁现象到磁场的高斯定理和安培环路定理以及带电粒子在磁场中的运动规律和应用作了详细介绍。第五章是磁介质与磁性材料，主要介绍磁介质在磁场中稳定时的状态方程，同时介绍了目前最常见的几种磁性材料。第六章是电磁感应，对法拉第电磁感应现象的本质进行了详细讨论，介绍了线圈自感、线圈之间的互感和磁场的能量。第七章是交流电路，重点介绍交流电路的复数解法以及交流电的功率和交流电的传输。第八章是麦克斯韦方程组和电磁波，是对整个电磁学理论体系的总结和提高，从静态的电场和磁场到随时间变化的电场和磁场，再到麦克斯韦方程组；从麦克斯韦方程组出发导出电磁波方程；对各种电路中电磁场能量的传输过程进行了详细描述。

本书是在作者二十多年的电磁学课程教学经验积累的基础上编写而成。作者长期担任中国科学技术大学严济慈英才班的电磁学课程教学工作。本书的编写重基本概念和基本物理思想，重交叉和应用，重发展和拓展。在习题方面，书中习题数量适当，并按照习题的难度分类为一般题目（不标记）、稍有难度题目（ * ）和较难题目（ ** ），以供教师和学生选择。本书中的很多习题和例题也是近十年来中国科学技术大学本科生电磁学课程的期中和期末考试试题。

本书的编写得到了中国科学技术大学电磁学教学组各位前辈和老师的帮助和指导,在此作者表示感谢。由于作者水平有限,书中缺点和错误在所难免,敬请读者批评指正。

叶邦角

2020 年 6 月 8 日

目　录

绪论

电磁科学的发展和应用

一、“场”是电磁科学体系建立的核心

物理学主要研究的是物质以及物质在时空中的运动.物理学是对于大自然的研究分析,其目的是理解宇宙的行为.物理学已成为自然科学中最基础的学科之一,物理学是人类对自然界的认识和自然规律的总结.

电磁学的发展虽然经历了上千年历史,从中国古代的指南针发明到英国的吉尔伯特早期的电磁现象研究,但一直到 18 世纪中叶还没有形成一个系统理论.1785 年库仑定律的建立,才使得电磁学真正走上了科学发展的道路,之后出现了一批对电磁学发展作出重要贡献的研究者,直接推动了电磁学的不断发展,最终在 1865 年麦克斯韦建立了电磁学方程组即麦克斯韦方程组,才标志着电磁学这门科学系统地建立起来了.随后电磁学技术的应用和发展又推动了电磁学自身的进一步完善,也推动了物理学其他学科的发展.按照电磁学发展的历史脉络,图 0-1 列出了各个时期对经典电磁学发展作出主要贡献的研究者.

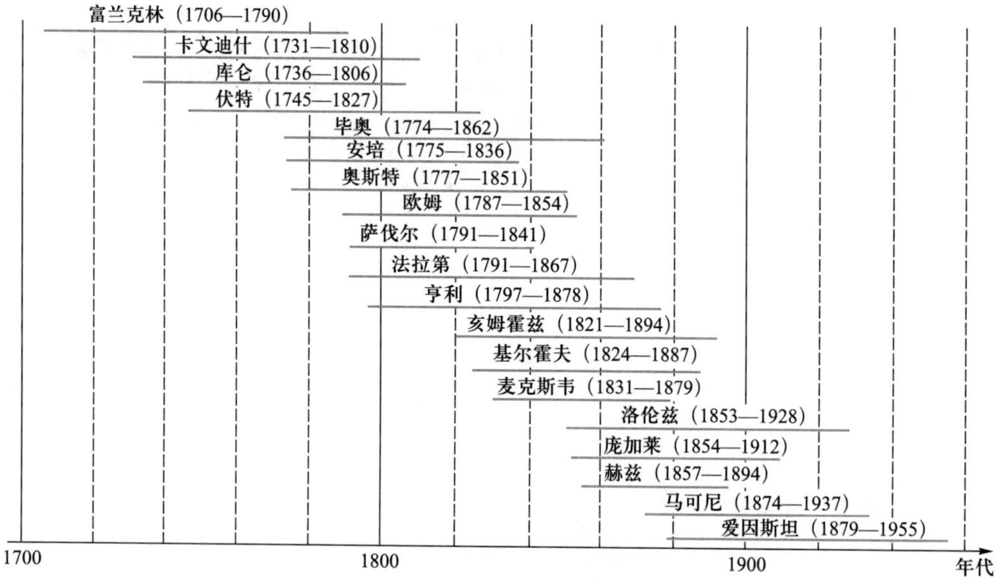

图 0-1 电磁学发展的各个时期作出过主要贡献的研究者

1830 年前,物理学的普遍观点是:宇宙空间除了物质以外什么也没有,而没有物质的地方则是一无所有的真空.法拉第(M.Faraday,1791—1867)对这种观点提出了质疑,法拉第受到电磁感应的启示,在 1838 年提出电场线的概念,他认为在磁铁周围有一个充满力线的场,感生电流的形成是导体切割力线的结果.他在 1852 年的一篇论文《论磁感应线的物理特征》中详细地介绍了磁感应线的概念.他在物理学史上第一次有力地向超距作用观念提出了挑战,否定了力的相互作用是超距作用的学说,认为电力和磁力是通过电场和磁场传递的,并用电场线和磁感应线直观地描述了电场和磁场.他认为:力线是物质的,它弥漫在整个空间,并把异号电荷和相异磁极分别连接起来;电力和磁力不是通过空虚空间的超距

作用,而是通过电场线和磁感应线来传递的,它们是认识电磁现象必不可少的组成部分,甚至它们比“产生”或“汇集”力线的“源”更富有研究的价值.法拉第的丰硕的实验研究成果以及他的新颖的“场”的观念,为电磁现象的统一理论准备了条件.

麦克斯韦(J.C.Maxwell,1831—1879)在剑桥读书期间,在读过法拉第的《电学实验研究》之后,立刻被书中的新颖见解所吸引,他敏锐地领会到了法拉第的“力线”和“场”的概念的重要性.1855 年他发表了第一篇论文《论法拉第的力线》,把法拉第的直观力学图像用数学形式表达了出来.1861 年,麦克斯韦深入分析了变化磁场产生感应电动势的现象,独创性地提出了“涡旋电场”和“位移电流”两个著名假设.这些内容发表在 1862 年的第二篇论文《论物理力线》中.这两个假设已不仅仅是法拉第成果的数学反映,而是对法拉第电磁场理论做出了实质性的补充和发展.1864 年麦克斯韦发表了第三篇论文《电磁场的动力学理论》,在这篇论文里,他导出了电场与磁场的波动方程,电场和磁场的传播速度正好等于光速.这启发他提出了光的电磁学说,从而进一步认识了光的本质.“光是一种电磁波!”这句话现在是人人皆知的常识,但在当年则骇人听闻.麦克斯韦只靠数学运算,就作出了大胆预言,也难怪当年根本不相信有电磁波的人居多,但他自己却信心满满,当时有人告诉他有关的实验结果不完全成功时,他毫不在意,他坚信他的理论一定是对的.

1873 年,麦克斯韦出版了他的电磁学专著《电磁通论》,全面而系统地总结了电磁学研究的成果,建立了著名的麦克斯韦方程组,揭示了电荷、电流和电场、磁场之间的普遍联系.《电磁通论》这部巨著与牛顿(I.Newton,1643—1727)的《自然哲学的数学原理》交相辉映,是经典物理学的重要支柱之一.麦克斯韦方程组,使人们认识到一种新型的物理实在——场,它与以实物为研究对象的牛顿力学深刻对立.爱因斯坦(A.Einstein,1879—1955)正是基于他对麦克斯韦电磁场理论的协变性的思考提出了相对性原理,于 1905 年发表了一篇题为《运动物体的电动力学》的论文,宣告了相对论的诞生,实现了经典物理理论的协调统一,使麦克斯韦电磁场理论在新的洛伦兹时空变换下具有协变性.爱因斯坦从根本上否定了电磁以太(作为电磁波的假想传播介质),同时给出了不同的电磁场量在相对论框架下的变换关系.

场和粒子(实物)这两种物质形态的统一应该是所有物质的共性,波粒二象性是 20 世纪发展起来的量子力学理论的基础.自然界存在各种各样的场,有光子场(电磁场)、电子场、各种介子场等.各种场均处于基态就是真空,而场的激发态表现为粒子,如电磁场的激发态表现为光子,电子场的激发态表现为电子.场的相互作用可以引起场激发态的变化,表现为粒子的各种反应过程.整个物质世界的基本结构就是各种物质对应的各种量子场,物质之间的相互作用归结为场之间的相互作用.

近代物理认为场是一种更基本的物理实在,基于场这一更基本的物理实在观念发展起来的量子理论,已经成为当今微观物理学发展的基本理论.相对论、量子论及其结合产生的量子场论和统一场论是近代物理学革命的主要成果,导致了人们对自然界认识的根本改变.

二、电磁科学对人类文明的贡献

18 世纪 60 年代,人类开始了第一次工业革命,大大提高了生产力,人类进入“蒸汽机时代”.19 世纪 60 年代人类社会发展又有一次重大飞跃,人们把这次变革称为“第二次工业革命”,而第二次工业革命的科学基础就是电磁学的发展.

1831 年,法拉第发现的电磁感应现象成为了发电机的理论基础,人们制造出了真正意义上的现代发电机.法拉第的发现为人类开辟了一种利用新的能源的途径,电力时代的大门由此开启.电力工业起源于 19 世纪后期,1875 年,巴黎北火车站建成世界上第一座火电厂,为附近照明设施供电.1879 年,美国旧金山实验电厂开始发电,是世界上最早出售电力的电厂.同年,美国人爱迪生(Thomas A.Edison,1847—1931)发明了白炽电灯.19 世纪 80 年代,英国和美国建成世界上第一批水电站.1882 年威斯汀豪斯(George Westinghouse,1846—1914)与特斯拉(Nikola Tesla,1856—1943)制成世界上第一台交流发电机.1896 年人们开始利用尼亚加拉瀑布水力发电;1913 年,全世界的年发电量达 500 亿千瓦时,电力工业已作为一个独立的工业部门,进入了人类生产生活的各种领域.20 世纪 30~40 年代,美国成为电力工业的先进国家,到 1977 年,美国已有 120 座装机容量百万千瓦时以上的大型火电厂.中华人民共和国成立前,我国的电力工业发展缓慢,1905 年才有本土的电力工业,1949 年全国发电设备容量为 185 万千瓦时.2016 年,我国电力总装机容量达到 16.5 亿千瓦时,占世界总发电量的 25%,位居世界第一位.

电磁学的发展直接推动了电力革命,这是继第一次工业革命之后的第二次技术革命,它给人类社会带来了巨大的进步.首先,电力革命再次大大促进了社会生产力的发展;其次,电力革命深刻改变了人类的生活;最后,电力革命使产业结构发生了深刻变化.电力、电子、化学、汽车、航空等一大批技术密集型产业兴起,使生产更加依赖科学技术的进步,技术从机械化时代进入了电气化时代.

电磁学研究的各种阶段一直伴随着各种电磁新技术的不断诞生与发展.1833 年,高斯(C.F.Gauss,1777—1855)和韦伯(W.E.Weber,1804—1891)制造出了第一台简陋的单线电报机;1837 年,惠斯通(C.Wheatstone,1802—1875)和莫尔斯(S.F.B.Morse,1791—1872)分别独立发明了电报机,莫尔斯还发明了一套电码,利用他所制造的电报机可通过在移动的纸条上打点和画来传递信息.贝尔(A.G.Bell,1847—1922)发明了电话,后来由爱迪生等人逐步改进.1855 年,开尔文(L.Kelvin,1824—1907)解决了水下电缆信号输送速度慢的问题,1866 年,按照开尔文设计的大西洋电缆铺设成功.德国的赫兹(H.R.Hertz,1857—1894)从 1886 年开始进行电容器放电的振荡性质的研究,设计制作了电磁波源和电磁波检测器,经过反复实验终于检测到了电磁波;并于 1887 年向德国科学院提交了报告,证明了电磁波的存在;从 1888 年开始,赫兹又做了一系列的关于电磁波和光波类比的实验,证明了光是一种电磁波.

1895 年,意大利人马可尼(G.Marconi 1874—1937)和俄国人波波夫(A.Popov,

1859—1906)分别实现了无线电信号的传送.1896 年波波夫又成功地实现了无线电电报,传播距离 250 m,传送的第一个电文就是“赫兹”.1896 年,电波已能飞越英吉利海峡(数十千米).1900 年,马可尼在英国建立了一座强大的发射台,并在加拿大成功地接收到了大西洋彼岸的无线电报,由此诞生了无线电报.从 1903 年开始,人们从美国向英国《泰晤士报》用无线电传递新闻,当天见报.到了 1909 年无线电通信已成了全球性的产业.

早期的无线电通信,只能限于短距离的符号通信,发展受到限制.1904 年,英国工程师弗莱明(J.Fleming,1864—1945)发明了热电子真空二极管,这种器件有灵敏的检波整流作用,可用来检测无线电信号.1906 年,美国发明家德福雷斯特(L.de Forest,1873—1961)制成真空三极管,这种器件具有放大与控制作用,并可用于产生高频振荡信号,成为无线电技术中最关键的电真空器件,并为无线电技术由长波向短波的发展提供了条件.1906 年,美国费森登(R.A.Fessenden,1866—1932)利用50 kHz 发电机作发射机,首次完成了用无线电波传送语言和音乐的实验,创立了现代意义的无线电广播.1926 年,美国组成世界上第一个全国广播网.随后,加拿大、澳大利亚、丹麦、苏联、法国、英国、德国、意大利、日本以及墨西哥也都相继建立了无线电台,到 1930 年已经形成全球性的无线电广播系统.

实现了用无线电波传播听觉信号以后,人们又试图用其来传递视觉信号,这就需要更高的频率.中短波广播的频率一般为 500 kHz,而一般电视频率要几十至几百兆赫兹.1913 年,考恩(A.Korn,1870—1938)第一次用无线电通信从柏林向巴黎传递了画面,但还只是无线电传递的静止图像.到 1918 年,人类已成功研制了波长为 70~150 m 的发射接收设备.1923 年,兹沃雷金(V.K.Zworykin,1889—1982)取得了电子显像管专利,1933 年又成功研制了光电摄像管,至此,现代电视系统基本成型.1939 年 4 月,美国无线电公司的全电子电视首次播映,获得了巨大成功.

早期无线电通信使用的都是长波,1931 年,马可尼开始研究短波的传递特性,1932 年完成了从梵蒂冈城到卡斯特尔的波普夏宫之间的世界上第一次微波无线通信.20 世纪 40 年代到 50 年代产生了传输频带较宽、性能较稳定的微波通信,这成为了长距离大容量地面无线传输的主要手段,模拟调频传输容量高达几千路,可同时传输高质量的彩色电视,而后逐步进入中容量乃至大容量数字微波传输.20 世纪 80 年代至 90 年代发展起来的一整套高速多状态的自适应编码调制解调技术与信号处理及信号检测技术,使卫星通信、移动通信、全数字 HDTV 传输和 GSM 电话得到了迅速发展.1994 年,美国建成了 GPS(全球定位系统).我国研发的北斗卫星导航系统(BDS)从 2012 年 12 月 27 日起向亚太大部分地区正式提供连续无源定位、导航、授时等服务.2017 年 11 月 5 日,中国第三代导航卫星顺利升空,它标志着中国正式开始建造“北斗”全球卫星导航系统.

基于电磁科学发展起来的通信系统,为人类社会带来了前所未有的巨大改变,不仅改变了人类的联络方式,同时也改变了人类社会的经济、政治、军事和文化等所有领域.

三、电磁科学与近代科学技术

到目前为止,人们发现自然界一共有四种相互作用:万有引力、电磁力、弱相互作用和强相互作用.宏观物体只存在万有引力和电磁力,这两种力都是长程力,而弱相互作用和强相互作用都是短程力,短程力的相互作用范围在原子核尺度内,在宏观世界里不能察觉它们的存在.如果按作用的强弱排列,若强相互作用强度为 1,则电磁相互作用强度为 10^{-2},弱相互作用强度为 10^{-12},而万有引力相互作用强度为 10^{-40}.通过进一步研究四种相互作用之间的联系与统一,寻找能统一说明四种相互作用的理论或模型成为现代物理学发展的重要任务.

美国物理学家格拉肖(S.L.Glashow,1932—)是最早涉足弱力和电磁力统一研究领域的,后经美国物理学家温伯格(S.Weinberg,1933—)和巴基斯坦科学家萨拉姆(A.Salam,1926—1996)的共同努力,于 1970 年完成了弱电统一理论.弱电统一理论认为:弱力和电磁力实际上是同一种力——电弱力的不同表现.但要验证这一理论,需要在实验中寻找产生弱相互作用的传播子 $W^{\pm}$ 和 Z^0.1983 年 1 月,在欧洲核子中心的质子-反质子对撞机上工作的两个实验组分别宣布发现了特性与弱电统一理论所期待的完全相符的 $W^{\pm}$.1983 年 5 月,人类也找到了 Z^0 的第一个事例.至此,$W^{\pm}$ 和 Z^0 粒子的发现及其性质最终证明了弱电统一理论的正确性,对揭示弱相互作用本质有重大意义.

电磁学除了在物理学本身的各个基础研究领域中有广泛应用,还在自然科学中的天文学、大气科学、海洋科学、地球物理学、地质学和生物学等学科中有着广泛应用.从粒子物理学到宇宙学,各种理论和实验测量都离不开电磁学及其技术.目前世界最大的粒子加速器:欧洲核子研究组织(CERN)强子对撞机(LHC)中的 ATLAS、CMS 等探测器就像是电磁学技术应用的百科全书.

经典电磁学虽然在 19 世纪末已经很完善,但是当人类研究领域进入微观层次时,涉及大量的电磁学和电磁相互作用问题则需要用全新的思想来研究.20 世纪电磁学在各学科中的应用,直接推动了各学科发展,从物理学基本理论如高温超导、量子霍耳效应、量子电子学到大量的发明应用如热电子发射、半导体超导体隧道效应、核磁共振技术、晶体管和巨磁电阻效应等,不仅在物理学科,还涉及化学和医学与生理学的应用.以诺贝尔奖为例,因电磁学理论和技术突破而获得的诺贝尔奖高达 36 次,如表 0-1 所示.

电磁学是一门不断发展的学科,也是一直在推动人类文明进步的学科.

表 0-1 因电磁学理论和技术突破而获得的诺贝尔奖

年份	贡献	获奖者	学科
1902	磁场对辐射现象的影响——塞曼效应	洛伦兹、塞曼	物理学
1903	电解质溶液电离解理论	阿伦尼乌斯	化学
1905	阴极射线	勒纳德	物理学

续表

年份	贡献	获奖者	学科
1906	气体的电导率	汤姆孙	物理学
1906	低温电解	莫瓦桑	化学
1909	无线电报	马可尼、布劳恩	物理学
1923	元电荷 e 的电荷量测定	密立根	物理学
1924	发明心电图	爱因托芬	生理学或医学
1928	热电子发射	里查森	物理学
1944	原子核的磁特性	拉比	物理学
1952	核磁共振	布洛赫、珀塞尔	物理学
1956	发明晶体管	肖克利、巴丁、布拉顿	物理学
1964	量子电子学	汤斯、巴索夫、普罗霍罗夫	物理学
1970	磁流体动力学、反磁铁性和铁磁性	阿尔文、奈尔	物理学
1972	BCS 超导微观理论	巴丁、库珀、施里弗	物理学
1973	半导体和超导体隧道效应	江崎玲于奈、贾埃弗	物理学
1973	约瑟夫森效应	约瑟夫森	物理学
1977	磁性和无序体系电子结构	安德森、范弗莱克、莫特	物理学
1979	弱电统一理论	格拉肖、温伯格、萨拉姆	物理学
1981	非线性光学和激光光谱学	布洛姆伯根、肖洛	物理学
1985	量子霍耳效应	克利青	物理学
1986	透射和扫描隧穿电子显微镜	鲁斯卡、比尼格、罗雷尔	物理学
1987	氧化物高温超导材料	柏德诺兹、缪勒	物理学
1989	原子精确光谱学、离子陷阱技术	拉姆齐、德默尔特、保罗	物理学
1991	高分辨率核磁共振波谱学	恩斯特	化学
1998	电子的分数量子霍耳效应	劳夫林、施特默、崔琦	物理学
2000	晶体管、激光二极管、集成电路	阿尔费罗夫、克勒默、基尔比	物理学
2000	导电聚合物	黑格、马克迪尔米德、白川英树	化学
2000	神经系统信号传送	卡尔森、格林加德、坎德尔	生理学或医学
2003	超导体和超流体	阿布里科索夫、莱格特、金兹堡	物理学
2003	磁共振成像技术引入医学诊断	劳特布尔、曼斯菲尔德	生理学或医学
2005	激光的精密光谱学	霍耳、亨施	物理学
2007	巨磁电阻效应	费尔、克鲁伯格	物理学
2009	光学通信领域中光的传输	高锟	物理学
2009	电荷耦合器件图像传感器	博伊尔、史密斯	物理学
2014	蓝光二极管	赤崎勇、天野浩、中村修二	物理学

第一章

真空中的静电场

§1-1 电荷守恒定律

1-1-1 物质结构和电荷

公元前 6 世纪,古希腊哲学家泰勒斯(前 624—前 546)指出,电荷可以“产生”出来,或通过毛皮摩擦琥珀而积累起来.Electricity(电)这个单词的起源来自希腊文的“琥珀”(élektrikon).我国西晋时期,《博物志》中已有摩擦起电的记载.16 世纪,欧洲进入文艺复兴的鼎盛时期,科学开始萌芽.英国人吉尔伯特(W.Gilbert,1544—1603)是最早研究电磁现象的学者,他认为摩擦之后琥珀之间的作用力是不同于磁石之间的作用力的,并称前者为电力.1660 年德国人盖里克(O.Guericke,1602—1686)发明了摩擦起电机.1720 年,格雷(S.Gray,1666—1736)研究了电的传导现象,发现了导体与绝缘体的区别;随后他又发现了导体的静电感应现象.1733 年,法国人杜菲(duFay,1698—1739)经过实验区分出两种电荷,他分别称之为松脂电(即负电)和玻璃电(即正电),并由此总结出了静电作用的基本特性:同性相斥,异性相吸.美国科学家富兰克林(B.Franklin,1706—1790)进一步对放电现象进行了研究.他发现了尖端放电现象,研究了雷电现象,发明了避雷针,通过对莱顿瓶的研究,提出了电荷守恒定律.普利斯特利(J.Priestley,1733—1804)在 1767 年的《电学历史和现状及其原始实验》一书中写道:“难道我们就不可以得出这样的结论:电的吸引与万有引力服从同一定律,即与距离的平方成反比,因为很容易证明,假如地球是一个球壳,在壳内的物体受到一边的吸引作用,决不会大于另一边的吸引”.但是,普利斯特利仅仅停留在猜测上,没有作深入的研究.

著名的英国科学家卡文迪什(H.Cavendish,1731—1810)在 1777 年向英国皇家学会的报告中,提出了与普利斯特利相同的推测,但是他的进一步研究成果没有公开发表,直到他去世后很久,1879 年才由物理学家麦克斯韦整理、注释出版了他生前的手稿,其中记述了平方反比定律的实验测量.

直到 1785 年,库仑在实验中发现电荷之间作用力满足平方反比定律之后,电学的研究才逐渐走上科学的道路.作为电磁学中最重要的粒子——电子,其发现是在电磁学建立之后.1897 年,汤姆孙(J.J.Thomson,1856—1940)对气体放电和阴极射线进行了系统研究,并测量了阴极射线粒子的比荷:

$$\frac{e}{m}\approx 10^{11}\sim 2\times 10^{11}$$

汤姆孙得出结论:阴极射线是由相同的带电微粒组成的,而这种微粒是一种小粒子,它是各种原子的组成部分.这样汤姆孙发现了电子,并把结果发表在《哲学杂志》上,汤姆孙因此荣获了 1906 年诺贝尔物理学奖.

1898 年,斯托克斯(G.G.Stokes,1819—1903)测量电荷的最小单位是:$e=5\times 10^{-10}$ 静电单位.1907—1913 年间密立根(R.A.Millikan,1868—1953)开展了精确测量电子电

荷的工作,他用油滴实验测定电荷的最小单位是:$e=4.774\times10^{-10}$静电单位.密立根由此荣获了 1923 年诺贝尔物理学奖.目前测得电子的电荷量$-e=-1.602\ 176\ 634\times10^{-19}$ C.

电荷是物质的基本属性之一,不存在不依附物质的"单独电荷".电荷量就是物体所带电荷的数量.这可以用一些简单的仪器来测量,如验电器、静电计等(图 1-1).著名的金箔验电器是 1787 年由英国的贝内特(A.Bennet,1749—1799)发明的,至今仍在使用,如图 1-1(a)所示.

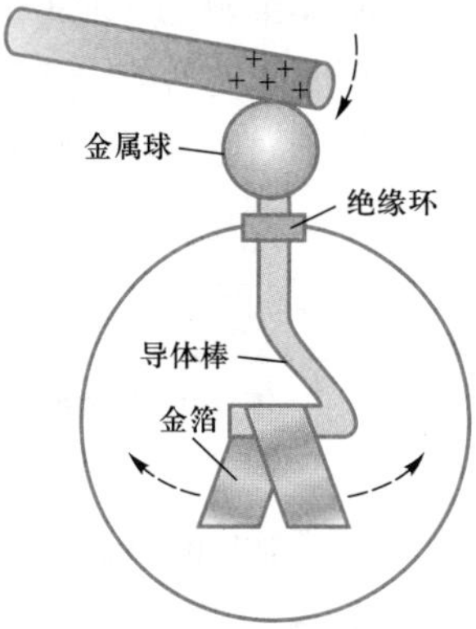

(a) 金箔验电器

(b) 静电计

图 1-1 验电器和静电计

发现电子后,人们进一步探索了原子的内部结构.1911 年卢瑟福(E.Rutherford,1871—1937)提出了原子的有核模型;玻尔(N.H.D.Bohr,1885—1962)建立了原子的玻尔理论.自然界的物质都是由原子组成,原子是由位于原子中心的原子核和围绕着核旋转的一些电子组成的.电子的质量为 9.109×10^{-31} kg.现代实验证实,电子的电荷集中在半径小于 10^{-18} m 的小体积内.因此,电子至今仍被当成是一个无内部结构、质量和电荷均有限的"点".质子和中子的质量分别是电子的 1 836 倍和 1 839 倍,原子内各结构如图 1-2 所示.

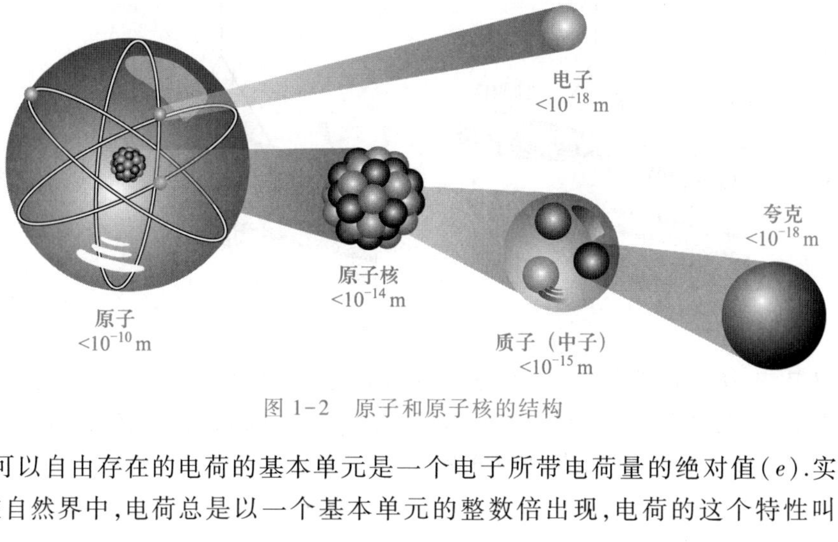

图 1-2 原子和原子核的结构

可以自由存在的电荷的基本单元是一个电子所带电荷量的绝对值(e).实验证明,在自然界中,电荷总是以一个基本单元的整数倍出现,电荷的这个特性叫作电荷的量子性,即 $Q=Ne$,其中 N 为整数.

电荷具有基本单元的概念最初是根据电解现象中通过溶液的电荷量和析出物质的质量之间的关系提出的.法拉第和阿累尼乌斯(S.A.Arrhenius,1859—1927)等都为此作过重要贡献.他们的结论是:一个离子的电荷量只能是元电荷的整数倍.

1-1-2 摩擦起电

电学中最基本的概念是电荷.古代人们发现许多物质,如琥珀、玻璃棒、硬橡胶棒等,经过毛皮或丝绸摩擦后,具有吸引轻小物体的性质,便称这些物质带了电荷,如图 1-3 所示.任何物体本身都有电荷,只不过它们所带的正、负电荷的数量相等.

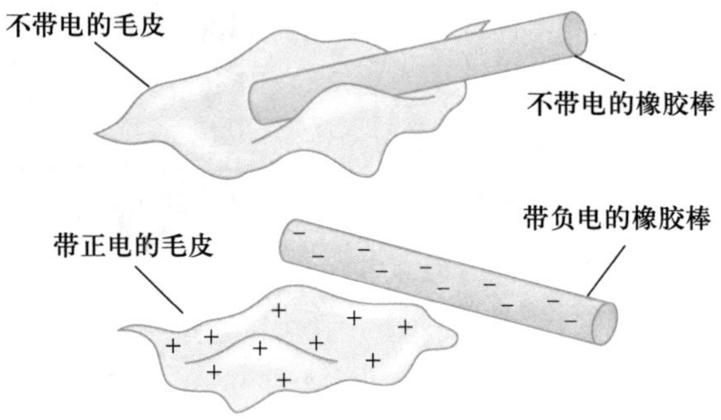

图 1-3 摩擦后的物体可以带电

实验表明,用毛皮摩擦过的橡胶棒之间会相互排斥;用丝绸摩擦过的玻璃棒之间也会相互排斥;但用毛皮摩擦过的橡胶棒与用丝绸摩擦过的玻璃棒之间则会相互吸引,如图 1-4 所示.

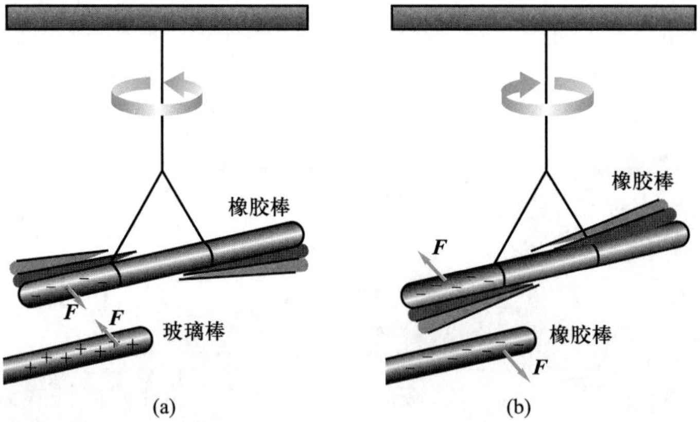

图 1-4 同种电荷相斥;异种电荷相吸

1747 年,美国科学家富兰克林把在室温下用丝绸摩擦过的玻璃棒所带的电荷称为正电荷,毛皮摩擦过的橡胶棒所带的电荷称为负电荷.现在人们都习惯沿用富兰克林的定义,即自然界只有两种电荷:正电荷和负电荷.而事实上正如左和右一样,它们的定义是任意的.

摩擦起电本质上是利用机械能使物体带电的一种方式,摩擦起电是外力摩擦做功,使接触面温度增加,在界面上产生"热点",电荷动能的增加有利于电荷的转移.摩擦起电实验与环境温度、湿度、气压、材料的表面特性等诸多因素有紧密的关系.

1-1-3 接触带电和感应带电

电中性物质带电的主要方式有:接触带电和感应带电.通过光电效应也可以使电中性物质带电,摩擦起电也是接触带电的一种,这里主要介绍接触带电和感应带电.

1. 接触带电

摩擦起电的玻璃棒或橡胶棒通过接触其他金属物体,可以使电荷传导到这个金属上,分开后,这个金属就带上了电.

接触带电就是通过接触使电荷从一个物体转移到另一个物体上,可以借助于三种方式:电子的转移、离子的转移和带电荷材料的转移.电荷的转移往往是通过电子的转移.接触带电是一个复杂的微观过程,涉及组成材料的原子体系的能级和表面功函数(从固体中取走一个电子到达真空中必须做的功)等,科学研究表明绝缘材料与不同的金属相接触,其电子的转移过程是不同的.

2. 感应带电

将带电物体靠近不带电的导体,可以使导体带电,这种现象叫静电感应;利用静电感应使物体带电,叫感应带电.如图 1-5 所示,两个中性的导体球相互接触,用一个摩擦后的橡胶棒靠近两者,由于金属中的自由电子被排斥,部分电子处于远离的那个导体球上,分开两个球,则左边的球带正电,右边的球带负电,两者的电荷数量相等.图 1-6 是感应带电的另一种方式.

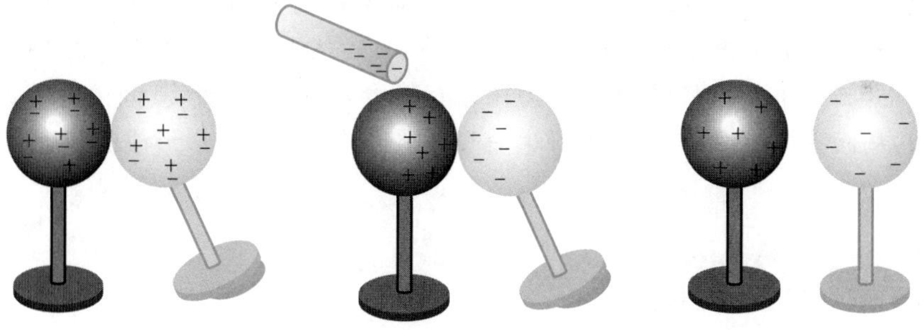

(a) (b) (c)

图 1-5 感应带电原理

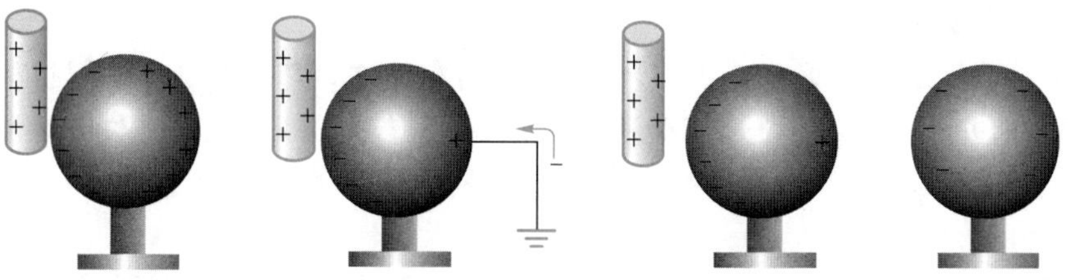

(a) (b) (c) (d)

图 1-6 通过感应使导体球带电的另一种方法

1-1-4 电荷守恒定律

实验指出,对于一个孤立系统,不论发生什么变化,其中所有电荷的代数和永远保持不变,这就是电荷守恒定律,它是自然界的基本定律之一.

如果由于某种原因,物体失去一定量的电子,它就呈现带正电状态;若物体获得一定量过剩的电子,它便呈现带负电状态.物体的带电过程实质上就是使物体失去一定数量的电子或获得一定数量的电子的过程.电荷守恒定律是一切宏观过程和一切微观过程都必须遵循的基本规律,它在所有的惯性系中都成立,而且在不同的惯性系内的观察者对电荷进行测量所得到的量值都相同.换句话说,电荷是一个相对论性不变量.

宏观物体的带电以及物体内部的电流等现象实质上是由于微观带电粒子运动的结果.因此,电荷守恒实际上也就是在各种变化中,系统内粒子的总电荷数守恒.

近代物理实验发现,在一定条件下,带电粒子可以产生和湮没.例如,一个高能光子在一定条件下可以产生一个正电子和一个负电子;一对正、负电子可以同时湮没,转化为光子.不过在这些情况下,带电粒子总是成对产生和湮没的,两个粒子带电数量相等但符号相反,而光子不带电,所以电荷的代数和仍然不变.正负电子对产生或湮没过程不仅满足电荷守恒,也满足能量守恒和动量守恒.

现代的研究表明,电荷守恒定律与电子的稳定性有关.电子是最轻的带电粒子,它不能衰变.假如电子发生衰变,那一定会违反电荷守恒定律,如果电荷守恒定律基本有效,而不是完全有效,则电子的寿命将是有限的.1965 年有人做了一个实验,估计出电子的寿命超过 10^{21} 年(比推测的宇宙年龄还要长得多).

电子电荷量的绝对值与质子电荷量的绝对值精确相同,这对于宇宙存在的形式是十分重要的.不难设想,如果两者稍有差别,虽然也可以形成稳定的“原子”与“分子”,但却是非电中性的.由于电力比万有引力大 39 个量级,其间的电斥力将超过引力,从而不可能形成星体,各种生命和人类也就失去了赖以形成的基础.

§1-2 库仑定律

1-2-1 库仑定律

1. 库仑定律

库仑早年是一名军事工程师,负责督造防御工事.1777 年他开始用扭秤测量微小的力,并于 1784 年通过实验确立了决定金属丝的扭力定律,发现这种扭力正比于扭转角度,并指出这种扭力可用来测量质量为 6.48×10^{-6} g 物体的重力这样小的力.

1785 年,库仑自行设计制作了一台精确的扭秤,研究了电荷之间的相互作用力与其距离的关系,发现了著名的库仑定律.图 1-7 给出了扭秤的构造.库仑做了一系列实验，对实验结果进行细致地分析，总结了两个静止点电荷间相互作用力的规律，即库仑定律.库仑定律的主要内容是：同号点电荷之间相互排斥，异号点电荷之间相互吸引；作用力沿两点电荷的连线；正比于每个点电荷的电荷量；反比于两点电荷之间距离的平方，其数学表达式为

$$\boldsymbol{F}_{12}=k\frac{q_1q_2}{r_{12}^2}\boldsymbol{e}_{12} \tag{1-1}$$

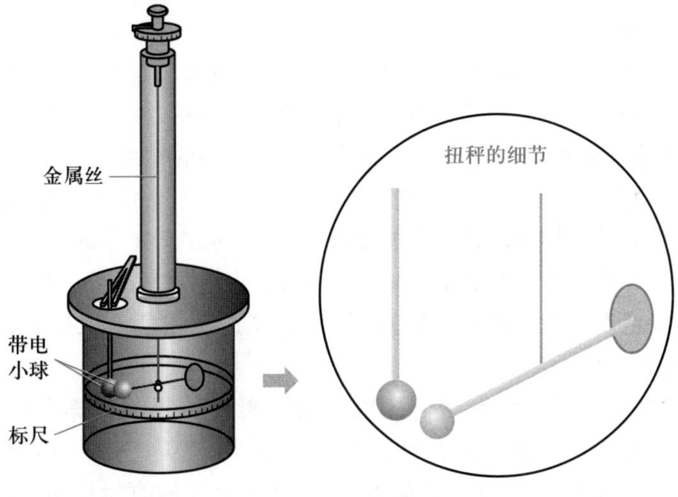

图 1-7 库仑扭秤示意图

式中 $\boldsymbol{F}_{12}$是电荷 2 对电荷 1 的作用力，q_1 和 q_2 是两个点电荷的电荷量，r_{12}是两点电荷间的距离，$\boldsymbol{e}_{12}$是两点电荷间的单位矢量，方向从电荷 2 指向电荷 1，k 是比例系数，在 SI(国际单位制)中写成 $k=1/(4\pi\varepsilon_0)$，其中 ε_0 是真空电容率.

同样，电荷 1 对电荷 2 的作用力 $\boldsymbol{F}_{21}$和 $\boldsymbol{F}_{12}$间满足牛顿第三定律，即 $\boldsymbol{F}_{12}=-\boldsymbol{F}_{21}$.

库仑定律中的比例系数 k 的数值、量纲与单位制的选择有关.在 SI 中，力的单位是 N(牛顿)，电荷量的单位是 C(库仑)：1 C＝1 A · s.其中 A(安培)是电流的单位，s(秒)是时间的单位.若两个点电荷的电荷量用 C 量度，在真空中的距离用 m 量度，力用 N 量度，这样确定的 k 值为

$$k=8.987\ 551\ 787\times10^9\ \mathrm{N\cdot m^2/C^2}\approx9\times10^9\ \mathrm{N\cdot m^2/C^2}$$

由此可以确定真空电容率 ε_0 的值为

$$\varepsilon_0=8.854\ 187\ 812\ 8\times10^{-12}\ \mathrm{C^2/(N\cdot m^2)}$$

有时候也可以把真空电容率 ε_0 表示为单位长度的电容值，即

$$\varepsilon_0\approx8.8\ \mathrm{pF/m}$$

这里 1 pF＝10^{-12} F，F 是电容的单位法拉.

2. 关于库仑定律的讨论

库仑定律适用于描写点电荷之间的作用力.当一个带电体本身的线度比所研究的问题中所涉及的距离小得多时，该带电体的形状与电荷在其上的分布状况均无关紧要，该带电体就可看作一个带电的点，称为点电荷.点电荷是个相对的概念，点

电荷是电磁学中一个重要的物理模型.带电体的线度比问题所涉及的距离小多少时,它才能被当作点电荷,这要依问题所要求的精度而定.当在宏观意义上谈论电子、质子等带电粒子时,完全可以把它们视为点电荷.

库仑定律原始的表达式是针对真空中点电荷的,但当研究的两个点电荷周围有其他带电体存在时,根据力的独立作用原理,两个电荷之间的静电力仍然满足库仑定律.

库仑定律中的点电荷状态原初是指两电荷相对静止,且相对观察者静止.但是这个条件可以放宽成:静止源电荷对运动点电荷的作用力,但不能推广到运动点电荷对静止点电荷的作用力.

库仑定律指出两静止电荷间的作用是有心力.力的大小与两电荷间的距离服从平方反比律.我们将看到,静电场的基本性质正是由静电力的这两个基本特性决定的.

库仑定律是一条实验定律.在库仑时代,测量仪器的精度较低(即使在现代,直接用库仑的实验方法,所得结果的精度也不高),但是库仑定律中静电力对距离的依赖关系,即平方反比律,却有非常高的精度.验证平方反比律的可假定力按 $1/r^{2+\delta}$ 变化,然后通过实验求出 δ 的数值.200 多年来,许多科学家进行了库仑力的平方反比的验证,实验精度也越来越高,测量出与整数 2 的偏差值 δ 也越来越小,1971 年的实验结果是 $\delta<2\times10^{-16}$.

库仑定律给出的平方反比律中,r 值的范围相当大.虽然在库仑的实验中,r 只有若干英寸,但近代物理的实验表明,r 值的数量级在 $10^{-17}\sim10^{7}$ m 的时候,平方反比律仍然成立.实际上,库仑力是长程力,尽管还没有实验直接证明,但理论表明库仑力作用范围可以到无限远.

【例 1-1】 氢原子的外层电子与原子核(质子)之间的距离为 0.53×10^{-10} m,比较电子与质子之间的库仑力与万有引力大小.

【解】 电子与质子之间的库仑力为

$$F_e=\frac{1}{4\pi\varepsilon_0}\frac{q_1q_2}{r^2}=9\times10^9\frac{\mathrm{N\cdot m^2}}{\mathrm{C^2}}\times\frac{(-1.6\times10^{-19}\ \mathrm{C})(1.6\times10^{-19}\ \mathrm{C})}{(0.53\times10^{-10}\ \mathrm{m})^2}=-8.2\times10^{-8}\ \mathrm{N}$$

负号表示吸引力,这个力对电子来说是一个很大的力,它可以产生一个 $9\times10^{22}\ \mathrm{m/s^2}$ 的加速度!

电子与质子之间的万有引力为

$$F_g=G\frac{m_em_p}{r^2}=(6.67\times10^{-11}\ \mathrm{N\cdot m^2\cdot kg^{-2}})\frac{(9.11\times10^{-31}\ \mathrm{kg})\cdot(1.67\times10^{-27}\ \mathrm{kg})}{(0.53\times10^{-10}\ \mathrm{m})^2}$$

$$=3.6\times10^{-47}\ \mathrm{N}$$

电力与万有引力大小的比值为

$$\frac{F_e}{F_g}=2.28\times10^{39}$$

可见,万有引力比库仑力要小 39 个数量级,在微观领域分子、原子尺度的物理问题中一般不需要考虑原子之间的万有引力,库仑力是主要的因素.

1-2-2 叠加原理

当空间存在两个以上的静止点电荷时,任意两个点电荷间都存在相互作用.实验指出,两个点电荷间的作用力不因第三个电荷的存在而改变.无论一个体系中存在多少个点电荷,每一对点电荷之间的作用力都服从库仑定律,而任一点电荷所受到的力等于其他所有点电荷单独作用于该点电荷的库仑力的矢量和,这一结论称为叠加原理.

设有 n 个点电荷组成的体系,第 j 个点电荷对第 i 个点电荷的作用力为 $\boldsymbol{F}_{ij}$,r_{ij}为q_i与 q_j间的距离,$\boldsymbol{e}_{ij}$为从 q_j指向 q_i的单位矢量,如图 1-8 所示,根据叠加原理,q_i受到的合力为

$$\boldsymbol{F}_i = \sum_{\substack{j=1 \\ j\neq i}}^{n} \frac{q_i q_j}{4\pi\varepsilon_0 r_{ij}^2}\boldsymbol{e}_{ij} \tag{1-2}$$

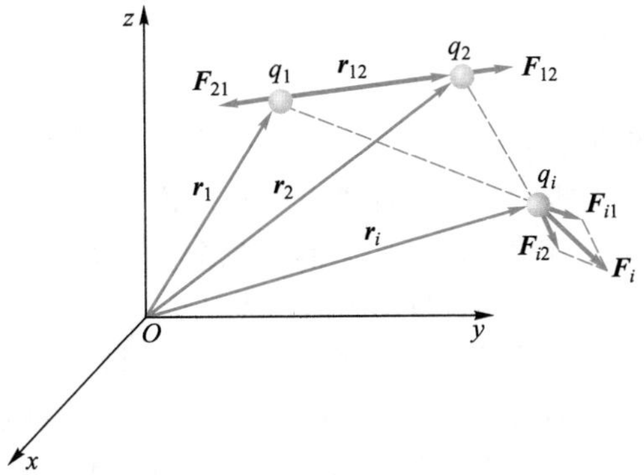

图 1-8 点电荷体系之间的库仑力

如果带电体系是静止的,则可把带电体分割为许多称为"电荷元"的小部分,在分析它们各自对点电荷 q_0 的作用时,均可当作点电荷处理.这样,整个带电体就等效为一个点电荷系统.为求出各个电荷元的电荷量,需要引入电荷密度的概念,定义单位体积的电荷量为电荷体密度,即 $\rho=\dfrac{\Delta q}{\Delta V}$,利用叠加原理,就可以求出带电体对点电荷 q_0 的作用力为

$$\boldsymbol{F} = \frac{q_0}{4\pi\varepsilon_0}\int_{V'}\frac{\rho(\boldsymbol{r}')}{|\boldsymbol{r}-\boldsymbol{r}'|^3}(\boldsymbol{r}-\boldsymbol{r}')\,\mathrm{d}V' \tag{1-3}$$

同理,一个静止的带电体 V'对另一个静止的带电体 V 的作用力为

$$\boldsymbol{F} = \frac{1}{4\pi\varepsilon_0}\int_V\int_{V'}\frac{\rho(\boldsymbol{r})\rho'(\boldsymbol{r}')}{|\boldsymbol{r}-\boldsymbol{r}'|^3}(\boldsymbol{r}-\boldsymbol{r}')\,\mathrm{d}V\mathrm{d}V' \tag{1-4}$$

点电荷与带电体之间以及带电体之间的作用力如图 1-9 所示.类似地,读者可以自行写出面分布电荷之间的作用力和线分布电荷之间的作用力.

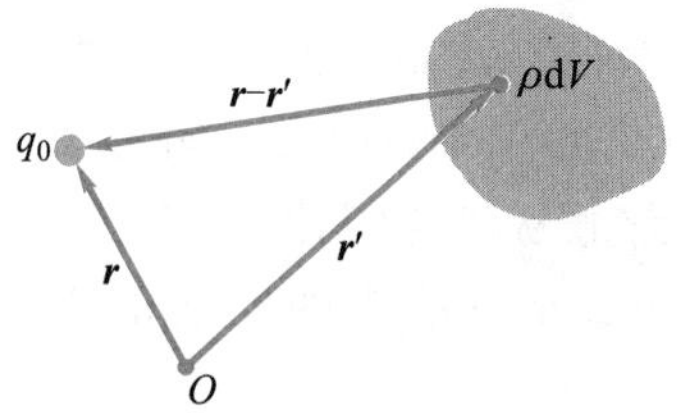

(a) 点电荷与带电体之间的作用力

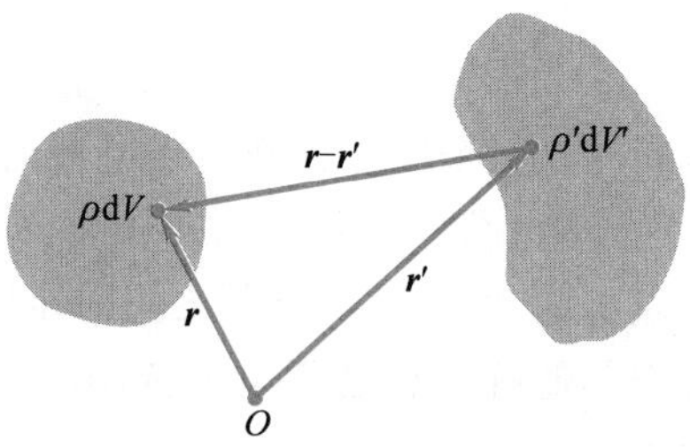

(b) 带电体之间的作用力

图 1-9

§1-3 电场强度

1-3-1 电场

1. 相互作用的传递

对物体间的作用,物理学史上存在着两种作用论的争论:

(1) 超距作用:库仑定律给出了两个静止电荷间的相互作用力,但没有说明这种作用是通过什么途径发生的.超距作用的观点认为一个电荷对另一电荷的作用无须经中间物传递,即带电体之间的相互作用力是以无限大速度在两物体间直接传递的,与存在于两物体之间的物质无关.因此持有超距作用观点的人认为带电体之间的相互作用无须传递时间,也不承认电场是传递相互作用的客观物质.超距作用的观点反映了人类认识客观事物的局限.

(2) 近距作用:力的相互作用通过接触或媒介,作用需要时间.近距作用的介质最初认为是"以太".直到法拉第(M.Faraday,1791—1867)提出了力线和场的概念,之后的麦克斯韦建立了近距作用的电磁理论并得到了实验证实.1881 年迈克耳孙(A.A.Michelson,1852—1931)设计了一个精密的实验来测量"以太"相对于地球的"以太风",得到"零"的结果;1887 年与莫雷(E.Morley,1838—1923)合作,重新实验,仍得到"零"结果,否定了"以太"的存在,这一实验事实也成为了狭义相对论的重要实验基础.

2. 场的提出 法拉第的力线思想

法拉第对电磁现象进行了广泛深入的实验研究,法拉第根据近距作用提出了场的概念,并采用力线来描述,因此也称为力线思想,它具有鲜明的实践来源.近距作用观点的场的思想的确立开始了牛顿以来物理学最伟大的变革,因而受到许多物理学家的重视.麦克斯韦在法拉第的基础上发展了场论思想,建立了麦克斯韦方程组,奠定了经典电动力学的理论基础.

3. 电场

近代物理的发展证明,超距作用的观点是错误的,近距作用的观点才是正确的.

电力(磁力也是这样)虽然以极快的速度传递,但其速度仍然是有限的.在真空中,它的速度就是真空中的光速 c:

$$c=2.997\ 924\ 58\times10^{8}\ \text{m/s}\approx3\times10^{8}\ \text{m/s}$$

电力(磁力)通过电场(磁场)传递.凡是有电荷的地方,其周围就存在电场,即电荷在自己的周围产生(或激发)电场,电场对处在场内的其他电荷有力的作用.电荷受到电场的作用力仅由该电荷所在处的电场决定,与其他地方的电场无关,这就是场的观点.

在电场随时间变化的情况下,例如当场源运动时,超距作用和近距作用观点的区别就显现出来了.设两点电荷,电荷量分别为 q_1 和 q_2,在某一时刻 t,它们的距离为 r,这时,q_2 对 q_1 有一定的作用力,若 q_2 突然改变位置,使两电荷的距离发生变化,按超距作用的观点,q_1 所受到的作用力应同时变化.但按场的观点,当 q_2 位置变化时,q_1 受到的作用力并不立即变化.因为 q_2 在新位置产生的场将以有限的速度 c 向 q_1 传播,经过一定的时间 Δt 之后,当 q_1 所在处的场发生变化时,受到的作用力才变化.所以,q_2 对 q_1 作用力的变化要比 q_2 位置的变化推迟一定时间 Δt.实验结果证明场的观点是正确的.图 1-10 描述了电场线的分布图.

以后我们还将看到,电场和磁场与实物(由原子或分子构成的物质)一样,具有动量和能量,服从一定的运动规律,它们可以脱离电荷和电流单独存在.与物质的实物形式一样,电磁场也是物质存在的一种形式.

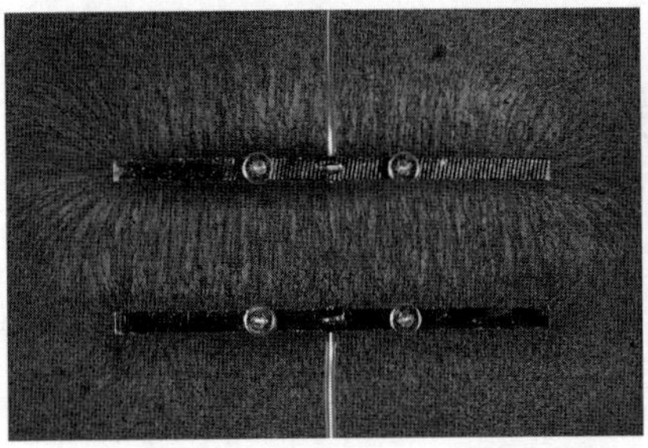

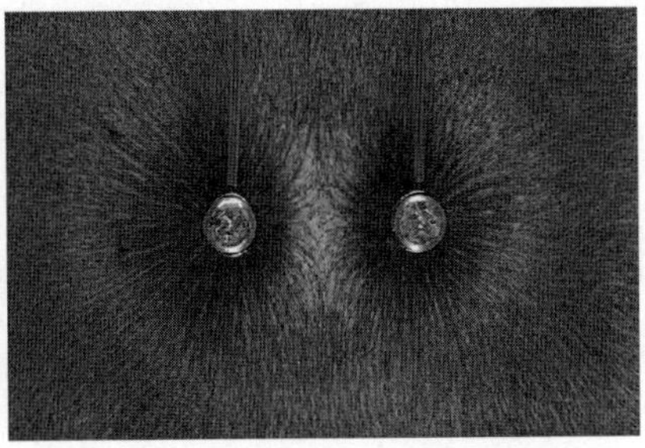

图 1-10 水池中的细草梢在电荷(电极)周围显示出电场线的分布图

1-3-2 电场强度

静止电荷产生的电场称为静电场,静电场对其他静止电荷的作用力就是静电力.当然电场并不限于静电场,凡对静止电荷有作用力的场都是电场.

为定量研究电场,我们引入试探点电荷的概念.试探点电荷既要电荷量充分小,以免改变被研究物体的电荷或电场分布;其线度也要充分小,即近似为点电荷.

设试探点电荷在 $\boldsymbol{r}$ 处受到的电场力为 $\boldsymbol{F}_0$,则 $\boldsymbol{F}_0$ 应正比于 $\boldsymbol{r}$ 处的电场强度 $\boldsymbol{E}(\boldsymbol{r})$:

$$\boldsymbol{F}_0=q_0\boldsymbol{E}(\boldsymbol{r})$$

则有

$$\boldsymbol{E}(\boldsymbol{r})=\frac{\boldsymbol{F}_0}{q_0} \tag{1-5}$$

$\boldsymbol{E}(\boldsymbol{r})$是与试探点电荷无关的物理量,反映了 $\boldsymbol{r}$ 处电场的强弱与取向,$\boldsymbol{E}(\boldsymbol{r})$称为 $\boldsymbol{r}$ 处的电场强度.即:电场内任意一点的电场强度在数值上等于一个单位电荷量的电荷在该点受到的作用力,电场强度的方向与正电荷在该点受力的方向相同.

电场强度 $\boldsymbol{E}(\boldsymbol{r})$是空间坐标的矢量函数,是矢量场,简称为电场.电场是带电体周围产生的一种物质,在电场分布空间的任一点,电荷都会受到一定大小、方向的作用力.

电场强度 $\boldsymbol{E}$ 的单位为 $\mathrm{N\cdot C^{-1}}$,它与实际测量中更为常用的电场强度单位 $\mathrm{V\cdot m^{-1}}$等效.

以点电荷 q 的位置为坐标原点,在 $\boldsymbol{r}$ 处放置一试探点电荷 q_0,则由该电荷所受的库仑力可得到点电荷在其周围任一点产生的电场强度为

$$\boldsymbol{E}=\frac{1}{4\pi\varepsilon_0}\frac{q}{r^2}\boldsymbol{e}_r \tag{1-6}$$

点电荷产生的电场的特点:球对称;方向从源电荷指向场点,如图 1-11 所示;负电荷场强方向与正电荷方向相反.

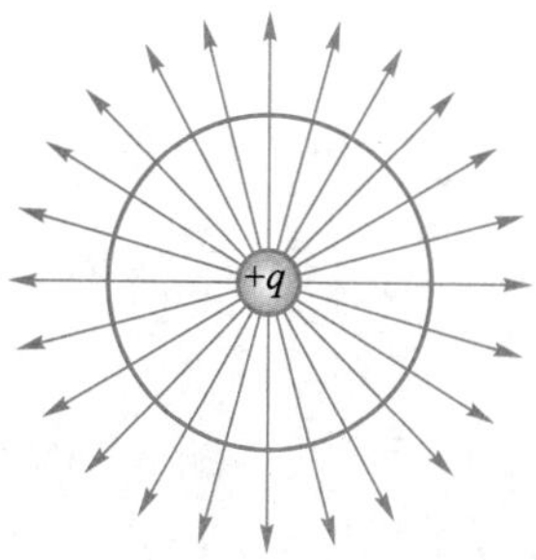

图 1-11 点电荷的电场和电场线

电场强度是矢量,根据力的叠加原理,可以得知电场强度也满足叠加原理,空间点电荷体系产生的电场强度为

$$\boldsymbol{E}(\boldsymbol{r})=\sum_i \boldsymbol{E}_i(\boldsymbol{r})=\sum_i \frac{1}{4\pi\varepsilon_0}\frac{q_i}{|\boldsymbol{r}-\boldsymbol{r}_i|^3}(\boldsymbol{r}-\boldsymbol{r}_i) \tag{1-7}$$

$\boldsymbol{r}$ 为所求场点的径矢,$\boldsymbol{r}_i$是第 i 个电荷的径矢.

求带电体在空间产生的电场强度时,可以把带电体分割成无数个点电荷,则电荷元 $\mathrm{d}q$ 产生的电场强度为

$$\mathrm{d}\boldsymbol{E}(\boldsymbol{r})=\frac{\mathrm{d}q}{4\pi\varepsilon_0|\boldsymbol{r}-\boldsymbol{r}'|^3}(\boldsymbol{r}-\boldsymbol{r}') \tag{1-8}$$

$\boldsymbol{r}'$为带电体内任一点的径矢,则带电体在空间的电场强度为

$$\boldsymbol{E}(\boldsymbol{r})=\frac{1}{4\pi\varepsilon_0}\int_{V'}\frac{\rho(\boldsymbol{r}')}{|\boldsymbol{r}-\boldsymbol{r}'|^3}(\boldsymbol{r}-\boldsymbol{r}')\mathrm{d}V' \tag{1-9}$$

求电场强度时，由于电场强度是矢量，因此式(1-9)是一个矢量积分，可以化矢量积分为标量积分.

【例 1-2】 1903 年英国物理学家汤姆孙(J.J.Thomson)提出"果子面包"型的原子模型，即原子内的正电荷和负电荷均匀分布在半径约为 1.0×10^{-10} m 的球体内.1911 年卢瑟福根据用 α 粒子轰击金箔实验结果提出原子内的正电荷应该集中在很小的范围内(约 10^{-15} m)，电子则在核外运动，请计算金原子($Z=79$，金原子核的半径 $r=6.9\times10^{-15}$ m)在两种模型下正电荷在核表面产生的电场强度.

【解】 假定金核内正电荷均匀分布在半径为 1.0×10^{-10} m 的球体内，核表面的电场强度为

$$E=\frac{Ze}{4\pi\varepsilon_0 r^2}=\frac{9.0\times10^9\times79\times1.6\times10^{-19}}{(1.0\times10^{-10})^2}\ \mathrm{V/m}=1.1\times10^{13}\ \mathrm{V/m}$$

按照卢瑟福模型，正电荷分布在原子核半径 $r=6.9\times10^{-15}$ m 的球内，核表面的电场强度为

$$E=\frac{Ze}{4\pi\varepsilon_0 r^2}=\frac{9.0\times10^9\times79\times1.6\times10^{-19}}{(6.9\times10^{-15})^2}\ \mathrm{V/m}=2.4\times10^{21}\ \mathrm{V/m}$$

可见，两种模型电场相差 10^8 量级.事实上卢瑟福就是根据 α 粒子轰击金箔实验发现有大角度的 α 粒子散射而提出原子的有核模型的.

【例 1-3】 一个半径为 R 的均匀带电圆盘，总电荷量为 Q，求其在轴线上产生的电场强度.

【解】 先求一个均匀带电圆环在轴线上的电场，如例 1-3 图 1 所示，设单位长度的电荷线密度为 λ，则圆环上一段带电荷量为

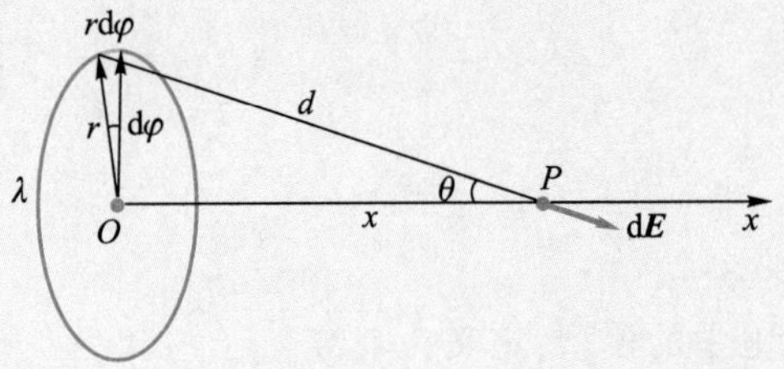

例 1-3 图 1 带电圆环在轴线上的电场

$$\boldsymbol{E}=\frac{1}{4\pi\varepsilon_0}\int_0^{2\pi}\frac{\mathrm{d}q}{d^2}\boldsymbol{e}_r=\frac{1}{4\pi\varepsilon_0}\int_0^{2\pi}\frac{\lambda r\mathrm{d}\varphi}{d^2}\boldsymbol{e}_r$$

根据对称性，总电场强度只有 x 方向分量，即

$$E_x=\frac{1}{4\pi\varepsilon_0}\int_0^{2\pi}\frac{\lambda r\mathrm{d}\varphi}{d^2}\cos\theta=\frac{\lambda r}{4\pi\varepsilon_0 d^2}\cos\theta\int_0^{2\pi}\mathrm{d}\varphi=\frac{\lambda r}{2\varepsilon_0 d^2}\cos\theta=\frac{\lambda rx}{2\varepsilon_0(r^2+x^2)^{3/2}}$$

再在圆盘上取一个圆环，如例 1-3 图 2 所示设其电荷面密度为 σ，其电荷量为 $dq=\sigma\cdot 2\pi r dr$，则该圆环带的电荷线密度为

$$\lambda=\frac{dq}{2\pi r}=\sigma dr$$

所以有

$$dE_x=\frac{\lambda r x}{2\varepsilon_0(r^2+x^2)^{3/2}}=\frac{\sigma x}{2\varepsilon_0}\frac{r dr}{(r^2+x^2)^{3/2}}$$

$$E_x=\frac{\sigma x}{2\varepsilon_0}\int_0^R\frac{r dr}{(r^2+x^2)^{3/2}}=\frac{\sigma x}{4\varepsilon_0}\int_0^R\frac{d(r^2)}{(r^2+x^2)^{3/2}}=-\frac{\sigma x}{2\varepsilon_0}(r^2+x^2)^{-1/2}\Big|_0^R$$

$$E_x=\frac{\sigma x}{2\varepsilon_0}\left(\frac{1}{|x|}-\frac{1}{\sqrt{R^2+x^2}}\right)=\begin{cases}\dfrac{\sigma}{2\varepsilon_0}\left(1-\dfrac{x}{\sqrt{R^2+x^2}}\right), & x>0\\ -\dfrac{\sigma}{2\varepsilon_0}\left(1+\dfrac{x}{\sqrt{R^2+x^2}}\right), & x<0\end{cases}$$

在均匀带电圆盘周围的其他位置，电场强度的模拟计算结果如例 1-3 图 3 所示.

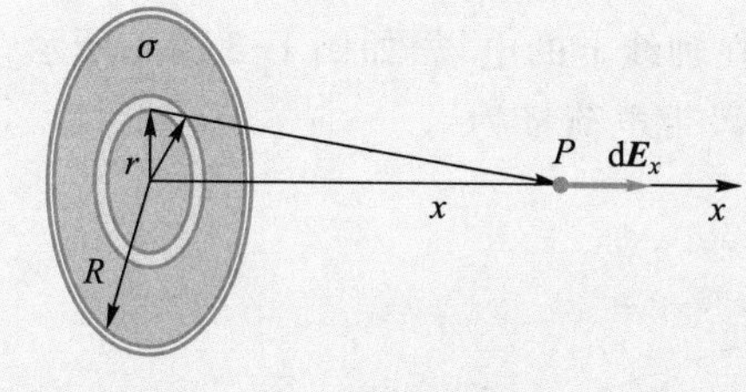

例 1-3 图 2 带电圆环在轴线上的电场

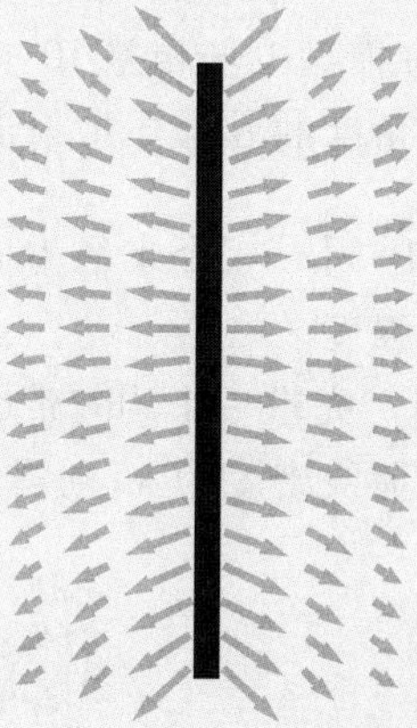

例 1-3 图 3

电偶极子是一种电学的模型，定义一个带电系统电荷对某参考点的电偶极矩为

$$\boldsymbol{p}=\int_V\rho(\boldsymbol{r})\boldsymbol{r}dV \tag{1-10}$$

这里 $\boldsymbol{r}$ 是电荷系统对电荷中心（或质心）的径矢.对两个电荷量为 q 的正负电荷距离为 l，如图 1-12 所示，则电偶极矩为

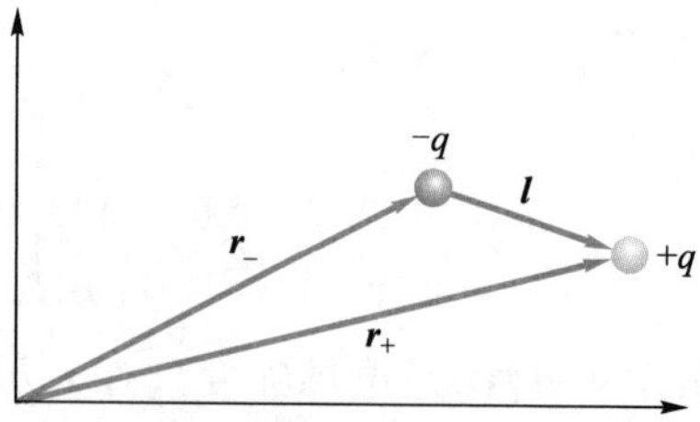

图 1-12 电偶极子

$$\boldsymbol{p}=q\boldsymbol{r}_+ +(-q)\boldsymbol{r}_-=q(\boldsymbol{r}_+-\boldsymbol{r}_-)=q\boldsymbol{l} \tag{1-11}$$

【例 1-4】 求电偶极子的电场强度.

【解】 (1) 先求电偶极子在中垂线上的电场强度.取直角坐标系 Oxy, O 为电偶极子的中点, Oy 轴过点 A, OA 距离为 r, $\boldsymbol{E}_-$ 和 $\boldsymbol{E}_+$ 分别是 $-q$ 和 $+q$ 在点 A 处产生的电场强度,如例 1-4 图 1 所示.由几何关系有

$$E_+ = E_- = \frac{1}{4\pi\varepsilon_0}\frac{q}{r^2+\left(\dfrac{l}{2}\right)^2}$$

$$E_y = E_{+y} + E_{-y} = 0$$

$$E_x = E_{+x} + E_{-x} = -2E_+\cos\theta = -\frac{1}{4\pi\varepsilon_0}\frac{ql}{\left(r^2+\dfrac{l^2}{4}\right)^{3/2}}$$

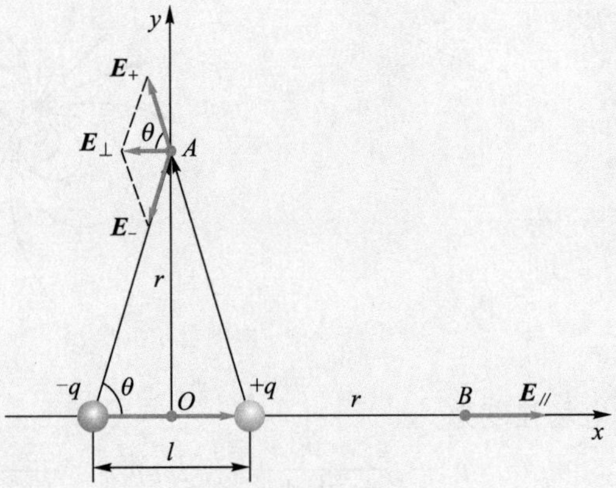

例 1-4 图 1

当 $r \gg l$ 时,有

$$E_\perp = E_x \approx -\frac{1}{4\pi\varepsilon_0}\frac{ql}{r^3}$$

故中轴线上点 A 的电场强度为

$$\boldsymbol{E}_\perp = -\frac{1}{4\pi\varepsilon_0}\frac{\boldsymbol{p}}{r^3}$$

(2) 再求电偶极子在延长线上的电场.若点 B 在电偶极子的延长线上,正负电荷产生的场强分别为

$$E_+ = \frac{1}{4\pi\varepsilon_0}\frac{q}{\left(r-\dfrac{l}{2}\right)^2},\quad E_- = \frac{1}{4\pi\varepsilon_0}\frac{q}{\left(r+\dfrac{l}{2}\right)^2}$$

对 $r \gg l$,有

$$\left(r\pm\frac{l}{2}\right)^{-2} \approx r^{-2}\left(1\mp\frac{l}{r}\right)$$

注意到 $\boldsymbol{p}$ 的方向,有

$$\boldsymbol{E}_{//}=E_{+}+E_{-}=\frac{1}{4\pi\varepsilon_0}\frac{2\boldsymbol{p}}{r^3}$$

(3) 考察点在场中任一点 P,坐标为(r,θ),把电偶极矩分解成平行分量和垂直分量 $p_{//}$和 $p_{\perp}$,如例 1-4 图 2 所示,则

$$p_{//}=p\cos\theta,\quad p_{\perp}=p\sin\theta$$

于是点 P 的场强可以看成是由两个电偶极矩叠加而成,由以上结果有

$$E_{//}=\frac{1}{4\pi\varepsilon_0}\frac{2p\cos\theta}{r^3},\quad E_{\perp}=-\frac{1}{4\pi\varepsilon_0}\frac{p\sin\theta}{r^3}$$

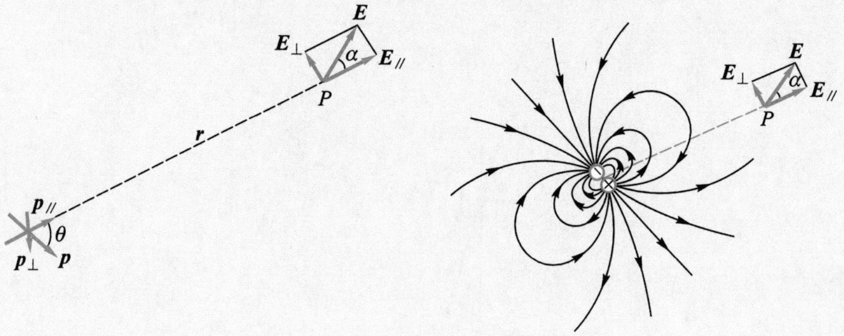

例 1-4 图 2 电偶极子的电场

合成的总电场强度为

$$E=\frac{p}{4\pi\varepsilon_0 r^3}\sqrt{\sin^2\theta+4\cos^2\theta}=\frac{p}{4\pi\varepsilon_0 r^3}\sqrt{1+3\cos^2\theta}$$

电场强度的方向与连线 $\boldsymbol{r}$ 的夹角为

$$\tan\alpha=\frac{|E_{\perp}|}{E_{//}}=\frac{\tan\theta}{2}$$

也可以写成矢量形式,即

$$\boldsymbol{E}=\frac{1}{4\pi\varepsilon_0}\frac{3\boldsymbol{e}_r(\boldsymbol{p}\cdot\boldsymbol{e}_r)-\boldsymbol{p}}{r^3} \tag{1-12}$$

式中 $\boldsymbol{e}_r$为 $\boldsymbol{r}$ 方向的单位矢量.

§1-4 高斯定理

1-4-1 电场线与电场强度通量

1. 电场线

为了形象地把客观存在的电场表示出来,我们引入电场线这一辅助工具.

（1）电场线的定义：电场线上每一点的切线方向与相应点场强的方向一致.电场线的数密度与该点的场强的大小成正比，即

$$\Delta N/\Delta S_{\perp}=E$$

所谓电场线的数密度，就是通过垂直于场强方向的单位面积的电场线的根数.这样定义的电场线既可以表示场强的方向，又可以表示场强的大小.这样，电场线密集的地方，场强较大，电场线稀疏的地方，场强较小.

（2）电场线的性质：对于静电场，电场线起自正电荷或无限远，终止于负电荷或无限远；若体系正负电荷一样多，则正电荷发出的电场线全部终止于负电荷；两条电场线不会相交；静电场中的电场线不会形成闭合曲线.

电场线之所以具有这些基本性质，是由静电场的基本性质和场的单值性决定的.可用静电场的基本性质方程加以证明.图 1-13 是多个点电荷产生的电场线.

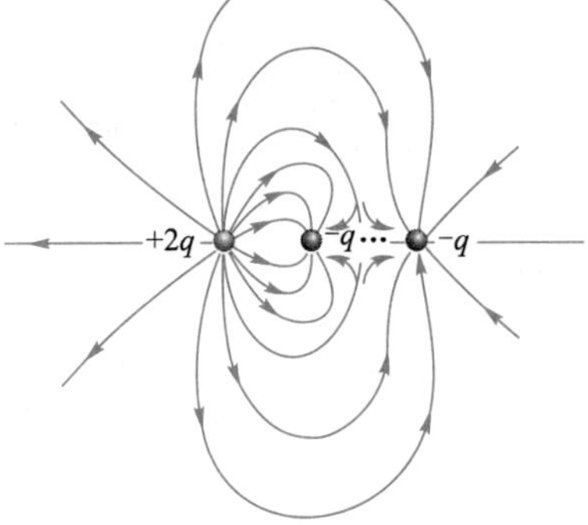

(a) $2q,-q,-q$ 三点电荷电场的电场线

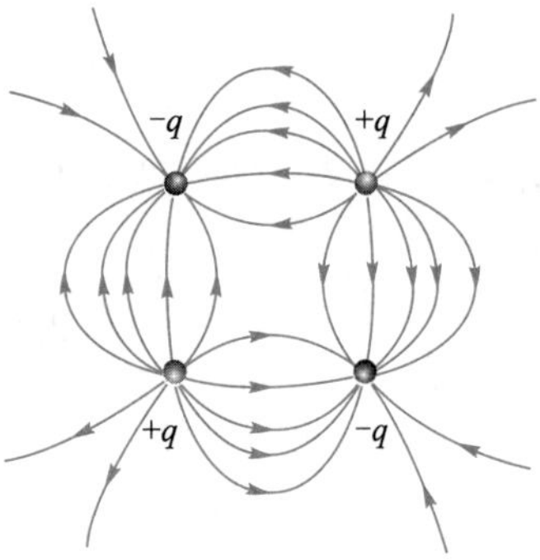

(b) 位于正方形四角上的四个点电荷电场的电场线

图 1-13 点电荷系统的电场线

2. **电场强度通量**

（1）电场强度通量的定义：穿过某一曲面的电场线的根数，即：$\Delta N=E\cdot\Delta S_{\perp}$.常用 $\boldsymbol{\Phi}$ 表示电场强度通量.通过该小面积元 $\Delta\boldsymbol{S}$ 的电场强度通量为：$\Delta\boldsymbol{\Phi}=\boldsymbol{E}\cdot\Delta\boldsymbol{S}=E\Delta S\cos\theta$.

电场强度通量的正负取决于电场线与曲面的法线方向的夹角 θ.当电场线分布不均匀或曲面不规则时，电场强度通量可以由积分计算：

$$\boldsymbol{\Phi}=\int_S E\cos\theta\,\mathrm{d}S=\int_S \boldsymbol{E}\cdot\mathrm{d}\boldsymbol{S} \tag{1-13}$$

曲面法线方向我们默认的规定是：对开曲面凸侧方向的外法线方向为正；对闭曲面外法线方向为正，内法线方向为负.

（2）电场强度通量的特点：电场强度通量是标量，由电场的叠加原理可推出电场强度通量也满足叠加原理：

$$\boldsymbol{\Phi}=\int\boldsymbol{E}\cdot\mathrm{d}\boldsymbol{S}=\int\sum\boldsymbol{E}_i\cdot\mathrm{d}\boldsymbol{S}=\sum_i\int\boldsymbol{E}_i\cdot\mathrm{d}\boldsymbol{S}=\sum_i\boldsymbol{\Phi}_i$$

通过闭合曲面的电场强度通量就是通过该闭合曲面的电场线净根数.

1-4-2 高斯定理

高斯(C.F.Gauss,1777—1855)是德国数学家和物理学家.高斯是近代数学奠基者之一,高斯的数学研究几乎遍及所有领域,在数论、代数学、非欧几何、复变函数和微分几何等方面都作出了开创性的贡献.

假定电场由一电荷量为 q 的点电荷产生,$\mathrm{d}\boldsymbol{S}$ 是曲面上的任一面元,它的位置由径矢 $\boldsymbol{r}$ 表示,$\boldsymbol{r}$ 的起点取在点电荷上,电场对 $\mathrm{d}\boldsymbol{S}$ 的电场强度通量为

$$\mathrm{d}\Phi=\boldsymbol{E}\cdot\mathrm{d}\boldsymbol{S}=\frac{q}{4\pi\varepsilon_0}\frac{\boldsymbol{e}_r\cdot\mathrm{d}\boldsymbol{S}}{r^2}$$

若以 q 所在位置为圆心、r 为半径作一球面,则 $\boldsymbol{e}_r\cdot\mathrm{d}\boldsymbol{S}$ 就是面元 $\mathrm{d}\boldsymbol{S}$ 在球面上的投影 $\mathrm{d}S_0$,$\mathrm{d}S_0/r^2$ 为 $\mathrm{d}S_0$ 对球心所张的立体角 $\mathrm{d}\Omega$,如图 1-14(a)所示,有

$$\mathrm{d}\Omega=\frac{\mathrm{d}S_0}{r^2}=\frac{\boldsymbol{e}_r\cdot\mathrm{d}\boldsymbol{S}}{r^2}$$

图 1-14(b)表明,对一个电荷所作的圆锥,在不同位置处的面元对同一电荷所张的立体角相等,即

$$\frac{\boldsymbol{e}_r\cdot\mathrm{d}\boldsymbol{S}_1}{r_1^2}=\frac{\boldsymbol{e}_r\cdot\mathrm{d}\boldsymbol{S}_2}{r_2^2}$$

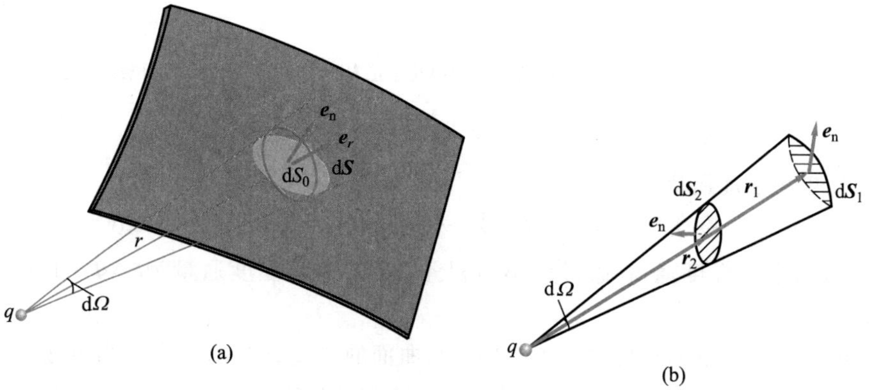

图 1-14 面元 d$\boldsymbol{S}$ 对点电荷 q 的通量

$\mathrm{d}\Omega$ 的正负由 $\mathrm{d}\boldsymbol{S}$ 与 $\boldsymbol{r}$ 的夹角而定,所以电场强度通量为

$$\Phi=\int_S\boldsymbol{E}\cdot\mathrm{d}\boldsymbol{S}=\frac{q}{4\pi\varepsilon_0}\int_S\mathrm{d}\Omega$$

积分的值取决于点电荷在封闭曲面内部还是外部.

1. 点电荷在曲面内部

若点电荷在封闭曲面内部,如图 1-15 所示,则因封闭曲面对其内 q 所张的立体角和单位圆对 q 张的立体角相同,均为 4π,故

$$\Phi = \oint_S \boldsymbol{E} \cdot \mathrm{d}\boldsymbol{S} = \frac{q}{\varepsilon_0}$$

2. 点电荷在曲面外部

若点电荷在封闭曲面外部，如图 1-16 所示，对任一闭合曲面，由于规定外法线方向为正，因此，$\mathrm{d}\boldsymbol{S}_1$ 和 $\mathrm{d}\boldsymbol{S}_2$ 对 q 张的立体角不仅大小相等，而且正负相反.因而两面元对 q 张的立体角之和为零，故

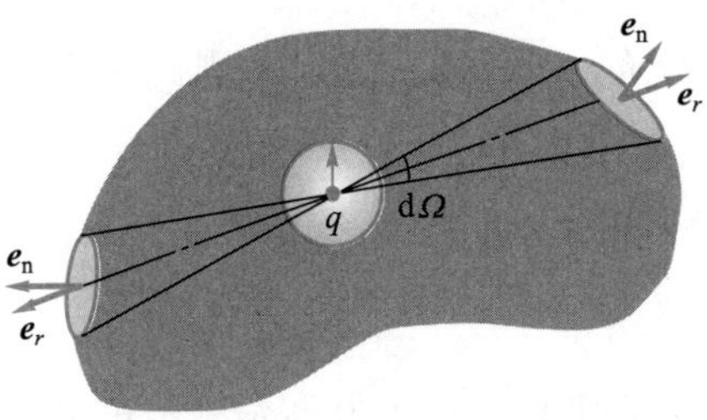

图 1-15　当 q 在封闭曲面内，曲面对 q 张的立体角为 4π

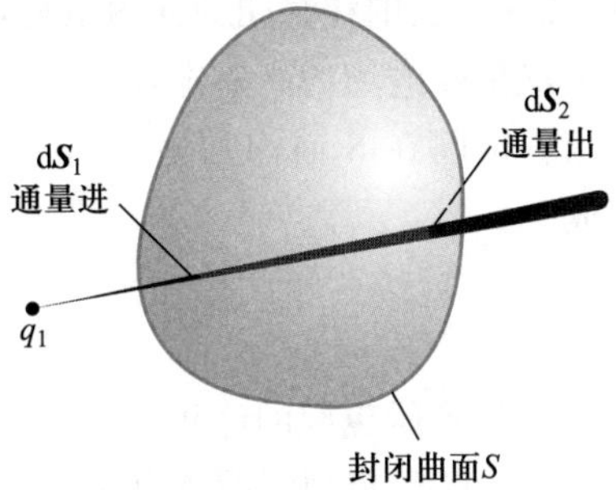

图 1-16　电荷在曲面的外部，穿进穿出的两曲面对 q 所张的立体角相互抵消

$$\Phi = \oint_S \boldsymbol{E} \cdot \mathrm{d}\boldsymbol{S} = 0$$

由于封闭曲面总是由一一对应的一组面元构成，每一组面元对曲面外的 q 电荷所张的立体角都为零，因此整个闭合曲面对曲面外任一点张的立体角为零.

3. 高斯定理

综上所述，对一个点电荷的电场，所取的曲面包含点电荷时，曲面对电荷所张的立体角为 4π，曲面不包含点电荷时，曲面对电荷所张的立体角为 0.

若电场由一组点电荷 $q_1, q_2, q_3, \cdots, q_N$ 共同产生，用 $\boldsymbol{E}_1, \boldsymbol{E}_2, \boldsymbol{E}_3, \cdots, \boldsymbol{E}_N$ 分别代表各点电荷单独产生的电场的场强.设有一任意形状的封闭曲面 S，它把 $q_1, q_2, q_3, \cdots, q_i$ 包围在内部，把 $q_{i+1}, \cdots, q_N$ 包围在外部，如图 1-17 所示，由叠加原理可知，总电场 $\boldsymbol{E}$ 对任意封闭曲面的电场强度通量为

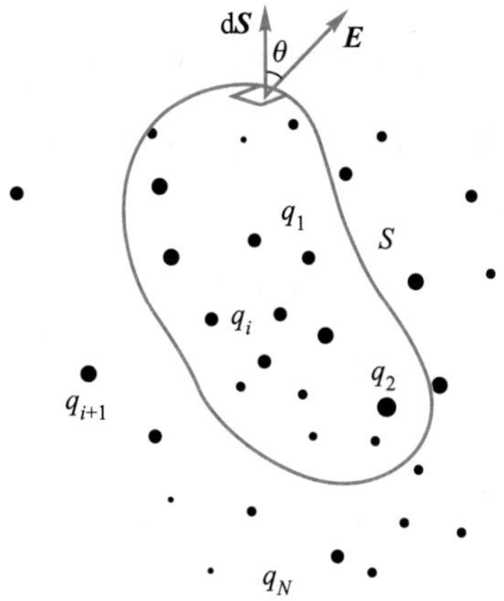

图 1-17　电场对封闭曲面的通量只与曲面所包围的电荷有关

$$\oint_S \boldsymbol{E} \cdot \mathrm{d}\boldsymbol{S} = \oint_S \sum_i \boldsymbol{E}_i \cdot \mathrm{d}\boldsymbol{S} = \sum_i \oint_S \boldsymbol{E}_i \cdot \mathrm{d}\boldsymbol{S} = \sum_i^{S内} \frac{q_i}{\varepsilon_0}$$

或者

$$\oint_S \boldsymbol{E} \cdot \mathrm{d}\boldsymbol{S} = \frac{1}{\varepsilon_0} \sum_i^{内} q_i \tag{1-14}$$

电场对任意封闭曲面的电场强度通量只决定于被包围在封闭曲面内部的电荷,且等于包围在封闭曲面内电荷量代数和除以 ε_0,与封闭曲面外的电荷无关.这一结论就是静电场的高斯定理.

若包围在 S 面内的电荷具有一定的体分布,电荷体密度为 ρ,则高斯定理可写成

$$\oint_S \boldsymbol{E} \cdot \mathrm{d}\boldsymbol{S} = \frac{1}{\varepsilon_0} \int_V \rho \mathrm{d}V \tag{1-15}$$

式中 V 是 S 所包围的体积.

(1) 高斯定理表明静电场是有源场:电荷是静电场的源.高斯定理给出了场和场源的一种联系,这种联系是场强对封闭曲面的通量与场源间的联系,并非场强本身与源的联系.

(2) 高斯面上的电荷问题:高斯面所处的位置把电荷区分为内外两种情况,点电荷是否可能正好处在高斯面上? 这是不可能的,因为只有电荷的线度远小于 q 与高斯面间的距离时,才能视为点电荷.即高斯面上无点电荷分布.

(3) 高斯定理中的 $\boldsymbol{E}$ 问题:高斯定理中的 $\boldsymbol{E}$ 是空间全部电荷所产生,而不管这电荷是在曲面内部或在曲面外部.同一高斯面的 $\boldsymbol{E}$ 可能相同,也可能不同,因为高斯面是任意选取的.

(4) 高斯定理表明的只是电场强度通量和电荷的关系:如果在高斯面内部或外部电荷分布发生改变,则空间电场分布将发生变化,高斯面上的电场也会发生变化,但只要内部总电荷数不变,高斯定理指出,电场对该封闭曲面的电场强度通量并无变化.

在数学中,一个矢量场 $\boldsymbol{A}$满足下面的积分变换(数学上的高斯定理):

$$\oint_S \boldsymbol{A} \cdot \mathrm{d}\boldsymbol{S} = \int_V \nabla \cdot \boldsymbol{A} \mathrm{d}V \tag{1-16}$$

式中积分区域 V 是封闭曲面 S 对应的体积,“ ∇”称微商运算符,具有矢量性.所以积分形式的高斯定理可以改写成微分形式:

$$\nabla \cdot \boldsymbol{E} = \frac{\rho}{\varepsilon_0} \tag{1-17}$$

表明电场线不会在没有电荷的空间产生或消失.

微商运算符“ ∇”在直角坐标系中为

$$\nabla = \boldsymbol{e}_x \frac{\partial}{\partial x} + \boldsymbol{e}_y \frac{\partial}{\partial y} + \boldsymbol{e}_z \frac{\partial}{\partial z} \tag{1-18}$$

在球坐标系中为

$$\nabla=\boldsymbol{e}_r\frac{\partial}{\partial r}+\boldsymbol{e}_\theta\frac{1}{r}\frac{\partial}{\partial\theta}+\boldsymbol{e}_\varphi\frac{1}{r\sin\theta}\frac{\partial}{\partial\varphi} \tag{1-19}$$

“∇”点乘任意矢量称为对该矢量求散度，$\nabla\cdot\boldsymbol{E}$ 就是求电场 $\boldsymbol{E}$ 的散度.

4. 高斯定理与库仑定律的关系

（1）高斯定理来源于库仑定律:高斯定理是静电场的一条重要基本定理,它是从库仑定律导出来的.它主要反映了库仑定律的平方反比律,即 l/r^2.如果库仑定律不服从平方反比律,那么高斯定理也不再成立.

因此证明高斯定理的正确性是证明库仑定律中平方反比律是否正确的一种间接方法,直接用扭秤法证明平方反比律的精度是非常低的,通过高斯定理证明平方反比律可获得非常高的精度.

（2）高斯定理比库仑定律更普遍:高斯定理是以库仑定律为基础导出的,但迄今为止的实验证实,它对随时间变化的电场也是成立的.库仑定律决定了静电场具有平方反比律、径向性和球对称性,加上叠加原理可以推广到任意的静电场.运动点电荷由于在运动方向上的特殊性,破坏了球对称性,但仍满足高斯定理.

变化的磁场产生的涡旋电场也满足高斯定理,但涡旋电场不具有径向性和球对称性.

在电荷分布具有某种对称性,从而使场分布也具有某种对称性,就可以直接用高斯定理求得场的分布.

【例 1-5】 求均匀带电球体产生的电场.已知球面的半径为 R,电荷量为 Q.

【解】 根据球对称性可以判定,不论在球内还是在球外,场强的方向必定沿球的半径,与球心等距离的各点的场强大小应相等.当 $r<R$ 时,取 S_1 为高斯面,有

$$\oint_S \boldsymbol{E}\cdot \mathrm{d}\boldsymbol{S}=\oint_{S_1}E\mathrm{d}S=E\oint_{S_1}\mathrm{d}S=E\cdot 4\pi r^2=0$$

$$E=0\quad (r<R)$$

当 $r>R$ 时,取 S_2 为高斯面,有

$$\oint_S \boldsymbol{E}\cdot \mathrm{d}\boldsymbol{S}=\oint_{S_2}E\mathrm{d}S=E\oint_{S_2}\mathrm{d}S=E\cdot 4\pi r^2=q/\varepsilon_0$$

考虑到电场的方向,把上面结果写成矢量形式,有

$$\boldsymbol{E}=\frac{1}{4\pi\varepsilon_0}\frac{q}{r^2}\boldsymbol{e}_r\quad (r>R)$$

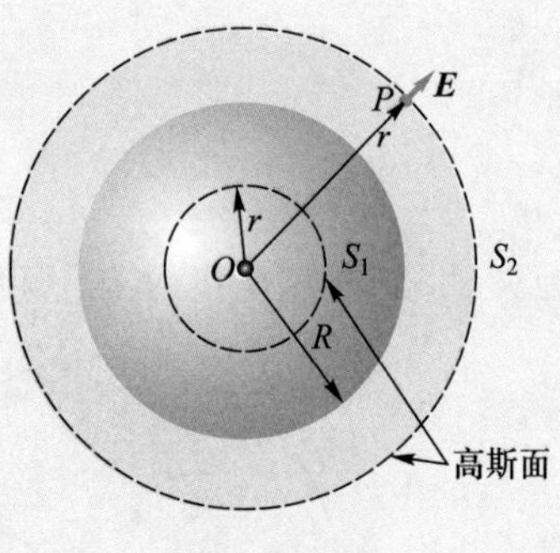

例 1-5 图　均匀带电球面产生的电场

【例 1-6】 求无限大均匀带电平面的电场,设电荷面密度为 σ.

【解】 根据对称性,可以判定无限大带电平面的电场应指向两侧,离平面等距离处电场强度相同,作圆柱形高斯面,由于电场垂直于表面,所以侧面无电场

强度通量,只有上下两面有电场强度通量.因而可得

$$2E\Delta S=\frac{1}{\varepsilon_0}\sigma\Delta S$$

所以

$$E=\frac{1}{2\varepsilon_0}\sigma$$

对正电荷分布,电场的方向如例 1-6 图所示;对负电荷分布,电场方向相反.

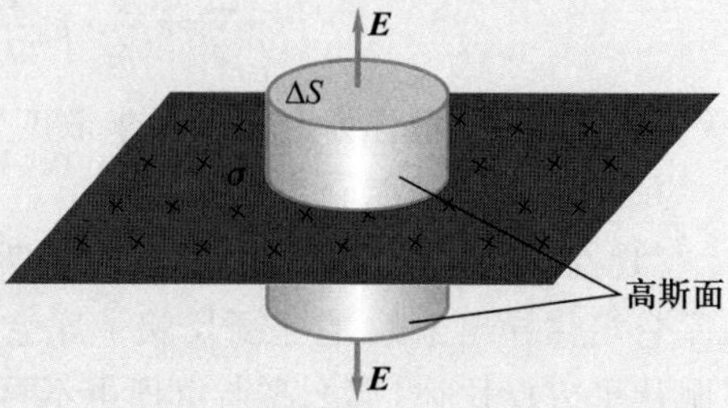

例 1-6 图 无限大均匀带电平面的电场

【例 1-7】 求均匀带电球体中所挖出的球形空腔中的电场强度.球体电荷体密度为 ρ,球体球心 O 到空腔中心 O' 的距离为 a.

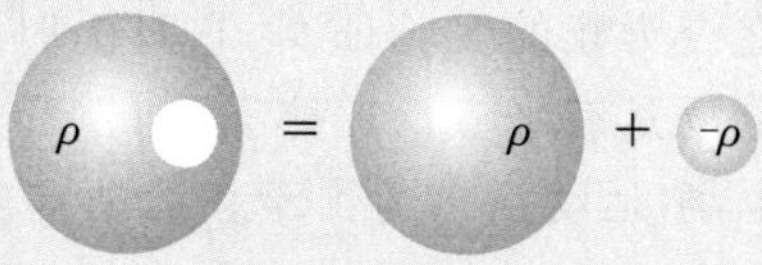

例 1-7 图 1

【解】 将空腔看作是两个电荷体密度分别为 ρ 和 $-\rho$ 的带电球体,腔内任一点的电场强度就可以看成这两个带电球体分别产生的电场强度矢量和,如例 1-7 图 1 所示,对实心的正电荷球,有

$$\oint_S \boldsymbol{E}_+\cdot \mathrm{d}\boldsymbol{S}=\frac{1}{\varepsilon_0}\rho\frac{4}{3}\pi r^3$$

得

$$\boldsymbol{E}_+=\frac{\rho}{3\varepsilon_0}\boldsymbol{r}$$

同理对实心负电荷球,可得

$$\boldsymbol{E}_-=-\frac{\rho}{3\varepsilon_0}\boldsymbol{r}'$$

所以

$$\boldsymbol{E}=\boldsymbol{E}_++\boldsymbol{E}_-=\frac{\rho}{3\varepsilon_0}\boldsymbol{a}$$

$\boldsymbol{a}$为矢量,方向由 O 指向 O',可见空腔内电场强度是均匀的,如例 1-7 图 2 所示.

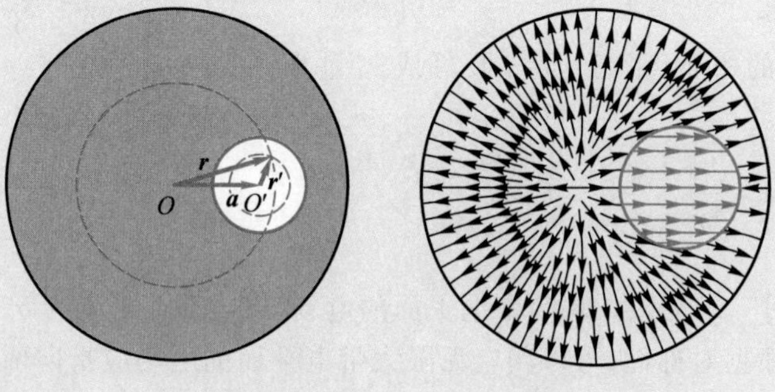

例 1-7 图 2 球体中的球形空腔的电场

§1-5 环路定理

1-5-1 静电场做功

当一个电荷在静电场中受力获得加速度时,它的动能就增加.这与重力场中的一个质点在重力作用下加速获得动能的情况相似,静电场也是保守力场,带电粒子在电场中获得的动能与粒子经过的路径无关,只与其初末位置有关.

我们来计算一个点电荷 q_0 在另一点电荷 q 产生的电场中从图 1-18 的点 P 移动到点 Q 时,静电场所做的功:

$$A = q_0\int_P^Q \boldsymbol{E}\cdot \mathrm{d}\boldsymbol{l} = \frac{q_0 q}{4\pi\varepsilon_0}\int_P^Q \frac{\boldsymbol{r}}{r^3}\cdot \mathrm{d}\boldsymbol{l}$$

$$= \frac{q_0 q}{4\pi\varepsilon_0}\int_P^Q \frac{\mathrm{d}r}{r^2} = \frac{q_0 q}{4\pi\varepsilon_0}\left(\frac{1}{r_P} - \frac{1}{r_Q}\right)$$

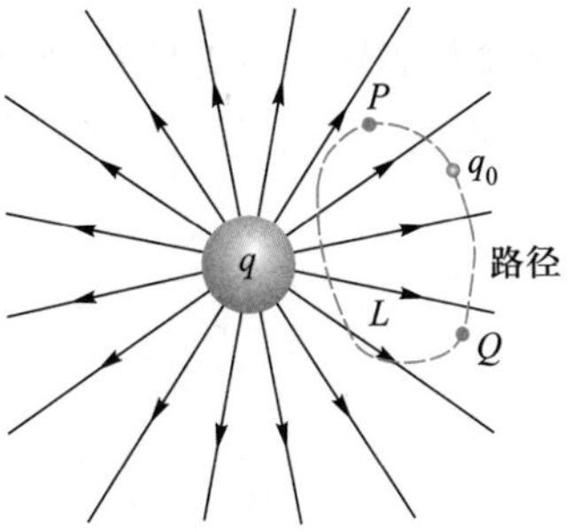

图 1-18 带电粒子在点电荷电场中移动时电场力做功

这说明带电粒子在静电场中移动时,电场力做功只与其初末位置有关.如果静电场是由多个电荷或带电体产生,根据电场的叠加原理,该结论仍成立.

1-5-2 静电场的环路定理

如果点电荷在静电场中移动一个闭合的环路 L,见图 1-18,则有

$$A = \oint_L q_0\boldsymbol{E}\cdot \mathrm{d}\boldsymbol{l} = q_0\oint_L \frac{q\boldsymbol{r}}{4\pi\varepsilon_0 r^3}\cdot \mathrm{d}\boldsymbol{l} = q_0\oint_L \frac{q}{4\pi\varepsilon_0 r^2}\mathrm{d}r = -\frac{q_0 q}{4\pi\varepsilon_0}\left(\frac{1}{r}\right)\Bigg|_{r_P}^{r_P} = 0$$

通常把单位电荷沿一个闭合曲线时,电场所做的功称为电场的环量.如果静电场不是由单个点电荷产生的,而是由某种确定的电荷分布,例如静止的点电荷系或带电体所产生的,由叠加原理可知整个带电系统产生的静电场的环量亦为零,即

$$\oint_L \boldsymbol{E}\cdot \mathrm{d}\boldsymbol{l} = 0 \tag{1-20}$$

这就是静电场的环路定理.

该定理表明,静电场是无旋场.它的物理意义是:静电场做功与路径无关,只与初末位置有关;或静电场对电荷在电场中沿任何闭合环路一周做功为零.

根据数学中的斯托克斯定理,我们有

$$\oint_L \boldsymbol{E}\cdot \mathrm{d}\boldsymbol{l} = \int_S (\nabla\times \boldsymbol{E})\cdot \mathrm{d}\boldsymbol{S}$$

积分域的面积 S 为闭合回路 L 所圈围的面积.由此可得静电场环路定理的微分形式:

$$\nabla\times\boldsymbol{E} = 0 \tag{1-21}$$

静电场的这个性质来源于库仑力是有心力;而不是平方反比律.由环路定理可以证明静电场的电场线不可能是闭合曲线.我们采用反证法来证明:若电场线是闭合曲线,单位电荷沿电场线运动一周,则 $\boldsymbol{E}\cdot \mathrm{d}\boldsymbol{l}=E\cos\theta \mathrm{d}l=E\mathrm{d}l$,所以 $\oint_L \boldsymbol{E}\cdot \mathrm{d}\boldsymbol{l}\neq 0$, 与环路定理矛盾,故静电场的电场线不可能是闭合曲线.

1-5-3 电势能

由静电场的环路定理,即电场力做功与路径无关的性质,可知静电场是保守力场.静电场可以与引力场类比,两者都是做功与路径无关的矢量场,即保守力场.保守力场必是有势场,都可以引进势能的概念.我们定义电势能为:点电荷处于外电场中某个位置时具有的能量.如图 1-19 所示,当把点电荷 q_0 在电场中从点 P 移到点 Q 时,电场力对电荷所做的功转化为 P 与 Q 两点电荷电势能的改变量,即

$$A_{PQ}=W_{PQ}=W_P-W_Q=q_0\int_P^Q \boldsymbol{E}\cdot \mathrm{d}\boldsymbol{l}$$

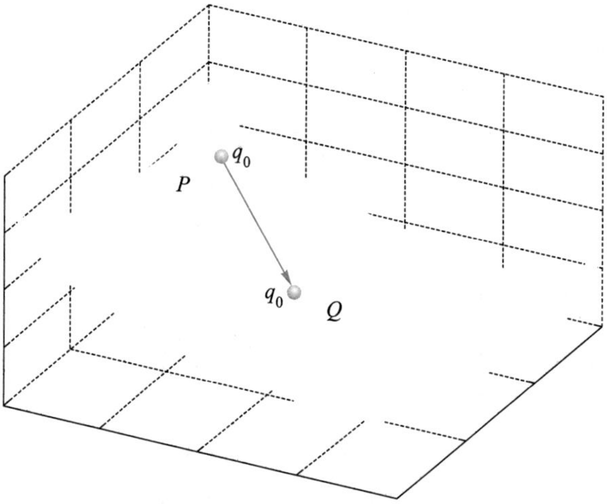

图 1-19 电场力做功电势能减少

W_P就是点电荷 q_0 在点 P 的电势能,通常把无限远处的电势能定义为零,那么对于分布在有限空间范围内电荷产生的电场来说,有

$$W_P=W_{P\infty}=q_0\int_P^\infty \boldsymbol{E}\cdot \mathrm{d}\boldsymbol{l}=-q_0\int_\infty^P \boldsymbol{E}\cdot \mathrm{d}\boldsymbol{l} \tag{1-22}$$

式(1-22)表示在电场中将一个电荷 q_0 从无限远处移到某点 P 的过程中,电场力对电荷所做的功等于电势能的减少;或者可以说,从无限远移动一个电荷到达点 P,外力克服电场力所做的功就是电荷在该点具有的电势能.

1-5-4 电势与电势差

1. 电势的定义

点电荷 q_0 在静电场中运动要克服电场力做功.但 W_{PQ}/q_0 与点电荷的电荷量无

关,只与静电场的性质有关,将单位点电荷 q_0 从点 P 移至点 Q,电场力所做的功称为 P 和 Q 两点的电势差,即

$$U_{PQ}=\frac{W_{PQ}}{q_0}=\int_P^Q \boldsymbol{E}\cdot \mathrm{d}\boldsymbol{l} \tag{1-23}$$

对电荷分布在有限空间情况,通常取无穷远点电势为零,则电场中点 P 的电势为

$$U(P)=\int_P^{\infty} \boldsymbol{E}\cdot \mathrm{d}\boldsymbol{l}=-\int_{\infty}^{P} \boldsymbol{E}\cdot \mathrm{d}\boldsymbol{l} \tag{1-24}$$

即电场空间某点 P 的电势,就是将一个单位电荷从无穷远处移到该点过程中电场力所做的功的负值,那么,PQ 两点间的电势差可改写为

$$\int_P^Q \boldsymbol{E}\cdot \mathrm{d}\boldsymbol{l}=\int_P^{\infty} \boldsymbol{E}\cdot \mathrm{d}\boldsymbol{l}+\int_{\infty}^{Q} \boldsymbol{E}\cdot \mathrm{d}\boldsymbol{l}=\int_P^{\infty} \boldsymbol{E}\cdot \mathrm{d}\boldsymbol{l}-\int_Q^{\infty} \boldsymbol{E}\cdot \mathrm{d}\boldsymbol{l}$$

或

$$U_{PQ}=U(P)-U(Q) \tag{1-25}$$

即空间任意两点的电势差与电势的零点的选择无关.

引入电势概念后,点电荷在外电场中点 P 处的电势能可以改写为

$$W=qU \tag{1-26}$$

以上把电势能的零点选在无穷远处,则相应电势的零点也在无穷远处.在实际问题中,常常以大地或电器外壳的电势为零.改变零点的位置,各点电势的数值将随着变化,但都改变一个相同量,不会影响两点间的电势差,更不会影响电势的相对分布.

电势能的单位与能量的单位相同,为 J(焦耳).而电势的单位与电势能不同,电势是纯粹描述电场性质的物理量,与电场中有没有电荷无关.电势差和电势的单位均为 J/C(焦耳每库仑),在 SI 中用 V(伏特)表示,即

$$1\ \mathrm{V}=\frac{1\ \mathrm{J}}{1\ \mathrm{C}}\quad 或\quad 1\ 伏特=\frac{1\ 焦耳}{1\ 库仑}$$

【例 1-8】 求电偶极子在均匀外电场 $\boldsymbol{E}$ 中的电势能.

【解】 设电偶极子的电偶极矩为 $\boldsymbol{p}=q\boldsymbol{l}$,则在外电场 $\boldsymbol{E}$ 中,有

$$W_e=-qU_-+qU_+=q(U_+-U_-)=qEd=qEl\cos\theta$$

即

$$W_e=-\boldsymbol{p}\cdot\boldsymbol{E}$$

2. 电势的计算

点电荷产生的电场强度为 $\boldsymbol{E}=\frac{1}{4\pi\varepsilon_0}\frac{q}{r^3}\boldsymbol{r}$,由电势的定义可得

$$U(\boldsymbol{r})=\int_r^{\infty} \boldsymbol{E}\cdot \mathrm{d}\boldsymbol{l}=\frac{q}{4\pi\varepsilon_0}\int_r^{\infty}\frac{\boldsymbol{r}\cdot \mathrm{d}\boldsymbol{l}}{r^3}=\frac{q}{4\pi\varepsilon_0}\int_r^{\infty}\frac{\mathrm{d}r}{r^2}=\frac{q}{4\pi\varepsilon_0 r}$$

对点电荷体系,用电场的叠加原理,有

$$U(\boldsymbol{r})=\int_{r}^{\infty}\boldsymbol{E}\cdot\mathrm{d}\boldsymbol{l}=\int_{r}^{\infty}\Big(\sum_{i}\boldsymbol{E}_{i}\Big)\cdot\mathrm{d}\boldsymbol{l}=\sum_{i}\int_{r}^{\infty}\boldsymbol{E}_{i}\cdot\mathrm{d}\boldsymbol{l}=\sum_{i}U_{i}(\boldsymbol{r})\tag{1-27}$$

式(1-27)表明,点电荷体系产生的电势等于各个电荷单独存在时产生的电势的代数和.设 $q_1,q_2,q_3,\cdots,q_N$ 分别位于 $\boldsymbol{r}_1,\boldsymbol{r}_2,\boldsymbol{r}_3,\cdots,\boldsymbol{r}_N$ 处,根据电势叠加原理,N 个电荷在 $\boldsymbol{r}$ 处产生的总电势为

$$U(\boldsymbol{r})=\sum_{i}^{N}U_{i}(\boldsymbol{r})=\frac{1}{4\pi\varepsilon_{0}}\sum_{i=1}^{N}\frac{q_{i}}{|\boldsymbol{r}-\boldsymbol{r}_{i}|}\tag{1-28}$$

对连续分布的带电体求其产生的电势时,先把带电体分割成许许多多的"电荷元",位于 $\boldsymbol{r}'$ 处"电荷元"的电荷量为 $\mathrm{d}q$,如图 1-20 所示,根据电势的叠加原理,连续带电体在 $\boldsymbol{r}$ 处产生的总电势为

$$U(\boldsymbol{r})=\int\frac{\mathrm{d}q}{4\pi\varepsilon_{0}|\boldsymbol{r}-\boldsymbol{r}'|}=\frac{1}{4\pi\varepsilon_{0}}\int_{V'}\frac{\rho(\boldsymbol{r}')\mathrm{d}V}{|\boldsymbol{r}-\boldsymbol{r}'|}\tag{1-29}$$

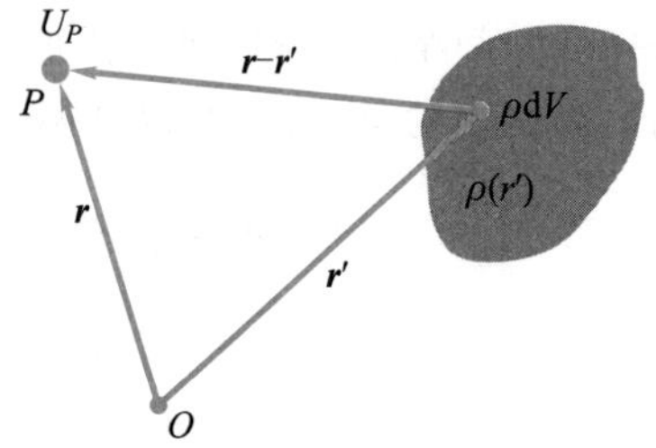

图 1-20 带电体的电势

式(1-29)中 $\rho(\boldsymbol{r}')$ 为带电体的电荷体密度.对面带电体和线带电体,采用电荷面密度和电荷线密度,亦有类似的表达式,不再另给出.

【例 1-9】 一个半径为 R 的球面所带电荷总量为 Q,但电荷量是不均匀分布在球面的,求球心 O 处的电势.

【解】 设球面的电荷面密度分布为 σ,σ 为不均匀分布,在球面某处取一面元 $\mathrm{d}S$,该面元的电荷量 $\mathrm{d}q=\sigma\mathrm{d}S$,则该电荷量在球心 O 处的电势 $\mathrm{d}U=\dfrac{1}{4\pi\varepsilon_0}\dfrac{\mathrm{d}q}{R}$,球心 O 处的总电势为

$$U=\int\mathrm{d}U=\frac{1}{4\pi\varepsilon_{0}}\int_{S}\frac{\mathrm{d}q}{R}=\frac{1}{4\pi\varepsilon_{0}R}\int_{S}\mathrm{d}q=\frac{Q}{4\pi\varepsilon_{0}R}$$

即球心处的电势大小与总电荷量有关,与电荷分布是否均匀无关.

【例 1-10】 求两根平行高压输电线在空间某处产生的电势分布.设两根输电导线之间的高压为 U_0,每根导线的半径为 a,中心间距为 d,如例 1-10 图 1 所示,且 $d\gg a$.

例 1-10 图 1

【解】 设两根输电线单位长度分别带 $+\lambda$ 和 $-\lambda$ 的电荷量,如例 1-10 图 2 所示,根据高斯定理,一根带电荷量 $+\lambda$ 的导线在外部区域的电场强度为

$$\boldsymbol{E}=\frac{\lambda}{2\pi\varepsilon_0 r}\boldsymbol{e}_r$$

该带电导线在某处产生的电势为

$$U_+=\frac{\lambda}{2\pi\varepsilon_0}\ln\frac{r_1}{r_0}$$

式中 r_0 为电势零点(本题不能选导线中心或无限远处).同理,带电荷量$-\lambda$ 的导线在该处的电势为

$$U_-=-\frac{\lambda}{2\pi\varepsilon_0}\ln\frac{r_2}{r_0}$$

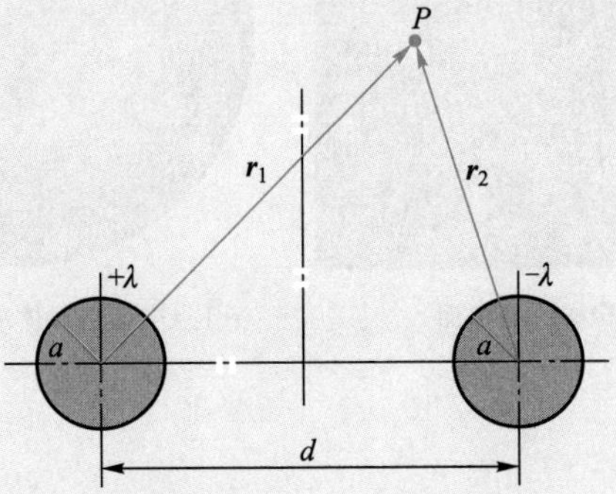

例 1-10 图 2

空间的总电势为

$$U=U_++U_-=\frac{\lambda}{2\pi\varepsilon_0}\ln\frac{r_1}{r_0}-\frac{\lambda}{2\pi\varepsilon_0}\ln\frac{r_2}{r_0}=\frac{\lambda}{2\pi\varepsilon_0}\ln\frac{r_1}{r_2}$$

在第一根导线表面处,电势为

$$U_1=\frac{\lambda}{2\pi\varepsilon_0}\ln\frac{a}{(d-a)}$$

在第二根导线表面处的电势 $U_2=-U_1$,两根导线的电势差为

$$\Delta U=U_1-U_2=2U_1=\frac{\lambda}{\pi\varepsilon_0}\ln\frac{a}{(d-a)}$$

根据题意,$\Delta U=U_0$,所以有 $\lambda=\dfrac{\pi\varepsilon_0 U_0}{\ln\dfrac{a}{(d-a)}}$,代入电势表达式中,得

$$U=\frac{U_0}{2}\frac{\ln(r_1/r_2)}{\ln[a/(d-a)]}$$

这就是两根平行高压输电线在空间点 P 的电势.

1-5-5 等势面

1. 等势面

电势为空间坐标的标量函数,是标量场.标量场常用等值面来进行形象的几何描述,电势的等值面称为等势面,在同一等势面上,电势处处相等.图 1-21(a)是电偶极子的等势面图,图 1-21(b)是一个点电荷在导体球旁边形成的等势面图.

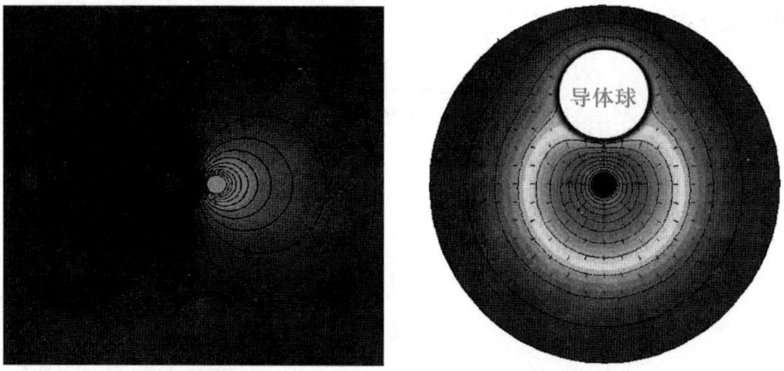

(a) 电偶极子的等势面　　(b) 点电荷与导体球形成的等势面

图 1-21 等势面

等势面有以下几个特性:① 一根电场线不可能与同一等势面相交两次或多次;② 空间某点的电场强度方向应与该处的等势面正交;③ 电场强度的大小也可用等势面的疏密程度来量度.

各种电荷分布的带电体其等势面的分布可以由电势公式计算出来,然后把电势相同的点连成曲面,就得到了等势面的分布图.图 1-22 是金属导体"USTC"加不同的电荷量时用计算机作图获得的等势面形状.

2. 电势与电场的关系

电势是标量,因此从电荷分布计算电势比计算场强方便.若能从电势分布求出场强分布,这显然是非常有意义的.

考虑三个非常靠近的等势面 A,B 和 C,如图 1-23 所示,那么将单位正电荷沿法线方向从一个等势面移到与其相邻的等势面上,电场所做功的大小也会一样,跟移动电荷的路径无关.做功的大小为电场强度与相邻等势面间的距离的乘积.因此,等势面间距越小,电场就越大.等势面间距的大小反映了等势面的疏密程度.所以,电场的大小可用等势面的疏密程度来量度.

设 A、B 和 C 三个等势面的电势值分别为 $U-\Delta U$,U,$U+\Delta U$,单位点电荷从 B 移至 C,电场力对单位电荷所做的功等于电势的减少,即

$$\boldsymbol{E}\cdot\Delta\boldsymbol{l}=-\Delta U$$

或

$$\Delta U=-E_l\Delta l$$

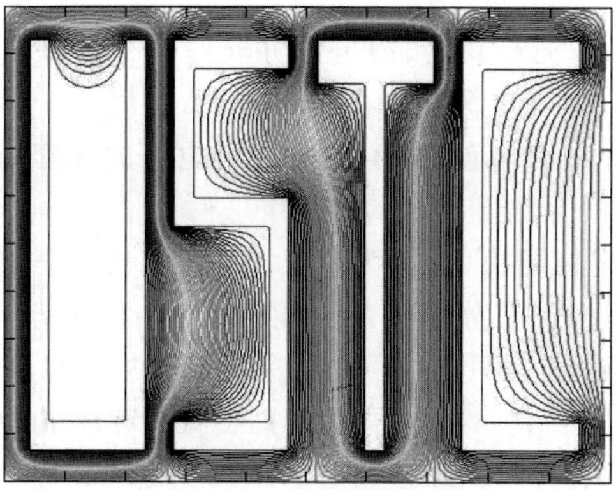

图 1-22 带电导体周围的等势面

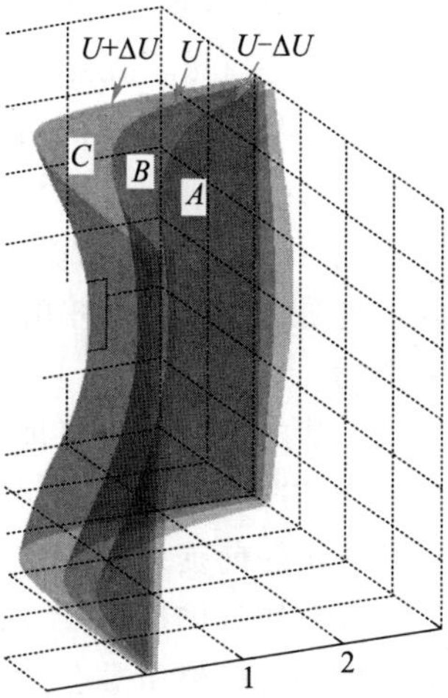

图 1-23 电势的方向导数

亦即

$$E_l=-\frac{\Delta U}{\Delta l}$$

可见,改变相同的 ΔU,沿不同的方向,由于 Δl 的长度不同,E_l并不相同.根据电场强度的方向总是与等势面垂直的特性,要求出电场强度,我们只能选择沿等势面的法线方向移动点电荷,在这个方向上,电场对单位电荷移动单位距离所做的功就是电场强度,所以

$$E=-\frac{\Delta U}{\Delta n}$$

n 表示沿法线方向移动电荷的微小线元.在数学中,对于任何一个标量场,可定义其梯度,梯度是矢量,其大小等于该标量函数沿其等值面的法线方向的方向导数,方向沿等势面的法线方向,即

$$\nabla U=\frac{\partial U}{\partial n}\boldsymbol{n}$$

当沿法线方向移动单位电荷时,电势在该方向的变化率最大,亦即电势的梯度最大,根据矢量的定义,矢量绝对值最大的分量就是矢量本身,所以电场强度的大小为

$$\boldsymbol{E}=-\nabla U=-\frac{\partial U}{\partial n}\boldsymbol{n} \tag{1-30}$$

即静电场中任意一点的电场强度的大小在数值上等于该点电势梯度的大小,方向与电势梯度的方向相反,即指向电势下降的方向.

在直角坐标系中,场强 $\boldsymbol{E}$ 可用该坐标系中的各分量来表示,即

$$\boldsymbol{E}=E_x\boldsymbol{e}_x+E_y\boldsymbol{e}_y+E_z\boldsymbol{e}_z=-\frac{\partial U}{\partial x}\boldsymbol{e}_x-\frac{\partial U}{\partial y}\boldsymbol{e}_y-\frac{\partial U}{\partial z}\boldsymbol{e}_z \tag{1-31}$$

已知电势的值,就可求得电场强度的值.

关于电势有以下几点值得注意:

(1) 电势 $U(x,y,z)$ 是标量,只有一个分量,但场强是矢量,有三个分量,为何由 $\boldsymbol{E}=-\nabla U$ 能给出三个函数 E_x、E_y 和 E_z 呢? 其实,静电场并非一个完全任意的矢量场,它必须满足环路定理,因而 $\boldsymbol{E}$ 的三个分量并不是独立的.能用一个标量函数 U 来描写静电场,并由之得到一个矢量场(场强),这是由静电场的保守场特性决定的.

(2) 静电场的环路定理是从库仑定律导出的,因为库仑定律已包含了静电场是有心力场这一特性,凡是有心力场,其环路积分都恒为零.能够用一个标量势函数描写静电场的前提是静电场为有心力场,而且只要求静电场是有心力场就足够了.至于势函数的具体形式,还取决于有心力的具体形式,即需借助于高斯定理.由电荷分布所确定的电势函数公式,已包括了电荷间相互作用遵从距离平方反比律这一内容,即已包含了库仑定律的全部信息.

(3) 电势在分界面上连续.即分界面两侧电势值在分界面处相等:

$$U_1\big|_{\text{界面}}=U_2\big|_{\text{界面}} \tag{1-32}$$

这可以通过简单的积分来证明,取分界面两边的两点 a 和 b,它们之间距离为 Δl,该两点的电势差为 $U_1-U_2=\int_a^b \boldsymbol{E}\cdot \mathrm{d}\boldsymbol{l}=E\Delta l$,当 a 和 b 两点都无限趋近于分界面时,Δl 趋近于 0,即在分界面处 $U_1-U_2=0$,得证.

【例 1-11】 求电偶极子的电势及电场的分布.

【解】 如例 1-11 图所示,取电偶极子的中点为坐标原点,$r\gg l$,则点 P 的电势为

$$U(\boldsymbol{r})=\frac{q}{4\pi\varepsilon_0}\left(\frac{1}{|\boldsymbol{r}_+|}-\frac{1}{|\boldsymbol{r}_-|}\right)$$

由数学的级数展开,近似可以得到

$$|\boldsymbol{r}_+|\approx r\sqrt{1-\frac{l}{r}\cos\theta},\quad |\boldsymbol{r}_-|\approx r\sqrt{1+\frac{l}{r}\cos\theta}$$

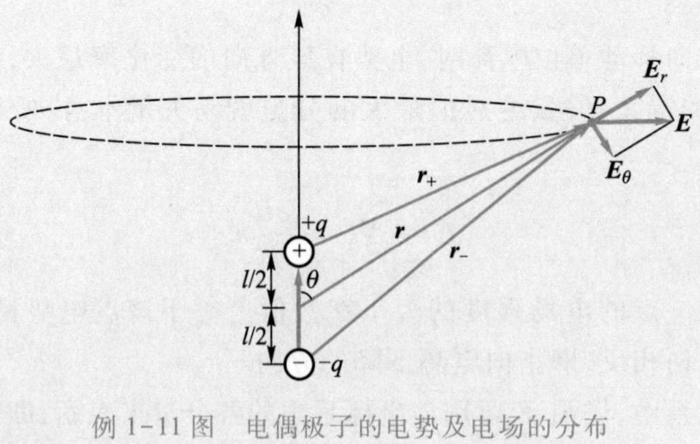

例 1-11 图 电偶极子的电势及电场的分布

把以上两式代入电势表达式中,并忽略 2 次以上高阶项,有

$$U(\boldsymbol{r})=\frac{q}{4\pi\varepsilon_0}\left(\frac{1}{r\left(1-\frac{l}{r}\cos\theta\right)^{1/2}}-\frac{1}{r\left(1+\frac{l}{r}\cos\theta\right)^{1/2}}\right)$$

$$\approx\frac{q}{4\pi\varepsilon_0 r}\left[\left(1+\frac{l}{2r}\cos\theta\right)-\left(1-\frac{l}{2r}\cos\theta\right)\right]$$

$$=\frac{ql\cos\theta}{4\pi\varepsilon_0 r^2}=\frac{p\cos\theta}{4\pi\varepsilon_0 r^2}$$

考虑到电偶极矩的方向，点 P 的电势可改写为

$$U(\boldsymbol{r})=\frac{\boldsymbol{p}\cdot\boldsymbol{r}}{4\pi\varepsilon_0 r^3}$$

由电场强度与电势的关系式，在球坐标下，可求得电场强度

$$\boldsymbol{E}=-\nabla U=-\frac{\partial U}{\partial r}\boldsymbol{e}_r-\frac{1}{r}\frac{\partial U}{\partial\theta}\boldsymbol{e}_\theta-\frac{1}{r\sin\theta}\frac{\partial U}{\partial\phi}\boldsymbol{e}_\phi$$

$$=\frac{1}{4\pi\varepsilon_0}\frac{2p\cos\theta}{r^3}\boldsymbol{e}_r+\frac{1}{4\pi\varepsilon_0}\frac{p\sin\theta}{r^3}\boldsymbol{e}_\theta$$

在球坐标中电场强度的三个方向分量为

$$\begin{cases}E_r=\dfrac{1}{4\pi\varepsilon_0}\dfrac{2p\cos\theta}{r^3}\\ E_\theta=\dfrac{1}{4\pi\varepsilon_0}\dfrac{p\sin\theta}{r^3}\\ E_\varphi=0\end{cases}$$

$E_\varphi=0$，表示电偶极子的电场分布具有轴对称性.改用矢量表达，则电偶极子在空间任一点的电场强度可写成

$$\boldsymbol{E}=-\frac{\boldsymbol{p}}{4\pi\varepsilon_0 r^3}+\frac{3(\boldsymbol{p}\cdot\boldsymbol{r})\boldsymbol{r}}{4\pi\varepsilon_0 r^5}$$

【例 1-12】 求半径为 R 的均匀带电圆盘轴线上一点的电势，设电荷面密度为 σ.并利用电势求轴线上一点的电场强度.

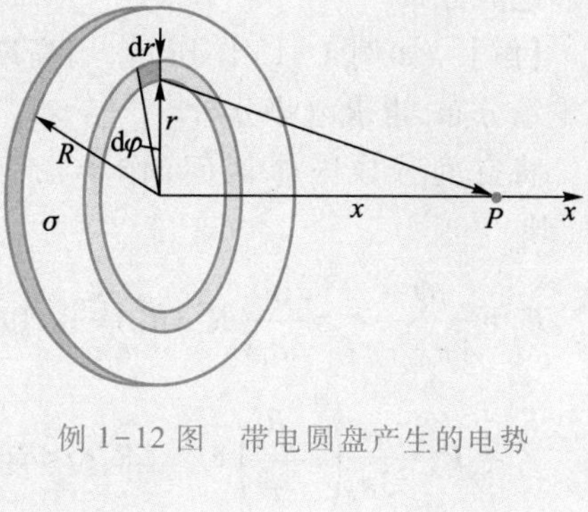

例 1-12 图 带电圆盘产生的电势

【解】 (1) 如例 1-12 图所示，在半径 r 处，取一高度为 $\mathrm{d}r$，宽度为 $r\mathrm{d}\varphi$ 的小面元，该小面元在点 P 的电势为

$$\mathrm{d}U=\frac{1}{4\pi\varepsilon_0}\frac{\sigma r\mathrm{d}r\mathrm{d}\varphi}{\sqrt{r^2+x^2}}$$

根据电势叠加原理，得到整个圆盘在点 P 的电势为

$$U=\int_0^R\int_0^{2\pi}\frac{\sigma r\mathrm{d}r\mathrm{d}\varphi}{4\pi\varepsilon_0\sqrt{r^2+x^2}}=\frac{\sigma}{2\varepsilon_0}\left(\sqrt{x^2+R^2}-x\right)$$

当 $R\to\infty$ 时,电势 $U\to\infty$,这个结果并不合适,因为在本题计算中,已经选取无限远处为电势参考点(即零电势点),所以如果计算无限大带电平面产生的电势,一般不能取无限远处为电势零点,通常要选取有限远处任一点作为电势零点.例如如果选 $x=x_0$ 为电势零点,则

$$U=U_0-\frac{\sigma}{2\varepsilon_0}\left(\sqrt{x^2+R^2}-x\right)=\frac{\sigma}{2\varepsilon_0}\left(\sqrt{x_0^2+R^2}-x_0\right)-\frac{\sigma}{2\varepsilon_0}\left(\sqrt{x^2+R^2}-x\right)$$

此时,当 $R\to\infty$ 时,有

$$U=\frac{\sigma}{2\varepsilon_0}(x-x_0)$$

(2) 电场强度 $\boldsymbol{E}$ 与电势的关系式:

$$\boldsymbol{E}=-\nabla U=-\frac{\partial U}{\partial x}\boldsymbol{e}_x$$

故

$$\boldsymbol{E}=\begin{cases}\dfrac{\sigma}{2\varepsilon_0}\left[1-\dfrac{x}{\sqrt{R^2+x^2}}\right]\boldsymbol{e}_x & (x>0)\\ -\dfrac{\sigma}{2\varepsilon_0}\left[1+\dfrac{x}{\sqrt{R^2+x^2}}\right]\boldsymbol{e}_x & (x<0)\end{cases}$$

当 $R\to\infty$ 时,即得到无限大均匀带电平面的电场强度为

$$\boldsymbol{E}=\begin{cases}\dfrac{\sigma}{2\varepsilon_0}\boldsymbol{e}_x & (x>0)\\ -\dfrac{\sigma}{2\varepsilon_0}\boldsymbol{e}_x & (x<0)\end{cases}$$

【例 1-13】 均匀带电,密度为 ρ,内外半径分别为 R_1 和 R_2 的球壳,求其电场和电势分布.

【解】 如例 1-13 图所示,用高斯定理先求出电场分布,再求电势分布.

将空间分成三个区间,作半径为 r 的高斯面,则

$$\boldsymbol{E}_1=\frac{Q}{4\pi\varepsilon_0 r^2}\boldsymbol{e}_r=\frac{\rho}{3\varepsilon_0}(R_2^3-R_1^3)\frac{\boldsymbol{e}_r}{r^2}\quad(r\geqslant R_2)$$

$$\boldsymbol{E}_2=\frac{\rho}{3\varepsilon_0}\left(r-\frac{R_1^3}{r^2}\right)\boldsymbol{e}_r\quad(R_1<r<R_2)$$

$$\boldsymbol{E}_3=0\quad(r\leqslant R_1)$$

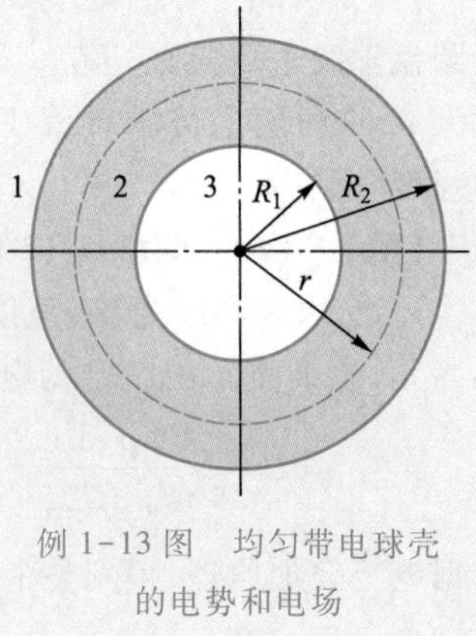

例 1-13 图　均匀带电球壳的电势和电场

根据 $U(\boldsymbol{r})$ 和 $\boldsymbol{E}$ 的关系，可以由积分得到 $U(\boldsymbol{r})$：

$$U_1(\boldsymbol{r}) = -\int_{\infty}^{r} \frac{\rho}{3\varepsilon_0}(R_2^3 - R_1^3)\frac{\boldsymbol{r}\cdot \mathrm{d}\boldsymbol{l}}{r^3} = \frac{\rho}{3\varepsilon_0}(R_2^3 - R_1^3)\frac{1}{r} \quad (r \geqslant R_2)$$

$$U_2(\boldsymbol{r}) = -\int_{\infty}^{R_2} \boldsymbol{E}_1 \cdot \mathrm{d}\boldsymbol{l} - \int_{R_2}^{r} \boldsymbol{E}_2 \cdot \mathrm{d}\boldsymbol{l} = U_1(R_2) - \int_{R_2}^{r} \frac{\rho}{3\varepsilon_0}\left(1 - \frac{R_1^3}{r^3}\right)\boldsymbol{r}\cdot \mathrm{d}\boldsymbol{l}$$

$$= \frac{\rho}{3\varepsilon_0}\left(\frac{3}{2}R_2^2 - \frac{R_1^3}{r} - \frac{r^2}{2}\right) \quad (R_1 < r < R_2)$$

$$U_3(\boldsymbol{r}) = -\int_{\infty}^{R_2} \boldsymbol{E}_1 \cdot \mathrm{d}\boldsymbol{l} - \int_{R_2}^{R_1} \boldsymbol{E}_2 \cdot \mathrm{d}\boldsymbol{l} - \int_{R_1}^{r} \boldsymbol{E}_3 \cdot \mathrm{d}\boldsymbol{l}$$

$$= U_2(R_1) = \frac{\rho}{2\varepsilon_0}(R_2^2 - R_1^2) \quad (r \leqslant R_1)$$

讨论 由 U_3 与 r 的关系可知，球壳内空腔是等势区域，其电势与球壳内表面相等.

1-5-6 带电粒子在电场中运动

一个质量为 m，电荷量为 q 的粒子在静电场中的运动方程为

$$m\frac{\mathrm{d}^2\boldsymbol{r}(t)}{\mathrm{d}t^2} = q\boldsymbol{E}(\boldsymbol{r})$$

其中 $\boldsymbol{r}(t)$ 是电荷的位置矢量（时间变量），$\boldsymbol{E}$ 是电场强度.

如果电场是均匀的，且沿 x 轴方向，电荷在 $t=0$ 时从 $x=0$ 处开始运动，则

$$x = \frac{qE}{2m}t^2$$

现让质量为 m，电荷量为 q 的粒子处于静电场的电势为 U_1 位置处，若速度为 v_1，那么该电荷运动到电势为 U_2 的位置时，其速度为 v_2，对低速运动情况，有

$$\frac{1}{2}mv_1^2 + qU_1 = \frac{1}{2}mv_2^2 + qU_2$$

所以

$$v_2 = \sqrt{v_1^2 + \frac{2q(U_1 - U_2)}{m}}$$

带电粒子在电场中运动，电场力做正功，使粒子的动能增加.如果垂直电场入射，在电场力的作用下将使粒子方向发生偏转.显像管中通常加有水平偏转电场和垂直偏转电场，控制这两个电场（或电势差）就可以让电子束落在显示屏的不同位置.示波管、显像管、雷达指示管、电子显微镜等就是利用电子束的偏转与聚焦来工作的，如图 1-24 所示.

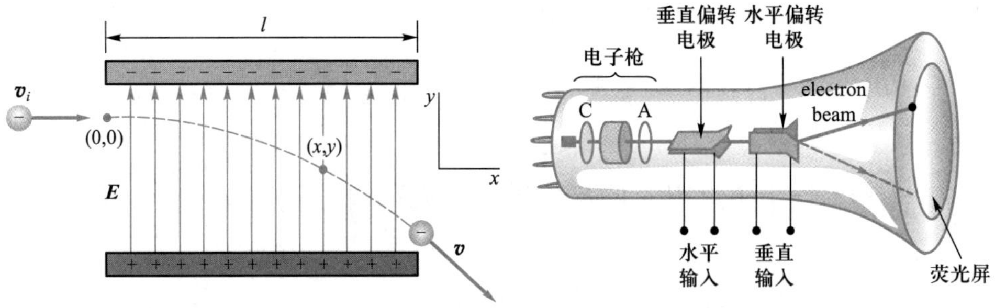

图 1-24 显像管原理

【例 1-14】 电除尘中有一个设计是两段式的，即尘埃带电和除尘分别在两段空间内进行，如例 1-14 图所示的是由平板电极构成的除尘空间.入口处粒子的质量为 m，电荷量为 q，水平速度为$\boldsymbol{v}$，若希望所有的粒子都在出口处被捕获，则电极的长度应如何设计？

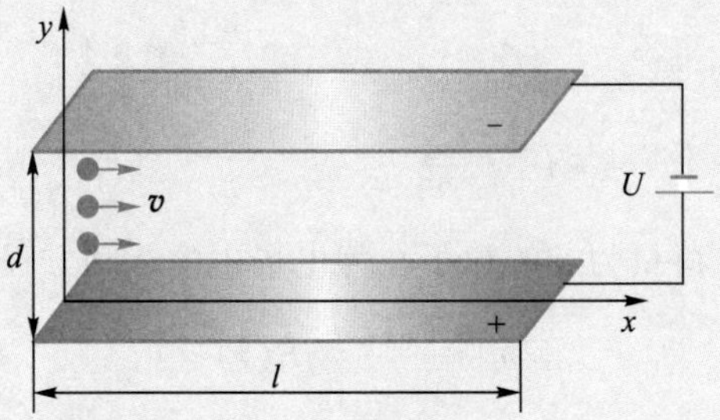

例 1-14 图

【解】 设空气处于流通状态，空气的阻力忽略不计，则粒子在垂直方向的运动方程为

$$m\frac{\mathrm{d}^2y}{\mathrm{d}t^2}=-qE=-\frac{qU}{d}$$

积分该式，得

$$y=-\frac{qU}{2md}t^2+C_1t+C_2$$

设极板间距为 d，当 $t=0$ 时，$y=d$，$\mathrm{d}y/\mathrm{d}t=0$，代入上式，确定积分常量，得

$$y=-\frac{qU}{2md}t^2+d$$

当粒子到达下电极时的所需时间为

$$T=\sqrt{\frac{2md^2}{qU}}$$

粒子水平方向的飞行速度是恒定的，所以

$$l=vT=v\sqrt{\frac{2md^2}{qU}}$$

设 $q/m=10^{-4}$ C/kg, $U=40$ kV, $d=20$ cm, $v=2$ m/s, 则

$$l=v\sqrt{\frac{2md^2}{qU}}=28\ \text{cm}$$

电子枪的基本结构如图 1-25(a)所示，它由阴极、栅极和筒状阳极组成，栅极 G 相对于阴极加负电压，使栅极附近的空间为电子的高势能区，见图 1-25(b)，在栅极与阴极之间出现了一个势垒，阴极发射的电子的速度具有一定的分布，只有初速度达到一定阈值的电子才能越过势垒后向阳极作加速运动，若栅极电压较小，则有更多的电子穿过势垒，形成较强的电子束，反之则有较弱的电子束.所以，通过控制栅极负电压的大小可以控制电子束的强度即荧光屏上的亮点的亮度.

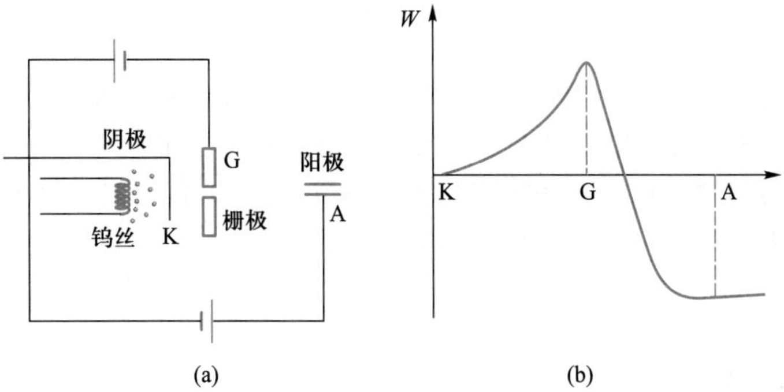

图 1-25 电子枪的结构和势垒分布

阳极有两种作用，一是使电子加速，使之具有较高的动能到达荧光屏，二是控制电子的运动轨迹，使电子在运动过程中有聚焦作用，使电子束线变细.这一点后面将专门介绍.

如果阳极相对于阴极的电势为 U_A，由阴极发射出来的电子具有初速度 v_0，则根据能量守恒定律，可以得到电子的速度为

$$v=\sqrt{v_0^2+\frac{2e}{m_e}U_A}$$

电子的初速度通常很小，加速电压可以高达几千甚至几万伏，使到达荧光屏的电子具有较高的动能，以加速电压为 10^4 V 为例，我们可以估算电子的最终速度为(仅仅估算，不考虑相对论效应)

$$v=\sqrt{\frac{2e}{m_e}U_A}=\sqrt{2\times1.759\times10^{11}\times10^4}\ \text{m/s}\approx5.9\times10^7\ \text{m/s}$$

其速度已达到光速的 20%.

当电子的初速度不为零、运动方向与电场力方向不一致时，电场力不仅改变电子运动的能量，而且也改变电子的运动方向.如果我们把静电场的等势面做成凸透镜形状，那么平行电子束将会聚在一点上.静电透镜就是利用这个原理制成的，静电

透镜是电子透镜中的一种,指施加一定电势的中心开孔金属薄板或圆筒构成的电子和离子光学器件.由多个静电透镜组成透镜系统,它的主要作用是将带电离子束流聚焦或以很小的发散角送至下一级使用.图 1-26 是静电透镜的结构示意图和模拟电子束聚焦.在垂直于电场线的方向画出等势面,其形状与凸透镜相似.当平行的电子束入射时,就会在圆筒轴线的某一点上聚焦.

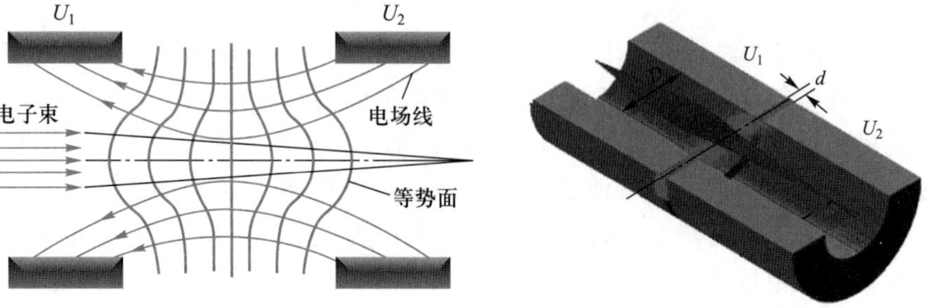

图 1-26　静电透镜原理

早期的电子显微镜中曾使用过静电透镜.由于静电透镜需要很强的电场,常在镜筒内产生弧光放电和电击穿,低真空度情况下尤为严重.静电透镜焦距不能很短,因而不能很好地矫正球差.现在制造的透射电子显微镜,静电透镜仅用于使电子枪中的阴极发射出的电子会聚成很细的电子束.

第一章拓展应用

第一章习题

1-1　两个带正电的小球体由长度相等的绝缘细线悬挂在天花板上的一个公共点.第一个小球的质量和电荷量分别为 m_1和 q_1,第二个小球的质量和电荷量分别为 m_2和 q_2,如图所示.如果第一个小球的细线与垂直线夹角为 θ_1,则第二个小球的细线与垂直方向的角度 θ_2 为多少(忽略天花板带来的影响)?

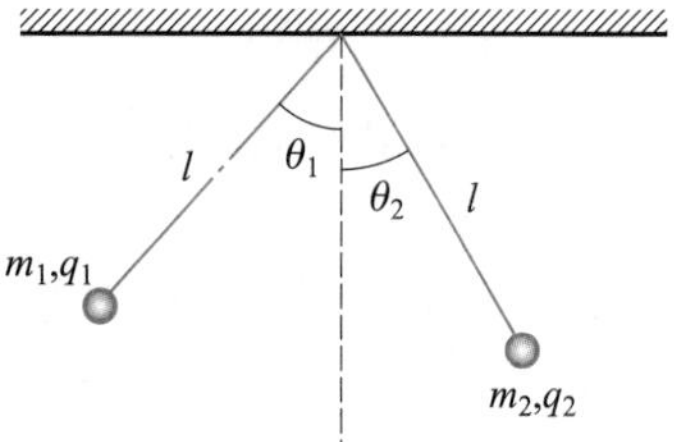

习题 1-1 图

1-2　真空中有一电荷量为 Q 的固定点电荷,另一质量为 m、电荷量为 q 的质点,若 $Qq<0$,则库仑力为吸引力.如果它们之间的距离为 r,证明 q 将绕 Q 为焦点作圆锥曲线运动,即:$r=\dfrac{p}{1+e\cos\theta}$,$p=-\dfrac{4\pi\varepsilon_0 mh^2}{qQ}$,$e=\dfrac{4\pi\varepsilon_0 mh^2 A}{qQ}$,式中 h 为单位质量的角动量($h=r\dot{\theta}$),A 为积分常数,均由初始条件确定.

1-3　电磁学建立初期曾采用静电单位制(esu),在静电单位制中,库仑定律可写成 $F=q_1q_2/r^2$,并且长度、质量和时间用厘米、克和秒(即 CGS 制),请导出静电单位制中的电荷量与国际单位制中电荷量的转换关系，并且把密立根油滴实验测定的电子电荷量绝对值 $e=4.774\times10^{-10}$ 静电单位转换成国际单位制中的电荷量.

1-4 如图所示，两个固定且带正电荷量 Q 的点电荷，放置在一条直线上，距离中点 O 都为 r，若此时在中点 O 放置第三个电荷 q，质量为 m.(1) q 限制在哪些方向运动时，它的运动是否是稳定的？(2) 讨论 q 受到小扰动时的运动情况.

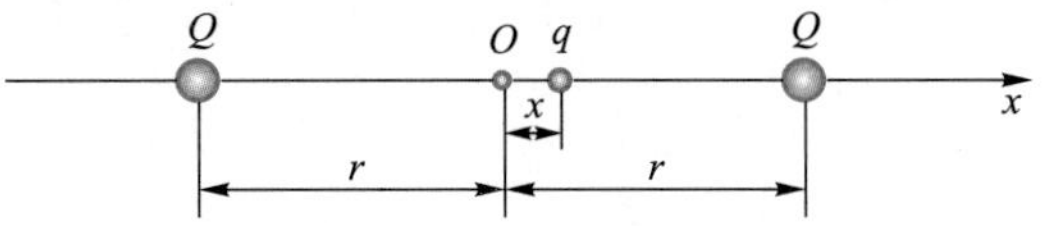

习题 1-4 图

1-5 三个电荷量为 q 的电荷位于等边三角形的顶点，另一个电荷 Q 位于三角形中心处，(1) 如果 $Q=-q$，所有顶点处的三个电荷将如何运动？(2) Q 取何值时，系统是稳定的？

1-6 两个电荷量分别为 q_1 和 q_2 的带电小导体球，半径 R 相同，距离 r 远大于它们的半径，它们之间用细导线接通后，再去掉细导线，证明此时的它们之间的作用力比原来的作用力大.

1-7 四个电荷量都为 Q 的点电荷 Q_1、Q_2、Q_3、Q_4 分别位于边长为 d 的正方形的四个顶点上，如图所示.如果 $d=0.1$ m，$Q=4.15$ mC，求出右顶角上电荷 Q_4 受到的作用力的大小和方向.

1-8 一个细圆环半径为 R，均匀带电，带电量为 Q，在圆环的轴线上有一个均匀带电的直线，单位长度的电荷量为 λ，起点在圆心处，终点在无限远处，如图所示，求它们之间的库仑力.

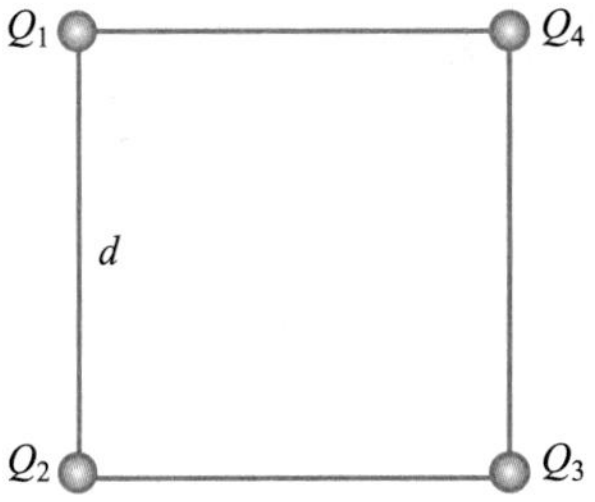

习题 1-7 图

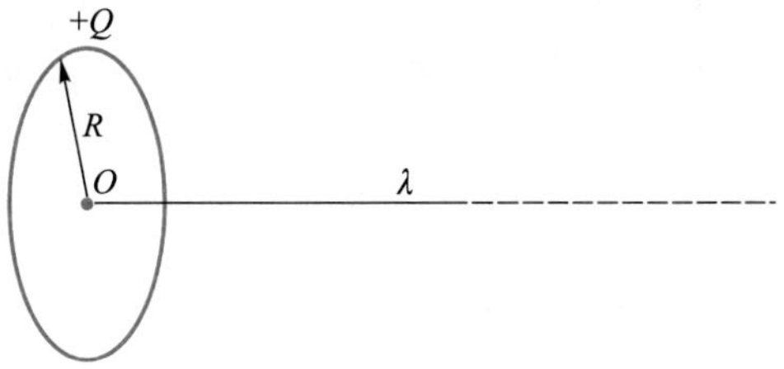

习题 1-8 图

1-9 半径为 R 的半球面，电荷面密度为 σ，求球心处的电场强度.

1-10 电荷分布在半径为 R 的半圆环上，电荷线密度为 $\lambda_0\sin\theta$，λ_0 为常量，θ 为半径 OA 和直径 BC 间的夹角，如图所示.证明 AC 上任一点的电场强度都与 AC 垂直.

1-11 一无限长均匀带电导线，电荷线密度为 λ，一部分弯成半圆形，其余部分为两条无限长平行直导线，两直线都与半圆的直径 AB 垂直，如图所示，求圆心 O 处的电场强度.

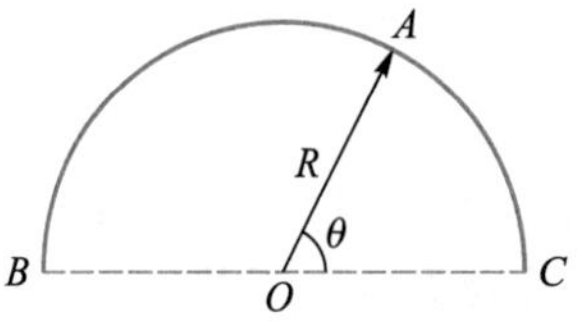

习题 1-10 图

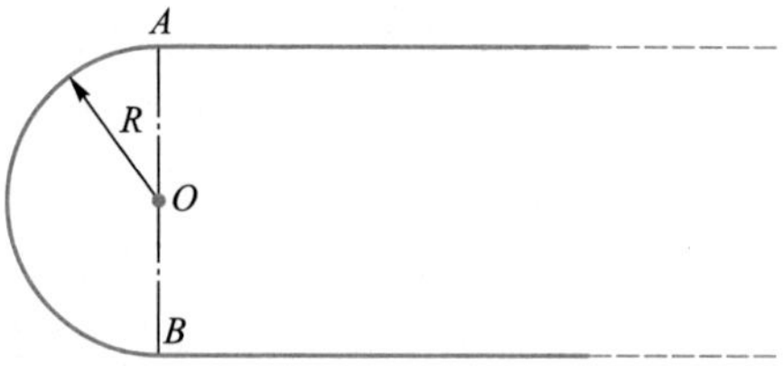

习题 1-11 图

1-12 电荷分布在半径为 R 的球体内,电荷体密度 $\rho=\boldsymbol{a}\cdot\boldsymbol{r}$,$\boldsymbol{a}$ 是常矢量,$\boldsymbol{r}$ 是球心到球内一点的径矢,如图所示,求球心处的电场强度.

1-13 一均匀直导线长度为 $2L$,均匀带电,电荷线密度为 λ,取导线中点为坐标原点,导线放置方向为 x 轴,如图所示,求:(1) 导线内($|x|<L$);(2) 导线延长线上($|x|>L$)的电场强度.

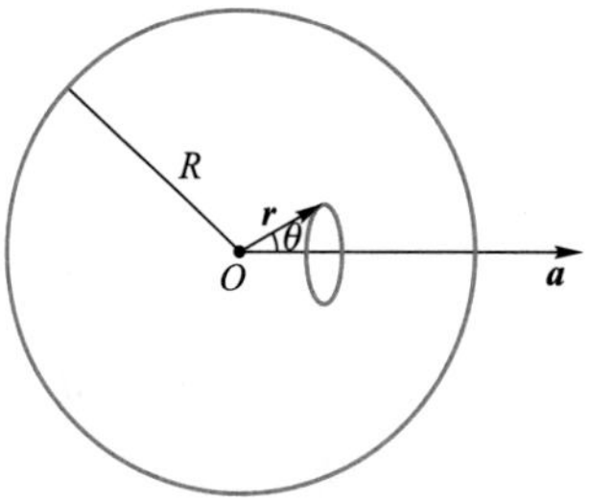

习题 1-12 图

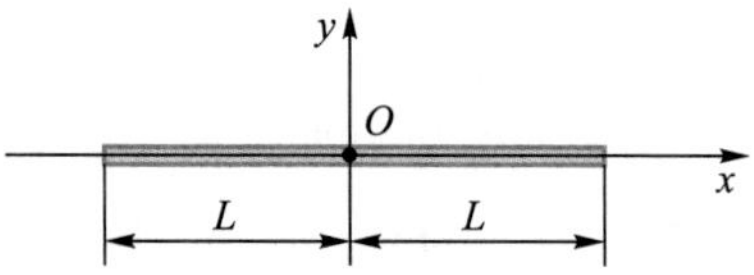

习题 1-13 图

1-14 两个同轴的均匀带电圆环,半径均为 R,相距为 l,所带的电荷量分别为 $+q$ 和 $-q$,以两个环的轴线的中点为坐标原点,沿轴线取为 x 轴,已知 $l\ll R$,如图所示,(1) 求轴线上 x 处的电场强度;(2) 如果想在两个圆环中心连线的中点 O 处的电场强度近似的均匀值,则圆环的半径 R 与距离 l 要满足什么条件?

1-15 证明电偶极矩 $\boldsymbol{p}$ 在与其连线成 $\theta=\arccos(1/\sqrt{3})$ 处,由 $\boldsymbol{p}$ 产生的电场强度 $\boldsymbol{E}$ 与 $\boldsymbol{p}$ 垂直.

1-16 如图所示,电场线从点电荷 $+q_1$ 出发,与正负电荷的连线成 α 角,则该电场线进入负电荷 $-q_2$ 的角度 β 是多大?

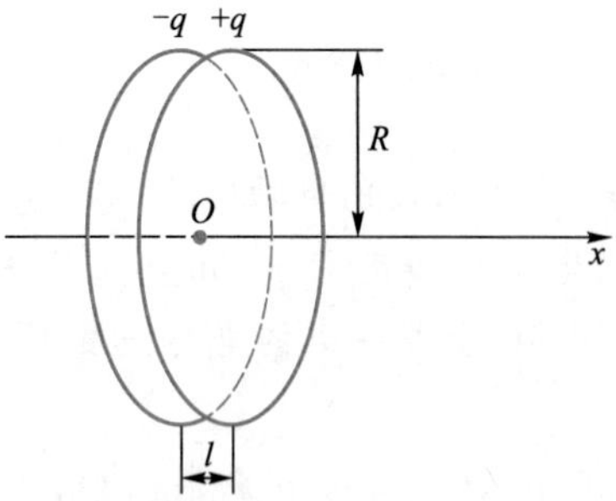

习题 1-14 图

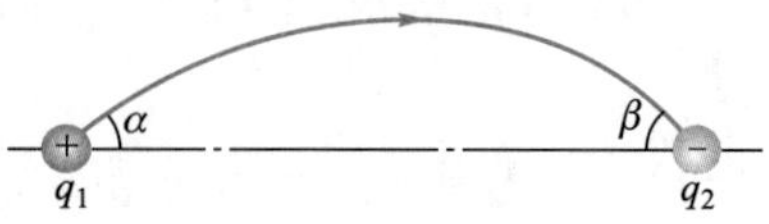

习题 1-16 图

1-17 半径为 R 的无限长圆柱体，柱内电荷体密度 $\rho=ar-br^3$，r 为柱内某点到圆柱体轴线的距离，a、b 为常量. 求圆柱体内外电场分布.

1-18 一无限长均匀带电的圆柱面，半径为 R，电荷面密度为 σ，假设沿轴线将其切开，求其中一半圆柱面单位长度所受的力.

1-19 半径为 R 的大球被挖去一个半径为 $R/2$ 的小球，余下部分所带电总量为 Q，均匀分布.在球外距离大球的球心为 r 处放置一个点电荷 q，如图所示，不考虑其对带电大球的影响，求 q 受到的静电力.

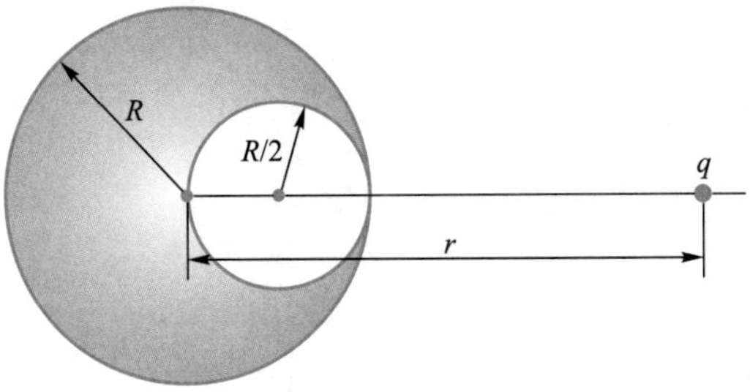

习题 1-19 图

1-20 实验测得，在近地面处有向上的静电场，在 200 m 高度电场强度值为 200 N · C^{-1}；在高度为 300 m 处，有方向向上的电场，其电场强度大小约为 60 N · C^{-1}，(1) 试估算大气中电荷体密度；(2) 假定地球上的电荷全部在地面上，试估算地面上的电荷面密度.

1-21 电荷分布在半径为 R 的球体内，电荷体密度 $\rho(r)=\rho_0(1-r/R)$，式中 ρ_0 为常量，r 为球内一点到球心的距离. 求：(1) 球内外 r 处的电场强度；(2) 电场强度的最大值.

1-22 一个无限长半径为 R 的圆柱体均匀带电，电荷体密度为 ρ，圆柱体内有一条半径为 r 的无限长细空腔，空腔中心轴线与原圆柱体中心轴线距离为 a，求圆柱面内空腔中任一点的电场强度.

***1-23** 电荷分布在半径为 R 的球面上，球面的电荷面密度 $\sigma=aR\cos\theta$，这里 a 是常量，θ 为球面点到球心连续对应的纬度.如图所示.(1) 求球心处的电场强度；(2) 求球内轴线上任一点 P 处的电场强度；(3) 如果球内电场为均匀场，则球外的电场等效于位于球心的一个电偶极子产生，则等效电偶极矩为多少？并求球外任一点的电场.

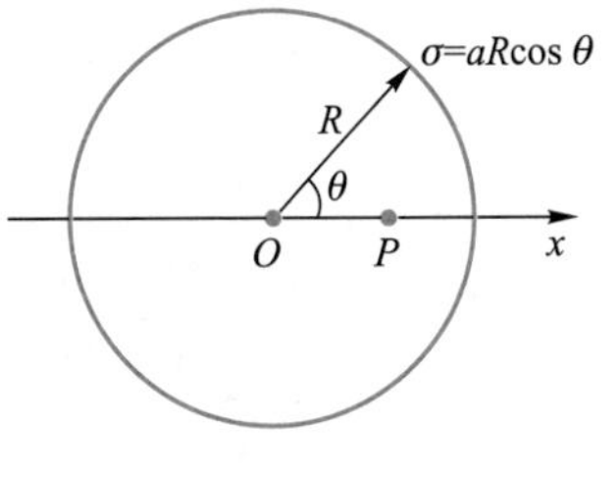

习题 1-23 图

1-24 一条无限长直线均匀带电，电荷线密度为 λ，求距离这条直线分别为 r_1 和 r_2 的两点之间的电势差.

1-25 如图所示是一种电四极子，它由两个电偶极矩 $p=ql$ 的电偶极子组成，并在一条直线上，但方向相反，它们的负电荷重合在一起，设 $r>>l$，求它们的延长线上离中点距离为 r 处的电场.

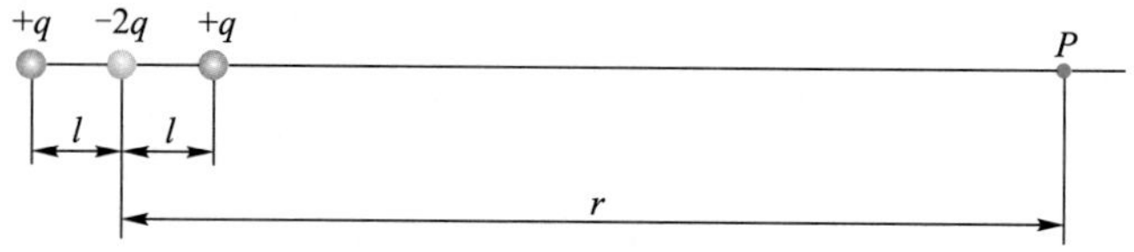

习题 1-25 图

1-26 面电四极子如图所示，点 $A(r,\theta)$ 与电四极子共面，极轴（$\theta=0$）通过正方形中心并与两边平行，设 $r \gg l$，求面电四极子在点 A 处产生的电场强度.

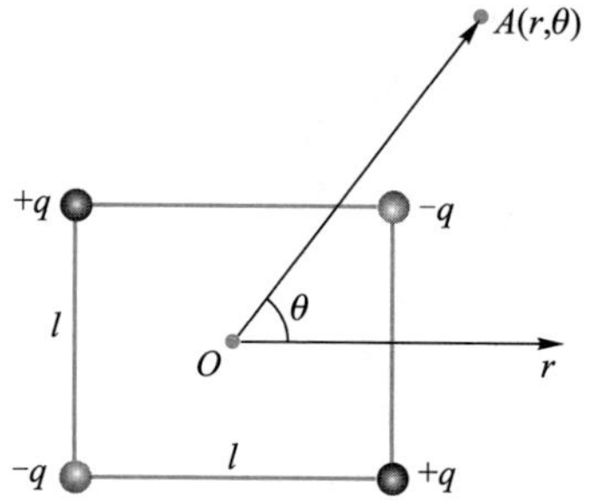

习题 1-26 图

1-27 有若干个互相绝缘的不带电的导体 A、B、C，…，它们的电势都是零，如果把其中任意一个导体 A 带上正电，证明：(1) 所有这些导体的电势都高于零，(2) 其他导体的电势都低于导体 A 的电势.

1-28 如图所示，三根等长的带电绝缘棒首尾相接构成三角形，其中的电荷分布如同绝缘棒换成长导体棒，且已达到静电平衡时的电荷分布. 三棒共存时，测得图中 A、B 两点的电势分别为 U_A 和 U_B. 若将 ab 棒取走，并不影响 ac 和 ab 棒的电荷分布. 求此时 A、B 两点的电势.

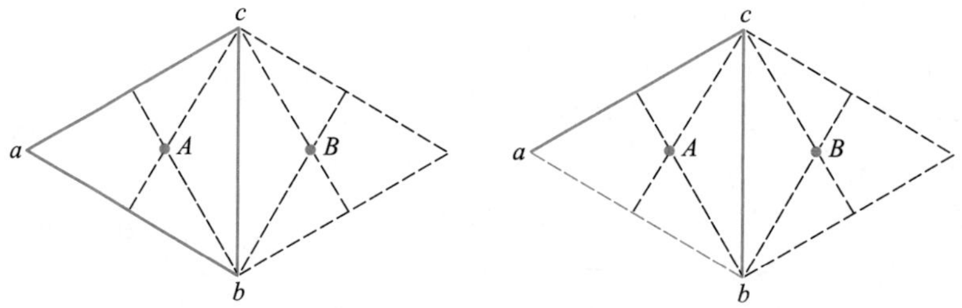

习题 1-28 图

1-29 有一半径为 R 的均匀带电球体，电荷体密度为 $+\rho$，今沿球体直径挖一细隧道，设挖隧道前后其电场分布不变. 现在洞口处由静止释放一点电荷 $-q$，其质量为 m，重力可以忽略不计，试求点电荷在隧道内的运动规律.

1-30 电荷量 q 均匀分布在长度为 $2l$ 的一段直线上，如图所示. 请求出下列各处的电势，并由电势求电场强度. (1) 中垂面上离中心 O 为 r_1 处，(2) 延长线上离中心 O 距离为 r_2 处，(3) 端垂面上离该点距离为 r_3 处.

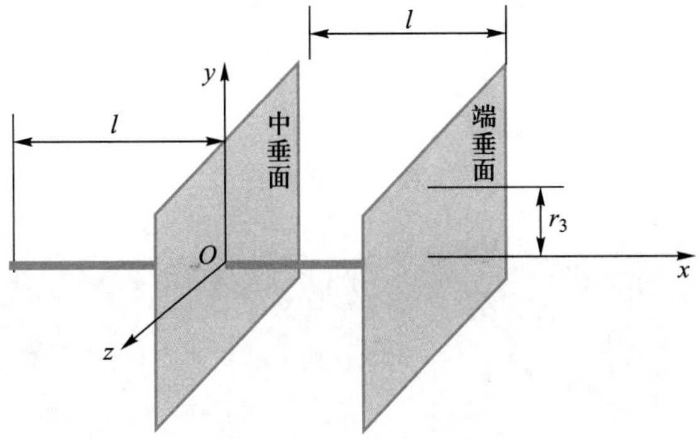

习题 1-30 图

***1-31** 两个点电荷电荷量均为 Q,相距为 d,如图所示,(1) 如果一个等势面要同时围上这两个电荷,则电势应该为多少?(2) 如果要求改等势面形状是处处凸起的,则电势至少为多大?

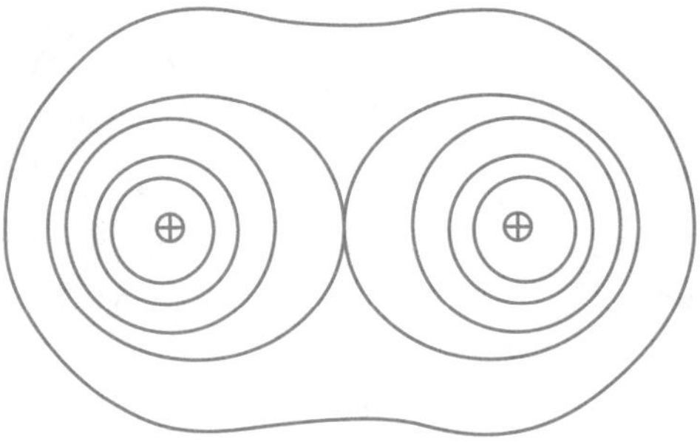

习题 1-31 图

1-32 静止电荷分布在内半径为 R_1,外半径为 R_2 的球壳内,在壳中的电荷分布为 $\rho=a+br$,其中 a 和 b 为常量,r 为从球心到球内一点的距离,求空间各点的电势和电场分布.

****1-33** 对于输电高压高于 500 kV 的电力系统,必须避免其在正常气象下发生电晕.电晕是当高压输电线的表面的电场强度超过空气击穿电场时,导线周围的空气被击穿而发生的局部放电现象.电晕将增加输电的功率消耗,并会干扰附近的通信线路.解决电晕的方法是采用分裂导线法,如习题 1-13 图 1 所示,导线的半径为 r_0 不变,可以减低电场强度;(1) 若 $d=2$ m,$c=0.2$ m,$r_0=0.05$ m,两分裂导线的表面电场强度是无分裂导线表面电场的百分之几?(2) 求八分裂导线的等效半径,假设八根导线半径均为 r_0,均匀分布在一个半径为 c 的圆周上;(3) 由(2)推出 N 分裂导线的等效半径.

1-34 一个电偶极矩为 $\boldsymbol{p}$ 的电偶极子和一个电荷量为 q 的点电荷的距离为 r,如图所示,$\boldsymbol{p}$ 与 $\boldsymbol{r}$ 成 θ 角,求:(1) 电偶极子受到的作用力;(2) 电偶极子受到的力矩.

****1-35** 高压电力设备中的载流元件必须冷却,以带走欧姆损耗引起的热量.如图所示为电流体泵示意图.电极之间的区域包含一个均匀的电荷 ρ_0,它是在左电极上

习题 1-33 图 1 八分裂高压输电线

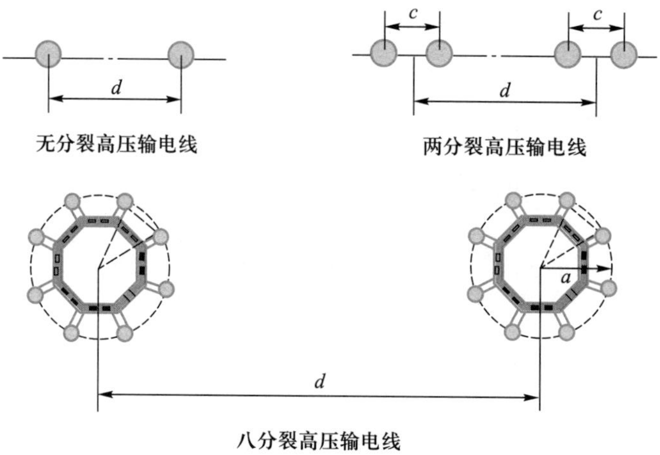

习题 1-33 图 2 无分裂、两分裂和八分裂高压输电线

产生，并在右电极上收集.计算该流体泵的静电压强，设 $\rho_0 = 25\ \mathrm{mC/m^3}$ 和 $U_0 = 22\ \mathrm{kV}$.

习题答案

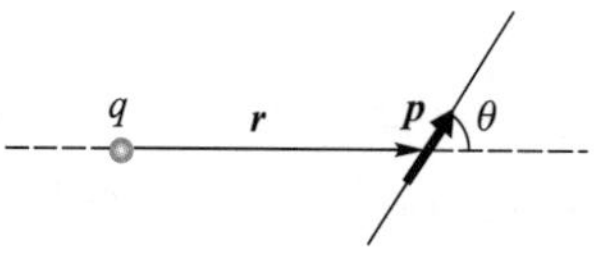

习题 1-34 图

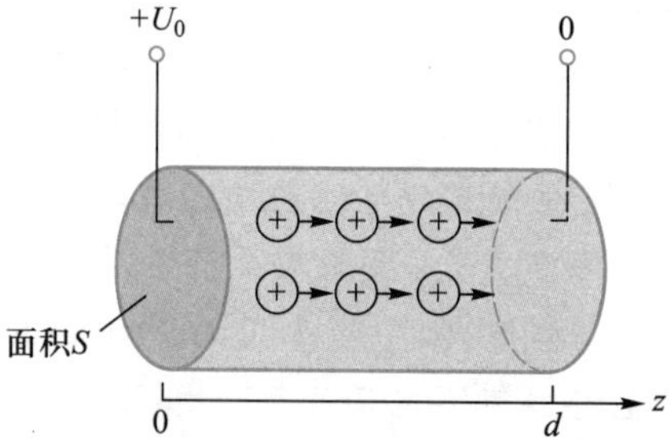

习题 1-35 图

第二章

静电场中的物质

§2-1 静电场中的导体

2-1-1 导体静电平衡的基本特性

导体中有大量可以自由移动的电荷，金属中自由电子数密度的典型值为 $n=10^{29\sim30}\ \mathrm{m}^{-3}$.金属中自由电荷为电子，导电气体和液体中的为正负离子和电子.静电平衡就是导体中不再有宏观的电荷运动，即导体中的自由电荷的分布在宏观上保持恒定，导体达到静电平衡的时间非常短，在金属中大约只需 10^{-14} s.

（1）静电平衡时导体内电场强度处处为零，即

$$\boldsymbol{E}\big|_{\text{导体内}}\equiv 0 \tag{2-1}$$

（2）静电平衡时的导体是一个等势体，即

$$U_{\text{导体}}\equiv\text{常量} \tag{2-2}$$

（3）静电平衡时，导体的电荷全部分布在外表面.导体内部电荷体密度 $\rho=0$，这是因为 $\nabla\cdot\boldsymbol{E}=\rho/\varepsilon_0$，而导体内部 $\boldsymbol{E}=0$，所以 $\rho=0$.

（4）导体表面周围空间（导体外）的电场处处垂直于导体的表面（等势面），如图 2-1 所示.

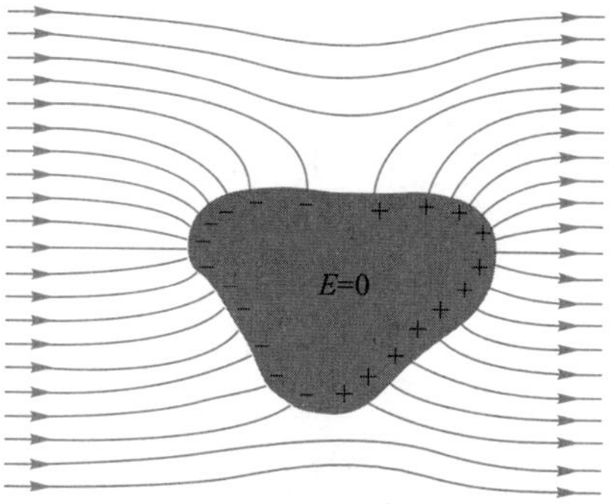

图 2-1 导体周围的电场分布

静电平衡时，导体显示出彻底的“抗电性”，即在外电场中，导体表面会感应出电荷，感应电荷在导体内产生的电场与外电场处处抵消，在导体外总电场为感应电荷的电场和外电场的叠加，如图 2-2 所示.

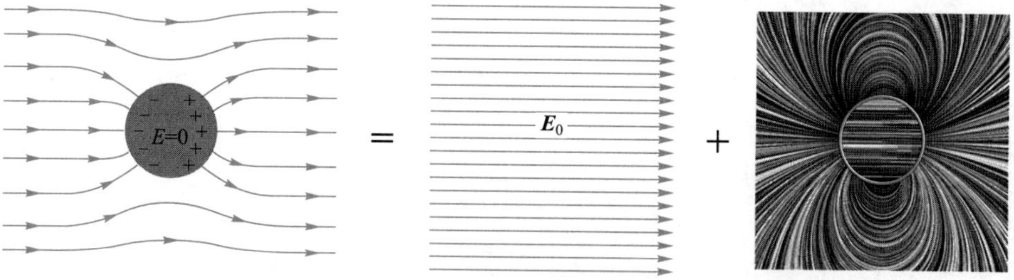

(a) 感应电荷和外场叠加的总电场 (b) 均匀的外电场 (c) 导体球面感应电荷产生的电场

图 2-2 静电场中的导体显示出彻底的“抗电性”

导体达到静电平衡时，电荷只分布在导体的表面.导体表面电荷的电荷层一般只有若干个原子的厚度.导体表面的电荷分布与导体的几何形状、导体所带的总电

荷量以及周围其他场源和其他导体的存在等有关，相当复杂.对孤立导体，表面电荷分布只与导体的形状有关，一般情况下，存在一个定性的关系，即凸的地方（曲率半径小），电荷面密度大；平坦的地方（曲率半径大），电荷面密度较小，如图 2-3(a)所示.电荷分布与其表面的曲率半径有关，但并不存在唯一的函数关系.图 2-3(b)是用计算机模拟立方体形的导体（总电荷量 Q）的电荷密度分布，四个顶角电荷密度最大，四条棱处的次之，六个面心处电荷密度最小.

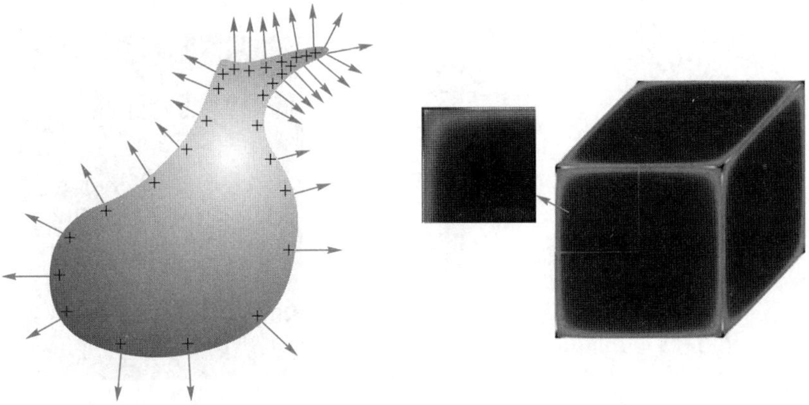

(a) (b)

图 2-3 导体表面电荷面密度分布示意图

在真空中，导体表面外部无限接近导体的电场强度与导体表面的电荷面密度存在简单的关系，如图 2-4 所示.在导体的边界取一个圆柱体，圆柱体的高度趋近于零，使上圆面紧贴外表面，下圆面紧贴内表面.由于导体内部电场为零，所以根据高斯定理，有

$$\oint_S \boldsymbol{E}\cdot \mathrm{d}\boldsymbol{S}=E\Delta S=\frac{\sigma\Delta S}{\varepsilon_0}$$

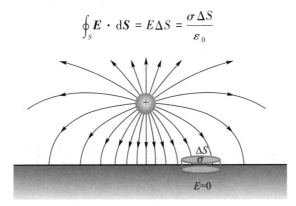

图 2-4 导体表面附近的电场

所以

$$\boldsymbol{E}=\frac{\sigma}{\varepsilon_0}\boldsymbol{e}_{\mathrm{n}}$$

σ 是所求位置处对应的导体表面电荷面密度.$\boldsymbol{e}_{\mathrm{n}}$ 为表面法线方向单位矢量.特别注意，这里的 $\boldsymbol{E}$ 并不是都由 σ 产生的，而是空间所有电荷分布在该点产生的总

电场.

导体表面电场 $\boldsymbol{E}$ 与 σ 成正比，σ 越大 $\boldsymbol{E}$ 越大，且垂直于导体表面，曲率半径特别小的地方，电荷密度很大，周围的电场强度亦很大，强大的电场可以使空气分子中的自由电荷（电子或离子）加速，获得足够大的动能，当它们与空气分子或某些原子碰撞时，就使其电子被打出来（电离），从而产生大量新的离子，这种过程时间很短，会使其周围的气体被击穿而发生放电，这种现象称为尖端放电，如图 2-5 所示.

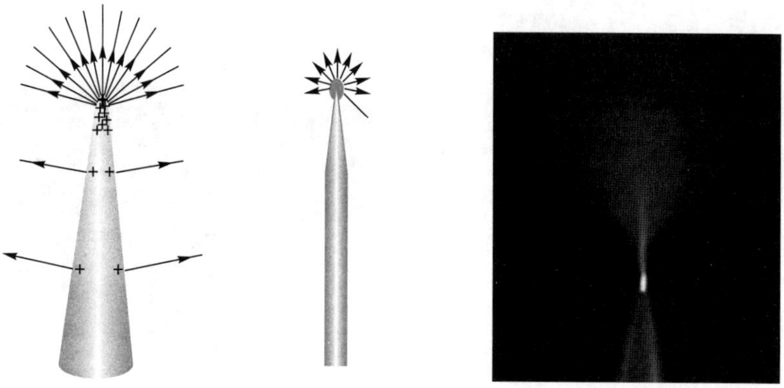

(a) 尖端电荷分布　　(b) 尖端电晕放电　　(c) 尖端电晕实验演示

图 2-5　尖端放电示意图

尖端放电的形式主要有电晕放电和火花放电两种.在导体带电荷量较小且尖端又较尖时，尖端放电多为电晕型放电，如图 2-5（b）所示.这种放电只在尖端附近局部区域内进行，仅使这部分区域的空气电离，并伴有微弱的荧光和嘶嘶声，因放电的能量较小，这种放电一般不会成为易燃易爆物品的引火源，但可能会引起其他危害.在导体带电荷量较大时，尖端放电多为火花型放电.这种放电伴有强烈的发光和声响，其电离区域由尖端扩展至接地体（或放电体），在两者之间形成放电通道.由于这种放电的能量较大，所以会引起人体电击等危险.

雷电就是带电的雷雨云与地面的特别高大的建筑或树木发生的一种剧烈的放电现象.雷雨云的顶部带正电，而底部带负电，于是在接近地面时，地面由于感应聚集大量的正电荷.云底部与地面距离 3~4 km，其电荷大到足以使云与地面之间产生一个 20 MV 或 30 MV 甚至达到 100 MV 的电势差，这么高的电势差会把空气击穿，产生大规模的放电，这就是雷击.

为了避免高大的建筑物受到雷击，通常在高层建筑物上安装避雷针来避免雷击中建筑物.避雷针是美国科学家富兰克林发明的，其原理是利用导体尖锐部分表面曲率小，电荷密度大，电场强度高的性质.避雷针具有良好的接地性能，因此避雷针尖端电场比其他地方大许多，便率先把周围空气击穿，通过避雷针使云与地面电荷不断中和，避免电荷累积和大规模的放电所带来的危害，所以避雷针实际上是一个引雷针，它把可能击到周围建筑物的雷电引到自身上，然后传到大地.避雷针的结构和作用如图 2-6 所示.

(a) 避雷针的结构
(b) 避雷针的作用

图 2-6 避雷针结构和作用

【例 2-1】 两块大小相同的导体板，它们平行放置，相距很近，忽略边缘效应，若所带的电荷量分别为 Q_1 和 Q_2，求两个导体板四个表面上的电荷量.

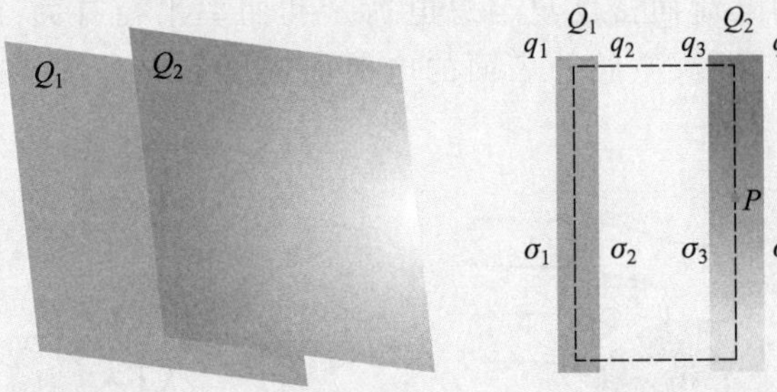

例 2-1 图

【解】 如例 2-1 图所示，由于导体板间距很小，可以近似认为它是无限大导体，作一个圆柱形高斯面，圆柱面的两个圆面正好通过两个导体板内部，则根据高斯定理，有

$$\oint \boldsymbol{E} \cdot \mathrm{d}\boldsymbol{S} = 0 = \frac{(\sigma_2 + \sigma_3)S}{\varepsilon_0}$$

即

$$\sigma_2 + \sigma_3 = 0$$

由于导体板内的总电场强度为零，取导体中任一点 P，根据电场叠加原理，有

$$E_P = \frac{\sigma_1}{2\varepsilon_0} + \frac{\sigma_2}{2\varepsilon_0} + \frac{\sigma_3}{2\varepsilon_0} - \frac{\sigma_4}{2\varepsilon_0} = 0$$

所以

$$\sigma_1 + \sigma_2 + \sigma_3 - \sigma_4 = 0$$

利用上面的 $\sigma_2 + \sigma_3 = 0$ 结果代入上式，得

$$\sigma_1 - \sigma_4 = 0$$

再根据电荷守恒定律,有

$$Q_1=(\sigma_1+\sigma_2)S,\quad Q_2=(\sigma_3+\sigma_4)S$$

解得

$$q_1=q_4=\frac{1}{2}(Q_1+Q_2),\quad q_2=-q_3=\frac{1}{2}(Q_1-Q_2)$$

如果两个极板带等量异号的电荷,则 $q_1=q_4=0$,即电荷全部分布在极板内侧;如果两个极板都带正电荷,例如 $Q_1=1$ C,$Q_2=5$ C,则 $q_1=q_4=3$ C,$q_2=-q_3=-2$ C.

2-1-2 静电屏蔽原理与应用

1. 静电屏蔽原理

有空腔的导体,若空腔内无电荷分布,则导体腔内电场强度处处为零,即腔外电荷不会在腔内产生电场,如图 2-7(a)所示,这就是静电屏蔽.

当空腔内有带电体时,由于静电感应,空腔内表面和外表面将会出现感应电荷,腔外的电场分布随之发生变化,如图 2-7(b)所示,所以腔内腔外都有电场,因为空腔外表面的电荷面密度只与总电荷量和曲率半径有关,因此腔内电荷在腔内移动到不同位置时,空腔外表面的电荷面密度和腔外部空间的电场不会发生变化.

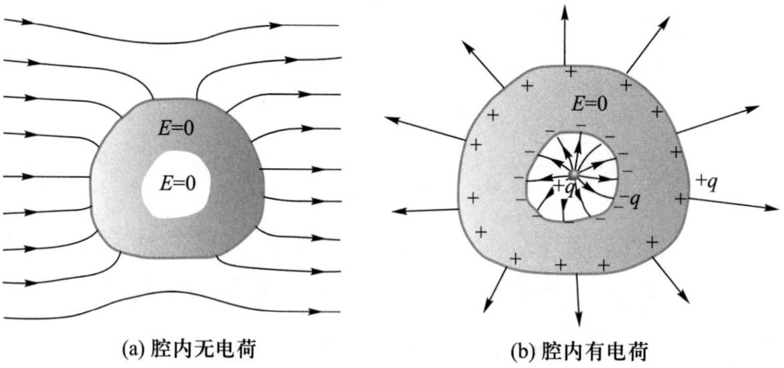

图 2-7 导体空腔的静电屏蔽

如果空腔接地,这时腔内腔外互不影响.若腔内有电荷,如图 2-8(a)所示,记空腔内区域为 A,腔外部区域为 B,并设 B 区不存在其他带电体.考虑到 B 区远离导体壳的地方应和大地等电势,故不妨把大地看成一个包围 B 区的导体壳.这样,大地、导体壳和接地导线一起又构成一个新的导体壳.对该导体壳而言,B 成为腔内,见图 2-8(b).由于 B 区已经成为一个巨大导体内的一个腔内,所以不再受其他部分电荷分布的影响,包括不受 A 区带电体的影响;换句话说,导体壳接地可以消除腔内(A 区)带电体对腔外(B 区)电场的影响.

接地导体空腔内外存在若干个带电体时,同理空腔内部电场只由内部的电荷产生,空腔外部的电场只由外部的电荷产生,如图 2-9 所示.

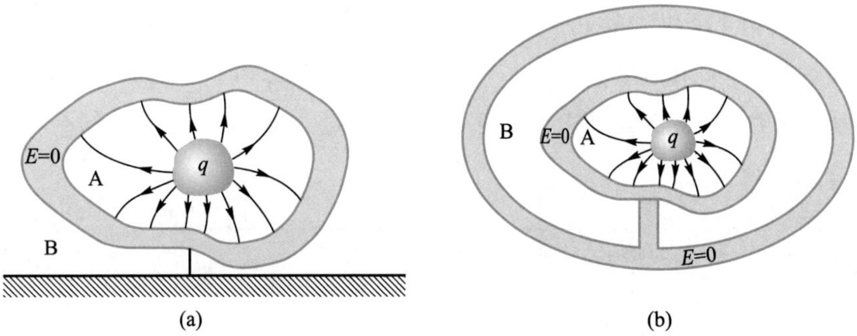

图 2-8　接地导体空腔内外互不影响

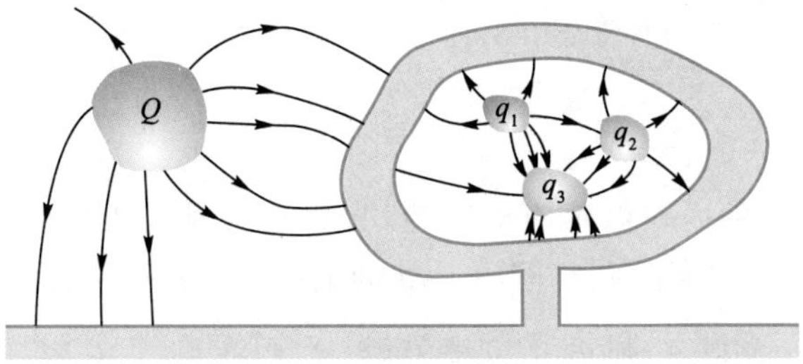

图 2-9　接地导体空腔内外电场分布

在进行电学测量实验时，有时为了排除外界的电场干扰，可以把测量仪器放进一个屏蔽室中.另外一个有趣的例子是，为保证高压线带电检修工人的安全作业，工人全身穿戴金属丝网制成的衣、帽、手套和鞋子，这称为均压服，也称为法拉第服，是法拉第在 1836 年发明的.均压服相当一个导体壳，对人体起到静电屏蔽作用，同时形成一个等势面，它大大减弱了高压线电场对人体的影响，保护作业工人不致受到伤害.

【例 2-2】　电中性的导体球内有两个球形空腔，空腔中心各有一个点电荷 q_2 和 q_3，球外距离球心为 r 处有另一点电荷 q_1，如例 2-2 图 1 所示.若 $r \gg R_1$，求每个电荷受到的作用力.

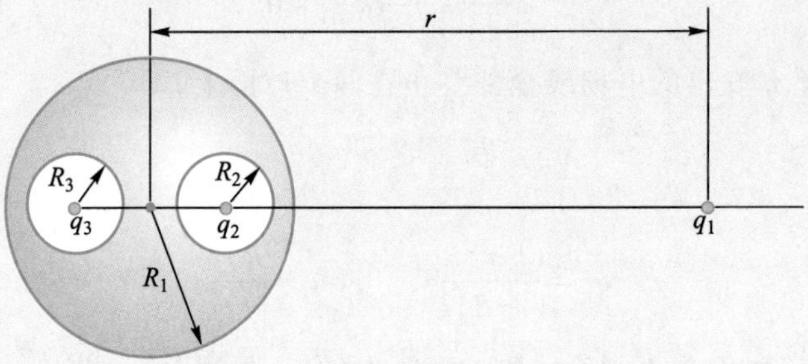

例 2-2 图 1

【解】 由于静电屏蔽，R_2 和 R_3 空腔的内表面将感应出电荷$-q_2$ 和$-q_3$，以分别接收 q_2 和 q_3 的全部电场线，$-q_2$ 和$-q_3$ 在各自空腔的内表面为均匀分布.由于导体是电中性的，所以其外表面的感应电荷总量为 q_2+q_3，但其分布不均匀，如例 2-2 图 2 所示.

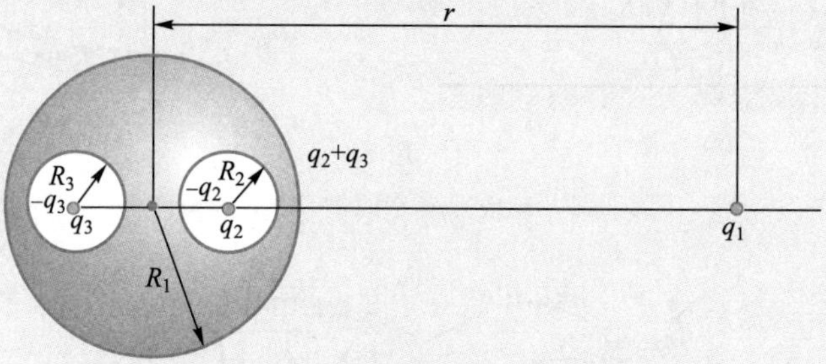

例 2-2 图 2

由于两个空腔的内表面感应电荷为均匀分布，因此在各自空腔内中心处产生的电场强度处处为零.两个空腔中心处的电荷 q_2 和 q_3 受到的静电力为零（由于静电屏蔽，q_2 不受到 q_1 和 q_3 的静电力，对 q_3 同理）.

球外 q_1 电荷受到的静电力来自于球外表面感应电荷对它的静电力.由于距离 $r \gg R_1$，可以采用点电荷模型，有

$$\boldsymbol{F}_{q_1}=\frac{q_1(q_2+q_3)}{4\pi\varepsilon_0 r^2}\boldsymbol{e}_r$$

【例 2-3】 如例 2-3 图 1 所示，两个以 O 为球心的同心金属球壳都接地，内外半径分别是 r 和 R.现在离 O 为 $l(r<l<R)$ 的地方放一个点电荷 q.求两个球壳上的感应电荷的电荷量.

【解】 球心点 O 的电势为 0，设内外球面的感应电荷总量分别为 q_r 和 q_R，根据电势的叠加原理，有

$$k\frac{q_r}{r}+k\frac{q}{l}+k\frac{q_R}{R}=0$$

由于静电屏蔽，q 发出的电场线全部终止在两个球面上，即

$$q=-(q_r+q_R)$$

求解两个方程，得到

$$q_R=\frac{(l-r)R}{(r-R)l}q,\quad q_r=\frac{(l-R)r}{(R-r)l}q$$

讨论 当 $r\to\infty$ 和 $R\to\infty$，$l=r+a$，且 $d=R-r$ 保持不变时的感应电荷的电荷量，此时等效于例 2-3 图 2，即两个无限大接地导体平面之间放置一点电荷 q，q 距离一个极板为 a，两个极板之间距离为 d 时，两个极板表面感应的电荷量.

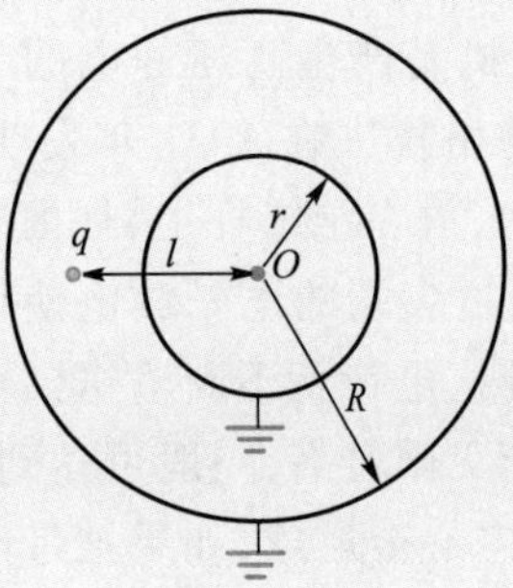

例 2-3 图 1

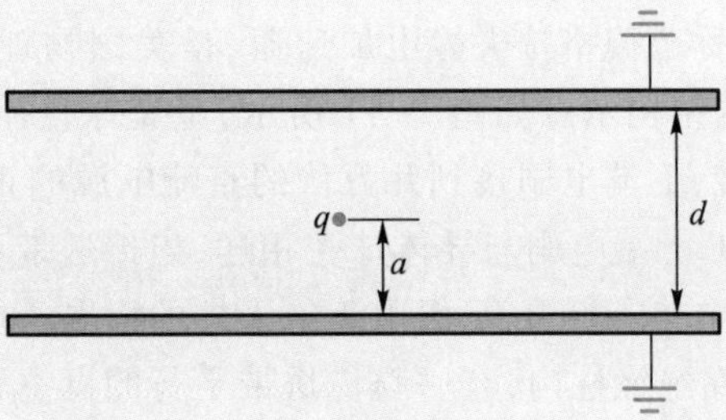

例 2-3 图 2

2. 静电屏蔽的应用

(1) 场离子显微镜

场离子显微镜(Field-Ion Microscopy,FIM)利用高压的金属针尖上所产生的强电场来成像,原理如图 2-10(a)所示.场离子显微镜中间有一根细小的金属针,其尖端打磨成直径约为 1 000 Å,被置于一个先抽成真空后充进少量氦气的玻璃泡中.泡内壁镀上一层十分薄的荧光质导电膜,在这荧光膜与金属针之间加上一个非常高的电压,当一个氦原子与针尖碰撞时,那里极强的电场会把氦原子中的一个电子剥去,剩下带正电的氦离子.随即氦离子沿着场线跑至荧光膜,撞击荧光膜引起发光,与示波器、电视机显像管中的情况类似(其差别是显像管中是电子撞击荧光膜引起发光).到达荧光膜某特定点上的氦离子可以看作是发源于径向场线的另一端,这样,我们根据荧光膜的发光点的位置就可以推断出金属尖端的原子的位置.利用这一装置,便可获得荧光膜上的斑点图样,进一步分析出待测样品的原子排列,图 2-10(b)是一个球形铂针尖形成的图案.

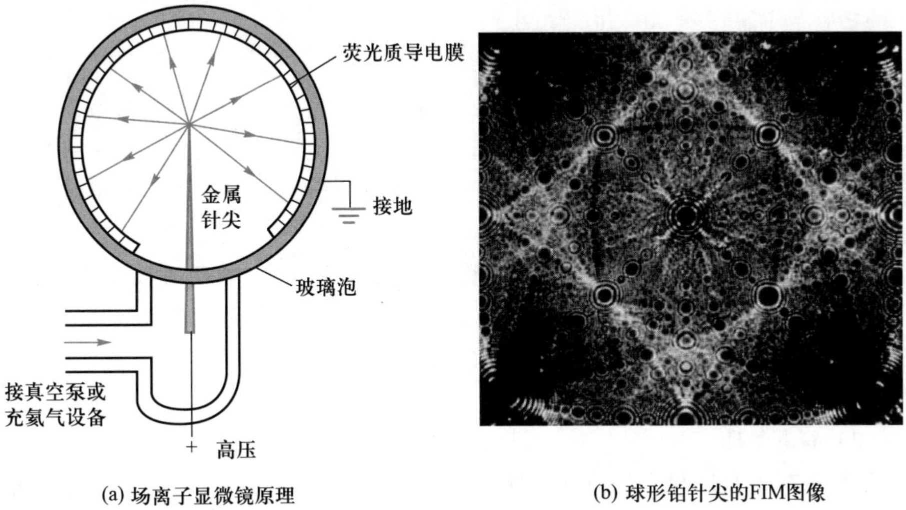

(a) 场离子显微镜原理

(b) 球形铂针尖的FIM图像

图 2-10

(2) 范德格拉夫起电机

范德格拉夫(R.J.van de Graaff,1901—1967)起电机是产生高压静电的一种装置,又称范德格拉夫静电加速器,是美国物理学家范德格拉夫在 1931 年发明的.起电机的结构示意如图 2-11 所示,金属球直径可达数米,放在绝缘柱上,柱内有绝缘传送带,下端电刷接到几万伏的直流电源的正极上,通过尖端的电晕放电使传送带带正电.上端电刷与导体球壳相连,当传送带不停运转时,电荷就不断输送到金属球表面,电势不断升高.但由于绝缘柱的漏电,电势不可能无限升高,一般可达到 10^7 V 左右.在绝缘柱内,有一与传送带平行的真空管道通往空心金属球,如果把带电粒子注入管道,粒子在管道中被加速成高能粒子,然后通过管道引至进行实验的地方,目前在半导体工业中把小型范德格拉夫起电机用于离子注入.

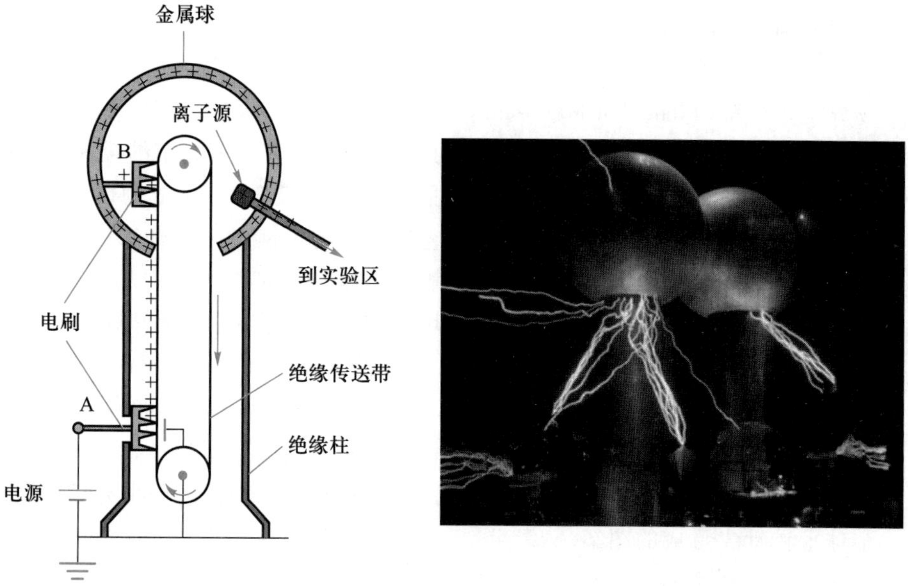

图 2-11 范德格拉夫起电机示意图和放电演示

范德格拉夫静电加速器一般可将带电粒子能量提高到 2~5 MeV,束流强度为 10~100 μA.其主要优点为能量的单色性高、可连续调节、稳定度高、粒子束聚焦性能好.静电加速器加速的粒子不仅可用于核物理的研究,也可用作为能量范围为 1~2 MeV 的 X 射线源.

此外,这种起电机也可用来演示很多有趣的静电现象,如使头发竖立起来、吸引发泡胶球、产生电火花、用电风使风车旋转等.范德格拉夫起电机也是许多科技展馆的传统展示项目,人体通过接触外部的静电球而带静电,人体的头发会出现"怒发冲冠"的状态.

(3) 静电复印

早期的静电复印机采用直接复印,先让复印纸按图画文字深浅,分别带上相应的静电电荷,深处电荷密,浅处电荷稀,从而形成一张与图画文字相对应的静电图像.然后一种显示黑色的墨粉直接被静电图像吸引,通过定影,最后成为一张图画文字的复印品.

目前国际上采用的都是间接复印法.间接复印时,静电图像不直接在复印纸上,而是先"复制"在一种由硒光导体材料构成的"硒鼓"上,通过显影,让墨粉末吸附在静电图像上,再转印到复印纸上,成为文字图画的复印品.复印纸即使是普通的纸张,也能复印出来,不需要像直接复印法时先将纸张进行带静电处理.

静电复印机中的光导硒鼓是一个圆鼓形结构的筒,表面覆有硒光导体薄膜,光导体对光很敏感,没有光线时具有高电阻率(约为 $10^{15}\ \Omega\cdot\mathrm{cm}$),一遇光照,电阻率就急剧下降(降到 $10^{10\sim12}\ \Omega\cdot\mathrm{cm}$).光导体表面带有均匀的静电荷.当由图像的反射光形成的光像落在光导体表面上时,由于反射光有强有弱(因为原稿的图像有深有浅),所以其使光导体的电阻率相应发生变化.光导体表面的静电电荷也随光线强弱程度而消失或部分消失,在光导体膜层上形成一个相应的静电图像,也称静电潜像,肉眼看不到它,好像潜藏在膜层内.这时若有一种与静电潜像上的电荷极性相反的显影墨粉末,在电场力的吸引下,加到光导体表面上去.潜像上吸附的墨粉量,随潜像上电荷的多少而增减.于是,在硒鼓的表面显现出有深浅层次的墨粉图像.当复印纸与墨粉图像接触时,在电场力的作用下,吸附着墨粉的图像,好比用图章盖印一样,将墨粉转移到复印纸上,在复印纸上也形成了墨粉图像.再在定影器中经加热,墨粉中所含树脂融化,墨粉将会牢固地粘结在纸上,图像和文字就复印到纸上了.图 2-12 是一台静电复印机的原理示意图.

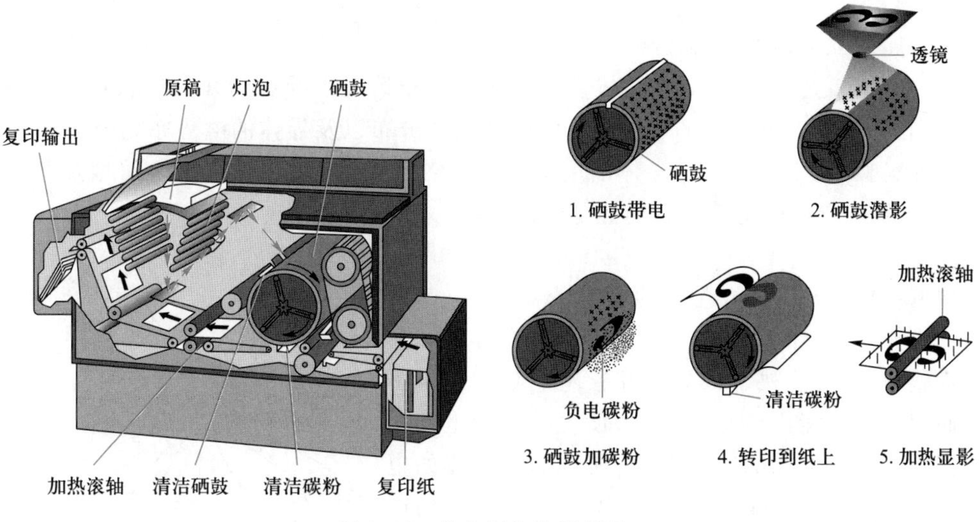

图 2-12 静电复印的原理图

除了静电复印外,静电在电子照相、静电印刷、激光打印等印刷工业也有大量的用途.

(4) 静电除尘

静电除尘器是以静电净化法来过滤烟气中粉尘的装置,是净化工业废气的理想设备.它的净化工作主要依靠电离电极和收集电极这两个系统来完成,如图 2-13 所示.当两极间输入高压直流电时在电极空间将产生正、负离子,在电场力的作用下,废气粒子向其极性相反的电极移动,并沉积于电极上,达到了收集尘埃的目的.

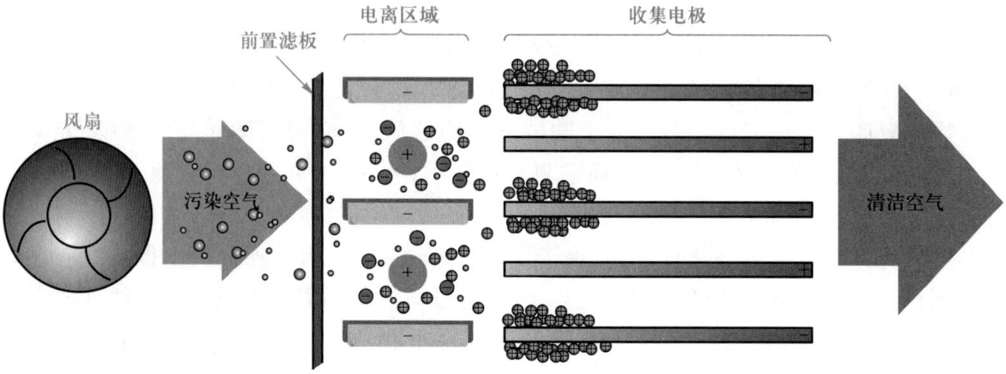

图 2-13 静电除尘器原理

§2-2 电容与电容器

2-2-1 导体的电容

1. 孤立导体的电容

对于孤立导体,电荷在导体表面的相对分布情况由导体的几何形状唯一地确定,因而带一定电荷量的导体外部空间的电场分布以及导体的电势亦完全确定.理论和实验都表明,当孤立导体的电荷量增加若干倍时,导体的电势也将增加若干倍,即孤立导体的电势与其电荷量成正比:

$$q=CU \tag{2-3}$$

比例系数 C 称为孤立导体的电容.

孤立导体的电容值只取决于孤立导体的几何形状和尺寸,反映了该导体在给定电势的条件下储存电荷量能力的大小.因为孤立导体的电势 U 实际上是与大地的电势差值,所以孤立导体的电容的物理含义实际上就是导体与大地之间的电容,如图 2-14 所示.

图 2-14 孤立导体的电容

一半径为 R 的孤立导体球,当带有电荷 q 时,其电势 $U=\dfrac{q}{4\pi\varepsilon_0 R}$,故其电容为

$$C=4\pi\varepsilon_0 R$$

为了纪念著名科学家法拉第(M.Faraday,1791—1867)对电磁学的贡献,电容的单位命名为 F(法拉),1 F=1 C/V,F 是一个很大的单位,电容为 1 F 的孤立导体球

的半径约 9×10^9 m，而地球的半径只有 6.4×10^6 m. 由于法拉这一单位太大，使用不方便，所以常用的电容单位有毫法 mF（$=10^{-3}$ F）、微法 μF（$=10^{-6}$ F）、纳法 nF（$=10^{-9}$ F）和皮法 pF（$=10^{-12}$ F）.

2. **电容器**

当导体附近存在其他带电体或导体时，该导体的电荷量和电势差之间的关系将受到影响，如图 2-15 所示. 即该导体的电势不再由自身的电荷量确定，而是与周围的带电体有关. 若采用静电屏蔽的方法，则可保证两导体间的电势差与电荷量成简单正比关系而不受周围其他带电体或导体的影响. 如图 2-16 所示，一个空腔导体 B 把另一导体 A 包围在该空腔之中，这时当导体 A 带一定电荷量时，由于静电感应，导体 B 的内表面必带等量异号的电荷量，由于导体 B 的屏蔽作用，导体 A 和 B 之间的电势差将仅与导体 A 的电荷量成正比，与导体 B 周围的其他带电体（如 C 导体）无关.

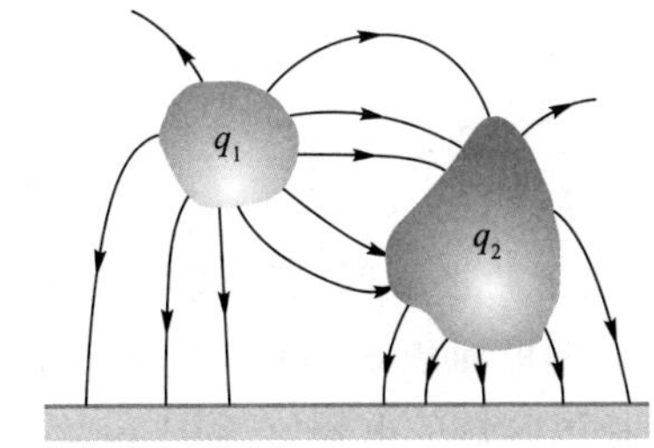

图 2-15 带电体的电势受到周围带电体的影响

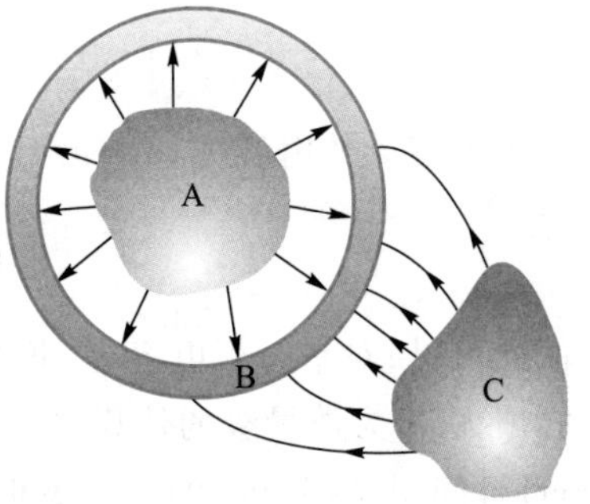

图 2-16 导体屏蔽构成了电容器

这种特殊的导体组称为电容器，组成电容器的两个导体 A 和 B 分别称为电容器的两个极板. 由于 $q_A=-q_B=\int_{S_A}\sigma\,dS$，导体之间的电势为 $U=U_A-U_B=\int_A^B \boldsymbol{E}\cdot d\boldsymbol{l}$，则任意两个充分感应的导体极板之间的电容为

$$C=\frac{\int_S \sigma\,dS}{\int_A^B \boldsymbol{E}\cdot d\boldsymbol{l}}=\frac{q}{U} \qquad (2-4)$$

电容器的电容与其带电状态无关，与周围的带电体也无关，完全由电容器的几何结构决定.

电容的大小反映了当电容器两极板间存在一定电势差时，极板上储存电荷量的多少.

（1）平行板电容器

这是一种常见的电容器. 最简单的平行板电容器由两块平行放置的金属板组成，如图 2-17(a) 所示，当极板的面积 S 足够大且两极板间的距离 d 足够小时，两极板可视为均匀带电，带电荷量为 $\pm q$，极板间的电场由极板上的电荷分布唯一确定. 忽略极板的边缘效应，两板之间的电势差为

$$U_{ab}=\int_a^b \boldsymbol{E}\cdot \mathrm{d}\boldsymbol{l}=Ed=\frac{\sigma_e}{\varepsilon_0}d$$

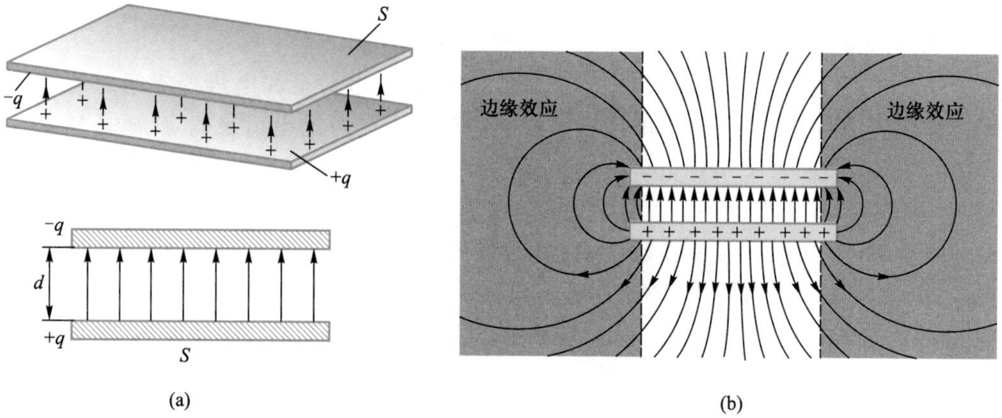

图 2-17 理想的平行板电容器和实际的平行板电容器电场

故平行板电容器的电容为

$$C=\frac{q}{U_{ab}}=\frac{\varepsilon_0 S}{d} \tag{2-5}$$

由此可见,对平行板电容器,增大极板面积,减少两极板间的距离可使电容器的电容增大.作为数量级的估算,1 F 的大小约等于极板面积 $S=11\times10^6\ \mathrm{m}^2$(边长达 3.5 km)且间距 $d=1$ mm 的两个极板组成的平行板电容器的电容值,而 1 pF 约等于极板面积 $S=1\ \mathrm{cm}^2$且间距 $d=0.1$ mm 的两个极板组成的平行板电容器的电容值.严格讲,平行板电容器并不是屏蔽得很好的导体组,它们的电势差或多或少会受到周围导体和带电体的影响,并且或多或少会存在边缘效应,其电场分布如图 2-17(b)所示.式(2-5)只有在其他导体或带电体远离平行板电容器时才严格成立.汤姆孙(W.Thomson,1824—1907)给出了一个近似没有边缘效应的平行板电容器,如图 2-18 所示,上下两个金属板分成三块,中间部分这一块与左右两边的两块分开一个狭缝,上面三块仍是等电势的,同理下面三块也是等电势的,这样中间的平行板电容器几乎没有边缘效应.

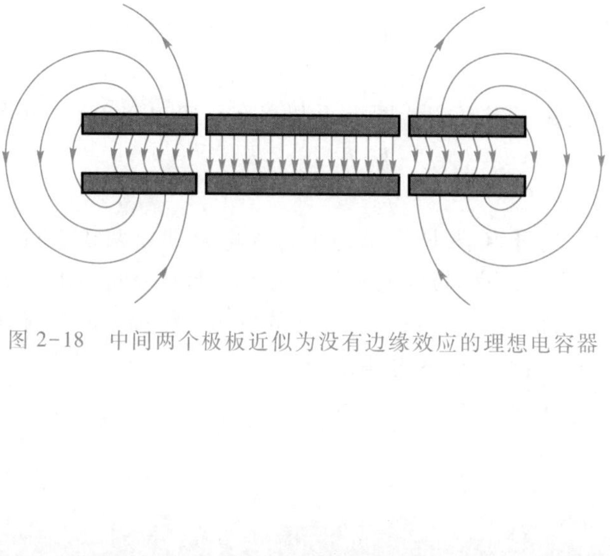

图 2-18 中间两个极板近似为没有边缘效应的理想电容器

计算机的键盘的每个字母块就是利用电容器的原理设计的,通过手指的压力来改变电容器极板之间的距离以改变电容值,从而向计算机发出一个指令.

(2) 球形电容器

图 2-19 所示为两个同心金属球壳制成的电容器.设内球壳 A 的外半径为 a,外球壳 B 的内半径为 b,A 带正电荷 Q 时,B 的内壁带 $-Q$,根据高斯定理,两球壳间的场强为

$$E=\frac{Q}{4\pi\varepsilon_0 r^2}$$

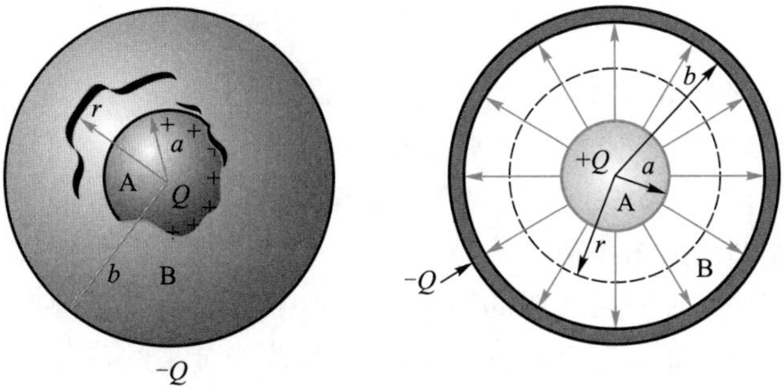

图 2-19 同心金属球壳电容器

两球壳的电势差为

$$U_{AB}=\int_a^b \boldsymbol{E}\cdot \mathrm{d}\boldsymbol{l}=\frac{Q}{4\pi\varepsilon_0}\left(\frac{1}{a}-\frac{1}{b}\right)$$

其电容为

$$C=\frac{Q}{U_{AB}}=\frac{4\pi\varepsilon_0 ab}{b-a} \tag{2-6}$$

若 $b\gg a$,即外球壳 B 远离球 A,则回到孤立导体球的电容公式;若 a 和 b 都很大,而且都比 $b-a=d$ 大很多时,则式(2-6)回到平行板电容器的电容公式.

(3) 圆柱形电容器

图 2-20 所示为两个同轴导体圆筒 A 和 B 组成的电容器.设圆筒半径分别为 a 和 b,高为 L,当 $L\gg b-a$ 时,可近似认为圆筒是无限长的,边缘效应可忽略.设 η 为单位长度的内圆筒所带的电荷量,根据高斯定理,则两圆筒间的场强 $\boldsymbol{E}$ 为

$$\boldsymbol{E}=\frac{\eta}{2\pi\varepsilon_0 r^2}\boldsymbol{r}$$

电势差为

$$U_{AB}=\int_a^b \frac{\eta}{2\pi\varepsilon_0 r^2}\boldsymbol{r}\cdot \mathrm{d}\boldsymbol{r}=\frac{\eta}{2\pi\varepsilon_0}\int_a^b \frac{1}{r}\mathrm{d}r=\frac{\eta}{2\pi\varepsilon_0}\ln\frac{b}{a}$$

由于电容器每个电极上的电荷量绝对值 $Q=\eta L$,故电容为

$$C=\frac{Q}{U_{AB}}=\frac{2\pi\varepsilon_0 L}{\ln(b/a)} \tag{2-7}$$

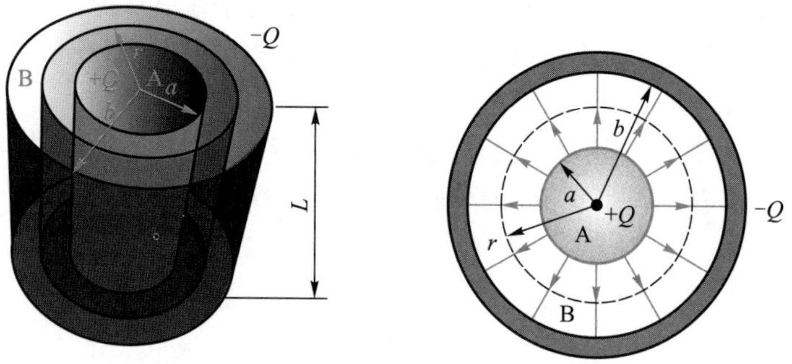

图 2-20 同轴导体圆柱形电容器

如果 $d=R_B-R_A\ll R_A$，则采用一级近似公式：$\ln(1+x)\approx x, x\ll 1$，可以很容易证明，圆柱形电容器的电容公式就是平行板电容器的电容公式.实际使用中的平行板电容器往往卷成筒状，形成一个圆柱形电容器.

触摸屏就是利用人的手指与屏幕之间的"亲密接触"来激发信号的，电容式触摸屏是在玻璃表面贴上一层透明的特殊金属导电物质，当手指触摸金属层时，手指触点与屏幕之间的分布电容就会发生变化，电容改变带来的信号激发控制系统，使得与之相连的振荡器频率发生变化，通过测量频率变化可以确定触摸位置的相关信息.现在的手机和一些显示屏已经用触摸屏取代了传统的键盘和鼠标.其原理如图 2-21 所示.

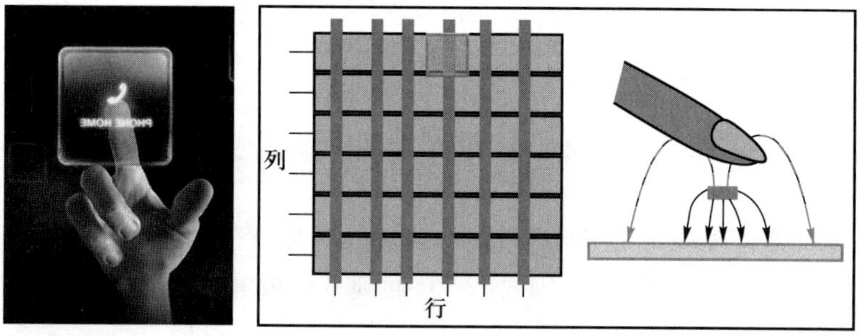

图 2-21 电容式触摸屏的原理

2-2-2 电容器的连接

1. 电容器串联

电容器串联的特点是各电容器极板上的电荷量的绝对值都相等.由于串联电容器组两端的总电压等于各电容器两极板间的电压之和，如图 2-22 所示，电容分别为 $C_1,C_2,C_3,\cdots,C_n$ 的 n 个电容器串联后，由于串联时总电压等于各个电容器上电压的代数和，即

$$U=U_1+U_2+\cdots+U_n \quad 或 \quad \frac{q}{C}=\frac{q}{C_1}+\frac{q}{C_2}+\cdots+\frac{q}{C_n}=q\left(\frac{1}{C_1}+\frac{1}{C_2}+\cdots+\frac{1}{C_n}\right)$$

所以串联后其等效电容 C 为

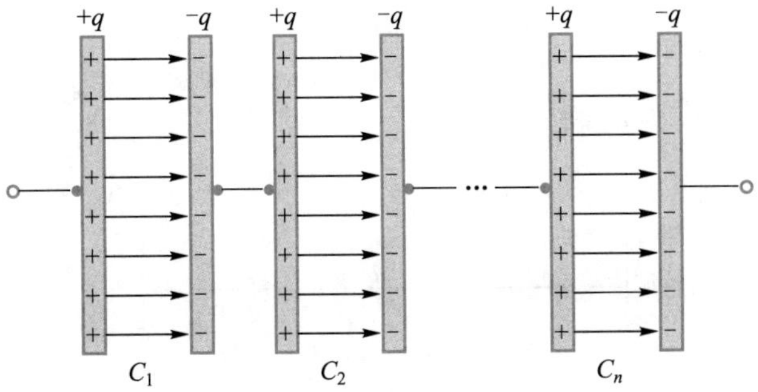

图 2-22 电容器串联

$$\frac{1}{C}=\sum_{i=1}^{n}\frac{1}{C_i} \tag{2-8}$$

电容器串联时,各电容器两极板间的电压小于总电压.但实际电容器很少串联使用,因为一旦一只电容器被击穿,其他电容器上分压会增加,就有可能使其他电容器相继被击穿.

2. **电容器并联**

电容器并联的特点是各电容器两极板间的电压都相等,如图 2-23 所示,电容分别为 $C_1, C_2, C_3, \cdots, C_n$ 的 n 个电容器并联后,其极板上总电荷量等于各电容器极板电荷量的代数和,即

$$q=q_1+q_2+\cdots+q_n \quad 或 \quad CU=C_1U+C_2U+\cdots+C_nU$$

所以并联后的等效电容 C 为

$$C=\sum_{i}^{n}C_i \tag{2-9}$$

电容器并联后可以获得较大的电容.

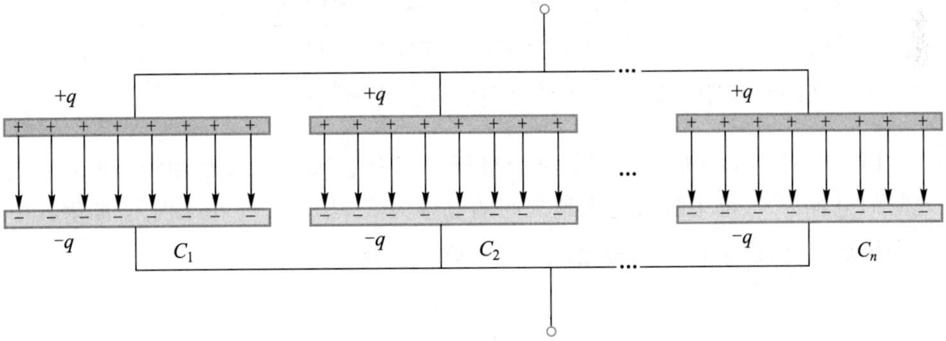

图 2-23 电容器并联

【例 2-4】 求两个相距为 d 的导体球 A、B 之间的电容.设两个球的半径分别为 a 和 b,如例 2-4 图所示,且 $d\gg a, d\gg b$.

【解】 设 A 球带电荷量 $+q$,B 球带电荷量 $-q$.由于 $d\gg a, d\gg b$,所以计算 A 球和 B 球带电荷量在对方球上产生的电势时,可以把 A、B 球近似地看成是点电荷,则有

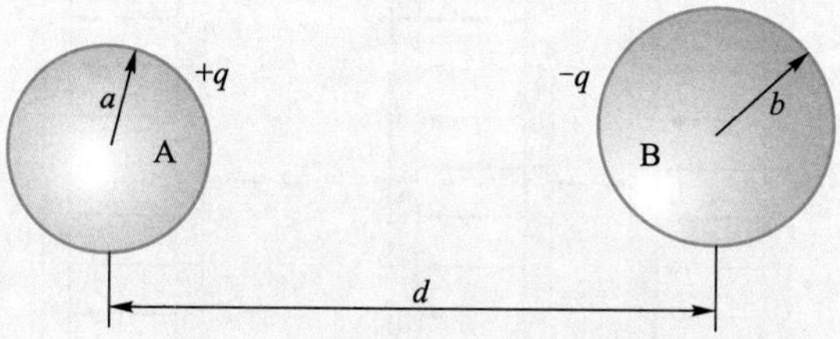

例 2-4 图 两个导体球之间的电容

$$U_A=\frac{q}{4\pi\varepsilon_0}\left(\frac{1}{a}-\frac{1}{d}\right),\quad U_B=\frac{q}{4\pi\varepsilon_0}\left(-\frac{1}{b}+\frac{1}{d}\right)$$

两个球的电势差为

$$\Delta U=U_A-U_B=\frac{q}{4\pi\varepsilon_0}\left(\frac{1}{a}+\frac{1}{b}-\frac{2}{d}\right)$$

所以,两个导体球之间的电容为

$$C=\frac{q}{\Delta U}=\frac{4\pi\varepsilon_0}{\left(\frac{1}{a}+\frac{1}{b}-\frac{2}{d}\right)}$$

若 $d\to\infty$,则有

$$C=\frac{4\pi\varepsilon_0}{\left(\frac{1}{a}+\frac{1}{b}\right)}=\frac{4\pi\varepsilon_0 ab}{a+b}$$

相当于两个孤立导体球电容的串联,即

$$C=\frac{C_1C_2}{C_1+C_2}=\frac{4\pi\varepsilon_0 a\cdot 4\pi\varepsilon_0 b}{4\pi\varepsilon_0 a+4\pi\varepsilon_0 b}=\frac{4\pi\varepsilon_0 ab}{a+b}$$

为什么两个相距很远的导体球之间的电容是串联的?

【例 2-5】 平行板电容器的两个极板分别充电到电势为 U 和 $-U$,两个极板之间的电容为 C,每个极板与大地之间的电容为 C_1,如例 2-5 图 1 所示.如果其中一个极板接地,那么两个极板之间的电场强度变化为多少?

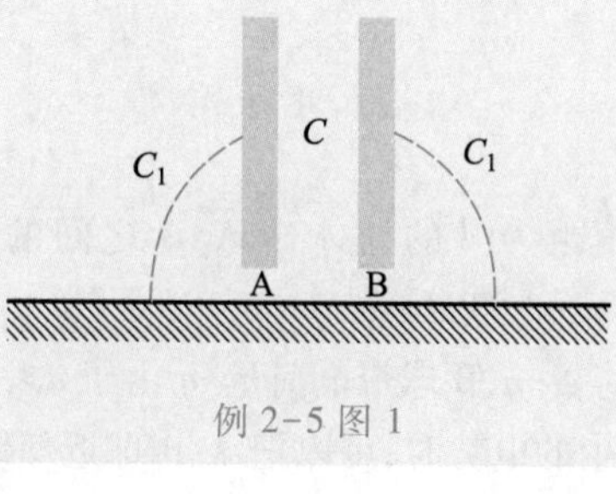

例 2-5 图 1

【解】 等效电容图如例 2-5 图 2 所示.

电容器 C 两个极板的电势差 $\Delta U=2U$,电容器 C 每个极板内表面所带的电荷量 $q=C\Delta U=2CU$;电容器 C_1 极板的电荷量 $q_1=C_1U$,极板的内外表面的总电荷量为

$$Q=q_1+q=(2C+C_1)U$$

如果其中一个极板接地,等效电容图如例 2-5 图 3 所示.

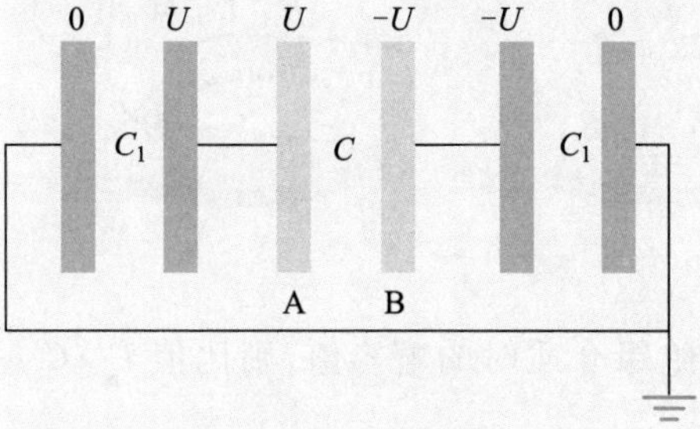

例 2-5 图 2

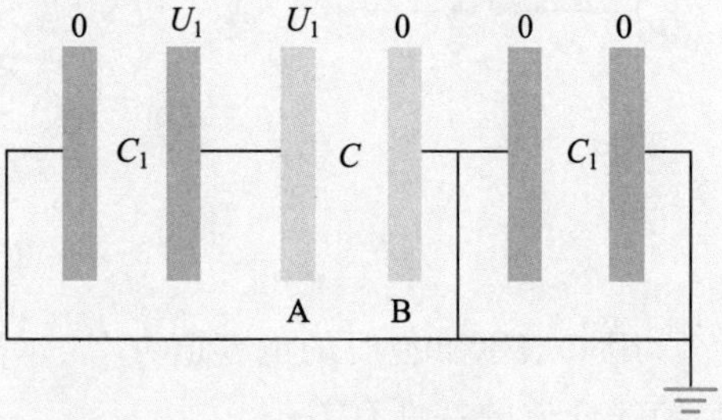

例 2-5 图 3

极板间的电势差发生变化,用 U_1 表示极板的电势,此时极板总电荷量为

$$q_1'=C_1U_1+CU_1$$

极板的总电荷量守恒,所以

$$(2C+C_1)U=C_1U_1+CU_1$$

$$U_1=\frac{2C+C_1}{C+C_1}U$$

两个极板之间的电场强度变化为

$$\frac{E}{E_1}=\frac{2U}{U_1}=\frac{2(C+C_1)}{2C+C_1}$$

§2-3 电介质材料的电学特性

2-3-1 电介质材料

电介质是一种绝缘的材料,即没有自由电荷,外部设置一定的电荷在电介质中也是不能自由移动的.通常的电容器的两极板间隙中都填充有电介质,其目的是增加电容值和增加击穿强度.若将已充电的电容器两极板用导线分别接到电压表上,电压表的指针便显示出电容器两极板间的电势差.保持一切条件不变,在极板间插入电介质,实验发现电压表指示的电势差减小,由 $C=Q/U$ 知,电容器插入电介质后其电容增大了,如图 2-24 所示.这表明电介质与电场发生了相互作用,最终改变了两极板之间的电场分布,亦即改变了两极板之间的电势差.

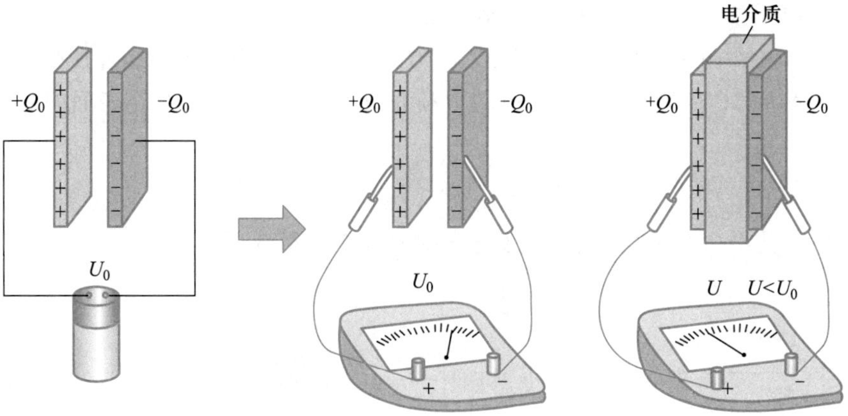

图 2-24 电容器中的电介质

用 C 表示真空时的电容值,C' 表示充满绝缘介质时的电容值,则比值 C'/C 只与绝缘介质的特性有关:

$$\frac{C'}{C}=\varepsilon_r \tag{2-10}$$

ε_r 称为绝缘介质的相对电容率,是电介质材料的一个主要指标.介质的电容率 $\varepsilon=\varepsilon_0\varepsilon_r$.

电介质的另一个主要指标是介电强度,也可称为击穿强度,当两个极板之间充满电介质时,给两个极板之间加上一个电压,当电压升高到一定程度时,介质会被击穿,单位厚度的绝缘材料在击穿之前能够承受的最高电压,即电场强度最大值称为击穿强度,单位是 kV/mm.空气击穿强度为 3~5 kV/mm.表 2-1 给出了几种常见材料的相对电容率和介电强度.

表 2-1 几种常见材料的相对电容率和介电强度

电介质	相对电容率(ε_r)	介电强度/($kV\cdot mm^{-1}$)
干燥空气	1.000 6	4.7
蒸馏水	81.0	30
硬纸	5.0	15
玻璃	7.0	15
石英玻璃	4.2	25
云母	6.0	80
聚乙烯	2.3	18
聚四氟乙烯	2.0	35

2-3-2 电介质的极化

理想的绝缘介质内部无自由电荷,只有束缚电荷,约束在分子或原子的范围内,即该类物质中的电子绕核运动而不是自由运动.纸张、空气、熔石英、琥珀、云母等都属于电介质.

实验研究表明,电介质在电场中会出现宏观分布的束缚电荷.若考虑电介质中的某个原子或分子,一般情形下它当然是电中性的,其正电荷来自于一个或多个原子核,而负电荷则对应于核外运动的电子,可以看成一个正电荷中心和一个负电荷中心,如果正负电荷中心不重合,就相当于一个电偶极子,由此将会有电偶极矩.实际上,这一微观层次上的电偶极矩将直接导致宏观上的电场分布的改变.

1. 极化强度

为了描述不同的电介质与外电场相互作用的强弱程度,我们引进极化强度的概念.考虑单位体积的电介质,定义极化强度为单位体积的电偶极矩密度:

$$\boldsymbol{P}=\frac{\sum_i \boldsymbol{p}_i}{\Delta V}=n\overline{\boldsymbol{p}}_{\mathrm{m}} \tag{2-11}$$

其中 n 是电偶极子数密度,$\overline{\boldsymbol{p}}_{\mathrm{m}}$是每个电偶极子的平均偶极矩.

对各向同性电介质,实验表明,极化强度的方向与外电场相同,大小与电场强度 $\boldsymbol{E}$ 的大小成正比例关系,即

$$\boldsymbol{P}=\chi\varepsilon_0\boldsymbol{E} \tag{2-12}$$

ε_0 是真空电容率,χ 是材料的电极化率.式(2-12)就是电介质在静电场中的物态方程.

电介质通常分为三类:极性电介质、非极性电介质和铁电体.

(1) 极性电介质:极性电介质的分子具有固有的电偶极矩,也就是说,即使在没有外加电场的情况下,极性电介质的分子的正电荷中心与负电荷中心也不重合,因而整个分子的电偶极矩不为零,例如 H_2O、HCl、CO 等.

在没有外加电场时,由于热运动的无规律性,各个电偶极子的方向是随机的,于是整个电介质不表现出电极化现象.在外电场中,电偶极子的方向将尽可能地趋向与外电场方向一致,这将在整体上有所体现.这种极化称为取向极化,见图 2-25.

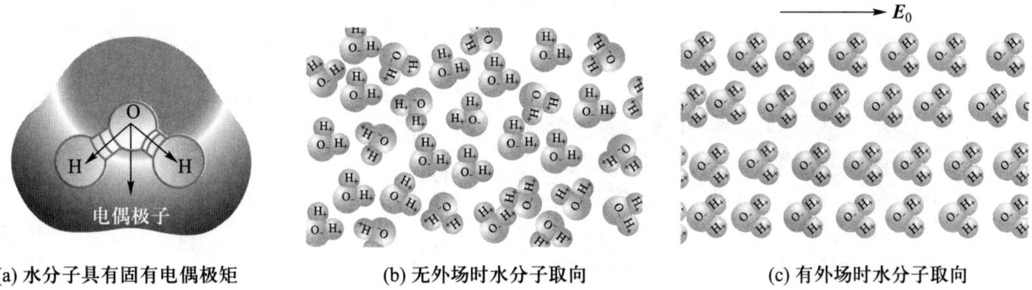

(a) 水分子具有固有电偶极矩　(b) 无外场时水分子取向　(c) 有外场时水分子取向

图 2-25　水分子的取向极化

(2) 非极性电介质:非极性电介质的分子没有永久性电偶极矩,例如 O_2、N_2、H_2、CCl_4、CO_2 等.除了净电荷为零,由于电子云分布的对称性,整个分子系统的电偶极矩亦为零,整体上没有电极化现象.当介质处在外场源产生的电场中时,正负电荷

中心被拉开一定的距离形成一个电偶极子,具有一定的电偶极矩(图 2-26),电偶极矩的方向与外电场的方向相同,产生的电偶极矩称为感应电矩,外电场越强,感应电矩越大,这种极化称为位移极化.由于原子核的质量比电子质量大得多,无极分子在电场作用下,其原子核实际上并未移动,感应电矩几乎完全是因为电子在外场作用下发生位移的结果,所以无极分子组成的电介质的极化称为电子位移极化.

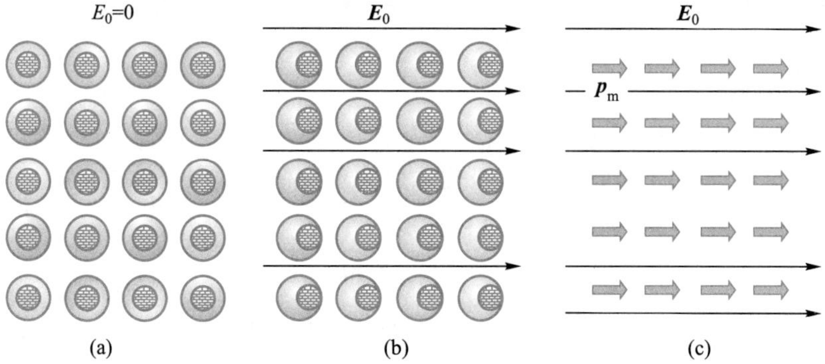

图 2-26 无极分子的位移极化

实际上即使是有极分子组成的电介质,在电场作用下,分子也能出现感应电矩,发生电子位移极化,不过一般来说,取向极化的效应比电子位移极化的效应强得多(大一个数量级).当外场的频率很高时,由于分子惯性大,跟不上外场变化时,才只有电子的位移极化.有些电介质比如离子晶体在电场作用下,正负离子将发生位移从而使电介质极化,这种极化称为离子位移极化.

2. **极化电荷**

我们已经知道,电介质置于电场中时,其分子的正负电荷中心将沿电场方向有所偏离.可以想象,介质内部每一电偶极子的头部紧挨着另一个电偶极子的尾部,正负电荷的效应相互抵消,但在与场强方向相垂直的介质表面上,一个侧面处聚集了电偶极子的头部因而表面上有正电荷分布;在另一侧表面上聚集着电偶极子的尾部,因而有负电荷分布.所以均匀极化后的电介质,在远处的电效应相当于在电介质表面的薄层内分布一些电荷,是一种面电荷,束缚在电介质表面上,见图 2-27.

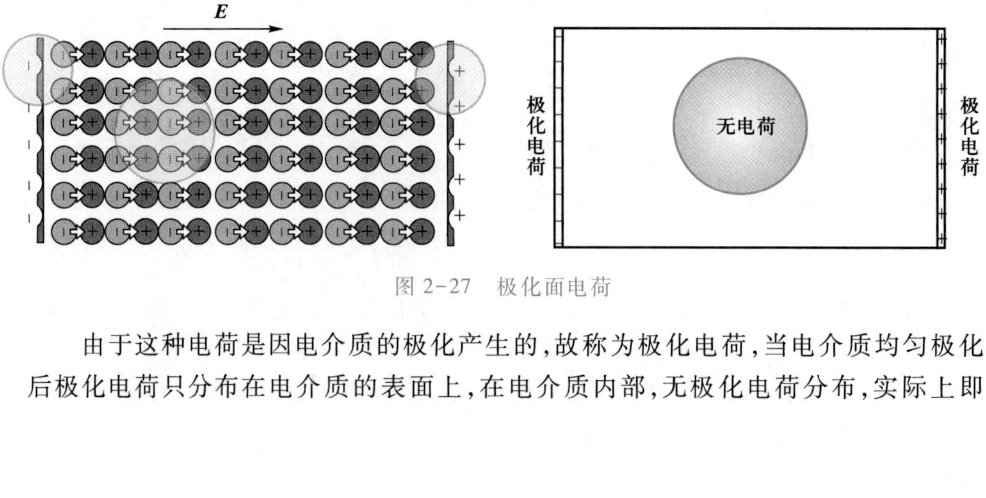

图 2-27 极化面电荷

由于这种电荷是因电介质的极化产生的,故称为极化电荷,当电介质均匀极化后极化电荷只分布在电介质的表面上,在电介质内部,无极化电荷分布,实际上即使极化不均匀，只要电介质本身是均匀的这一结论亦是正确的.

对于两种不同（包括密度不同）的均匀电介质，除在电介质的表面上束缚着一层面分布的极化电荷外，在两种电介质的交界面上，亦有极化电荷分布.

设想在一大块电介质中有一假想的体积 V，见图 2-28.现分析 V 的边界 S 上的极化电荷.凡是完全处在体积 V 内的那些电偶极子，它们对 V 内的净电荷无贡献，全部位于 V 外的那些电偶极子，对 V 内的净电荷也无贡献.被 S 面切割的电偶极子的情况则不同，它们中有的正电荷在 S 面的外部，因而对 V 内贡献一负电荷；有的负电荷在 S 面的外部，因而对 V 内贡献一正电荷，V 内的净电荷，正是由这些电偶极子提供的.

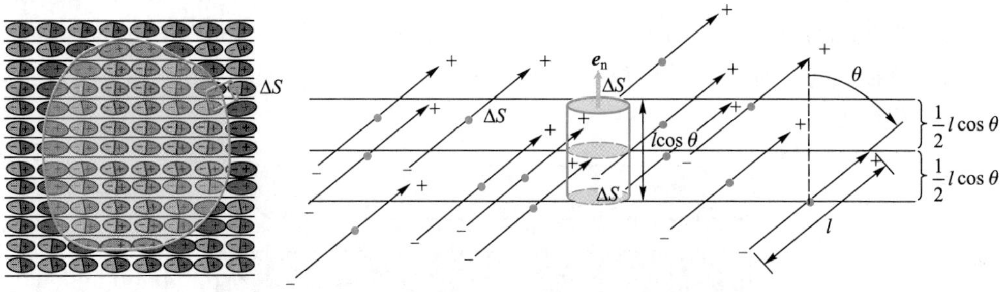

图 2-28　极化面电荷

在 S 面上任取一面积元 ΔS，以 ΔS 为底，电偶极子正负电荷之间的距离 l 的一半为斜高，在 ΔS 两侧各作一圆柱体，圆柱体的中心对称轴与 $\boldsymbol{p}_{\mathrm{m}}$平行，两个圆柱体的体积之和 $\Delta V=l\Delta S\cos\theta$.

若单位体积内的分子数为 n，则 ΔV 内的电偶极子数：

$$\Delta N=n\Delta V=n\Delta Sl\cos\theta$$

因取 S 面的外法线方向为正，所以这些电偶极子对 S 内部贡献的电荷为$-q\Delta N$，即

$$\Delta Q'=-qnl\Delta S\cos\theta=-np_{\mathrm{m}}\Delta S\cos\theta=-P\cos\theta\Delta S=-\boldsymbol{P}\cdot\Delta\boldsymbol{S}$$

把上式对整个封闭曲面 S 积分，便得到包围在 S 面内的极化电荷的净电荷量：

$$Q=-\oint_S \boldsymbol{P}\cdot\mathrm{d}\boldsymbol{S}\tag{2-13}$$

电介质内部任何体积 V 内的极化电荷的电荷量等于极化强度对包围 V 的表面 S 的通量的负值.极化强度相当于一个大的电偶极矩，其头部为正电，尾部为负电，如图 2-29 所示.电偶极矩 $\boldsymbol{p}=\boldsymbol{P}V$，这里 $\boldsymbol{P}$ 为介质球的极化强度，V 为电介质球的体积.

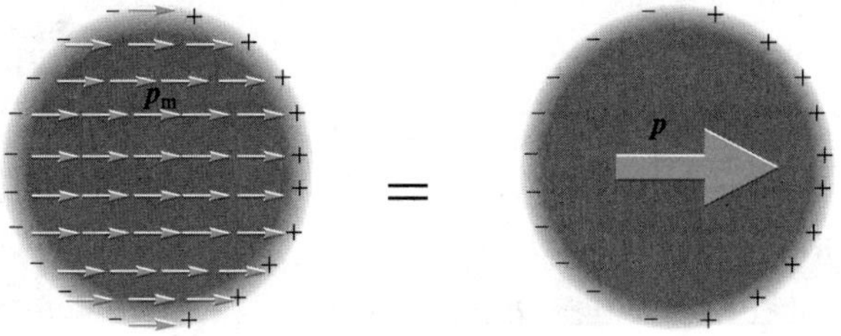

图 2-29　极化电介质球极化强度相当于一个大的电偶极矩

应用数学上的高斯定理,式(2-13)可改写成

$$\int_V \rho' \mathrm{d}V = -\oint_S \boldsymbol{P} \cdot \mathrm{d}\boldsymbol{S} = -\int_V (\nabla \cdot \boldsymbol{P}) \mathrm{d}V$$

所以有

$$\rho' = -\nabla \cdot \boldsymbol{P} \tag{2-14}$$

式(2-14)便是电介质内部极化电荷的体密度与极化强度的关系.显然,若电介质是均匀极化的,即 $\boldsymbol{P}$ 是与坐标无关的常矢量,则 $\boldsymbol{P}$ 的散度为零,电介质内部不存在极化电荷,与我们的直观想象是一致的.如果 $\boldsymbol{P}$ 与坐标有关,但只要是均匀极化,体内也没有极化电荷体密度.

两种极化电介质的交界面上,或者在电介质的表面(实际上是电介质与真空的交界面)上,存在面分布的极化电荷.若两种极化强度分别为 $\boldsymbol{P}_1$ 和 $\boldsymbol{P}_2$ 的电介质,假定极化强度在每一种电介质中都是位置的连续函数,则仅在两种电介质的交界面上才发生突变.

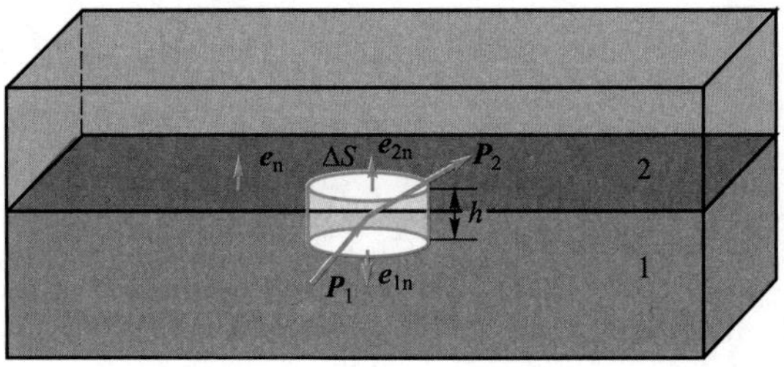

图 2-30 电介质交界面的极化电荷

在两种电介质交界面处取一圆柱体,如图 2-30 所示,并让圆柱体的高 h 趋于零,则圆柱体内的极化电荷的电荷量为

$$\begin{aligned} Q' &= -\oint_S \boldsymbol{P} \cdot \mathrm{d}\boldsymbol{S} = -[\boldsymbol{P}_1 \cdot \Delta \boldsymbol{S}_1 + \boldsymbol{P}_2 \cdot \Delta \boldsymbol{S}_2 + \delta] = -[(\boldsymbol{P}_2 - \boldsymbol{P}_1) \cdot \boldsymbol{e}_n \Delta S + \delta] \\ &= \rho' h \Delta S \end{aligned}$$

δ 为侧面的通量,当 $h \to 0$ 时,$\delta \to 0$,而且 $\rho' h \to \sigma'$,所以有

$$\sigma' = -(\boldsymbol{P}_2 - \boldsymbol{P}_1) \cdot \boldsymbol{e}_n = P_{1n} - P_{2n} \tag{2-15}$$

即在两种电介质的交界面上,极化电荷的面密度等于两种电介质的极化强度的法向分量之差.图 2-31 表明了各种形状的电介质与真空交界面的极化电荷分布情况.

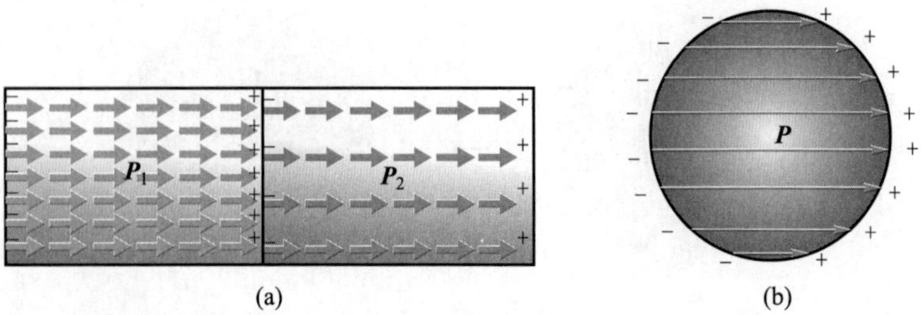

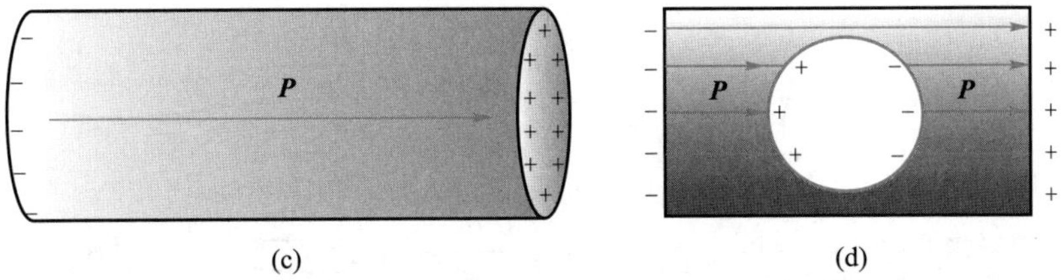

图 2-31 各种形状的电介质与真空交界面的极化电荷

【例 2-6】 一个半径为 a 均匀极化的电介质球,其电极化强度为 $\boldsymbol{P}$,该电介质球置于空气中,球心处的电场强度是多少?

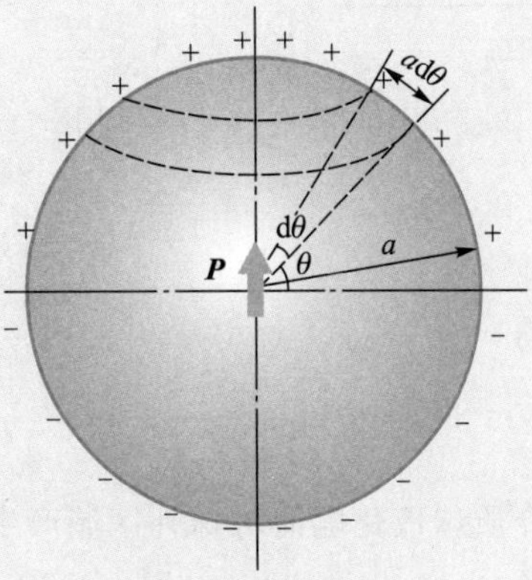

例 2-6 图 介质球的极化

【解】 如例 2-6 图所示,设极化强度矢量 $\boldsymbol{P}$ 沿 z 方向,在电介质球内部各点处 $\boldsymbol{P}$ 是相同的,球表面的极化电荷面密度为 $\boldsymbol{P}\cdot\boldsymbol{e}_{\mathrm{n}}=P\cos\theta$.由对称性可知球心处的电场沿 $-z$ 方向,其大小为

$$E'=-\frac{1}{4\pi\varepsilon_0}\frac{1}{a^2}\int_0^{\pi}\mathrm{d}\theta\int_0^{2\pi}\mathrm{d}\varphi\cdot(a^2\sin\theta)(P\cos\theta)(\cos\theta)$$

$$=-\frac{1}{3\varepsilon_0}P$$

负号表明球心处的电场方向与极化强度矢量的方向相反.这里我们计算的是球心处的场强,实际上在整个电介质球内部由极化电荷产生的场强是均匀的,其大小正是 $P/3\varepsilon_0$.对处于均匀外电场中的电介质棒、片和球,以及椭球,体内 $\boldsymbol{E}'$ 均匀并严格与 $\boldsymbol{P}$ 方向相反,即与外场 $\boldsymbol{E}_0$ 方向相反;但对任意几何形状的介质体、非均匀的电介质或非均匀的外电场等情况,电介质内的 $\boldsymbol{E}'$ 只是大体上与外场 $\boldsymbol{E}_0$ 方向相反.

3. 电介质均匀极化与电场的关系

电介质在外电场 $\boldsymbol{E}_0$ 中极化,出现极化电荷,极化电荷将产生电场 $\boldsymbol{E}'$,空间任一点的电场由两者叠加而成:

$$\boldsymbol{E}=\boldsymbol{E}_0+\boldsymbol{E}'$$

极化电荷在电介质以外空间产生的电场很复杂.在电介质内,极化电荷产生的电场总是与外场方向相反,故总电场随之减弱,极化强度亦减弱,故称为退极化场,如图 2-32 所示.

均匀电介质球放置在均匀电场 $\boldsymbol{E}_0$ 中,设介质球的相对电容率为 ε_{r},半径为 R,极化强度为 $\boldsymbol{P}$,方向沿外场 $\boldsymbol{E}_0$ 方向,由于均匀极化,球面的极化电荷在球内产生的电场也是均匀的,可以用球心的电场 $\boldsymbol{E}'$ 来计算,见例 2-6 结果.则由式(2-12),有

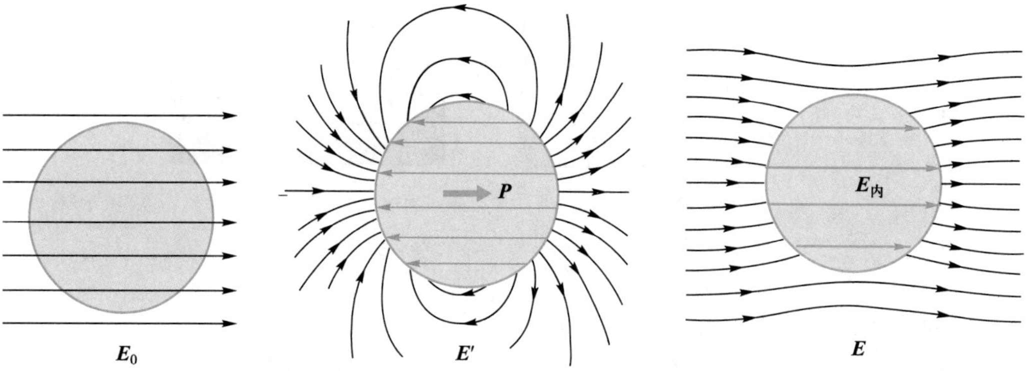

图 2-32 均匀电介质球在外场中的极化

$$P=(\varepsilon_r-1)\varepsilon_0 E=(\varepsilon_r-1)\varepsilon_0\left(E_0-\frac{P}{3\varepsilon_0}\right)$$

解得

$$P=\frac{3(\varepsilon_r-1)}{\varepsilon_r+2}\varepsilon_0 E_0$$

电介质球极化电荷对球外区域产生的电场可以用等效电偶极子 $\boldsymbol{p}$ 代替，则

$$p=PV=\frac{3(\varepsilon_r-1)}{\varepsilon_r+2}\varepsilon_0 E_0\cdot\frac{4}{3}\pi R^3=\frac{4\pi\varepsilon_0(\varepsilon_r-1)}{\varepsilon_r+2}E_0 R^3$$

球面的极化面电荷分布为

$$\sigma'=P_{1n}-P_{2n}=P_{1n}=\frac{3(\varepsilon_r-1)}{\varepsilon_r+2}\varepsilon_0 E_0\cos\theta$$

电介质球内的总电场强度为

$$\boldsymbol{E}_{内}=\boldsymbol{E}_0-\boldsymbol{E}'=\boldsymbol{E}_0-\frac{\boldsymbol{P}}{3\varepsilon_0}=\boldsymbol{E}_0-\frac{\varepsilon_r-1}{\varepsilon_r+2}\boldsymbol{E}_0=\frac{3}{\varepsilon_r+2}\boldsymbol{E}_0$$

球内的总电场小于原来的外电场，是因为叠加了球表面极化电荷的电场.电介质球外的总电场为原来均匀电场叠加上电介质球作为等效电偶极子位于球心处在球外产生的电场，即

$$\boldsymbol{E}_{球外}=\boldsymbol{E}_0+\frac{3\boldsymbol{e}_n(\boldsymbol{p}\cdot\boldsymbol{e}_n)-\boldsymbol{p}}{4\pi\varepsilon_0 r^3}$$

作为比较，现在来计算球外两点 A 和 B 两处的总电场，这两点距离球心均为 $2R$，位置如图 2-33 所示.

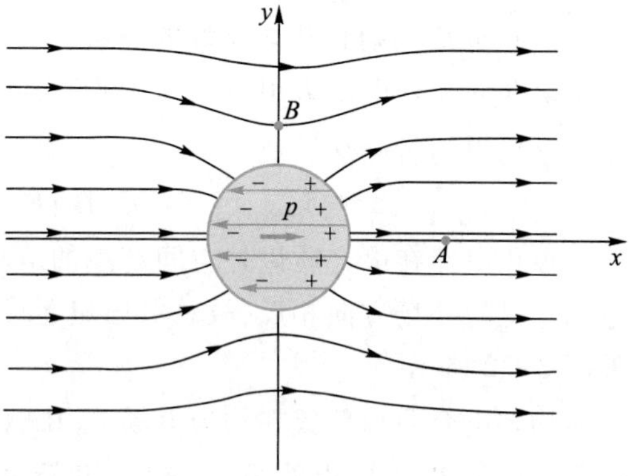

图 2-33 介质球的均匀极化

$$\boldsymbol{E}_A=\boldsymbol{E}_0+\frac{2\boldsymbol{p}}{4\pi\varepsilon_0 r^3}=\boldsymbol{E}_0+\frac{4\pi\varepsilon_0(\varepsilon_r-1)\boldsymbol{E}_0 R^3}{16\pi\varepsilon_0(\varepsilon_r+2)R^3}$$

$$=\boldsymbol{E}_0+\frac{\varepsilon_r-1}{\varepsilon_r+2}\frac{\boldsymbol{E}_0}{4}=\frac{5\varepsilon_r+7}{4(\varepsilon_r+2)}\boldsymbol{E}_0$$

$$\boldsymbol{E}_B=\boldsymbol{E}_0-\frac{\boldsymbol{p}}{4\pi\varepsilon_0 r^3}=\boldsymbol{E}_0-\frac{4\pi\varepsilon_0\boldsymbol{E}_0 R^3}{32\pi\varepsilon_0 R^3}\frac{\varepsilon_r-1}{\varepsilon_r+2}=\boldsymbol{E}_0-\frac{\boldsymbol{E}_0}{8}\frac{\varepsilon_r-1}{\varepsilon_r+2}=\frac{7\varepsilon_r+17}{8(\varepsilon_r+2)}\boldsymbol{E}_0$$

所以有

$$\frac{E_A}{E_B}=\frac{10\varepsilon_r+14}{7\varepsilon_r+17}$$

请读者验证该均匀极化的电介质球不存在极化电荷体密度.

下面再以平行板电容器为例,讨论电介质均匀极化的电场强度,如图 2-34 所示.电介质表面的极化电荷面密度为

$$\sigma'=\pm P$$

极化电荷产生的场强大小为

$$E'=\frac{\sigma'}{\varepsilon_0}=\frac{P}{\varepsilon_0}$$

由于退极化场与外电场方向相反,上式写成矢量形式为

$$\boldsymbol{E}'=-\frac{\boldsymbol{P}}{\varepsilon_0}=-\chi\boldsymbol{E}$$

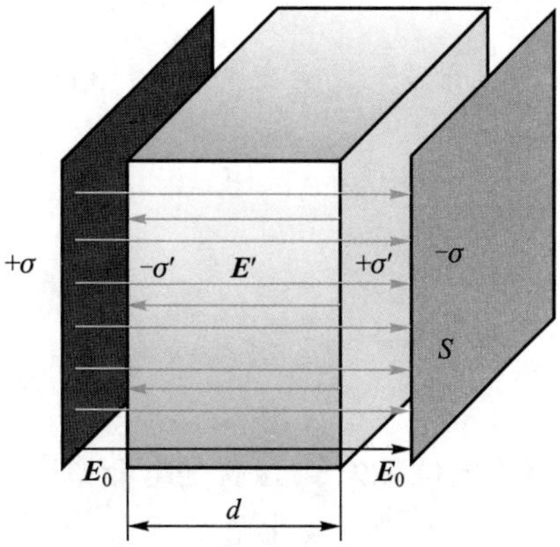

图 2-34 电容器内的退极化场

式中 $\boldsymbol{E}$ 为总场强,另一方面总场强 $\boldsymbol{E}$ 又是外场 $\boldsymbol{E}_0$ 和退极化场 $\boldsymbol{E}'$ 的叠加,即

$$\boldsymbol{E}=\boldsymbol{E}_0+\boldsymbol{E}'=\boldsymbol{E}_0-\chi\boldsymbol{E}$$

解之得

$$\boldsymbol{E}=\frac{\boldsymbol{E}_0}{1+\chi}=\frac{\boldsymbol{E}_0}{\varepsilon_r} \tag{2-16}$$

即电介质内部总电场强度是真空时电场强度的 $1/\varepsilon_r$ 倍,这是自由电荷和极化电荷的总效果.

电容器充满电介质后的电容为

$$C=\frac{q}{U}=\varepsilon_r\frac{q}{U_0}=\varepsilon_r C_0$$

C_0 为真空时的电容.

读者同样可以验证,均匀极化的电介质内部不存在极化电荷体密度,极化电荷只在表面分布.

2-3-3 电介质的基本电学特性

1. 高斯定理

在没有电介质存在时,电场的高斯定理为

$$\oint_S \boldsymbol{E}\cdot \mathrm{d}\boldsymbol{S}=\frac{1}{\varepsilon_0}\sum_{S内} q_0$$

在有电介质时,电介质内部或界面出现极化电荷,极化电荷产生的电场也满足高斯

定理:

$$\oint_S \boldsymbol{E}\cdot \mathrm{d}\boldsymbol{S}=\frac{1}{\varepsilon_0}\sum_{S内} q_0+\frac{1}{\varepsilon_0}\sum_{S内} q'$$

因为电介质内部的极化电荷满足

$$\sum_{S内} q'=-\oint_S \boldsymbol{P}\cdot \mathrm{d}\boldsymbol{S}$$

所以有

$$\oint(\varepsilon_0\boldsymbol{E}+\boldsymbol{P})\cdot \mathrm{d}\boldsymbol{S}=\sum_{S内} q_0$$

令

$$\boldsymbol{D}=\varepsilon_0\boldsymbol{E}+\boldsymbol{P} \tag{2-17}$$

则有

$$\oint \boldsymbol{D}\cdot \mathrm{d}\boldsymbol{S}=\sum_{S内} q_0 \tag{2-18}$$

$\boldsymbol{D}$ 称为电位移矢量.这就是电介质存在时的高斯定理.式(2-18)表明:电位移矢量的电场强度通量与极化电荷无关,只与自由电荷有关,即电位移线自正自由电荷出发,终止于负自由电荷,不受极化电荷的影响.其微分形式为

$$\nabla\cdot\boldsymbol{D}=\rho_0 \tag{2-19}$$

式(2-19)具有一般性的意义,即对于任意电场和任意电介质均成立;电介质存在时的高斯定理只涉及自由电荷.

对于线性极化的电介质,由 $\boldsymbol{P}$ 的表达式,可以把 $\boldsymbol{D}$ 改写为

$$\boldsymbol{D}=\varepsilon_0\varepsilon_r\boldsymbol{E} \tag{2-20}$$

式(2-20)称为线性均匀电介质的本构方程,也是电介质在静电场中的电学物态方程.但是对于那些非线性极化的电介质,由于 $\boldsymbol{P}$ 与 $\boldsymbol{E}$ 不是简单的线性关系,于是 $\boldsymbol{D}$ 亦不能有上述简单的表示.

2. 环路定理

静电场的环路定理说明静电场是保守场或电场的无旋性,我们已知道,在没有电介质的静电场中,有 $\nabla\times\boldsymbol{E}=0$.引入电介质后,当然会出现极化面电荷或极化体电荷,这些极化电荷都处于静止状态,由它们所产生的电场与静止的自由电荷产生的电场并无本质的不同,它们同属于静电场,也同样遵从库仑定律.所以我们可以认为,在有电介质存在的情形下,由自由电荷以及极化电荷共同形成的静电场仍然是保守场,即仍然遵从无旋性:

$$\nabla\times\boldsymbol{E}=0 \tag{2-21}$$

【例 2-7】 平行板电容器内充满两层均匀介质,厚度分别为 d_1 和 d_2,相对电容率为 ε_1 和 ε_2,电容器所加电压为 U,如例 2-7 图 1 所示.求:(1) 电容器的电容;(2) 电介质分界面的极化电荷面密度.

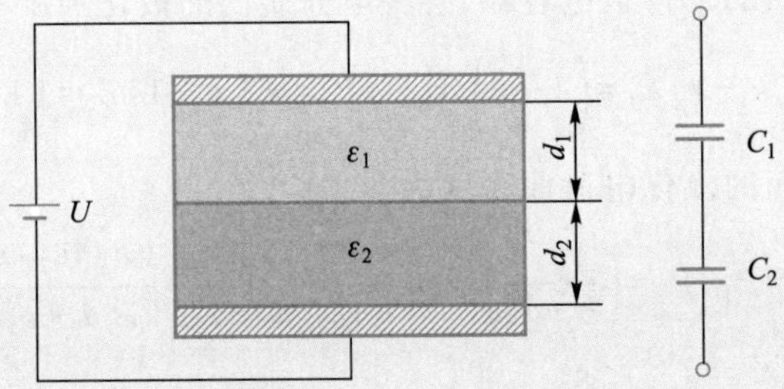

例 2-7 图 1

【解】 本题属于电介质分界面平行于等势面情况.电容器接上电源后充电，设上下极板电荷面密度为$\pm\sigma$,通过作一个圆柱形的高斯面穿过上极板,高斯面的上下端面的面积为 ΔS,根据电介质存在时的高斯定理,有 $\boldsymbol{D}\cdot\Delta\boldsymbol{S}=\sigma\Delta S$,即

$$D=\sigma$$

根据式(2-20),得到在两种电介质中的电场强度为

$$E_1=\frac{\sigma}{\varepsilon_0\varepsilon_1},\quad E_2=\frac{\sigma}{\varepsilon_0\varepsilon_2}$$

两个极板间的总电势差为

$$\Delta U=\int_0^{d_1}\boldsymbol{E}_1\cdot\mathrm{d}\boldsymbol{l}+\int_{d_1}^{d_1+d_2}\boldsymbol{E}_2\cdot\mathrm{d}\boldsymbol{l}=\frac{\sigma}{\varepsilon_0}\left(\frac{d_1}{\varepsilon_1}+\frac{d_2}{\varepsilon_2}\right)$$

根据电容的定义,则得到该电容器的电容为

$$C=\frac{Q}{\Delta U}=\frac{\varepsilon_0 S}{\dfrac{d_1}{\varepsilon_1}+\dfrac{d_2}{\varepsilon_2}}=\frac{\varepsilon_0 S}{d_{\mathrm{eff}}}$$

也可直接把该电容器看成为两个电容器串联,见例 2-7 图 1 右边的示意图,则总电容 $C=\dfrac{C_1C_2}{C_1+C_2}$,而得到上式.式中 d_{eff}称为有效厚度,插入两种介质后,相对于真空情况,电容器极板之间的间距从 d 减小到 d_{eff}.用有效厚度表示电容的方法,可以推广到平行板电容器填充多种介质情况,如例 2-7 图 2 所示,此时 $d_{\mathrm{eff}}=\sum\limits_{i=1}^{N}\dfrac{d_i}{\varepsilon_i}$.

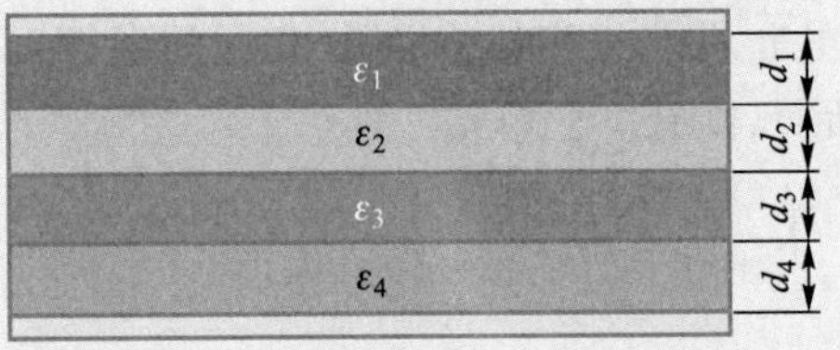

例 2-7 图 2

对两种电介质的平行板电容器,各种电介质内的极化强度分别为

$$P_1=\varepsilon_0(\varepsilon_1-1)E_1=\left(1-\frac{1}{\varepsilon_1}\right)\sigma_0,\quad P_2=\varepsilon_0(\varepsilon_2-1)E_2=\left(1-\frac{1}{\varepsilon_2}\right)\sigma_0$$

两种电介质交界面的极化电荷面密度为

$$\sigma'=P_1-P_2=\left(\frac{1}{\varepsilon_2}-\frac{1}{\varepsilon_1}\right)\sigma_0=\frac{\varepsilon_1-\varepsilon_2}{\varepsilon_1\varepsilon_2}\frac{\varepsilon_0 U}{\frac{d_1}{\varepsilon_1}+\frac{d_2}{\varepsilon_2}}=\frac{(\varepsilon_1-\varepsilon_2)\varepsilon_0 U}{\varepsilon_2 d_1+\varepsilon_1 d_2}$$

各种界面的自由电荷和极化电荷如例 2-7 图 3 所示.

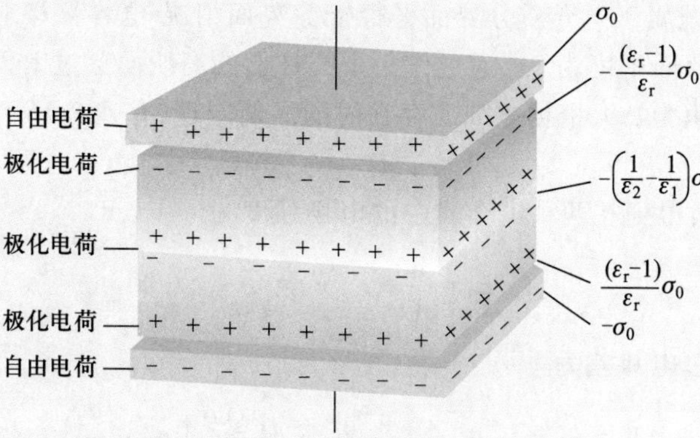

例 2-7 图 3

【例 2-8】 一个内径为 a,外径为 b 的球形电容器,左半球和右半球分别充满两种电介质,相对电容率分别为 ε_1 和 ε_2,若内球带 $+q_0$,外球带 $-q_0$,如例 2-8 图所示.求:(1) 两种电介质中的电场强度;(2) 该电容器的电容;(3) 内外球面的极化电荷面密度.

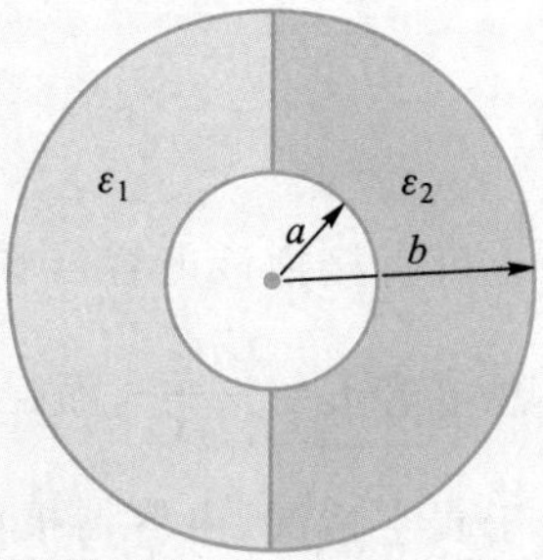

例 2-8 图

【解】 本题属于电介质分界面垂直于等势面情况.因为电介质存在时总电场也是保守力场,即满足 $\oint \boldsymbol{E}\cdot d\boldsymbol{l}=0$,在分界面两边取一个长方形的闭合回路,则有

$$E_{1t}=E_{2t}$$

由于在两个电介质分界面电场没有法线分量,即总电场就是切线方向的电场.所以在本问题中,两种电介质中的总电场相等(相同的半径).

作一个球形高斯面,则有

$$\int_{\text{左半球面}}\boldsymbol{D}_1\cdot d\boldsymbol{S}+\int_{\text{右半球面}}\boldsymbol{D}_2\cdot d\boldsymbol{S}=q_0$$

即

$$D_1\cdot 2\pi r^2+D_2\cdot 2\pi r^2=q_0$$

亦即

$$\varepsilon_0\varepsilon_1E_1\cdot2\pi r^2+\varepsilon_0\varepsilon_2E_2\cdot2\pi r^2=q_0$$

因为 $E_1=E_2$,所以得到

$$E_1=E_2=\frac{q_0}{2\pi\varepsilon_0(\varepsilon_1+\varepsilon_2)r^2}$$

内外球之间的电势差为

$$U=\int_a^b E\mathrm{d}r=\int_a^b\frac{q_0}{2\pi\varepsilon_0(\varepsilon_1+\varepsilon_2)r^2}\mathrm{d}r=\frac{q_0}{2\pi\varepsilon_0(\varepsilon_1+\varepsilon_2)}\left(\frac{1}{a}-\frac{1}{b}\right)$$

因此该电容器的电容为

$$C=\frac{q_0}{U}=\frac{2\pi\varepsilon_0ab(\varepsilon_1+\varepsilon_2)}{b-a}$$

下面讨论内外球面的自由电荷面密度.由于两种电介质中的电位移矢量不相等,即

$$D_1=\varepsilon_0\varepsilon_1E_1=\frac{\varepsilon_1q_0}{2\pi(\varepsilon_1+\varepsilon_2)r^2},\quad D_2=\varepsilon_0\varepsilon_2E_2=\frac{\varepsilon_2q_0}{2\pi(\varepsilon_1+\varepsilon_2)r^2}$$

因此,内球面左半球和右半球的自由电荷面密度分别为

$$\sigma_{10}\big|_a=\frac{\varepsilon_1q_0}{2\pi(\varepsilon_1+\varepsilon_2)a^2},\quad \sigma_{20}\big|_a=\frac{\varepsilon_2q_0}{2\pi(\varepsilon_1+\varepsilon_2)a^2}$$

即左右两半球的内球面自由电荷面密度不相等,但总自由电荷的电荷量仍为$+q_0$.同理,外球面左右两个半球的自由电荷面密度也不相等,分别为

$$\sigma_{10}\big|_b=-\frac{\varepsilon_1q_0}{2\pi(\varepsilon_1+\varepsilon_2)b^2},\quad \sigma_{20}\big|_b=-\frac{\varepsilon_2q_0}{2\pi(\varepsilon_1+\varepsilon_2)b^2}$$

但外球面的总自由电荷的电荷量仍为$-q_0$.

下面讨论极化电荷面密度,极化电荷只出现在内外球面上,两个电介质分界面没有极化电荷.两种电介质中的极化强度分别为

$$P_1=\varepsilon_0(\varepsilon_1-1)E_1=\frac{(\varepsilon_1-1)q_0}{2\pi(\varepsilon_1+\varepsilon_2)r^2},\quad P_2=\varepsilon_0(\varepsilon_2-1)E_1=\frac{(\varepsilon_2-1)q_0}{2\pi(\varepsilon_1+\varepsilon_2)r^2}$$

因此,内球面左半球和右半球的极化电荷面密度分别为

$$\sigma_1'\big|_a=-P_{1\mathrm{n}}=-\frac{(\varepsilon_1-1)q_0}{2\pi(\varepsilon_1+\varepsilon_2)a^2},\quad \sigma_2'\big|_a=-P_{2\mathrm{n}}=-\frac{(\varepsilon_2-1)q_0}{2\pi(\varepsilon_1+\varepsilon_2)a^2}$$

即左右两半球的内球面极化电荷面密度不相等.同理,外球面左右两个半球的极化电荷面密度也不相等,分别为

$$\sigma_1'\big|_b=P_{1\mathrm{n}}=\frac{(\varepsilon_1-1)q_0}{2\pi(\varepsilon_1+\varepsilon_2)b^2},\quad \sigma_2'\big|_b=P_{2\mathrm{n}}=\frac{(\varepsilon_2-1)q_0}{2\pi(\varepsilon_1+\varepsilon_2)b^2}$$

最后讨论内外球面的总电荷面密度.内球面左半球的总电荷面密度为

$$\sigma_1\big|_a=\sigma_{10}+\sigma_1'=\frac{\varepsilon_1 q_0}{2\pi(\varepsilon_1+\varepsilon_2)a^2}-\frac{(\varepsilon_1-1)q_0}{2\pi(\varepsilon_1+\varepsilon_2)a^2}=\frac{q_0}{2\pi(\varepsilon_1+\varepsilon_2)a^2}$$

内球面右半球的总电荷面密度为

$$\sigma_2\big|_a=\sigma_{20}+\sigma_2'=\frac{\varepsilon_2 q_0}{2\pi(\varepsilon_1+\varepsilon_2)a^2}-\frac{(\varepsilon_2-1)q_0}{2\pi(\varepsilon_1+\varepsilon_2)a^2}=\frac{q_0}{2\pi(\varepsilon_1+\varepsilon_2)a^2}$$

即内球面左半球和右半球球面上的总电荷面密度是相等的!

同理,外球面左半球和右半球的总电荷面密度也相等,其值为

$$\sigma_1\big|_b=\sigma_2\big|_b=-\frac{q_0}{2\pi(\varepsilon_1+\varepsilon_2)b^2}$$

总电荷密度相同,保证了两种电介质中的总电场强度相等.

【例 2-9】 如例 2-9 图 1 所示,平行板电容器内填充有三种电介质,相对电容率分别为 ε_1,ε_2 和 ε_3,极板总面积为 S,第一种电介质和第二种电介质左右各半,三种电介质的高度相同,$d_1=d_2=d_3=d$.求系统的总电容.

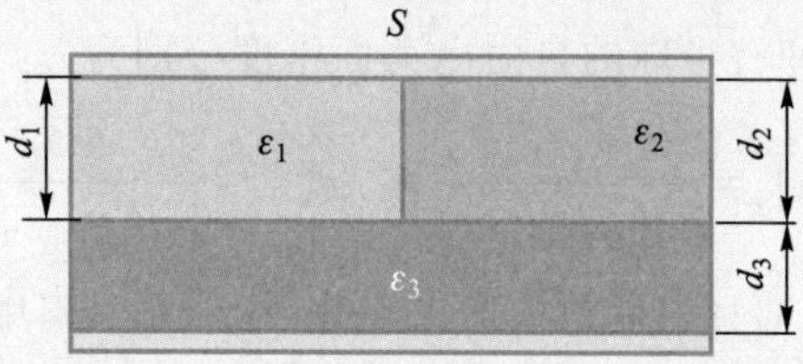

例 2-9 图 1

【解】 这三种电介质的分界面既有电介质分界面平行于极板,又有电介质分界面垂直于极板的混合情况.这种情况会不可避免地出现边缘效应(因为电介质分界面的边缘在电容器中间),使得等势面发生畸变.

首先用计算机模拟计算等势面的分布,先看上下两种电介质情况,等势面如例 2-9 图 2 所示.

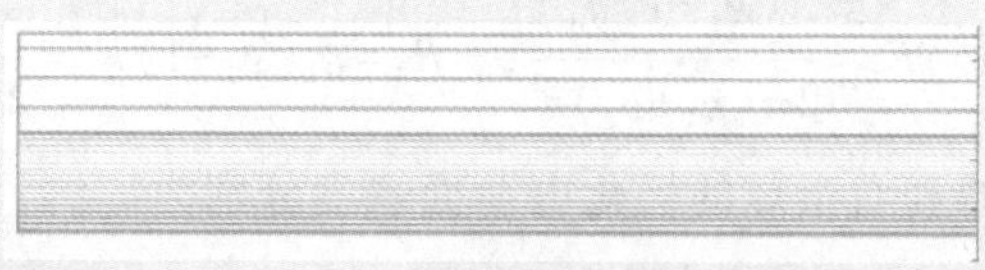

例 2-9 图 2

即电介质分界面与极板平行时,等势面也与电介质分界面平行.这就是例 2-7 的情况.

对本题三种电介质情况,设 $\varepsilon_2=10$ 固定不变,$\varepsilon_3=2$ 也固定不变,让 ε_1 分别等于 3、5、7、9,其等势面如例 2-9 图 3 所示.

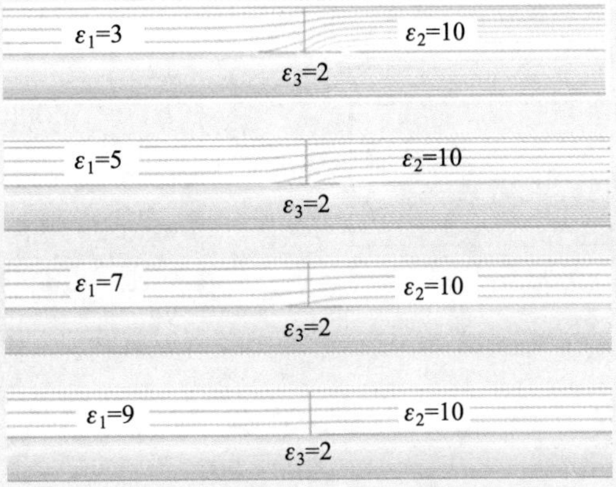

例 2-9 图 3

可见，ε_1 和 ε_2 差别较大时，边缘效应造成等势面畸变较为严重.但是当 ε_1 趋近于 ε_2 时，近似回到了例 2-9 图 2 情况.

因此，对 $\varepsilon_1 \approx \varepsilon_2$ 的情况，可以采用例 2-9 图 4 近似解答，即

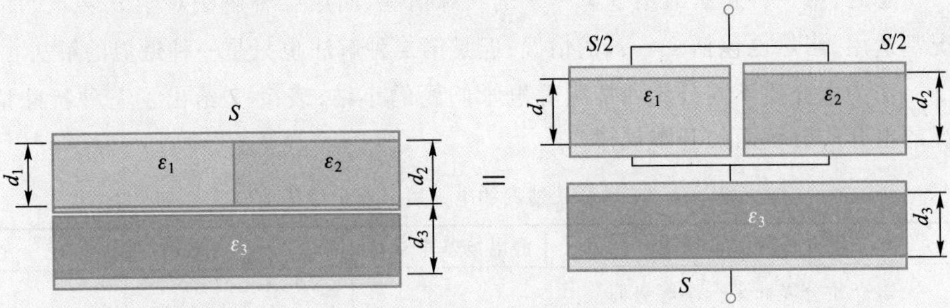

例 2-9 图 4

$$C_{12}=C_1+C_2=\frac{\varepsilon_0\varepsilon_1 S}{2d_1}+\frac{\varepsilon_0\varepsilon_2 S}{2d_2}=\frac{\varepsilon_0 S(\varepsilon_1+\varepsilon_2)}{2d_1}=\frac{\varepsilon_0 S(\varepsilon_1+\varepsilon_2)}{2d}$$

$$C=\frac{C_3C_{12}}{C_3+C_{12}}=\frac{\dfrac{\varepsilon_0\varepsilon_3 S}{d}\cdot\dfrac{\varepsilon_0 S(\varepsilon_1+\varepsilon_2)}{2d}}{\dfrac{\varepsilon_0\varepsilon_3 S}{d}+\dfrac{\varepsilon_0 S(\varepsilon_1+\varepsilon_2)}{2d}}=\frac{\varepsilon_0\varepsilon_3(\varepsilon_1+\varepsilon_2)S}{(\varepsilon_1+\varepsilon_2+2\varepsilon_3)d}$$

如果 $\varepsilon_1=\varepsilon_2$，则 $C=\dfrac{\varepsilon_0\varepsilon_1\varepsilon_3 S}{(\varepsilon_1+\varepsilon_3)d}$；再若 $\varepsilon_1=\varepsilon_2=\varepsilon_3$，则 $C=\dfrac{\varepsilon_0\varepsilon_1 S}{2d}$，回到了填充单一电介质的平行板电容器（极板间距为 $2d$）的表达式.

对 $\varepsilon_1 \neq \varepsilon_2$，并且两者差别较大情况时，可以采用例 2-9 图 5 近似解答，即

$$C_{13}=\frac{C_1\cdot C_3/2}{C_1+C_3/2}=\frac{\dfrac{\varepsilon_0\varepsilon_1 S}{2d_1}\cdot\dfrac{\varepsilon_0\varepsilon_3 S}{2d_3}}{\dfrac{\varepsilon_0\varepsilon_1 S}{2d_1}+\dfrac{\varepsilon_0\varepsilon_3 S}{2d_3}}=\frac{\varepsilon_0\varepsilon_1\varepsilon_3 S}{2d(\varepsilon_1+\varepsilon_3)},\quad C_{23}=\frac{\varepsilon_0\varepsilon_2\varepsilon_3 S}{2d(\varepsilon_2+\varepsilon_3)}$$

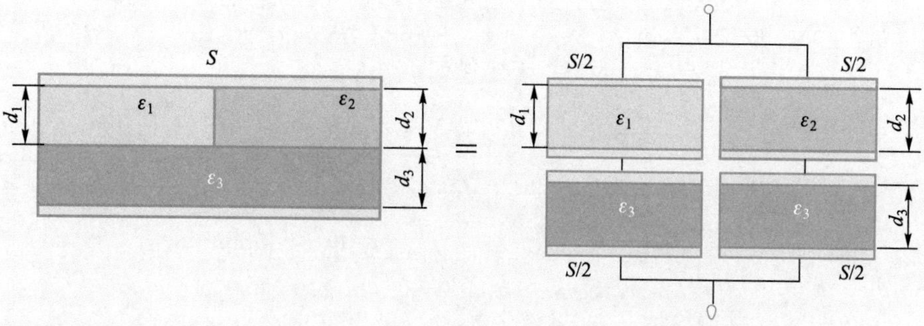

例 2-9 图 5

最终有

$$C=C_{13}+C_{23}=\frac{\varepsilon_0\varepsilon_1\varepsilon_3 S}{2d(\varepsilon_1+\varepsilon_3)}+\frac{\varepsilon_0\varepsilon_2\varepsilon_3 S}{2d(\varepsilon_2+\varepsilon_3)}=\frac{\varepsilon_0[\varepsilon_1(\varepsilon_2+\varepsilon_3)+\varepsilon_2(\varepsilon_1+\varepsilon_3)]\varepsilon_3 S}{2d(\varepsilon_1+\varepsilon_3)(\varepsilon_2+\varepsilon_3)}$$

如果 $\varepsilon_1=\varepsilon_2$，则 $C=\dfrac{\varepsilon_0\varepsilon_1\varepsilon_3 S}{(\varepsilon_1+\varepsilon_3)d}$，即在这种情况下，两种解法相同.

总之，第一种解法适用于 $\varepsilon_1\approx\varepsilon_2$ 的特殊情况，而第二种解法对于 $\varepsilon_1\neq\varepsilon_2$ 的情况都适用，当然也包括 $\varepsilon_1\approx\varepsilon_2$ 的情况；但是第二种解法也只是一种近似的解法.

作为电介质不同分界面情况静电学问题的小结，表 2-2 给出了三种特殊情况的电介质分解面的基本规律.

表 2-2 三种特殊情况的电介质分界面的基本规律

电介质分界面情况	静电场基本规律	等效电容图
电介质分界面平行于等势面 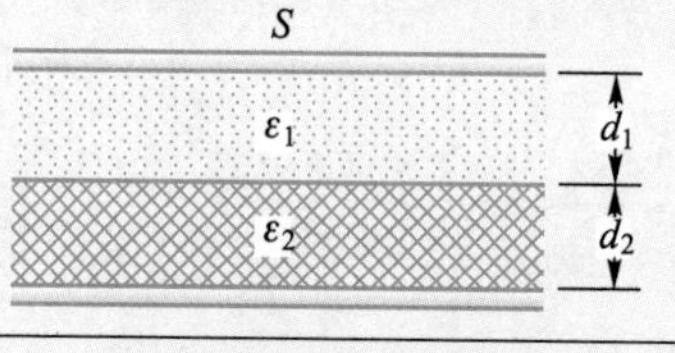	$\begin{cases}\boldsymbol{D}_1=\boldsymbol{D}_2\\ \boldsymbol{E}_1\neq\boldsymbol{E}_2\end{cases}$ $\boldsymbol{E}_i=\boldsymbol{E}_0/\varepsilon_{ri}$	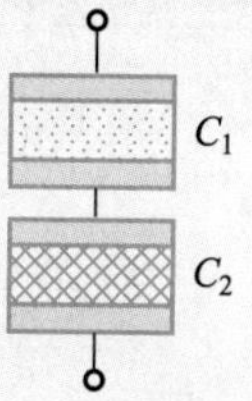
电介质分界面垂直于等势面 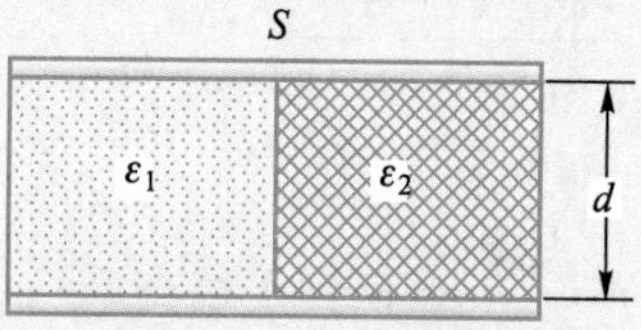	$\begin{cases}\boldsymbol{D}_1\neq\boldsymbol{D}_2\\ \boldsymbol{E}_1=\boldsymbol{E}_2\end{cases}$	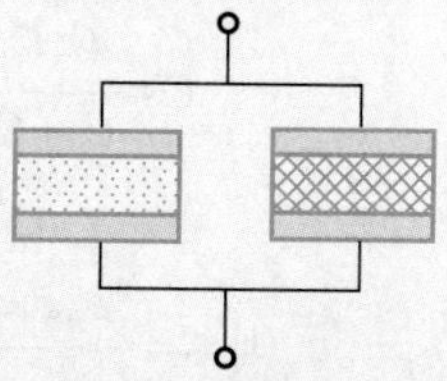
电介质分界面正交 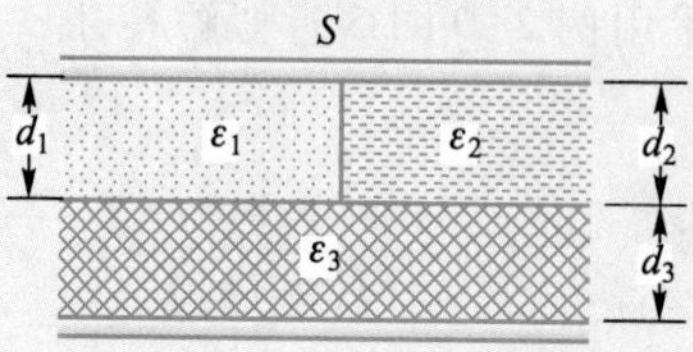	$\begin{cases}\boldsymbol{D}_1\neq\boldsymbol{D}_2\neq\boldsymbol{D}_3\\ \boldsymbol{E}_1=\boldsymbol{E}_2\neq\boldsymbol{E}_3\end{cases}$	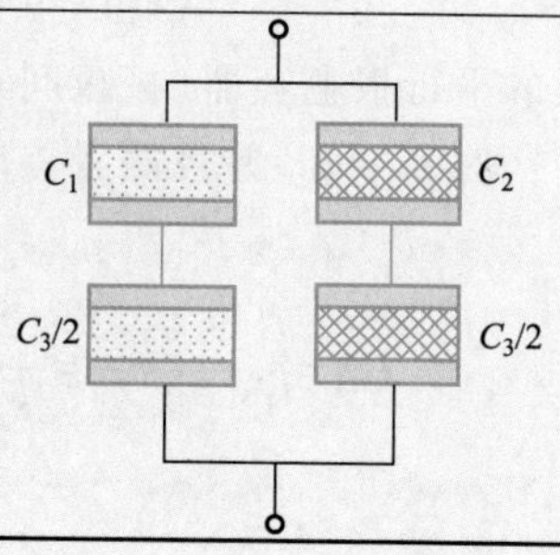

§2-4 电像法

2-4-1 静电场的唯一性定律

1. 静电场的泊松方程和拉普拉斯方程

描述静电场的两个方程为

$$\nabla \cdot \boldsymbol{E}=\frac{\rho}{\varepsilon_0}, \quad \nabla\times\boldsymbol{E}=0$$

电势与电场强度的关系为 $\boldsymbol{E}=-\nabla U$,所以有

$$\nabla \cdot \boldsymbol{E}=-\nabla \cdot \nabla U=-\nabla^2 U=\rho/\varepsilon_0$$

或

$$\nabla^2 U=-\rho/\varepsilon_0 \tag{2-22}$$

该方程称为泊松方程,即只要知道空间的电荷分布和边界条件,空间的电势和电场分布就可以解出.如果空间无电荷,则方程变为

$$\nabla^2 U=0 \tag{2-23}$$

该方程称为拉普拉斯方程.

在直角坐标系下,泊松方程的形式为

$$\frac{\partial^2 U}{\partial x^2}+\frac{\partial^2 U}{\partial y^2}+\frac{\partial^2 U}{\partial z^2}=-\frac{\rho(x,y,z)}{\varepsilon_0} \tag{2-24}$$

【例 2-10】 证明在无电荷存在的区域,电势不可能有极大值或极小值.

【证明】 在空间无电荷的区域,泊松方程变为拉普拉斯方程,即

$$\frac{\partial^2 U}{\partial x^2}+\frac{\partial^2 U}{\partial y^2}+\frac{\partial^2 U}{\partial z^2}=0$$

若电势取极大值,必须满足:$\frac{\partial^2 U}{\partial x^2}<0,\frac{\partial^2 U}{\partial y^2}<0,\frac{\partial^2 U}{\partial z^2}<0$;电势如果取极小值,必须满足$\frac{\partial^2 U}{\partial x^2}>0,\frac{\partial^2 U}{\partial y^2}>0,\frac{\partial^2 U}{\partial z^2}>0$.无论哪种情况都不满足拉普拉斯方程.因此在无电荷存在的区域,电势不可能有极大值或极小值.

2. 边值问题

为了求解空间的电场和电势分布,需要求解泊松方程,这就需要知道边界条件.一般情况下,求出问题的解析解仅限于电荷分布具有特定的对称性并且没有边界的情况,或者是虽有边界,但边界也具有相似的对称性.然而在工程实际问题中,所遇到的场可能要复杂得多,一般不能用直接积分或高斯定理求解,而需要寻找其他的求解方法.但是,不论这些电场问题如何复杂,从数学上讲它们都是在给定的边界条件下求解泊松方程或拉普拉斯方程的问题,即所谓边值问题.

根据问题所给的边界条件不同,可以分为三种类型:

第一类边值问题:给定的边界条件为整个边界上的电势值,又称为狄里赫利(Dirichlet)问题.

第二类边值问题:给定的边界条件为整个边界上的电势法向导数值,又称为纽曼(Neumann)问题.

第三类边值问题:给定的边界条件部分为电势值,部分为电势法向导数值,又称为混合边值问题.

3. 唯一性定律

唯一性定理表述:满足泊松方程或拉普拉斯方程及所给的全部边界条件的电场解是唯一的.也就是说,若要保证 U 为问题的唯一正确解,U 必须满足两个条件:① 要满足泊松方程或拉普拉斯方程,这是必要条件;② 在整个边界上满足所给定的边界条件.所谓边界条件包含了边值问题给出的三种情况.

唯一性定理可以采用反证法证明,即假定在封闭曲面 S 的空间 V 内有两组不同的解 U 和 U',即它们满足同一泊松方程及同一边界条件,即

$$\nabla^2 U=-\rho/\varepsilon,\quad \nabla^2 U'=-\rho/\varepsilon \tag{2-25}$$

取两解之差,$U''=U-U'$,由于泊松方程为线性方程,所以在 V 内 U''一定满足拉普拉斯方程:

$$\nabla^2 U''=\nabla^2(U-U')=0$$

证明过程需要利用高等数学中的格林(G.Green,1793—1841)定理,格林定理的表达式为

$$\int_V[\varphi\nabla^2\psi+(\nabla\varphi\cdot\nabla\psi)]\mathrm{d}V=\oint_S(\varphi\nabla\psi)\cdot\mathrm{d}\boldsymbol{S} \tag{2-26}$$

在式(2-26)中令 $\varphi=\psi=U''$,格林定理变为

$$\int_V[U''\nabla^2U''+(\nabla U''\cdot\nabla U'')]\mathrm{d}V=\int_V(\nabla U'')^2\mathrm{d}V=\oint_S\left(U''\frac{\partial U''}{\partial n}\boldsymbol{n}\right)\cdot\mathrm{d}\boldsymbol{S}$$

对第一类边值问题:即两个解 U 和 U'满足相同的边界条件,所以在边界上有

$$U''|_S=U|_S-U'|_S=0$$

代入格林公式,有

$$\int_V(\nabla U'')^2\mathrm{d}V=0$$

因为$(\nabla U'')^2\geqslant 0$, 所以

$$\nabla U''\equiv 0$$

因此得到

$$U''=U-U'=c$$

因为电势的绝对值无意义,U 和 $U+c$ 代表同一个电场分布,所以 U 和 U'实际上是同一个电场解,亦即解是唯一的.

对第二类边值问题:即两个解 U 和 U'满足

$$\left.\frac{\partial U}{\partial n}\right|_S=\left.\frac{\partial U'}{\partial n}\right|_{S'}$$

所以

$$\left.\frac{\partial U''}{\partial n}\right|_S=\left.\frac{\partial U}{\partial n}\right|_S-\left.\frac{\partial U'}{\partial n}\right|_S=0$$

代入格林公式,有

$$\int_V(\nabla U'')^2\mathrm{d}V=0$$

所以

$$U''=U-U'=c$$

即 U 和 U'是描写同一个电场解,亦即解是唯一的.

对于第三类边值问题:即两个解 U 和 U'满足在部分边界 S_1 上满足

$$U''|_{S_1}=U|_{S_1}-U'|_{S_1}=0$$

在另一部分 S_2 上满足

$$\left.\frac{\partial U''}{\partial n}\right|_{S_2}=\left.\frac{\partial U}{\partial n}\right|_{S_2}-\left.\frac{\partial U'}{\partial n}\right|_{S_2}=0$$

代入格林公式,有

$$\oint_S\left(U''\frac{\partial U''}{\partial n}\boldsymbol{n}\right)\cdot\mathrm{d}\boldsymbol{S}=\int_{S_1}\left(U''\frac{\partial U''}{\partial n}\boldsymbol{n}\right)\cdot\mathrm{d}\boldsymbol{S}+\int_{S_2}\left(U''\frac{\partial U''}{\partial n}\boldsymbol{n}\right)\cdot\mathrm{d}\boldsymbol{S}=0$$

所以

$$\int_V(\nabla U'')^2\mathrm{d}V=0$$

亦即

$$U''=U-U'=c$$

所以 U 和 U'是描写同一个电场解,即解是唯一的.

解的唯一性定理在求解静电场问题中具有重要的理论意义和使用价值.唯一性定理的成立意味着我们可以采用多种形式的求解方法,包括某些特殊的、简便的方法,甚至也可采用直接观察的方法.即只要能找到一个既满足泊松方程(或拉普拉斯方程)又满足边界条件的解,那么此解必定是该问题的唯一正确解!无需再做进一步的验证,如果得到了不同形式的电势解,那么也只是形式上的不同而已,电场是唯一的.

唯一性定理表明:一旦找到某种电荷分布,既不违背导体平衡特性,也符合物理规律,则这种电荷分布就是唯一可能的分布.

一个接地导体空腔,内部无电荷,但外部有两个电荷 Q_1 和 Q_2,如图 2-35(a)所示的电场线分布是其解,同样的空腔其内部有 Q_3 的电荷,外部无电荷,如图 2-35(b) 所示的电场线是其解,那么,同样的接地空腔,内外均有电荷,而且三个电荷的大小和位置正是图(a)和(b)中的电荷,则图(a)和图(b)的叠加为图(c)正是这种分布的解,即静电平衡是可以叠加的.

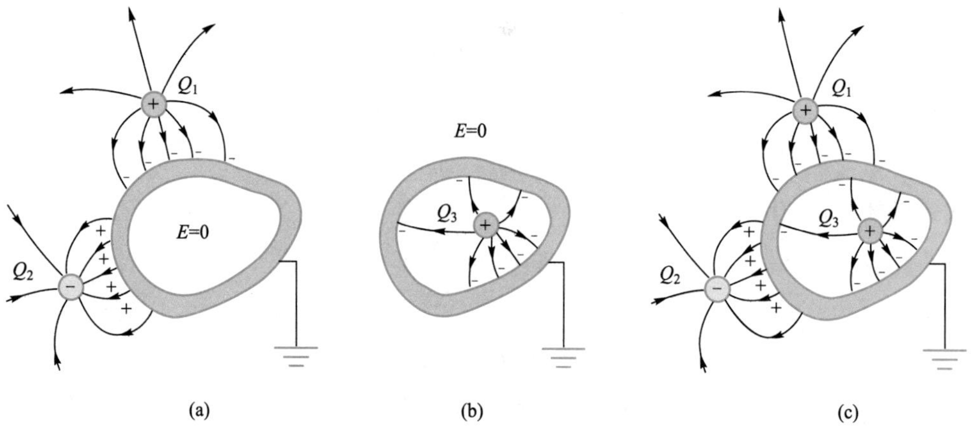

图 2-35 静电平衡的叠加原理

【例 2-11】 若所有导体都不带电，则各导体的电势都相等.

【证明】 采用反证法.若各导体电势都不相等，则必有一个最高，如例 2-11 图所示，设 $U_1>U_2$、$U_1>U_3$，则导体 1 是电场线的起点，其表面只有正电荷，导体 1 上的总电荷量不为 0，与假设矛盾.同理也可假设 U_2 或 U_3 的电势最高，同理也会得到矛盾的结果.所以结论成立.

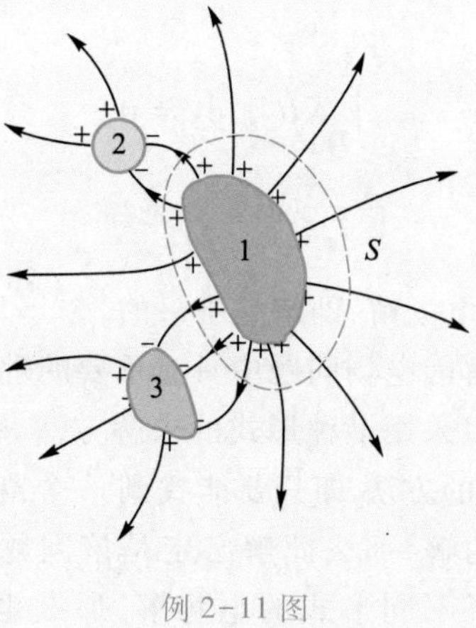

例 2-11 图

2-4-2 导体的电像法

电像法是求解静电场的一种特殊方法.它特别适用于对称性的边界，如平面（或球面、圆柱面）导体前面存在点电荷或线电荷情况下的静电场计算问题.

1. 点电荷对无限大接地导体的电像

一点电荷位于一无限大接地导体的旁边，距离平面为 d，如图 2-36 所示.在导体表面将有感应电荷，感应电荷的分布比较复杂，导体右侧的电场由点电荷和感应电荷共同产生,所产生的场在边界上满足 $U=0$.

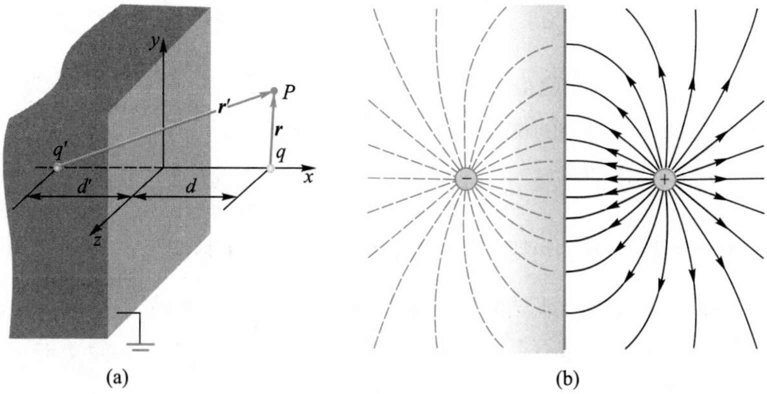

图 2-36 无限大接地导体的电像

我们可以把感应电荷的贡献用一虚拟(镜像)电荷来替代,问题是要找出满足边界条件下的该镜像电荷的位置和数值,则根据唯一性定理,所得到的解将是唯一正确的解.

为了保证边界上的电势处处为零,我们只要选择镜像电荷的值 $q'=-q$,并且镜像的位置为 $d'=d$,如图 2-36 所示.由 q 和 q'组成的两电荷系统对导体平面是镜像对称的,正好满足边界条件,即$U|_S=0$.

因此我们可得到 $x>0$ 区域的电势即为两个电荷电势的叠加,即

$$\begin{aligned} U &= \frac{1}{4\pi\varepsilon_0}\left(\frac{q}{r}+\frac{q'}{r'}\right)=\frac{q}{4\pi\varepsilon_0}\left(\frac{1}{r}-\frac{1}{r'}\right) \\ &= \frac{q}{4\pi\varepsilon_0}\left\{\frac{1}{[(x-d)^2+y^2+z^2]^{1/2}}-\frac{1}{[(x+d)^2+y^2+z^2]^{1/2}}\right\} \end{aligned}$$

由电势可以求得 $x>0$ 区域的电场强度为

$$\begin{cases} E_x=-\dfrac{\partial U}{\partial x}=\dfrac{q}{4\pi\varepsilon_0}\left\{\dfrac{(x-d)}{[(x-d)^2+y^2+z^2]^{3/2}}-\dfrac{(x+d)}{[(x+d)^2+y^2+z^2]^{3/2}}\right\} \\ E_y=-\dfrac{\partial U}{\partial y}=\dfrac{qy}{4\pi\varepsilon_0}\left\{\dfrac{1}{[(x-d)^2+y^2+z^2]^{3/2}}-\dfrac{1}{[(x+d)^2+y^2+z^2]^{3/2}}\right\} \\ E_z=-\dfrac{\partial U}{\partial z}=\dfrac{qz}{4\pi\varepsilon_0}\left\{\dfrac{1}{[(x-d)^2+y^2+z^2]^{3/2}}-\dfrac{1}{[(x+d)^2+y^2+z^2]^{3/2}}\right\} \end{cases}$$

根据唯一性定律,这就是该问题的解.

我们也可以进一步求出导体表面的感应电荷分布.在 E_x表达式中令 $x=0$,即得到无限接近导体(导体外表面)的电场强度为

$$E_n=E_x(0,y,z)=\frac{-qd}{2\pi\varepsilon_0[d^2+y^2+z^2]^{3/2}}$$

根据导体外表面的电场强度与电荷面密度的关系,得到

$$\sigma_S=\varepsilon_0 E_n=\frac{-qd}{2\pi[d^2+y^2+z^2]^{3/2}}$$

导体表面的总感应电荷为

$$q_S=\int_S\sigma_S\mathrm{d}S=\int_{-\infty}^{+\infty}\int_{-\infty}^{+\infty}\frac{-qd\mathrm{d}y\mathrm{d}z}{2\pi[d^2+y^2+z^2]^{3/2}}=-q$$

求点电荷所受导体表面感应电荷的作用力时只需计算像电荷在点电荷处产生的电场,则该电荷受到导体表面感应电荷的作用力大小为

$$F=qE'=-\frac{q^2}{4\pi\varepsilon_0(2d)^2}=-\frac{q^2}{16\pi\varepsilon_0 d^2}$$

负号表示作用力为吸引力.可见,像电荷取代了导体表面感应电荷对右边的贡献.

【例 2-12】 两个接地导体板夹角为 60°,在中间对称轴上有一点电荷 q,质量为 m,距离顶点为 d,求:(1) 该区域的电场分布;(2) 该点电荷 q 运动到达导体板顶点所花的时间.

【解】 (1) 根据边界条件,由问题的对称性可以设置 5 个像电荷,像电荷的大小和位置如例 2-12 图所示.6 个电荷等间距地分布在以 $r=d$ 为半径的圆周上,共同保证导体边界的电势为零.

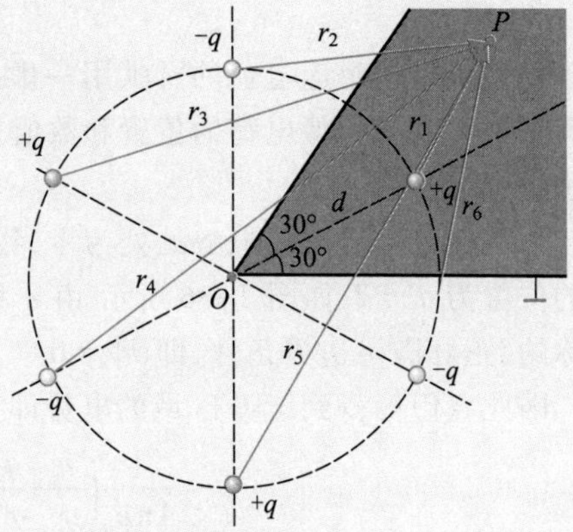

例 2-12 图

在两个导体板之间的 π/3 区域内的点 P 的电势为

$$U(P)=\frac{q}{4\pi\varepsilon_0}\left(\frac{1}{r_1}-\frac{1}{r_2}+\frac{1}{r_3}-\frac{1}{r_4}+\frac{1}{r_5}-\frac{1}{r_6}\right)$$

(2) 根据对称性,其他 5 个像电荷对该电荷的作用力指向顶点,合力为

$$\boldsymbol{F}=-\frac{q^2}{4\pi\varepsilon_0}\left(\frac{\boldsymbol{r}_2}{r_2^3}-\frac{\boldsymbol{r}_3}{r_3^3}+\frac{\boldsymbol{r}_4}{r_4^3}-\frac{\boldsymbol{r}_5}{r_5^3}+\frac{\boldsymbol{r}_6}{r_6^3}\right)$$

式中各位置矢量以对应像电荷为起点,方向指向点电荷 q.根据几何关系,可得

$$F_0=-\frac{q^2}{4\pi\varepsilon_0}\left(\frac{2}{d^2}\cos 60°-\frac{2}{(\sqrt{3}d)^2}\cos 30°+\frac{1}{(2d)^2}\right)=-\frac{q^2}{4\pi\varepsilon_0}\frac{15-4\sqrt{3}}{12d^2}$$

力的方向沿 q 与中心的连线方向,负号表示吸引力.

点电荷受到导体板上的感应电荷的合力与点电荷到导体板的顶点的距离 d 成平方反比关系,设想在导体板顶点有一个质量为 m_0 的质点,若设 $m_0=\frac{q^2}{4\pi\varepsilon_0}\frac{15-4\sqrt{3}}{12Gm}$,质量为 m 的点电荷受到 m_0 施加的万有引力等效于静电力,即

$$F_0=-\frac{q^2}{4\pi\varepsilon_0}\frac{15-4\sqrt{3}}{12d^2}=-\frac{Gm_0m}{d^2}$$

利用开普勒第三定律，质点 m 围绕 m_0（m_0 恒定不动）运动的周期为 $\frac{T^2}{a^3}=\frac{4\pi^2}{Gm_0}$，则质点 m 到达顶点的时间为

$$t=\frac{T}{2}=\frac{1}{2}\sqrt{\frac{4\pi^2a^3}{Gm_0}}=\frac{1}{2}\sqrt{\frac{4\pi^2(d/2)^3}{\frac{q^2}{4\pi\varepsilon_0}\frac{15-4\sqrt{3}}{12m}}}=\sqrt{\frac{6\varepsilon_0 m\pi^3d^3}{(15-4\sqrt{3})q^2}}$$

该结果也可以直接用牛顿运动定律求解得到.

2. 点电荷对导体球面的电像

如图 2-37 所示，半径为 a 的导体球壳接地，球外有一个电荷量为 q 的点电荷，q 与球心的距离为 d，求解球外空间的电场分布和电势分布.

这个问题也可采用电像法求解.因导体球壳接地，故球壳电势为零，即 $U|_{r=a}=0$.解决本题的关键是找到一个像电荷 q'，使得 q' 与 q 在球壳上任一点所产生的电势之和为 0.q' 的大小和位置不能明显看出，但根据对称性可猜测 q' 一定在球心 O 与 q 的连线上，设其与 O 的距离为 d'，如图 2-37 所示.由源电荷 q 和像电荷 q' 共同产生的电势为

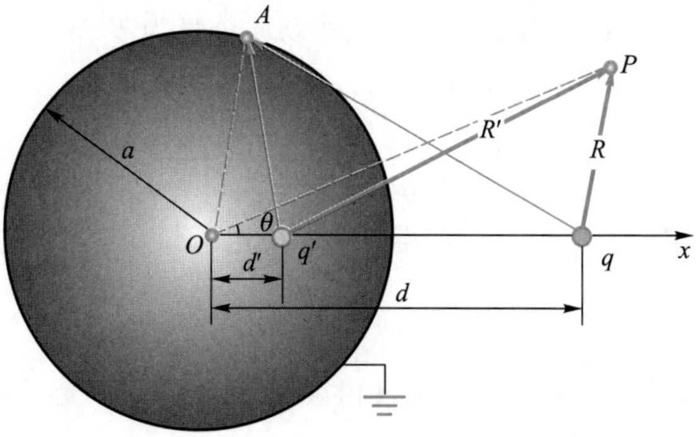

图 2-37 接地导体球面的电像法

$$U=\frac{1}{4\pi\varepsilon_0}\left(\frac{q}{R}+\frac{q'}{R'}\right)$$

式中 $R=\sqrt{r^2+d^2-2rd\cos\theta}$，$R'=\sqrt{r^2+d'^2-2rd'\cos\theta}$.在球面上，$U|_{r=a}=0$，则上式变为

$$U=\frac{1}{4\pi\varepsilon_0}\left[\frac{q}{(a^2+d^2-2ad\cos\theta)^{1/2}}+\frac{q'}{(a^2+d'^2-2ad'\cos\theta)^{1/2}}\right]=0$$

上式对任意的 θ 都成立，可改写为 $q^2(a^2+d'^2-2ad'\cos\theta)=q'^2(a^2+d^2-2ad\cos\theta)$.该式成立的条件是两边常量项相等，$\cos\theta$ 的系数也相等，即

$$\begin{cases}q^2(a^2+d'^2)=q'^2(a^2+d^2)\\ q^2d'=q'^2d\end{cases}$$

解该方程组，有

$$\begin{cases} d'=\dfrac{a^2}{d}, & q'=-\dfrac{a}{d}q \\ d'=d, & q'=-q \end{cases} \tag{2-27}$$

第二组解违背镜像电荷设置原则，即像电荷不能设置在被求空间区域，因为这将改变泊松方程！所以应舍去.因此第一组解即为该问题满足边界条件的电像.接地导体球外点电荷形成的电场分布如图 2-38 所示.

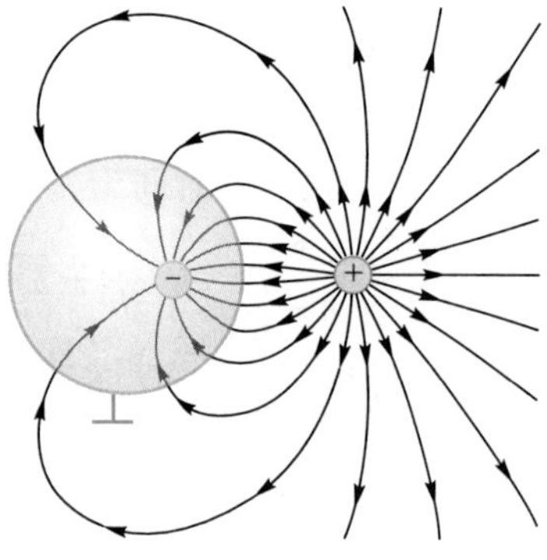

图 2-38 接地导体球外点电荷形成的电场分布

由此，我们可以求得球外点 $P(r,\theta,\varphi,r>a)$ 的电势为

$$U=\frac{q}{4\pi\varepsilon_0}\left\{\frac{1}{(r^2+d^2-2rd\cos\theta)^{1/2}}-\frac{a/d}{[r^2+(a^2/d)^2-2r(a^2/d)\cos\theta]^{1/2}}\right\}$$

由电势可以求得球外 $r>a$ 区域的电场强度，即

$$\boldsymbol{E}=\frac{q}{4\pi\varepsilon_0}\left\{\left[\frac{(r-d\cos\theta)}{R^3}-\frac{(a/d)(r-d'\cos\theta)}{R'^3}\right]\boldsymbol{e}_r+\left[\frac{d}{R^3}-\frac{(a/d)d'}{R'^3}\right]\sin\theta\boldsymbol{e}_\theta\right\}$$

求导时我们使用了球坐标.根据唯一性定理，这就是该问题的解.

不难验证 $E_\theta\big|_{r=a}=0$，即导体壳表面电场切向分量为零.导体表面的电荷面密度可以根据球面电场的法线分量求得，即

$$\sigma_S=\varepsilon_0E_n=\frac{q(d^2-a^2)}{4\pi a(a^2+d^2-2ad\cos\theta)^{3/2}}$$

把该面电荷分布对整个球面积分，即得总的感应电荷量，其值为

$$q_{感应}=-\frac{a}{d}q$$

导体壳上的总电荷量与像电荷的电荷量相等.当 a 越大或 d 越小时，总感应电荷的绝对值越大.

利用像电荷，我们还进一步可以求出导体面感应电荷对球外点电荷的静电力，即

$$\boldsymbol{F}=\frac{qq'}{4\pi\varepsilon_0(d-d')^2}\boldsymbol{e}_x=-\frac{q^2(a/d)}{4\pi\varepsilon_0[d-(a^2/d)]^2}\boldsymbol{e}_x=-\frac{adq^2}{4\pi\varepsilon_0(d^2-a^2)^2}\boldsymbol{e}_x$$

该力为吸引力.

如果本问题中导体球既不带电也不接地，则需要用叠加原理来解.该问题可以分解为两部分：一是导体球接地，球外有一点电荷；二是导体球不接地，球面有均匀分布的电荷，如图 2-39 所示.第一部分就是上面的解，即设置像电荷 $q'=-(a/d)q$，位置 $x=a^2/d$.第二部分只要设置其表面的电荷 $-q'=(a/d)q$，且为均匀分布.两球叠加后满足边界条件，即球面不带电，球面上电势不为零，即不接地.

因此由唯一性定理知，球外的电势和电场由三个电荷叠加而成，三个电荷分别是：① 球外电荷 q，② 球内像电荷 q'，③ 球表面均匀分布的电荷 $-q'$，这相当于放在球心的一个电荷，如图 2-40 所示.

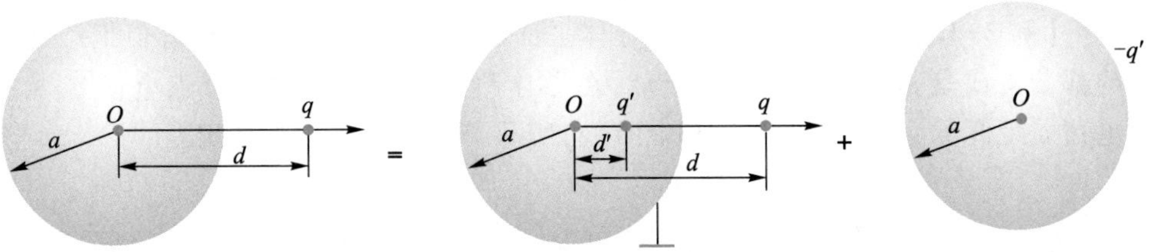

图 2-39 不接地导体球体的电像法

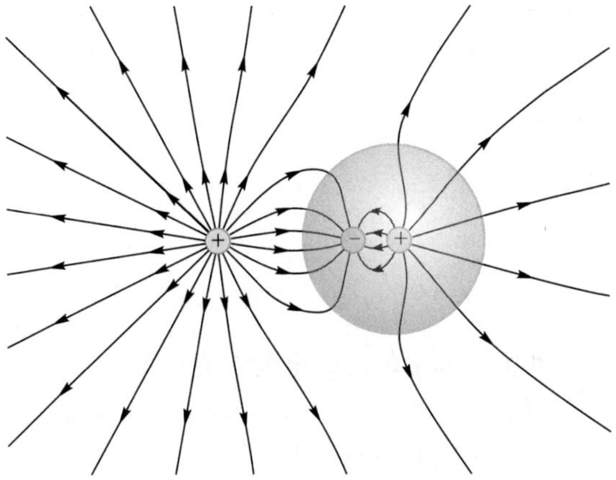

图 2-40 不接地导体球前方放置一点电荷的电场线分布

同理,如果导体球不接地,同时球面带有电荷量为 Q 的电荷,则利用电像法和叠加原理也可以进行求解,如图 2-41 所示.

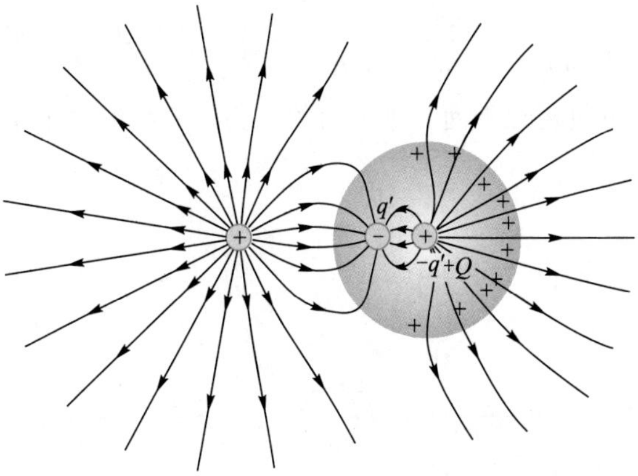

图 2-41 不接地导体带电荷量为 Q,球外放置一点电荷 q,形成的电场线分布

如果接地导体球内部空腔中有一个点电荷 q,距离球心 O 为 d,也可以采用电像法求得球内的电场和电势分布.本问题作为练习,请读者给出答案.

【例 2-13】 一个无限大接地导体平面上有一个凸起的部分，近似把凸起的部分看成是一个半径为 a 的半球，在导体凸起正前方放置一个点电荷 q，点电荷 q 距离球心为 d，如例 2-13 图 1(a)所示.求该电荷受到的作用力.

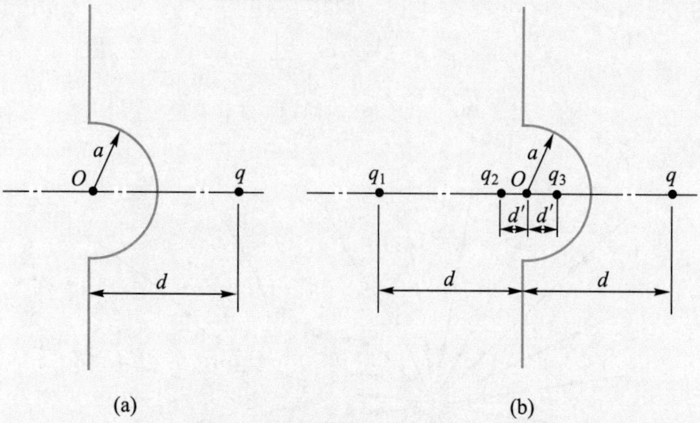

例 2-13 图 1 平面和球面组合的电像法

【解】 导体平面和半球面上的感应电荷对点电荷的作用力可以用像电荷来计算.像电荷的设置要保证边界的电势为零.结合平面和球面的电像法结果，本题需要设置三个电像，如例 2-13 图 1(b)所示，其大小和离导体平面的距离分别为：$q_1(-q,d)$，$q_2(qa/d,a^2/d)$，$q_3(-qa/d,a^2/d)$.

所以，点电荷受到的静电力就是这三个像电荷对它的库仑力，即

$$F=\frac{q}{4\pi\varepsilon_0}\left(\frac{q_1}{(2d)^2}+\frac{q_2}{(d+d')^2}+\frac{q_3}{(d-d')^2}\right)$$

$$=\frac{q}{4\pi\varepsilon_0}\left(-\frac{q}{4d^2}+\frac{qad}{(d^2+a^2)^2}-\frac{qad}{(d^2-a^2)^2}\right)=-\frac{q^2}{4\pi\varepsilon_0}\left(\frac{1}{4d^2}+\frac{4d^3a^3}{(d^4-a^4)^2}\right)$$

该力为吸引力.计算机模拟平面和半球面的等势面分布如例 2-13 图 2 所示.

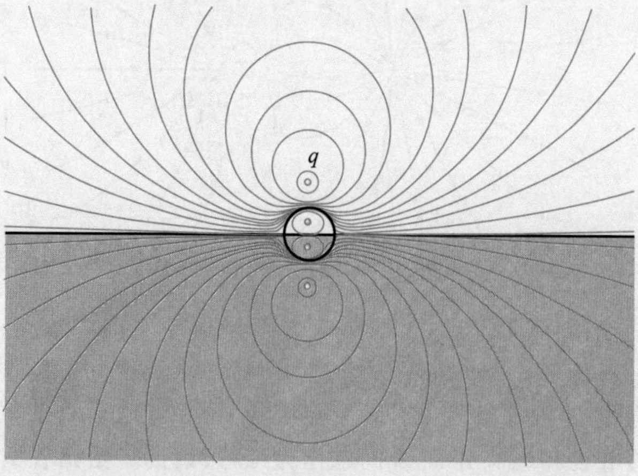

例 2-13 图 2 计算机模拟平面和半球面的等势面分布

【例 2-14】 如例 2-14 图所示是 STM 的模型,STM 的探针近似为一半径为 a 的导体球,测量的样品可认为是无限大导体平面,设探针中心与样品的距离为 z,且设 $z\gg a$.(1) 求球和平面之间的电容的一阶修正项;(2) 当球带电荷量为 Q 时,将球与导体平面完全分离需提供多少的能量?

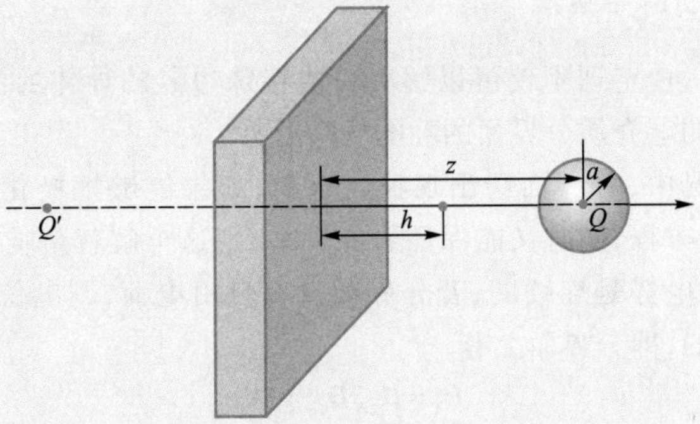

例 2-14 图 STM 模型中使用电像法

【解】 (1) 首先我们可以认为球与导体平面相距无限远,即为孤立导体球的电容,因此有

$$C_0=4\pi\varepsilon_0 a$$

为求一阶修正项,设导体球带电荷量为 Q,因而导体板上另一侧的镜像电荷为 $-Q$,空间沿两电荷连线方向上的电场为

$$E=\frac{Q}{4\pi\varepsilon_0(z-h)^2}-\frac{Q}{4\pi\varepsilon_0(z+h)^2}$$

探针与样品之间的电势差为

$$\begin{aligned}U&=\int_0^{z-a}E\mathrm{d}h=\left.\frac{Q}{4\pi\varepsilon_0(z-h)}\right|_0^{z-a}-\left.\frac{Q}{4\pi\varepsilon_0(z+h)}\right|_0^{z-a}\\&=\frac{Q}{4\pi\varepsilon_0 a}\left(1-\frac{a}{2z-a}\right)\approx\frac{Q}{4\pi\varepsilon_0 a}\left(1-\frac{a}{2z}\right)\end{aligned}$$

根据电容的定义,有

$$C=\frac{Q}{U}=4\pi\varepsilon_0 a\frac{1}{\left(1-\dfrac{a}{2z}\right)}\approx4\pi\varepsilon_0 a\left(1+\frac{a}{2z}\right)$$

设 $C=C_0+\Delta C$,则电容的一阶修正项为

$$\Delta C=2\pi\varepsilon_0 a^2/z$$

(2) 两个相距为 $2z$ 的点电荷之间的作用力为

$$F=\frac{Q^2}{4\pi\varepsilon_0(2z)^2}$$

将导体球移至无限远所做的功为

$$W=\int_{z}^{\infty}F\mathrm{d}z=\int_{z}^{\infty}\frac{Q^{2}}{16\pi\varepsilon_{0}z^{2}}\mathrm{d}z=\frac{Q^{2}}{16\pi\varepsilon_{0}z}$$

2-4-3 介质的电像法

静电场的唯一性定理不仅可以解决一些特殊边界的导体的静电场问题，也可以解决一些特殊的电介质分界面的静电场问题.

在电介质情况中，分界面会出现极化电荷，如果能够把极化电荷等效成像电荷，既能满足泊松方程，同时又能保证边界关系，则这个解就是唯一正确的解.在电介质分界面，由于电势是连续的，若分界面没有自由电荷，则电位移矢量的法线方向分量也是连续的，即分界面上有

$$U_{1}=U_{2},D_{1n}=D_{2n}$$

现在讨论两种电介质，相对电容率分别为 ε_{r1} 和 ε_{r2}，分界面为无限大的平面，在第一种电介质中距离分界面为 d 处放置一个点电荷 q，如图 2-42 所示，求两种电介质中的电场强度.

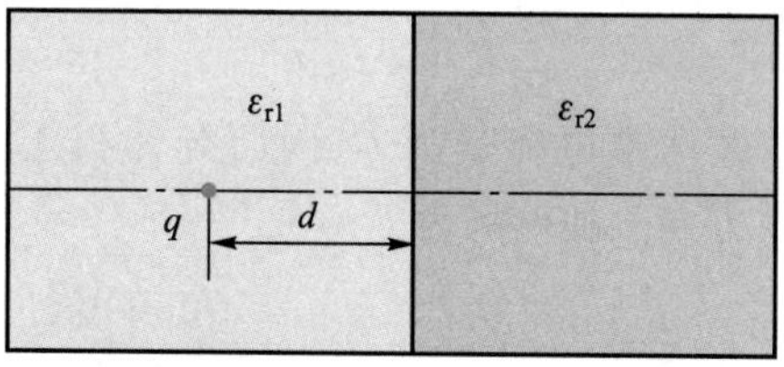

图 2-42 无限大电介质平面的电像法

由于电介质交界面有极化电荷分布，而且是不均匀分布，因此为了求第一种电介质中的电场，需要设定像电荷 q' 放置在第二种电介质中，为了方便计算，设定像电荷到分界面的距离也为 d，当求第二种电介质中的电场时，设定像电荷 q'' 放置在第一种电介质中，距离分界面也为 d，对极化电荷的贡献，电容率采用真空电容率 ε_{0}，如图 2-43 所示.

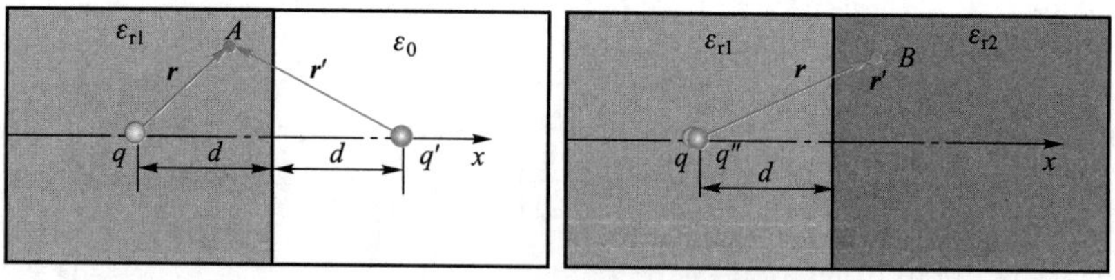

图 2-43 无限大电介质平面的电像设置

因此，A 和 B 两点的电势分别为

$$U_{1}=\frac{1}{4\pi\varepsilon_{0}}\left(\frac{q}{\varepsilon_{r1}r}+\frac{q'}{r'}\right),\quad U_{2}=\frac{1}{4\pi\varepsilon_{0}}\left(\frac{q}{\varepsilon_{r1}r}+\frac{q''}{r}\right)$$

电介质分界面的边界条件也可以改写成

$$\begin{cases} U_1 \big|_{x=0} = U_2 \big|_{x=0} \\ \varepsilon_0 \varepsilon_{r1} \dfrac{\partial U_1}{\partial x}\Bigg|_{x=0} = \varepsilon_0 \varepsilon_{r2} \dfrac{\partial U_2}{\partial x}\Bigg|_{x=0} \end{cases} \tag{2-28}$$

将 U_1 和 U_2 代入上面的边界条件中,有

$$\begin{cases} \varepsilon_{r2}\left(\dfrac{q}{\varepsilon_{r1}}+q''\right) = \varepsilon_{r1}\left(\dfrac{q}{\varepsilon_{r1}}-q'\right) \\ q' = q'' \end{cases}$$

解之得

$$q' = q'' = \frac{q}{\varepsilon_{r1}}\left(\frac{\varepsilon_{r1}-\varepsilon_{r2}}{\varepsilon_{r1}+\varepsilon_{r2}}\right)$$

把像电荷代入电势表达式中,得到

$$U_1 = \frac{q}{4\pi\varepsilon_0}\left(\frac{1}{\varepsilon_{r1} r}+\frac{\varepsilon_{r1}-\varepsilon_{r2}}{\varepsilon_{r1}(\varepsilon_{r1}+\varepsilon_{r2})}\frac{1}{r'}\right) = \frac{q}{4\pi\varepsilon_0\varepsilon_{r1}}\left(\frac{1}{r}+\frac{\varepsilon_{r1}-\varepsilon_{r2}}{(\varepsilon_{r1}+\varepsilon_{r2})}\frac{1}{r'}\right)$$

$$U_2 = \frac{q}{4\pi\varepsilon_0 r}\left(\frac{1}{\varepsilon_{r1}}+\frac{\varepsilon_{r1}-\varepsilon_{r2}}{\varepsilon_{r1}(\varepsilon_{r1}+\varepsilon_{r2})}\right) = \frac{q}{2\pi\varepsilon_0}\frac{1}{(\varepsilon_{r1}+\varepsilon_{r2})r}$$

电介质分界面的极化电荷面密度为

$$\begin{aligned} \sigma' &= P_{1n}-P_{2n} = \varepsilon_0(\varepsilon_{r1}-1)E_{1n}-\varepsilon_0(\varepsilon_{r2}-1)E_{2n} \\ &= \varepsilon_0(\varepsilon_{r1}-1)\frac{1}{4\pi\varepsilon_0 r^2}\left(\frac{q}{\varepsilon_{r1}}-q'\right)\cos\theta-\varepsilon_0(\varepsilon_{r2}-1)\frac{1}{4\pi\varepsilon_0 r^2}\left(\frac{q}{\varepsilon_{r1}}+q''\right)\cos\theta \\ &= (\varepsilon_{r1}-1)\frac{dq}{2\pi\varepsilon_{r1} r^3}\frac{\varepsilon_{r2}}{\varepsilon_{r1}+\varepsilon_{r2}}-(\varepsilon_{r2}-1)\frac{dq}{2\pi r^3}\frac{1}{\varepsilon_{r1}+\varepsilon_{r2}} = \frac{\varepsilon_{r1}-\varepsilon_{r2}}{\varepsilon_{r1}(\varepsilon_{r1}+\varepsilon_{r2})}\frac{dq}{2\pi r^3} \end{aligned}$$

当 $\varepsilon_{r2}\to\infty$,$\varepsilon_{r1}=\varepsilon_0$时,以上回到半无限大导体平面电像法的结果.即导体可以当作是电容率趋于无限大情况的极限.

也可以采用另一种解法.求第一种介质中的电场时,设定像电荷 q'放置在第二种电介质中,为了方便计算,设定像电荷到分界面的距离也为 d,此时整个空间的相对电容率设定为 ε_{r1}.当求第二种电介质中的电场时,设定像电荷 q''放置在第一种电介质中,距离分界面也为 d,同理整个空间的相对电容率设定为 ε_{r2},如图 2-44 所示.

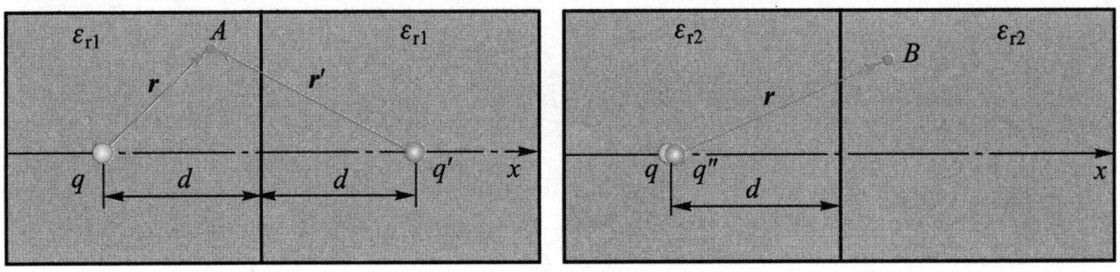

图 2-44 无限大电介质平面的电像设置

因此,A 和 B 两点的电势分别为

$$U_1 = \frac{1}{4\pi\varepsilon_0\varepsilon_{r1}}\left(\frac{q}{r}+\frac{q'}{r'}\right),\quad U_2 = \frac{1}{4\pi\varepsilon_0\varepsilon_{r2}}\left(\frac{q+q''}{r}\right)$$

电介质分界面的边界条件是相同的，将 U_1 和 U_2 代入式(2-28)中，有

$$\begin{cases}\dfrac{q+q'}{\varepsilon_{r1}}=\dfrac{q+q''}{\varepsilon_{r2}}\\ q-q'=q+q''\end{cases}$$

解之得

$$q'=-q''=q\left(\frac{\varepsilon_{r1}-\varepsilon_{r2}}{\varepsilon_{r1}+\varepsilon_{r2}}\right)$$

把像电荷代入电势表达式中，得到

$$U_1=\frac{1}{4\pi\varepsilon_0\varepsilon_{r1}}\left(\frac{q}{r}+\frac{\varepsilon_{r1}-\varepsilon_{r2}}{\varepsilon_{r1}+\varepsilon_{r2}}\frac{q}{r'}\right)=\frac{q}{4\pi\varepsilon_0\varepsilon_{r1}}\left(\frac{1}{r}+\frac{\varepsilon_{r1}-\varepsilon_{r2}}{\varepsilon_{r1}+\varepsilon_{r2}}\frac{1}{r'}\right)$$

$$U_2=\frac{1}{4\pi\varepsilon_0\varepsilon_{r2}r}\left(q-\frac{\varepsilon_{r1}-\varepsilon_{r2}}{\varepsilon_{r1}+\varepsilon_{r2}}q\right)=\frac{q}{2\pi\varepsilon_0(\varepsilon_{r1}+\varepsilon_{r2})r}$$

两种方法计算的电势完全相同.电介质分界面的极化电荷面密度为

$$\begin{aligned}\sigma'&=P_{1n}-P_{2n}=\varepsilon_0(\varepsilon_{r1}-1)E_{1n}-\varepsilon_0(\varepsilon_{r2}-1)E_{2n}\\&=\varepsilon_0(\varepsilon_{r1}-1)\frac{1}{4\pi\varepsilon_0\varepsilon_{r1}r^2}(q-q')\cos\theta-\varepsilon_0(\varepsilon_{r2}-1)\frac{1}{4\pi\varepsilon_0\varepsilon_{r2}r^2}(q+q'')\cos\theta\\&=(\varepsilon_{r1}-1)\frac{d}{2\pi\varepsilon_{r1}r^3}\frac{\varepsilon_{r2}q}{\varepsilon_{r1}+\varepsilon_{r2}}-(\varepsilon_{r2}-1)\frac{d}{2\pi r^3}\frac{q}{\varepsilon_{r1}+\varepsilon_{r2}}=\frac{\varepsilon_{r1}-\varepsilon_{r2}}{\varepsilon_{r1}(\varepsilon_{r1}+\varepsilon_{r2})}\frac{dq}{2\pi r^3}\end{aligned}$$

也完全相同.

使用唯一性定理计算导体系统和电介质系统的静电学问题时，只要保证泊松方程不变(电荷分布不变)和边界条件不变，则其解为唯一正确的解.但是电像的选择不是唯一的，读者可以证明本问题中如果选择两个电像距离界面分别为 $2d$，则也可以获得一组与上面解答不同(q',q'')的值，但是最终电势或电场甚至分界面极化电荷面密度等结果是一样的.

§2-5 静电场的能量

2-5-1 点电荷系统的静电相互作用能

电场是物质存在的一种形态，电场与带电物质之间会发生相互作用，因此就会发生能量、动量等的相互转化，本节主要讨论静电场的能量，即静电能.

静电场的能量就是外力通过某种手段把处于无限远处分散状态的电荷移到空间具体位置形成一定的电荷分布过程中外力所做的功.

1. 两个点电荷之间的相互作用能

我们从最简单的两个点电荷情形开始分析.将两个处于无限远处的点电荷 q_1 和 q_2 移到 r_1 和 r_2 位置，r_{12}是两个电荷之间的距离.

如果空间只有这两个电荷 q_1 和 q_2，可以先把 q_1 从无限远处移到 q_1 所在处 r_1，此时移动 q_1 不需要做功，因为空间还没有其他电荷；然后再从无限远处把 q_2 移到它所在处 r_2，移动 q_2 过程需克服 q_1 所产生的电场做功，所做的功就转化为两个电荷系统的相互作用能.两点电荷的相互作用能如图 2-45 所示.做功与移动电荷的次序无关.

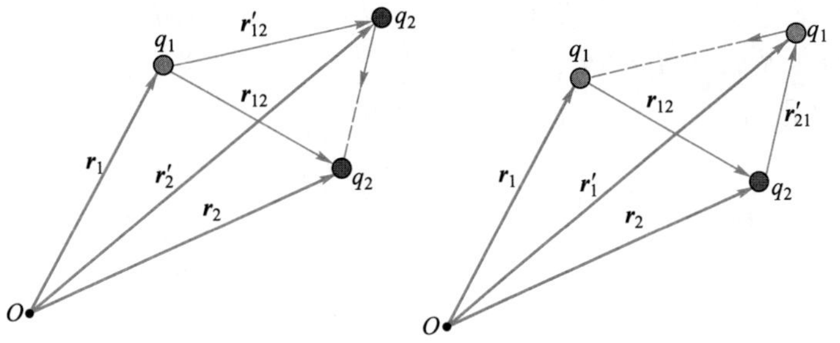

图 2-45 两点电荷体系的相互作用能

$$A_{21}=-q_2\int_{\infty}^{r_{12}}\boldsymbol{E}_1\cdot\mathrm{d}\boldsymbol{r}=-q_2\int_{\infty}^{r_{12}}\frac{q_1}{4\pi\varepsilon_0 r^2}\mathrm{d}r=q_2\frac{q_1}{4\pi\varepsilon_0 r_{12}}=q_2U_{21}$$

同理如果先移动 q_2，后移动 q_1，或同时移动 q_1 和 q_2，只要最终位置相同，其外力所做的功都相同，即

$$A_{12}=A_{21}$$

外力移动电荷所做的功就为两个电荷之间的相互作用能.由于所做的功的对称性，我们可以把由 q_1 和 q_2 组成静电体系具有的相互作用能写成对称形式：

$$W_{12}=\frac{1}{2}(q_1U_{12}+q_2U_{21})=\frac{1}{2}\left(\frac{1}{4\pi\varepsilon_0}\frac{q_1q_2}{r_{12}}+\frac{1}{4\pi\varepsilon_0}\frac{q_2q_1}{r_{21}}\right)\tag{2-29}$$

当等式右边各物理量交换下标 1、2 时，等式保持不变.

2. 点电荷系统的相互作用能

两个点电荷之间的相互作用能很容易推广到 N 个点电荷系统，即

$$W_{互}=\frac{1}{2}\sum_{i=1}^{N}q_iU_i\tag{2-30}$$

U_i表示除自身外，所有其他点电荷在该处所产生的电势，即

$$U_i=\sum_{\substack{j=1\\(j\neq i)}}^{N}U_{ji}=\frac{1}{4\pi\varepsilon_0}\sum_{\substack{j=1\\(j\neq i)}}^{N}\frac{q_j}{r_{ij}}$$

或

$$W_{互}=\frac{1}{8\pi\varepsilon_0}\sum_{i=1}^{N}\sum_{\substack{j=1\\(i\neq j)}}^{N}\frac{q_iq_j}{r_{ij}}\tag{2-31}$$

下标 i 和 j 对称，表示外界做功与电荷移入的次序无关.式(2-31)结果可以用数学归纳法证明，读者自行证明.

因此点电荷体系的静电能即点电荷体系的相互作用能，就是建立这种电荷分布外界需要提供的能量.外界为建立这种电荷分布需要做功，这个功以静电能的形

式储存在电场中.

根据式(2-31),很容易写出如图 2-46 所示的 3 个和 4 个点电荷分布具有的相互作用能,即

$$W_3 = \frac{1}{2}\sum_{i=1}^{3} q_i U_i = \frac{1}{2} \cdot \frac{1}{4\pi\varepsilon_0}\left[q_1\left(\frac{q_2}{r_{12}}+\frac{q_3}{r_{13}}\right) + q_2\left(\frac{q_1}{r_{21}}+\frac{q_3}{r_{23}}\right) + q_3\left(\frac{q_1}{r_{31}}+\frac{q_2}{r_{32}}\right) \right]$$

$$= \frac{1}{4\pi\varepsilon_0}\left(\frac{q_1 q_2}{r_{12}}+\frac{q_2 q_3}{r_{23}}+\frac{q_3 q_1}{r_{31}}\right)$$

$$W_4 = \frac{1}{4\pi\varepsilon_0}\left(\frac{q_1 q_2}{r_{12}}+\frac{q_1 q_3}{r_{13}}+\frac{q_1 q_4}{r_{14}}+\frac{q_2 q_3}{r_{23}}+\frac{q_2 q_4}{r_{24}}+\frac{q_3 q_4}{r_{34}}\right)$$

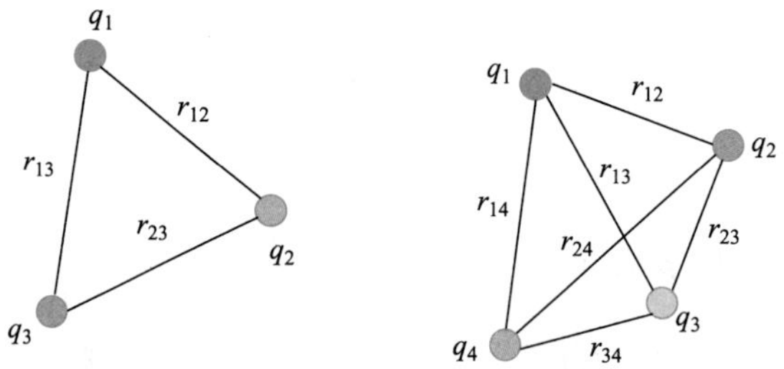

图 2-46 3 个和 4 个点电荷分布系统

汤姆孙(J.J.Thomson,1856—1940)在发现电子之后,提出了关于原子的结构猜想,认为原子中若干电子分布在原子的球面上,即著名的"面包加葡萄干"模型.1904 年汤姆孙又提出:N 个电子在球形表面上的分布是其相互作用能为最小的原理,此即汤姆孙问题.

尽管 1909 年卢瑟福用实验证明了原子是有核结构的,但是这个问题本身是一个有趣的问题,图 2-47 给出了从 $N=2$ 到 $N=5$ 个电子在单位球面上满足相互作用能最小时的分布.该问题由于在生物、化学和材料学科有重要应用,其本身又变成一个数学问题,因此一直受到研究者的关注.

N=2,直线   N=3,正三角形   N=4,正四面体   N=5,三角双棱椎体

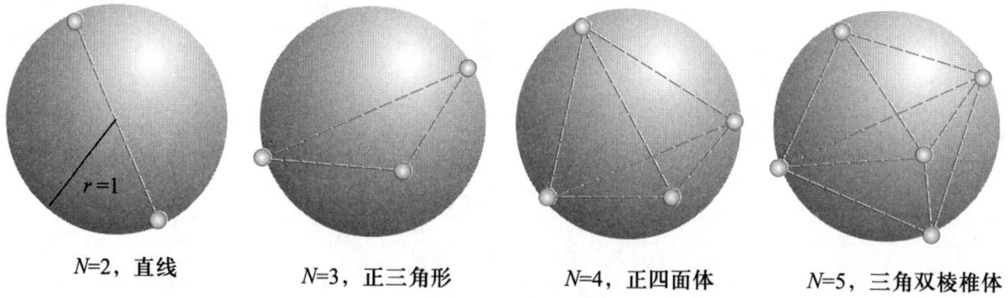

图 2-47 单位球面上的多个电子分布

【例 2-15】 在边长为 a 的正六边形各顶点有固定的点电荷,它们的电荷量相间地为 Q 和 $-Q$.如例 2-15 图 1 所示.(1) 求系统的相互作用能;(2) 若外力将其中相邻的两个点电荷缓慢地移到无限远处,移动过程始终保持两个电荷距离不变,其余四个电荷位置不变,外力需做多少功?

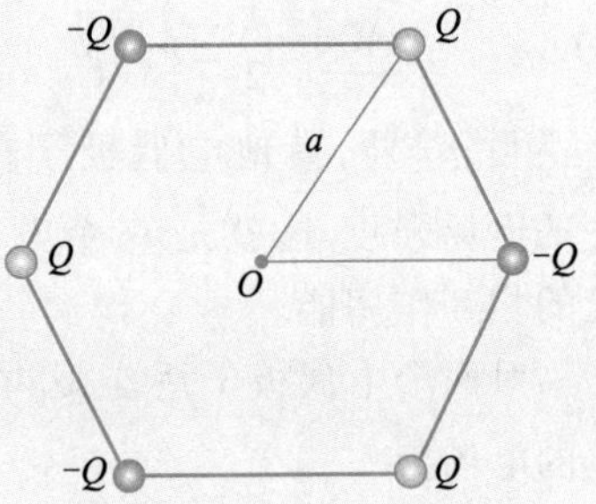

例 2-15 图 1　六个电荷组成的正六角形分布

【解】(1) 任一电荷 Q 所在处的电势为

$$U_+=2\frac{-Q}{4\pi\varepsilon_0 a}+2\frac{Q}{4\pi\varepsilon_0\sqrt{3}\,a}+\frac{-Q}{4\pi\varepsilon_0 2a}=\frac{Q}{4\pi\varepsilon_0 a}\left(\frac{2}{\sqrt{3}}-\frac{5}{2}\right)$$

根据对称性有

$$U_-=-U_+$$

系统的相互作用能为

$$W=\frac{1}{2}[3QU_++3(-Q)U_-]=3QU_+=\frac{3Q^2}{4\pi\varepsilon_0 a}\left(\frac{2}{\sqrt{3}}-\frac{5}{2}\right)$$

(2) 移走两个相邻电荷后,系统如例 2-15 图 2 所示.余下四个点电荷系统的相互作用能为

$$W_1=\left[\frac{-Q^2}{4\pi\varepsilon_0 a}+\frac{(-Q)^2}{4\pi\varepsilon_0\sqrt{3}\,a}+\frac{-Q^2}{4\pi\varepsilon_0 2a}\right]+\left[\frac{-Q^2}{4\pi\varepsilon_0 a}+\frac{Q^2}{4\pi\varepsilon_0\sqrt{3}\,a}\right]+\frac{-Q^2}{4\pi\varepsilon_0 a}=\frac{Q^2}{4\pi\varepsilon_0 a}\left(\frac{2}{\sqrt{3}}-\frac{7}{2}\right)$$

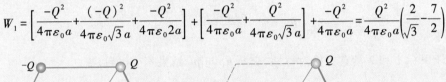

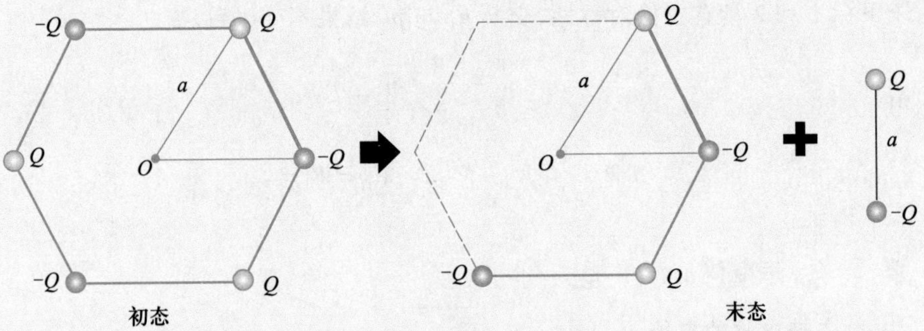

例 2-15 图 2　末态为四个电荷组成的体系和两个电荷组成体系的叠加

由于移动两个电荷过程始终保持距离为 a,所以无限远处一对电荷之间的相互作用能为

$$W_2=-\frac{Q^2}{4\pi\varepsilon_0 a}$$

做功等于系统相互作用能的改变:

$$A=(W_1+W_2)-W$$

即

$$A=\frac{Q^2}{4\pi\varepsilon_0 a}\left(3-\frac{4\sqrt{3}}{3}\right)$$

【例 2-16】 求 N 个电偶极子系统的相互作用能,如例 2-16 图所示.

【解】 两个电偶极子的相互作用能为

$$W=\frac{1}{2}(W_{21}+W_{12})=-\frac{1}{2}(\boldsymbol{p}_1\cdot\boldsymbol{E}_{12}+\boldsymbol{p}_2\cdot\boldsymbol{E}_{21})$$

N 个电偶极子,则有

$$W=-\frac{1}{2}\sum \boldsymbol{p}_i\cdot \boldsymbol{E}_i$$

$\boldsymbol{E}_i$ 为除 $\boldsymbol{p}_i$ 外，其他电偶极子在 $\boldsymbol{p}_i$ 处产生的电场强度.这就是 N 个电偶极子系统的相互作用能.

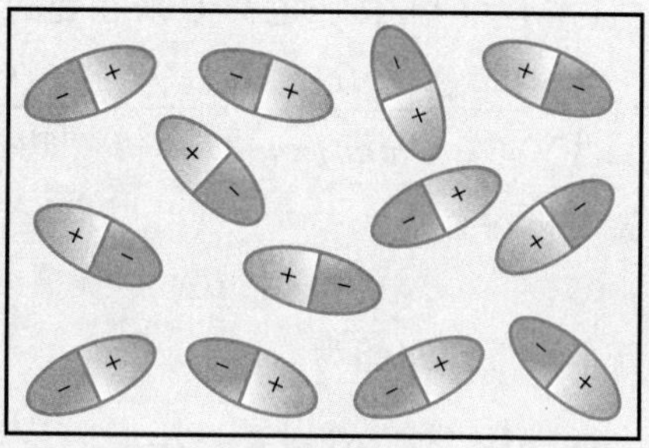

例 2-16 图

对两个电偶极子系统，$\boldsymbol{p}_1$ 在 $\boldsymbol{p}_2$ 处产生的电场为

$$\boldsymbol{E}_{21}=\frac{3(\boldsymbol{p}_1\cdot \boldsymbol{e}_{r_{21}})\boldsymbol{e}_{r_{21}}-\boldsymbol{p}_1}{4\pi\varepsilon_0 r_{21}^3}$$

则

$$W_{21}=-\boldsymbol{p}_2\cdot \boldsymbol{E}_{21}=-\frac{3(\boldsymbol{p}_1\cdot \boldsymbol{e}_{r_{21}})(\boldsymbol{p}_2\cdot \boldsymbol{e}_{r_{21}})-\boldsymbol{p}_1\cdot \boldsymbol{p}_2}{4\pi\varepsilon_0 r_{21}^3}$$

由于下标 1 和 2 具有置换对称性，交换 $\boldsymbol{p}_1$ 与 $\boldsymbol{p}_2$ 结果不变，所以有

$$W_{21}=W_{12}$$

即得

$$W=\frac{1}{2}(W_{21}+W_{12})=W_{21}=W_{12}$$

2-5-2 带电体的静电能

1. 单个带电体的自能

把点电荷体系的相互作用能推广到连续分布的带电体系，对体分布电荷系统，有

$$W_{\mathrm{e}}=\frac{1}{2}\int_V \rho_{\mathrm{e}}(\boldsymbol{r})U_1(\boldsymbol{r})\mathrm{d}V$$

式中 $U_1(\boldsymbol{r})$ 表示除 $\rho_{\mathrm{e}}(\boldsymbol{r})\mathrm{d}V$ 以外，其他所有电荷在 $\boldsymbol{r}$ 处所产生的电势.它与带电体所有电荷在 $\boldsymbol{r}$ 处产生的电势 $U(\boldsymbol{r})$ 是不同的，即

$$U_1(\boldsymbol{r})=U(\boldsymbol{r})-U'(\boldsymbol{r})$$

式中 $U'(\boldsymbol{r})$ 为电荷元 $\rho_{\mathrm{e}}\mathrm{d}V$ 在其自身所在处产生的电势.

带电体的电荷元与点电荷不同，点电荷在自身处的电势为无限大，是因为有确定的电荷量而线度为零，故电荷密度为无限大.但带电体中的电荷元，虽然线度趋近于零，但其电荷密度是一个确定的常量，故电荷元的电荷量趋近于零.可以证明，对带电体中的 $\rho_{\mathrm{e}}\mathrm{d}V$ 电荷元，若 ρ_{e} 为有限值，随着 $\mathrm{d}V$ 趋于零，$\rho_{\mathrm{e}}\mathrm{d}V$ 为三阶无穷小量，在自身处产生的电势 $U'(\boldsymbol{r})$ 为二阶无穷小量，即 $\rho_{\mathrm{e}}\mathrm{d}V$ 在自身处电势贡献为零.即总电势中不必考虑每个电荷元在自身所在处产生的电势 $U'(\boldsymbol{r})$.因此，体分布带电体的静电能可以改写成

$$W_{\mathrm{e}}=\frac{1}{2}\int_V \rho_{\mathrm{e}}(\boldsymbol{r})U(\boldsymbol{r})\mathrm{d}V \tag{2-32}$$

对面电荷分布的带电体,类似地可以得到其静电能为

$$W_e=\frac{1}{2}\int_S\sigma_e(\boldsymbol{r})U(\boldsymbol{r})\mathrm{d}S \tag{2-33}$$

一个孤立的导体球带电荷量为 q,半径为 R,因为导体球是等势体,球面的电势为 $U=\dfrac{q}{4\pi\varepsilon_0 R}$,所以导体球的静电能为

$$W_e=\frac{1}{2}\int_S\sigma_e(\boldsymbol{r})U(\boldsymbol{r})\mathrm{d}S=\frac{1}{2}U\int_S\sigma_e(\boldsymbol{r})\mathrm{d}S=\frac{1}{2}qU=\frac{q^2}{8\pi\varepsilon_0 R}$$

若带电球体的半径 $R\to0$ 且电荷量 Q 保持不变,则 $W\to\infty$,即点电荷具有无穷大的自能.电子为最小的带电体,若把电子看作点电荷则其自能将趋于无限大,在理论上造成发散困难,为了避免发散困难,必须假定电子的电荷分布在一定区域中,并假定电子的能量 m_ec^2 全部来自于静电自能,并取静电自能为$\dfrac{e^2}{4\pi\varepsilon_0 r_e}$,则电子的经典半径 r_e须满足

$$\frac{e^2}{4\pi\varepsilon_0 r_e}=m_ec^2$$

即

$$r_e=\frac{e^2}{4\pi\varepsilon_0\, m_ec^2}\approx2.8\times10^{-15}\ \mathrm{m}$$

当然实际上电子的半径比这个经典半径要小得多,目前实验表明电子的半径小于 10^{-18} m,所以这种假设并不正确.

【例 2-17】 一个均匀带电荷量为 q,半径为 R 的均匀带电球体,求球内充满相对电容率为 ε_r 的电介质时的静电能,球外为真空.

【解】 先计算球内外的电场,根据高斯定理直接可以得到球内和球外的电场强度为

$$\boldsymbol{E}=\begin{cases}\dfrac{\rho}{3\varepsilon_0\varepsilon_r}\boldsymbol{r} & (r<R)\\[2ex] \dfrac{1}{4\pi\varepsilon_0}\dfrac{q}{r^2}\boldsymbol{e}_r & (r>R)\end{cases}$$

再计算球内一点 r 处的电势,取无限远处为电势参考点,则球内的电势为

$$U(\boldsymbol{r})=\int_r^{\infty}\boldsymbol{E}\cdot\mathrm{d}\boldsymbol{r}=\int_r^{R}\boldsymbol{E}\cdot\mathrm{d}\boldsymbol{r}+\int_R^{\infty}\boldsymbol{E}\cdot\mathrm{d}\boldsymbol{r}=\frac{\rho}{6\varepsilon_0}\left[\left(\frac{1}{\varepsilon_r}+2\right)R^2-\frac{1}{\varepsilon_r}r^2\right]$$

最后计算静电能,即

$$W=\frac{1}{2}\int\rho(\boldsymbol{r})U(\boldsymbol{r})\mathrm{d}V=\frac{\rho^2}{12\varepsilon_0}\int_0^R\left[\left(\frac{1}{\varepsilon_r}+2\right)R^2-\frac{1}{\varepsilon_r}r^2\right]4\pi r^2\mathrm{d}r$$

$$=\frac{\pi\rho^2R^5}{45\varepsilon_0}\left[5\left(\frac{1}{\varepsilon_r}+2\right)-\frac{3}{\varepsilon_r}\right]=\frac{q^2}{80\pi\varepsilon_0 R}\left(\frac{2}{\varepsilon_r}+10\right)$$

若取球的 $\varepsilon_r=2$,则均匀带电球的静电能为

$$W=\frac{q^2}{80\pi\varepsilon_0 R}\left(\frac{2}{\varepsilon_r}+10\right)=\frac{11q^2}{80\pi\varepsilon_0 R}$$

若取球的 $\varepsilon_r=1$,则均匀带电球的静电能为

$$W=\frac{3q^2}{20\pi\varepsilon_0 R}$$

【例 2-18】 设氢原子处于基态时,核外电子云的电荷分布为

$$\rho=-\frac{q}{\pi a^3}e^{-\frac{2r}{a}}$$

式中 q 是电子的电荷量,a 是玻尔半径,r 是到核心的距离,如例 2-18 图所示.求核外电荷分布的自能.

【解】 在离球心为 r 处的电势为(请读者自行验证)

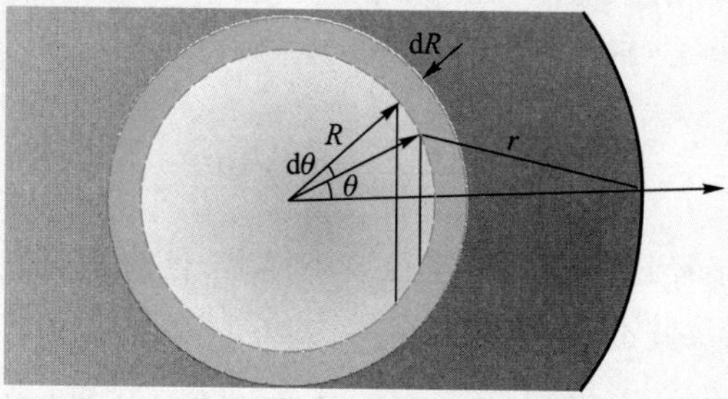

例 2-18 图 氢原子电荷分布

$$U=\frac{q}{4\pi\varepsilon_0}\left[\left(\frac{1}{a}+\frac{1}{r}\right)e^{-2r/a}-\frac{1}{r}\right]$$

核外电荷分布的自能为

$$\begin{aligned}W&=\frac{1}{2}\int_V U\rho\,dV\\&=\frac{1}{2}\frac{q}{4\pi\varepsilon_0}\int_0^\infty\left[\left(\frac{1}{a}+\frac{1}{r}\right)e^{-2r/a}-\frac{1}{r}\right]\left(-\frac{q}{\pi a^3}e^{-2r/a}\right)4\pi r^2 dr\\&=-\frac{q^2}{2\pi\varepsilon_0 a^2}\left[\frac{1}{a}\frac{2}{(4/a)^3}+\frac{1}{(4/a)^2}-\frac{1}{(2/a)^2}\right]\\&=\frac{5q^2}{64\pi\varepsilon_0 a}\end{aligned}$$

2. 两个带电体的静电能

我们限于讨论两个带电导体的情况.设两个任意形状的导体带电荷量分别为 q_1

和 q_2，如图 2-48 所示.设 U_{11} 和 U_{21} 分别为第一个导体电荷量 q_1 和第二个导体电荷量 q_2 在第一个导体上产生的电势，同理，设 U_{22} 和 U_{12} 分别为 q_2 和 q_1 在第二个导体上产生的电势，则两个带电导体的总静电能为

$$W=\frac{1}{2}\sum_{V_1}\Delta q_1U_1+\frac{1}{2}\sum_{V_2}\Delta q_2U_2=\frac{1}{2}q_1(U_{11}+U_{21})+\frac{1}{2}q_2(U_{22}+U_{12})$$

$$=\left(\frac{1}{2}q_1U_{11}+\frac{1}{2}q_2U_{22}\right)+\left(\frac{1}{2}q_1U_{21}+\frac{1}{2}q_2U_{12}\right)=W_{自}+W_{互}$$

即两个带电导体的总静电能为两个导体各自的自能和两者之间的相互作用能之和.

对球形电容器，如图 2-49 所示，设内球面带电荷量为 Q_1，外球面带电荷量为 Q_2，则各自在球面产生的电势为

$$\begin{cases}U_{11}=\dfrac{Q_1}{4\pi\varepsilon_0R_1}\\U_{12}=\dfrac{Q_1}{4\pi\varepsilon_0R_2}\end{cases},\quad\begin{cases}U_{22}=\dfrac{Q_2}{4\pi\varepsilon_0R_2}\\U_{21}=\dfrac{Q_2}{4\pi\varepsilon_0R_2}\end{cases}$$

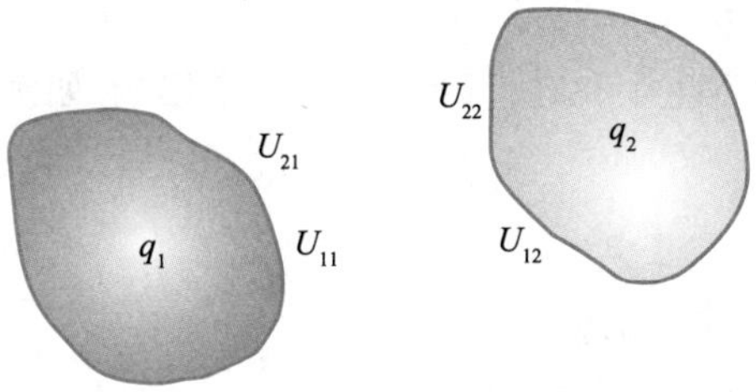

图 2-48　两个带电导体的静电能

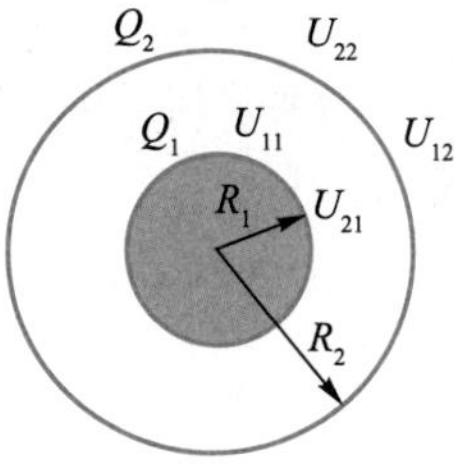

图 2-49　球形电容器的静电能

这个球形电容器系统的总静电能为

$$W=\frac{1}{2}\left(\frac{Q_1^2}{4\pi\varepsilon_0R_1}+\frac{Q_2^2}{4\pi\varepsilon_0R_2}+\frac{Q_1Q_2}{4\pi\varepsilon_0R_2}+\frac{Q_1Q_2}{4\pi\varepsilon_0R_2}\right)$$

$$=\frac{1}{2}\left(\frac{Q_1^2}{4\pi\varepsilon_0R_1}+\frac{Q_2^2}{4\pi\varepsilon_0R_2}+\frac{2Q_1Q_2}{4\pi\varepsilon_0R_2}\right)$$

显然电容器的储能包含自能和相互作用能两部分.

当 $Q_1=Q,Q_2=-Q$ 时，因为球形电容器的电容为

$$\frac{1}{C}=\frac{1}{4\pi\varepsilon_0}\left(\frac{1}{R_1}-\frac{1}{R_2}\right)$$

所以有

$$W=\frac{1}{2}\left(\frac{Q^2}{4\pi\varepsilon_0R_1}+\frac{Q^2}{4\pi\varepsilon_0R_2}-\frac{2Q^2}{4\pi\varepsilon_0R_2}\right)$$

$$=\frac{1}{2}\left(\frac{Q^2}{4\pi\varepsilon_0R_1}-\frac{Q^2}{4\pi\varepsilon_0R_2}\right)=\frac{1}{2}\frac{Q^2}{4\pi\varepsilon_0}\left(\frac{1}{R_1}-\frac{1}{R_2}\right)=\frac{1}{2}\frac{Q^2}{C}$$

这就是电容器储能的表达式.不过这个表达式只能使用在两个极板带相同的正负电

荷量情况下.

【例 2-19】 在一个绝缘的水平光滑平面上,放置两个带电的坚硬金属球 A 和 B,两球的质量和半径均相等,分别为 m 和 a,A 球所带电荷量为 $+Q$,B 球所带电荷量为 $-Q/2$,如例 2-19 图 1 所示.初始时两球相距很远,自静止开始释放,两球因相互吸引,沿同一直线运动而致碰撞.试问两球最后的速度为多少?两球总共损失的能量为多少?(两个球距离很近时,仍使用点电荷模型,即不考虑感应电荷的影响)

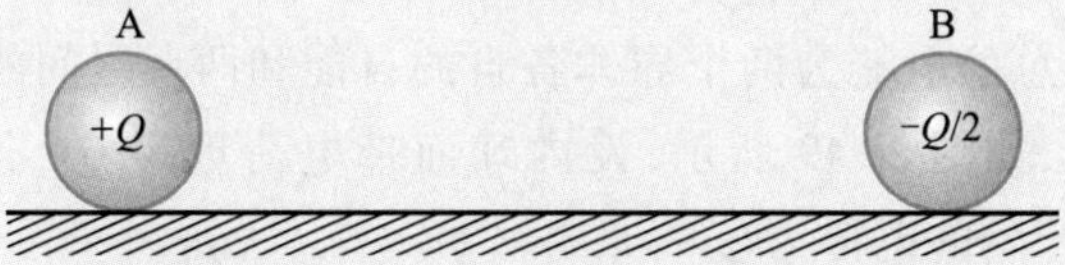

例 2-19 图 1

【解】 (1) 两球相距很远时,因为动能为零,也无相互作用能,则静电能(自能)为

$$W_1=\frac{1}{2}q_1U_1+\frac{1}{2}q_2U_2=\frac{1}{2}Q\frac{Q}{4\pi\varepsilon_0 a}+\frac{1}{2}\left(-\frac{Q}{2}\right)\left(\frac{-Q/2}{4\pi\varepsilon_0 a}\right)=\frac{5}{32\pi\varepsilon_0}\frac{Q^2}{a}$$

(2) 当两球相互接触,但电荷还没发生中和时,不考虑感应电荷影响,如例 2-19 图 2 所示,则

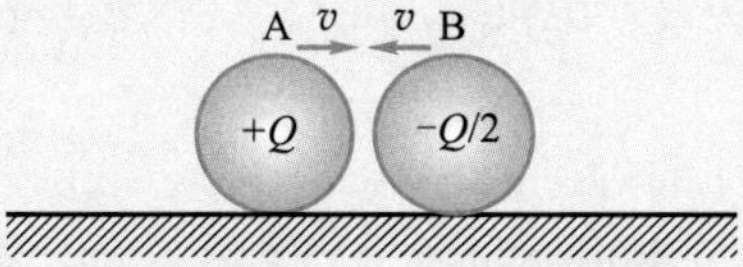

例 2-19 图 2

$$W_2=\frac{1}{2}q_1U_1+\frac{1}{2}q_2U_2+W_{互}+2E_{动}=\frac{5}{32\pi\varepsilon_0}\frac{Q^2}{a}+\frac{Q(-Q/2)}{4\pi\varepsilon_0(2a)}+2\left(\frac{1}{2}mv^2\right)$$

保守体系,总能量守恒($W_1=W_2$),即

$$\frac{Q(Q/2)}{4\pi\varepsilon_0(2a)}=2\left(\frac{1}{2}mv^2\right)$$

此时两个球的速度大小为

$$v=\sqrt{\frac{Q^2}{16\pi\varepsilon_0\, ma}}$$

(3) 当两球接触并发生电荷中和,两球分开时,电荷量为 $+Q/4$,速度还没变化,此时总能量为

$$W_3=\frac{1}{2}q_1U_1+\frac{1}{2}q_2U_2+W_{互}+2E_{动}$$

$$=2\times\frac{1}{8\pi\varepsilon_0}\frac{(Q/4)^2}{a}+\frac{Q/4(Q/4)}{4\pi\varepsilon_0(2a)}+2\left(\frac{1}{2}mv^2\right)=\frac{3Q^2}{128\pi\varepsilon_0 a}+2\left(\frac{1}{2}mv^2\right)$$

由于电荷交换,两个带电导体球之间有电流流动,电场的能量损失转化为焦耳热,即

$$\Delta W = W_2 - W_3 = \frac{3Q^2}{32\pi\varepsilon_0 a} - \frac{3Q^2}{128\pi\varepsilon_0 a} = \frac{9Q^2}{128\pi\varepsilon_0 a}$$

(4) 两球碰撞后分离,如例 2-19 图 3 所示,其为完全弹性碰撞,动量守恒,机械能守恒,两个球的速度反向,但大小不变,球分离前后静电能不变.

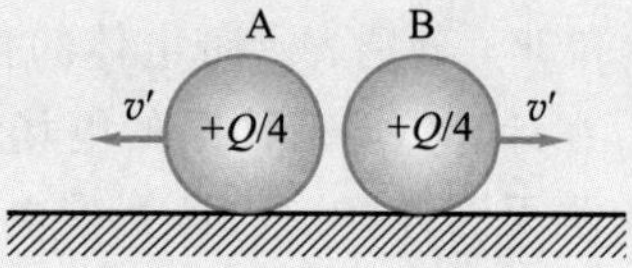

例 2-19 图 3

$$W_4 = \frac{1}{2}q_1U_1 + \frac{1}{2}q_2U_2 + W_{互} + 2E_{动}$$

$$= 2\times\frac{1}{8\pi\varepsilon_0}\frac{(Q/4)^2}{a} + \frac{Q/4(Q/4)}{4\pi\varepsilon_0(2a)} + 2\left(\frac{1}{2}mv'^2\right)$$

$$= \frac{3Q^2}{128\pi\varepsilon_0 a} + 2\left(\frac{1}{2}m\frac{Q^2}{16\pi\varepsilon_0 ma}\right) = \frac{11Q^2}{128\pi\varepsilon_0 a}$$

(5) 当两球相距再次很远时,设两个球的速度为 v'',此后没有能量损失,亦没有相互作用能,则有

$$W_5 = \frac{1}{2}q_1U_1 + \frac{1}{2}q_2U_2 + 2E_{动} = 2\times\frac{1}{8\pi\varepsilon_0}\frac{(Q/4)^2}{a} + 2\left(\frac{1}{2}mv''^2\right)$$

根据能量守恒,$W_4 = W_5$,所以有

$$\frac{11Q^2}{128\pi\varepsilon_0 a} = \frac{1}{64\pi\varepsilon_0}\frac{Q^2}{a} + 2\left(\frac{1}{2}mv''^2\right)$$

$$v'' = \sqrt{\frac{9Q^2}{128\pi\varepsilon_0 ma}}$$

系统总能量损失就是相互接触过程产生电荷交换时的能量损失,即

$$\Delta W = W_1 - W_5 = \frac{9Q^2}{128\pi\varepsilon_0 a}$$

3. 多个带电体的静电能

空间存在多个带电体,如图 2-50 所示,某个带电体上的总电势可以分为两部分:

$$U(\boldsymbol{r}) = U_i(\boldsymbol{r}) + U^{(i)}(\boldsymbol{r})$$

$U_i(\boldsymbol{r})$表示除第 i 个带电体外所有其他带电体在 $\boldsymbol{r}$ 处产生的电势;$U^{(i)}(\boldsymbol{r})$表示第 i 个带电体在 $\boldsymbol{r}$ 处产生的电势.总静电能可以写成

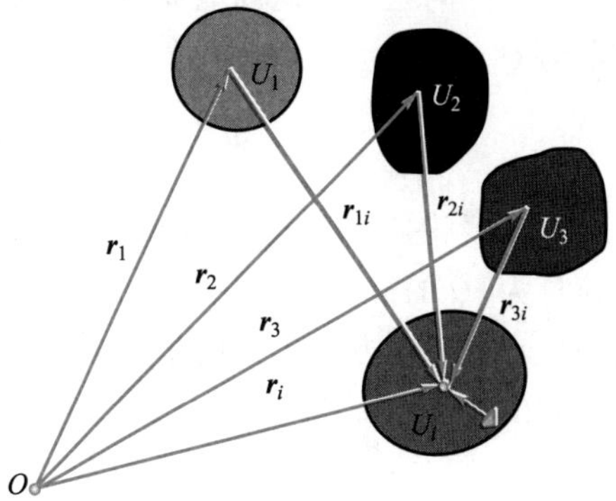

图 2-50 多个带电体组成的体系

$$
\begin{aligned}
W_{\mathrm{e}} &= \frac{1}{2}\sum_{i=1}^{N}\int_{V_i}\rho_{\mathrm{e}}(\boldsymbol{r})U(\boldsymbol{r})\mathrm{d}V \\
&= \frac{1}{2}\sum_{i=1}^{N}\int_{V_i}\rho_{\mathrm{e}}(\boldsymbol{r})U^{(i)}(\boldsymbol{r})\mathrm{d}V + \frac{1}{2}\sum_{i=1}^{N}\int_{V_i}\rho_{\mathrm{e}}(\boldsymbol{r})U_i(\boldsymbol{r})\mathrm{d}V \\
&= W_{自} + W_{互}
\end{aligned} \tag{2-34}
$$

$W_{自}$ 和 $W_{互}$ 分别表示带电体的自能和相互作用能.

在计算点电荷体系的电场能量时,只计算其相互作用能,而不计算其自能(实际上也无法计算);而计算带电体的电场能量时,不仅要计算带电体之间的相互作用能,还要计算每一个带电体的自能.

计算带电体的互能时,只要第 i 个带电体的尺寸远小于和其他带电体的距离,就可当成点电荷处理.计算互能时,有

$$U_i(\boldsymbol{r}) \approx U_i(\boldsymbol{r}_i) = U_i$$

$$\frac{1}{2}\int_V \rho_{\mathrm{e}}(\boldsymbol{r})U_i(\boldsymbol{r})\mathrm{d}V \approx \frac{1}{2}U_i\int_V \rho_{\mathrm{e}}\mathrm{d}V = \frac{1}{2}q_iU_i$$

当所有带电体的自身尺寸都远小于它们间的距离时,有

$$W_{互} = \frac{1}{2}\sum_{i=1}^{N}\int_{V_i}\rho_{\mathrm{e}}(\boldsymbol{r})U_i(\boldsymbol{r})\mathrm{d}V = \frac{1}{2}\sum_{i=1}^{N}q_iU_i \tag{2-35}$$

这正是点电荷之间相互作用能的公式.

下面我们来总结一下关于能量的四个概念:静电能、相互作用能、自能、电势能.在不少教科书及参考书中这些概念经常出现,有时甚至比较混乱.首先静电能就是静电场的能量,包括带电体的自能和相互作用能.在点电荷情况下,静电能就只能是各个点电荷之间的相互作用能,不存在点电荷自能的概念.在多个带电体的情况下,静电能包括各个带电体的自能和相互作用能两部分.因此静电能、相互作用能和自能这三个概念是描述电场能量的!而电势能则不同,它是描述一个电荷分布处在一个外电场中具有的能量,亦即外场对它的作用能,它并不涉及外电场本身的能量.

2-5-3 电场的能量

1. 电容器的储能

在实际问题中常遇到电荷分布在几个等势面上的情况,这时若第 i 个等势面的电荷为 Q_i,电势为 U_i,则

$$W_{\mathrm{e}} = \frac{1}{2}\sum_i U_i\int_{S_i}\sigma_i\mathrm{d}S = \sum_i \frac{1}{2}U_iQ_i \tag{2-36}$$

电容器就是这样一种情况,若电容器两极板分别带 $+Q$ 和 $-Q$ 的电荷量,假设带电荷量为 $+Q$ 的极板在自身和对方上产生的电势分别为 φ_1 和 φ_1',带电荷量为 $-Q$ 的极板在自身和对方上产生的电势分别为 φ_2 和 φ_2',根据电势的叠加原理,可以得到极板间的电势差 U 为

$$U = U_1 - U_2 = (\varphi_1 + \varphi_2') - (\varphi_2 + \varphi_1')$$

则这个电容器的静电能为

$$W_e = W_{自} + W_{互} = \frac{1}{2}Q\varphi_1 + \frac{1}{2}(-Q)\varphi_2 + \frac{1}{2}Q\varphi_2' + \frac{1}{2}(-Q)\varphi_1'$$

$$= \frac{1}{2}Q(U_1 - U_2) = \frac{1}{2}QU \tag{2-37}$$

这就是理想电容器存储的电场能量，或者说这就是电容器充电过程外界所做的功.该表达式只适用于电容器的两个极板带等量异号的电荷量的情形，若两个极板带不等量的电荷量，则需使用式(2-36)计算.

2. 电场的能量

带电系统的静电能并不是全部集中在电荷上，也并非全部集中在带电体上(如电容器极板)，而是存储于电场存在的空间.根据上面得到的静电能计算公式：

$$W_e = \frac{1}{2}\int_V \rho_0(\boldsymbol{r})\,U(\boldsymbol{r})\,\mathrm{d}V$$

易使人产生误解，即若 $\rho_0 = 0$，则 $W_e = 0$，但事实并非如此.静电能应该为电场所具有，电荷的相互作用就是通过具有能量的电场来实现的，但是在静电场范畴内，人们确实无法区分静电场的能量是与电荷相联系的还是与电场相联系的，因为一定的静电场分布总是与一定的电荷分布相对应.但是在电场随时间变化的情况下，电场可以脱离电荷而存在，电磁波就是电磁场的能量在空间传播的.所以式(2-34)只是计算电场能量的一种方式，用该式可以计算全部电荷产生的静电能，我们也可以用另一种方式计算.

现在来考虑充有线性无损耗电介质电容器的储能，根据式(2-37)，电容器储能也可写成

$$W_e = \frac{1}{2}CU^2 = \frac{1}{2}\frac{Q^2}{C} \tag{2-38}$$

以平行板电容器为例，电容、极板上电荷和电容器内部的电位移矢量分别为

$$C = \frac{\varepsilon_0\varepsilon_r S}{d},\quad Q = \sigma_0 S = DS,\quad \boldsymbol{D} = \varepsilon_0\varepsilon_r\boldsymbol{E}$$

代入到式(2-38)中，有

$$W_e = \frac{1}{2}\varepsilon_0\varepsilon_r E^2 Sd = \frac{1}{2}(\boldsymbol{D}\cdot\boldsymbol{E})V \tag{2-39}$$

定义单位体积的能量即能量密度为

$$w_e = \frac{W_e}{V} = \frac{1}{2}\boldsymbol{D}\cdot\boldsymbol{E} \tag{2-40}$$

可以证明，式(2-40)对各向同性、各向异性电介质均可用.可见，电场的能量是存储于电场中的，虽然该式是从平行板电容器中推出，但它是普遍适用的，即总静电能为

$$W_e = \int_V w_e\,\mathrm{d}V = \frac{1}{2}\int_V \boldsymbol{D}\cdot\boldsymbol{E}\,\mathrm{d}V \tag{2-41}$$

积分体积 V 遍及电场分布的全部空间.式(2-41)比用电荷表示的公式更加普遍.在静电场中，因为电荷与电场总是相伴而生，同时存在，无法分辨能量是与电场相联

系，或是与电荷相联系；所以既可用 $W_e=\frac{1}{2}\int_V \rho_0 U\mathrm{d}V$ 计算，也可用 $W_e=\frac{1}{2}\int_V \boldsymbol{D}\cdot\boldsymbol{E}\mathrm{d}V$ 计算.但在随时间变化的电场中，电场可以脱离电荷而存在！

【例 2-20】 电荷量 Q 均匀分布在一球壳体内，壳体的内外半径分别为 a 和 b，试求这个系统产生的电场的能量.

【解】 设球壳的电容率为 ε_0，由高斯定理求出三个区域的电场强度为

$$\begin{cases}\boldsymbol{E}_1=0 & (r<a)\\ \boldsymbol{E}_2=\dfrac{Q}{4\pi\varepsilon_0(b^3-a^3)}\left(r-\dfrac{a^3}{r^2}\right)\boldsymbol{e}_r & (a<r<b)\\ \boldsymbol{E}_3=\dfrac{Q}{4\pi\varepsilon_0 r^2}\boldsymbol{e}_r & (r>b)\end{cases}$$

于是所求的电场的能量为

$$\begin{aligned}W_e&=\frac{\varepsilon_0}{2}\int_V E^2\mathrm{d}V=\frac{\varepsilon_0}{2}\int_a^b E_2^2 4\pi r^2\mathrm{d}r+\frac{\varepsilon_0}{2}\int_b^\infty E_3^2 4\pi r^2\mathrm{d}r\\&=\frac{\varepsilon_0}{2}\int_a^b\left[\frac{Q}{4\pi\varepsilon_0(b^3-a^3)}\left(r-\frac{a^3}{r^2}\right)\right]^2 4\pi r^2\mathrm{d}r+\frac{\varepsilon_0}{2}\int_b^\infty\left(\frac{Q}{4\pi\varepsilon_0 r^2}\right)^2 4\pi r^2\mathrm{d}r\\&=\frac{Q^2}{8\pi\varepsilon_0(b^3-a^3)^2}\int_a^b\left[r^4-2a^3r+\frac{a^6}{r^2}\right]\mathrm{d}r+\frac{Q^2}{8\pi\varepsilon_0}\int_b^\infty\frac{\mathrm{d}r}{r^2}\\&=\frac{3(3a^3+6a^2b+4ab^2+2b^3)Q^2}{40\pi\varepsilon_0(a^2+ab+b^2)^2}\end{aligned}$$

当 $a=b$ 时，$W_e=\dfrac{Q^2}{8\pi\varepsilon_0 a}$；当 $a=0$ 时，$W_e=\dfrac{3Q^2}{20\pi\varepsilon_0 b}$.

【例 2-21】 半径为 a 的导体球，球外覆盖有一层相对电容率为 ε_r 的电介质，电介质的外半径为 b，如例 2-21 图所示.求该系统的电容.

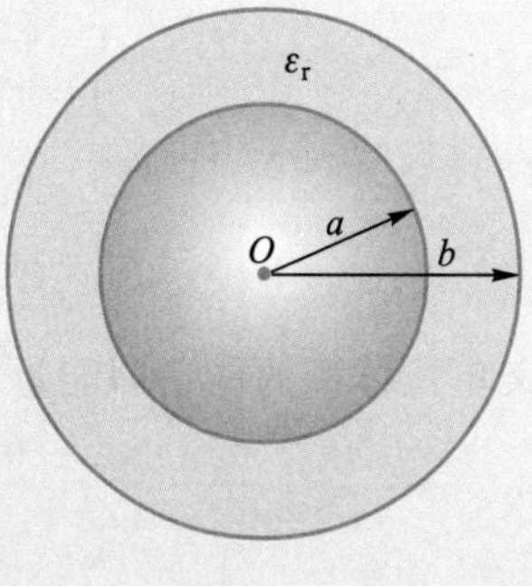

例 2-21 图

【解】 本题可以用两种方法计算.假设导体球带电荷量为 q，则产生的电场为

$$\begin{cases}\boldsymbol{E}=\dfrac{q}{4\pi\varepsilon_0 r^2}\boldsymbol{e}_r & (r>b)\\ \boldsymbol{E}=\dfrac{q}{4\pi\varepsilon_0\varepsilon_r r^2}\boldsymbol{e}_r & (a<r<b)\\ \boldsymbol{E}=0 & (r<a)\end{cases}$$

导体球球面的电势为

$$U=-\int_\infty^a\boldsymbol{E}\cdot\mathrm{d}\boldsymbol{r}=-\int_\infty^b\frac{q}{4\pi\varepsilon_0 r^2}\mathrm{d}r-\int_b^a\frac{q}{4\pi\varepsilon_0\varepsilon_r r^2}\mathrm{d}r=\frac{q[b-a(1-\varepsilon_r)]}{4\pi\varepsilon_0\varepsilon_r ab}$$

所以电容值为

$$C=\frac{q}{U}=\frac{4\pi\varepsilon_0\varepsilon_r ab}{b-a(1-\varepsilon_r)}$$

也可以用系统的总静电能来求电容：

$$W=\int_V w\mathrm{d}V=\frac{1}{2}\int_a^b \varepsilon_0\varepsilon_r E^2 4\pi r^2\mathrm{d}r+\frac{1}{2}\int_b^\infty \varepsilon_0 E^2 4\pi r^2\mathrm{d}r=\frac{q^2}{8\pi\varepsilon_0\varepsilon_r}\int_a^b\frac{1}{r^2}\mathrm{d}r+\frac{q^2}{8\pi\varepsilon_0}\int_b^\infty\frac{1}{r^2}\mathrm{d}r$$

$$=\frac{q^2}{8\pi\varepsilon_0\varepsilon_r}\left(\frac{1}{a}-\frac{1}{b}\right)+\frac{q^2}{8\pi\varepsilon_0 b}=\frac{q^2[b-(1-\varepsilon_r)a]}{8\pi\varepsilon_0\varepsilon_r ab}$$

所以，电容为

$$C=\frac{q^2}{2W}=\frac{4\pi\varepsilon_0\varepsilon_r ab}{b-a(1-\varepsilon_r)}$$

§ 2-6 电介质材料的应用

2-6-1 低电容率与高电容率材料

1. 低电容率材料

随着信息工业与计算机工业的飞速发展，集成电路的特征尺寸将降低到0.1 pm以下，这时器件内部金属连线的电阻和电介质层的电容所造成的延时、串扰、功耗已经成为限制器件性能的主要因素.目前集成电路的金属连线-电介质层材料为铝-二氧化硅，用电阻更小的铜取代铝作金属连线，用低电容率（信息工业用 K 表示相对电容率 ε_r,）材料取代二氧化硅作电介质层是一个重要的发展方向.低电容率材料也称 low-K 材料，传统半导体使用二氧化硅作为介电材料，氧化硅的相对电容率 K 约为 4.真空的 K 为 1，干燥空气的 K 接近于 1.通过降低集成电路中使用的介电材料的电容率，可以降低集成电路的漏电电流，降低导线之间的电容效应，降低集成电路发热，等等.图 2-51 是一个 CPU 的内部结构示意图，使用了低电容率的材料来减少层间电容等参量.

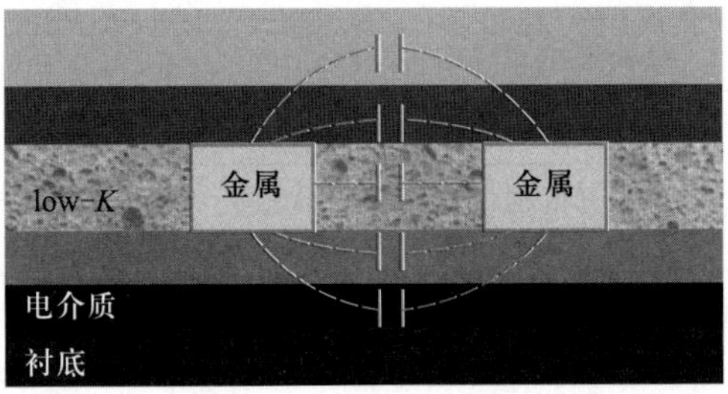

图 2-51 CPU 内部结构和等效的层间电容

根据 K 值的差异,层间电介质基本分为三类:$K>3.0$、$K=2.5\sim3.0$ 和 $K<2.2$.表 2-3 给出了不同的集成电路技术节点对电容率的要求.

表 2-3 不同技术节点的层间电介质选择和 K 值要求

线宽/nm	制备方法	K
250	SiO_2	3.9
130~180	氟化 SiO_2(FSG)	3.6
90	CVD low-K	2.7~2.9
65	CVD low-K	2.5~2.9
45	介孔超低 low-K	<2.2

多孔介质分为微孔、介孔两类,微孔的孔径小于 2 nm,而介孔的孔径在 2~50 nm 之间.根据采用的材料,目前的多孔介质分为 Si 基(SiCCH,p-Si,p-SiO_2)和 C 基(α-C:F)两大类.根据制备技术的差异,多孔介质目前主要采用甩胶技术和化学汽相沉积技术制备,通过汽化或溶解后处理工艺形成孔隙.目前的研究结果表明,采用 CVD 技术汽化后处理相结合工艺制备的 Si 基微孔介质与微电子工艺的兼容性好,更适于未来集成电路工业的应用.

2. 高电容率材料

高电容率材料(高 K 材料)是指相对电容率大于二氧化硅($K=4$)的介电材料的泛称.常用的高 K 材料因物理特性、化学组成不同可以大致分为 3 类:铁电材料、金属氧化物和氮化物.由于制备方法、工作条件、材料中各元素的组分不同等因素的影响,同一类材料的相对电容率也有所不同.目前越来越多的电子元件,如介质基板、介质天线、介电薄膜、嵌入式电容等,都需要材料具备优异的介电性能.

表 2-4 是部分介电材料常温下相对电容率的对比,可见,就相对电容率而言,氮化物相对较低,金属氧化物相对高一点,而铁电材料一般显著高于前两者,某些铁电材料在常温下的相对电容率可以达到 1 000 以上.

表 2-4 部分介电材料常温下相对电容率

高 K 材料	制备方法	K
SiO_2	氧化法	3.9
Si_3N_4	凝胶气相淀积法	6~7
ZnO	溶胶-凝胶法或射频溅射法	8~12
Ta_2O_5	金属有机物化学气相沉积法	25~50
HfO_2	金属有机物分解	21
ZrO_2	真空蒸发法	25
PZT(铁电材料)	金属有机物化学气相沉积法或分子束外延法	400~800

金属-氧化物-半导体结构的晶体管简称 MOS 晶体管，有 p 型 MOS 管和 n 型 MOS 管之分.MOS 管构成的集成电路称为 MOS 集成电路，而 PMOS 管和 NMOS 管共同构成的互补型 MOS 集成电路即为 CMOS-IC.MOS 器件基于表面感应的原理，是利用垂直的栅压 VGS 实现对水平 IDS 的控制.它是多子（多数载流子）器件.器件的栅电极是具有一定电阻率的多晶硅材料，这也是硅栅 MOS 器件的命名根据.在多晶硅栅与衬底之间是一层很薄的优质二氧化硅，它是绝缘介质，用于绝缘两个导电层：多晶硅栅和硅衬底，从结构上看，多晶硅栅-二氧化硅介质-掺杂硅衬底（Poly-Si-SiO_2-Si）形成了一个典型的平板电容器，通过对栅电极施加一定极性的电荷，就必然地在硅衬底上感应等量的异种电荷.这样的平板电容器的电荷作用方式正是 MOS 器件工作的基础.图 2-52 表示两种三极管结构，第二种选用高 K 介质和金属门.

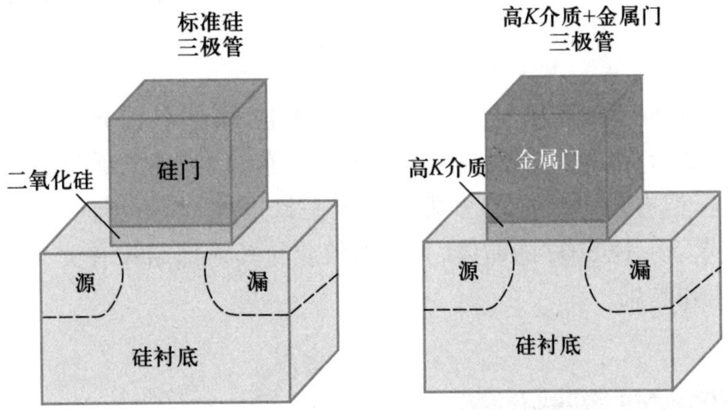

图 2-52　两种 MOS 结构示意图

为了减少元件所占的空间，通常在电路设计时使用嵌入式电容来代替表面安装电容.由于嵌入式电容面积有限，在大功率电容器中必须填充具有高电容率和低损耗的材料.

目前常见的高介电材料是无机铁电陶瓷，如钛酸钡（$BaTiO_3$）、钛酸锶钡（$Ba_xSr_{1-x}TiO_3$）、钛酸铅（$PbTiO_3$）等.以上材料尽管电容率很高，但陶瓷易开裂，难以制造形状各异的电容器.相比之下聚合物材料易于加工、柔性好、质量轻、与有机基板或印刷电路板的相容性好、可以大面积成膜.聚合物基介电材料主要分为以下 3 类：聚合物/陶瓷、聚合物/导电颗粒介电材料和纯聚合物介电材料.

2-6-2　铁电体介质和压电效应

有一些电介质如钛酸钡（$BaTiO_3$）（图 2-53）、钛酸锶（$SrTiO_3$）和酒石酸钾钠（$KNaC_4H_4O_6 \cdot 4H_2O$）等，它们的极化规律非常复杂，存在滞后现象，这种电介质称为铁电体介质.每一种铁电材料都有一个转变温度，称为居里温度或居里点，当温度低于居里点时，材料呈铁电性，当温度高于居里点时，材制的性质与一般电介质相同，如钛酸钡的居里温度为 120 ℃.

在居里温度之下,铁电材料中出现自发极化,并且自发极化可以随外电场反向而反向;在交变电场作用下,显示电滞回线,如图 2-53(c)所示,此时晶体中形成电畴.

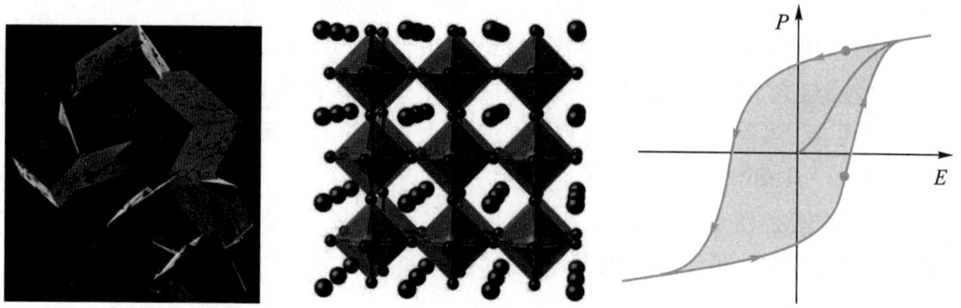

(a) $BaTiO_3$晶体　　(b) $BaTiO_3$结构　　(c) 铁电体介质的极化曲线

图 2-53

1880 年法国科学家居里兄弟发现了压电效应.某些各向异性的晶体在机械力作用下发生形变时,晶体的表面上会出现极化电荷,这种现象称为压电效应.铁电体具有压电效应,但有压电效应的介质不一定是铁电体,如石英晶体是压电体,但不是铁电体.石英是一种 SiO_2 的晶体,其压电效应与其内部结构有关,图 2-54 是石英晶体的示意图和晶轴.

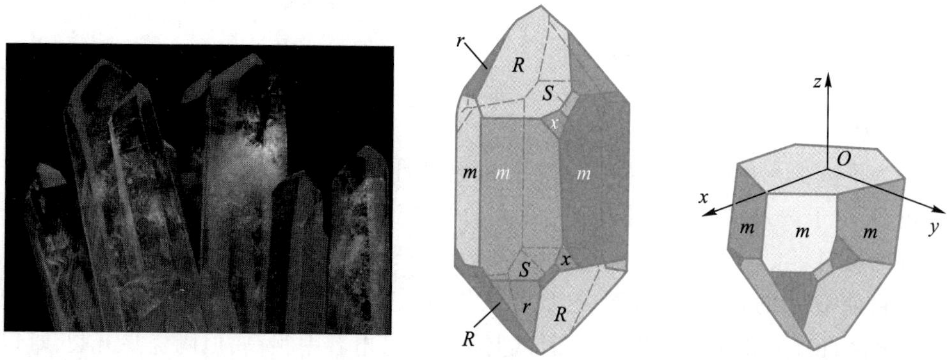

(a) 石英晶体　　(b) 石英晶体外形　　(c) 石英晶体的晶轴

图 2-54

如图 2-55(a)所示,晶体不受外力时,若晶体各电畴的总电偶极矩分别为 $\boldsymbol{p}_1$, $\boldsymbol{p}_2$和 $\boldsymbol{p}_3$,则

$$\boldsymbol{p}_1+\boldsymbol{p}_2+\boldsymbol{p}_3=0 \tag{2-42}$$

当晶体受到外力作用时,如图 2-55(b)和(c)所示,则

$$\boldsymbol{p}_1+\boldsymbol{p}_2+\boldsymbol{p}_3\neq 0 \tag{2-43}$$

压电效应还有其逆效应——电致伸缩.压电材料在工业、军事、医疗和家电等领域具有广泛的应用.

扫描隧穿显微镜(STM)(1986 年诺贝尔物理学奖)中探头移动步长 100 Å~

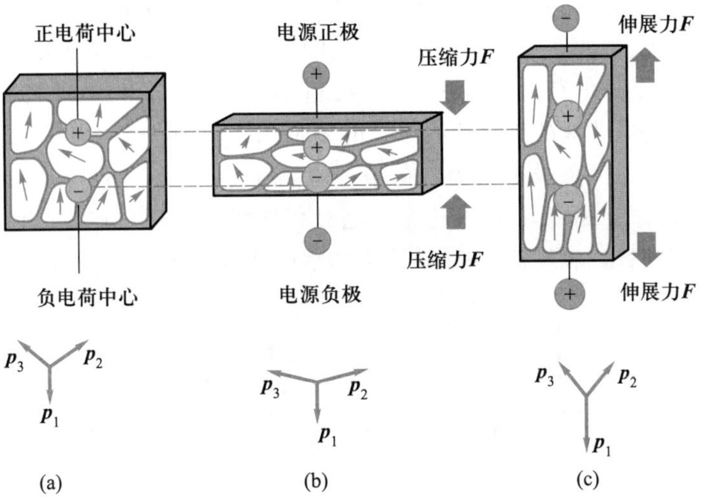

图 2-55　晶体的压电效应

1 000 Å,是由电致伸缩完成的.晶片的固有振荡频率由尺寸大小决定,在外场作用可获得稳定的电振荡,稳定度达 10^{-13} 量级,图 2-56 是扫描隧穿显微镜的示意图和获得的原子尺度的形貌图像.

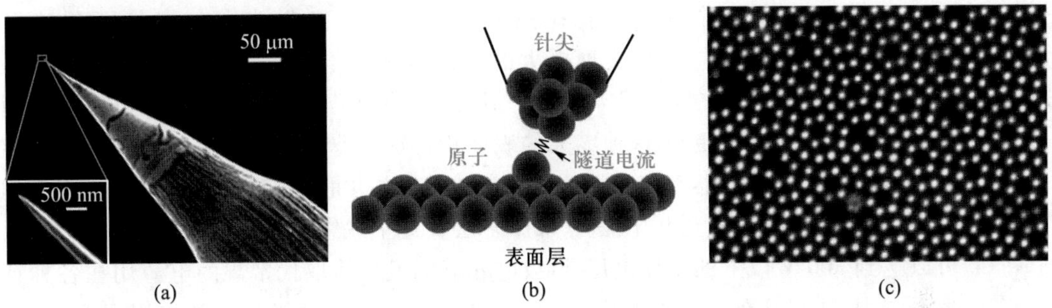

图 2-56　STM 中的针尖和图像

STM 是将原子尺度的极细针尖和被研究物质的表面作为两个电极,当样品与针尖的距离非常接近时,在外加电场的作用下,电子会穿过两个电极之间的绝缘层流向另一电极.由于隧道电流的强度对针尖与样品间的距离非常敏感,所以可以进行极高灵敏度的检测.STM 使人们能够直接观察到原子在物质表面的排列状态,使在纳米尺度上研究物质表面的原子和分子结构及与电子行为有关的物理和化学性质成为可能,从而实现了人们梦寐以求的愿望.

2-6-3　超级电容器

超级电容器是利用双电层原理的电容器.当外加电压加到超级电容器的两个极板上时,与普通电容器一样,极板的正电极存储正电荷,负极板存储负电荷,在超级电容器的两极板上的电荷产生的电场作用下,电解液与电极间的界面上形成相反的电荷,以平衡电解液的内电场,这种正电荷与负电荷在两个不同相之间的接触面上，以正负电荷之间极短间隙排列在相反的位置上，这个电荷分布层叫作双电层，因此电容非常大，如图 2-57 所示.当两极板间电势低于电解液的氧化还原电极电势时，电解液界面上的电荷不会脱离电解液，超级电容器为正常工作状态，如果电容器两端电压超过电解液的氧化还原电极电势时，电解液将分解，为非正常状态.随着超级电容器放电，正、负极板上的电荷被外电路泄放，电解液的界面上的电荷相应减少.由此可以看出，超级电容器的充放电过程始终是物理过程，没有化学反应.因此性能是稳定的，这一点与利用化学反应的蓄电池是不同的.

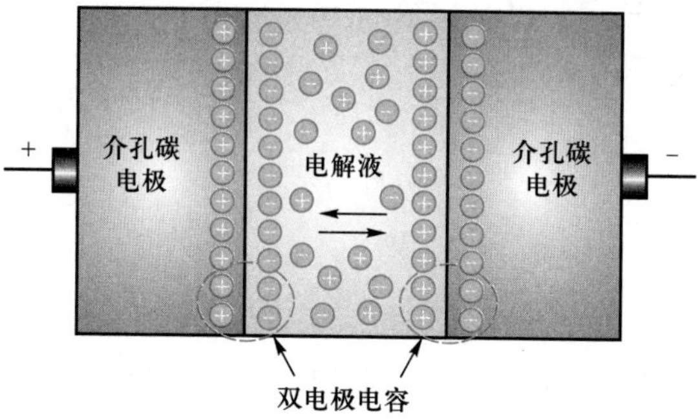

图 2-57 双层超级电容器原理

第二章拓展应用

超级电容器通常使用多孔碳材料，该材料的多孔结构允许其面积达到 2 000 m^2/g，通过一些措施可实现更大的表面积.超级电容器电荷分离开的距离是由被吸引到带电电极的电解质离子尺寸决定的.该距离（<10 Å）和传统电容器薄膜材料所能实现的距离更小.这种庞大的表面积再加上非常小的电荷分离距离使得超级电容器较传统电容器而言有惊人大的静电容，这也是其“超级”所在.电容值达到法拉量级，有的甚至达到几千法拉.采用多层叠片串联组合而成的高压超级电容器，可以达到 300 V 以上的工作电压.超级电容器的发展将取代常规的电源用在各种动力系统中，特别是在汽车工业中，已往从目前的汽油发动机发展到使用混合动力，直至发展成使用纯电源动力.

第二章习题

2-1 导体球 A 的半径为 R，内有两个中空的球形空腔.A 球上的总电荷量为 0，而两个空腔中心处分别有电荷量为 $+q_1$ 和 $+q_2$ 的点电荷，在与球相距很远的 r 处（$r \gg R$）有一个点电荷，电荷量为 q_3，如图所示.求：(1) 三个电荷所受到的静电力；(2) 导体空腔受到的静电力.

2-2 一个半径为 a 的孤立的带电金属环，其中心处的电势为 U_0，将此环靠近半径为 b 的接地导体球，只有环中心 O 位于球面上，如图所示.求球上的感应电荷量.

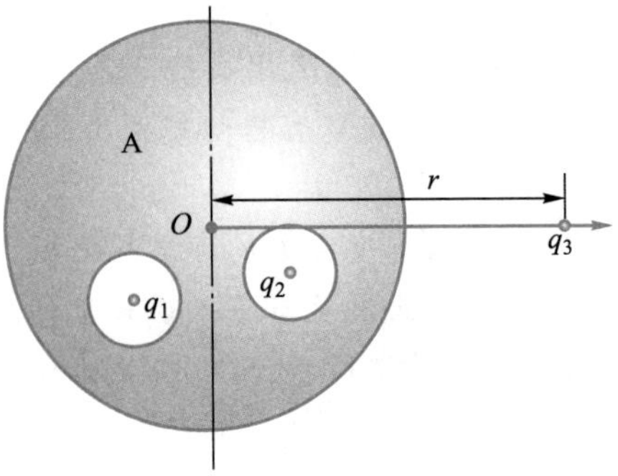

习题 2-1 图

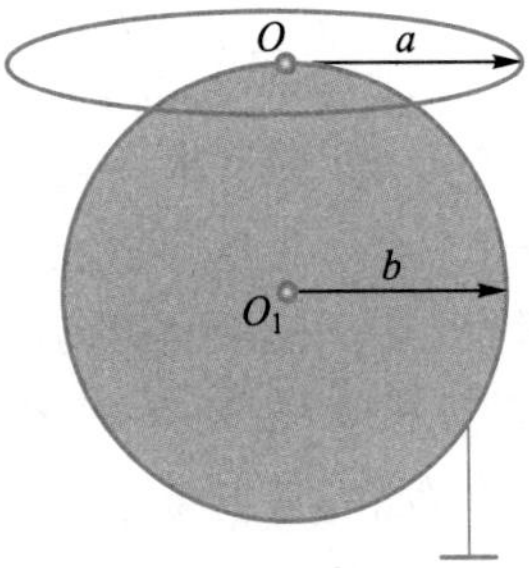

习题 2-2 图

2-3 半径为 R_1 的导体球带电荷量 q，在它外面同心地罩着一个导体球壳，内外球面的半径为 R_2 和 R_3，若 $R_2=2R_1$，$R_3=3R_1$，在距离球心 $d=4R_1$ 处放置一个点电荷 Q，并将球壳外壳接地，如图所示.(1) 求球壳的总电荷量；(2) 如果用细导线将导体球和导体球壳接通，此时球壳的电荷量为多少？

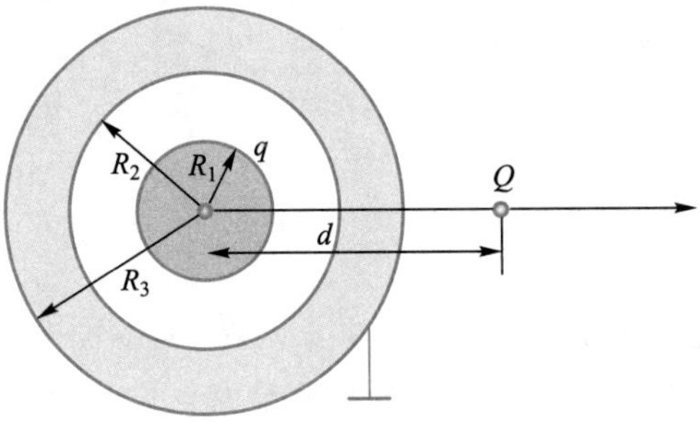

习题 2-3 图

2-4 电荷量为 Q 的导体球壳，内外半径分别为 R_1 和 R_2，现将电荷量为 q_1 的点电荷置于球内距离球心 O 为 r_1 处，电荷量为 q_2 的点电荷置于球外距离球心为 r_2 处，如图所示，求球心 O 的电势.

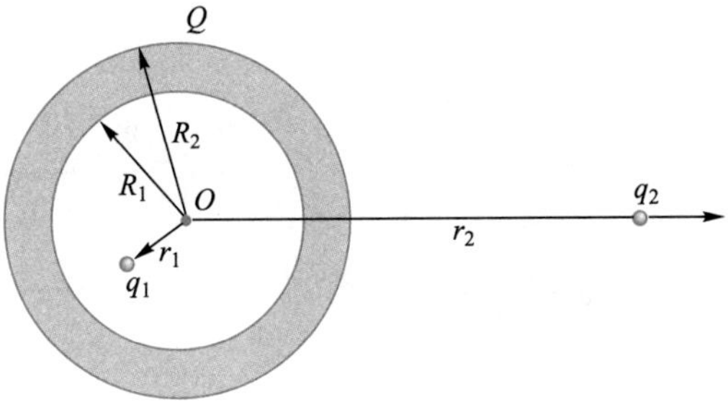

习题 2-4 图

2-5 请估计地球的电容值，地球的半径 $R=6.4\times10^6$ m，如果地球不是电中性的，而是带有一个电子的电荷量，则地球储能是多少？如果一个微观尺度的小球半径只有 10 nm，则电容值为多少？如果同样带有一个电子的电荷量，则储能是多少？

2-6 (1) 半径为 R 的球形金属外壳被充电到静电电位 U.将外壳切成两半,将半壳无限地分开.求半壳体受到的作用力.(2) 同心金属球壳组成的球形电容器,内外半径分别为 a 和 b,内外球面的电荷量分别为 $\pm Q$,将该电容器切成两半,并将另一半无限分开,求剩下半个电容器的作用力.

2-7 平行板电容器接到电压为 U 的电源上,将厚度为 L 的带电导体板 A 移入电容器中,与两极板的距离分别为 L 和 $4L$,导体板带正电且与移入前极板的电荷量 Q 相等,面积亦相等,距离 $6L \ll$ 极板尺寸,如习题 2-7 图所示,为了将导体板从 A 位置移到 B 位置,需要做多少功?

2-8 有 5 个导体板等间距平行放置,如图所示,每个板带电荷量分别为+7 C、+9 C、+2 C、-8 C 和+6 C,板可近似为无限大,则 10 个表面的电荷量分别为多少?

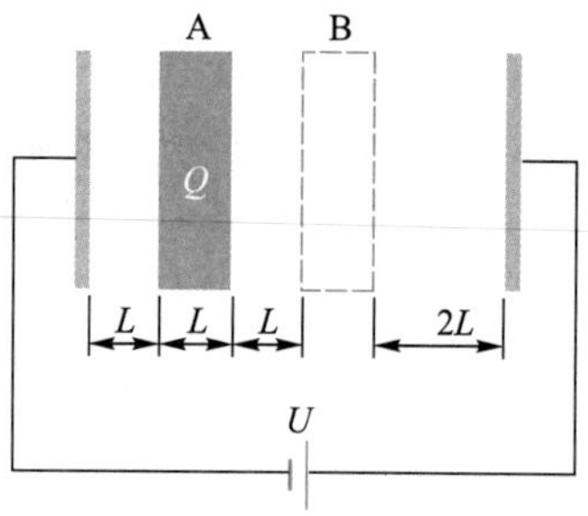

习题 2-7 图

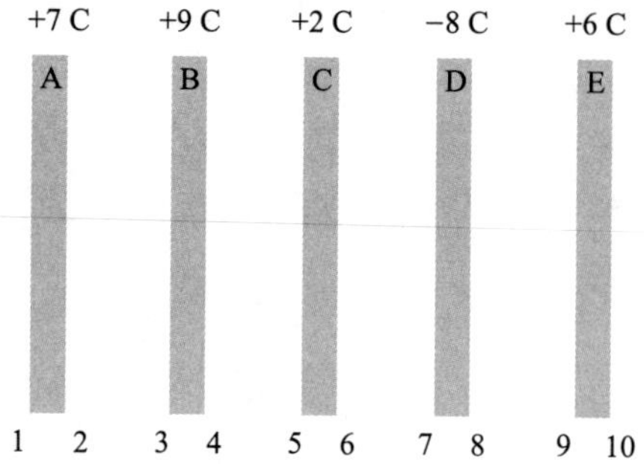

习题 2-8 图

2-9 如图所示,平行板电容器带电荷量为 $\pm Q$,两个板之间的间距为 $4d$.另一个金属板厚度为 d,总电荷量为 $+Q$ 的金属板放置在电容器内,该金属板上表面离电容器上极板距离为 $2d$,下表面离电容器下极板为 d.把电容器极板分别通过电量计接地.开关闭合时,流过两个电量计 G_1 和 G_2 的电荷量为多少?

2-10 未带电的小导体球半径为 r,远离点电荷 Q,如果它们之间距离增加一倍,则点电荷对球的作用力变化多少?要使相互作用力恢复为原来值,球的直径增加到原来的多少倍?($a \gg r$)

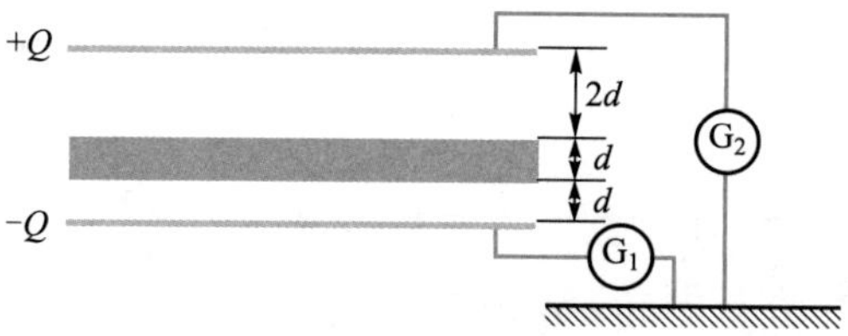

习题 2-9 图

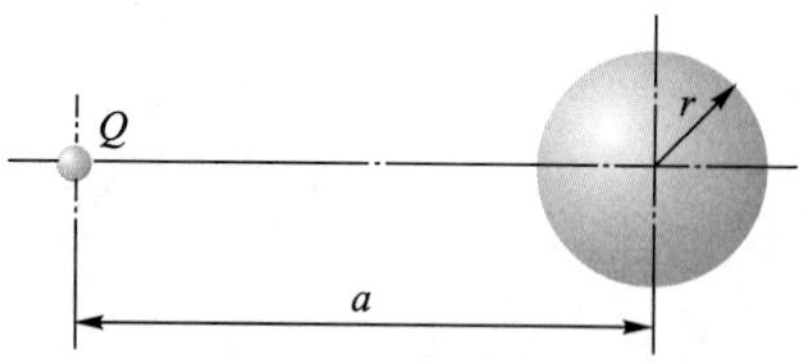

习题 2-10 图

2-11 平行板电容器,极板面积为 S,间距为 d,两极板所带电荷量分别为 $+Q$ 和 $-Q$,求电容器端面中点处的电场强度,并求距离电容器很远一点 P 的电场强度,该点位于电容器对称轴上,距离电容器为 r 处.

2-12 两根平行的输电线半径分别为 a 和 b,它们之间的距离为 d,假设 $d \gg a$,

$d \gg b$，求单位长度的电容值.如果 $a=b$，结果又如何？

2-13 把地球和月球均当作导体球，地球半径为 a，月球半径为 b，它们之间的距离远大于它们各自的半径(即可视为孤立导体球)，则地球与月球之间的电容值为多少？如果地球与月球之间用一根细导线接通，则此时地球与月球之间的电容为多少？

2-14 同轴电缆由很长的圆柱形直导线和它外面的同轴导体圆筒构成.导线的半径为 R_1，电势为 U_1，圆筒的内半径为 R_2，外半径为 R_3，电势为 U_2，如图所示，求同轴电缆内部 r 处($R_1<r<R_2$)的电势.

2-15 平行板电容器两个极板面积均为 S，间距为 d，接入电压为 10 V 的电源上充电，充电结束后，断开电源.此时在电容器极板之间插入一块厚度为 $t=d/4$ 的金属板，忽略边缘效应.求：(1) 电容值 C；(2) 电容器上下极板的电势差.

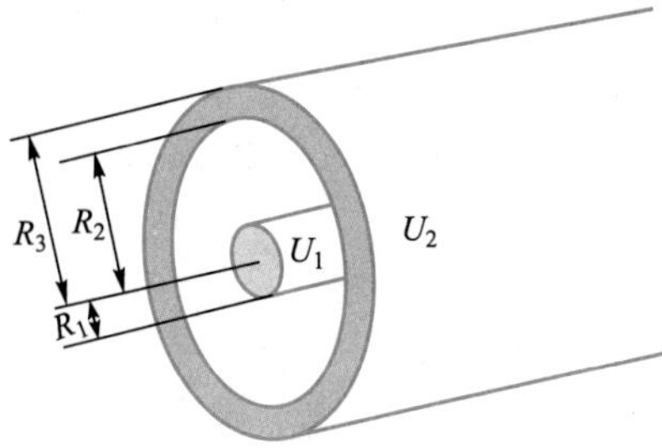

习题 2-14 图

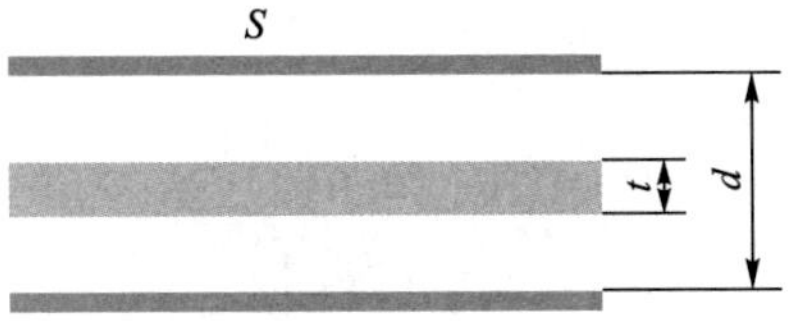

习题 2-15 图

2-16 两电容器的电容为 C_1 和 C_2，它们分别蓄有电荷量 Q_1 和 Q_2，用导线连接，求：(1) 同极相接时能量的损失量；(2) 异极相接时能量的损失量.

2-17 一个球形电容器由三个很薄的同心导体壳组成，它们的半径分别为 a、b、d.一根绝缘细导线通过中间壳层的一个小孔把内外球壳连接起来，如图所示.忽略小孔的边缘效应.(1) 求此系统的电容；(2) 若在中间球壳上放置任意电荷量 Q，试确定中间球壳内外表面上的电荷分布.

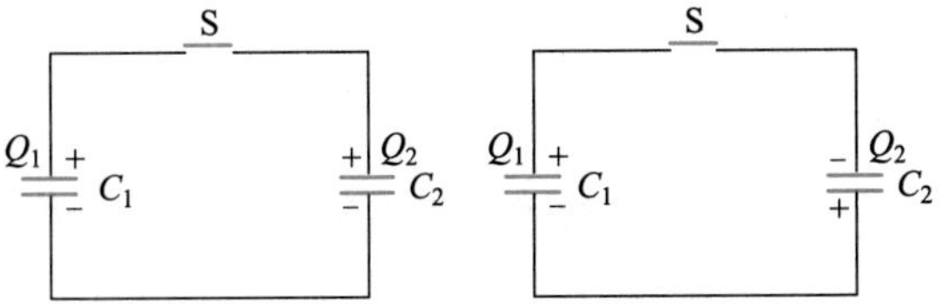

习题 2-16 图

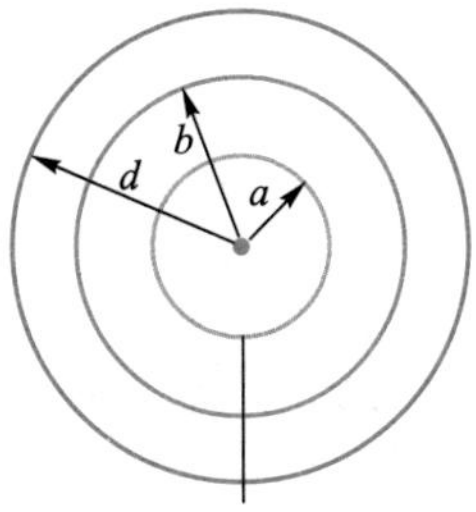

习题 2-17 图

2-18 一平行板电容器两极板的面积都是 S，相距为 d，分别维持电势 $U_A=U$ 和 $U_B=0$ 不变.现将一块带有电荷量为 q 的导体薄片(厚度可忽略)放在两个极板的正中间，面积也是 S，如图所示，忽略边缘效应，求薄片的电势.

2-19 平行板电容器的两个极板分别充电到电势 U 和 $-U$，两个极板之间的电

容为 C,每个极板与大地的电容为 C_1.如果其中一个极板接地,如图所示,那么两个极板之间的电场强度变化为多少?

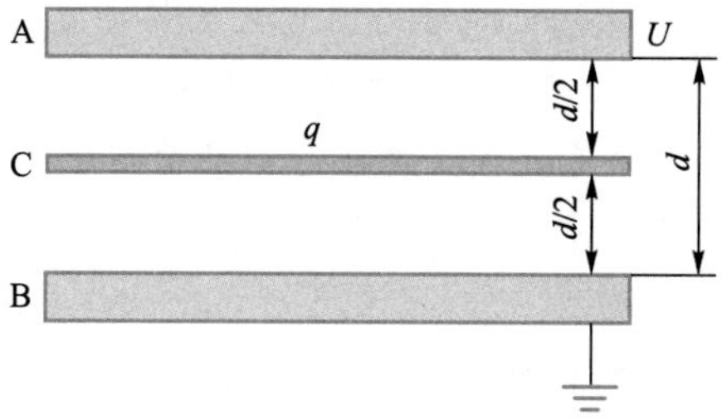

习题 2-18 图

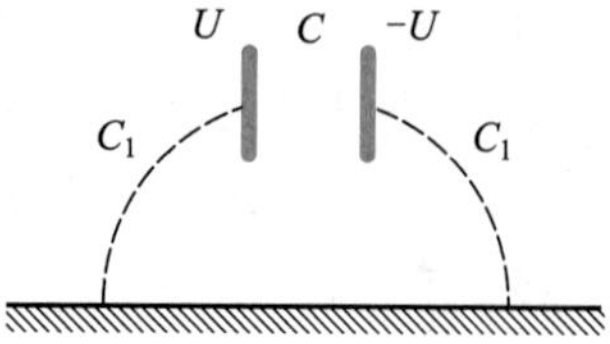

习题 2-19 图

2-20 一个电容器由内外半径分别为 a 和 b 的同心薄导体球壳组成,外球壳有一小孔,从小孔中穿过一根细导线把内球壳和很远处一个半径为 c 的导体球相接通,距离 r 很大,电容器外球壳接地,让两个相接通的导体带电荷量为 Q,求导体球受到作用力的近似值.

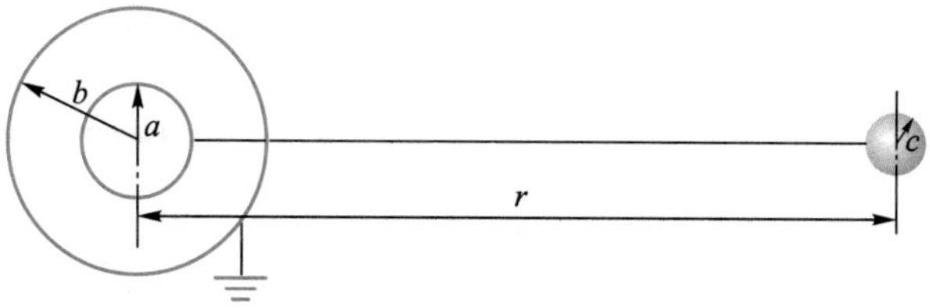

习题 2-20 图

2-21 三个电容器的电容值分别为 C_1、C_2 和 C_3,都不带电,如图所示连接.先把开关 S 接到点 A,充电结束后把开关接到点 B.求最后各电容器上的电荷量.

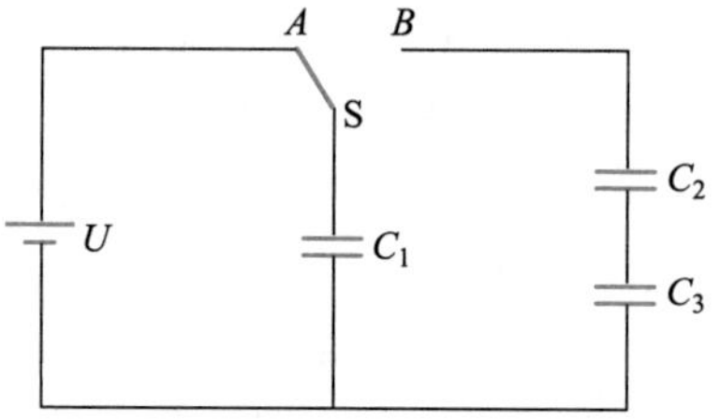

习题 2-21 图

2-22 无数多个电容器 C 按如图所示方式联结成一维无限长网络,求 AB 端的总电容.

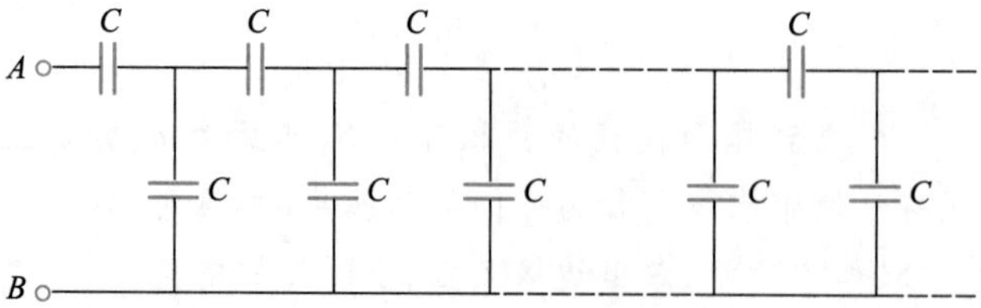

习题 2-22 图

2-23 两个导体相距很远,其中一个导体电荷为 Q_1,电势为 U_1,另一个导体电荷为 Q_2,电势为 U_2,电容为 C 的电容器原来不带电,现用极细的导线将它与两导体相连,如图所示,求电容器充电后的电压.

2-24 电容式电压计是空气平行板电容器,它的一个极板固定不动,另一个极板可以垂直板面运动,极板面积为 S,当电压为零时两极板之间的间距为 d,用弹性系数为 k 的弹簧固定在可动极板上,两极板的间隙变化可以作为待测电压的量度,如图所示.求此仪器可以测量的最大电压.

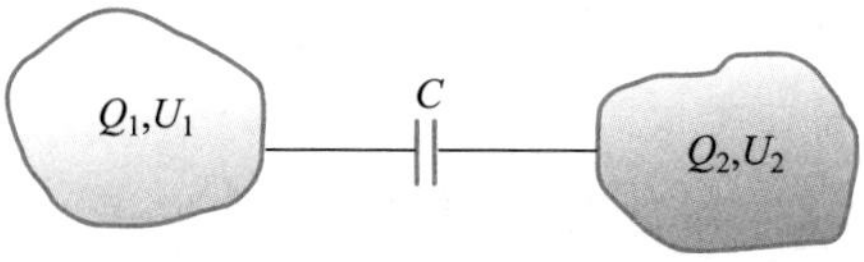

习题 2-23 图

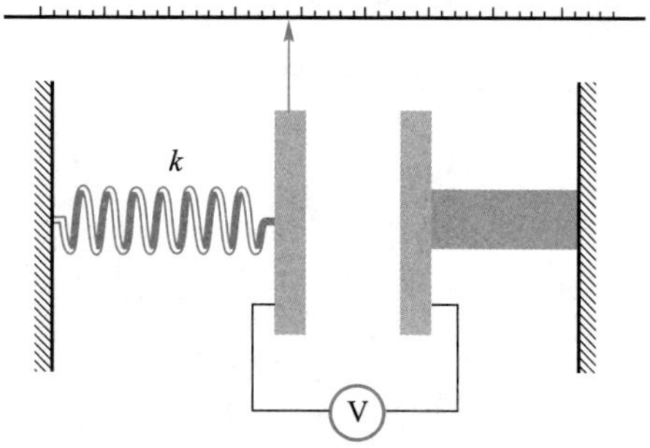

习题 2-24 图

2-25 一平行板电容器,极板面积均为 S,极板间距为 d,其间有一块厚度为 t 的电介质板,相对电容率为 ε_r,设极板间的电势差为 U,忽略边缘效应,如图所示,求:(1) 电容器内电介质中和真空中的电场强度;(2) 电容器的电容值.

2-26 一平行板电容器,极板面积均为 S,极板间距为 d,其间充满相对电容率 $\varepsilon_r = a+bx$ 的电介质,其中 a 和 b 为常量,x 为到下极板的距离,忽略边缘效应,求该电容器的电容值.

***2-27** 一个边长为 a 的立方体形状的均匀电介质,其固有极化强度为 $\boldsymbol{P}$,从左面 L 指向右面 R,如图所示,求该立方体电介质中心处的退极化场.

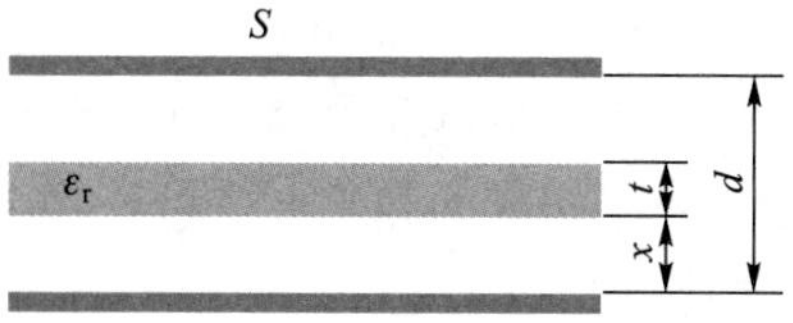

习题 2-25 图

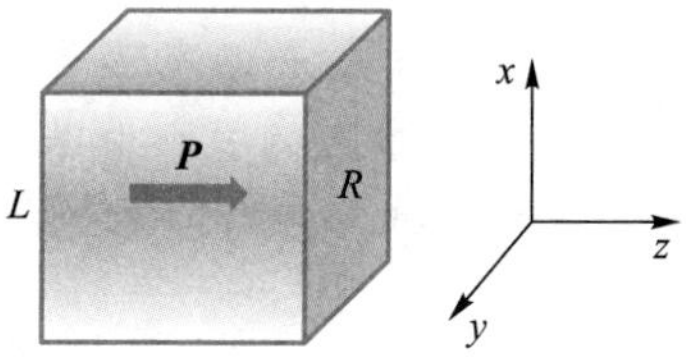

习题 2-27 图

2-28 平行板电容器两极板相距 3.0 cm,其间放有两层相对电容率分别为 $\varepsilon_{r1}=2$ 和 $\varepsilon_{r2}=3$ 的电介质,位置与厚度如图所示.已知极板上电荷面密度 σ,略去边缘效应,求:(1) 极板间各处 $\boldsymbol{P}$、$\boldsymbol{E}$ 和 $\boldsymbol{D}$ 的值;(2) 极板间各处的电势(设 $U_A = 0$);(3) 三个电介质分界面的极化电荷面密度.

2-29 一平行板电容器,上下极板接在电压为 U 的电源上,极板间距为 d,内部左右分别填充有两种电介质，相对电容率分别为 ε_1 和 ε_2，分界面与两个极板垂直.两个电介质对应的极板面积分别 S_1 和 S_2.求：(1) 极板上的总自由电荷电量；(2) S_1 和 S_2 对应的自由电荷面密度；(3) 极化电荷面密度；(4) 总电荷面密度.

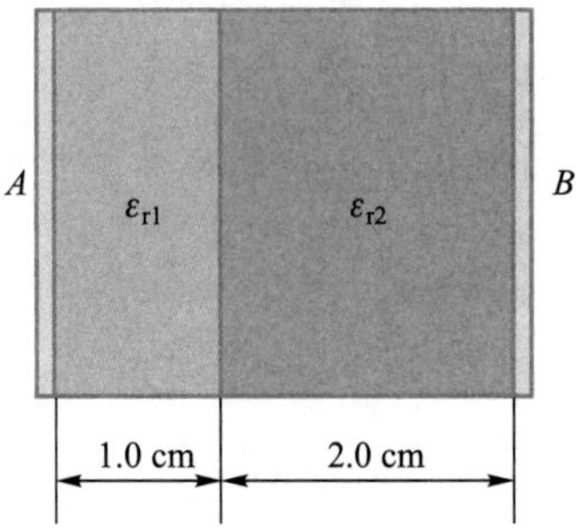

习题 2-28 图

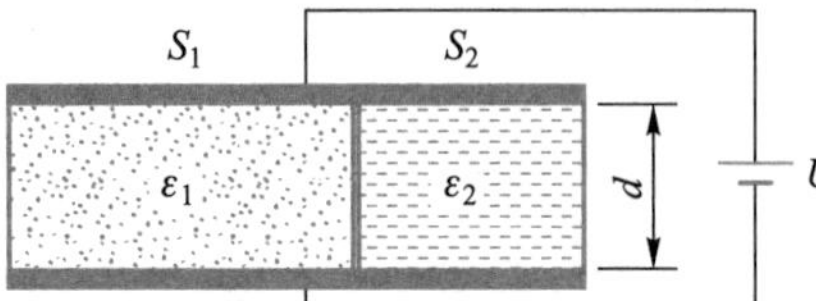

习题 2-29 图

2-30 一无限大电介质平面，相对电容率为 ε_r，放置在均匀电场 $\boldsymbol{E}_0$ 中，板的法线方向与电场成 θ 角，求电介质表面的极化电荷面密度.

2-31 如图所示，一导体球外充满两半无限大电介质，电容率分别为 ε_1和 ε_2，电介质界面为通过球心的无限大平面.设导体球半径为 R，总电荷为 q，求空间电场分布和导体球表面的自由面电荷分布.

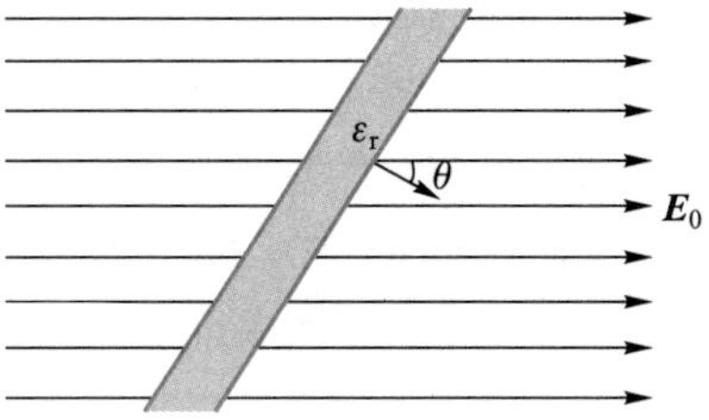

习题 2-30 图

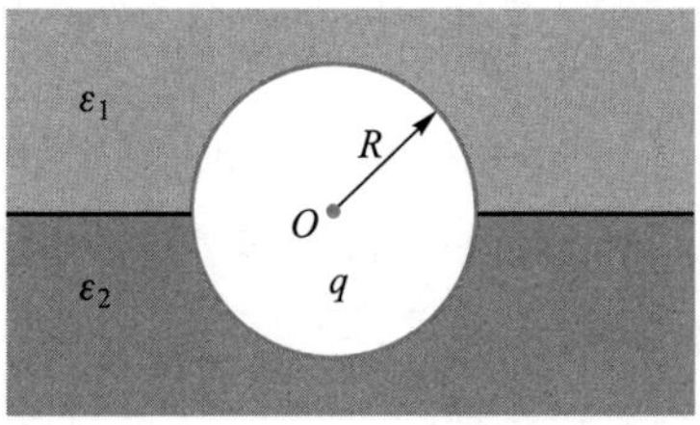

习题 2-31 图

2-32 内外半径分别为 a 和 b 的金属球壳，内部填充有四种电介质，每一种电介质分别填充四分之一的电容器空间，分界面沿半径方向.相对电容率分别为 ε_{ri} $(i=1,2,3,4)$，内球面总自由电荷为 Q_0，外球面为 $-Q_0$，如图所示.求：(1) 各电介质区间的电位移矢量；(2) 内球面各区间的自由电荷面密度和极化电荷面密度.

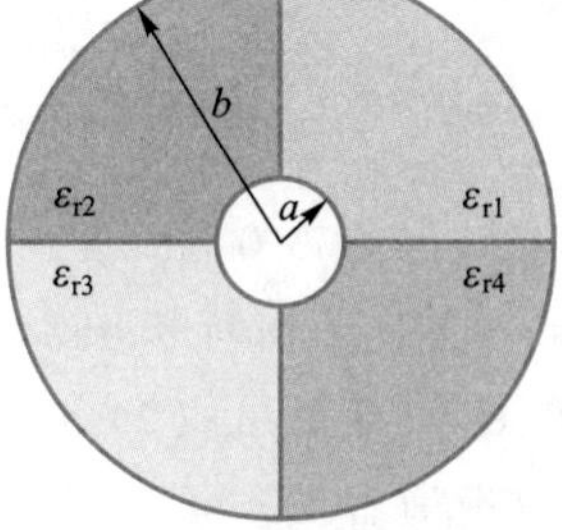

习题 2-32 图

2-33 高压电缆的耐压问题.如图所示结构的电缆,半径为 a 的金属圆柱外包2层同轴的均匀电介质层.其电容率为 ε_1 和 ε_2,$\varepsilon_2=\varepsilon_1/2$,两层电介质的交界面半径为 b,整个结构被内径为 c 的金属屏蔽网包围.设 a 为已知,要使两层电介质中的击穿场强都相等,且在两层电介质的交界面上出现场强的极值,应该怎样选择 b 和 c?

2-34 质量为 m、电荷量为 Q 的粒子放置在距离无限大导体平面 L 处,求该粒子经过多长时间碰到导体平面上?

2-35 一个直径为 1 cm、总电荷量为 10^{-8} C 的均匀带电塑料球,用一根绝缘线悬挂起来,其底部与一个盐水溶液的水面相距 1 cm,小球下面的水面涌起了一点,如图所示.请估计水面涌起的高度?(忽略水的表面张力,取盐水的密度为 1 g/cm^3.)

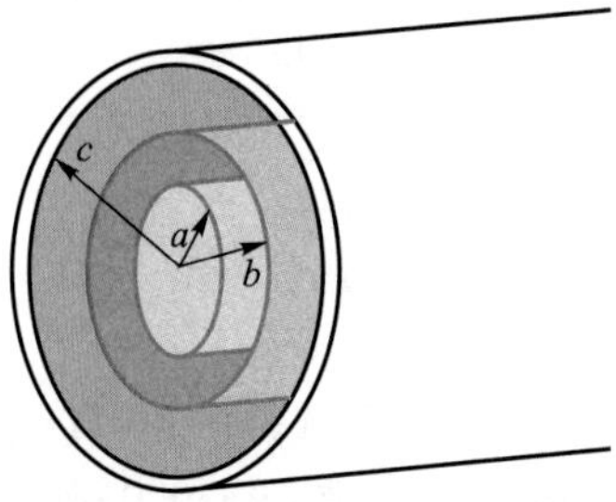

习题 2-33 图

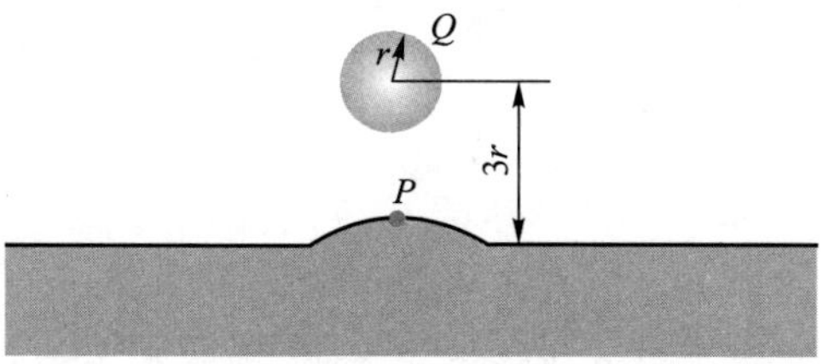

习题 2-35 图

2-36 一电偶极矩为 $\boldsymbol{p}$ 的电偶极子放置在无限大接地导体上方,电偶极子的方向平行于导体平面,距离平面为 d,求它受到导体的作用力.

2-37 两个无限大的导体板成60°角,在其角平分线上有一个点电荷 q,距离顶点为 d,求这个电荷受到的电场力.

2-38 如图所示,一半径为 R 的导体球壳,球内部距离球心为 $d(d<R)$ 处有一点电荷 q,求:(1) 当球壳接地时球内的电场强度和电势;(2) 当球壳不接地且带电荷量为 Q 时球内的电场强度和电势.

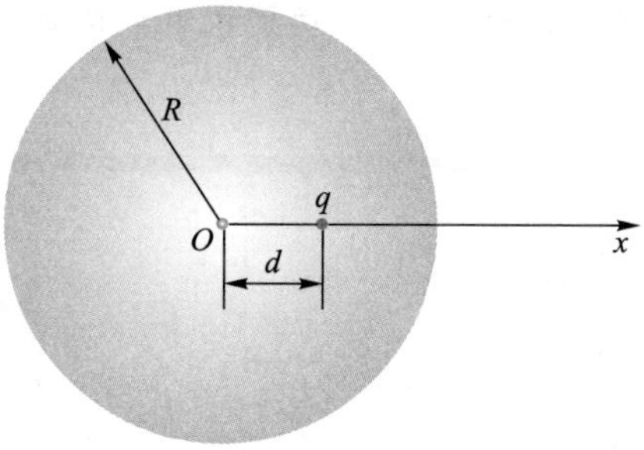

习题 2-38 图

2-39 证明两个带正电的导体球可能是相互吸引的.证明时可以假定一个电荷量为$+Q$,半径为 R,另一个为点电荷,电荷量为$+q$,相距为 d ($d>R$),并给出是吸引力要满足的条件.

2-40 一个半径为 R 的导电球带电荷量为 Q,一个带电荷量为 q 的粒子放在距

离球表面 $2R$ 处，如图所示.求粒子 q 和球心连线上且距离球心 $R/2$ 的点 A 的电势.

*2-41 一个无限大导体平面上有一个半径为 a 的半球形鼓包，整个导体不带电，现将电荷量为 q 的点电荷放置在鼓包正上方，距离球心为 b 处，求半球面上感应电荷总电荷量和导体平面上感应电荷总电荷量.

**2-42 求非同心导体圆柱面的单位长度的电容.如图所示，两个圆柱面中心距离为 $\delta(\delta \ll a, b)$.

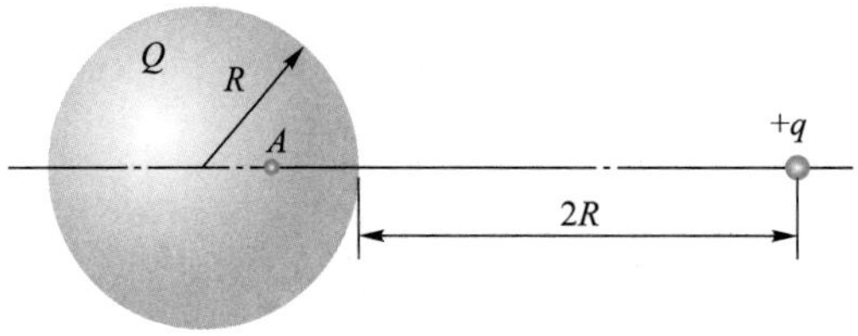

习题 2-40 图

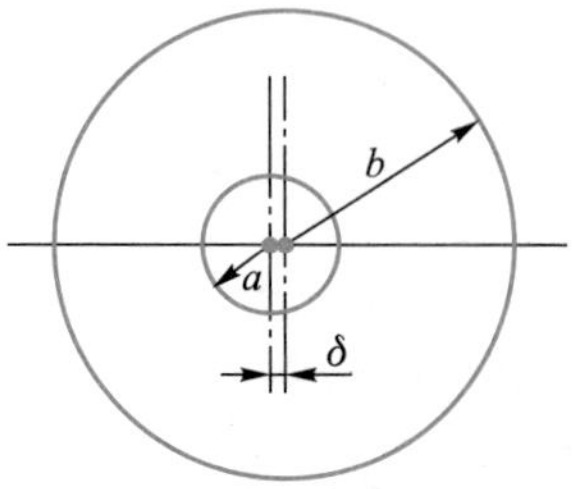

习题 2-42 图

**2-43 在三维空间中，$x>0$ 的区域为电容率为 ε_1 的线性电介质，在 $x<0$ 的区域为电容率为 ε_2 的线性电介质.电荷 q_1 在点 $(a,0,0)$ 处，电荷 q_2 在点 $(-a,0,0)$ 处，如图所示，求 q_1 和 q_2 的作用力.

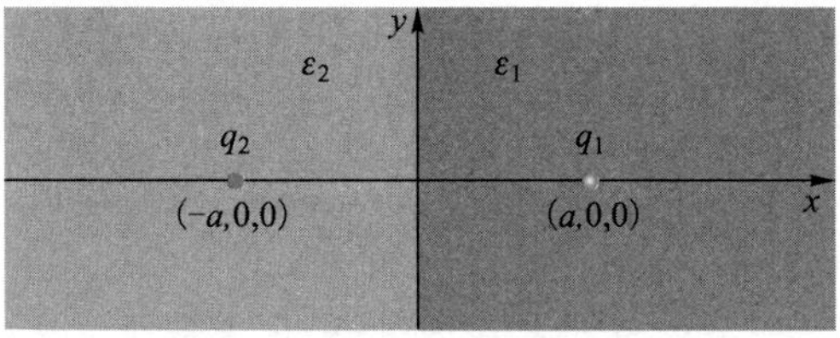

习题 2-43 图

*2-44 两个接地的金属板距离为 $2L$，中间放置有一个带电荷量为 Q 的板，能不漏气无摩擦地沿上下盖板滑动，带电板初始在中央位置，此时该板两边空气的初始压强为 p_0，如图所示，求该板处于稳定平衡时的 x 值.

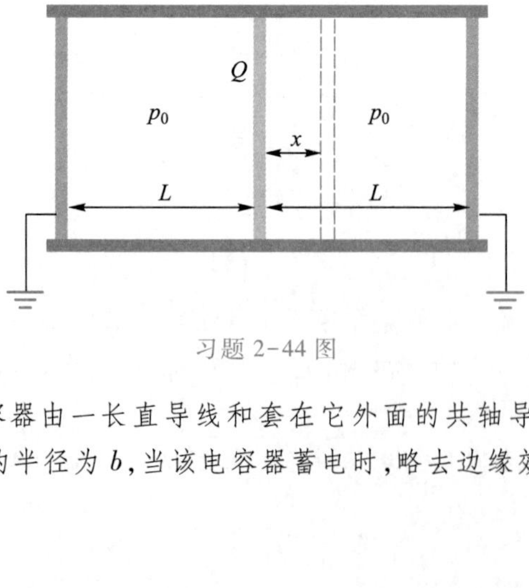

习题 2-44 图

2-45 圆柱电容器由一长直导线和套在它外面的共轴导体圆筒组成，已知导线的半径为 a，圆筒的半径为 b，当该电容器蓄电时，略去边缘效应，证明该电容器的储能有一半在半径为 $r=\sqrt{ab}$ 的圆柱体内.

2-46 一空气平行板电容器,极板的面积是 $a\times b$,间距为 d,将该电容器接到电压为 U 的电源上充电,充电结束后,断开电源.一个相对电容率为 ε_r 的电介质板放置在电容器边缘处,电介质板的面积也为 $a\times b$,厚度也为 d,忽略电介质板与电容器极板之间的摩擦力,经过一段时间后介质板将自动进入到电容器中,并充满电容器内部空间,如图所示.求:(1) 电容器的能量减少值;(2) 电场力所做的功.

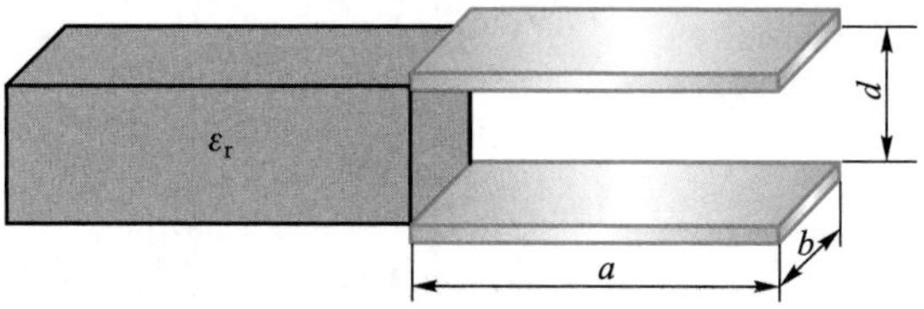

习题 2-46 图

2-47 一电容器质量为 m,由相距为 d 的两平行板组成,垂直放入相对电容率为 ε_r,密度为 ρ 的电介质液中,如图所示,求下面两种情况下液面上升的高度:(1) 电容器与电源相接,维持电压为 U;(2) 电容器与电源断开,维持电荷量为 Q(只需给出 h 与 x 的表达式).

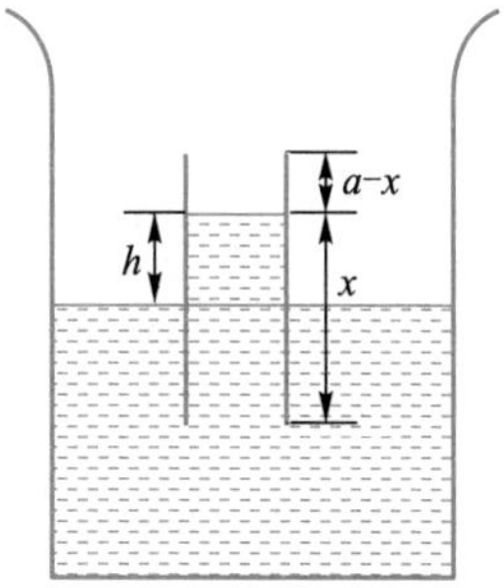

习题 2-47 图

2-48 两个平行的垂直金属板,形状为正方形,板的边长为 h,两个板的间距为 d,位于密度为 ρ 的非导电液体的表面之上,其底部边缘接触液体表面.当两个极板连接到保持恒定电压 U 的电源后,液体在板之间上升,勉强到达其顶部边缘.忽略表面张力的影响,求电介质的电容率.

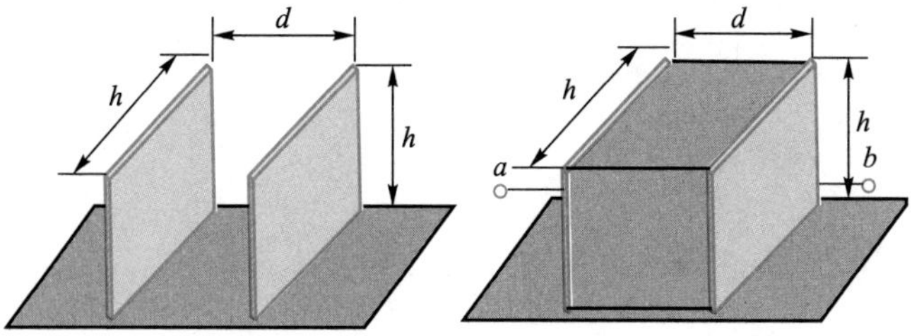

习题 2-48 图

[*] **2-49** 一金属球半径为 R,带电荷量为 Q,球外距离球心 O 为 d 处有一个点电荷 q,把该电荷 q 移动到无限远处,外力所做的功为多少?

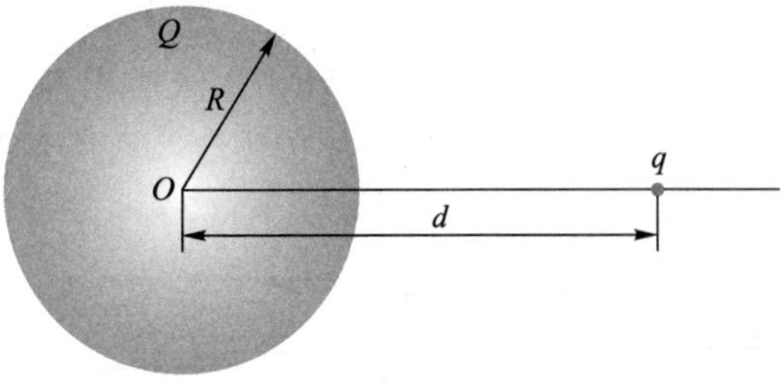

习题 2-49 图

[**] **2-50** A 和 B 两个粒子,质量分别为 m 和 $2m$,所带电荷量相同且符号相反.最初粒子之间的距离为 d,随后,B 粒子开始以速率 v 背离 A 粒子运动,而 A 粒子以速率 v 沿垂直于 A、B 两粒子的连线运动.在粒子的后续运动中,发现 A 和 B 粒子彼此的最近距离为 $3d$,求粒子电荷的可能值.

习题答案

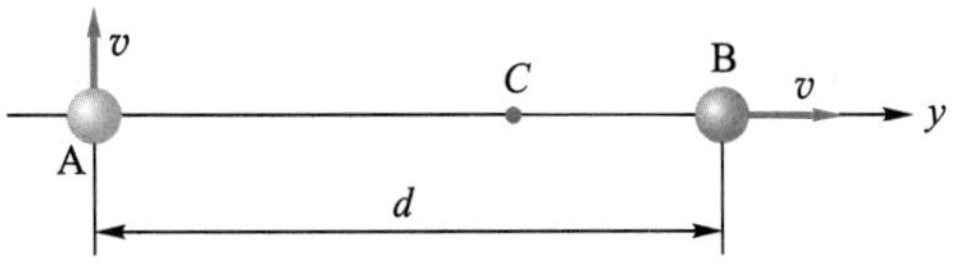

习题 2-50 图

第三章

直流电路

§3-1 电流与电流密度

3-1-1 电流的形成

1. 产生电流的条件

电荷运动形成电流.在宏观上的电流就是大量电荷的定向运动.

产生电流需要两个条件.一是必须存在可以自由运动的电荷,即载流子.在多数情况中,载流子是电子或某种带电微粒,如正、负离子.二是需要一种作用来克服电荷定向运动的阻力,这种作用可以是多种多样的,如电磁作用、机械作用、化学作用等.

不同导体中的载流子类型也不一样.

(1) 金属导体中的载流子是自由电子.金属中存在大量自由电子,当金属处在电场中时,自由电子因电场力驱动而作定向运动,从而形成金属中的电流,由于电子的质量很小,金属中的电流不会引起宏观上可观察到的质量迁移,如图 3-1 所示.

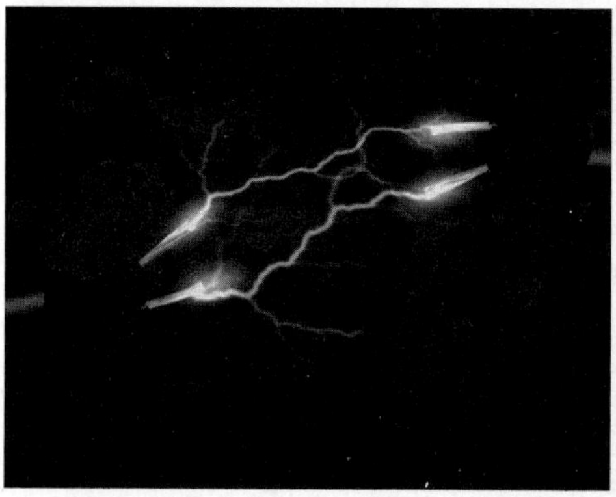

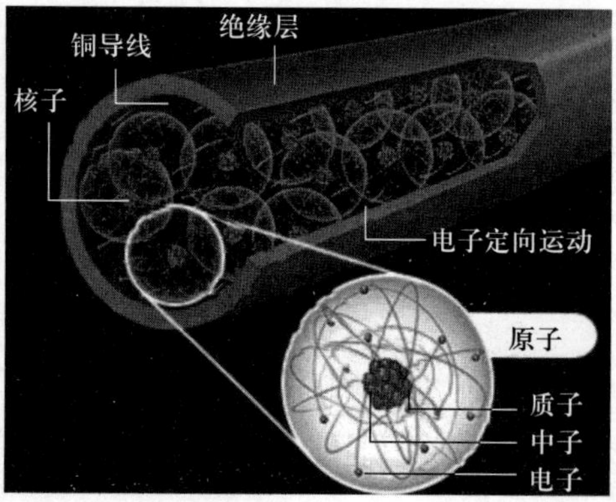

图 3-1 导体中电子定向运动形成电流

(2) 电解质溶液中的载流子是正负离子.当酸、碱、盐等电解质溶液处在电场中时,正、负离子因受电场作用而分别向相反的方向作定向运动,从而形成电解质溶液中的电流.从电荷量迁移的角度来看,正电荷向某一方向运动与负电荷向相反方向的运动所产生的效果是相同的.电解质溶液中的电流会引起质量迁移,一般还伴随化学反应.

(3) 半导体材料中的载流子是电子和空穴.半导体材料中的载流子是电子(导带中)和带正电的空穴(满带中),电子或空穴在电场作用下运动而形成半导体中的电流.半导体中载流子的浓度和定向运动与作用电场的强度与频率、温度、光照等因素密切相关.

(4) 导电气体中的载流子是电子和正负离子.通常,气体中没有可以自由移动的电荷,故气体没有导电性,是良好的绝缘体.但是,紫外线、X 射线、宇宙射线以及火焰等所谓电离剂会使气体分子电离，产生电子和正、负离子，从而使气体具有导电性.

2. **真空中的电流**

(1) 热电子发射

真空中没有自由电荷，故在一般情况下真空中不会有电流.金属内部的自由电子可以在金属内部自由运动，由于金属表面存在一个相对电子动能大得多的势垒，因此它们很难进入真空.不过随着金属温度的升高，动能大的电子的数目增多，当金属达到灼热时，动能大的电子会很多，当动能高于金属表面的逸出功时，就会有大量电子从金属中逸出，这就是热电子发射，如图 3-2 所示.真空二极管中的电流就是由阴极发出的热电子形成的.

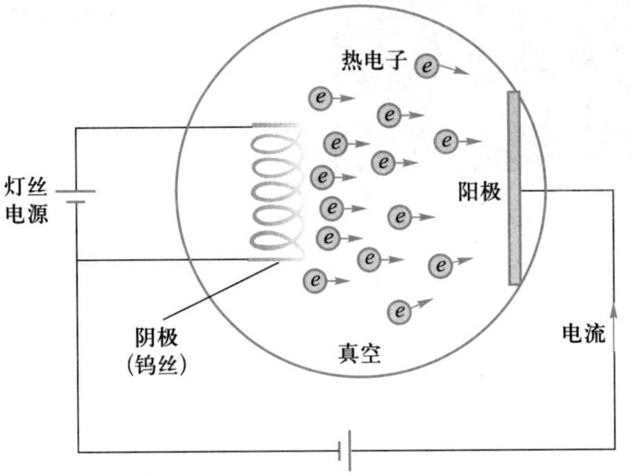

图 3-2 热电子发射形成电流

(2) 隧道电流

微观粒子由于具有波粒二象性，因而具有贯穿势垒的隧道效应，即使金属的温度不高，电子仍有一定的概率贯穿势垒进入真空，从而可在特定的条件下使真空中形成微弱的隧道电流.

1981 年，IBM 苏黎世实验室的宾尼希(G.K.Binnig，1947—)和罗雷尔(J.H.Rohrer，1933—2013)成功地研制出了一种新型的表面分析仪器——扫描隧穿显微镜(简称 STM).扫描隧穿显微镜有一个针尖在表面上扫描，样品表面就是原子，针尖和样品之间的距离小于 1 nm 时，就会有隧道电流，这个隧道电流对针尖和样品之间的距离非常敏感，如果我们要保持隧道电流恒定不变，就意味着要控制针尖和样品之间的距离不变，即针尖就随着样品表面的形貌起伏而起伏，若把针尖高低运动的轨迹记录下来，就可得到表面原子的形貌，如图 3-3 所示.利用 STM 还可以操纵并搬运原子，在针尖上加一个很微弱的电流，这个电流产生一个电场，当两个物体非常接近的时候，会有排斥力，但两者距离小到一定程度时它又会有吸引力，在吸引力的范围内(一般在几埃)把针尖提上来，原子就跟着上来了，然后把原子搬运到别处放下，这个方法可操纵吸附在表面的原子和分子.

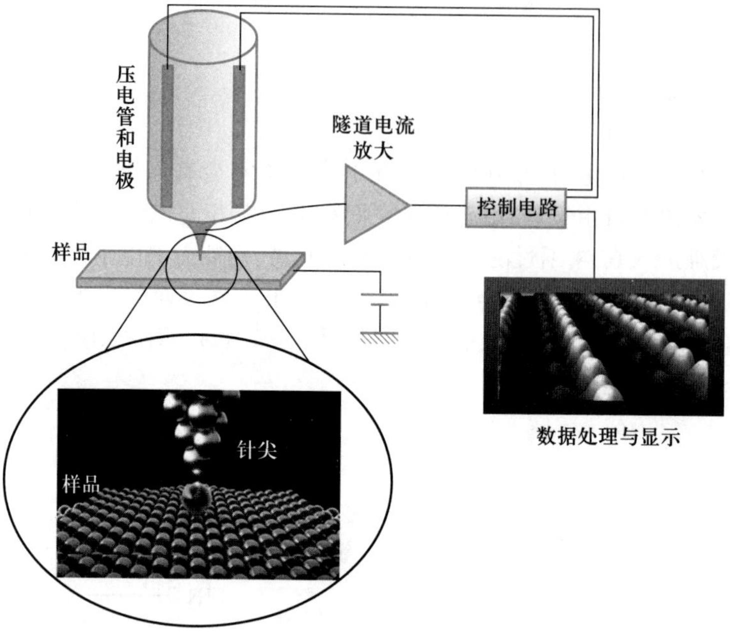

图 3-3 扫描隧穿显微镜原理示意图

3-1-2 电流与电流密度

1. 电流

电荷的定向运动形成电流，电流即单位时间内通过导体横截面的电荷量.设在时间间隔 dt 内通过某一根导体截面的电荷量为 dQ，则电流定义为

$$I=\frac{\mathrm{d}Q}{\mathrm{d}t} \tag{3-1}$$

电流的单位为 $\mathrm{C\cdot s^{-1}}$（库仑每秒），称为安培，符号为 A.2018 年 11 月 16 日，第 26 届国际计量大会通过“修订国际单位制”决议，正式更新包括电流单位“安培”在内的 4 个基本单位定义，当元电荷 e 以单位 C 表示时，将其固定数值取为 $1.602\ 176\ 634\times10^{-19}$来定义安培.这个新国际单位制于 2019 年 5 月 20 日（世界计量日）起正式生效.电流常用单位还有 mA（10^{-3} A，毫安）和 μA（10^{-6} A，微安）.

电流的方向规定为带正电的载流子的定向运动方向.

2. 电流密度

为了更加“精细”地描述电流在导体中某一截面的分布情况，我们引入电流密度的概念.

考虑导体中某一给定点 P，在该点沿电流方向作一单位矢量 $\boldsymbol{e}_{n_0}$，并取一面元 ΔS_0 与 $\boldsymbol{e}_{n_0}$ 垂直，如图 3-4 所示，设通过 ΔS_0 的电流为 ΔI，则定义点 P 处电流密度为

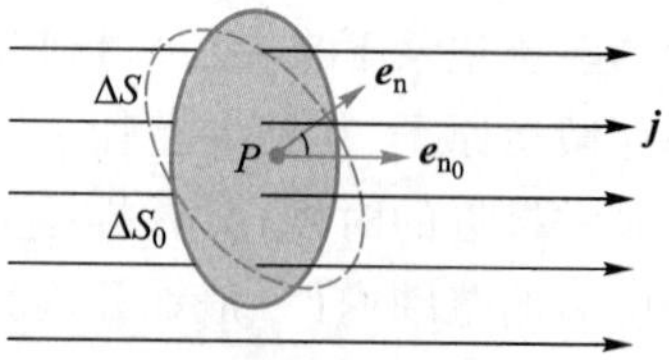

图 3-4 电流密度的定义

$$\boldsymbol{j}=\frac{\Delta I}{\Delta S_0}\boldsymbol{e}_{n_0} \tag{3-2}$$

由式(3-2)可知,电流密度的单位为 $A\cdot m^{-2}$(安培每平方米).电流密度是一个矢量,它的方向表示导体中某点电流的方向,数值等于通过垂直于该点电流方向的单位面积的电流.

设 n 为单位体积导体中的自由电子数量,$\boldsymbol{v}$ 是载流子的定向漂移的平均速度,则导体中的电流密度为

$$\boldsymbol{j}=\frac{\mathrm{d}Q\cdot\boldsymbol{e}_{n_0}}{\mathrm{d}t\cdot\mathrm{d}S}=\frac{ne\mathrm{d}S\mathrm{d}\boldsymbol{l}}{\mathrm{d}t\cdot\mathrm{d}S}=ne\frac{\mathrm{d}\boldsymbol{l}}{\mathrm{d}t}=ne\boldsymbol{v} \tag{3-3}$$

载流子在导线中的漂移速度都比较小,如 $I=5$ A 的电流通过横截面积 $S=0.5\ \mathrm{mm}^2$ 的铜导线(载流子为自由电子),单位体积中的自由电子数量为 $n=8.5\times10^{28}\ \mathrm{m}^{-3}$,则电子的漂移速度为

$$v=\frac{I}{neS}=\frac{5}{8.5\times10^{28}\times1.6\times10^{-19}\times0.5\times10^{-6}}\ \mathrm{m/s}=7.35\times10^{-4}\ \mathrm{m/s}$$

即电子在金属中的漂移速度是非常小的.而对于半导体,载流子的数密度更小,例如取 $n=10^{19}\ \mathrm{m}^{-3}$,则半导体中载流子的漂移速度可达到 10^5 m/s.

电流密度是空间位置的矢量函数,它细致地描述了导体中的电流分布,称为电流场,如图 3-5 所示.为形象地描述电流场,对电流场可以引入"电流线"的概念,电流线即电流所在空间的一组曲线,其上任一点的切线方向和该点的电流密度方向一致.一束这样的电流线围成的管状区域则称为电流管.已知导体中的电流密度,可以求得通过该点任一曲面 S 的电流:

$$I=\int_S\boldsymbol{j}\cdot\mathrm{d}\boldsymbol{S} \tag{3-4}$$

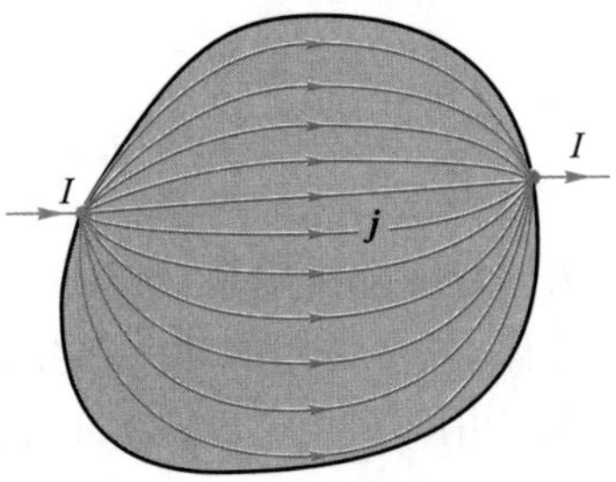

图 3-5 两个电极之间的电流场分布

【例 3-1】 电荷量 Q 均匀地分布在半径为 R 的球体内,这球以均匀角速度 ω 绕它的一个固定直径旋转,如例 3-1 图 1 所示.求:(1) 球内离转轴为 r 处的电流密度 j;(2) 总电流.

【解】 (1) 在包括转轴的一个固定平面内,离转轴为 r 处,设想一个面积元 ΔS.该面积元绕转轴转动划出一个体积为 $2\pi r\Delta S$ 的环带,该环带的电荷量为

$$\Delta Q=\rho\cdot2\pi r\Delta S=\frac{3Q}{4\pi R^3}2\pi r\Delta S$$

因此电流为

$$I=\frac{\Delta Q}{T}=\frac{3Q\omega}{8\pi^2R^3}2\pi r\Delta S=\frac{3r\omega Q\Delta S}{4\pi R^3}$$

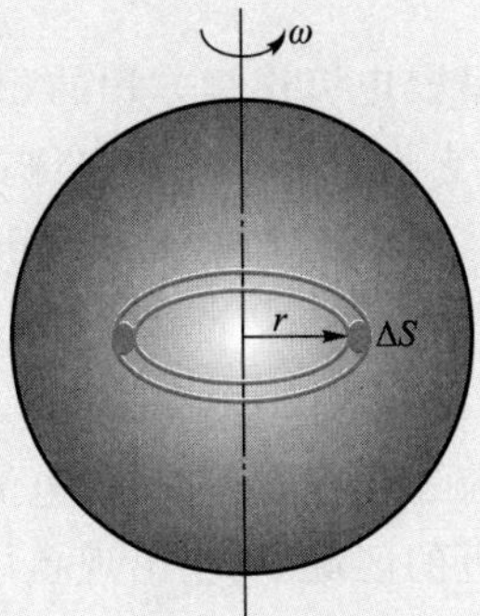

例 3-1 图 1

离轴线 r 处的电流密度为

$$\boldsymbol{j}=\frac{3Q}{4\pi R^3}\boldsymbol{\omega}\times\boldsymbol{r}=\rho\boldsymbol{v}$$

（2）整个球转动时，总电流为右半球（或左半球）流过的电流，如例题 3-1 图 2 所示. 总电流为电流密度对圆面的积分，即

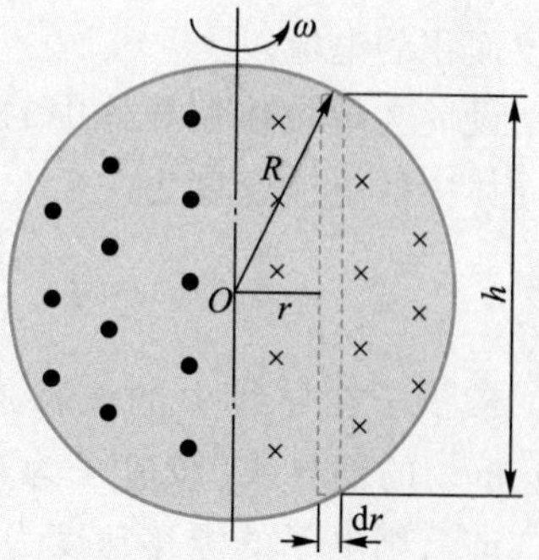

例 3-1 图 2

$$I=\int j\mathrm{d}S=\int_0^R\frac{3Q\omega}{4\pi R^3}rh\mathrm{d}r=\int_0^R\frac{3Q\omega}{4\pi R^3}r2\sqrt{R^2-r^2}\,\mathrm{d}r$$

$$=\frac{3Q\omega}{4\pi R^3}\int_0^R\sqrt{R^2-r^2}\,\mathrm{d}r^2$$

$$=-\frac{3Q\omega}{4\pi R^3}\cdot\frac{2}{3}(R^2-r^2)^{3/2}\Big|_0^R$$

$$=\frac{Q\omega}{2\pi}$$

也可以直接用电流的定义求，即总电流为一个周期内通过圆面的总电荷量：

$$I=\frac{Q}{T}=\frac{Q\omega}{2\pi}$$

3-1-3 电流连续性方程

按照电荷守恒定律，电荷的代数和保持不变，电荷只能由一个物体转移到另一个物体，或由物体的某一部分转移到其他部分. 因此，如果在导体内任取一闭合曲面 S，所围区域为 V，则某段时间内流出曲面 S 的电荷量应当等于同一段时间内区域 V 中电荷量的减少. 若在 S 面上规定面积元矢量 $\mathrm{d}\boldsymbol{S}$ 指向外法线方向为正方向，则

$$\oint_S\boldsymbol{j}\cdot\mathrm{d}\boldsymbol{S}=-\frac{\mathrm{d}}{\mathrm{d}t}\int_V\rho_e\mathrm{d}V \tag{3-5}$$

这就是电流连续方程的积分形式，它反映电流分布和电荷分布之间存在的普遍关系，它实际上是电荷守恒定律的数学表示.

电流连续方程的微分形式为

$$\nabla\cdot\boldsymbol{j}+\frac{\partial\rho_e}{\partial t}=0 \tag{3-6}$$

电流连续性方程表明，电流线只能起、止于电荷随时间变化的地方. 在电流线的起点附近的区域中，会出现负电荷的不断积聚，即电荷密度不断减小；而在电流线的终点的附近的区域中，会出现正电荷的不断积聚，即电荷密度不断增加. 对于电荷密度不随时间变化的地方，电流线既无起点又无终点，即电流线不可能中断，如图 3-6 所示.

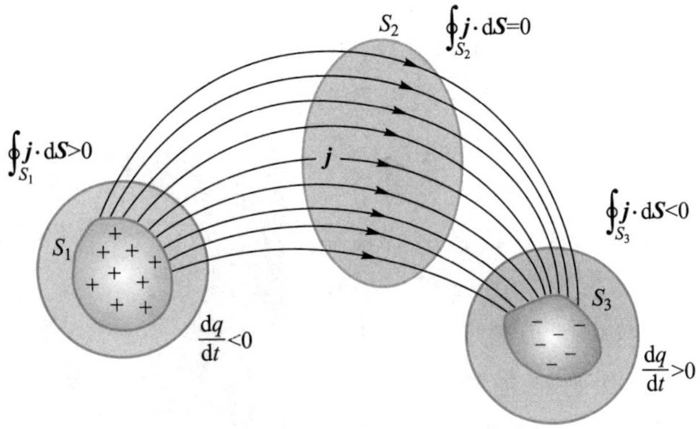

图 3-6 电流连续性的示意图

3-1-4 恒定条件

由于恒定电流的电流密度不随时间变化,如果存在电流线发出或汇聚的地方,那么这些地方电荷的增加或减少的过程就将持续进行下去,这必将导致这些地方正电荷或负电荷的大量积聚,从而形成越来越强的电场,电场将阻碍电荷的继续积聚,电流也将随之消失.依据式(3-6),对于真正的恒定电流,必须不存在这种电荷不断积聚的地方,亦即 $\boldsymbol{j}$ 对任何封闭曲面的通量必须等于零,即

$$\oint_S \boldsymbol{j}\cdot d\boldsymbol{S}=0 \tag{3-7}$$

这就是恒定条件的积分形式.即任何时刻进入封闭曲面的电流线的条数与穿出该封闭曲面的电流线条数相等,在电流场中既找不到电流线发出的地方,也找不到电流线汇聚的地方,恒定电流的电流线只可能是无头无尾的闭合曲线.这是恒定电流的一个重要特性,称为恒定电流的闭合性.

式(3-7)的微分形式为

$$\nabla\cdot\boldsymbol{j}=0 \tag{3-8}$$

即电荷的分布不因电流的存在而随时间变化,由它产生的电场亦不随时间变化,这种电场称为恒定电场,它是一种静态电场.恒定电场与静电场有相同的性质,服从相同的场方程式,电势的概念对恒定电场仍然有效.

§ 3-2 欧姆定律

3-2-1 欧姆与欧姆定律

1. 欧姆和欧姆定律的发现

1826 年,德国物理学家欧姆(G.S.Ohm,1787—1854)(图 3-7)通过直接的实验,得出电磁学的基本实验定律之——欧姆定律.欧姆定律不仅是电路的基本规律,还是重要的介质方程之一,意义重大.

当时,库仑定律已问世约40年,伏打电池已诞生20多年,电流磁效应和温差电现象等也已相继发现.但是,由于实验设备和测量仪器都还相当原始,所以尽管欧姆定律形式上很简单,但要发现它,却非易事.1825年5月,欧姆经过几年研究,发表了一篇重要的电学论文《金属传导接触电所遵循的定律的暂时报告》,该论文中介绍了他用实验研究载流导线产生的电磁力与导线长度的关系.同年7月欧姆把各种金属(金、银、锌、黄铜、铁、铂、锡、铅等)制成直径相同的各种导线,实验时调节它们的长度,使每次测量时扭秤的磁针都指在相同位置,从而由导线的相对实验长度确定各种金属的相对电导率.

图3-7 德国物理学家欧姆

1826年4月,欧姆在题为《金属传导接触电所遵循的定律的测定以及关于伏打装置和施威格倍增器的理论提纲》的重要论文中,详细地描绘了他的实验工作,并给出了他总结实验结果得出的电路定律.由于当时的伏打电池输出不稳定,电极又容易极化,很难做好实验,欧姆采用了稳定的温差电偶作电源.1826年4月,欧姆又发表了题为《由伽伐尼电力产生的验电器现象的理论尝试》的论文.在这篇论文中,欧姆得到电路中一段导体的欧姆定律.1827年,欧姆出版了《用数学研究的伽伐尼电路》一书,由此建立了电路的运动学方程,并得出了他一年前通过实验发现的定律.

遗憾的是,欧姆定律建立后,不仅没有立刻获得承认和应有的评价,反而遭到一些学术权势者的反对,使欧姆失去了工作,生活都很困难.但是,欧姆的工作仍然得到了韦伯和高斯等人的赏识.直到19世纪40年代初,人们才认识到欧姆工作的重要意义.1841年英国皇家学会把开普利奖章授予欧姆后,他的学术地位和有关工作才得到公认.

2. 欧姆定律

(1)欧姆定律的微观形式

实验指出,当金属导体中存在宏观电场时,导体中便出现宏观电流.当导体中的电场恒定时,形成的电流也是恒定的,一旦撤除电场,电流亦随之停止.进一步的实验指出,当保持金属的温度恒定时,金属中的电流密度 $\boldsymbol{j}$ 与该处的电场强度 $\boldsymbol{E}$ 成正比,即

$$\boldsymbol{j}=\sigma\boldsymbol{E} \tag{3-9}$$

比例系数 σ 称为金属的电导率.式(3-9)在电场不太强时,且在线性各向同性导体中都是成立的,称为欧姆定律的微分形式,也就是导体导电性的本构方程,它反映了导体内部任一点的电流密度与该点的电场分布和电导率有关.电导率 σ 的倒数称为电阻率,用 ρ 表示,即

$$\rho=\frac{1}{\sigma} \tag{3-10}$$

若导体是均匀的,则导体内各处的电导率都相等,若导体是非均匀的,则电导率是位置的函数.

在更加一般的情况下,电导率 σ 本身也可以是电场强度 $\boldsymbol{E}$ 的函数,即

$$\boldsymbol{j}=\sigma(\boldsymbol{E})\boldsymbol{E} \tag{3-11}$$

这时电流密度就不再与电场强度成线性关系了.

在 SI 中,电导率的单位是 $\Omega^{-1}\cdot m^{-1}$; 电阻率的单位是 $\Omega\cdot m$,这里 Ω 是电阻的单位,称为欧姆.

欧姆定律的微分形式对频率不是非常高的非恒定电流亦适用.

(2) 欧姆定律的宏观形式

恒定电流的闭合性要求通过同一导体各个横截面的电流相等.即流过一段粗细均匀、材料均匀的导线,如图 3-8 所示,导线的截面积为 S,电导率为 σ.显然,导线的每一横截面都是等势面,相距为 l 的两个横截面间的电势差为

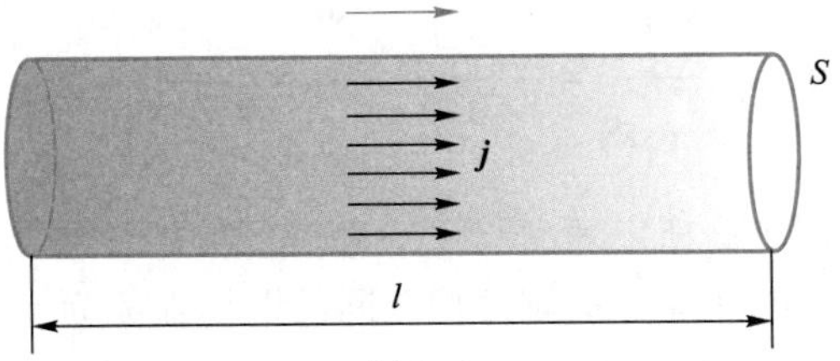

图 3-8

$$U=\int \boldsymbol{E}\cdot \mathrm{d}\boldsymbol{l}=\int \frac{\boldsymbol{j}}{\sigma}\cdot \mathrm{d}\boldsymbol{l}=I\int \frac{\rho \mathrm{d}l}{S} \tag{3-12}$$

设

$$R=\int \frac{\rho \mathrm{d}l}{S} \tag{3-13}$$

R 即为所考察的两等势面间导体的电阻,它与导体材料的性质、几何形状等因素有关,则

$$I=\frac{U}{R} \tag{3-14}$$

这就是一段导体的欧姆定律.

实际上即使同一导体,当电流流动的方式不同时,对应的电阻也不同.如圆筒形导体,电流沿筒的轴向流动时的电阻与电流沿筒的径向流动时的电阻就完全不同.尽管电阻与导体形状及电流流动方式有关,但电阻率却与这些因素无关,电阻率仅由材料性质决定.表 3-1 给出了几种材料的电阻率.

表 3-1 几种材料的电阻率

材料	电阻率/(Ω·m)	材料	电阻率/(Ω·m)
铜	1.67×10^{-8}	锗	0.64
铁	9.71×10^{-8}	石墨	1.4×10^{-5}

续表

材料	电阻率/(Ω·m)	材料	电阻率/(Ω·m)
镍	9.71×10^{-8}	玻璃	$10^{10}\sim10^{14}$
锡	1.59×10^{-8}	石英	1×10^{13}
钨	5.51×10^{-8}	食盐饱和溶液	4.4×10^{-2}
汞	9.58×10^{-8}	硫	2×10^{19}
镍铬合金	100×10^{-8}	木材	$10^{8}\sim10^{11}$

【例 3-2】 求半径为 a,b 的同心球形导体之间的电阻,设导体之间充满电导率为 σ 的导电介质.

【解】 解法Ⅰ:设内球带正电荷量 q,根据电阻的定义,有

$$R=\frac{\int \boldsymbol{E}\cdot \mathrm{d}\boldsymbol{l}}{\sigma\int_S \boldsymbol{E}\cdot \mathrm{d}\boldsymbol{S}}=\frac{\frac{q}{4\pi\varepsilon_0}\int_a^b \frac{1}{r^2}\mathrm{d}r}{\sigma q/\varepsilon_0}=\frac{1}{4\pi\sigma}\left(\frac{1}{a}-\frac{1}{b}\right)$$

式中分母计算时利用了高斯定理.

解法Ⅱ:设内球带电荷量 q,则两球之间的电场强度为

$$\boldsymbol{E}=\frac{q}{4\pi\varepsilon_0 r^2}\boldsymbol{e}_r$$

从内球流向外球的电流密度为

$$\boldsymbol{j}=\sigma\boldsymbol{E}=\frac{\sigma q}{4\pi\varepsilon_0 r^2}\boldsymbol{e}_r$$

从内球流到外球的总电流为

$$I=\sum \boldsymbol{j}\cdot\Delta\boldsymbol{S}=\frac{\sigma q}{4\pi\varepsilon_0 r^2}4\pi r^2=\frac{\sigma q}{\varepsilon_0}$$

把该式中 q 解出,代入到电场中,得到

$$\boldsymbol{E}=\frac{I}{4\pi\sigma r^2}\boldsymbol{e}_r$$

两球面之间的电势差为

$$\Delta U=\int_a^b \boldsymbol{E}\cdot\mathrm{d}\boldsymbol{l}=\frac{I}{4\pi\sigma}\left(\frac{1}{a}-\frac{1}{b}\right)$$

根据宏观欧姆定律,得

$$R=\frac{\Delta U}{I}=\frac{1}{4\pi\sigma}\left(\frac{1}{a}-\frac{1}{b}\right)$$

与解法Ⅰ的结果相同.

【例 3-3】 一无限大平面金属薄膜，厚度为 a，电阻率为 ρ，电流 I 自点 O 注入，自点 O'流出，OO'之间的距离为 d，在 OO'的连线上有 A、B 两点，A 距 O 距离为 r_1，B 距 O'点距离为 r_2，如例 3-3 图 1 所示，求 AB 之间的电阻.

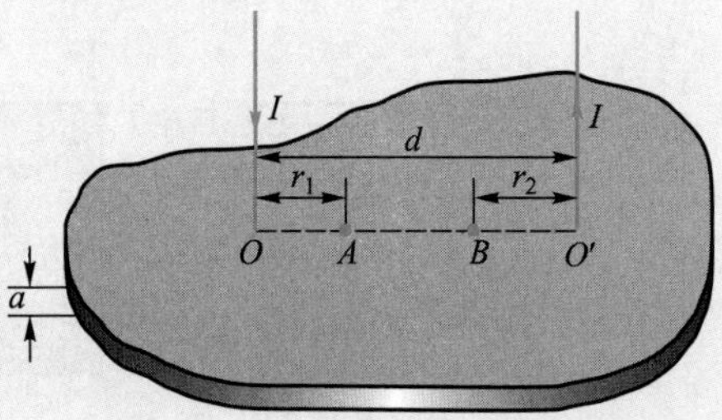

例 3-3 图 1

【解】 应用叠加原理，只考虑电流从点 O 流入；则薄膜空间的电流在以 O 为圆心，r 为半径的圆柱侧面上均匀分布，如例 3-3 图 2(a)所示，电流密度为

$$j=\frac{I}{2\pi ra}$$

根据欧姆定律微分形式，有 $E=\dfrac{\rho I}{2\pi ra}$，$A$、$B$ 两点的电势差为

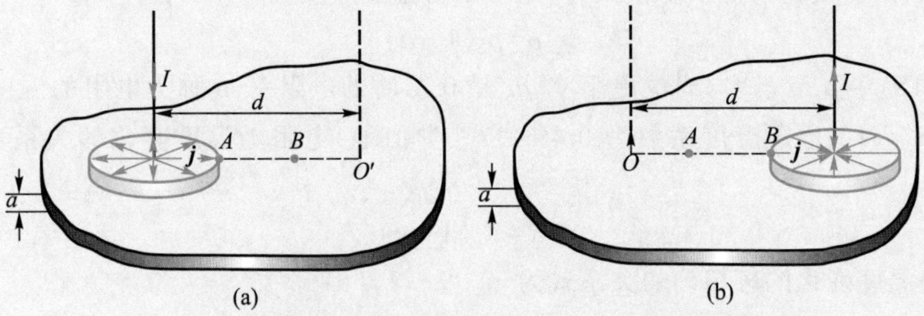

例 3-3 图 2

$$U'_{AB}=\int_{r_1}^{d-r_2}\frac{\rho I}{2\pi ra}\mathrm{d}r=\frac{\rho I}{2\pi a}\ln\frac{d-r_2}{r_1}$$

同理，只考虑 O'流出电流 I，在以 O'为中心，半径为 r 的圆柱面上电流密度处处相等，如例 3-3 图 2(b)所示，所以 A、B 两点的电势差为

$$U''_{AB}=\int_{r_2}^{d-r_1}\boldsymbol{E}\cdot\mathrm{d}\boldsymbol{r}=\int_{r_2}^{d-r_1}\frac{\rho I}{2\pi ra}\mathrm{d}r=\frac{\rho I}{2\pi a}\ln\frac{d-r_1}{r_2}$$

以上两种情况叠加，得到 A、B 两点的总电势差为

$$U_{AB}=U'_{AB}+U''_{AB}=\frac{\rho I}{2\pi a}\ln\frac{(d-r_1)(d-r_2)}{r_1r_2}$$

根据欧姆定律，求得 A 和 B 之间的电阻为

$$R=\frac{U_{AB}}{I}=\frac{\rho}{2\pi a}\ln\frac{(d-r_1)(d-r_2)}{r_1r_2}$$

该题结果说明，材料中两点之间的电阻不仅与这两点位置有关，还与电流在材料中的流动方式有关，同一个材料(见例 3-3 图 3)，不同的电流流动方式，对相同的两点之间的电阻亦不相同.

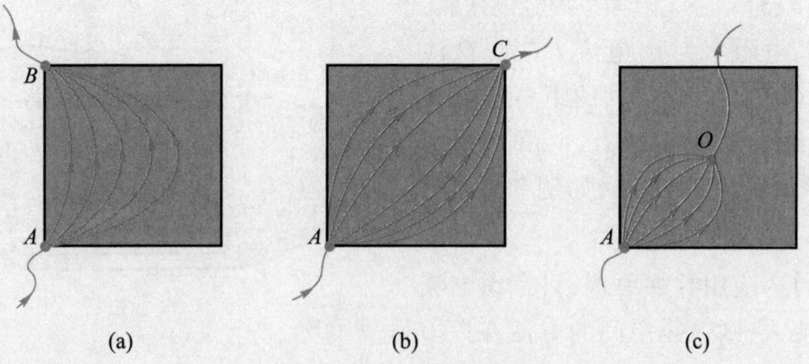

例 3-3 图 3

3. 电阻率与温度的关系

材料的电阻率与温度有关.实验测量表明,纯金属的电阻率随温度的变化较有规律,当温度变化的范围不很大时,电阻率与温度成线性关系,即

$$\rho=\rho_0(1+\alpha t) \tag{3-15}$$

式(3-15)中 ρ 是 t(℃)时的电阻率,ρ_0 是 0 ℃时的电阻率,α 称为电阻的温度系数.大部分金属的电阻温度系数为 0.4% ℃$^{-1}$.类似地,电阻随温度变化的关系可以表示为

$$R=R_0(1+\alpha t) \tag{3-16}$$

电阻随温度变化的较精确的关系式为

$$R=R_0(1+0.003\ 985\ t-0.000\ 000\ 586\ t^2) \tag{3-17}$$

上面两式中,R 是 t(℃)时导体的电阻,R_0 是 0 ℃时导体的电阻.

大多数绝缘材料和半导体具有负的电阻温度系数,也就是电阻率随温度的升高而减少,并且电阻率随温度的变化比金属的更大.

3-2-2 电阻的连接

当几个电阻串联时,如图 3-9 所示,由于流过各电阻的电流都相同,而总电压是各电阻电压的代数和,即

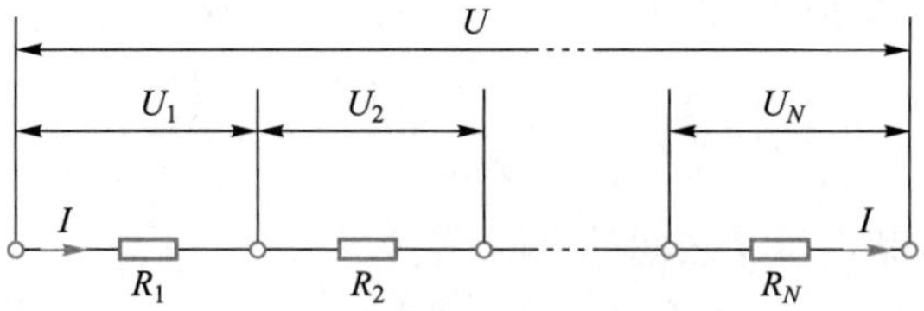

图 3-9 电阻的串联

$$U=U_1+U_2+\cdots+U_N=IR_1+IR_2+\cdots+IR_N$$

因为 $U=IR$,所以得到

$$R=R_1+R_2+\cdots+R_N \tag{3-18}$$

当几个电阻并联时，如图 3-10 所示，由于各电阻的电压相同，而总电流为流过各电阻电流的代数和，即

$$I=I_1+I_2+\cdots+I_N=\frac{U}{R_1}+\frac{U}{R_2}+\cdots+\frac{U}{R_N}$$

因为 $I=U/R$，所以得到

$$\frac{1}{R}=\frac{1}{R_1}+\frac{1}{R_2}+\cdots+\frac{1}{R_N} \qquad (3-19)$$

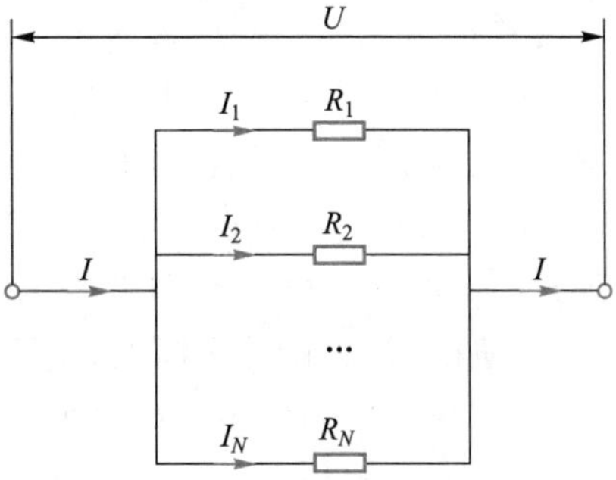

图 3-10 电阻的并联

对多个电阻组成的无源电阻网络，通常情况下，采用串联和并联很难直接求得等效电阻，需要根据电阻网络本身的对称性来求得等效电阻. 对称性网络还有一个重要的特性，往往网络上有一些对称的等势点，这些点之间没有电流，去掉和接上这些点之间的电阻，对整个网络没有影响.

【例 3-4】 一个由 12 根电阻均为 R_r 组成的立方体电阻网路，如例 3-4 图(a)所示，求对角线两个顶点 A 和 B 之间的等效电阻.

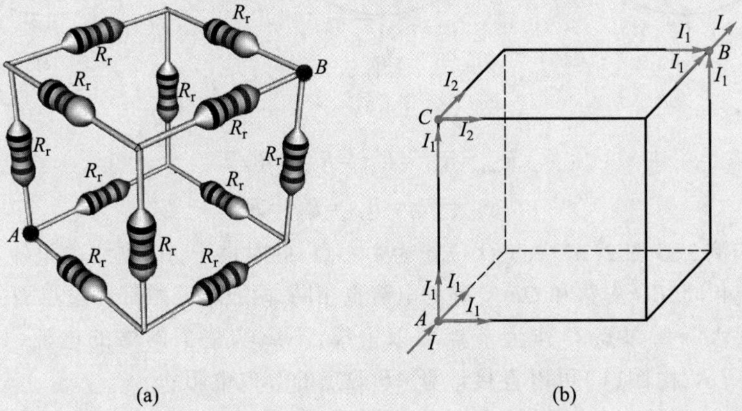

例 3-4 图

【解】 设在点 A 注入一个电流 I，在点 B 取出一个电流 I，如例 3-4 图(b)所示，根据电路的对称性，有 $I_1=I/3$，$I_2=I_1/2=I/6$，所以 AB 两点之间的电势差为

$$U_{AB}=I_1R_r+I_2R_r+I_1R_r=2IR_r/3+IR_r/6=5IR_r/6$$

设 AB 之间的等效电阻为 R_{AB}，则 $U_{AB}=IR_{AB}$，最终得到

$$R_{AB}=\frac{5}{6}R_r$$

可见利用电流注入法计算对称网络的等效电阻特别方便.

【例 3-5】 3 根完全相同的金属电阻丝弯成 3 只完全相同的金属圈，正交地焊接成如例 3-5 图 1 所示的球状，若每只金属圈的电阻为 $4R_r$，求 AB 两点之间的等效电阻.

【解】 3 只金属圈可视为 12 个电阻，每个电阻值为 R_r，从点 A 输入一个电流 I，点 B 输出一个电流 I，根据电阻网络的对称性，点 C 和点 D 相对 A 和 B 两点是等势点，即 C 和 D 两点没有电势差，如例 3-5 图 2(a)所示，故可以把点 C 和点 D 直接接通[或把整个球压缩在 AB 所在的平面上，压缩过程中，所有经线电阻并联，例如 BC 和 BD 两个电阻并联，压缩后等效电路图如例 3-5 图 2(b)所示].此时，共有 8 个电阻分别为

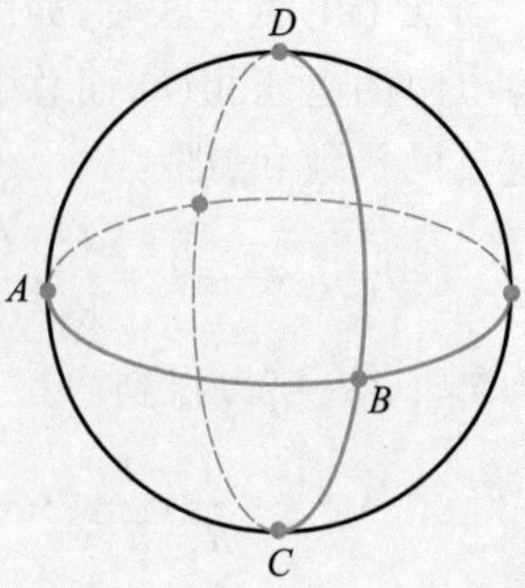

例 3-5 图 1

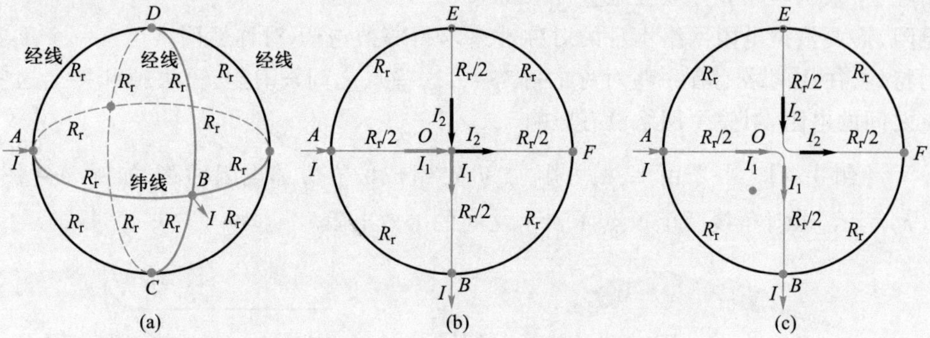

例 3-5 图 2

$$R_{AO}=R_{BO}=R_{EO}=R_{FO}=R_r/2$$
$$R_{AE}=R_{EF}=R_{FB}=R_{BA}=R_r$$

由于例 3-5 图 2(b)中点 O 位置为中心点，此时由于 AO 支路的电流和 OB 支路的电流相同，EO 支路和 OF 支路的电流也相同，两股电流虽都经过点 O，但是“井水不犯河水”，所以点 O 作为节点可以去掉，不影响整个网络的电流，如例 3-5 图 2(c)所示，由图(c)可以直接计算 AB 两点的等效电阻：

$$R_{AB}=\left(\frac{1}{2}R_r\cdot\frac{5}{2}R_r\right)\Big/\left(\frac{1}{2}R_r+\frac{5}{2}R_r\right)=\frac{5}{12}R_r$$

3-2-3 电流的功和功率

电流通过导体时，正电荷从高电势处向低电势处运动，在这过程中，电场对电荷做功.电场做的功为

$$\mathrm{d}A=\boldsymbol{F}\cdot\mathrm{d}\boldsymbol{l}=Nq\boldsymbol{E}\cdot\mathrm{d}\boldsymbol{l}=Nq\boldsymbol{E}\cdot\boldsymbol{v}\mathrm{d}t$$

N 为一段长为 Δl，截面积为 S 的导线内的自由电荷数目，$\boldsymbol{v}$ 为电荷定向运动速度，那么单位体积内的自由电荷数目 $n=N/S\Delta l$，单位时间所做的功即电流的功率为

$$P=\frac{\mathrm{d}A}{\mathrm{d}t}=Nq\boldsymbol{v}\cdot\boldsymbol{E}=(nqvS)(\boldsymbol{E}\cdot\Delta\boldsymbol{l})=IU \tag{3-20}$$

根据欧姆定律，上式可改写成

$$P=I^2R=U^2/R \tag{3-21}$$

电场做的功将转化成其他形式的能量.电场做的功为

$$\Delta A = I^2 R \Delta t \tag{3-22}$$

电流通过导体时,由于自由电子不断与分子或晶格碰撞,电能将以发热的形式释放出来,即

$$Q = \Delta A = I^2 R \Delta t$$

这就是熟知的焦耳定律.这一结论只对纯电阻 R 的情况成立,如果用电器不是纯电阻,则无焦耳热功率可言,但电功率仍有意义.

单位体积的导体内的电功率称为电功率密度.若用 p 表示电功率密度,则由欧姆定律的微分形式,可得

$$p = \frac{P}{\Delta V} = \frac{I}{S} \cdot \frac{U}{\Delta l} = j \cdot E = \frac{j^2}{\sigma} \tag{3-23}$$

这就是焦耳定律的微分形式.

3-2-4 不同导体分界面电流的关系

利用第二章学过的电介质存在时的高斯定理,把它应用到两个电介质的交界面上,可以得到电介质分界面两边的电位移矢量 $\boldsymbol{D}$ 满足

$$(D_{2n} - D_{1n}) = \sigma_0 \tag{3-24}$$

这里 σ_0 是分界面的自由电荷面密度.根据电位移矢量与电场强度的关系,式(3-24)可以改写为

$$(\varepsilon_0 \varepsilon_{r2} E_{2n} - \varepsilon_0 \varepsilon_{r1} E_{1n}) = \sigma_0$$

当电流从一个导体进入另一个导体时,可以近似认为在导体中 $\varepsilon_{r1} \approx 1$ 和 $\varepsilon_{r2} \approx 1$.因此在两个导体上分别使用欧姆定律的微分形式,上式改写为

$$\sigma_0 = \varepsilon_0 \left(\frac{j_{2n}}{\sigma_2} - \frac{j_{1n}}{\sigma_1} \right) = \varepsilon_0 (\rho_2 j_{2n} - \rho_1 j_{1n})$$

这就是不同界面的电流密度的关系.如果导体的分界面如图 3-11 所示,即两边的电流相同,导体的横截面积也相同,则

$$Q_0 = \sigma_0 S = \varepsilon_0 (\rho_2 I_2 - \rho_1 I_1) = \varepsilon_0 I (\rho_2 - \rho_1) \tag{3-25}$$

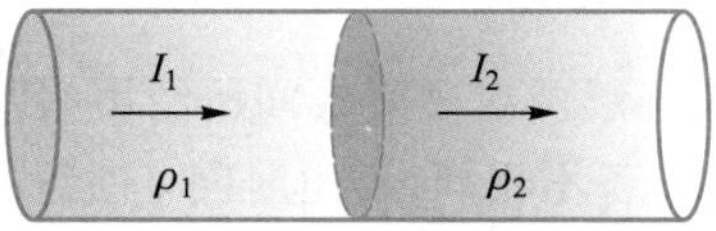

图 3-11 两个导体分界面的电流

即在两种导体的分界面上将出现自由电荷的积累,但这个积累的电荷量很小.我们可以估算 1 A 的电流流过一根导线,导线的一段是铜,一段是铁,两部分以相同的截面积焊接起来,则在两种材料的分界面上积累的电荷数为

$$Q_0 = \varepsilon_0 I (\rho_2 - \rho_1) \approx 5 \times 10^{-18} \text{ C}$$

可见积累的电荷量只有若干个电子电荷量绝对值,这个奇怪的现象说明经典电磁学不能很好地描述微观现象,只有用量子力学才能给出合理的解释.重要的是,由于这个值是不随时间变化的定值,因此这个电荷积累将不会影响恒定电流的连续性.

3-2-5 金属导电的德鲁特模型

1900 年德鲁特(P.K.Drude,1863—1906)提出了关于金属导电的微观解释,对

理解金属导电的微观机制起到了一定的作用.金属可以简单地看成是位于晶体晶格上带正电的原子实与自由电子的集合.原子实虽然被固定在晶格上,但可以在各自的平衡位置附近作微小的振动.德鲁特假设金属中的自由电子是原子弱束缚的价电子,当原子在金属中规则排列时,自由电子则在晶格间做激烈的不规则的自由运动,在没有外场或其他因素(如温度梯度、电子数密度梯度),不规则的运动一般并不形成宏观电流,但存在随机涨落,如图 3-12(b)所示.

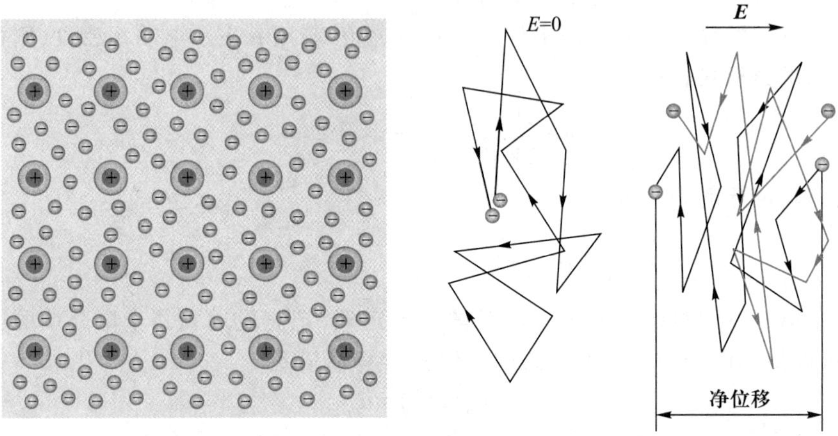

(a) 自由电子在导体中的运动　(b) 无电场时的随机碰撞运动　(c) 有电场时的定向运动

图 3-12

当存在外电场时,自由电子将获得一加速度,由于与晶格的碰撞,电子会改变速率和方向,如图 3-12(c)所示.设在 $t=0$ 的时刻正好发生一次碰撞,碰撞后的速度大小为 v_0,则在下一次碰撞前,载流子的位移大小为

$$s=v_0t+\frac{1}{2}at^2=v_0t+\frac{1}{2}\frac{q}{m}Et^2$$

t 是连续两次碰撞之间所经历的时间即自由时间.不同的电子,在碰撞后所具有的速率 v_0 各不相同,自由时间 t 也各不相同.对大量的电子求平均,有

$$\langle s\rangle=\frac{1}{2}\left(\frac{q}{m}\right)E\langle t^2\rangle$$

由于 t 和 v_0 都是完全随机的,因而 v_0t 的平均值为零.电子的定向运动平均速率为

$$u=\left\langle\frac{s}{\tau}\right\rangle$$

对不同的载流子,自由时间 t 是不同的,由分子动理论可知,设单位体积的载流子为 n 个,自由时间为 t 到 $t+\mathrm{d}t$ 间隔内的粒子数与 $\mathrm{e}^{-t/\tau}\mathrm{d}t$ 成正比,平均值为

$$\langle t^2\rangle=2\tau^2$$

所以导体中的电流密度为

$$\boldsymbol{j}=nq\boldsymbol{u}=n\frac{q^2}{m}\tau\boldsymbol{E} \tag{3-26}$$

这就是欧姆定律的微分形式,对应的电导率 σ 为

$$\sigma = n\frac{q^2}{m}\tau \tag{3-27}$$

这就是德鲁特关于欧姆定律的经典电子论解释，如果 σ 与 $\boldsymbol{E}$ 无关，这个解释是成功的.实际上，在电场较弱时，n、q、m 近似与电场 $\boldsymbol{E}$ 无关，τ 是否也与 $\boldsymbol{E}$ 无关呢？τ 可能与电子平均速率有关，但电场 $\boldsymbol{E}$ 主要影响电子的漂移速度，电子的漂移速度仅在 10^{-4} m/s 数量级，而电子的平均速率 u 可达 10^6 m/s，可见电场 $\boldsymbol{E}$ 对平均速率的影响很小，因此近似认为 τ 与 $\boldsymbol{E}$ 也是无关的，从而由德鲁特模型导出了欧姆定律.

下面分析电导率与温度的关系.由气体分子动理论知道，平均自由时间 τ、平均速率 u 和平均自由程 λ 三者的关系为

$$\lambda = \langle u\rangle \tau$$

由于 λ 与温度无关，而 $\langle u\rangle \propto \sqrt{T}$，代入电导率 σ 表达式，故电导率 σ 与温度的关系为

$$\sigma = n\frac{q^2\lambda}{m\langle u\rangle} \propto \frac{1}{\sqrt{T}} \tag{3-28}$$

这与实验结果不相符，因此德鲁特模型是相当粗糙的，所以经典电子论对金属的导电性的解释在定量方面并不成功，真正的解释需要量子力学.其原因是研究金属中的电子运动不应用牛顿第二定律，而应该采用量子力学的薛定谔方程.

【例 3-6】 假定铜原子有一个自由电子，设铜中电子的平均速率为 10^6 m/s，单位体积的自由电子数为 8.48×10^{28} 个/m^3，求 20 ℃时铜的自由电子的平均自由时间和平均自由程.

【解】 平均自由时间为

$$\tau = \frac{m}{ne^2\rho} = \frac{9.11\times10^{-31}}{8.48\times10^{28}\times(1.6\times10^{-19})^2\times1.673\times10^{-8}}\ \text{s} = 2.51\times10^{-14}\ \text{s}$$

平均自由程为

$$\lambda = \langle u\rangle\tau = 10^6\times2.51\times10^{-14}\ \text{m} \approx 10^{-8}\ \text{m}$$

这个值约为铜中最靠近的相邻原子间距离的 100 倍.

*3-2-6 半导体的导电机制

半导体在现代科学技术的发展中起到重要作用，例如二极管、晶体管和集成电路等，从德鲁特模型可知，电导率是与载流子的浓度成正比，而载流子浓度是控制半导体特性的一个重要因数.

1. 本征半导体的导电机制

最常用的半导体是锗和硅，都是四价元素.将锗或硅材料提纯后形成的完全纯净的、具有晶体结构的半导体就是本征半导体.硅原子有 14 个电子，最外层有 4 个未配对的电子（3 个 3p 电子和 1 个 3s 电子），硅单晶的结构是以正四面体为核心的金刚石结构，见图 3-13(a)，硅单晶中的共价键中的两个电子，称为价电子，见图 3-13(b).价电子在获得一定能量（温度升高或受光照）后，即可挣脱原子核的束缚，成为自由电子（带负电），同时共价键中留下一个空位，称为空穴（带正

电),见图 3-13(c).这一现象称为本征激发.

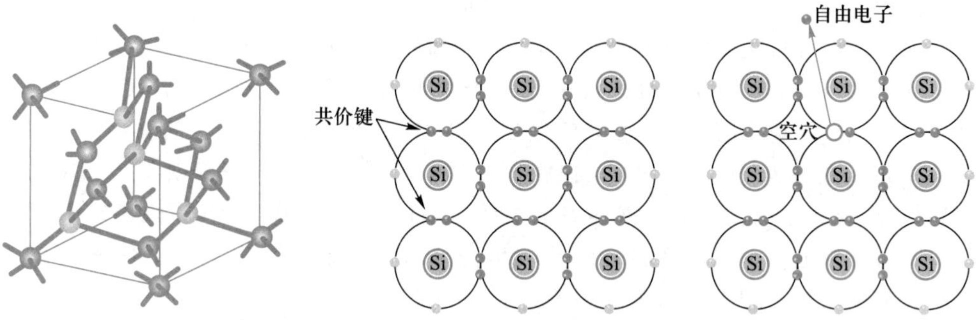

(a) 硅单晶结构　(b) 共价键结构　(c) 本征激发

图 3-13 硅单晶结构和共价键

当半导体两端加上外电压时,在半导体中将出现两部分电流:① 自由电子作定向运动,即电子电流;② 价电子递补空穴,即空穴电流.

自由电子和空穴成对地产生的同时,又不断地复合.在一定温度下,载流子的产生和复合达到动态平衡,半导体中载流子便维持一定的数目.但是本征半导体中载流子数目极少,其导电性能很差.由于温度越高,载流子的数目越多,半导体的导电性能也就越好,所以,温度对半导体器件性能影响很大,利用这种特性可制造热敏电阻等器件.

2. n 型半导体和 p 型半导体的导电机制

当在本征半导体中掺入的杂质为磷或其他五价元素时,磷原子在取代原晶体结构中的原子并构成共价键时,多余的第五个价电子很容易摆脱磷原子核的束缚而成为自由电子,使掺杂后的自由电子数目大量增加,自由电子导电成为这种半导体的主要导电方式,称为电子半导体或 n 型半导体,见图 3-14(a).在 n 型半导体中自由电子是多数载流子,空穴是少数载流子.

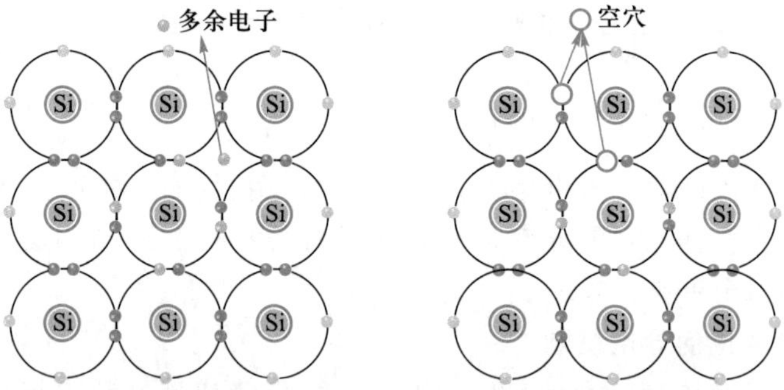

(a) 掺磷后,磷多余电子贡献为自由电子　(b) 掺硼后,硼接收一个电子成为离子,空穴增多

图 3-14 半导体掺杂后形成的 n 型半导体和 p 型半导体

若掺入的杂质为硼或其他三价元素,硼原子在取代原晶体结构中的原子并构成共价键时,将因缺少一个价电子而形成一个空穴,使掺杂后空穴数目大量增

加,空穴导电成为这种半导体的主要导电方式,称为空穴半导体或 p 型半导体,见图 3-14(b).在 p 型半导体中空穴是多数载流子,自由电子是少数载流子.但无论 n 型或 p 型半导体都是电中性的,对外不显电性.

3. pn 二极管导电机制

电路中有许多电子元件都是结型元件,最简单的就是 pn 结二极管,它很容易让载流子沿某一方向流动,但却不能反方向流动.pn 结形成机制主要是载流子的两种运动——扩散运动和漂移运动.① 扩散运动:电中性的半导体中,载流子从浓度高的区域向浓度较低区域的运动.② 漂移运动:在电场作用下,载流子有规则的定向运动.扩散和漂移这一对相反的运动最终达到动态平衡,空间电荷区的厚度固定不变.内电场越强,漂移运动越强,而漂移使空间电荷区变薄.而扩散的结果使空间电荷区变宽.形成的空间电荷区称 pn 结,如图 3-15 所示.

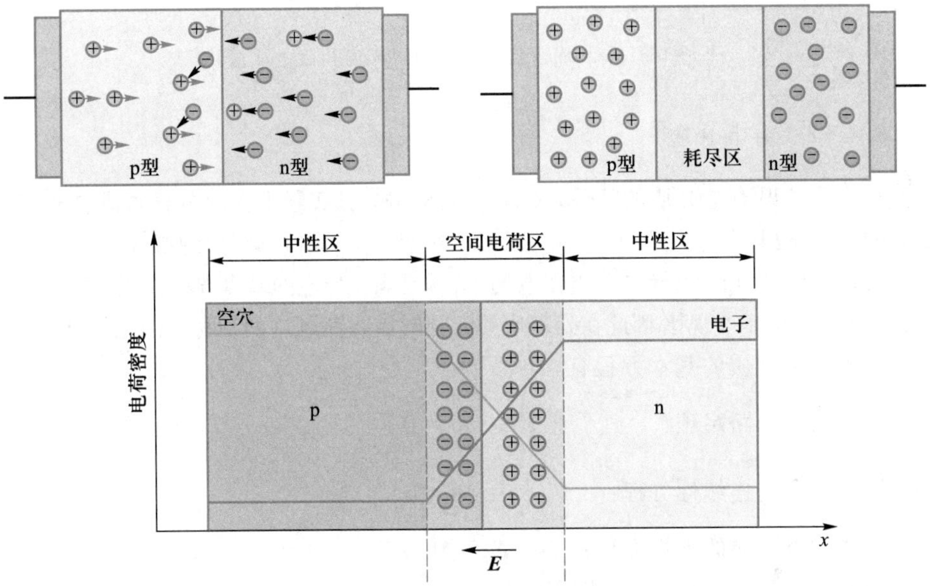

图 3-15　pn 结形成机制示意图

给 pn 结加正向电压(正向偏置)时,即 p 区一端的电势高于 n 区的电势,从而产生一个从左到右的电流,在 p 区,空穴从左到右流动,而在 n 区,电子从右到左流动,因为在结区(耗尽层)很容易发生电子与空穴的结合,相互抵消,使载流子不断流动,形成稳定的电流,pn 结处于导通状态,如图 3-16 右上图所示.

给 pn 结加反向电压(反向偏置)时,即 p 区的电势低于 n 区的电势,p 区的空穴从右到左流动而 n 区的电子从左到右流动,而结区不能不断地产生电子-空穴对来维持这种流动,因此 pn 结处于截止状态,如图 3-16 左下图所示.

总之,二极管加正向电压时,二极管处于正向导通状态,二极管正向电阻较小,正向电流较大.二极管加反向电压时,二极管处于反向截止状态,二极管反向电阻较大,反向电流很小.当外加电压大于反向击穿电压时,二极管被击穿,失去了单向导电性.图 3-16 表示了这两种状态的 $I-U$ 曲线示意图.

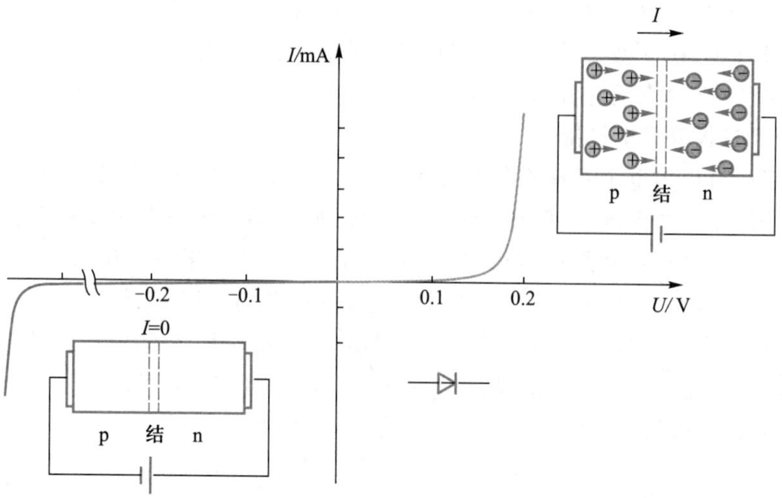

图 3-16 pn 结加正反向偏置使得导通和截止示意图

3-2-7 导电介质

导电介质既有电介质的特性,又具有导体的特性.实际上大部分材料既具有绝缘介质的特性,也具有导电的特性,如大地和一些溶液(如水),此外,绝缘体在一定条件下也会转变成导电材料.导电介质在电场中,既要满足导电的基本方程,即欧姆定律,又要满足电介质的基本规律.因此在处理这类问题时需要兼顾这两种材料的电学特性.

处理导电介质的基本方程有

静电场的环路定理: $\oint_L \boldsymbol{E}\cdot \mathrm{d}\boldsymbol{l}=0$

恒定电流的连续性方程: $\oint_S \boldsymbol{j}\cdot \mathrm{d}\boldsymbol{S}=0$

导体和电介质的本构方程: $\boldsymbol{j}=\sigma\boldsymbol{E}$, $\boldsymbol{D}=\varepsilon\boldsymbol{E}$

当问题涉及界面时,还需使用边值关系:

$$\boldsymbol{e}_{\mathrm{n}}\times(\boldsymbol{E}_1-\boldsymbol{E}_2)=0,\quad \boldsymbol{e}_{\mathrm{n}}\cdot(\boldsymbol{j}_1-\boldsymbol{j}_2)=0 \tag{3-29}$$

式(3-29)中 $\boldsymbol{e}_{\mathrm{n}}$ 为界面的单位法向矢量.

事实上,导电介质中的稳定电场分布还要满足介质中的高斯定理.但是在处理该类问题时,恒定电流的连续性方程可以取代介质中的高斯定理,通过该式就可以求出电流密度 $\boldsymbol{j}$,再使用欧姆定律求出电场分布 $\boldsymbol{E}$,再由电介质本构方程得到 $\boldsymbol{D}$,一旦得到导电介质中的 $\boldsymbol{E}$ 和 $\boldsymbol{D}$,就可以由它们计算载流导电介质中的自由电荷面密度和导电介质界面上的自由电荷面密度.

综上所述,导电介质的稳定静电问题的基本思路是:

(1) 载流导电介质中的恒定电流和静电场的分布规律取决于导电介质的导电性质,即与导电介质的电导率有关,而与导电介质的极化性质即导电介质的电容率无关.

(2) 由静电场 $\boldsymbol{E}$ 可按高斯定理确定载流导电介质的总电荷分布,这一分布也只取决于导电介质的导电性质,而与导电介质的极化性质即导电介质的电容率无关.

(3) 导电介质中的自由电荷和极化电荷在总电荷中所占的份额与导电介质的极化性质有关,即与导电介质的电容率有关.

对导电介质,处理电学问题需要慎重,对电场稳定分布之后的物理问题,需要采用"导体优先原则";但是对电场在建立过程中的问题,因为该过程中的电场以及其他物理量都随时间在变化,所以需要用暂态过程.

对导电介质,其电阻和电容两个与材料本身特性相关的电学参量之间存在着必然的联系.对图 3-17(a)所示的两个导体之间充满导电介质时,仅考虑介质的介电特性,如图 3-17(b)所示,两个导体极板之间的电容为

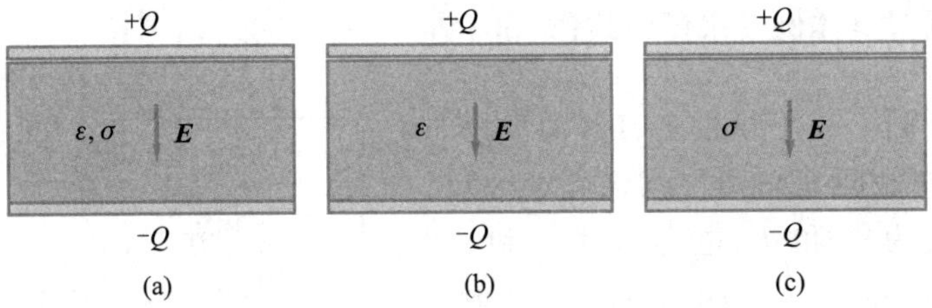

图 3-17 两个导体之间充满导电介质

$$C=\frac{Q}{\Delta U}=\frac{\varepsilon\int_S \boldsymbol{E}\cdot \mathrm{d}\boldsymbol{S}}{\int_+^- \boldsymbol{E}\cdot \mathrm{d}\boldsymbol{l}}$$

仅考虑导电介质的导电性,如图 3-17(c)所示,则两个导体之间的电阻的倒数为

$$\frac{1}{R}=\frac{I}{\Delta U}=\frac{\sigma\int_S \boldsymbol{E}\cdot \mathrm{d}\boldsymbol{S}}{\int_+^- \boldsymbol{E}\cdot \mathrm{d}\boldsymbol{l}}$$

比较以上两个式子,我们很容易得到

$$RC=\frac{\varepsilon}{\sigma}=\rho\varepsilon \tag{3-30}$$

RC 乘积表示漏电时间的快慢,是导电介质电场分布达到稳定的弛豫时间,也称为时间常量 $\tau=RC=\rho\varepsilon$,弛豫时间是由导电介质的本身性质决定的.对良导体铜,其电阻率$\rho\approx1.72\times10^{-8}\ \Omega\cdot\mathrm{m}$,$\varepsilon_r\approx1$,则铜的弛豫时间为 1.5×10^{-19} s.对绝缘体熔融石英,$\rho\approx1\times10^{17}\ \Omega\cdot\mathrm{m}$,$\varepsilon_r\approx5$,则熔融石英的弛豫时间 $\tau\approx4.4\times10^{6}\ \mathrm{s}\approx51.2$ d.两种差别很大.对导电介质,弛豫时间介于两者之间.

【例 3-7】 两块导体嵌入电导率为 σ,电容率为 ε 的无限大介质中,如例 3-7 图所示,用万用表测量得到这两导体之间的电阻为 R,求导体间的电容.

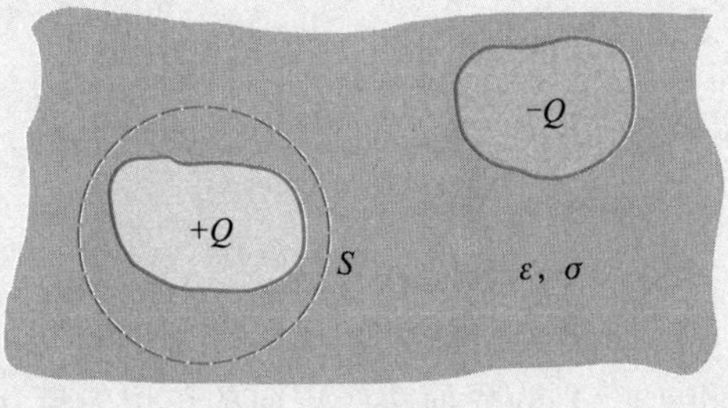

例 3-7 图 导电介质

【解】 设导体所带电荷量分别为$+Q$,$-Q$,任取一高斯面包围$+Q$导体,则流出该导体的电流为

$$I=\oint_S \boldsymbol{j}\cdot \mathrm{d}\boldsymbol{S}=\oint_S \sigma\boldsymbol{E}\cdot \mathrm{d}\boldsymbol{S}=\sigma\oint_S \boldsymbol{E}\cdot \mathrm{d}\boldsymbol{S}=\frac{\sigma Q}{\varepsilon}$$

由欧姆定律得到两导体之间的电势差为

$$U=IR=R\sigma\frac{Q}{\varepsilon}$$

故导体间的电容为

$$C=\frac{Q}{U}=\frac{\varepsilon}{\sigma R}$$

该题就是通过具体例子来证明式(3-30).

【例 3-8】 一平行板电容器两极板的面积为 S,两板间充满两层均匀导电介质,它们的厚度为 d_1 和 d_2,电容率为 ε_1 和 ε_2,电导率为 σ_1 和 σ_2,当两极板间加电势差 U 时,略去边缘效应,如例 3-8 图 1 所示.试求:(1) 通过电容器中的电流;(2) 电流密度;(3) 两种导电介质中的 $\boldsymbol{E}$ 和 $\boldsymbol{D}$ 并计算电荷面密度;(4) 两极板之间漏电的时间常量τ.

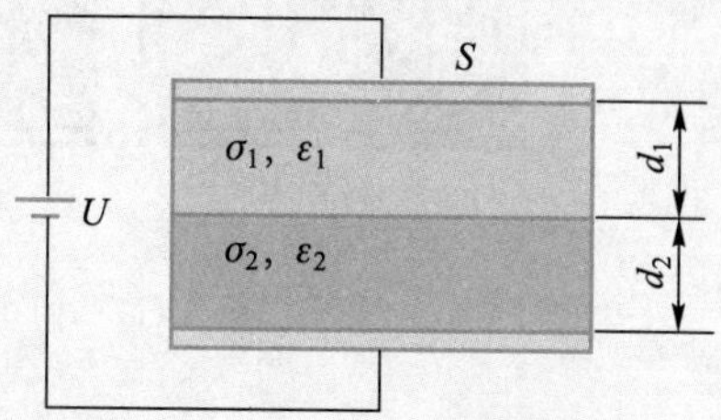

例 3-8 图 1 平行板电容器内存在两层导电介质

【解】 本问题中电源接到电容器上,整个电容器内部的电场已经趋于稳定的分布,因此需要使用“导体优先原则”.

(1) 两极板间的电阻为

$$R=\frac{d_1}{\sigma_1 S}+\frac{d_2}{\sigma_2 S}=\frac{\sigma_2 d_1+\sigma_1 d_2}{\sigma_1\sigma_2 S}$$

通过电容器的电流为

$$I=\frac{U}{R}=\frac{\sigma_1\sigma_2 SU}{\sigma_2 d_1+\sigma_1 d_2}$$

(2) 电流密度大小为

$$j=\frac{I}{S}=\frac{U}{SR}=\frac{\sigma_1\sigma_2 U}{\sigma_2 d_1+\sigma_1 d_2}$$

(3) 电场强度和电位移矢量分别为

$$\begin{cases}\boldsymbol{E}_1=\dfrac{\boldsymbol{j}}{\sigma_1}=\dfrac{\sigma_2 U}{\sigma_2 d_1+\sigma_1 d_2}\boldsymbol{e}_{\mathrm{n}1}\\ \boldsymbol{E}_2=\dfrac{\boldsymbol{j}}{\sigma_2}=\dfrac{\sigma_1 U}{\sigma_2 d_1+\sigma_1 d_2}\boldsymbol{e}_{\mathrm{n}1}\end{cases}\quad \begin{cases}\boldsymbol{D}_1=\varepsilon_1\boldsymbol{E}_1=\dfrac{\varepsilon_1\sigma_2 U}{\sigma_2 d_1+\sigma_1 d_2}\boldsymbol{e}_{\mathrm{n}2}\\ \boldsymbol{D}_2=\varepsilon_2\boldsymbol{E}_2=\dfrac{\varepsilon_2\sigma_1 U}{\sigma_2 d_1+\sigma_1 d_2}\boldsymbol{e}_{\mathrm{n}2}\end{cases}$$

$\boldsymbol{e}_{\mathrm{n}1}$ 和 $\boldsymbol{e}_{\mathrm{n}2}$ 分别为界面法线方向的单位矢量,$\boldsymbol{e}_{\mathrm{n}1}$ 向下,$\boldsymbol{e}_{\mathrm{n}2}$ 向上,则分界面的自由电荷面密度为

$$\sigma_0=\boldsymbol{e}_{n1}\cdot\boldsymbol{D}_1+\boldsymbol{e}_{n2}\cdot\boldsymbol{D}_2=\frac{\varepsilon_2\sigma_1 U}{\sigma_2 d_1+\sigma_1 d_2}-\frac{\varepsilon_1\sigma_2 U}{\sigma_2 d_1+\sigma_1 d_2}=-\frac{(\varepsilon_1\sigma_2-\varepsilon_2\sigma_1)U}{\sigma_2 d_1+\sigma_1 d_2}$$

分界面的极化电荷面密度为

$$\sigma'=\sigma_1'+\sigma_2'=\frac{\varepsilon_0-\varepsilon_2}{\varepsilon_2}\frac{\varepsilon_2\sigma_1 U}{\sigma_2 d_1+\sigma_1 d_2}-\frac{\varepsilon_0-\varepsilon_1}{\varepsilon_1}\frac{\varepsilon_1\sigma_2 U}{\sigma_2 d_1+\sigma_1 d_2}$$

$$=-\frac{[(\varepsilon_0-\varepsilon_1)\sigma_2-(\varepsilon_0-\varepsilon_2)\sigma_1]U}{\sigma_2 d_1+\sigma_1 d_2}$$

(4) 漏电时 $\tau=RC$，R 已经解得，只要求出 C 就可以求出 τ.对这种电容器可以看成是两个电容器的串联，每个电容器内充满同一种电介质，所以有

$$C=\frac{C_1C_2}{C_1+C_2}=\frac{\varepsilon_1 S/d_1\cdot\varepsilon_2 S/d_2}{\varepsilon_1 S/d_1+\varepsilon_2 S/d_2}=\frac{\varepsilon_1\varepsilon_2 S}{\varepsilon_1 d_2+\varepsilon_2 d_1}$$

所以时间常量为

$$\tau=RC=\frac{\sigma_2 d_1+\sigma_1 d_2}{\sigma_1\sigma_2 S}\cdot\frac{\varepsilon_1\varepsilon_2 S}{\varepsilon_1 d_2+\varepsilon_2 d_1}=\frac{\varepsilon_1\varepsilon_2}{\sigma_1\sigma_2}\cdot\frac{\sigma_2 d_1+\sigma_1 d_2}{\varepsilon_1 d_2+\varepsilon_2 d_1}$$

讨论：如果在 $t=0$ 时刻加上电源，则中间界面在 $t=0^+$ 时刻还没来得及出现自由电荷积累，此时由电介质的特性方程

$$\begin{cases}\varepsilon_1 E_1=\varepsilon_2 E_2\\ E_1 d_1+E_2 d_2=U\end{cases}$$

可以得到

$$D(t=0^+)=\frac{\varepsilon_1\varepsilon_2 U}{\varepsilon_1 d_2+\varepsilon_2 d_1},E_1=\frac{\varepsilon_2 U}{(\varepsilon_2 d_1+\varepsilon_1 d_2)},E_2=\frac{\varepsilon_1 U}{(\varepsilon_2 d_1+\varepsilon_1 d_2)}$$

随后，系统为 RC 电路，如例 3-8 图 2 所示。此后电场的变化需要用暂态过程解，并且要考虑分界面处自由电荷随时间变化带来的影响，把 $t\to0^+$ 时的结果作为初始条件。解答过程由读者自行练习。任意时刻的电场随时间的变化为

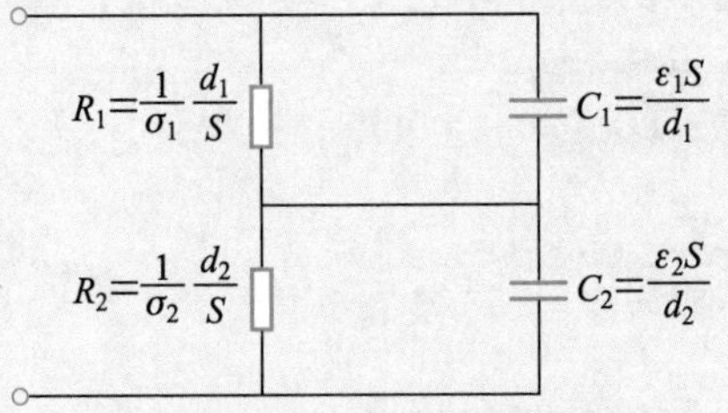

例 3-8 图 2 平行板电容器内存在两层导电介质的 RC 等效电路

$$\begin{cases}E_1=\dfrac{\sigma_2 U}{\sigma_2 d_1+\sigma_1 d_2}(1-e^{-t/\tau})+\dfrac{\varepsilon_2 U}{\varepsilon_2 d_1+\varepsilon_1 d_2}e^{-t/\tau}\\[2ex] E_2=\dfrac{\sigma_1 U}{\sigma_2 d_1+\sigma_1 d_2}(1-e^{-t/\tau})+\dfrac{\varepsilon_1 U}{\varepsilon_2 d_1+\varepsilon_1 d_2}e^{-t/\tau}\end{cases}$$

该解答在 $t\to\infty$ 时，正是导体优先的解：在 $t\to0^+$ 时，正是电介质优先的解。

3-2-8 欧姆定律的失效问题

若平均自由时间 τ 与电场无关，则电流密度与电场强度成线性关系，这种导电介质就是欧姆介质；而当 τ 与电场有关时，电导率 σ 本身与场强有关，欧姆定律失效，即 $\boldsymbol{j}$ 与 $\boldsymbol{E}$ 的线性关系或者说 I 与 U 的线性比例关系遭到破坏，而代之以非线性关系.

1. 电场很强时

当金属中电场很强，例如 $E>10^3\sim10^4\ \mathrm{V\cdot m^{-1}}$ 时，电子漂移速率会很大，大到可以与平均速率 u 相比拟，这时，电子的平均自由飞行时间必然受到电场 $\boldsymbol{E}$ 的影响. $\boldsymbol{j}$ 与 $\boldsymbol{E}$ 不再是线性关系，而是非线性的关系.

2. 低气压下的电离气体

此时，气体分子的平均自由程 $\overline{\lambda}$ 很长，即使电场强度不是很高，平均速率 u 也很大，使 $\overline{\lambda}$ 也很大，从而导致欧姆定律失效.

3. 晶体管、电子管等器件

I 与 U 的关系也是非线性的，如图 3-16 所示.

4. 超导介质

超导介质内部的电流一经激发就能长期维持，而电场强度却处处为零，不能简单地把超导介质视为电导率 σ 为无限大的导体，因为它的导电规律与通常的导体完全不同.如果简单地认为超导体的电阻率为零，则表面面电流密度将趋于无限大，显然这是不可能的.电流在超导体中的流动必定在载流空间有特定的形式，以保证体系的能量处于最低态.

5. 其他情况

例如对某些晶体和处于磁场中的等离子体，其导电特性与电流的方向有关，表现出各向异性，这时 $\boldsymbol{j}$ 与 $\boldsymbol{E}$ 不再同向，电导率 σ 为张量.

§ 3-3 电源与电动势

3-3-1 电源与电动势

1. 电源

恒定电流必须是闭合的.当电荷沿闭合回路绕行一周之后，所经历的电势总改变量为零.这意味着，在闭合回路中，如果有电势下降的路段，就必有电势上升的路段.因此，在恒定电路中，一定还有一种非静电力作用于电荷.

电源是提供非静电力的装置.通常电源有正负两极，电势高的叫作正极，电势低的叫作负极，如图 3-18 所示.电源的作用包括两个方面：① 它通过极板及外电路使各处累积的电荷在外电路中产生静电场 $\boldsymbol{E}$，使电流经外电路由正极指向负极；② 在电源内部除了有静电力之外还存在非静电力,在两者的联合作用下,电流经电源内部由负极流向正极.上述两部分电流一起形成了闭合的恒定电流.

为了定量地描述电源提供的非静电力特性,要引进两个物理量:$\boldsymbol{E}_{\mathrm{k}}$ 和 $\mathscr{E}$,它们分别对应于描述静电力的电场强度 $\boldsymbol{E}$ 和电压 U.$\boldsymbol{E}_{\mathrm{k}}$ 表示电源内部单位正电荷受到的非静电力.电荷除受非静电力作用之外,还会受到静电力作用.因此,电荷 q 受到的合力应当是静电力和非静电力之和,即 $q(\boldsymbol{E}+\boldsymbol{E}_{\mathrm{k}})$.

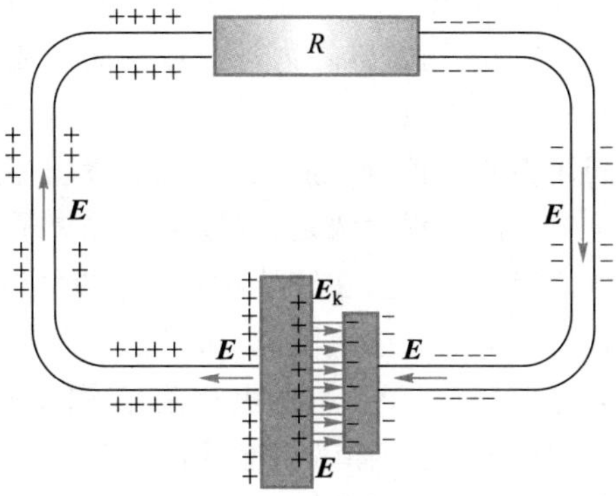

图 3-18 电源内部的非静电力

这时的欧姆定律应改写为

$$\boldsymbol{j}=\sigma(\boldsymbol{E}+\boldsymbol{E}_{\mathrm{k}}) \qquad (3-31)$$

式(3-31)是欧姆定律向恒定电路的推广,它表明电流是静电力和非静电力共同作用的结果.

对通常的电源,在连接它的外电路中只有静电力,即 $\boldsymbol{E}_{\mathrm{k}}=0$,式(3-31)就回到通常的欧姆定律形式.

2. **电动势**

从实际上,描述电源的性质即它所提供的非静电力的性质,更常用的不是物理量 $\boldsymbol{E}_{\mathrm{k}}$,而是电动势 $\mathscr{E}$,它定义为将单位正电荷从负极经电源内部移到正极时非静电力所做的功,即

$$\mathscr{E}=\int_{-\atop 电源内部}^{+} \boldsymbol{E}_{\mathrm{k}} \cdot \mathrm{d}\boldsymbol{l} \qquad (3-32)$$

显然,电动势和电压单位相同,即"V".一个电源的电动势反映了电源中非静电力做功的本领,它反映的是电源本身的特性,与外电路的性质以及是否接通无关.

有些电源无法区分电源内部和外部,$\boldsymbol{E}_{\mathrm{k}}$ 分布于电路各处,这时我们把电动势定义为沿闭合回路的线积分,即

$$\mathscr{E}=\oint_L \boldsymbol{E}_{\mathrm{k}} \cdot \mathrm{d}\boldsymbol{l} \qquad (3-33)$$

它称为整个闭合回路的电动势.

3-3-2 常见的几种恒定电源

常见的电源有化学电源、温差电源等,此外,还有发电机、浓差电源等.

1. **化学电源**

通过化学反应直接把化学能转化为电能的装置称为化学电源,各类电池和蓄电池都属于化学电池,如常见的锌锰干电池、铅酸电池等.典型的化学电池是伏打电池,它由浸在稀硫酸溶液中的一块铜片和一块锌片组成.伏打电池的应用价值不高,

后来发展成为丹聂耳电池.化学电源的电动势一般来源于第一类导体与第二类导体接触层中的化学反应.

1836 年英国化学家丹聂耳(J.F.Daniell,1790—1845)发明了一种原理上最简单的化学电池,通常称之为丹聂耳电池.丹聂耳电池由两个相邻的液池组成,一个池中盛有硫酸锌溶液,其中插有锌棒,另一个池中盛有硫酸铜溶液,其中插有铜棒,两池之间用多孔隔板(陶瓷板)隔开,但离子仍可自由通过陶瓷板,如图 3-19(a)所示.其中发生的过程大致是:锌棒上的锌离子通过化学作用而自动溶入溶液,使锌棒带负电,溶液带正电,在锌棒和溶液之间形成一个偶电层,偶电层的电场阻止锌棒上的锌离子继续向溶液溶解,最后,化学作用和电场作用达到平衡,这时溶液和锌棒之间保持约 0.766 3 V 的电势差.在铜棒附近,溶液中的铜离子团因化学作用而被吸附到铜棒上,使铜棒带正电,溶液带负电,在铜棒与溶液间也形成偶电层,偶电层的静电场阻止铜离子继续移向铜棒,平衡时铜和溶液之间保持约 0.337 V 的电势差,而两池的溶液之间由于离子的交换而保持等电势,最后形成如图 3-19(b)所示的电势分布,铜棒为正极,锌棒为负极,两者之间的电势差约为 1.11 V.

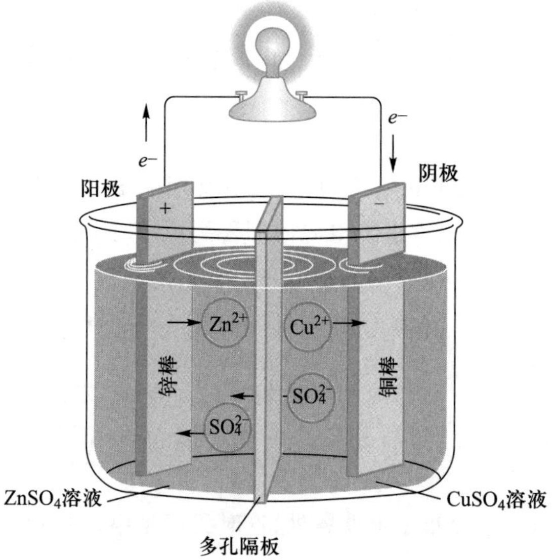

(a) 丹聂耳电池图

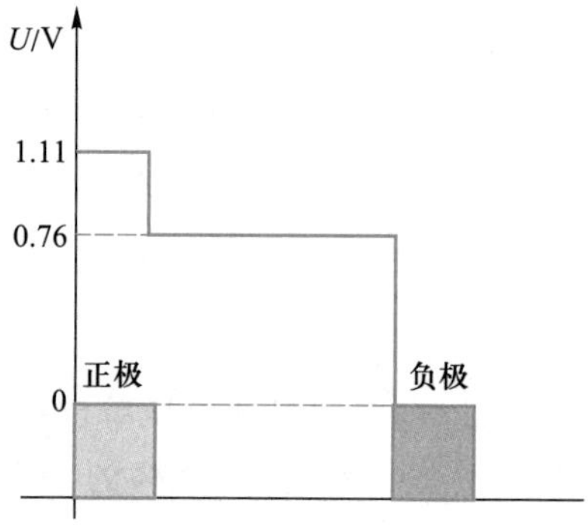

(b) 丹聂耳电池空载时的电势分布

图 3-19

当电池通过外电路放电时,在导线中就有电流,电流使正极电势降低、负极电势升高.溶液中,负极一边的溶液电势升高,正极一边的溶液电势降低,正离子从负极流向正极,负离子从正极流向负极.电极与溶液间的电场减弱,化学作用(非静电作用)占优势,锌离子溶解,铜离子的吸附过程继续进行,从而在回路中形成闭合的电流,这种过程可以一直持续到锌棒全部溶于溶液成为硫酸锌或硫酸铜溶液降低到一定浓度为止.

干电池是常用的一种化学电池,其结构示意图如图 3-20(a)所示.外壳通常用锌皮做成,壳内是氯化铵(NH_4Cl)和氯化锌($ZnCl_2$)与淀粉组成的糊状物;电解液中间是一根碳棒,碳棒周围紧裹有二氧化锰(MnO_2)、石墨粉及乙炔黑等的混合物.在锌皮与电解液接触处,化学作用促使锌皮中的锌原子失去电子而成锌离子进入电解液,使锌皮带负电,而在碳棒与电解液接触处,电解液中的铵离子在与 MnO_2 的化学反应过程中,从碳棒取得电子,使碳棒带正电.这样,在碳棒(正极)和锌皮(负极)之间就可维持一定的电势差(约 1.5 V).常用的电池还有铅酸蓄电池和锂电池,图 3-20(b)是锂电池结构示意图.

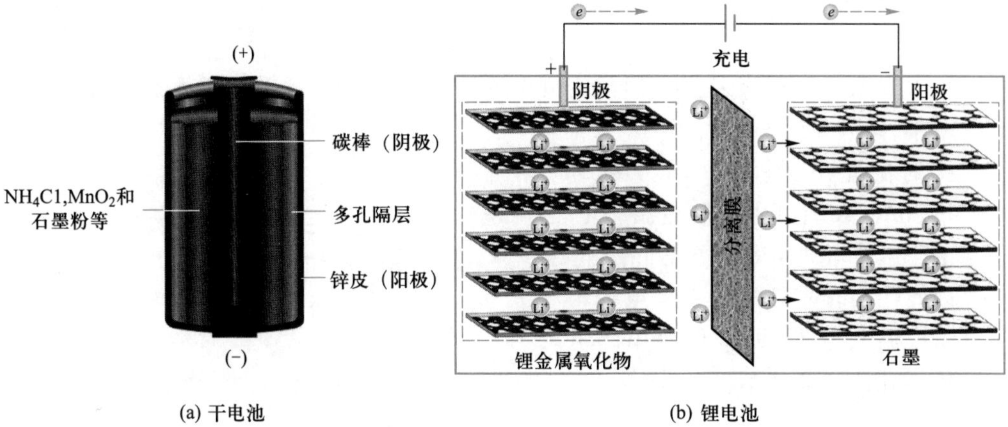

图 3-20 常用电池的结构

化学电池按其工作性质及储存方式可分为四类,如表 3-2 所示.

表 3-2 化学电池的分类

电池类型	特性	主要种类	用途
一次电池	因为放电过程中进行的化学反应是不可逆的,放电后不能再用充电方法使它复原后再次使用.	锌锰干电池;锌汞电池;镉汞电池;锌银电池;锂亚硫酰电池.	低功率到中功率放电,使用方便,相对价廉,外形以扁形、扣式和圆柱形为主.
二次电池	因为放电过程中的化学反应是可逆的,故可放电、充电多次循环使用,放电后可用充电方法使活性物质复原后再放电.	铅酸电池;镉镍电池;锌银电池;锌氧(空气)电池;氢镍电池.	较大功率的放电,在人造地球卫星、宇宙飞船、空间站和潜艇方面、电动车辆方面.
储备电池	正负极活性物质和电解液在储存期间不直接接触,在使用前临时让电解液与电极接触,故电池可长时间储存.	镁银电池;锌银电池;铅高氨酸电池;钙热电池.	储存寿命或工作寿命特别长,可用作心脏起搏器和计算器存储系统的电源.
燃料电池	这类电池可把活性物质连续注入电池,从而使电池能长期不断地进行放电.	氢氧燃料电池等.	已用于“阿波罗”飞船等登月飞行器和载人航天器中,并正在进一步研究燃料电池电站,并入公用电网供电.

2. 温差电源 热电偶

温差电源是利用温差电效应把热能直接转化成电能的装置.实验发现,两种不同的金属紧密接触在一起时,两金属间会出现一定的电势差,这种现象称为接触电现象,两金属间的电势差称为接触电势差,这一现象由德国物理学家塞贝克(Seebeck,1770—1831)于1821年发现,又称塞贝克效应.

在一定的温度范围内,温差电动势在数值上与两接点处的温度差有关,如图3-21所示,在温差不大时有

$$\mathscr{E}=(S_B-S_A)(T_2-T_1) \tag{3-34}$$

其中 S_A 和 S_B 分别为两种材料的塞贝克系数,与金属的性质有关.金属的温差电效应较小,系数 S 为 $0\sim80\ \mu V\cdot K^{-1}$,半导体的温差电效应较大,$S$ 为 $50\sim10^3\ \mu V\cdot K^{-1}$,可用于制造温差电池.由于温差电效应效果不是十分明显,因此使用时需要多个温差电池串联组成温差电堆,可获得实用的电动势,如图3-22所示.

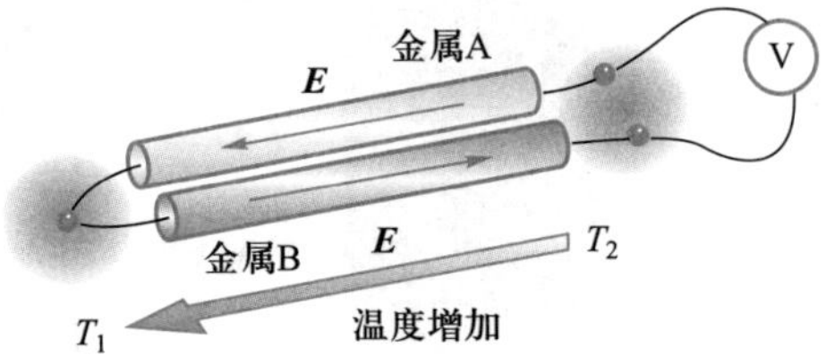

图3-21 塞贝克效应

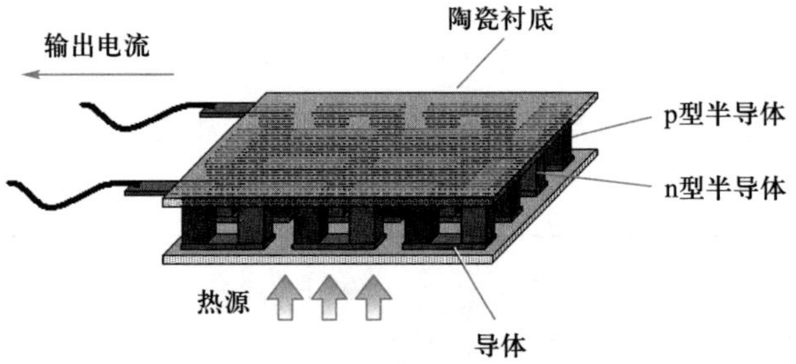

图3-22 温差电堆示意图

当两种金属材料确定以后,常量 S_A 和 S_B 便确定了.如果保持一个接触点温度恒定且已知,则通过测量回路中的电动势或开路两端的电势差,就可求得另一接触点的温度,从而成为一种温度计.这就是温差电偶温度计或热电偶,如图3-23所示.

当回路中接有第三种金属时,只要该金属两端的温度保持相同,电路中的电动势并不因存在第三种金属而改变.热电偶测温有灵敏度高、测温范围大、受热面积和热容小等优点.灵敏度高的原因是热电偶是通过电动势的测量来测量温度的,而电动势的测量精度是非常高的.

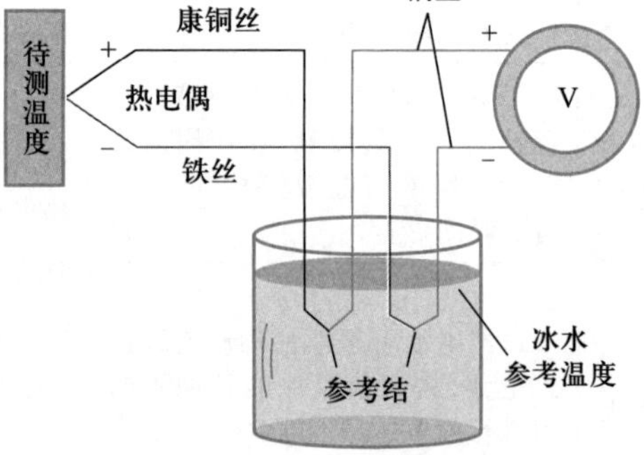

图3-23 热电偶测温原理图

3. 光电池(太阳能电池)

光电池是将光能转化为电能的一种装置.最常见的如太阳能电池,它将太阳的光能转化为电能,常用于人造地球卫星、宇宙飞船和空间站.其原理为:当太阳光照到对光敏感的半导体表面时,通过光电效应,表面发射电子,这些电子被收集到另一邻近的金属表面,造成正、负电荷分离,产生电动势,若接通外电路,便会产生电流,如图 3-24 所示.用于制造太阳能电池的材料主要有硅、硫化镉、锑化镉以及砷化镓等.

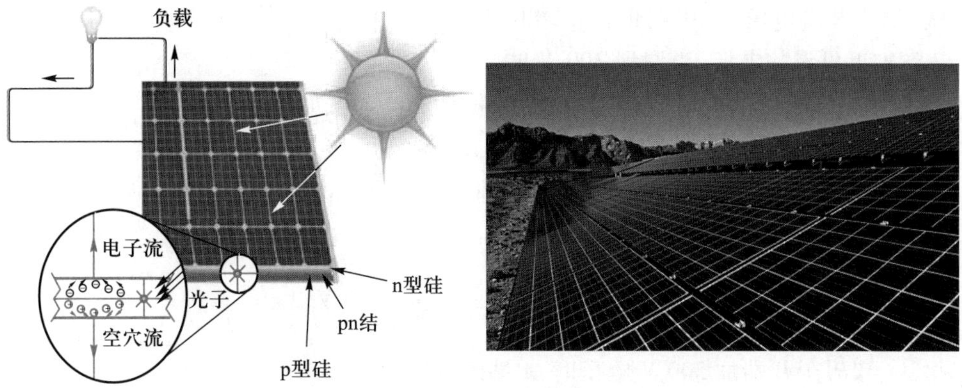

图 3-24 太阳能电池原理与电池板阵列

3-3-3 全电路欧姆定律

1. 全电路欧姆定律

考虑到非静电场 $\boldsymbol{E}_k$ 的作用,欧姆定律的微分形式为 $\boldsymbol{j}=\sigma(\boldsymbol{E}+\boldsymbol{E}_k)$.因为当存在非静电场时,电流是由静电场和非静电场共同产生的.沿外电路和电源组成的闭合路径,静电场和非静电场对单位正电荷做的功为

$$\oint(\boldsymbol{E}+\boldsymbol{E}_k)\cdot d\boldsymbol{l}=\oint\frac{\boldsymbol{j}}{\sigma}\cdot d\boldsymbol{l}=\int_{外}\frac{\boldsymbol{j}}{\sigma}\cdot d\boldsymbol{l}+\int_{内}\frac{\boldsymbol{j}}{\sigma}\cdot d\boldsymbol{l}$$

因为恒定电场是保守场,其环流为零,但非静电场的环流不为零,即 $\mathscr{E}=\oint\boldsymbol{E}_k\cdot d\boldsymbol{l}$,在外电路中,$\boldsymbol{E}_k=0$,又因 $I=\boldsymbol{j}\cdot\boldsymbol{S}$,所以有

$$\int_{外}\frac{\boldsymbol{j}}{\sigma}\cdot d\boldsymbol{l}=I\int_{外}\frac{dl}{\sigma S}=IR$$

设电源内阻为 R_r,则有

$$\int_{内}\frac{\boldsymbol{j}}{\sigma}\cdot d\boldsymbol{l}=I\int_{内}\frac{dl}{\sigma S}=IR_r$$

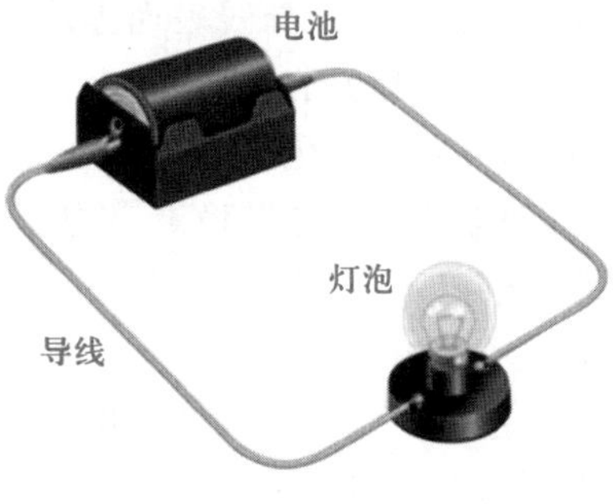

图 3-25 电源和灯泡构成的回路

对一个简单的电路,如图 3-25 所示,电源接通后,在电源内部正电荷在非静电场作用下由负极向正极移动;在电源外部,正电荷在静电场作用下由正极向负极移动,电路中

获得持续的电流.电路的方程为

$$\mathscr{E}=I(R+R_r) \tag{3-35}$$

这就是全电路欧姆定律.

【例 3-9】 一电缆 AB 长 50 km,中间某点发生漏电,现在做下列的检查,如例 3-9 图所示,将 B 端断开,在 A 端加上 200 V 电压,测得 B 端电压为 40 V;再将 A 端断开,在 B 端加上可调的电压,当调到 300 V 时,A 端电压为 40 V.求发生漏电的地点离 A 端的距离.

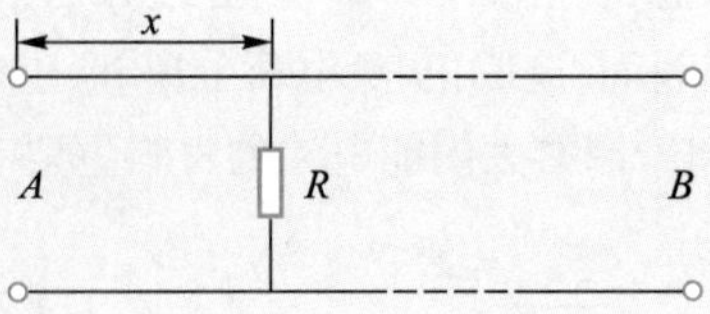

例 3-9 图

【解】 设电缆每千米电阻为 λ,漏电处的漏电电阻为 R,在 A 端加上 200 V 电压时,B 端的电压为

$$U_B=I_AR=\frac{R}{2\lambda x+R}\cdot 200=40\ \text{V}$$

得 $\lambda x=2R$.在 B 端加 300 V 电压时,A 端的电压为

$$U_A=I_BR=\frac{R}{2\lambda(50-x)+R}\cdot 300=40\ \text{V}$$

得 $200\lambda-4\lambda x=13R$,最后解得

$$x=19\ \text{km}$$

2. 恒定电路的特点

由恒定条件 $\nabla\cdot\boldsymbol{j}=0$ 和欧姆定律 $\boldsymbol{j}=\sigma\boldsymbol{E}$,可知对均匀电介质($\sigma$ 为常量) $\nabla\cdot\boldsymbol{E}=0$,亦即 $\rho=0$,因此有:① 在恒定电流情况下,均匀各向同性线性导体内部宏观电荷密度为零,净电荷只分布在导体表面或导体内不均匀的地方;② 外电路中,电流线和电场线方向一致,且平行于导体表面;③ 在电源内部,电流线的方向由 $\boldsymbol{E}$ 和 $\boldsymbol{E}_k$ 共同决定.

3. 恒定电路中静电场的作用

在恒定电路中,静电场的作用是非常重要的,主要有以下两个方面:① 调节电荷分布的作用:在电流达到恒定的过程中,静电场担负着重要的调节作用,这种调节作用不仅表现在导线表面上的电荷分布的变化,还包括非均匀导体内部体电荷分布的变化,以及在两种不同导体交界面上电荷分布的变化.当电路中的电流稳定后,回路形状的变化又会破坏电流的稳定性,但导线上电荷分布的变化能调节电场分布,使电流重新达到稳定.当然调节作用仅发生在非常短的时间 Δt 内,Δt 实际上很难觉察出来.② 静电场起着能量的中转作用:从能量的转化看,在整个闭合电路中静电场做的总功为零.但是,在电源外部以及电源内部不存在非静电场的地方,静电场在把正电荷从高电势处送到低电势处的过程中做正功,以消耗电场能为代价.在电源内部,非静电场把正电荷从低电势处送到高电势处的过程中,反抗静电场做功,消耗非静电能,使电场能增加,在绕闭合电路一周的过程中,静电场做的总功为零,静电能变化的总和等于零.静电场起着能量的中转作用,它把电源内部的非静电能转送到外电路上.

§3-4 直流电路的基本规律

3-4-1 基尔霍夫定律

欧姆定律只能用于解比较简单的电路.复杂的电路,整个电路由若干个闭合回路组成,同一回路的各段电路中的电流并不相同.对于这类复杂电路,欧姆定律无法解决.1847 年德国物理学家基尔霍夫(G.R.Kirchhoff,1824—1887)给出了求解一般复杂电路的方程组,它包括节点电流方程和回路电压方程,两者构成了完备的方程组,原则上可以解决任何直流电路问题.基尔霍夫方程组不仅在恒定条件下严格成立,而且在似稳条件(即整个电路的尺度远小于电路工作频率下的电磁波的波长)下也符合得相当好.总的来说,无论直流或低频交流电路的求解问题,均可用基尔霍夫定律求解.

1. 基本概念

(1) 节点:在电路中,三条或三条以上导线相交在一起的点,如图 3-26 所示.

(2) 支路:两个相邻节点间,由电源和电阻串联而成的且不含其他节点的通路.通过支路的电流叫支路电流;支路两端的电压叫支路电压.

(3) 回路:起点和终点重合在一个节点的电流通路,如图 3-26(a)所示的回路.

(4) 独立回路:各回路线性无关,不相重合.独立回路有各种取法,一种简单易行的办法是取各回路互不包含,这样取定的回路肯定相互独立.独立回路数目 p 减 1 正好等于支路的数目 b 减去节点的数目 n,即:$p=b-n+1$.图 3-26 给出了平面网络拓扑结构的独立回路的计算.

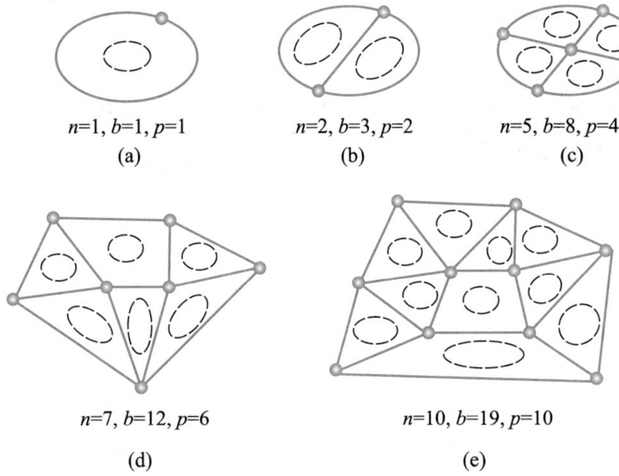

图 3-26 平面网络拓扑结构的独立回路

从图 3-26 可知，实际上对平面网络拓扑结构，其网孔数目就是独立回路数目，这可以更容易用目测法判断独立回路数目.如图 3-27 所示，该电路网络正好有 3 个网孔，所以独立回路数为 3.

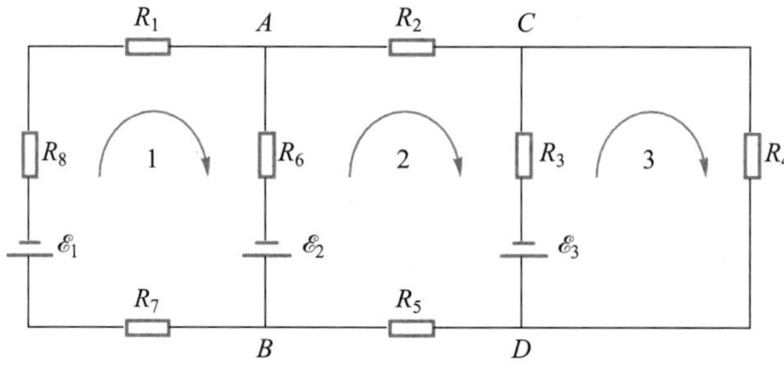

图 3-27 多回路直流电路

2. **基尔霍夫第一方程**

对电路中每一个节点，有的电流流入节点，有的电流自节点流出，根据电荷守恒定律和恒定电流条件可知，$\oint_S \boldsymbol{j}\cdot \mathrm{d}\boldsymbol{S}=0$，用该式对某一个节点做一个封闭曲面，则得到

$$\sum_i I_i = 0 \tag{3-36}$$

在求和时，流入节点的电流用"+"号表示，流出节点的电流用"-"号表示，这就是基尔霍夫第一方程，其实质就是恒定电流情况下的电荷守恒定律.

电路中的节点，可以是一个广义的节点，在电路中作任一闭合回路（三维时，可以是任何闭合曲面），则该闭合曲面内部可认为是一广义节点，则进出该广义节点的电流代数和为零，如图 3-28 所示.

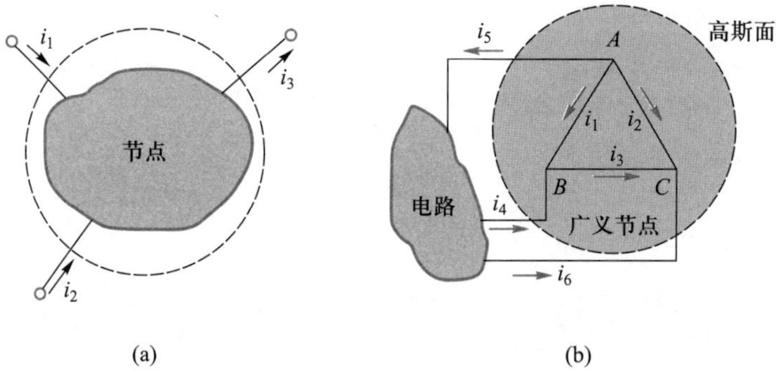

图 3-28 广义节点

在如图 3-29 所示的电路中，我们若以 AA'线切割电路，则穿过 AA'线的所有电流的代数和为零，即 $I_1+I_2+I_3=0$；同理，若以 BB'线水平切割电路，则穿过 BB'线的所有电流的代数和为零，即 $I_4+I_5+I_6+I_7=0$.

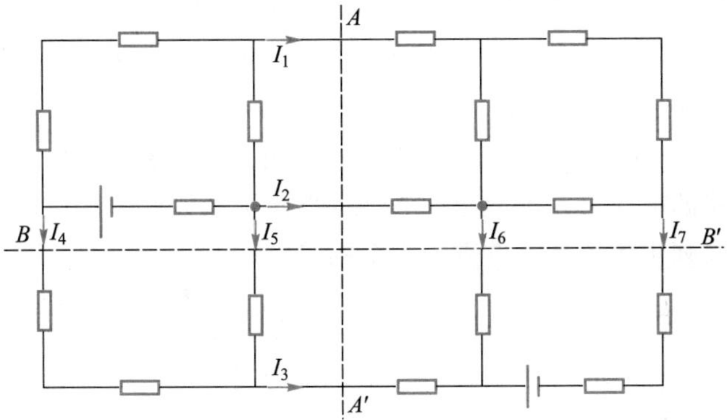

图 3-29 广义节点的应用

3. 基尔霍夫第二方程

对于复杂电路中的任一闭合回路,沿闭合回路绕行一周,回路中各电阻上电势降落的代数和等于该回路中各电源的电动势造成的电势升高的代数和.这一结论称为基尔霍夫第二方程,即

$$\sum U=\sum(\pm\mathscr{E}\pm IR_r\pm IR)=0 \qquad (3-37)$$

式中 $\mathscr{E}$ 为回路的电动势,R_r 是电源内阻,R 是电源外部的电阻.正负号规定如下:先任意假定回路绕行方向和各支路的电流方向,当绕行方向由正极穿进电源从负极出来时,$\mathscr{E}$ 取正号,反之取负号.当回路绕行方向与所经过的支路的电流方向一致时,该支路中电阻上的电压取正号,反之取负号.

4. 基尔霍夫方程的完备性

任意复杂的电路,原则上都可以用基尔霍夫第一和第二方程(称为基尔霍夫方程组)联立求解.在应用基尔霍夫方程组解题时,应注意以下几点:① 电流方向:在实际问题中,电流方向不一定已知,但我们可以任意假定各支路中的电流方向,若最后求得的该支路中电流为正,则表示原初假定的电流方向与实际方向相同,若求得的电流为负,则表示原初假定的该支路的电流方向与实际电流的方向相反;② 独立节点方程数:根据基尔霍夫第一方程,对每一个节点,可列出一个方程,但 n 个节点,只有 $n-1$ 个方程是独立的;③ 独立电压方程数:对每一个闭合回路,可以列一个基尔霍夫第二方程.

对支路数目为 k 的一个复杂电路网络,如果网络中有 n 个节点,则就有 $k-n+1$ 个独立回路,因此可以列出的方程为

$$\begin{cases}\sum\limits_i I_i=0 \quad (i=1,2\cdots n-1)\\ \sum\limits_j U_j=0 \quad (j=1,2,\cdots k-n+1)\end{cases} \qquad (3-38)$$

所以总的基尔霍夫方程的个数是 k 个,正好是未知数即各支路电流的数目,因此基尔霍夫方程组是完备的.

【例 3-10】 在图 3-27 中,如果各电源的电动势分别为 $\mathscr{E}_1=\mathscr{E}_2=6\ \text{V}$,$\mathscr{E}_3=12\ \text{V}$,各电阻阻值分别为 $R_1=R_2=R_3=2\ \Omega$,$R_4=R_5=R_6=4\ \Omega$,$R_7=R_8=6\ \Omega$,各电源的内阻均为 2 Ω,求各支路上的电流.

【解】 电路有 6 个电流支路,即有 6 个未知数.电路中有 4 个节点和 3 个独立回路,各支路的电流方向标注和回路绕行方向标注如例 3-10 图所示.根据基尔霍夫方程,可以列出 3 个节点方程和 3 个回路方程

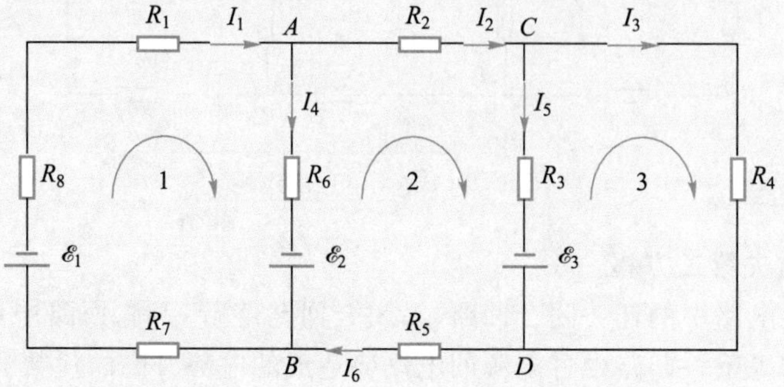

例 3-10 图

节点 A: $$I_4+I_2-I_1=0$$

节点 B: $$I_1-I_4-I_6=0$$

节点 C: $$I_3+I_5-I_2=0$$

回路 1: $$I_1(R_1+R_8+R_7+R_{r1})+\mathscr{E}_1+I_4(R_{r2}+R_6)-\mathscr{E}_2=0$$

回路 2: $$I_2R_2+I_5(R_3+R_{r3})-\mathscr{E}_3+I_6R_5-I_4(R_6+R_{r2})+\mathscr{E}_2=0$$

回路 3: $$I_3R_4-I_5(R_3+R_{r3})+\mathscr{E}_3=0$$

将数据代入回路方程,得

$$\begin{cases}8I_1+3I_4=0\\ I_2+2I_5+2I_6-3I_4-3\ \text{A}=0\\ I_3-I_5+3\ \text{A}=0\end{cases}$$

用消元法消去 I_4、I_5 和 I_6 后,最终得到 3 个方程:

$$\begin{cases}11I_1-3I_2=0\\ 8I_2-2I_3-3I_1-3\ \text{A}=0\\ 2I_3-I_2+3\ \text{A}=0\end{cases}$$

最终解得 6 个支路的电流分别为

$$\begin{cases}I_1=0\ \text{A}\\ I_2=0\ \text{A}\\ I_3=-1.5\ \text{A}\end{cases}\quad\begin{cases}I_4=0\ \text{A}\\ I_5=1.5\ \text{A}\\ I_6=0\ \text{A}\end{cases}$$

电流值为“-”表示实际电流方向与例 3-10 图上电流标注方向相反.

【例 3-11】 如例 3-11 图是一电桥电路，R_1、R_2、R_3 和 R_4 是四臂的电阻，G 是内阻为 R_g 的电流计，电源的电动势为 $\mathscr{E}$，并忽略其内阻，求通过电流计 G 的电流 I_g 与四臂电阻的关系.

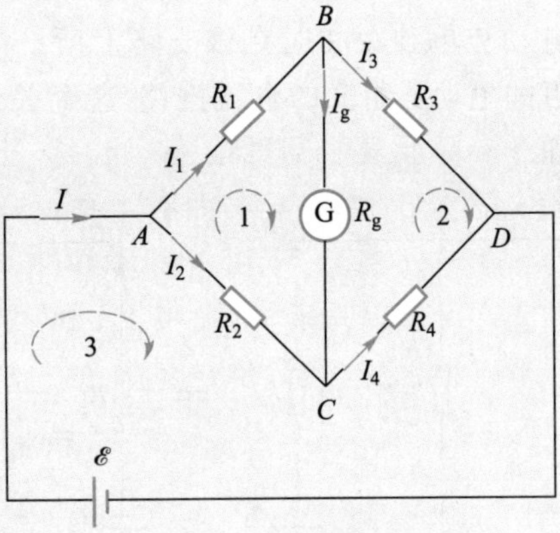

例 3-11 图　桥式电路

【解】 该桥式电路由 4 个节点和 6 条支路组成，可列出 3 个节点方程和 3 个回路方程，共 6 个独立方程.

$$\begin{cases} \text{节点 } A: I_1+I_2-I=0 \\ \text{节点 } B: I_g+I_3-I_1=0 \\ \text{节点 } D: I-I_3-I_4=0 \\ \text{回路 } 1: I_1R_1+I_gR_g-I_2R_2=0 \\ \text{回路 } 2: I_3R_3-I_4R_4-I_gR_g=0 \\ \text{回路 } 3: I_2R_2+I_4R_4-\mathscr{E}=0 \end{cases}$$

简化后，得到 3 个方程：

$$\begin{cases} R_1I_1-R_2I_2+R_gI_g=0 \\ R_3I_1-R_4I_2-(R_3+R_4+R_g)I_g=0 \\ (R_2+R_4)I_2+R_4I_g=\mathscr{E} \end{cases}$$

采用行列式法解该方程组，即

$$I_g=\frac{\Delta_g}{\Delta}$$

其中 Δ_g 和 Δ 分别为

$$\Delta=\begin{vmatrix} R_1 & -R_2 & R_g \\ R_3 & -R_4 & -(R_3+R_4+R_g) \\ 0 & R_2+R_4 & R_4 \end{vmatrix}$$

$$=(R_1R_2+R_1R_4+R_2R_3+R_3R_4)R_g+(R_3+R_4)R_1R_2+(R_1+R_2)R_3R_4$$

$$\Delta_g=\begin{vmatrix} R_1 & -R_2 & 0 \\ R_3 & -R_4 & 0 \\ 0 & R_2+R_4 & \mathscr{E} \end{vmatrix}=(R_2R_3-R_1R_4)\mathscr{E}$$

若 $I_g=0$，则 Δ_g 必为零，由此必有

$$\frac{R_1}{R_3}=\frac{R_2}{R_4}$$

桥式电路可以用于测量电阻，若 R_3 为可变电阻，R_2/R_4 的比值一定，则通过调节 R_3，使 $I_g=0$，由上式就可求得未知电阻 R_1 的值.

3-4-2 叠加原理

在具有几个电动势的电路中，几个电动势在某一支路中引起的电流，等于每个电动势单独存在时在该支路上所产生的电流之和，如图 3-30(a)所示是两个无内阻的电动势组成的电流网络.这个关于各个电动势作用独立性的原理称为叠加原理.

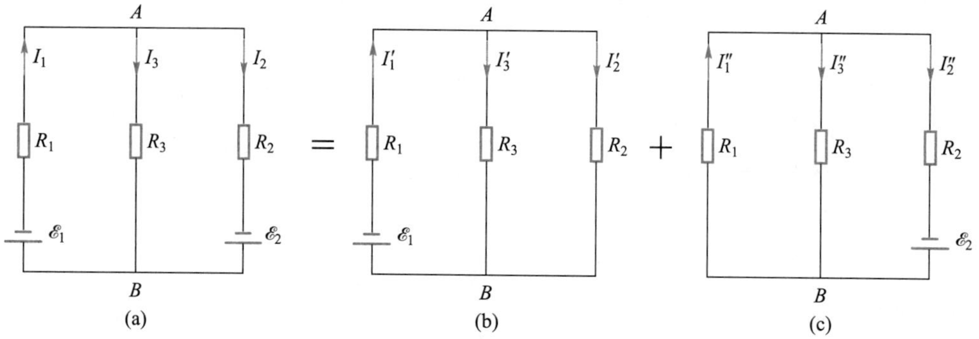

图 3-30 叠加原理的图示

图 3-30 中的电流 $I_1=I_1'+I_1''$，同理 I_2 和 I_3 也是两个电流的叠加.应用叠加原理可以把一个复杂的电路分解成若干个比较简单的电路.在每一个比较简单的电路中，仅有一个电动势在所研究的问题中起作用，其他电动势假定被短接了，不过它们的内电阻应包括在相应的各支路的电阻内.

*§3-5 雷电的形成与安全用电

3-5-1 雷电形成机制

现代大气物理研究认为，雷电是一种瞬态大电流的放电过程，根据放电通道位置划分，主要有云际闪电、云内闪电和云地闪电三种形式.前两种称云闪，后一种称地闪.

产生雷电现象的云称雷雨云，雷雨云内部电荷分布较为复杂，但总的来说其上部带正电荷，中下部带负电荷，但在下部强对流区往往也集中有正电荷.雷雨云的形成需要一定的条件，从局地条件来看，首先，大气的垂直结构必须是不稳定的，以便对流活动的发生和发展；其次，空气中要有足够的水分，能够满足云的生成条件.从天气背景来看，应当有促发局地对流发展的天气形势，如冷锋过境、正在填塞中的低压、反气旋后部、小波动以及高空下股冷空气活动等.雷雨云往往由积云发展而来，它是对流云发展的成熟阶段.一个发展完整的对流云，一般都有一个形成、成熟和消散的过程.

目前一般有三种理论来解释雷雨云起电：温差起电机理、感应起电机理和水滴破裂起电机理.温差起电主要发生在 0 ℃层高度以上，由于冰晶各部的温度差使得正负离子浓度不均衡，冰晶破裂时造成一部分带正电，一部分带负电.感应起电认为雷雨云起电是由于大气电场的作用，大气电场线总是自上而下，悬浮在大气中的冰晶、水滴等被大气电场极化，上部带负电，下部带正电，由于重力作用下落过程中下部先与其他水滴和冰晶碰撞，弹出带正电的更小的水滴，这些带正电的水滴带走了大水滴下部的部分正电，被上升气流卷到雷雨云上部，其结果进一步加强了局部大气电场.此外水滴运动中的破裂也会造成雷雨云带电.雷雨云起电是一个复杂的过程，上面的机理都有一些实验结果支持其机制，尚不能完美地解释云中电场的复杂变化.

雷电是云与云之间、云与地之间或者云体内各部位之间的强烈放电现象.雷雨云通常产生电荷，底层为负电荷，顶层为正电荷，在雷雨云的下方，大气的电场与晴天正好相反，也就是说，此时地面带正电荷，它是由雷雨云感应产生的.正电荷和负电荷彼此相吸，但空气却不是良好的传导体.正电荷奔向树木、山丘、高大建筑物的顶端甚至人体之上，企图和带有负电的云层相遇；带负电荷枝状的触角则向下伸展，越向下伸越接近地面，整个雷电发生时间很短，如图 3-31 所示，整个过程从图 3-31(a)~(c)总共只需大约 0.1 s 的时间.巨大的电流沿着一条传导气道从地面向云涌去，产生出一道明亮夺目的闪光.闪电的温度为 15 000~30 000 ℃，相当于于太阳表面温度的 3~5 倍.闪电的极度高温使沿途空气剧烈膨胀，空气移动迅速，因此形成波浪并发出声音.距离闪电近，听到的就是尖锐的爆裂声；如果距离远，听到的则是隆隆声.你在看见闪电之后可以开动秒表，听到雷声后停止计时，然后用所得的秒数除以 3，即可大致知道闪电离你有几千米.

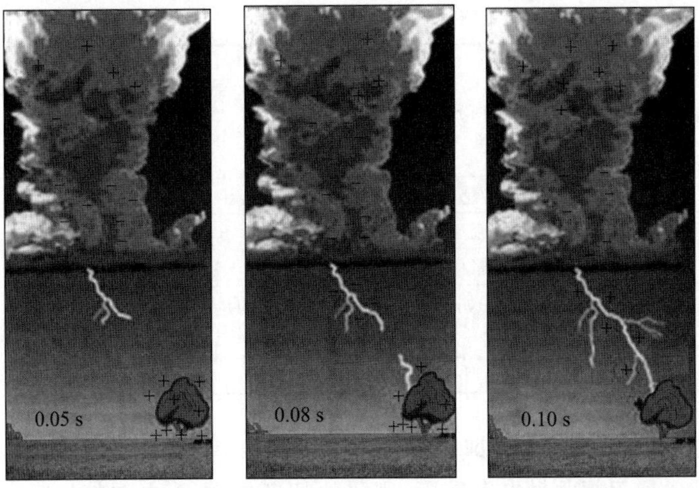

(a)　(b)　(c)

图 3-31　雷电的发展示意图

3-5-2 安全用电

人的皮肤是相当好的绝缘体,1 cm^2 的干燥的皮肤与导体接触,其电阻可达 10^5 Ω,但实际上这个阻值又与皮肤厚度、湿度、温度等因素有关,因人而异.国际电工委员会给出了如表 3-3 所示的人体的两只手之间总电阻值(皮肤干燥和大的接触面积),表 3-3 中 100 V-95%表示将 50 Hz、100 V 的交流电加到人体的两只手上时,95%的人的电阻是 3 200 Ω.表 3-4 给出了电流在人体内持续 1 s 所引起的生物学效应.在交流电的情况下,如果人体通入电流为 10 mA,就可以造成强烈的肌肉挛缩和疼痛,并且伴随烧伤,其电阻将减少,电流随之增大,到 20 mA 时,可能会造成呼吸停止,如果持续几分钟就可能会窒息而亡,并造成电源"不能放手"的效应,不同电流在持续 1 s 时间内对人体产生的生物学效应如表 3-4 所示.要造成相同的生物学效应,直流电的电流大约是对应交流电电流的 5 倍.我们国家规定 36 V 交流电压为安全电压,这是对绝大部分人而言的.因个体差异,有 5% 的人群的电阻比大部分人群的电阻要小,在接触低于这个电压时,仍是十分危险的.

电击或触电主要因素有:① 总电流;② 电流进入人体的路径;③ 持续的时间;④ 交流电的频率 f(对直流电 $f=0$).

表 3-3 人体两手之间总电阻(Ω)(%表示人群比例)

电压	5%	50%	95%
25 V	1 750	3 250	6 100
100 V	1 200	1 875	3 200
220 V	1 000	1 350	2 125
1 000 V	700	1 050	1 500

表 3-4 电流在人体内持续 1 s 所引起的生物学效应

电流(持续 1 s)	生物学效应	电压	
		人体电阻(= 10^5 Ω)	人体电阻(= 10^3 Ω)
1 mA	感觉阈值,刺痛的感觉	100 V	1V
5 mA	可承受的最大电流	500 V	5 V
10~20 mA	肌肉开始持续收缩("不能放手")	1 000~2 000 V	10~20 V
100~300 mA	致命的心室颤动,如果持续将发生呼吸功能的衰竭	10 000 V	100 V
6 A	持续性心室收缩,呼吸麻痹和烧伤	600 000 V	6 000 V

当发现有人触电时,应立即采取如下急救措施:① 首先尽快使触电者脱离电源.若电源开关或刀闸距触电者较近,则尽快切断电源.若电源较远时,可用绝缘钳子或带有干燥木柄的斧子、铁锹等切断电源线,也可用木杆、竹竿等挑开使导线脱离触电者.② 在电源未切断之前,救护人员切不可直接接触触电者,以免触电.③ 当

触电者脱离电源后,如触电者神智尚清醒,仅感到心慌、四肢麻木、全身无力或曾一度昏迷,但未失去知觉,此时可将触电者平躺于空气畅通且保温的地方,并严密观察.④ 发生触电事故后,一方面进行现场抢救,一方面应立即与附近医院联系,要求迅速派医务人员抢救.⑤ 抢救时不能只根据触电者没有呼吸和脉搏,就擅自判断触电者已死亡而放弃抢救.因为有时触电后会出现一种假死现象,故必须由医生到现场后作出触电者是否死亡的诊断.

【例 3-12】 如例 3-12 图所示高压电线被台风吹断,一端触及地面,从而使 200 A 的电流由接触点流入地内.设地面水平,设大地的电阻率 $\rho=100\ \Omega\cdot\text{m}$,当一个人走近输电线接地端,已知人们正常行走时左、右两脚间的距离 $r_{ab}\approx0.6$ m,此时两脚间的电压称为跨步电压,求该人在距高压线触地点 1 m 和 10 m 处的跨步电压.

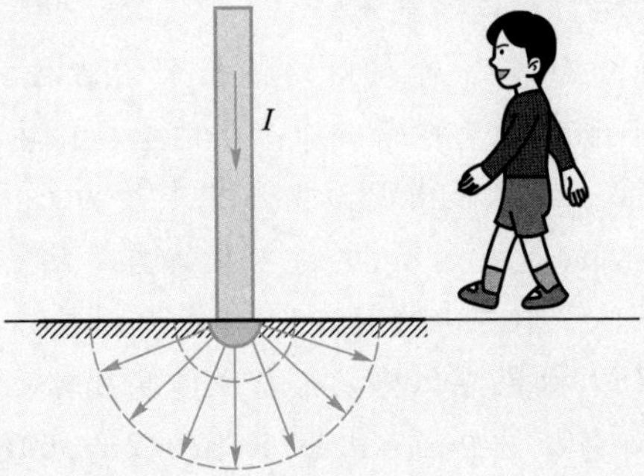

例 3-12 图

【解】 电流由电极进入大地的电流线球对称分布,电流密度为

$$j=\frac{I}{2\pi r^2}$$

根据欧姆定律,大地距离电极为 r 处的电场强度为

$$E=\frac{I}{2\pi\sigma r^2}=\frac{\rho I}{2\pi r^2}$$

大地距离电极为 r 处的电势为

$$U=E\cdot r=\frac{\rho I}{2\pi r}$$

人靠近电极距离为 1 m 时(前脚),两脚之间的跨步电压为

$$U_1=\frac{\rho I}{2\pi}\left(\frac{1}{r_1}-\frac{1}{r_1+r_{ab}}\right)=\frac{\rho I r_{ab}}{2\pi r_1(r_1+r_{ab})}\approx1\ 194\ \text{V}$$

人靠近电极距离为 10 m 时(前脚),两脚之间的跨步电压为

$$U_2=\frac{\rho I r_{ab}}{2\pi r_2(r_2+r_{ab})}\approx18\ \text{V}$$

第三章拓展应用

第三章习题

3-1 一种铁丝的横截面积为 0.10 mm^2,电阻率为 $4.9\times10^{-7}\ \Omega\cdot\text{m}$,若用它绕制

一个 60 Ω 的电阻，则需要多长的导线？

3-2 一根康铜导线，长度 $L=1$ km，两个端点接上电源，电压为 6 V，铜的电阻率为 1.7×10^{-8} Ω·m，自由电子数密度 $n=8\times10^{28}$ m^{-3}，则导线中自由电子的漂移速度为多少？

3-3 在范德格拉夫起电机中，一条 0.6 m 的绝缘带以 10 m/s 的速度运动，绝缘带上载有从电源赋予的自由电荷，可以在绝缘带表面产生 10^6 V/m 的电场，求绝缘带运动形成的电流.

***3-4** 在一个确定的体积 V 内的运动电荷产生恒定的电流，电流只在 V 内流动，证明由稳态电荷分布产生的电场对运动电荷做的功为零.

***3-5** 一根横截面积为 S，长度为 L，电导率为 σ 的长直圆柱形导体棒沿轴线方向以加速度 a 运动，电荷在导体内运动受到一个阻尼力，阻尼力大小为 mv/τ，τ 是电子的平均自由时间，(1) 求稳定时导体内的电流；(2) 求由于加速度带来的电动势；(3) 如果导体棒以匀角加速度 β 转动，则电流为多少？估计 $L=1$ cm，$S=1$ mm^2 时，导体棒按 $\theta(t)=\theta_0\cos\omega t$，$\theta_0=2\pi/360$，$\omega=500$ Hz 转动时产生的电流.

3-6 电流在导体内流动，当导线弯曲时，电流通过在弯曲处的表面建立一定量的电荷分布，使电流线自动弯曲，电流就能自动沿导线弯曲的路径流动，电流不会流出导体外部的空气中，如图所示.如果导线横截面积是 S，电流为 I，电导率为 σ，求弯曲的导线端面上积累的自由电荷数量.

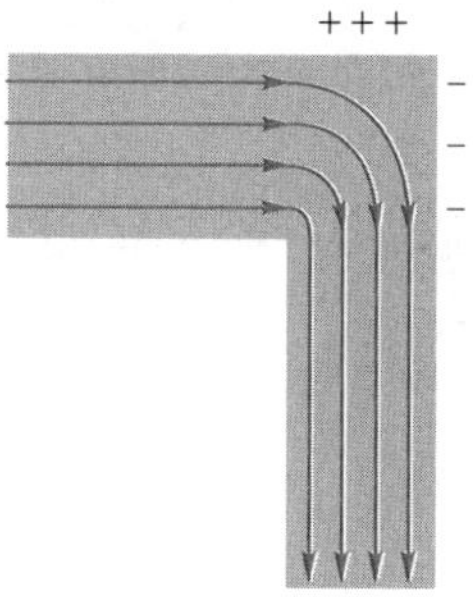

习题 3-6 图

3-7 丹聂尔电池由两个同轴圆筒构成，长为 l，外筒内半径为 b，材质为铜；内筒外半径为 a，材质为锌，两筒间充满电容率为 ε，电阻率为 ρ 的硫酸铜溶液，如图所示，略去边缘效应.求：(1) 该电池的内阻；(2) 该电池的电容；(3) 电阻与电容之间的关系.

3-8 假设一金属中的载流子数密度为 7.5×10^{28} m^{-3}，其平均自由时间为 1.7×10^{-14} s，请利用德鲁特模型计算该金属的电阻率.

3-9 一条长为 l 的梯形圆柱导线，电导率 σ 是常量，梯形圆柱一端为半径为 a 的圆，另一端为半径为 b 的圆，如图所示，近似计算导线两端的电阻.

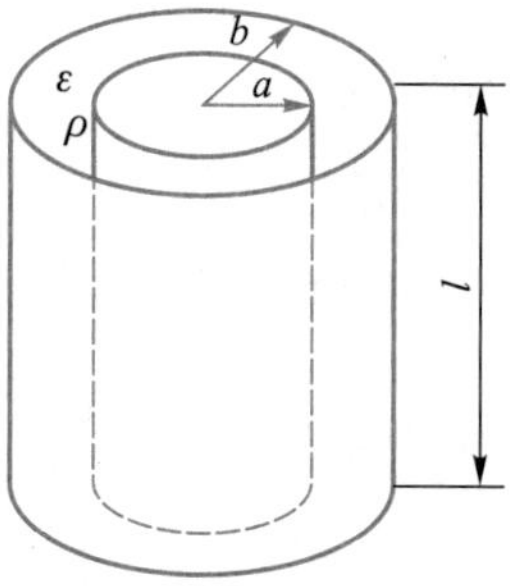

习题 3-7 图

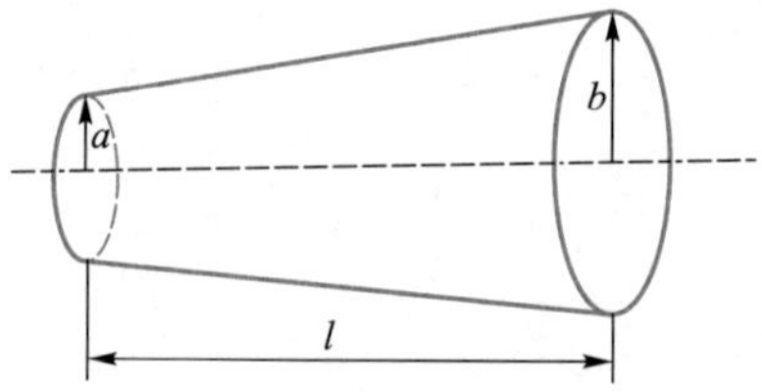

习题 3-9 图

***3-10** 若把大地看成是一个电导率为 σ 的导电介质.(1) 将半径为 R 的球形电极的一半埋到地下,如图(a)所示,求其接地电阻;(2) 在距离为 $d(d>>R)$ 的地方同样埋一相同的电极,如图(b)所示,求它们之间的电阻.

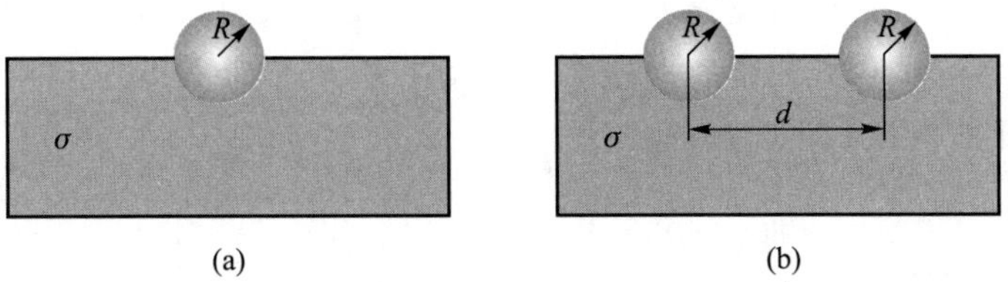

习题 3-10 图

3-11 电流线在两个导体界面会发生折射,如果两种导体的电导率分别为 σ_1 和 σ_2,分界面为平面,如图所示,第一个导体中电流密度 j_1 与分界面的法线方向成 θ_1 角进入第二种导体,则在第二种导体中电流密度 j_2 与分界面法线方向成的角度 θ_2 为多少?

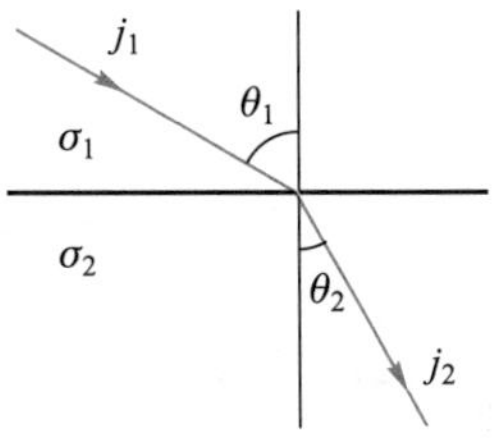

习题 3-11 图

****3-12** 一个半无限大薄膜,电导率为 σ, 厚度为 d,放置四根无限小的圆柱体电极,A 与 B 的距离为 a, B 与 C 的距离为 b, C 与 D 的距离为 c,如图所示.若电流 I 从 A 流入,从 B 流出, C 与 D 之间的等效电阻为 R_{CD};若电流 I 从 B 注入从 C 流出,A 与 D 之间的等效电阻为 R_{AD},证明下列恒等式成立:

$$e^{-\pi\sigma d R_{AD}}+e^{-\pi\sigma d R_{CD}}=1$$

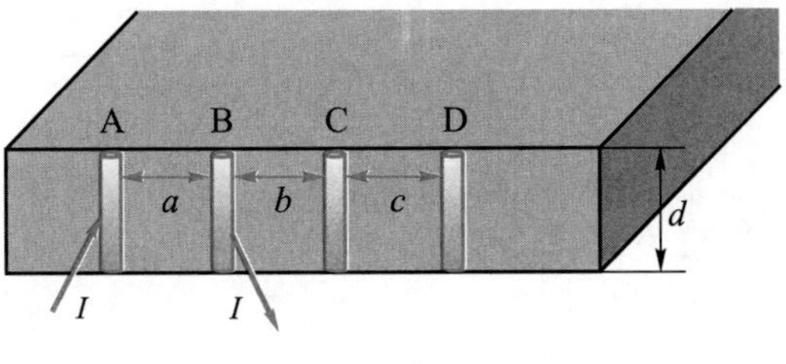

习题 3-12 图

3-13 无数多个电源电动势均为 $\mathscr{E}$,内阻均为 R_r,接到由电阻 $R=2R_r$ 组成的一维无限长网络上,如图所示,求该系统的等效电动势和等效内阻.

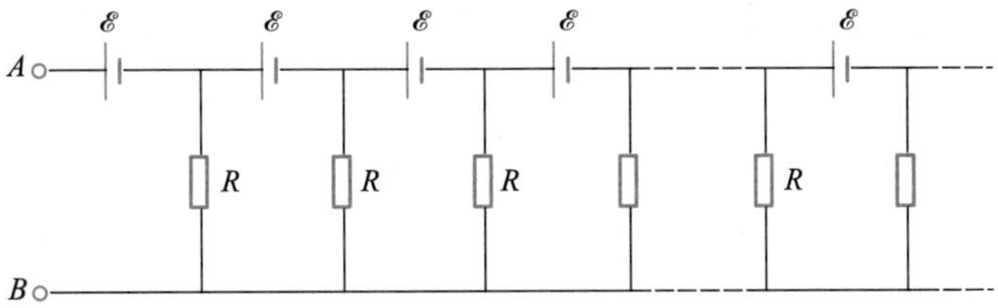

习题 3-13 图

3-14 如图所示的电路，电源电压为 6 V，内阻不计，R 为滑动变阻器，电阻 $R_L=20\ \Omega$，额定电压为 4.5 V，要使供电系统的效率不低于 60%，则滑动变阻器的阻值和额定电流分别为多少？

3-15 在如图所示的电路中，电源电压 $\mathscr{E}=6.3$ V，内阻 $R_r=0.5\ \Omega$，固定电阻 $R_1=2\ \Omega$，$R_2=3\ \Omega$，R_3 是阻值为 5 Ω 的滑动变阻器，闭合开关 S，调节滑动变阻器的滑片，求通过电源的电流范围.

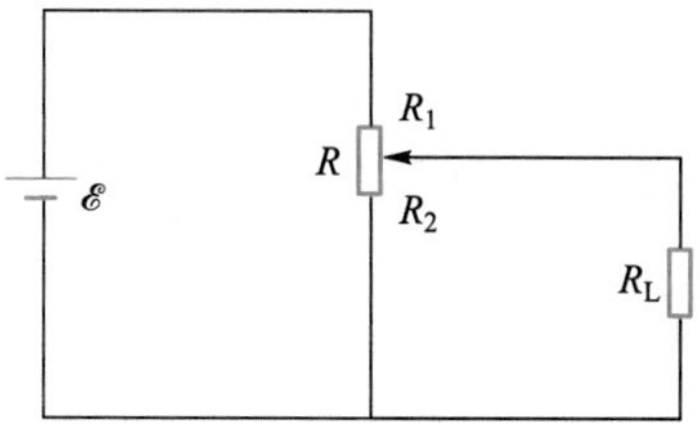

习题 3-14 图

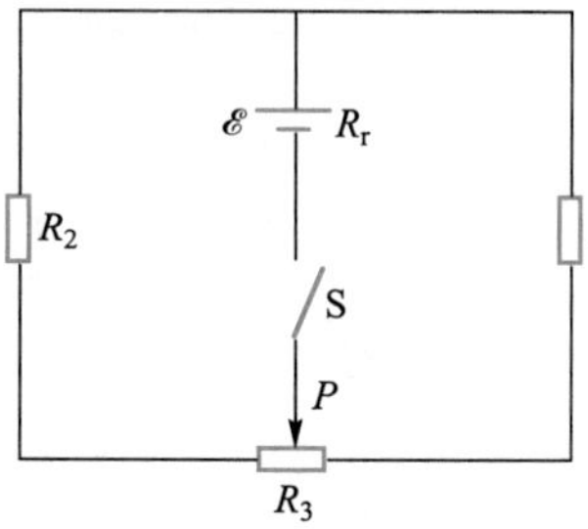

习题 3-15 图

3-16 为了降低负载电阻 R_0 上的电压，常在电路上加上一个"T"型网络，如图所示，要求加上"T"型网络后，在 R_0 上的电压降为原来的一半，而输出功率不变.已知 $R_0=300\ \Omega$，求电阻 R_1 和 R_2 的值.

3-17 如图所示的电路中，$\mathscr{E}_1=3.0$ V，内阻 $R_{r1}=0.5\ \Omega$，$\mathscr{E}_2=1.0$ V，内阻 $R_{r2}=0.50\ \Omega$，电阻 $R_1=5.0\ \Omega$，$R_2=2.0\ \Omega$，$R_3=4.0\ \Omega$，(1) 求 a、b 两点的电势；(2) 求各个电阻上消耗的电功率.

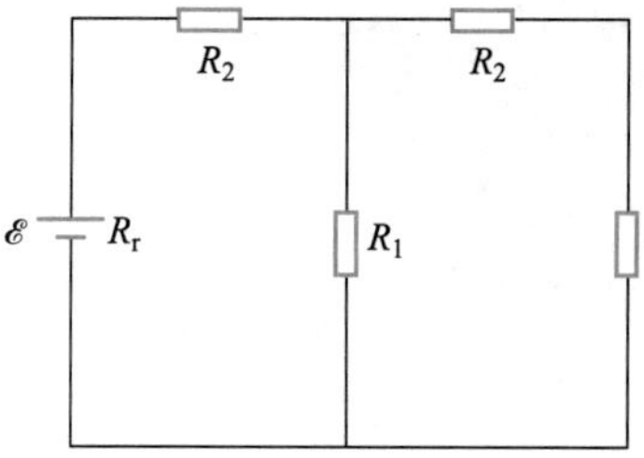

习题 3-16 图

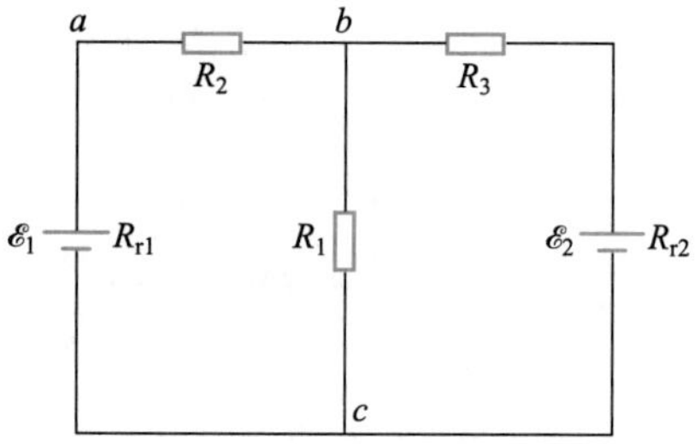

习题 3-17 图

3-18 一个三量程的电压表内部线路如图所示，量程分别为 1.5 V、3 V 和 15 V，其中 15 V 量程的电阻为 1 500 Ω，其他两个量程的电阻是多少？

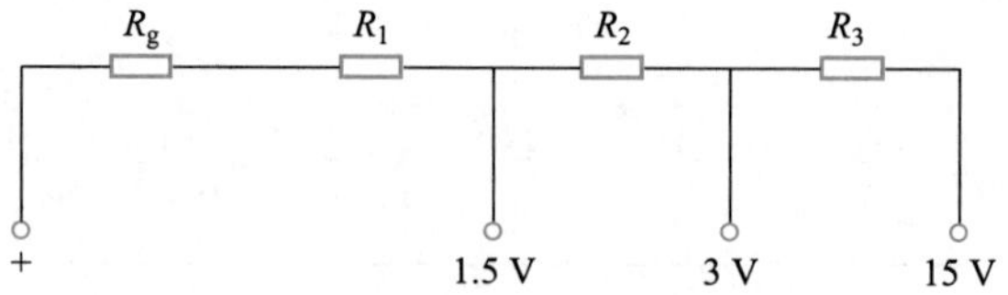

习题 3-18 图

3-19 零电阻是超导的一个基本特性，但在确认这一事实时会受到实验测量精度的限制.为了克服这一困难，最著名的实验是长时间检测浸泡在液态氦（温度 $T=4.2$ K）中的超导态铅丝做成的单匝线圈（超导转换温度为 $T_c=7.19$ K）内的电流变化.设铅丝粗细均匀，初始时通有 $I=100$ A 的电流，电流检测仪器的精度为 $\Delta I=1.0$ mA，在持续一年的时间内没有检测到电流的变化，根据这个实验，试估计超导态铅的电阻率为零这一结论的上限？（设铅中参与导电的电子数密度 $n=8.00\times10^{20}$ m^{-3}，电子质量 $m=9.11\times10^{-31}$ kg，元电荷 $e=1.60\times10^{-19}$ C）

3-20 在计算电源输出功率时，有时要考虑效率问题，如图所示，电源电动势为 $\mathscr{E}$，内阻为 R_r，负载电阻为 R，如图所示，请证明当 $R=R_r$ 时，电源输出功率达到最大值，并求这个值.

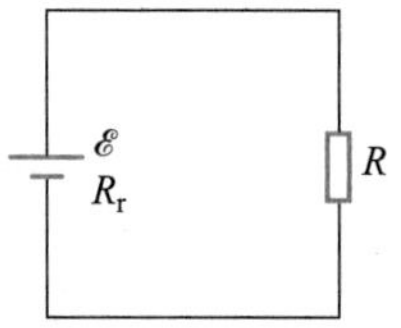

习题 3-20 图

***3-21** 电路包含一个可忽略不计的内部电阻的电源 $\mathscr{E}$、2 020 个相同的电阻器和 2 021 个导体小球，如图所示，不考虑导体球之间的相互影响，当开关闭合时，所有导球体上的总电荷量为 Q .求导体球的半径 r.

3-22 一个以空气为电介质的平行板电容器的电容为 C.该电容通过一个电阻连接到提供持续电势差 U 的电压源上，如图所示.一个电容率为 k 的绝缘板插入电容器中，恰好填满.重新建立平衡后，迅速移走绝缘板.求再次建立平衡之前电阻产生的热量.

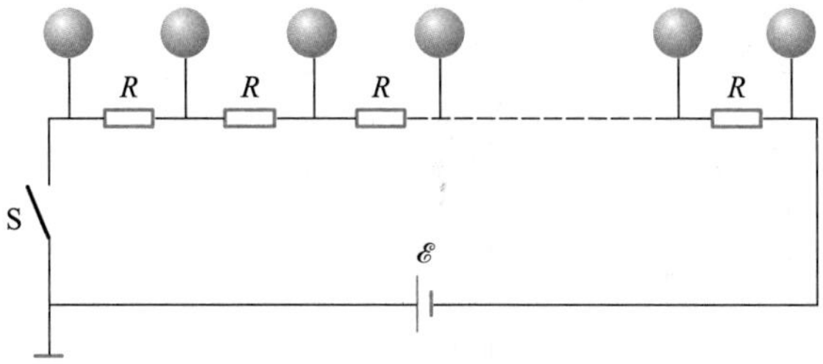

习题 3-21 图

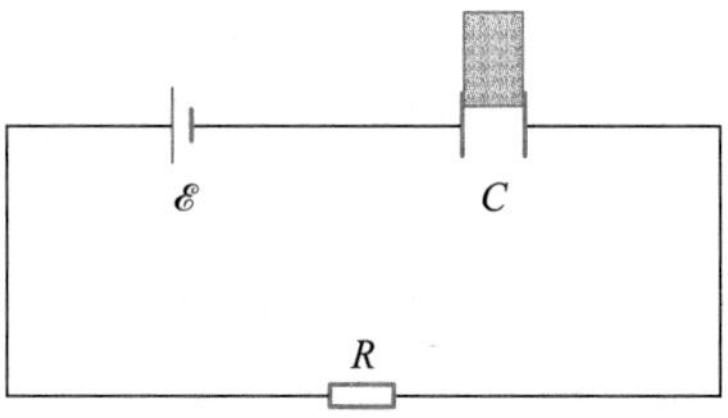

习题 3-22 图

3-23 一个面积为 S、介质为空气的平行板电容器连接到一个电压为 U，内阻可忽略的电源两端.电容器的其中一个极板振动，两极板间距离变化为 $d=d_0+a\cos\omega t$，（$a\ll d_0$）.当电路中瞬时电流值达 I 时，电容“烧毁”，求允许的最大振幅 a.

3-24 求下列三个正方形电阻网络对角线两点 AB 之间的电阻，如图所示，假设每边的电阻都为 R.

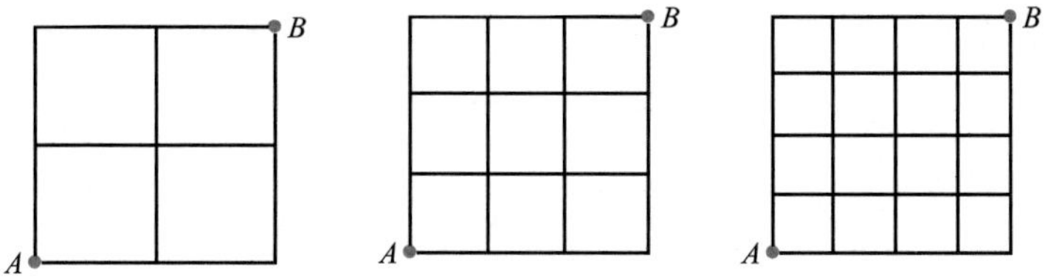

习题 3-24 图

*3-25 12根电阻为 R 的导线组成一个立方体,如图所示,求任意两个节点之间的等效电阻.

3-26 一个电阻网络有 n 个端点,如果任意两个端点之间用相同的电阻 R 连接,如图所示.求任意2个端点之间的等效电阻.

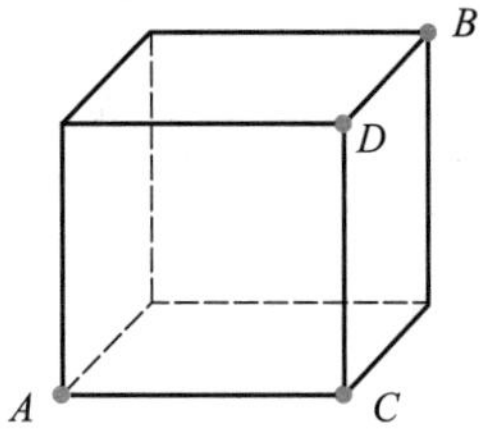

习题 3-25 图

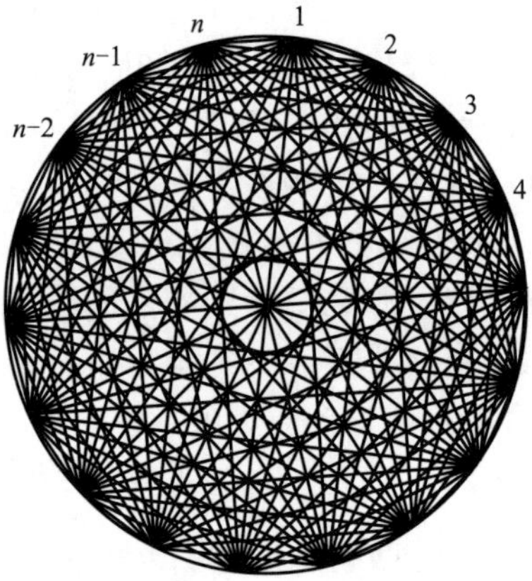

习题 3-26 图

3-27 含有巨大数目的相同格子的线路接在电压为10 V的电源上,每一个格子由三个相同的电压表组成,如图所示,求:(1) 第1个格子里三个电压表的读数;(2) 第5个格子里三个电压表的读数.

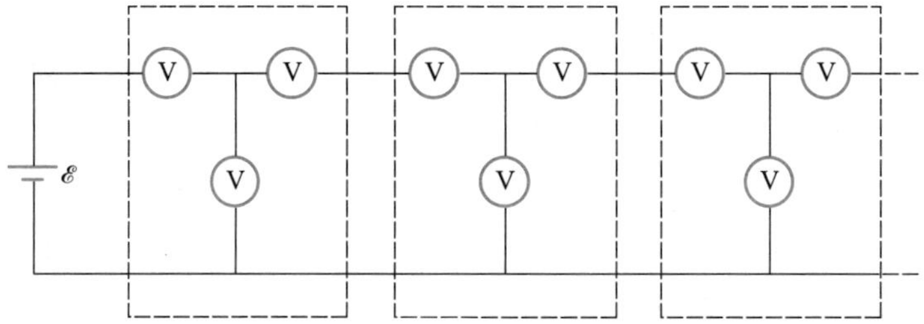

习题 3-27 图

3-28 如图所示电路,已知 $\mathscr{E}_1=6\ \text{V}$,$\mathscr{E}_2=4.5\ \text{V}$,$\mathscr{E}_3=2.5\ \text{V}$,$R_1=R_2=0.5\ \Omega$,$R_3=2.5\ \Omega$(忽略电源内阻),求通过电阻 R_1、R_2 和 R_3 的电流.

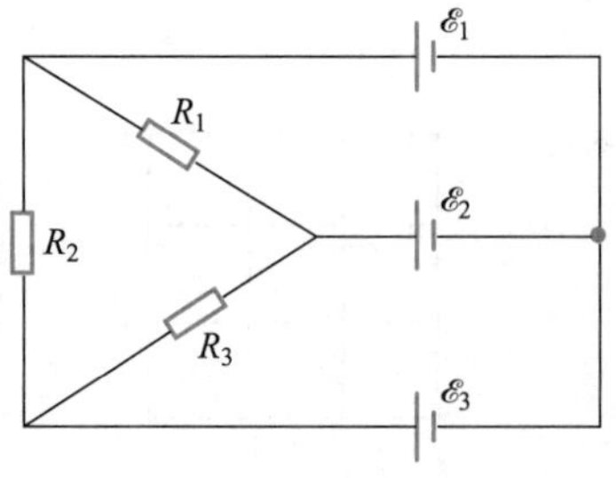

习题 3-28 图

3-29 如图所示，3个电源的电动势分别为 $\mathscr{E}_1=12.0\ \mathrm{V}$，$\mathscr{E}_2=\mathscr{E}_3=6.0\ \mathrm{V}$，电阻分别为 $R_1=R_2=R_3=3\ \Omega$，$R_4=6\ \Omega$，求 R_4 上的电压和通过 R_2 的电流.

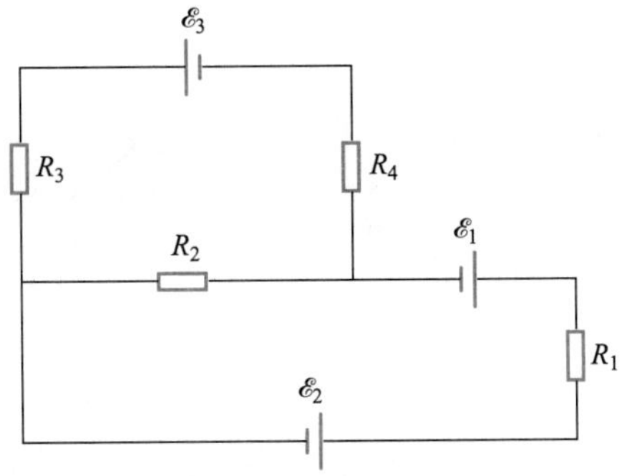

习题 3-29 图

*__3-30__ 半径分别为 a 和 b，长为 $L(L\gg b>a)$ 的两薄金属圆筒同轴放置，其间充满电阻率为 ε 的均匀电介质，内外圆筒间加有电压 U，忽略边缘效应.(1) 求流经内外圆筒的电流；(2) 若沿圆筒轴线方向加上磁感应强度为 $\boldsymbol{B}$ 的均匀磁场，如图所示，求流经内外筒的电流强度 I'，设电介质的相对磁导率为1，载流子带电荷量为 e，载流子数密度为 n(忽略电流自身产生的磁场).

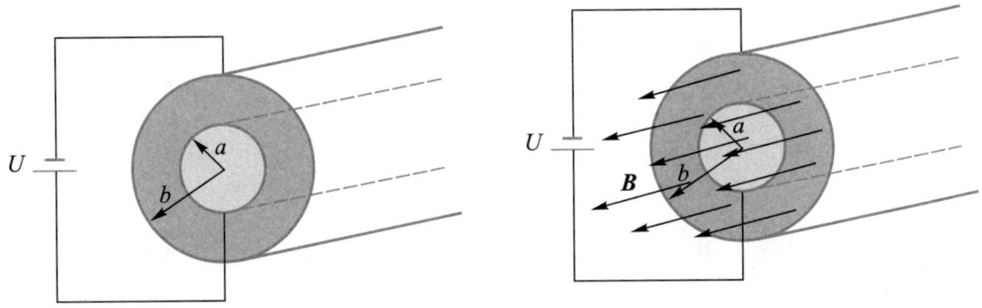

习题 3-30 图

*__3-31__ 12根电阻均为 $R=4\ \Omega$ 的电阻丝连接成正六面体，在两根电阻丝之间连有2个电动势 $\mathscr{E}_1$ 和 $\mathscr{E}_2$，$\mathscr{E}_1=40\ \mathrm{V}$，$\mathscr{E}_2=20\ \mathrm{V}$；另在5根电阻丝中连有电容均为 $C=100\ \mu\mathrm{F}$ 的电容器，如图所示.设电源内阻可以忽略.求：(1) A、B 之间的电流 I_{AB}；(2) E、F 之间的电容器极板上的电荷量.

**__3-32__ 一对半径为 a 和 $b(a<b)$ 的同心金属球壳中间填充了两种电介质，两种电介质的分界面是绝缘的，两种电介质的相对电容率和电导率分别为 ε_{r1}、σ_1，ε_{r2}、σ_2.在内外导体之间加上电压为 $\mathscr{E}$ 的电源.求：(1) 内外导体之间的电阻；(2) 该器件的时间常量 $\tau=RC$；(3) 两种电介质中的电流密度 j；(4) 第一种介质中由电流在单位时间所产生的焦耳热.

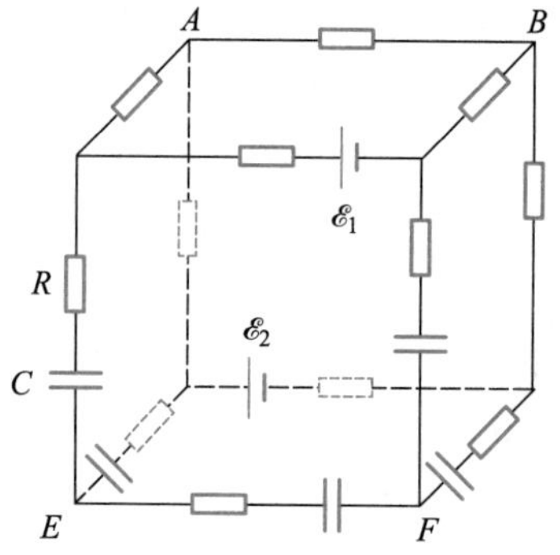

习题 3-31 图

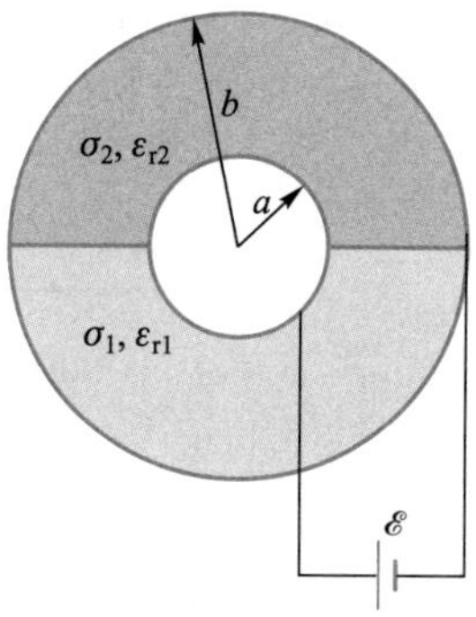

习题 3-32 图

习题答案

* **3-33** 一个生物体内有大量的离子,若其包含总电荷量 $Q<0$,处在溶液中的点状球形的微粒,每个微粒电荷量 $q>0$, 共有 N 个微粒被生物体吸附在外表面,(1) 求 N 个微粒均匀地被吸附在球形生物体周围的总能量;(2) 求 N 个微粒的相互作用能;(3) 根据"汤姆孙问题",即能量最小原理确定 N.

第四章

真空中的静磁场

§4-1 磁现象以及起源

4-1-1 磁现象研究历史

1. 磁现象研究简史

我国是对磁现象认识最早的国家之一,公元前 5 世纪左右成书的《管子》中就有"上有慈石者,其下有铜金"的记载,这是关于磁的最早记载,事实上,磁铁矿的主要成分是氧化铁($FeO \cdot Fe_2O_3$).公元前 2 世纪左右成书的《吕氏春秋》中也可以找到:"慈石召铁,或引之也".公元前 1 世纪成书的《淮南子》中有"慈石能吸铁,及其于铜则不通矣".在东汉以前的古籍中,一直将磁写作慈,意为慈爱.古希腊泰勒斯、苏格拉底曾提到的磁石,在法文、西班牙文和匈牙利文中称为"爱的石头".

指南针是我国古代的四大发明之一.指南针初期指的是司南,把磁石磨成勺状,放在青铜制成的光滑如镜的底盘上,再铸上方向性的刻纹,这个磁勺在底盘上停止转动时,勺柄指的方向就是正南,勺口指的方向就是正北,这就是传统上认为的世界上最早的磁性指南仪器,叫作司南,如图 4-1 所示.《韩非子》中有"故先王立司南,以端朝夕"的记载.东汉王充(公元 27— 97)在《论衡 · 是应篇》中记有"司南之杓,投之于地,其柢指南".沈括(1031—1095)《梦溪笔谈》记载"方家以磁石磨针锋,则能指南".指南针用于航海的记录,最早见于宋代朱彧的《萍洲可谈》:"舟师识地理,夜则观星,昼则观日,阴晦则观指南针".之后,关于指南针的记载极丰.南宋后,罗盘在航海中普遍使用,到了明代,遂有郑和下西洋,远洋航行到非洲东海岸之壮举.中国指南针于 12 世纪末 13 世纪初由海路传入阿拉伯,又由阿拉伯传到欧洲.西方关于指南针航海的记载是在 1207 年英国纳肯(A.Neckam,1157—1217)的《论器具》中.

图 4-1 中国古代的司南和指南针

英国学者马里古特(P.Maricourt)做了不少磁学实验,并于 1269 年写了一本小册子,他发现磁铁有两极,并命名为 N 极和 S 极,异极相吸,同极相斥.13 世纪罗马人裴雷格尼(Peregrines)在《论磁体的信》中对磁铁均匀性、重量、吸引力和极的概念进行了描述,并指出了"同性相斥,异性相吸"的特性.英国学者吉尔伯特(W.Gilbert,1554—1603)在 1600 年写了一本《论磁性》的书,他在书中表明地球是一个巨大的磁体,并提出了磁极和磁力的概念.

早期人们对磁现象的了解和研究基本上都是停留在对磁极、相互作用力和地球的磁性等磁现象的表面描述阶段,并没有进行系统的科学实验和测量.直到 19 世纪 20 年代,奥斯特发现了电流的磁效应后,才翻开了磁学研究的新纪元.

2. 磁的基本现象

对一条形磁体而言,其两端吸引铁磁性物质的能力最强,即磁性最强,这两端称为磁极.如果将条形磁体的中心悬挂起来,并使之能在水平面内自由转动,由于地磁场的作用,其中一个磁极总是指向北方,称为北磁极(N 极);另一个磁极总是指向南方,称为南磁极(S 极).实验表明,同号磁极互相排斥,异号磁极互相吸引,如图 4-2 所示.这与电荷相互作用现象非常类似,它启发库仑等人曾引入"磁荷"概念来研究静磁力,得到了一些重要的结果,但是由于磁荷并不存在,这种方法已经不再使用了.

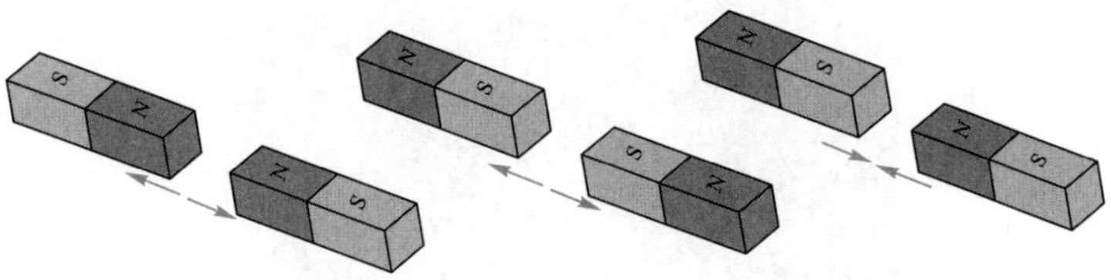

图 4-2 磁极的相互作用

地球是一个磁体,宛如是一个巨大的条形磁铁,如图 4-3 所示,地球的南磁极(S 极)位于北半球加拿大的 Ellesmere 岛附近,根据加拿大国家地理数据,在 2001 年磁极位置是81.3°N、110. 8°W,到 2020 年已经迁移到86.5°N、164.04°W.

工业上可以制造出各种各样的磁铁.磁铁能够吸引铁磁性物质如铁、镍、钴等金属.磁铁可分作"永久磁铁"与"非永久磁铁",即"硬磁"与"软磁".永久磁铁又有天然磁石和人造磁铁两种,天然磁石主要成分是四氧化三铁(Fe_3O_4),常称"磁性氧化铁",20 世纪 70 年代制造出了稀土磁铁,目前为止具有最强磁力的永久磁铁是钕磁铁,也称为钕铁硼磁铁,是一种人造的永久磁铁.

3. 电与磁的联系

1820 年 4 月丹麦著名物理学家奥斯特(H.C.Oersted,1777—1851)在一次实验中发现了导线接通电源的瞬间,旁边的小磁针发生了跳动(图 4-4).此后他做了大量的实验测量,并于 1820 年 7 月 21 日发表了题为《关于磁针上的电流碰撞的实验》的论文,总结出:电流的作用仅存在于载流导线的周围,沿着螺旋方向垂直于导线;电流对磁针的作用可以穿过各种不同介质,作用的强弱与导线到磁针的距离和电流的强弱有关;铜和其他一些材料制作的针不受电流作用;通电的环形导体相当于一个磁针.这篇仅 5 页的论文使欧洲物理学界产生了极大震动,导致了大批实验成果的出现.1820 年奥斯特荣获英国皇家学会科普利奖章.1824 年他倡议成立丹麦自然科学促进会,1829 年出任哥本哈根理工学院院长,直到 1851 年 3 月 9 日在哥本哈根逝世,终年 74 岁.

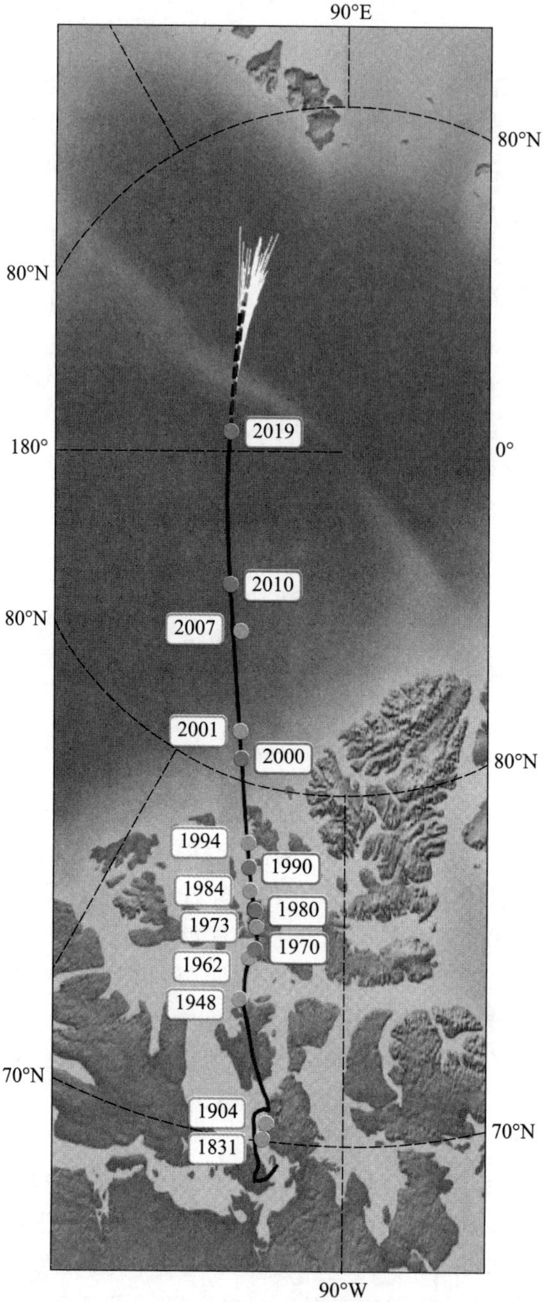

图 4-3 地球北部磁极位置随年代的迁移

4. 物质磁性的起源

关于物质磁性的起源,历史上有许多不同的学说,18 世纪库仑提出了关于铁的两种磁流体的磁分子学说,认为在铁分子中存在着数量相同磁性相反的两种磁流体,在一般情况下,两种磁流体相互结合而不显示磁性,但在外磁场的作用下,两种磁流体发生位移而错位,便显示出磁性.

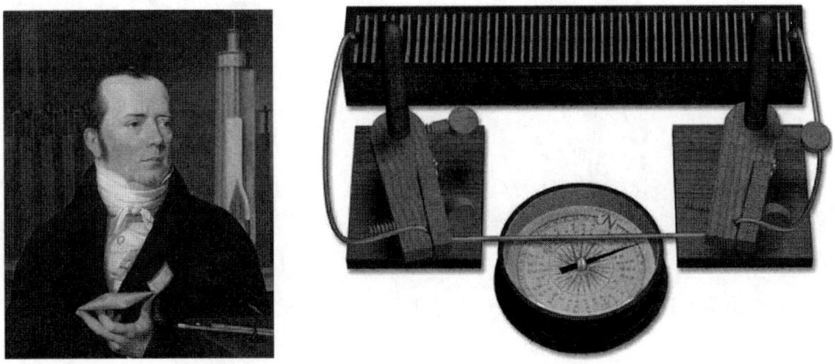

图 4-4　奥斯特和电流的磁效应的实验

安培通过一系列经典的实验，认识到磁是由运动的电荷产生的.他用这一观点来说明地磁的成因和物质的磁性.安培提出：电流从分子的一端流出，通过分子周围空间由另一端注入；非磁化的分子的电流呈无规律分布，对外不显示磁性；当受外界磁体或电流影响时，分子电流呈有规律分布，显示出宏观磁性，这时分子就被磁化了.这就是著名的安培的“分子电流假说”，如图 4-5 所示，即每个分子形成的圆形电流就相当于一根小磁针，安培的这个假说与现代原子分子结构的概念相符合，如电子围绕原子核运动形成环形电流.

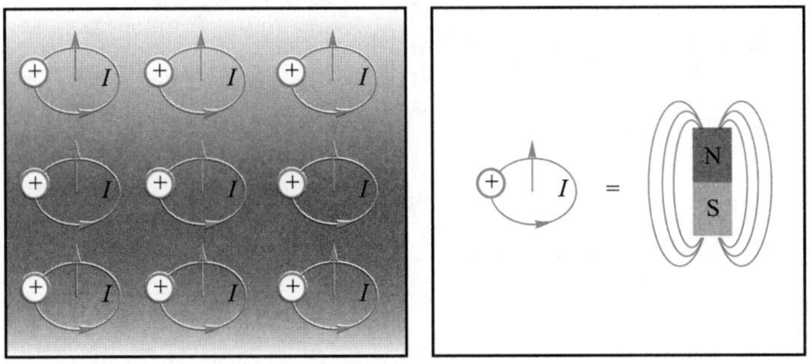

图 4-5　分子电流模型

真正的磁性的起源在 20 世纪初期量子力学创建后才得以成功的解释.量子力学诞生后，人们先后将电子的自旋、质子和中子的磁矩、原子核的磁矩与宏观物质的磁性联系到一起，成功地揭示了各种物质磁性的起源及其物理本质.

构成宏观物质的最小单元是分子和原子，分子是能保持宏观物质的基本物理化学特性的最小单位，分子是由多个原子构成的，原子的磁性是分子磁性的根源，原子又是由原子核和核外电子组成的.但是原子核的磁性与核外电子的磁性相比要小得多，大约与它们的质量成反比，故原子的磁性一般主要考虑电子的磁性.经典物理的解释是，原子中的核外电子在一定的轨道上围绕原子核运动，称轨道运动，轨道运动相当于一个环形电流；同时电子还有自旋运动，如图 4-6 所示.电子的轨道磁矩和自旋磁矩是原子磁性的主要来源.

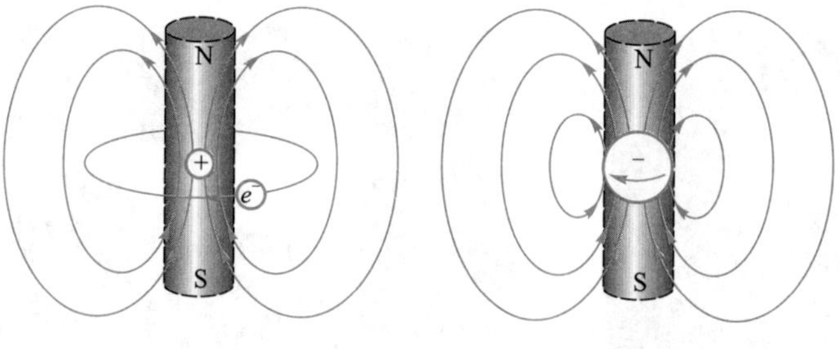

(a) 电子轨道运动形成电流等效于小磁针 (b) 电子的自旋运动等效于小磁针

图 4-6

4-1-2 安培定律

1820 年 12 月前后，安培进行了电流之间相互作用的实验测量，他设计了四个漂亮的实验，根据实验结果和分析，安培获得了电流之间相互作用力的公式.

安培首先设计制作无定向秤.所谓无定向秤，实际上是两个方向相反的通电线圈，悬吊在水银槽下，如果两个线圈受力不均衡，就会发生偏转.无定向秤的结构如图 4-7 所示.安培用一根硬导线弯成两个共面且大小相等的矩形线框，线框的两个端点 A、B 通过水银槽和固定支架相连.接通电源时，两个线框中的电流方向正好相反.整个线框以水银槽为支点自由转动.在均匀磁场(如地磁场)中它所受到的合力和合力矩为零，处于随遇平衡状态；但在非均匀磁场中它会发生转动.

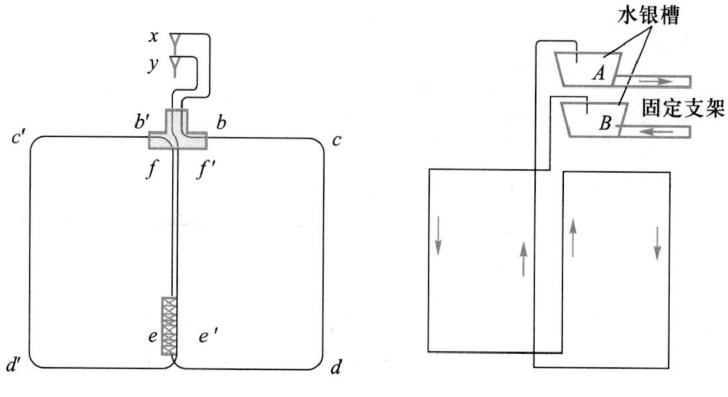

(a) (b)

图 4-7 安培制作的无定向秤和示意图

接着安培设计了 4 个精巧的实验来分析电流之间的相互作用力.

第一个实验证明电流反向时，作用力也反向.安培将一对折的通电导线移近无定向秤，结果无定向秤丝毫不动.实验结论是：当对折导线通电时，表明强度相等、方向相反的两个靠得很近的电流对另一电流产生的吸力和斥力在绝对值上是相等的，如图 4-8(a)所示.

第二个实验证明磁作用的方向性.安培将对折导线中的一段绕在另一段上,成螺旋形,通电后,将它移近无定向秤,无定向秤仍无任何反应.这表明一段螺旋状导线的作用与一段直长导线的作用相同,从而证明电流元具有矢量性质,即许多电流元的合作用是各个电流元作用的矢量叠加,如图 4-8(b)所示.

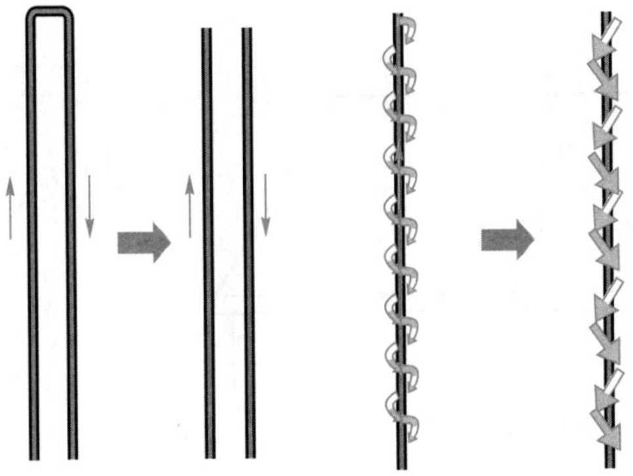

图 4-8 安培的通电 U 形直导线和弯曲导线实验示意图

第三个实验研究作用力的方向.安培把圆弧形导体架在水银槽上,经水银槽通电.改变通电回路或用各种通电线圈对它作用,圆弧导体都不动,说明作用力垂直于载流导体,如图 4-9(b)所示.

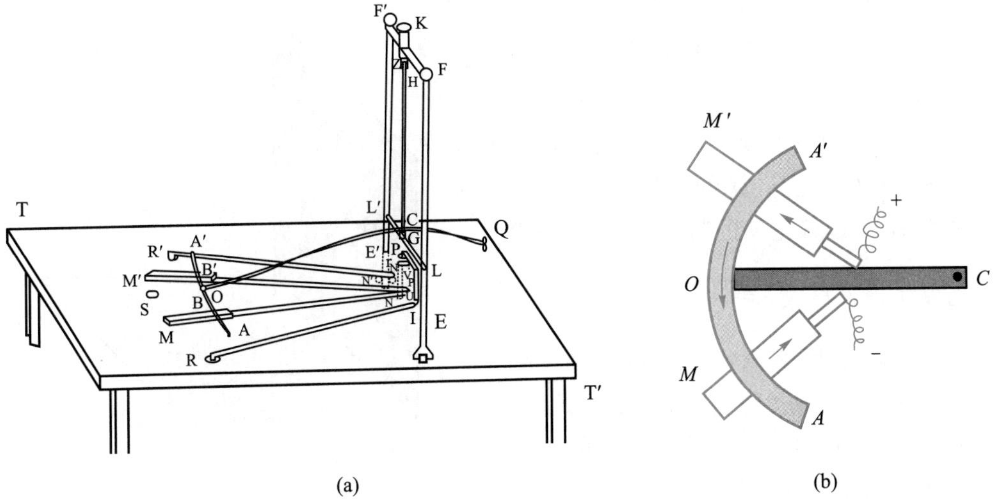

图 4-9 弧形通电导线受力实验与示意图

第四个实验检验作用力与电流及距离的关系.三个相似的线圈 A、B 和 C(如图 4-10(b)所示),其周长比为 $1:k:k^2$.A、C 两线圈相互串联,位置固定,通入电流 I_1.线圈 B 可以活动,通入电流 I_2,如图 4-10 所示.实验发现,只有当 A、B 间距与 B、C 间距之比为 $1:k$ 时,线圈 B 才不受力,即此时 A 对 B 的作用力与 C 对 B 的作用力大小相等、方向相反.

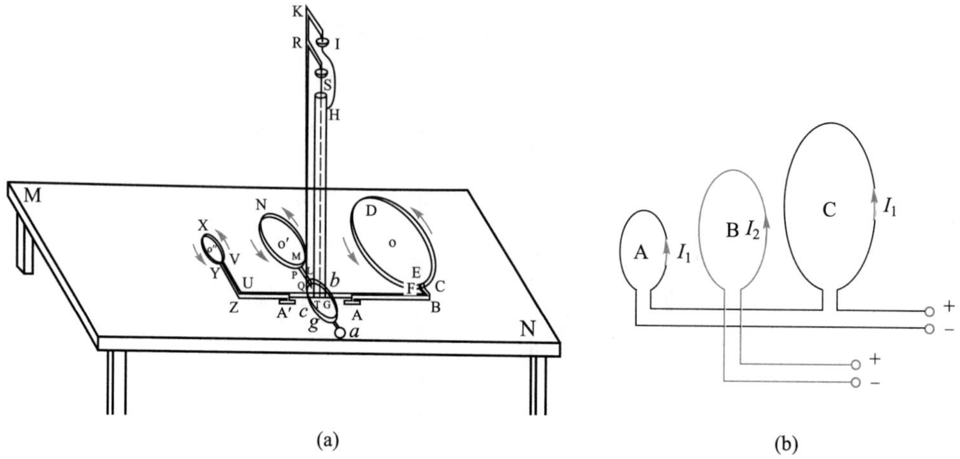

图 4-10 通电圆环之间作用力实验

安培假设:两个电流元之间的相互作用力沿它们的连线,如图 4-11 所示.在这些实验的基础上,安培得到两个电流元之间的作用力的表达式为

$$\mathrm{d}F_{21}=k\frac{I_1I_2\mathrm{d}l_1\mathrm{d}l_2\sin\theta_1\sin\theta_2}{r_{21}^2} \tag{4-1}$$

该式也可改写成矢量的形式

$$\mathrm{d}\boldsymbol{F}_{21}=k\frac{I_2\mathrm{d}\boldsymbol{l}_2\times(I_1\mathrm{d}\boldsymbol{l}_1\times\boldsymbol{e}_r)}{r_{21}^2} \tag{4-2}$$

式中 $\boldsymbol{e}_r$是施力电流元 $I_1\mathrm{d}\boldsymbol{l}_1$到受力电流元 $I_2\mathrm{d}\boldsymbol{l}_2$方向的单位矢量.$k$ 为比例系数,根据力和电流的量纲,可以确定 k 的量纲为$[k]=\mathrm{MLT^{-2}I^{-2}}$,通常也把 k 写成 $k=\dfrac{\mu_0}{4\pi}=10^{-7}\ \mathrm{N\cdot A^{-2}}$,其中 μ_0 是真空磁导率,其值 $\mu_0=4\pi\times10^{-7}\ \mathrm{N\cdot A^{-2}}$.

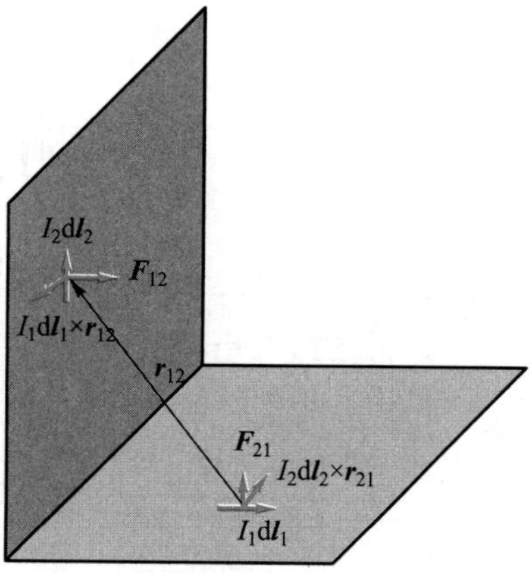

图 4-11 两个电流元之的作用力

式(4-2)是目前普遍采用的式子,但并不是安培原初的式子.式(4-2)的正确性无法用实验来直接检验,因为无法得到恒定电流元.此外电流元之间的相互作用力不一定满足牛顿第三定律,原因是实际上不存在孤立的恒定电流元,它们总是闭合回路的一部分.例如图 4-12(a)中的两个电流元之间满足牛顿第三定律,但是图 4-12(b)中的两个电流元,它们并不满足牛顿第三定律.但是可以证明,式(4-2)在计算两个线圈的作用力时是满足牛顿第三定律的.即若将沿闭合回路积分,得到的合成作用力总是与反作用力大小相等,如图 4-13 所示,即

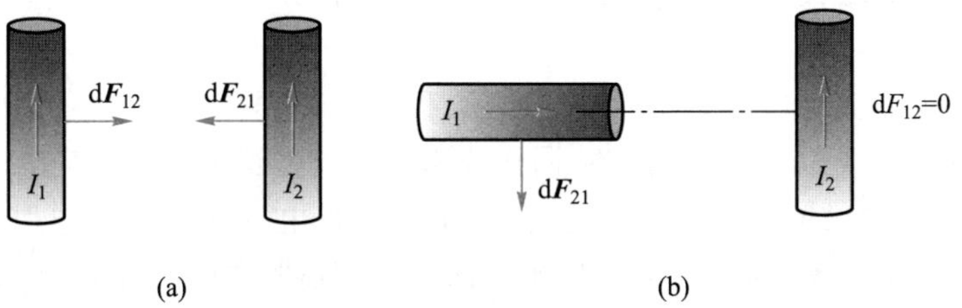

图 4-12 两个电流元之间的作用力并不一定满足牛顿第三定律

$$\oint_{L_1} \boldsymbol{F}_{12} \cdot \mathrm{d}\boldsymbol{l}_1 = -\oint_{L_2} \boldsymbol{F}_{21} \cdot \mathrm{d}\boldsymbol{l}_2 \tag{4-3}$$

读者可以自行证明,但作用力和反作用力也不一定沿连线方向.

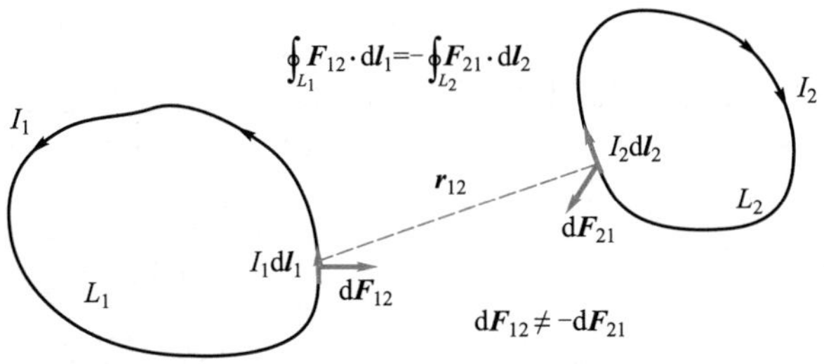

图 4-13 两个通电线圈之间的作用力满足牛顿第三定律

§4-2 电流的磁场

4-2-1 磁感应强度

1. 磁感应强度的定义

电流之间的作用不是超距作用,它是通过磁场来传递的.电流、运动电荷、磁体或变化电场周围空间存在的一种特殊形态的物质——磁场.由于磁体的磁性来源于电流,电流是电荷的运动产生的,因而概括地说,磁场是由运动电荷或电场的变化而产生的.

磁场对载流导体和运动的电荷都会产生作用,我们可以根据载流导线在磁场中受到的安培力或运动电荷受到的洛伦兹力来定义磁场.但是由于历史的原因,磁场最先引入的是根据磁荷和电荷的对称关系定义为单位磁荷的作用力,而历史上用这种定义的磁场强度就是我们在后面将要讲到的物理量 $\boldsymbol{H}$,但由于磁荷并不存在,这种用磁荷来定义的磁场强度不再使用;此外用磁荷来定义的磁场强度与现在所说的磁场不是同一个物理量,但是由于磁场强度在历史上已经被使用过，因此我们现在定义的磁场换一个名称——磁感应强度 $\boldsymbol{B}$，它是一个矢量.

为了定义载流导体在空间产生的磁场，我们引进"电流元"的概念，电流元即一段很小的载流导线，用 $I_0\mathrm{d}\boldsymbol{l}_0$ 来描述，同样要满足其线度要很小而且其电流 I_0 也要很小的要求.我们在磁场中引进试探电流元 $I_0\mathrm{d}\boldsymbol{l}_0$，试探电流元受到的作用力大小除了与本身电流元大小有关外，还与作用于它的磁场的强弱和取向有关，即

$$\mathrm{d}\boldsymbol{F}_0=I_0\mathrm{d}\boldsymbol{l}_0\times\boldsymbol{B} \tag{4-4}$$

我们可以在磁场中转动电流元的方向，使其受到的力为最大，即 $(\mathrm{d}F_0)_{\max}=(I_0\mathrm{d}l_0)B$，因此单位电流元在空间某点受到的最大的力与该点的磁感应强度 $\boldsymbol{B}$ 有关，所以

$$B=\frac{(\mathrm{d}F_0)_{\max}}{I_0\mathrm{d}l_0} \tag{4-5}$$

磁感应强度 $\boldsymbol{B}$ 的方向为 $\boldsymbol{F}_0$ 与电流元 $I_0\mathrm{d}\boldsymbol{l}_0$ 的右手螺线方向，如图 4-14 所示.即当电流元受到力为最大时，三者成正交关系.受力方向也可用左手定则判断：让磁感应线穿过左手手心，四指指向电流方向，大拇指方向就是受力方向.

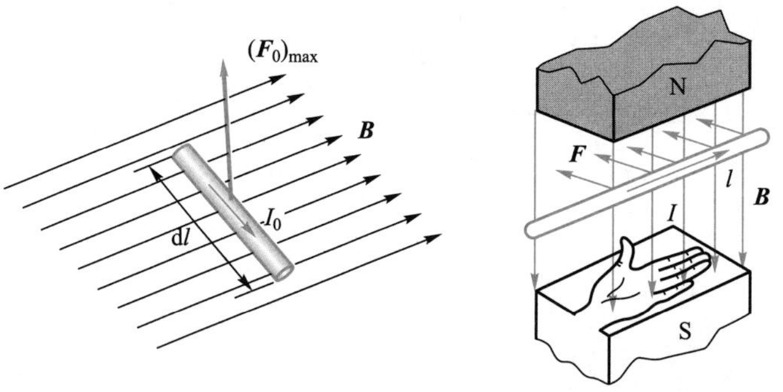

图 4-14 磁感应强度方向与电流方向和受力方向三者的关系

在国际单位制(SI)中，磁感应强度的单位是 T(特斯拉)，简称特，即

$$1\ \mathrm{T}=1\ \mathrm{N}\cdot\mathrm{A}^{-1}\cdot\mathrm{m}^{-1}$$

在高斯单位制中，磁感应强度的单位是 Gs(高斯)或 G，1 T = 10 kGs 或 10^4 Gs，现已不推荐使用.

2. 毕奥-萨伐尔定律

受奥斯特发现电流磁效应的消息的启发，法国物理学家毕奥(J.B.Biot，1774—1862)和萨伐尔(F.Savart，1791—1841)更仔细地研究了直线载流导线对磁针的作用，确定了这个作用力正比于电流，反比于电流与磁极的距离，力的方向垂直于这一距离.

为了计算载流导线所产生的磁场，我们把试探电流元放置在一个闭合线圈的周围，如图 4-15 所示，根据磁感应强度的定义，它受到圆环上一小段电流元 $I\mathrm{d}\boldsymbol{l}$ 在该点产生的磁场施加的安培力，安培力由式(4-4)表示，$\mathrm{d}\boldsymbol{B}$ 为圆环电流中的一段电

流元 $Id\boldsymbol{l}$ 在 $I_0 d\boldsymbol{l}_0$ 处产生的磁场.

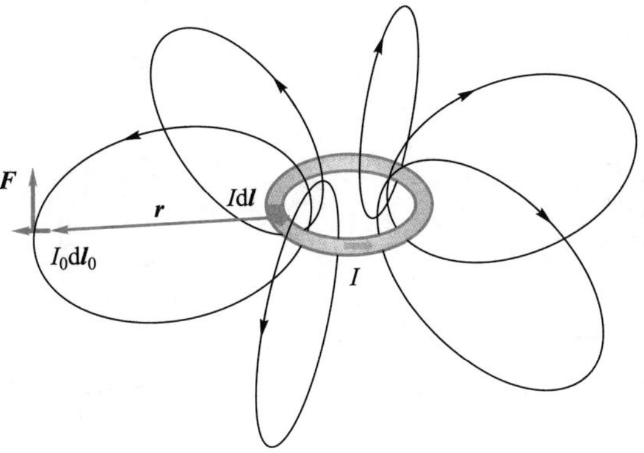

图 4-15 试探电流元测定空间的磁场分布

由安培定律可知

$$d\boldsymbol{F}=\frac{\mu_0}{4\pi}I_0 d\boldsymbol{l}_0\times\frac{Id\boldsymbol{l}\times\boldsymbol{r}}{r^3}=I_0 d\boldsymbol{l}_0\times\left(\frac{\mu_0}{4\pi}\frac{Id\boldsymbol{l}\times\boldsymbol{r}}{r^3}\right) \tag{4-6}$$

比较式(4-5)和式(4-6),得到

$$d\boldsymbol{B}=\frac{\mu_0}{4\pi}\frac{Id\boldsymbol{l}\times\boldsymbol{r}}{r^3} \tag{4-7}$$

这就是电流元 $Id\boldsymbol{l}$ 在空间任一点 $\boldsymbol{r}$ 处所产生的磁感应强度,此式即为毕奥-萨伐尔定律.

同理可得到面电流分布和体电流分布所产生的磁感应强度:

$$d\boldsymbol{B}=\frac{\mu_0}{4\pi}\frac{\boldsymbol{i}dS\times\boldsymbol{r}}{r^3} \quad 和 \quad d\boldsymbol{B}=\frac{\mu_0}{4\pi}\frac{\boldsymbol{j}dV\times\boldsymbol{r}}{r^3} \tag{4-8}$$

由叠加原理,闭合电流分布的载流导线的磁场为

$$\boldsymbol{B}=\frac{\mu_0}{4\pi}\oint_L\frac{Id\boldsymbol{l}\times\boldsymbol{r}}{r^3} \tag{4-9}$$

【例 4-1】 有一无限长直线电流 I,求在距 I 为 r_0 处一点 P 的磁场.

【解】 如例 4-1 图所示,在直导线上取一电流元 $Id\boldsymbol{l}$,根据磁感应强度的叠加原理,有

$$B=\int_{A_1}^{A_2}dB=\frac{\mu_0}{4\pi}\int_{A_1}^{A_2}\frac{Idl\sin\varphi}{r^2}$$

其中,$l=-r_0\cot\varphi$, $dl=\dfrac{r_0 d\varphi}{\sin^2\varphi}$.进行变量替换得

$$B=\frac{\mu_0}{4\pi}\int_{\varphi_1}^{\varphi_2}\frac{I\sin\varphi d\varphi}{r_0}=\frac{\mu_0 I}{4\pi r_0}(\cos\varphi_1-\cos\varphi_2)$$

对无限长直导线，$\varphi_1=0$，$\varphi_2=\pi$，所以有 $B=\dfrac{\mu_0 I}{2\pi r_0}$，其磁感应线是围绕着导线的同心圆，方向由右手螺旋定则确定，如例 4-1 图(b)所示.

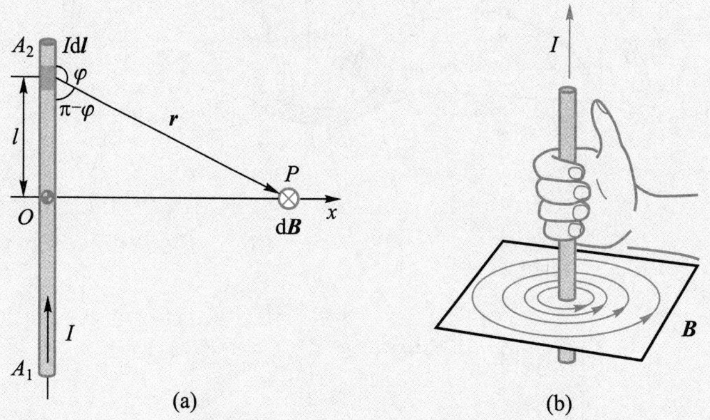

例 4-1 图　通电直导线产生的磁感应强度

无限长载流直导线在导线外部产生的磁感应强度与距离 r 成反比，为了证明这个结果，麦克斯韦设计了一个漂亮的实验来验证.他使用两个小磁铁位于直导线周围的一个圆盘上，两个小磁铁的 N 极和 S 极到直导线的距离相同，如图 4-16 所示，由于每个小磁铁的 N 极和 S 极受到的磁感应强度与距离 r 成反比，而导线的力矩与距离 r 成正比，故最终 N 极和 S 极的力矩大小相同，方向相反，每个小磁铁的合力矩为零，所以圆盘并没有发生转动.

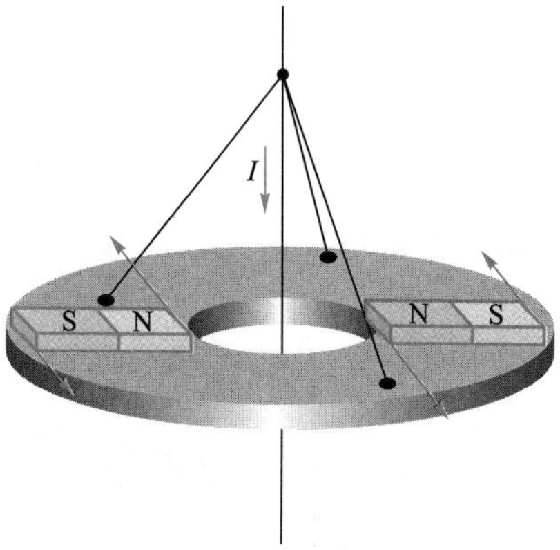

图 4-16　验证直导线磁感应强度与 r 成反比的实验

【例 4-2】 一载有电流 I 的导线弯成抛物线状，焦点到顶点的距离为 a，求焦点处的磁感应强度.

【解】 如例 4-2 图所示，抛物线的方程为 $r=\dfrac{2a}{1-\cos\theta}$，在抛物线上取一小段电流元 $I\mathrm{d}\boldsymbol{l}$，在焦点处的磁感应强度为

$$\mathrm{d}B=\frac{\mu_0 I\mathrm{d}l\sin\varphi}{4\pi r^2}=\frac{\mu_0 I\mathrm{d}\theta}{4\pi r}=\frac{\mu_0 I(1-\cos\theta)\mathrm{d}\theta}{8\pi a}$$

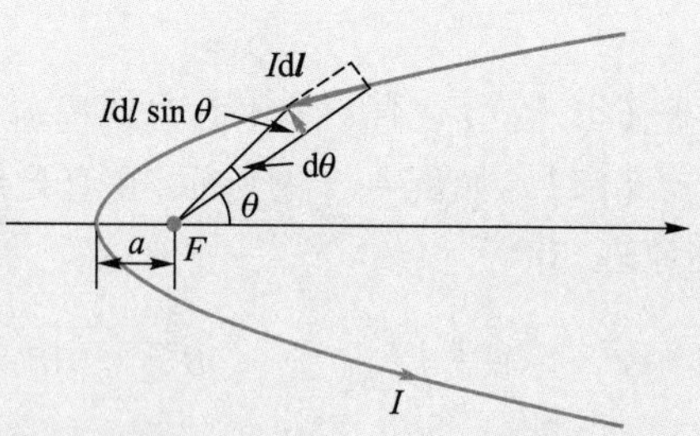

例 4-2 图

对整个抛物线电流积分，得

$$B=\frac{\mu_0 I}{8\pi a}\int_0^{2\pi}(1-\cos\theta)\mathrm{d}\theta=\frac{\mu_0 I}{8\pi a}(\theta-\sin\theta)\Big|_0^{2\pi}=\frac{\mu_0 I}{4a}$$

方向垂直纸面向外.

【例 4-3】 现有一半径为 a 的圆形电流 I，如例 4-3 图所示，求在轴线上距离电流中心 O 点为 x 的点 P 的磁场.

【解】 由于对称性，x 轴上点 P 处的磁感应强度只有 x 分量，其余分量互相抵消，如例 4-3 图所示，根据磁感应强度叠加原理，在轴线上磁感应强度为

$$B_x=\oint \mathrm{d}B\cos\theta$$

在圆环上取一电流元 $I\mathrm{d}\boldsymbol{l}$，它与 $\boldsymbol{r}$ 的夹角为 $\pi/2$，所以 $\mathrm{d}B=\frac{\mu_0}{4\pi}\frac{I\mathrm{d}l}{r^2}$，由于 $x=r\sin\theta$，因此

$$B_x=\frac{\mu_0}{4\pi}\oint\frac{I\mathrm{d}l}{x^2}\sin^2\theta\cos\theta=\frac{\mu_0}{4\pi}\frac{I\sin^2\theta\cos\theta}{x^2}\oint\mathrm{d}l$$

此外，根据几何关系有

$$\cos\theta=\frac{a}{\sqrt{a^2+x^2}},\quad \sin\theta=\frac{x}{\sqrt{a^2+x^2}},\quad \oint\mathrm{d}l=2\pi a$$

所以

$$B_x=\frac{\mu_0}{2}\frac{a^2 I}{(a^2+x^2)^{3/2}}$$

写成矢量式为 $\boldsymbol{B}=\frac{\mu_0}{2\pi}\frac{\boldsymbol{\mu}}{r^3}$，其中 $\boldsymbol{\mu}=I\boldsymbol{S}$ 为线圈的磁矩，其方向为电流 I 形成闭合曲面的法线方向，该法线方向取电流 I 流动方向的右手螺旋方向. 在圆心处的磁感应强度为 $B_x=\frac{\mu_0}{2}\frac{I}{a}$.

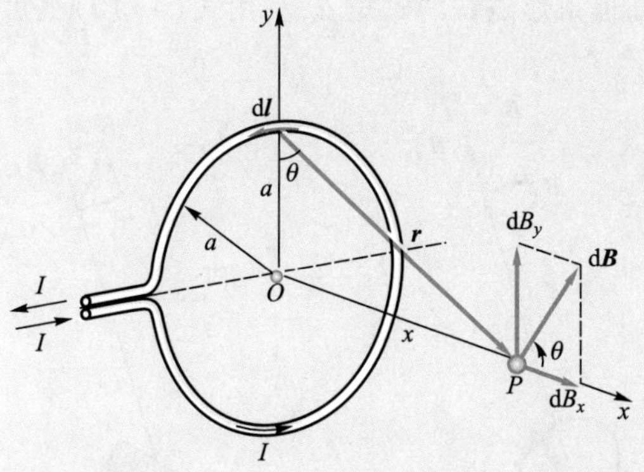

例 4-3 图 通电圆线圈在轴线上的磁感应强度

现在来比较一下电偶极子产生的电场和圆形电流环产生的磁场.图 4-17 表示电偶极子产生的电场和圆形电流环所产生的磁场,尽管在近处(靠近电偶极子或电流环)这两者的场分布截然不同,但是在远处,这两种场的分布完全相同.

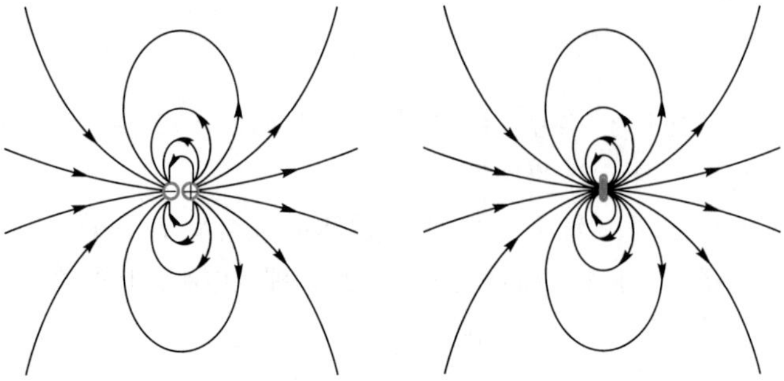

图 4-17 电偶极子产生的电场和圆形电流环产生的磁场

事实上在远处(距离远大于电偶极子或圆形电流环的线度),电偶极子产生的电场为

$$\boldsymbol{E}=\frac{1}{4\pi\varepsilon_0}\frac{2p_{//}}{r^3}\boldsymbol{e}_{//}-\frac{1}{4\pi\varepsilon_0}\frac{p_{\perp}}{r^3}\boldsymbol{e}_{\perp}=-\frac{\boldsymbol{p}}{4\pi\varepsilon_0 r^3}+\frac{3(\boldsymbol{p}\cdot\boldsymbol{r})\boldsymbol{r}}{4\pi\varepsilon_0 r^5}$$

这里 $\boldsymbol{e}_{//}$和 $\boldsymbol{e}_{\perp}$是在电偶极子延长线方向和中垂线方向上的单位矢量.

而圆形电流环(其实不一定是圆形电流环,任意一个构成小的闭合形状的电流曲线,只要其磁矩 $\boldsymbol{\mu}=I\boldsymbol{S}$ 相同即可,式中 S 是闭合电流的面积)在远处产生的磁场为

$$\boldsymbol{B}=\frac{\mu_0}{4\pi}\frac{2\mu_{//}}{r^3}\boldsymbol{e}_{//}-\frac{\mu_0}{4\pi}\frac{\mu_{\perp}}{r^3}\boldsymbol{e}_{\perp}=-\frac{\mu_0\boldsymbol{p}}{4\pi r^3}+\frac{3\mu_0(\boldsymbol{\mu}\cdot\boldsymbol{r})\boldsymbol{r}}{4\pi r^5} \tag{4-10}$$

这里 $\boldsymbol{e}_{//}$和 $\boldsymbol{e}_{\perp}$是在磁矩的延长线方向和中垂线方向上的单位矢量.

圆形电流环的磁场与条形磁铁所产生的磁场在远处具有很好的相似性,如图 4-18 所示.只要知道条形磁铁的磁矩 $\boldsymbol{\mu}$,利用式(4-10)也可以计算条形磁铁所产生的磁场.

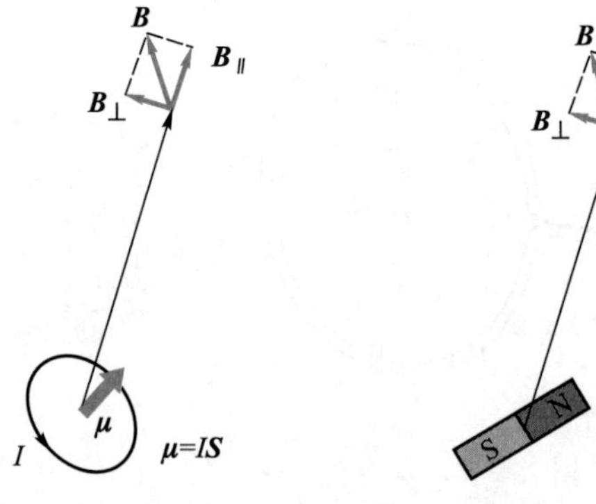

图 4-18 圆形电流环的磁场与条形磁铁所产生的磁场在远处的等效性

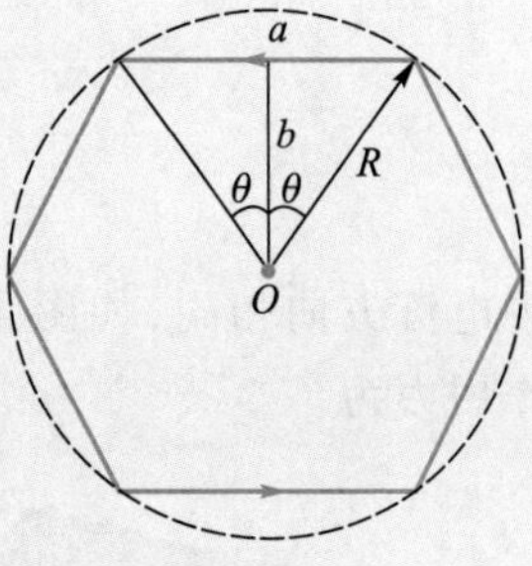

例 4-4 图

【例 4-4】 将一根导线折成 N 边形,外接圆的半径为 R,通有电流 I,如例 4-4 图所示,求:(1) 圆心处的磁感应强度;(2) N 趋于无限大时的磁感应强度;(3) N 趋于无限大时的磁矩.

【解】 (1) 设正 N 边形的边长为 a,则有

$$\mathrm{d}B=\frac{\mu_0 I}{4\pi b}(\sin\theta+\sin\theta)=\frac{\mu_0 I}{2\pi b}\sin\theta$$

$$=\frac{\mu_0 I}{2\pi b}\frac{a}{2R}=\frac{\mu_0 Ia}{4\pi bR}=\frac{\mu_0 I}{2\pi R}\tan\theta$$

N 边形电流的磁场在点 O 叠加,得

$$B=N\mathrm{d}B=N\frac{\mu_0 I}{2\pi R}\tan\theta$$

因为 $\theta=\dfrac{\pi}{N}$,所以有

$$B=N\frac{\mu_0 I}{2\pi R}\tan\frac{\pi}{N}$$

(2) 当 $N\to\infty$,$\tan\theta\to\theta$,所以得

$$B\approx N\frac{\mu_0 I}{2\pi R}\frac{\pi}{N}=\frac{\mu_0 I}{2R}$$

这正是圆形电流环在圆心处的磁感应强度值.

(3) 正 N 边形的面积为

$$S=N\cdot\frac{ab}{2}=NR\sin\theta\cdot R\cos\theta=\frac{NR^2}{2}\sin 2\theta$$

根据磁矩的定义有

$$\mu=IS=\frac{INR^2}{2}\sin 2\theta$$

当 $N\to\infty$,$\sin\theta\to\theta$,所以得

$$\mu=\frac{INR^2}{2}\sin 2\theta\approx\frac{INR^2}{2}2\theta=INR^2\frac{\pi}{N}=I\pi R^2$$

这正是圆形电流环的磁矩.

3. **SI 中的电流单位安培的定义**

现在来计算两根相距为 d,通有电流 I_1 和 I_2 的平行导线之间的安培力.两根导线会在其周围分别形成磁场 $\boldsymbol{B}_1$ 和 $\boldsymbol{B}_2$,在距离为 d 处所形成的磁场大小分别为

$$B_1=\frac{\mu_0 I_1}{2\pi d},\quad B_2=\frac{\mu_0 I_2}{2\pi d}$$

于是两条电流线段 L_1 和 L_2 分别会受到对方所形成磁场的作用力 $\boldsymbol{F}_{12}$ 和 $\boldsymbol{F}_{21}$,即

$$F_{12}=I_1L_1B_2\sin 90°=I_1L_1\frac{\mu_0 I_2}{2\pi d}$$

$$F_{21}=I_2L_2B_1\sin 90°=I_2L_2\frac{\mu_0 I_1}{2\pi d}$$

如果电流方向相同,如图 4-19 所示,则它们之间的作用力是吸引力,单位长度上的作用力为

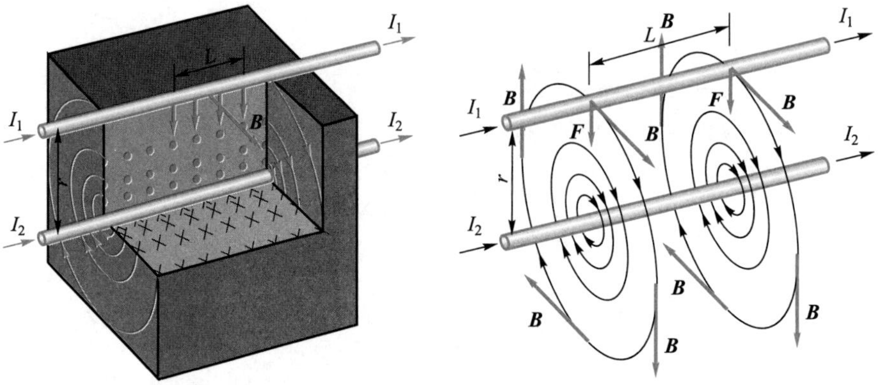

图 4-19 平行导线通以相同方向的电流,相互吸引

$$\frac{F_{12}}{L_1}=\frac{F_{21}}{L_2}=\frac{\mu_0 I_1 I_2}{2\pi d} \tag{4-11}$$

国际单位制(SI)中的电流单位——A(安培)就是根据式(4-11)来定义的,即:"在真空中,截面积可忽略的两根相距为 1 m 的无限长平行圆直导线通以等量恒定电流时,若导线间相互作用力在每米长度上为 2×10^{-7} N,则每根导线中的电流为 1 A."这个单位是在 1946 年国际计量委员会上得到批准,1960 年第 11 届国际计量大会上被正式采用为国际单位制的基本单位之一.但是随着科学技术的发展,这种安培单位的定义逐渐不再适应精密测量的要求,2018 年 11 月 16 日第 26 届国际计量大会通过电流单位"安培"的新定义,见第三章电流一节所述.

4. 亥姆霍兹线圈的磁场

由上面例 4-3 结果可知一个载流圆线圈在轴线(通过圆心并与线圈平面垂直的直线)上某点 x 处的磁感应强度为

$$B=\frac{\mu_0 IR^2}{2(R^2+x^2)^{3/2}}$$

其磁场沿轴线的分布如图 4-20 所示.

亥姆霍兹(Helmholtz,1821—1894)线圈是一对彼此平行且连通的共轴圆形线圈,每 1 线圈均有 N 匝,两线圈内的电流方向一致,大小相同,如图 4-21 所示.线圈之间距离 d 正好等于圆形线圈的平均半径 R ,两个线圈的中点的磁场具有较好的均匀度,并且是一个近似的均匀磁场.

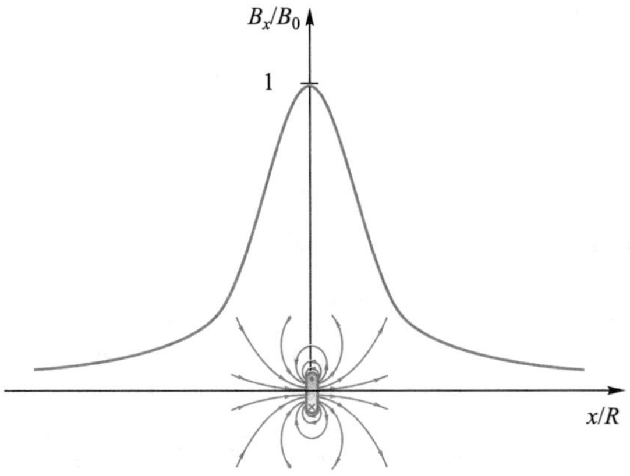

图 4-20 圆线圈在轴线上磁场随距离的分布

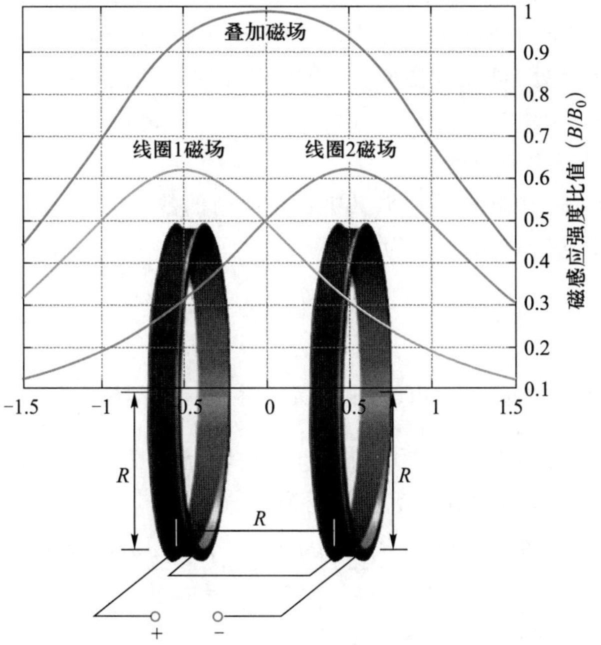

图 4-21 亥姆霍兹线圈示意图

根据圆环轴线上磁场的表达式，两个同轴线圈在轴线上一点的磁感应强度为

$$B(x)=\frac{\mu_0 NIR^2}{2\left[R^2+\left(\frac{d}{2}+x\right)^2\right]^{3/2}}+\frac{\mu_0 NIR^2}{2\left[R^2+\left(\frac{d}{2}-x\right)^2\right]^{3/2}}$$

该式对 x 求导，并使 $\frac{\mathrm{d}B(x)}{\mathrm{d}x}=0$，可以求出 $x=0$ 处为磁场的极值点.

亥姆霍兹线圈的目的是在中点附近形成一个近似均匀的磁场区间，因此需要

让其二阶导数为零,即

$$\left.\frac{\mathrm{d}^2B(x)}{\mathrm{d}x^2}\right|_{x=0}=0$$

通过解这个代数式(作为练习,请同学们自行求解),可以得到 $d=R$.

即如上所述,两个亥姆霍兹线圈的间距 $d=R$ 时,其中心处的磁场是近似均匀的磁场.磁感应强度的大小为

$$B_0=2\times\frac{\mu_0NIR^2}{2\left[R^2+\left(\frac{R}{2}\right)^2\right]^{3/2}}=\left(\frac{4}{5}\right)^{3/2}\frac{\mu_0NI}{R} \tag{4-12}$$

在许多科学研究中需要测量一个样品内部的磁场,为了排除地磁场的干扰,通常把样品放置在亥姆霍兹线圈的中心,并使中点处由线圈电流产生的磁场与该点的地磁场大小相等,方向相反,这就可以抵消地磁场的影响.同样如果对样品加磁场进行测量,也可以采用亥姆霍兹线圈,通常采用相互正交的两组亥姆霍兹线圈组合,可以在两个方向加不同的磁场强度.使用亥姆霍兹线圈比使用螺线管线圈的好处在于样品在中点处,可以方便操作,也方便外加其他测量条件,如加温、加压、外加激光照射等.

5. 运动电荷产生的磁场

考虑一段导体,其截面积为 S,其中自由电荷的数密度为 n,载流子带正电荷 q,以同一平均速度 $\boldsymbol{v}$ 运动,则电流为

$$I=\frac{\Delta q}{\Delta t}=nqvS$$

在该导体上选取一个电流元 $I\mathrm{d}\boldsymbol{l}$,该电流元产生的磁场 $\mathrm{d}\boldsymbol{B}=\frac{\mu_0}{4\pi}\frac{I\mathrm{d}\boldsymbol{l}\times\boldsymbol{r}}{r^3}$;电流元产生的磁场相当于电流元内 $\mathrm{d}N$ 个运动电荷产生的磁场.而电荷元内电荷的数目 $\mathrm{d}N=n\mathrm{d}V=nS\mathrm{d}l$,由此得到一个运动电荷产生的磁场为

$$\boldsymbol{B}=\frac{\mathrm{d}\boldsymbol{B}}{\mathrm{d}N}=\frac{\mu_0}{4\pi}\frac{I\mathrm{d}\boldsymbol{l}\times\boldsymbol{r}}{\mathrm{d}Nr^3}=\frac{\mu_0}{4\pi}\frac{vnSq\mathrm{d}\boldsymbol{l}\times\boldsymbol{r}}{nS\mathrm{d}lr^3}=\frac{\mu_0}{4\pi}\frac{\mathrm{d}lq\,\boldsymbol{v}\times\boldsymbol{r}}{\mathrm{d}lr^3}=\frac{\mu_0}{4\pi}\frac{q\,\boldsymbol{v}\times\boldsymbol{r}}{r^3} \tag{4-13}$$

需要指出的是该式仅在低速运动下成立.

由于电场与磁场是相对的,在一个参考系 S 中静止的电荷,对处于 S 系的观察者来说,只产生电场.但在另一个相对 S 系以 $\boldsymbol{v}$ 作匀速直线运动的惯性系 S′中,电荷除产生电场外,还将产生磁场,以速度 $\boldsymbol{v}$ 运动的电荷产生的磁场上面已经给出,该式还可以表示为

$$\boldsymbol{B}=\frac{\mu_0}{4\pi}\frac{q\boldsymbol{v}\times\boldsymbol{r}}{r^3}=\boldsymbol{v}\mu_0\varepsilon_0\times\boldsymbol{E}=\frac{1}{c^2}\boldsymbol{v}\times\boldsymbol{E} \tag{4-14}$$

该式中 $c=\frac{1}{\sqrt{\varepsilon_0\mu_0}}$是真空中的光速,$\boldsymbol{E}$ 是静止电荷产生的电场,对恒定电流情况,这是一种很好的近似结果,如图 4-22 所示.

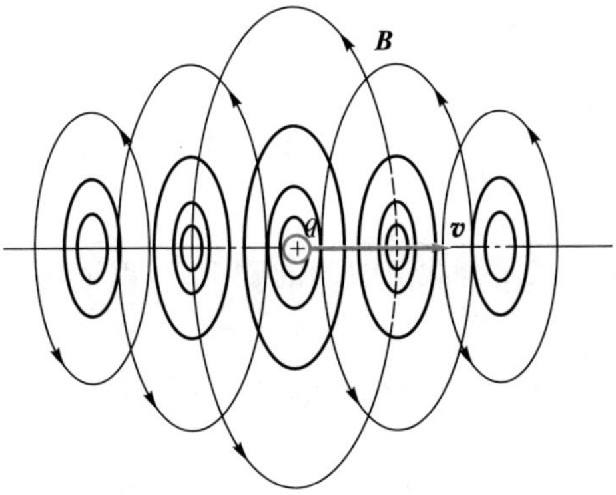

图 4-22 运动电荷产生的磁场

4-2-2 通电导线在磁场中所受的力与力矩

1. 均匀磁场中的力与力矩

根据磁感应强度的定义和力的叠加原理,可以得到在外磁场中的线电流受到的安培力为

$$\boldsymbol{F}=\int_L I\mathrm{d}\boldsymbol{l}\times\boldsymbol{B} \tag{4-15}$$

根据力矩的定义 $\boldsymbol{M}=\boldsymbol{r}\times\boldsymbol{F}$,$\boldsymbol{r}$ 是电流元的位矢.可以得到通电导线在外磁场中的力矩为

$$\boldsymbol{M}=\int_L \boldsymbol{r}\times(I\mathrm{d}\boldsymbol{l}\times\boldsymbol{B}) \tag{4-16}$$

一个闭合的载流线圈在均匀的外磁场中受到的力为零,因为 $\boldsymbol{B}$ 是常矢量,即

$$\boldsymbol{F}=\oint_L I\mathrm{d}\boldsymbol{l}\times\boldsymbol{B}=\left(\oint_L I\mathrm{d}\boldsymbol{l}\right)\times\boldsymbol{B}=I\left(\oint_L \mathrm{d}\boldsymbol{l}\right)\times\boldsymbol{B}=0 \tag{4-17}$$

闭合的载流线圈在均匀的外磁场中所受的力矩为

$$\boldsymbol{M}=\oint_L \boldsymbol{r}\times(I\mathrm{d}\boldsymbol{l}\times\boldsymbol{B})$$

由于 $\mathrm{d}\boldsymbol{l}=\mathrm{d}\boldsymbol{r}$,如图 4-23 所示,利用矢量叉乘的关系,得

$$\boldsymbol{r}\times(\mathrm{d}\boldsymbol{r}\times\boldsymbol{B})=\frac{1}{2}(\boldsymbol{r}\times\mathrm{d}\boldsymbol{r})\times\boldsymbol{B}+\frac{1}{2}\mathrm{d}\boldsymbol{r}(\boldsymbol{r}\cdot\boldsymbol{B})-\boldsymbol{B}(\boldsymbol{r}\cdot\mathrm{d}\boldsymbol{r})$$

有

$$\boldsymbol{M}=\oint_L\frac{I}{2}(\boldsymbol{r}\times\mathrm{d}\boldsymbol{r})\times\boldsymbol{B}+\oint_L\frac{I}{2}\mathrm{d}\boldsymbol{r}(\boldsymbol{r}\cdot\boldsymbol{B})-I\oint_L\boldsymbol{B}(\boldsymbol{r}\cdot\mathrm{d}\boldsymbol{r})$$

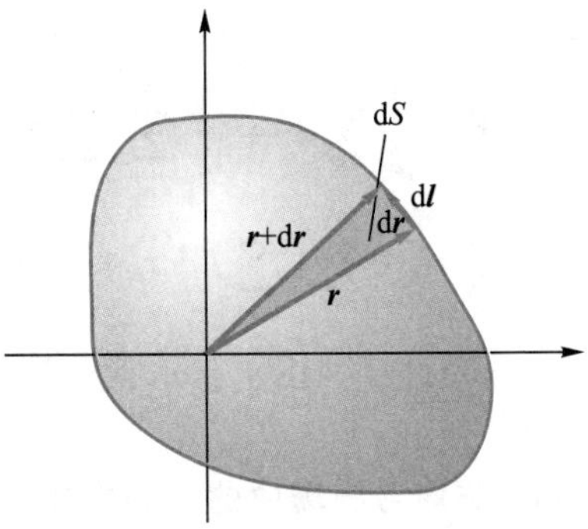

图 4-23 闭合回路的面积元

因为 $\boldsymbol{S}=\dfrac{1}{2}\oint_L \boldsymbol{r}\times \mathrm{d}\boldsymbol{r}$，$\oint_L \mathrm{d}\boldsymbol{r}(\boldsymbol{r}\cdot\boldsymbol{B})=0$，$\boldsymbol{r}\cdot\mathrm{d}\boldsymbol{r}=\dfrac{1}{2}\mathrm{d}r^2$， $\oint_L \mathrm{d}r^2=0$.所以有

$$\boldsymbol{M}=\left(\frac{I}{2}\oint_L \boldsymbol{r}\times\mathrm{d}\boldsymbol{r}\right)\times\boldsymbol{B}=I\boldsymbol{S}\times\boldsymbol{B}=\boldsymbol{\mu}\times\boldsymbol{B} \tag{4-18}$$

式中 $\boldsymbol{\mu}=\dfrac{I}{2}\oint_L \boldsymbol{r}\times\mathrm{d}\boldsymbol{r}$ 是任意闭合载流线圈的磁矩，可以证明对面分布和体分布的电流，对应的磁矩为 $\boldsymbol{\mu}=\dfrac{1}{2}\int_S \boldsymbol{r}\times\boldsymbol{i}\mathrm{d}S$ 和 $\boldsymbol{\mu}=\dfrac{1}{2}\int_V \boldsymbol{r}\times\boldsymbol{j}\mathrm{d}V$，在均匀外磁场中所受的力矩都可用式(4-18)计算.

【例 4-5】 证明任一个复连通的平面闭合网络置于均匀的外磁场中受到的安培力合力为零.

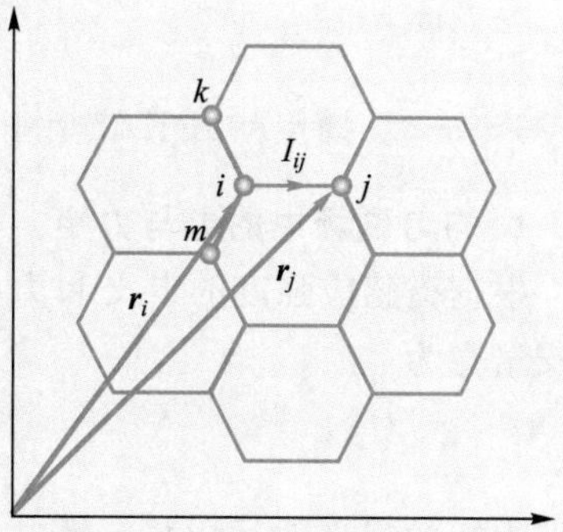

例 4-5 图

【证明】 任作一个平面复连通的闭合网络，如例 4-5 图所示，假设网络有 N 个节点.设均匀的外磁场的磁感应强度为 $\boldsymbol{B}$，现任取一个坐标轴，选取节点 i 和点 j 之间的支路研究其受到的安培力，其值为

$$\boldsymbol{F}_{ij}=I_{ij}(\boldsymbol{r}_j-\boldsymbol{r}_i)\times\boldsymbol{B}=I_{ij}\boldsymbol{r}_j\times\boldsymbol{B}-I_{ij}\boldsymbol{r}_i\times\boldsymbol{B}$$

由于 $I_{ji}=-I_{ij}$，所以有

$$\boldsymbol{F}_{ij}=I_{ij}\boldsymbol{r}_j\times\boldsymbol{B}+I_{ji}\boldsymbol{r}_i\times\boldsymbol{B}$$

对下标 j 求和 $\boldsymbol{F}_i=\sum\limits_j \boldsymbol{F}_{ij}$，得到与第 i 个节点相连接的所有支路的安培力，因为是平面网络，每个支路受到的安培力方向相同，因此再对网络所有节点求和，就得到网络中所有支路安培力的合力，由于求和过程重复计算，所以有

$$\boldsymbol{F}=\frac{1}{2}\sum_i \boldsymbol{F}_i=\frac{1}{2}\sum_{j(j\neq i)}^{N}\sum_i \boldsymbol{F}_{ij}=\frac{1}{2}\sum_{j(j\neq i)}^{N}\sum_i I_{ij}\boldsymbol{r}_j\times\boldsymbol{B}+\frac{1}{2}\sum_{j(j\neq i)}^{N}\sum_i I_{ji}\boldsymbol{r}_j\times\boldsymbol{B}$$

由于求和下标 i 和 j 只是一个符号，对第二项求和交换下标 i 和 j，求和值不变，所以有

$$\begin{aligned}\boldsymbol{F}&=\frac{1}{2}\sum_i \boldsymbol{F}_i=\frac{1}{2}\sum_{j(j\neq i)}^{N}\sum_i \boldsymbol{F}_{ij}=\frac{1}{2}\sum_{j(j\neq i)}^{N}\sum_i I_{ij}\boldsymbol{r}_j\times\boldsymbol{B}+\frac{1}{2}\sum_{i(i\neq j)}^{N}\sum_j I_{ij}\boldsymbol{r}_i\times\boldsymbol{B}\\&=\frac{1}{2}\sum_{j(j\neq i)}^{N}\left(\sum_i I_{ij}\right)\boldsymbol{r}_j\times\boldsymbol{B}+\frac{1}{2}\sum_{i(i\neq j)}^{N}\left(\sum_j I_{ij}\right)\boldsymbol{r}_i\times\boldsymbol{B}=0\end{aligned}$$

最后一个计算利用了基尔霍夫第一方程，即 $\sum\limits_i I_{ij}=0$ 和 $\sum\limits_j I_{ji}=0$，证毕.

2. 非均匀磁场中的力和力矩

如果外磁场是非均匀磁场，闭合载流线圈的受力不再为零，其受力为

$$\boldsymbol{F}=(\boldsymbol{\mu}\cdot\nabla)\boldsymbol{B} \tag{4-19}$$

该力也称为梯度力,图 4-24 表明在一个条形磁铁产生的磁场中,一个通电的线圈受到的安培力合力不为零.如果线圈尺寸不大,在线圈的范围内磁场变化不太大时,则力矩仍可以用式(4-18)计算;精确的计算需要加上梯度力[式(4-19)]的力矩.

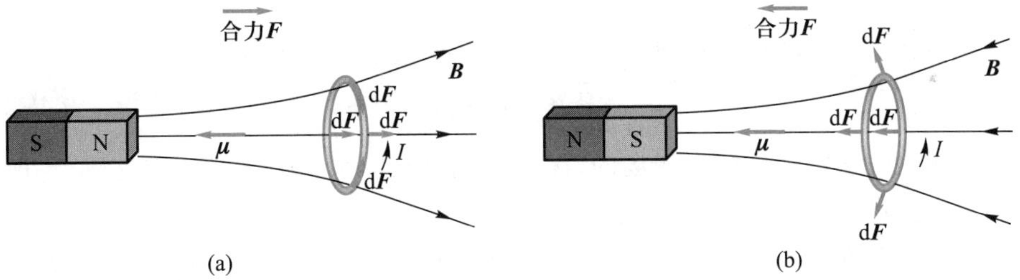

图 4-24 通电线圈在非均匀磁场中受到梯度力

§ 4-3 静磁场的基本定理

4-3-1 磁场的高斯定理

1. 磁感应线

与电场类似,磁场是个矢量场,为了形象地表达它,我们可以引入磁感应线.任一点磁场的方向规定为放在该点小磁针的 N 极所指的方向,磁感应线即磁场中一些有方向的曲线,曲线上每点的切线方向与该点的磁感应强度方向一致.图 4-25 分别是 U 形磁铁和通电螺线管磁场的磁感应线图.

(a) U形磁铁

(b) 通电螺线管

图 4-25 磁场的磁感应线

2. 磁通量

磁场通过某一曲面 ΔS 的磁通量的定义为

$$\Delta\Phi = \boldsymbol{B} \cdot \Delta\boldsymbol{S}$$

磁通量是为了描述垂直穿过这个面元 ΔS 的磁感应线根数.磁通量是标量,可以直

接求代数和.对一个较大的曲面 S,其磁通量可以通过求和即积分得到:

$$\Phi = \int_S \boldsymbol{B} \cdot \mathrm{d}\boldsymbol{S} \tag{4-20}$$

磁通量的单位为 Wb(韦伯),1 Wb=1 T · m^2.

3. 高斯定理

通过任意闭合曲面 S 的磁通量等于零.这就是磁场的高斯定理,即

$$\oint_S \boldsymbol{B} \cdot \mathrm{d}\boldsymbol{S} = 0 \tag{4-21}$$

磁场的高斯定理反映了磁场的"无源性",这是因为迄今未发现孤立磁荷,即在自然界未发现磁单极子或磁荷.

高斯定理的证明如下:因为任意磁场都是由许多电流元产生的磁场叠加而成的,其磁通量也满足叠加原理,所以只需证明电流元产生的磁场遵守高斯定理.

取电流元为坐标原点,z 轴沿电流的方向,如图 4-26 所示,则这段电流在空间产生的磁感应强度为

$$\mathrm{d}\boldsymbol{B} = \frac{\mu_0}{4\pi}\frac{I\mathrm{d}l\sin\theta}{r^2}\boldsymbol{e}_\varphi$$

$\boldsymbol{e}_\varphi$ 为电流的右手螺旋方向,此式表明,以 z 轴为轴的任意一个圆周上,$\mathrm{d}\boldsymbol{B}$ 的大小相同,方向与圆相切.

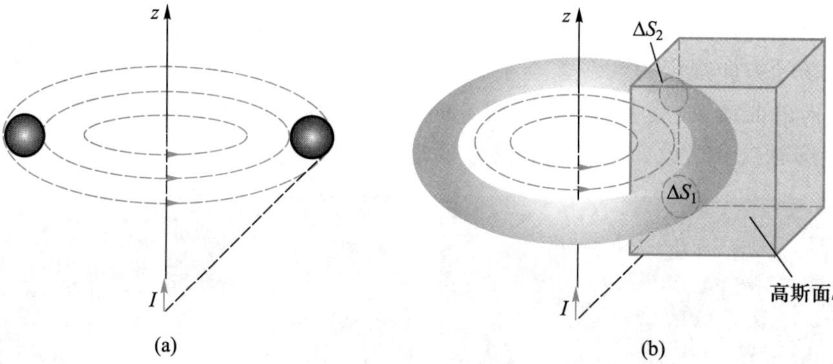

图 4-26 直线电流附近任一形状的闭合曲面的磁通量为零

圆形的磁感应线构成了一个个闭合的磁感应线管,于是,穿过以 z 轴为轴的任一环形磁感应线管内任意截面的磁通量为常量,与截面在管中的位置以及取向无关.对于任一封闭曲面 S(在图 4-26 中是一个立方体),上述环形管每穿过 S 一次,均会在 S 上切出两个面元 ΔS_1、ΔS_2,总磁通量为

$$\boldsymbol{B}_1 \cdot \Delta\boldsymbol{S}_1 + \boldsymbol{B}_2 \cdot \Delta\boldsymbol{S}_2 = -B\Delta S + B\Delta S = 0$$

在闭合曲面 S 上的任一面元,都可作一个环形管,且均可找到 S 上的另一个面元与之对应.同上理由,这两个面元的磁通量之和为零.故穿过 S 的总磁通量为

$$\oint_S \boldsymbol{B} \cdot \mathrm{d}\boldsymbol{S} = 0$$

磁场的高斯定理对线电流、面电流和体电流产生的磁场均成立，因为磁场服从叠加原理，即对任意磁场均有

$$\oint_S \boldsymbol{B}\cdot \mathrm{d}\boldsymbol{S}=\oint_S\left(\sum_i \boldsymbol{B}_i\right)\cdot \mathrm{d}\boldsymbol{S}=\sum_i \oint_S \boldsymbol{B}_i\cdot \mathrm{d}\boldsymbol{S}=0$$

根据数学分析中场论的散度的公式，高斯定理可以改写成为微分形式：

$$\nabla\cdot \boldsymbol{B}=0 \tag{4-22}$$

4. 磁单极子的探索

尽管高斯定理说明磁场是无源场，这表示磁荷或磁单极子在自然界中未被发现，但是在一些理论中仍需要有磁单极子.早在 1931 年，英国物理学家狄拉克（P.A.M.Dirac，1902—1984）首先从理论上预言，磁单极子是可以独立存在的.他认为，既然电有元电荷——电子存在，磁也应有基本磁荷——磁单极子存在，这样，电磁现象的完全对称性就可以得到保证.物理学家费米（E.Fermi，1901—1954）也曾经从理论上探讨过磁单极子，并且也认为它的存在是可能的.一些著名的科学家也从不同方面和不同程度地对磁单极子理论做出了补充和完善.

实验科学家们也尝试用各种方法寻找磁单极子.他们首先把寻找的重点放在古老的地球的铁矿石和来自地球之外的铁陨石上，认为这些物体中，会隐藏着磁单极子这种“小精灵”.然而结果却令他们大失所望：无论是在地球上“土生土长”的物质中，还是在那些属于“不速之客”的地球之外的天体物质中，均未发现磁单极子！

高能加速器是科学家实现寻找磁单极子美好理想的另一种重要手段.科学家利用高能加速器加速核子（例如质子）轰击原子核，希望这样能够使理论中紧密结合的正负磁单极子分离，以求找到磁单极子.美国科学家曾利用同步回旋加速器，多次用高能质子与轻原子核碰撞，但是也没有发现有磁单极子产生的迹象.这样的实验人们已经做了很多次，得到的都是否定的结果.

人们又把寻找磁单极子的梦想寄托在了宇宙射线上.从宇宙射线中寻找磁单极子的理论根据有两方面：一种是宇宙射线本身可能含有磁单极子，另一种是宇宙射线粒子与高空大气原子、离子、分子等碰撞会产生磁单极子.如果采用一套高效能的装置，就有可能捕捉并记录到磁单极子.1973 年，科学家对“阿波罗”11 号、12 号和 15 号飞船运回的月岩进行了检测，而且使用了极灵敏的仪器，但也没有发现任何磁单极子.1975 年，加利福尼亚州大学伯克利分校的普勒斯（P.B.Price）与合作者在利用气球探测宇宙线重核成分的时候，发现了一个穿过多重探测器的重粒子，根据对粒子轨迹的分析发现其有可能就是磁单极子，但随后仔细分析又发现其可能是重核裂变的子核穿过探测器形成的轨迹.1982 年 2 月 14 日，美国的卡布莱拉（B.Cabrera）对超导线圈进行了 151 天的实验观察记录，发现了一个信号，其与磁单极子产生的条件基本吻合，因此他认为这是磁单极子穿过了仪器中的超导线圈.但是不管怎么努力，第二个磁单极子再也没有光临过.1983 年的情人节那天，物理学家温伯格（S.Weinberg，1933— ）还为此写了一首诗：“Roses is red.Violets are blue.It's time for monopole.Number Two!”，期待着第二个“情人节磁单极

子”的出现.然而,遗憾的是时至今日,这一实验仍然没有得到重复,最终未能证实磁单极子的存在.

4-3-2 安培环路定理

安培环路定理:沿任何闭合曲线 L,磁感应强度的环流等于穿过 L 的电流的代数和的 μ_0 倍,即

$$\oint_{闭合回路L}\boldsymbol{B}\cdot \mathrm{d}\boldsymbol{l}=\mu_0\sum_{L内}I_i \tag{4-23}$$

式(4-23)的右边对闭合环路内的所有电流求和,需要确定电流的正负号,通常 I 的正负和回路 L 的绕行方向满足右手螺旋定则.

安培环路定理反映了磁场的“有旋性”,或者说磁场是涡旋场.

为了证明安培环路定理,首先要对立体角的概念进行进一步的讨论.我们知道封闭曲面对曲面内任一点所张的立体角为 2π,对曲面外任一点所张的立体角为 0.对如图 4-27 所示的封闭曲面,考虑到立体角的正负号,三个面对点 P 所张的立体角为零,即

$$\Omega_1-\Omega_2+\omega=0 \quad 或 \quad \omega=\Omega_2-\Omega_1=\Delta\Omega$$

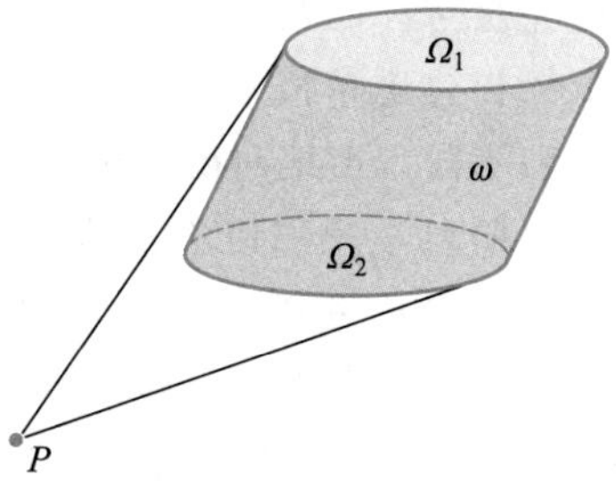

图 4-27 封闭曲面对曲面外任一点所张的立体角为零

现在考虑当点 P 从曲面 S 的正面绕到反面时,立体角的变化,如图 4-28 所示.当点 P 无限接近正面时,所张的立体角为 -2π;当点 P' 从反面无限接近曲面时,所张的立体角为 2π.故当点 P 从正面绕 L 一周变到反面 P' 点时,立体角变化为

$$\Omega_2-\Omega_1=2\pi-(-2\pi)=4\pi$$

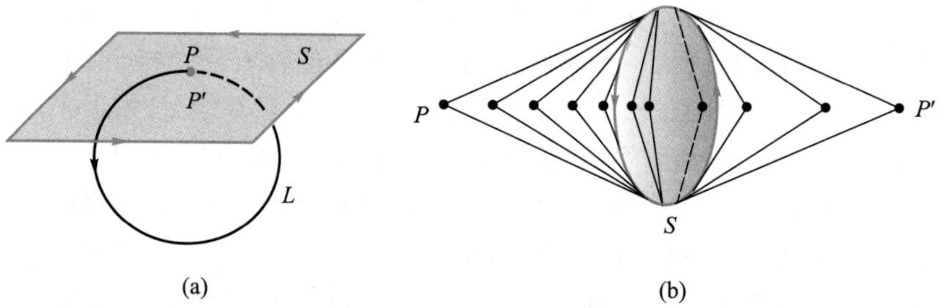

图 4-28 点 P 从曲面 S 的正面绕到反面时,曲面对该点立体角变化为 4π

现在来证明安培环路定理.设 L' 为电流环路,$I\mathrm{d}\boldsymbol{l}'$ 为元电流,P' 为源点.L 为积分环路,$\mathrm{d}\boldsymbol{l}$ 为积分元,P 为场点,$\boldsymbol{r}$ 为源点到场点的矢量,$\boldsymbol{r}'$ 为场点到源点的矢量,见图 4-29,显然,$\boldsymbol{r}=-\boldsymbol{r}'$,利用矢量分析计算公式,$(\boldsymbol{a}\times\boldsymbol{b})\cdot\boldsymbol{c}=(\boldsymbol{b}\times\boldsymbol{c})\cdot\boldsymbol{a}=(\boldsymbol{c}\times\boldsymbol{a})\cdot\boldsymbol{b}$,有

$$\boldsymbol{B}\cdot\mathrm{d}\boldsymbol{l}=\frac{\mu_0 I}{4\pi}\oint_{L'}\frac{(\mathrm{d}\boldsymbol{l}\times\mathrm{d}\boldsymbol{l}')\cdot\boldsymbol{r}}{r^3}=-\frac{\mu_0 I}{4\pi}\oint_{L'}\frac{[\mathrm{d}\boldsymbol{l}'\times(-\mathrm{d}\boldsymbol{l})]\cdot\boldsymbol{r}'}{r^3}$$

令 $d\boldsymbol{S}=d\boldsymbol{l}'\times(-d\boldsymbol{l})$,则

$$\frac{[d\boldsymbol{l}'\times(-d\boldsymbol{l})]\cdot\boldsymbol{r}'}{r^3}=\frac{d\boldsymbol{S}\cdot\boldsymbol{r}'}{r'^3}=\frac{dS_0}{r'^2}=d\omega$$

dS_0 为 dS 在垂直于 r'平面上的投影,所以

$$\boldsymbol{B}\cdot d\boldsymbol{l}=-\frac{\mu_0 I}{4\pi}\oint_{L'}d\omega=-\frac{\mu_0 I}{4\pi}\omega$$

点 P 平移 $d\boldsymbol{l}$ 与载流回路 L'平移$-d\boldsymbol{l}$ 是等价的.ω 为带状面对点 P 所张的立体角,见图 4-29(a).

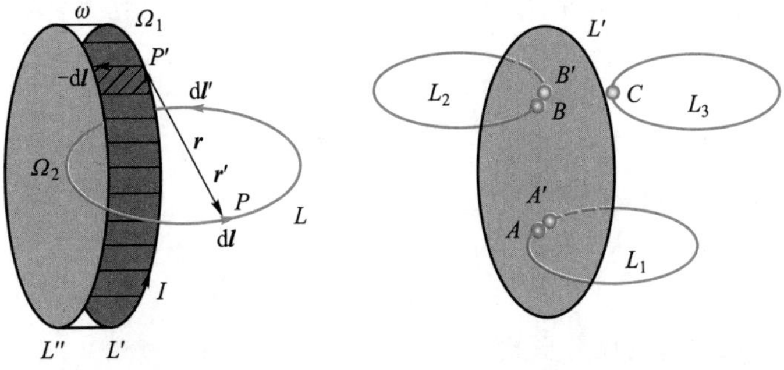

(a) 点P平移dl与载流回路L'平移$-dl$是等价的

(b) 环路套连电流的情况

图 4-29

设 Ω_1、Ω_2 分别为平移前后 L'闭曲面对点 P 所张的立体角,则

$$\omega=\Omega_2-\Omega_1=d\Omega$$

代入上式,有

$$\boldsymbol{B}\cdot d\boldsymbol{l}=\frac{\mu_0 I}{4\pi}d\Omega$$

所以

$$\oint_L\boldsymbol{B}\cdot d\boldsymbol{l}=\frac{\mu_0 I}{4\pi}\oint_L d\Omega$$

分三种情况讨论:

$$\begin{cases}L_1:\text{从 } A \text{ 变至点 } A':\oint_L d\Omega=2\pi-(-2\pi)=4\pi\\ L_2:\text{从 } B' \text{ 变至点 } B:\oint_L d\Omega=(-2\pi)-2\pi=-4\pi\\ L_3:\text{从 } C \text{ 变至点 } C:\oint_L d\Omega=0\end{cases}$$

综上所述,有

$$\oint_L\boldsymbol{B}\cdot d\boldsymbol{l}=\begin{cases}\mu_0 I & (L\text{ 与 }I\text{ 同方向,右手法则确定})\\ -\mu_0 I & (L\text{ 与 }I\text{ 反方向})\\ 0 & (L\text{ 与 }L'\text{ 不套连})\end{cases}$$

对多个电流回路,可用磁感应强度的叠加原理,即 $\boldsymbol{B}=\sum_i \boldsymbol{B}_i$,有

$$\oint_L \boldsymbol{B}\cdot \mathrm{d}\boldsymbol{l}=\oint_L\Big(\sum_i \boldsymbol{B}_i\Big)\cdot \mathrm{d}\boldsymbol{l}=\sum_i\oint_L \boldsymbol{B}_i\cdot \mathrm{d}\boldsymbol{l}=\mu_0\sum_i I_i$$

对电流求和即仅对被 L 套连的电流求和,安培环路定理得证.

对图 4-30 所示的两个回路 L_1 和 L_2,则 L_1 环路套连的电流为 $\sum I=I_2-I_1$,L_2 环路套连的电流为 $\sum I=I_2+I_3-I_4$.

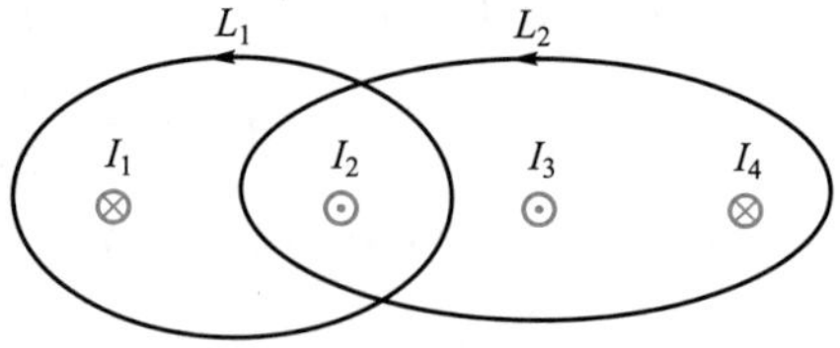

图 4-30 不同的回路套连不同的电流

对于体电流分布的情况,安培环路定理可以改写为

$$\oint_L \boldsymbol{B}\cdot \mathrm{d}\boldsymbol{l}=\mu_0\int_S \boldsymbol{j}\cdot \mathrm{d}\boldsymbol{S} \tag{4-24}$$

根据场论中的斯托克斯定理,有

$$\oint_L \boldsymbol{B}\cdot \mathrm{d}\boldsymbol{l}=\int_S(\nabla\times \boldsymbol{B})\cdot \mathrm{d}\boldsymbol{S}$$

安培环路定理可以写为微分形式:

$$\nabla\times\boldsymbol{B}=\mu_0\boldsymbol{j} \tag{4-25}$$

上面的安培环路定理证明在数学上比较复杂,安培环路定理的证明也可以采用以下简化的证明方式.

因为用毕奥-萨伐尔定律已经求得无限长直导线产生的磁场,通过围绕着无限长直导线作一个任意安培环路,在无限长直导线不通电流的情况下,显然周围处处无磁场,则 $\oint_L \boldsymbol{B}\cdot \mathrm{d}\boldsymbol{l}=0$. 当通有电流为 I 时,作一个圆形的安培环路,如图 4-31(a)所示,则

$$\oint_L \boldsymbol{B}\cdot \mathrm{d}\boldsymbol{l}=2\pi rB=2\pi r\frac{\mu_0 I}{2\pi r}=\mu_0 I$$

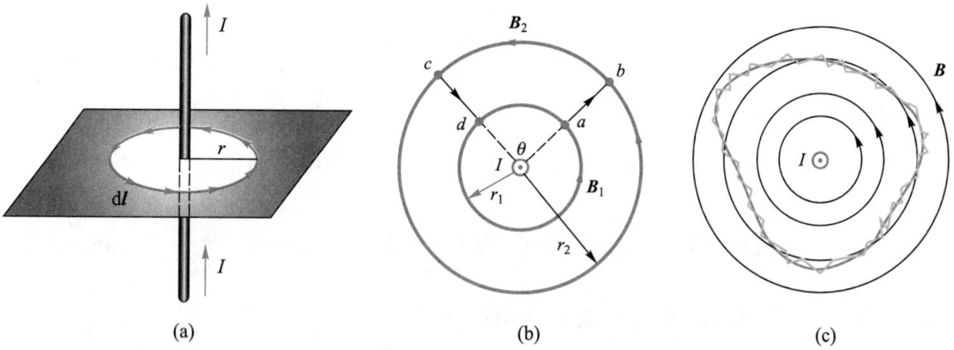

图 4-31 无限长通电直导线的安培环路

如果选择图 4-31(b)所示实线 $abcda$ 作为安培环路,则

$$\oint_L \boldsymbol{B}\cdot \mathrm{d}\boldsymbol{l}=\int_a^b \boldsymbol{B}\cdot \mathrm{d}\boldsymbol{l}+\int_b^c \boldsymbol{B}\cdot \mathrm{d}\boldsymbol{l}+\int_c^d \boldsymbol{B}\cdot \mathrm{d}\boldsymbol{l}+\int_d^a \boldsymbol{B}\cdot \mathrm{d}\boldsymbol{l}=\int_b^c \boldsymbol{B}\cdot \mathrm{d}\boldsymbol{l}+\int_d^a \boldsymbol{B}\cdot \mathrm{d}\boldsymbol{l}$$

$$= B_2 r_2 \theta + B_1 [r_1(2\pi - \theta)] = \frac{\mu_0 I}{2\pi r_2} r_2 \theta + \frac{\mu_0 I}{2\pi r_1}[r_1(2\pi - \theta)]$$

$$= \frac{\mu_0 I}{2\pi}\theta + \frac{\mu_0 I}{2\pi}(2\pi - \theta) = \mu_0 I$$

如果选择图 4-31(c)所示的安培环路，而且该环路不在同一平面上，我们采用柱坐标(r,φ,z)，让电流 I 沿 z 轴，则 $\boldsymbol{B}=\frac{\mu_0}{2\pi}\frac{I}{r}\boldsymbol{e}_z$，并且 $\mathrm{d}\boldsymbol{l}=\mathrm{d}r\boldsymbol{e}_r+r\mathrm{d}\varphi\boldsymbol{e}_\varphi+\mathrm{d}z\boldsymbol{e}_z$，故有

$$\oint_L \boldsymbol{B}\cdot\mathrm{d}\boldsymbol{l} = \oint_L Br\mathrm{d}\varphi = \frac{\mu_0 I}{2\pi}\oint_L \mathrm{d}\varphi = \frac{\mu_0 I}{2\pi}(2\pi) = \mu_0 I$$

根据磁感应强度叠加原理，我们就可以得到普遍的安培环路定理.

【例 4-6】 电流均匀地通过无限大的平面导体板，板的厚度为 b，体电流密度为 j，如例 4-6 图 1 所示，求板内和板两边的磁感应强度.

【解】 如例 4-6 图 2 所示选择坐标系，板上半部分内外的磁场方向向左，而下半区间的磁场方向向右；由于电流分布的对称性，板外部上下区域等距离处的磁感应强度大小相等，作矩形环路 C_1，则

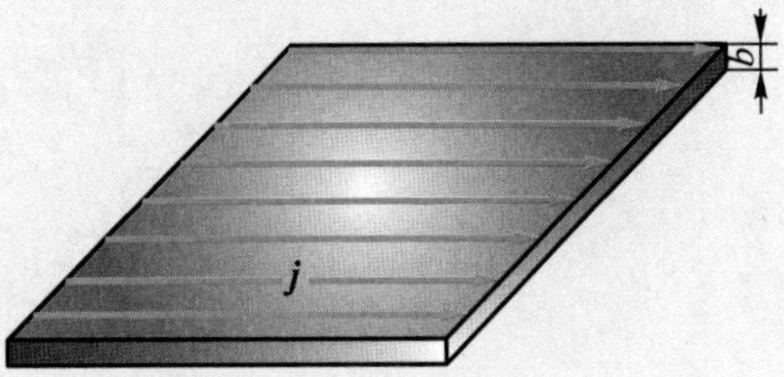

例 4-6 图 1

$$\oint_L \boldsymbol{B}\cdot\mathrm{d}\boldsymbol{l} = 2Bl = \mu_0\, jbl$$

所以得

$$B=\frac{1}{2}\mu_0 jb$$

磁感应强度在板外部与距离无关，为均匀磁场.

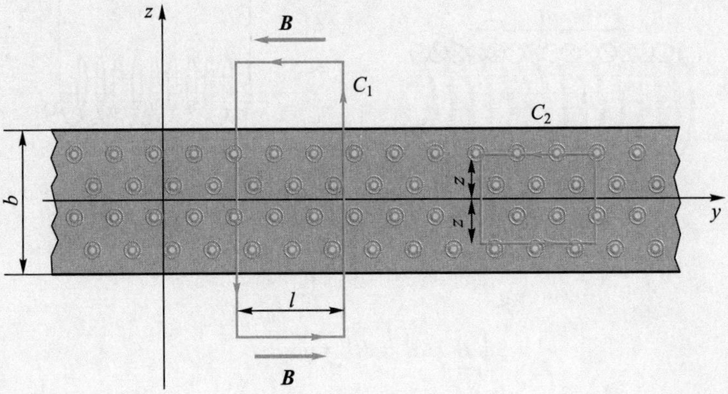

例 4-6 图 2 无限大厚度为 b 的载流平面产生的磁场

在板内部取一个回路 C_2，则有

$$\oint_L \boldsymbol{B} \cdot \mathrm{d}\boldsymbol{l} = 2Bl = \mu_0 j2zl$$

$$B=\mu_0 jz$$

综合以上结果,得

$$\boldsymbol{B}=\begin{cases} -\dfrac{\mu_0 jb}{2}\boldsymbol{e}_y, & z>b/2 \\ -\mu_0 jz\boldsymbol{e}_y, & -b/2<z<b/2 \\ \dfrac{\mu_0 jb}{2}\boldsymbol{e}_y, & z<-b/2 \end{cases}$$

若 $b\to 0$,则为无限薄的导体面,电流面密度为 $i=\lim\limits_{b\to 0} jb$,导体板上下的磁感应强度为

$$\boldsymbol{B}=\begin{cases} -\dfrac{\mu_0 i}{2}\boldsymbol{e}_y, & z>b/2 \\ \dfrac{\mu_0 i}{2}\boldsymbol{e}_y, & z<-b/2 \end{cases}$$

【例 4-7】 求无限长且密绕的理想螺线管内外的磁感应强度.设螺线管电流为 I,单位长度的匝数为 n.

【解】 作如例 4-7 图 1(a)所示的积分回路,对理想无限大螺线管,管外$B=0$,管内的磁感应线为与螺线管中心轴平行的一组平行线,即管内 B 为常量,有

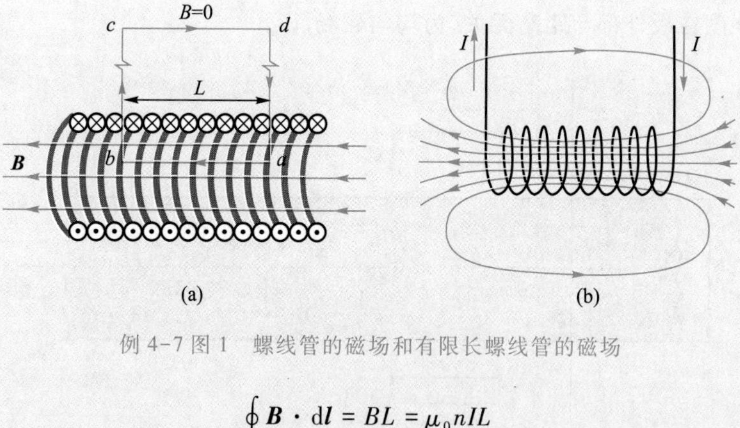

例 4-7 图 1 螺线管的磁场和有限长螺线管的磁场

$$\oint_L \boldsymbol{B} \cdot \mathrm{d}\boldsymbol{l} = BL = \mu_0 nIL$$

$$B=\mu_0 nI$$

讨论 (1) 实际的有限长密绕螺线管外部是有磁场的,其磁场有两个来源:其一是端口处的漏磁,其磁感应线如例 4-7 图 1(b)所示;其二是螺线管本身

的漏磁，由于螺线管端面上沿轴线方向的磁感应强度是中间的一半，即 $B_{端}=\frac{1}{2}\mu_0 nI$，沿螺线管轴线从端面至中央作一个半径为 r，长度为 l 的圆柱形的高斯面，根据高斯定理，有

$$B_{端}\Delta S-B_{中央}\Delta S+B_{侧}2\pi rl=0$$

由该式得到 $B_{侧}\neq 0$，即磁场线在到达端面之前必有一些磁场线会从高斯面的侧面穿出，形成侧面漏磁，如例 4-7 图 2 所示。

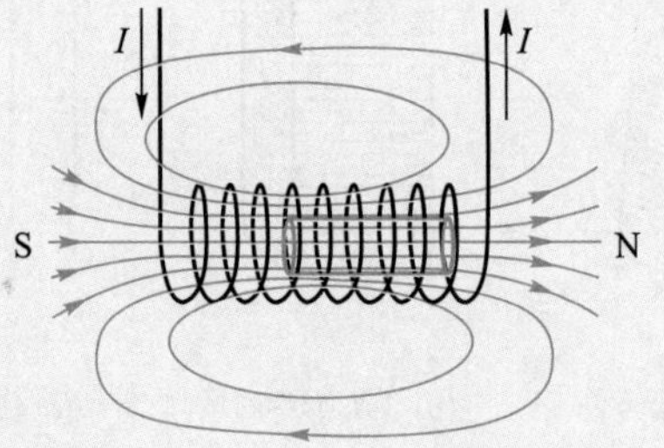

例 4-7 图 2　有限长密绕螺线管的漏磁

（2）对线绕的密绕无限长螺线管，定义沿导线方向的单位长度的电流面密度为 $\boldsymbol{j}$，如例 4-7 图 3 所示，该电流密度可以分解成为沿轴线和沿环向两个电流密度的叠加，$\boldsymbol{j}=\boldsymbol{j}_{轴}+\boldsymbol{j}_{环}$，设导线方向与圆柱体横截面方向成 α 角，则：

$$j=\frac{I}{2\pi R\sin\alpha},j_{轴}=j\sin\alpha=\frac{I}{2\pi R},j_{环}=j\cos\alpha=\frac{I}{2\pi R}\cot\alpha$$

可以得到环向的总电流 $I_{环}=nI$，而轴线的总电流 $I_{轴}=j_{轴}2\pi R=I$，环向电流分量在螺线管内部产生均匀的磁场 $B_{内}=\mu_0 nI$；在外部不产生磁场。而轴线电流分量恰好是把螺线管看成是一无限长空心的直导线，在内部不产生磁场，而在外部距离中心为 r 处的磁感应强度为

$$\boldsymbol{B}_{外}=\frac{\mu_0 I}{2\pi r}\boldsymbol{e}_{\varphi}$$

通常情况下单位长度匝数 n 值很大，因此内部磁场比外部磁场大得多，可以近似忽略外部磁场。对一个无限长均匀带电圆筒沿轴线转动的情况下，形成的面电流分布可以等效为一个理想螺线管，此时没有轴线方向的电流分量，也就没有外部的磁场。

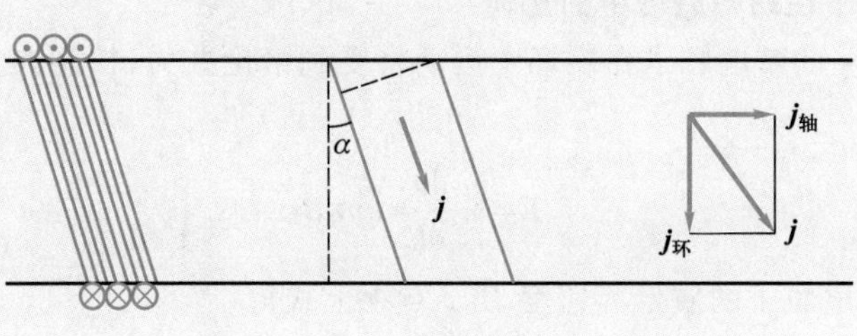

例 4-7 图 3　无限长密绕螺线管的漏磁

(3) 对理想无限长密绕的螺线管,在忽略外部磁感应强度的条件下,不管横截面是圆形、三角形、正方形还是任意其他形状,其内部的磁感应强度都是均匀的,其值与圆截面螺线管内部的值相同,如例 4-7 图 4 所示,读者可以自行证明。

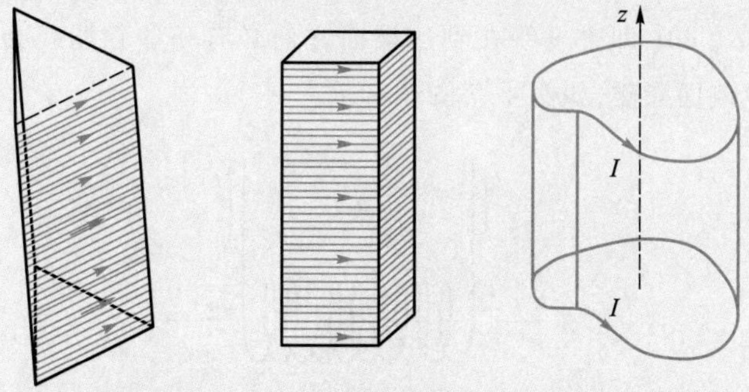

例 4-7 图 4 各种横截面形状的无限长螺线管

§4-4 带电粒子在磁场中的运动

4-4-1 带电粒子在均匀磁场中的运动

1. 洛伦兹力

1892 年洛伦兹在研究带电粒子在电磁场中运动时,推导出了著名的洛伦兹力公式.这里我们从安培力来推导洛伦兹力.任一电流元 $I\mathrm{d}\boldsymbol{l}$ 在磁场中 $\boldsymbol{B}$ 所受力为$\mathrm{d}\boldsymbol{F}=I\mathrm{d}\boldsymbol{l}\times\boldsymbol{B}$,又由于 $I=nqvS$,S 为电流元的截面积.故该电流元中的运动的带电粒子数为 $\mathrm{d}N=nS\mathrm{d}l$,所以每个运动的带电粒子受力为

$$\boldsymbol{F}=\frac{nqvS\mathrm{d}\boldsymbol{l}\times\boldsymbol{B}}{nS\mathrm{d}l}=\frac{q\mathrm{d}l\boldsymbol{v}\times\boldsymbol{B}}{\mathrm{d}l}=q\boldsymbol{v}\times\boldsymbol{B} \tag{4-26}$$

粒子带正电,$\boldsymbol{v}$ 与 $\mathrm{d}\boldsymbol{l}$ 同向;粒子带负电,$\boldsymbol{v}$ 与 $\mathrm{d}\boldsymbol{l}$ 反向.所以安培力的实质是带电粒子在磁场中运动受力的宏观表现,洛伦兹力是安培力的微观形式.

2. 带电粒子在均匀磁场中的运动

电荷量为 q 的带电粒子在磁场中运动将受到洛伦兹力,按经典力学,其运动方程为

$$\boldsymbol{F}=m\frac{\mathrm{d}\boldsymbol{v}}{\mathrm{d}t}=q\boldsymbol{v}\times\boldsymbol{B}$$

式中 m、$\boldsymbol{v}$ 为带电粒子的质量和速度.用 $\boldsymbol{v}$ 点乘上式得

$$\boldsymbol{F}\cdot\boldsymbol{v}=q(\boldsymbol{v}\times\boldsymbol{B})\cdot\boldsymbol{v}=0$$

即

$$m\frac{\mathrm{d}\boldsymbol{v}}{\mathrm{d}t}\cdot\boldsymbol{v}=\mathrm{d}\left(\frac{1}{2}mv^2\right)=0$$

或

$$v=\text{常量} \tag{4-27}$$

因为洛伦兹力不对粒子做功，所以功率为零，这使得粒子在磁场中运动的动能守恒，或粒子运动速率保持常量.如果磁场为均匀的，设其方向为 z 轴方向，洛伦兹力在 z 轴无分力，所以有

$$\frac{\mathrm{d}v_z}{\mathrm{d}t}=\frac{\mathrm{d}v_{//}}{\mathrm{d}t}=0$$

即

$$v_{//}=\text{常量}$$

即粒子在平行于磁场方向的运动速度保持不变.图 4-32 为带电粒子在磁场中的运动轨迹.

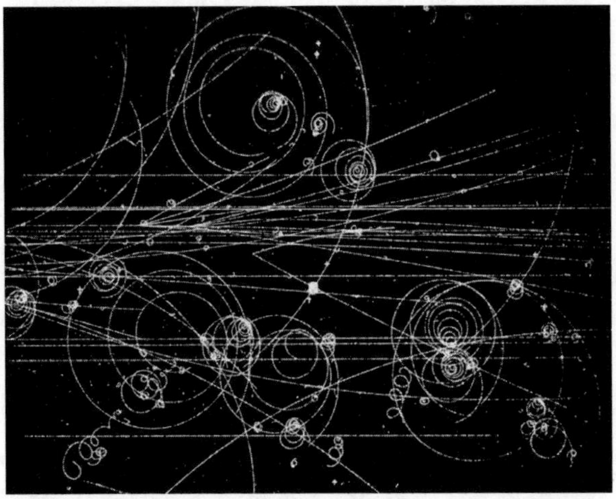

图 4-32 带电粒子在磁场中运动形成的各种轨迹

下面我们进一步分析粒子在与 $\boldsymbol{B}$ 垂直的 Oxy 平面上的运动，根据牛顿运动定律，在 x、y 方向有

$$ma_x=qv_yB$$
$$ma_y=-qv_xB$$

将上式第一式对时间求导，并把第二式代入，有

$$\frac{\mathrm{d}^2v_x}{\mathrm{d}t^2}=-\frac{q^2B^2}{m^2}v_x=-\omega^2v_x$$

该微分方程实际上类似于弹簧振子的运动微分方程，所以其通解为

$$v_x=v_{\perp}\cos(\omega t+\varphi)$$

式中 φ 为常量，称为初相位，由初始条件决定；$v_{\perp}$ 为粒子垂直于 $\boldsymbol{B}$ 的速度分量，由于总速度不变，并且沿磁场方向的速度 $v_{//}$ 不变，所以 $v_{\perp}$ 也为运动常量.把该式代入 y 方向的牛顿运动定律，解出 v_y，即

$$v_y=-v_{\perp}\sin(\omega t+\varphi)$$

进一步积分就可以解出粒子运动方程，即

$$\begin{cases} x=x_0+\dfrac{v_\perp}{\omega}\sin\ (\omega t+\varphi) \\ y=y_0+\dfrac{v_\perp}{\omega}\cos\ (\omega t+\varphi) \end{cases} \tag{4-28}$$

式(4-28)中 ω 称为回旋角频率，$\omega=\dfrac{qB}{m}$，带电粒子在 Oxy 平面上的运动的回旋周期为

$$T=\frac{2\pi}{\omega}=\frac{2\pi m}{qB} \tag{4-29}$$

即粒子运动的回旋频率或回旋周期与粒子的速率无关，仅取决于磁感应强度和粒子比荷.带电粒子在 Oxy 平面上的运动轨迹为

$$(x-x_0)^2+(y-y_0)^2=\left(\frac{v_\perp}{\omega}\right)^2$$

这是一个以(x_0,y_0)为圆心的圆的方程，圆的半径 $R=\dfrac{v_\perp}{\omega}=\dfrac{mv_\perp}{qB}$，称为回旋半径，如图 4-33 所示.

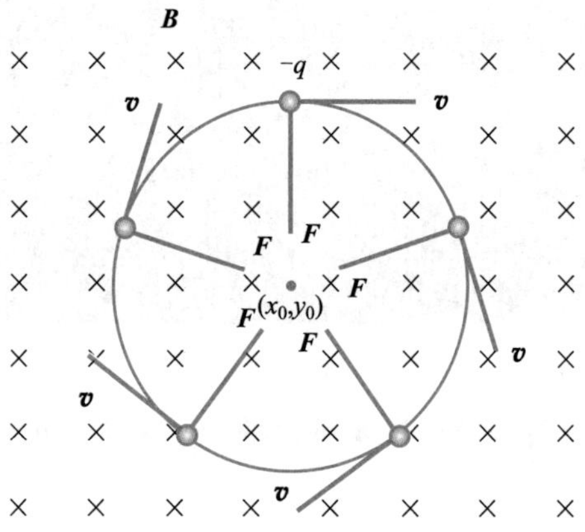

图 4-33　带电粒子在均匀磁场中作圆周运动

考虑到粒子沿 z 轴作匀速直线运动，因此带电粒子在均匀磁场中 $Oxyz$ 空间上的运动轨迹是圆轨迹和直线轨迹的合成，即螺旋运动，如图 4-34 所示，螺距为

$$h=v_{//}T=\frac{2\pi mv_{//}}{qB} \tag{4-30}$$

对于粒子在电磁场中的运动，带电粒子受力为

$$\boldsymbol{F}=\frac{\mathrm{d}\boldsymbol{p}}{\mathrm{d}t}=q(\boldsymbol{E}+\boldsymbol{v}\times\boldsymbol{B}) \tag{4-31}$$

如果在平行板电容器上加上均匀磁场，如图 4-35 所示，调整电场 $\boldsymbol{E}$ 和磁感应强度 $\boldsymbol{B}$ 的大小，使带电粒子 q 受到的洛伦兹力与电场力平衡，即 $qE=qvB$，则带电粒

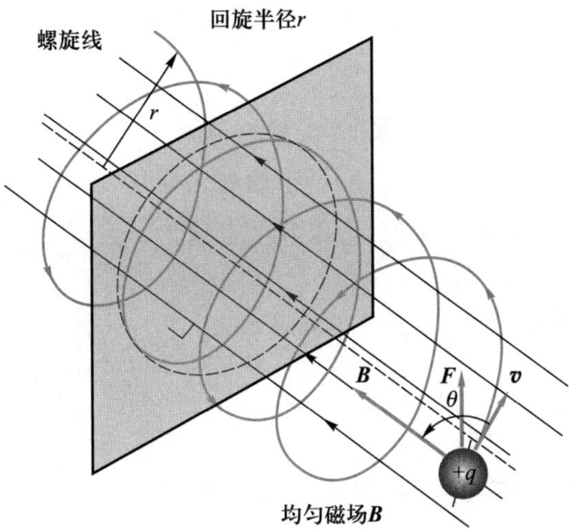

图 4-34 带电粒子在均匀磁场中作螺旋运动

子沿直线运动，则由

$$v=\frac{E}{B}$$

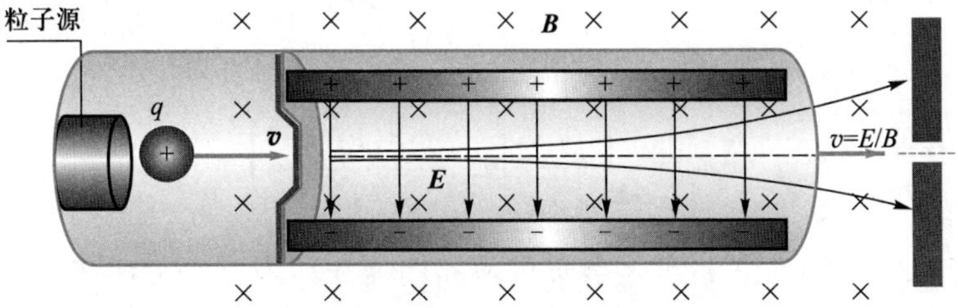

图 4-35 粒子动量选择器

即通过调整 $\boldsymbol{E}$ 和 $\boldsymbol{B}$ 的大小，可以从粒子束中选择出需要的粒子动量，此即为动量选择器.

对高速运动情形，利用狭义相对论中的能量动量方程：

$$\mathscr{E}^2=m_0^2c^4+p^2c^2$$

两边对时间求导，得

$$\mathscr{E}\frac{\mathrm{d}\mathscr{E}}{\mathrm{d}t}=\boldsymbol{p}c^2\cdot\frac{\mathrm{d}\boldsymbol{p}}{\mathrm{d}t}=mc^2\boldsymbol{v}\cdot q(\boldsymbol{E}+\boldsymbol{v}\times\boldsymbol{B})=qmc^2\boldsymbol{v}\cdot\boldsymbol{E}$$

注意左边 $\mathscr{E}$ 是能量，右边的 $\boldsymbol{E}$ 是电场强度.因此带电粒子在无电场只有均匀磁场的空间运动时，总能量仍然是守恒量.上面在非相对论情况下推导的公式在相对论情况下仍然有效，只是粒子的质量 m 将随速度增大而增加，相应回旋频率减小，回旋周期变长，即

$$R=\frac{\gamma m_0v_\perp}{qB},\omega=\frac{qB}{\gamma m_0}$$

式中 $\gamma=1/\sqrt{1-\frac{v^2}{c^2}}$，现代的粒子加速器产生的粒子绝大部分达到了相对论区域，

因此使用粒子在磁场中运动的周期和半径时要注意使用相对论情况下的结果.

【例 4-8】 两个电荷量分别为$+q_1$和$+q_2$的电荷,分别以速度$\boldsymbol{v}_1$和$\boldsymbol{v}_2$运动($v_1, v_2 \ll c$),两者之间的距离为r_{12},如例 4-8 图 1 所示,求两个电荷之间的作用力.

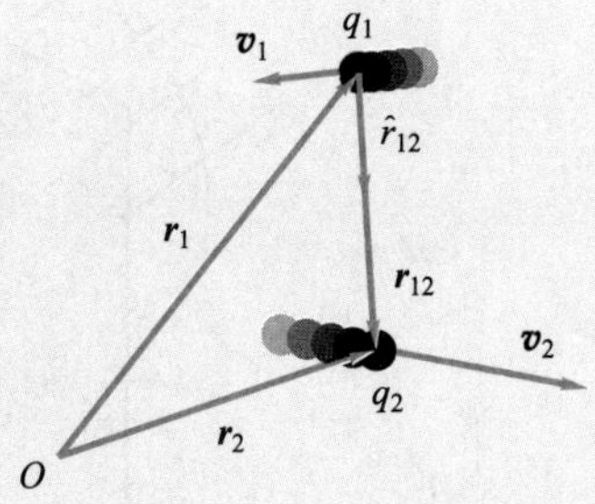

例 4-8 图 1

【解】 运动电荷q_1在q_2处产生的磁场为

$$\boldsymbol{B}_1(\boldsymbol{r}_2)=\frac{\mu_0}{4\pi}\frac{q_1\boldsymbol{v}_1\times\boldsymbol{r}_{12}}{r_{12}^3}$$

在低速情况下,电荷q_1在q_2处产生的电场为

$$\boldsymbol{E}_1(\boldsymbol{r}_2)=\frac{1}{4\pi\varepsilon_0}\frac{q_1\boldsymbol{r}_{12}}{r_{12}^3}$$

所以,电荷q_2受到的作用力为

$$\boldsymbol{F}_{12}=\frac{1}{4\pi\varepsilon_0}\frac{q_1q_2}{r_{12}^3}[\boldsymbol{r}_{12}+\varepsilon_0\mu_0\boldsymbol{v}_2\times(\boldsymbol{v}_1\times\boldsymbol{r}_{12})]=\frac{1}{4\pi\varepsilon_0}\frac{q_1q_2}{r_{12}^3}\left[\boldsymbol{r}_{12}+\frac{\boldsymbol{v}_2\times(\boldsymbol{v}_1\times\boldsymbol{r}_{12})}{c^2}\right]$$

由于该式具有下标置换对称性,即得电荷q_1受到的作用力为

$$\boldsymbol{F}_{21}=\frac{1}{4\pi\varepsilon_0}\frac{q_1q_2}{r_{21}^3}\left[\boldsymbol{r}_{21}+\frac{\boldsymbol{v}_1\times(\boldsymbol{v}_2\times\boldsymbol{r}_{21})}{c^2}\right]$$

式中$r_{21}=r_{12}$,且$\boldsymbol{r}_{21}=-\boldsymbol{r}_{12}$,可见两个电荷之间的作用力并不满足$\boldsymbol{F}_{12}=-\boldsymbol{F}_{21}$,如例 4-8图 2 所示.

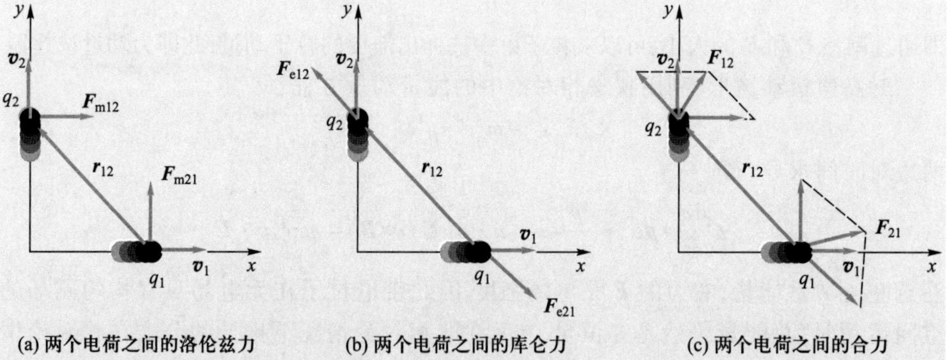

例 4-8 图 2

由于是低速运动,每个电荷受到的库仑力与洛伦兹力之比为

$$\frac{F_{e21}}{F_{m21}}=\frac{c^2}{v_1v_2}\gg 1$$

正因为如此,粒子束沿 z 轴以 $\boldsymbol{v}$ 的速度运动,如例 4-8 图 3 所示,则每个粒子受到电场力与洛伦兹力作用,合力的大小为

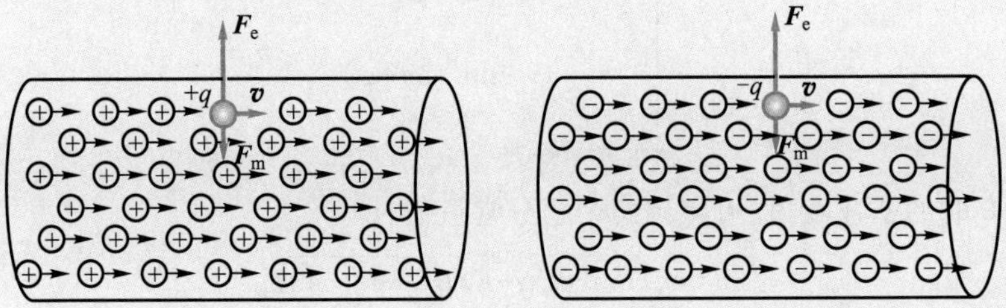

例 4-8 图 3

$$F=qE-qvB=qE-qv\frac{v}{c^2}E=q\left(1-\frac{v^2}{c^2}\right)E$$

方向背离粒子束轴线,使得粒子束在运动过程中逐渐发散,束流半径不断变大.只有在高能粒子加速器中,被加速的粒子速度 $\boldsymbol{v}$ 的大小趋近光速 c 时,合力才趋近于零.

3. 带电粒子在复合场中的运动

带电粒子进入磁场与其他场组成的复合场中运动时,既受洛伦兹力,又受到其他场力的作用,其运动规律比较复杂.下面讨论带电粒子在相互垂直的均匀电场和均匀磁场中的运动规律.设空间存在相互垂直的均匀电场 $\boldsymbol{E}$ 和均匀磁场 $\boldsymbol{B}$ 的区域内发射一个质量为 m、电荷量为 $q(q>0)$ 的带电粒子.取入射点为坐标原点,如图 4-36 所示,设带电粒子在入射点处的初速度为

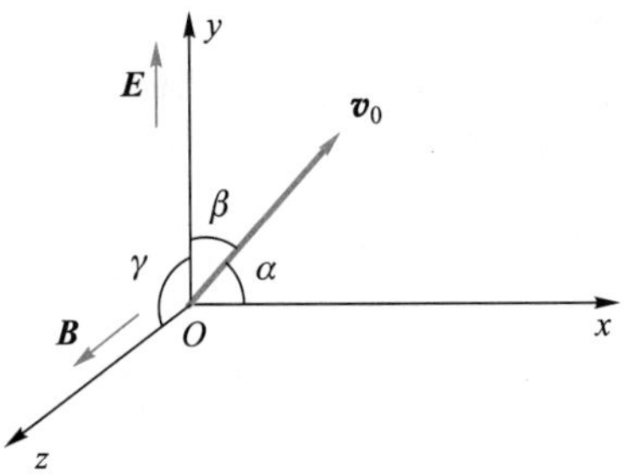

图 4-36　粒子入射到正交的电场与磁场中

$$\boldsymbol{v}_0=v_0\cos\,\alpha\boldsymbol{e}_x+v_0\cos\,\beta\boldsymbol{e}_y+v_0\cos\,\gamma\boldsymbol{e}_z$$

其中 α,β 和 γ 为方位角,满足 $\cos^2\alpha+\cos^2\beta+\cos^2\gamma=1$.

带电粒子在静电力和洛伦兹力的作用下运动,根据牛顿运动定律可知

$$\begin{cases}F_x=qBv_y=m\dfrac{\mathrm{d}v_x}{\mathrm{d}t}\\[2ex] F_y=qE-qBv_x=m\dfrac{\mathrm{d}v_y}{\mathrm{d}t}\\[2ex] F_z=0=m\dfrac{\mathrm{d}v_z}{\mathrm{d}t}\end{cases}$$

其中 $\omega=qB/m$ 为粒子在磁场中的回旋角速度.把上面第二式两边对 t 求导后再把第一式代入,可得

$$\frac{\mathrm{d}^2v_y}{\mathrm{d}t^2}+\omega^2v_y=0$$

该式的解 v_y 上面已经介绍，把这个解代入第一式，得到 v_x 的解，同时第三式可以直接解出，于是得到三个方向的速度分量为

$$\begin{cases} v_y = v_\perp \cos(\omega t+\varphi) \\ v_x = \dfrac{E}{B}+v_\perp \sin(\omega t+\varphi) \\ v_z = v_0\cos\gamma \end{cases} \tag{4-32}$$

利用 $t=0$ 时的初速度值，可得到两个积分常量值，即

$$v_\perp = \sqrt{(v_0\cos\alpha - E/B)^2 + v_0^2\cos^2\beta}$$

$$\tan\varphi = \frac{v_0\cos\alpha - E/B}{v_0\cos\beta}$$

对速度的三个分量积分，设粒子初始位置为 (x_0, y_0, z_0)，得

$$\begin{aligned} x &= x_0 + \frac{E}{B}t - \frac{v_\perp}{\omega}[\cos(\omega t+\varphi) - \cos\varphi] \\ y &= y_0 + \frac{v_\perp}{\omega}[\sin(\omega t+\varphi) - \sin\varphi] \\ z &= z_0 + v_0 t\cos\gamma \end{aligned} \tag{4-33}$$

这就是带电粒子在相互垂直的均匀电磁场中的运动方程，该曲线是滚轮线，如图 4-37所示.

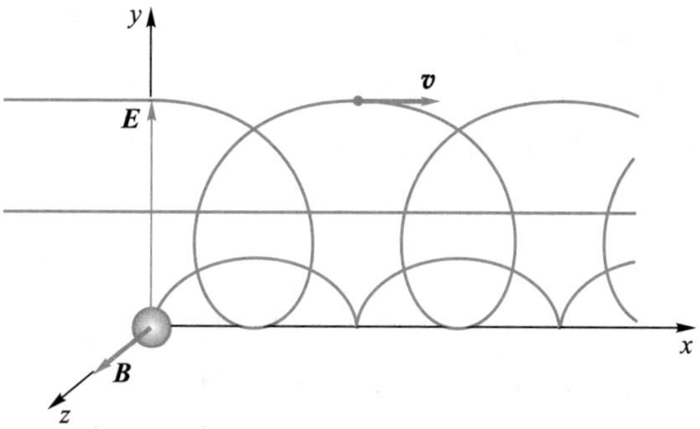

图 4-37 带电粒子在正交的磁场和电场中运动

如果引进电漂移速度 $v_e = E/B$ 或 $\boldsymbol{v}_e = \dfrac{\boldsymbol{E}\times\boldsymbol{B}}{B^2}$，则式(4-33)就是粒子径迹中心在电场作用下发生的漂移，粒子回旋中心从 (x_{c0}, y_{c0}, z_{c0}) 开始，沿轨道 $(v_e t + x_{c0}, y_{c0}, v_{//}t+z_{c0})$ 以速度 $(v_e, 0, v_{//})$ 运动.除电漂移外，其他力也可引起粒子漂移，漂移速度 $\boldsymbol{v}_F = \dfrac{\boldsymbol{F}\times\boldsymbol{B}}{qB^2}$，如重力引起的漂移速度 $\boldsymbol{v}_g = \dfrac{m\boldsymbol{g}\times\boldsymbol{B}}{qB^2}$.

从粒子源中同时发射出各种速度的带电粒子，经过均匀并且正交的电场和磁场，由于漂移速度是相同的，但是粒子速度不同，各种粒子运动的轨迹也不同，如图 4-38 所示，图中最上面的粒子速度最小，而最下面的粒子速度最大.

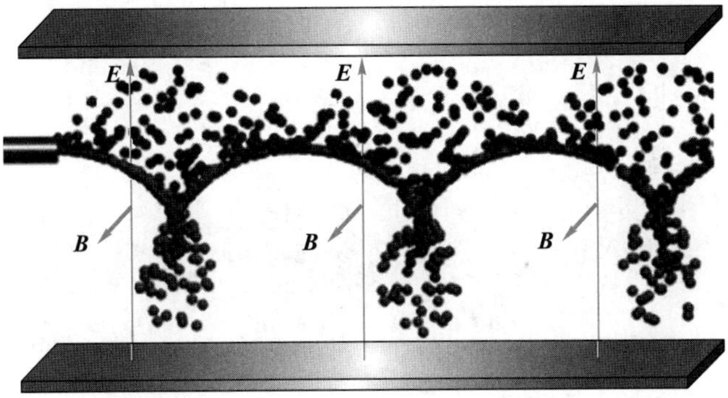

图 4-38 粒子在正交的电场和磁场中的漂移运动轨迹

在磁场中，由电场引起的漂移速度与电荷无关，即正负带电粒子向同方向漂移。但在除电场之外的其他力场中，漂移速度与电荷有关，这时，正负带电粒子的漂移方向相反，如图 4-39 所示.

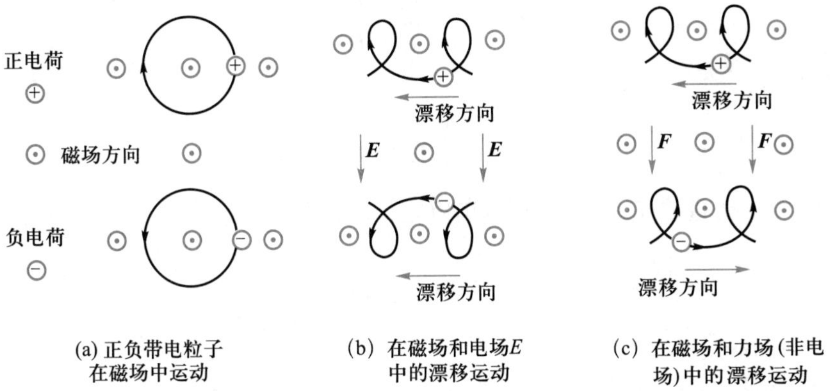

图 4-39

【例 4-9】 如例 4-9 图所示是一个测量电子比荷的实验装置，电子束经准直孔后经过一个电场和磁场相互正交的区域，调整电场或磁场的大小，使电子束沿直线打到显示屏上，请确定电子的比荷.

【解】 设电子束从电子枪发射时的初速度很小，可以忽略.经电压为 U 的电源加速后，其动能为

$$\frac{1}{2}mv^2=qU$$

电子获得的速度为 $v=\sqrt{\dfrac{2qU}{m}}$，再经过正交的电场和磁场，保证沿直线运动的条件下，有

$$qE=qvB$$

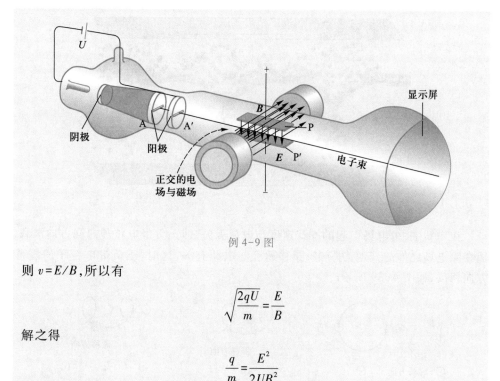

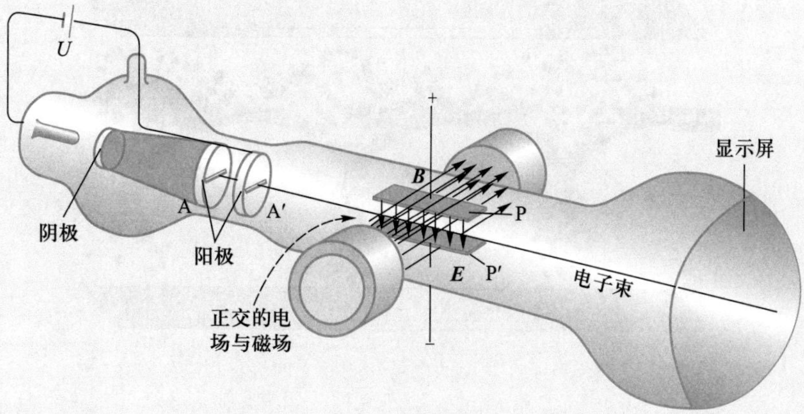

例 4-9 图

则 $v=E/B$,所以有

$$\sqrt{\frac{2qU}{m}}=\frac{E}{B}$$

解之得

$$\frac{q}{m}=\frac{E^2}{2UB^2}$$

只要测得 3 个量 U、E 和 B,就可以确定电子的比荷.

4-4-2 带电粒子在非均匀磁场中的运动

1. 磁矩守恒

对非均匀磁场,只要磁场的非均匀尺度远大于带电粒子的回旋半径,则粒子的运动可近似看成是绕磁感应线的螺旋运动.不过由于磁场沿磁感应线的非均匀性,将破坏 $v_{//}$ 和 $v_{\perp}$ 的守恒性.我们必须设法从粒子运动方程出发去寻找新的守恒量.下面介绍一种常用的守恒量,即粒子的回旋磁矩.带电粒子绕磁场的快速回旋形成一圆形电流环,该电流环的磁矩称为粒子的回旋磁矩.电流环的面积为 πR^2,等效电流为 q/T,故回旋磁矩为 $\mu=\pi R^2 q/T$.将回旋半径和周期代入,得到

$$\mu=\frac{\frac{1}{2}mv_{\perp}^2}{B} \tag{4-34}$$

式(4-34)表明,回旋磁矩等于粒子沿垂直方向运动的动能和磁感应强度之比.

现在讨论带电粒子在轴对称缓变的磁场中的运动规律.下面证明,在随空间缓慢变化的磁场中,带电粒子的回旋磁矩为守恒量.为此,取柱坐标系(r,φ,z),设磁场相对 z 轴对称,则 $B_{\varphi}=0$,B_z 和 B_r 均是 r 和 z 的函数,磁场分布如图 4-40 所示.$\boldsymbol{B}_r$ 的出现与 $\boldsymbol{B}_z$ 沿 z 轴的变化有关.

对以 z 轴为轴、半径为 r、高为 Δz 的圆柱面,运用磁场的高斯定理得

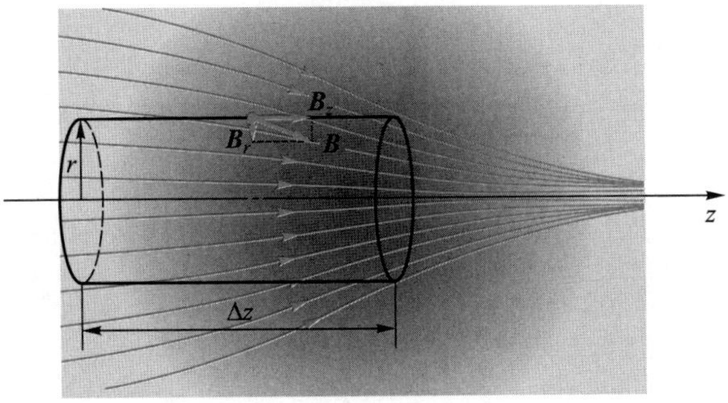

图 4-40 轴对称缓变磁场中粒子的运动

$$2\pi r\int_{z}^{z+\Delta z} B_r(r,z)\,\mathrm{d}z + 2\pi\int_0^r [B_z(r,z+\Delta z) - B_z(r,z)]\,r\mathrm{d}r = 0$$

或

$$B_r = -\frac{r}{2}\cdot\frac{B_z(0,z+\Delta z)-B_z(0,z)}{\Delta z} \approx -\frac{r}{2}\cdot\frac{\Delta B_z(0)}{\Delta z}$$

在以上推导中利用了 B_z 随 r 缓慢变化的条件，近似将它代之以 z 轴($r=0$)上的值.令 $\Delta z\to 0$，得

$$B_r = -\frac{r}{2}\frac{\partial B_z}{\partial z}$$

由于 B_r 的出现，且 $B_r\perp v_\perp$，故粒子将受到在 z 轴方向上的洛伦兹力，该力由强磁场区指向弱磁场区.因此，沿 z 轴方向的粒子的运动方程变为

$$\frac{\mathrm{d}v_z}{\mathrm{d}t} = \frac{q}{m}v_\perp B_r = -\frac{qv_\perp r}{2m}\frac{\partial B_z}{\partial z}$$

注意上式右边的 r 即为粒子的回旋半径 R，而在 z 轴上 $B=B_z$，则

$$\frac{\mathrm{d}v_z}{\mathrm{d}t} = -\frac{qv_\perp R}{2m}\frac{\partial B}{\partial z} = -\frac{v_\perp^2}{2B}\frac{\partial B}{\partial z}$$

用 mv_z 乘上式两边，考虑到 $\mathrm{d}B/\mathrm{d}t = v_z\partial B/\partial z$，则

$$\frac{\mathrm{d}}{\mathrm{d}t}\left(\frac{1}{2}mv_z^2\right) = -\frac{mv_\perp^2}{2B}\frac{\mathrm{d}B}{\mathrm{d}t} = -\mu\frac{\mathrm{d}B}{\mathrm{d}t}$$

由于粒子的动能是守恒量，即

$$\frac{\mathrm{d}}{\mathrm{d}t}\left(\frac{1}{2}mv_z^2+\frac{1}{2}mv_\perp^2\right) = 0$$

或
$$\frac{\mathrm{d}}{\mathrm{d}t}\left(\frac{1}{2}mv_z^2\right) = -\frac{\mathrm{d}}{\mathrm{d}t}\left(\frac{1}{2}mv_\perp^2\right) = -\frac{\mathrm{d}}{\mathrm{d}t}(\mu B) = -B\frac{\mathrm{d}\mu}{\mathrm{d}t}-\mu\frac{\mathrm{d}B}{\mathrm{d}t}$$

代入原等式得

$$\frac{\mathrm{d}\mu}{\mathrm{d}t} = 0$$

亦即
$$\mu = 常量 \tag{4-35}$$
所以在随空间缓慢变化的磁场中，带电粒子的回旋磁矩为守恒量.磁矩守恒又称绝热不变量，是一阶近似守恒量，在一个缓慢变化的磁场中，磁矩的变化更慢，因此是一个近似守恒量.特别注意这里磁矩守恒仅仅是指量值守恒，方向可以改变.

现在讨论带电粒子在缓变磁场中的回旋半径和螺距的变化.因为
$$R^2 = \frac{m^2 v_\perp^2}{q^2 B^2} = \frac{2m}{q^2 B}\left(\frac{1}{2}mv_\perp^2 / B\right) = \frac{2m\mu}{q^2 B}$$
所以回旋半径为
$$R = \sqrt{\frac{2m\mu}{q^2 B}} \tag{4-36}$$
该表达式中除 B 外，其他量都是不变量（非相对论情况），可以改写为
$$R\sqrt{B} = 常量 \tag{4-37}$$

所以当粒子从磁场弱的区域进入磁场强的区域时，粒子的回旋半径 R 越来越小，如图 4-41 所示.式(4-37)也可以改写为 $\pi R^2 B = 常量$，即带电粒子螺旋运动过程中所包围的磁通量是一个守恒量.带电粒子在非均匀磁场中运动的磁矩守恒和磁通量守恒都是近似守恒，有时也称为绝热不变量.

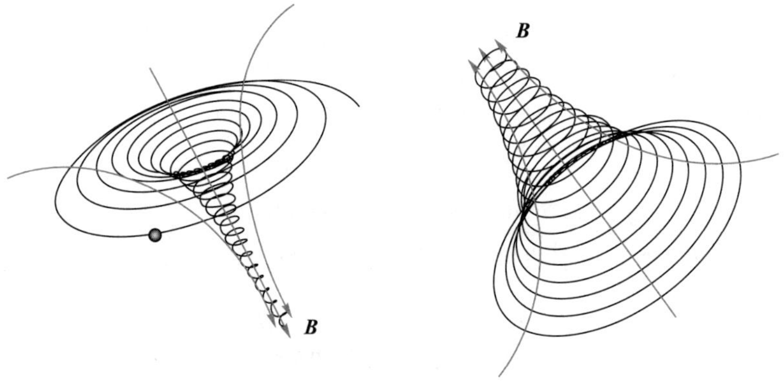

图 4-41　带电粒子在各种磁场中运动的轨迹

此外由于速率守恒，为了在不同的磁场区域仍保持磁矩守恒，根据磁矩的表达式 $\mu = \frac{1}{2}mv_\perp^2 / B$，$B$ 增大时，$v_\perp$ 也必然增大，因此 $v_{//}$ 将减少，因而螺距 $h = \frac{2\pi m v_{//}}{qB}$ 随磁场的增加而减小.所以带电粒子从弱磁场区域进入强磁场区域时，回旋半径和螺距都要减小.

在地球磁场中，由于高能带电粒子种类很多，而且地球磁场为非均匀磁场，并且还存在重力、地球转动引起的科里奥利力和惯性离心力，在这些力场的综合作用下，地球附近的高能粒子会发生漂移运动，使得地球周围的各种粒子运动非常复杂，各种带电粒子的运动仿佛像在跳一个让人眼花缭乱的舞蹈，如图 4-42 所示.

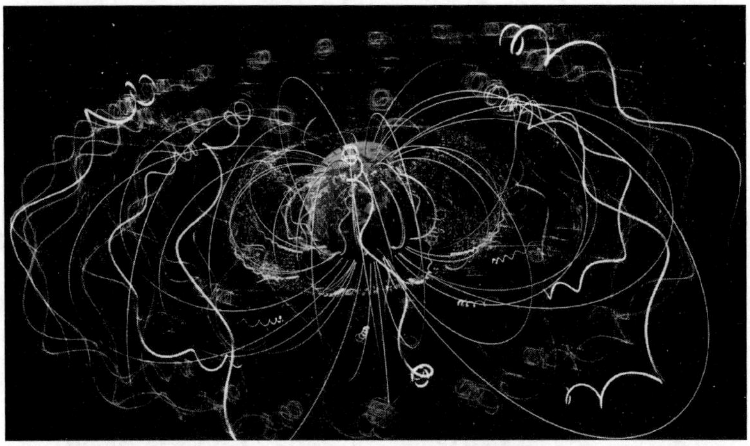

图 4-42 带电粒子在地球磁场中的“舞蹈”

2. 磁镜与磁聚焦

(1) 磁镜

所谓磁镜,指的是具有两端强、中间弱的磁场位形的装置.最简单的磁镜装置由两个电流方向相同的线圈组成,当两组线圈距离较大时,中间区域的磁场就较小,中间磁感应线将出现鼓出的形状,这种磁场称为磁镜,如图 4-43 所示.

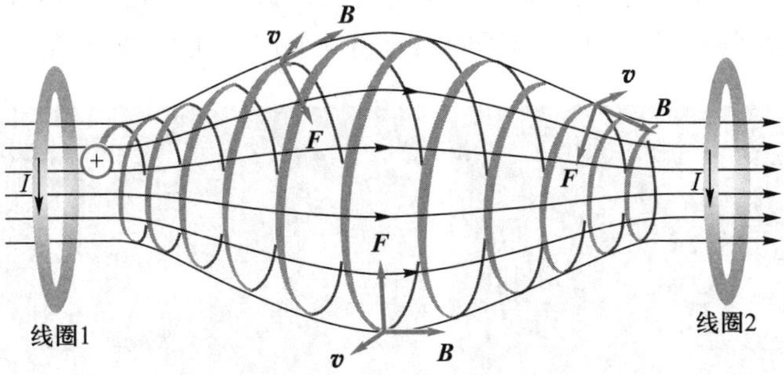

图 4-43 带电粒子在磁镜中运动

设最弱处中间部分的磁感应强度为 B_0,粒子在该处运动的速度与 B_0 的夹角为 θ,设粒子到达磁场最强处(B_m)时,粒子速度的平行磁场分量 $v_{//}$ 恰好为零,即该处粒子的速度 $v_\perp=v$,根据磁矩守恒,有

$$\frac{\frac{1}{2}mv^2\sin^2\theta}{B_0}=\frac{\frac{1}{2}mv^2}{B_m}$$

可以解出

$$\sin\theta_m=\sqrt{\frac{B_0}{B_m}}=\sqrt{\frac{1}{R_m}} \tag{4-38}$$

式(4-38)中 $R_m=B_m/B_0$ 称为磁镜比.上式表明 $\theta<\theta_m$ 的粒子将穿过磁镜而损失掉,只有 $\theta>\theta_m$ 的粒子将被约束在磁镜中,这些粒子将永远不能从磁镜中逃逸出去.图 4-44

是中国科学技术大学研究者研制的我国最大的串节磁镜 KMAX.

图 4-44 中国最大的串节磁镜 KMAX

地球的磁场是一个天然的磁镜.宇宙射线中各种粒子束进入到地磁场区域时,一部分粒子将被地磁场形成的磁镜所捕获,只有极少数的粒子继续进入地球的表面.因此在地球表面上空有两条主要的粒子带:电子带和重离子带,这些粒子带称为范艾伦带,是由美国科学家范艾伦(Van Allen,1914—2006)在 1948 年发现的,见图 4-45.但是在南北磁极附近,粒子可以有较大的概率直接进入地球,这些粒子会使大气电离,大量高密度的电子和离子的加速运动会产生辐射,形成漂亮的极光.

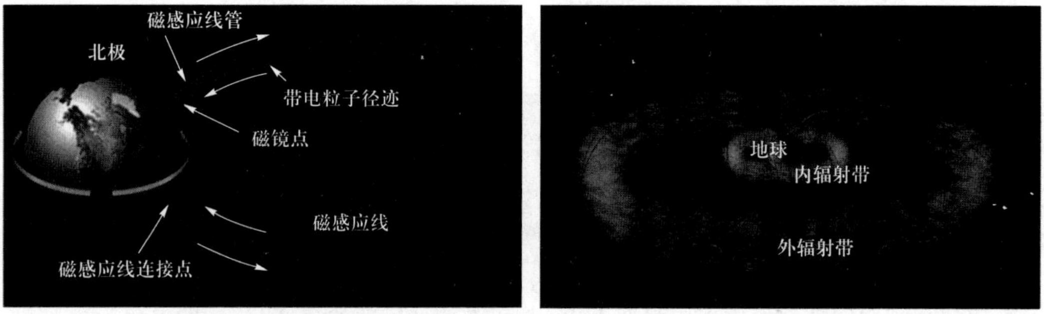

(a) 地球磁场形成的磁镜　　(b) 范艾伦带

图 4-45

【例 4-10】 如例 4-10 图 1 所示,在一磁镜的中部有一带电粒子源,各向同性地发射粒子束,磁镜的最大磁感应强度与中部最弱处的磁感应强度之比为 4∶1,求逃逸出粒子的比例.

【解】 根据磁矩守恒,有

$$\sin\theta=\sqrt{\frac{B_0}{B_m}}=\sqrt{\frac{1}{4}}=\frac{1}{2}$$

即

$$\theta=30^\circ$$

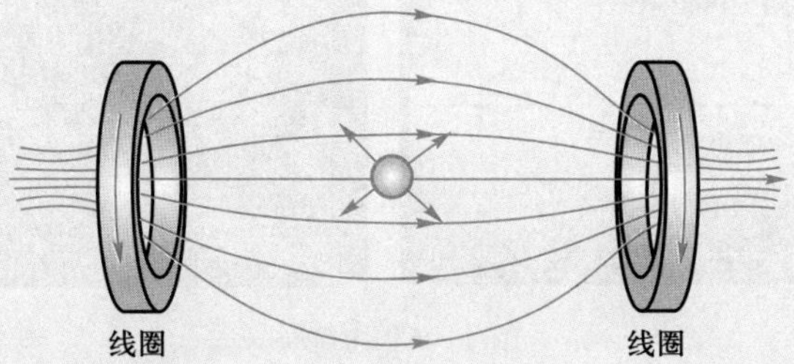

例 4-10 图 1

θ 即为粒子逃逸角，小于该角度的粒子将逃逸出磁镜，由于粒子源处于磁镜中，并且是各向同性均匀发射，因此如例 4-10 图 2 所示，处于圆锥区域的粒子将逃逸出磁镜，故只需计算出圆心角为 60°的 2 个圆锥对应在球面上的面积与整个球面面积之比.

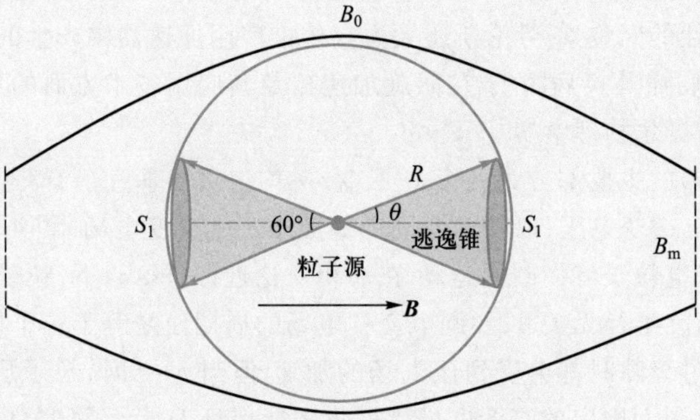

例 4-10 图 2

圆锥对应球冠的面积为

$$S_1=2\pi R^2(1-\cos\theta)=2\pi R^2\left(1-\frac{\sqrt{3}}{2}\right)$$

逃逸比例为

$$k=\frac{2S_1}{S}=\left(1-\frac{\sqrt{3}}{2}\right)\approx 13.4\%$$

（2）磁聚焦

利用带电粒子在均匀磁场中作螺旋运动以及回旋周期与粒子速率无关的特性，可以实现对带电粒子束的聚焦.一般粒子束成细锥状，粒子速率差不多相等，但方向略有差别.若不采取措施，粒子束在运动过程中会逐渐发散.当沿粒子束运动方向加上一均匀磁场时，所有粒子都绕磁场作螺旋运动，且回旋周期相等.通常粒子束锥角度很小，以至所有粒子的 $v_{//}$ 几乎相等.这样，经过一个回旋周期之后，全部粒子沿磁场方向走过同样距离 $h=2\pi mv/(qB)$ 之后又重新汇聚于一点，如图 4-46 所示.磁聚焦广泛应用于电真空器件中对电子束进行聚焦.

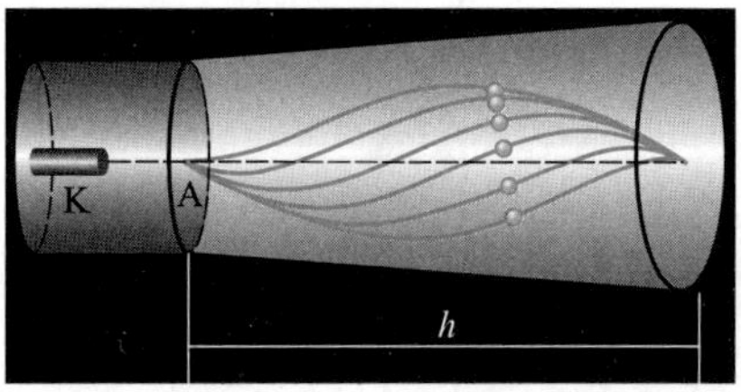

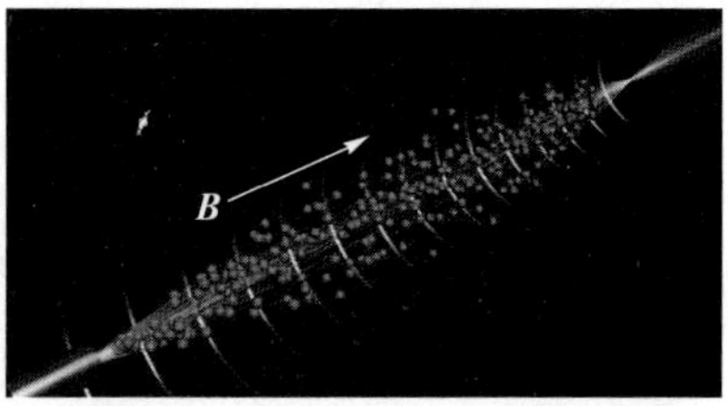

图 4-46 磁聚焦

3. 回旋加速器

1929 年美国科学家劳伦斯(E.O.Lawrence,1901—1958)提出回旋加速器的构造原理,1932 年,劳伦斯建成了第一台回旋加速器(直径只有 27 cm,能量可达 1 MeV)并开始运行.后来,在劳伦斯的领导下,建成了一系列不同的回旋加速器. 20 世纪 50 年代初,这类加速器的能量达到 50 MeV,远远超过了天然放射源的能量,可以用于加速质子、α 粒子和氘核,由此发现了许多新的核反应,产生了几百种稳定的和放射性的同位素.劳伦斯还大力宣传推广用加速器中产生的放射性同位素或中子来治疗癌症等疾病.由于在回旋加速器及其应用技术方面的成就,劳伦斯获得了 1939 年诺贝尔物理学奖.

回旋加速器的主要部分为两个 D 形盒,一均匀磁场垂直于 D 形盒的底面,在两 D 形盒之间加上交变电压,以在两盒间的缝隙中产生交变电场(图 4-47).在磁场作用下,被加速带电粒子将作圆周运动.在非相对论近似($v \ll c$)下,粒子运动的周期与粒子的速率、回旋半径无关.只要调节交变电场的周期使之等于粒子回旋周期,则带电粒子每次经过缝隙时都会受到该电场的加速.但当 $v \sim c$ 时,粒子质量 m 将增大,周期 T 亦增大,因而固定的交变电场周期将不能保证 D 形盒间隙总使粒子加速.为了使之与 T 同步,即使交变电场与粒子回旋运动在时间上同步,这类加速器称同步回旋加速器.另外,为了使 D 形盒的尺寸不至过大,随着粒子速度的增加还可增强磁场 $\boldsymbol{B}$,以保持回旋半径 R 缓慢增加.经过这种改进后的回旋加速器可将质子的动能加速至数百兆电子伏.对于同样动能的粒子,质量越小则速度越大,相对论效应越明显,因此,回旋加速器适合于加速重粒子.

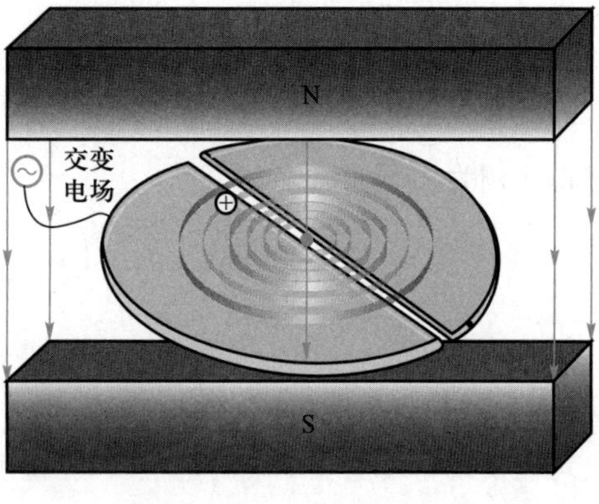

图 4-47 回旋加速器示意图

回旋加速器可加速的最大速度和动能分别为

$$v_{\max}=\frac{qBR}{m},E_{\mathrm{k}}=\frac{1}{2}mv^{2}=\frac{q^{2}B^{2}R^{2}}{2m}$$

【例 4-11】 一回旋加速器 D 形电极圆周的最大半径为 60 cm,用它来加速质量为 1.67×10^{-27} kg、电荷量为 1.6×10^{-19} C 的质子,要把质子功能从 0 加速到 4.0 MeV,

两 D 形电极间的距离为 1.0 cm,加速电压为 2.0×10^5 V,其间电场是均匀的,试求加速到上述能量所需的时间.

【解】 先求磁场强度:

$$m\frac{v^2}{R}=qvB \quad 和 \quad R=\frac{v_\perp}{\omega}=\frac{v_\perp m}{qB}$$

解得磁感应强度为

$$B=\frac{\sqrt{2mE_k}}{Rq}$$

带电粒子在回旋加速器中的运动可分为两部分:一部分是经过 D 形电极间的匀加速直线运动,设所需的时间为 t_1;另一部分是在 D 形盒内的匀速圆周运动,设所需的时间为 t_2.则把粒子加速到 E_k 所需的时间便为

$$t=t_1+t_2$$

粒子在两极间作匀加速直线运动,进入 D 形盒内,速度方向改变,但速度大小不变.粒子每走半圈,经过两极间被加速一次,每次加速,它的动能便增加 qU,因开始时速度为零,故在它的动能达到 E_k 时,经过两极间加速的次数便为

$$n=\frac{E_k}{qU}$$

在两极间走过的距离为

$$nd=\frac{1}{2}at_1^2=\frac{1}{2}\frac{qE}{m}t_1^2=\frac{1}{2}\frac{qU}{md}t_1^2$$

$$t_1=\sqrt{\frac{2mn}{qU}}d=\frac{\sqrt{2mE_k}}{qU}d$$

由于粒子经过两极间 n 次,故它在 D 形盒内的半圈匀速运动便有 $(n-1)$ 次,于是便得

$$t_2=(n-1)\frac{T}{2}=\frac{(n-1)\pi m}{qB}$$

代入数据,得 $n=200$, $t_1=1.5\times10^{-7}$ s, $t_2=1.5\times10^{-5}$ s.所以加速粒子所花费时间主要是粒子作回旋运动的时间,尽管如此,总的时间是非常短的.

4. 二极磁铁与四极磁铁

在粒子加速器中对带电粒子束进行改变方向的磁铁主要用二极磁铁,二极磁铁可以把带电粒子束转到某个特定的区域,因此二极磁铁又称偏转磁铁.图 4-48 是一个质谱仪示意图,其中采用二极磁铁偏转粒子,比荷不同的粒子偏转半径不同,因而可获得样品中各种粒子的质量分布.利用质谱仪也可对同一种元素的各种同位素(电荷相同,但质量略有差异)进行含量分析.此外,一个大型的环形粒子加速器通常有许多偏转磁铁,使粒子束弯转沿环形的轨道运动.

为了对带电粒子聚束,在粒子加速器中还会大量地使用四极磁铁.顾名思义,这些磁铁有 4 个极.四极磁铁的主要功能是对带电粒子束进行聚焦.图 4-49(a)是一

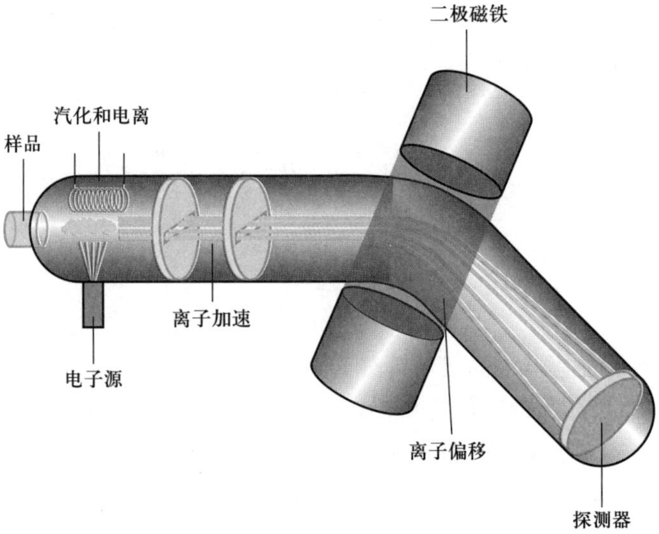

图 4-48 质谱仪中二极磁铁偏转带电粒子(或离子)原理

个四极磁铁的结构,4 个磁极交错放置,当带电粒子穿过中心时,由于洛伦兹力的作用,粒子束将在一个方向上向中心运动(聚束),但是在另一个方向上会离开中心(散束),因此为了得到高质量的聚束效果,需要在粒子束线上放置多组四极磁铁,交互地在不同方向对粒子聚束,因此设计一条带电粒子输运线,完全类似于光束线的设计.图 4-49(b)是中国散裂中子源(CSNS)加速器中使用的四极磁铁和偏转磁铁.实际应用中,为了提高聚束质量,还会使用六极磁铁甚至八极磁铁,这些多极磁铁可以在高阶上对聚焦进行修正.

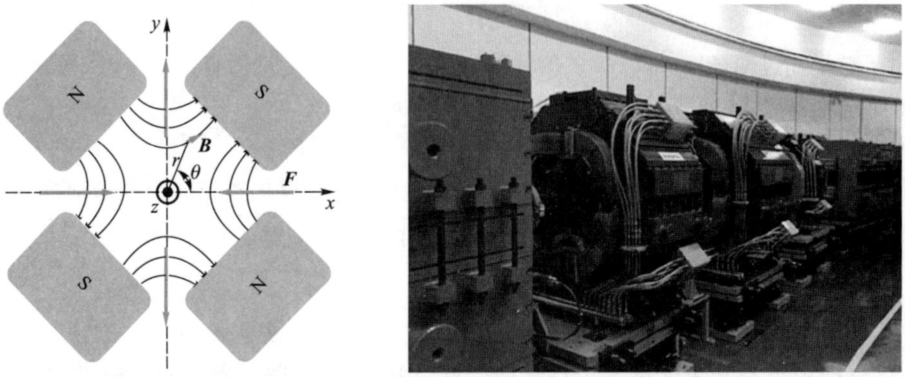

(a) (b)

图 4-49 四极磁铁聚焦原理和中国散裂中子源(CSNS)加速器中使用的四极磁铁和偏转磁铁

5. 托卡马克装置的磁场

托卡马克(TOKAMAK)是“磁线圈圆环室”的俄文缩写,又称环流器.这是一个类似螺绕环的装置,内部为封闭的环形磁场,见图 4-50(a),可用来约束等离子体

(近似电中性的电离气体).由于其磁场的封闭性,所以约束的带电粒子不会泄漏.而在上面所讲的磁镜装置中,一些投射角 $\theta<\theta_m$ 的带电粒子会穿过磁镜两端线圈而逃逸.环形容器也存在一个明显的缺点:其内部磁场是非均匀的,离环心近的地方磁场较强,离环心远的地方磁场较弱,等离子体在不均匀的磁场中作环形运动将会产生漂移.漂移效应会使等离子体向弱磁场方向运动,因此带电粒子将出现朝管外侧集中的趋势,不利于对等离子体的有效磁约束.为克服这一缺点,可将环形容器作为一个变压器的次级线圈(因内部等离子体导电),增加初级线圈的匝数,构成一个降压变压器,在环形器内的等离子体中产生很大的电流,形成相对等离子体中轴线轴对称的圆形磁场,磁场从轴线向管壁逐渐变强,使得带电粒子向轴线处集中,避免触及管壁.中轴线附近的粒子数密度增大,有利于聚变反应的持续进行.因此托卡马克装置中的磁场主要有两种磁场的叠加,形成了环形的磁场分布,如图 4-50(b)所示.

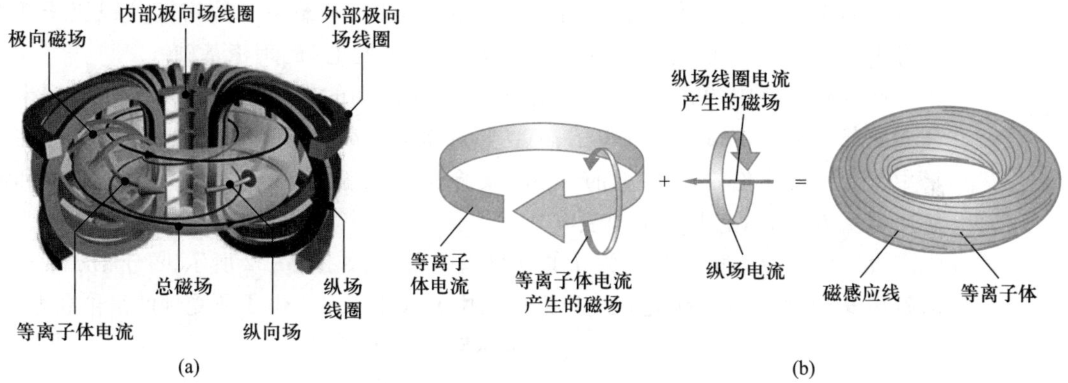

图 4-50 托卡马克磁约束装置和磁场示意图

历经半个世纪的研究,科学家设计出了迄今最好的托卡马克磁约束等离子体装置.中国科学院等离子体物理研究所设计研制的 EAST,见图 4-51,便是其中成功的事例,媒体上常将它称为"人造太阳"实验装置.目前,科学研究者们正在努力改进实验装置,延长高温等离子体的维持时间,并增大反应粒子的数密度,使热核聚变反应达到实用阶段,为人类提供新的取之不尽的污染最小的能源.

图 4-51 全超导托卡马克装置——EAST(中国科学院等离子体物理研究所,合肥)

§4-5 霍耳效应

4-5-1 霍耳效应

霍耳效应是磁电效应的一种,这一现象是霍耳(A.H.Hall,1855—1938)于1879年在研究金属的导电机制时发现的,当时霍耳还是美国霍普金斯大学的研究生.后来人们发现半导体、导电流体等也有这种效应,而半导体的霍耳效应比金属强得多,利用这种现象制成的各种霍耳元件,广泛地应用于工业自动化技术、检测技术及信息处理等方面.霍耳效应是研究半导体材料性能的基本方法.通过霍耳效应实验测定的霍耳系数,能够判断半导体材料的导电类型、载流子数密度及载流子迁移率等重要参量.流体中的霍耳效应是研究"磁流体发电"的理论基础.

产生霍耳效应的原因是形成电流的作定向运动的带电粒子即载流子(n型半导体中的载流子是带负电荷的电子,p型半导体中的载流子是带正电荷的空穴)在磁场中所受到的洛伦兹力作用而产生的.实验表明,在磁场不太强时,U_H与电流I和磁感应强度B成正比,与板的厚度d成反比.

设一块长为l、宽为b、厚为d的n型单晶薄片,如图4-52所示,置于沿z轴方向的磁场$\boldsymbol{B}$中,在x轴方向通以电流I,则其中的载流子——电子所受到的洛伦兹力为

$$\boldsymbol{F}_m = q\boldsymbol{v}\times\boldsymbol{B} = -evB\boldsymbol{e}_y$$

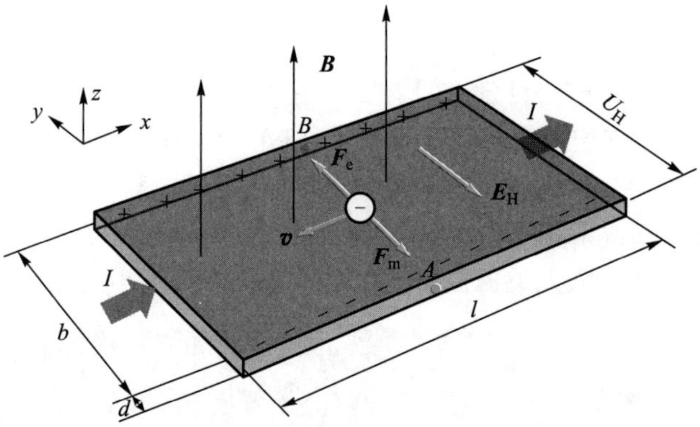

图4-52 霍耳效应原理示意图

式中$\boldsymbol{v}$为电子的运动速度,其方向沿x轴的负方向,$-e$为电子的电荷量.$\boldsymbol{F}_m$方向指向y轴的负方向.自由电子受力偏转的结果,向A侧面积聚,同时在B侧面上出现相同数量的正电荷,在两侧面间形成一个沿y轴负方向上的横向电场$\boldsymbol{E}_H$,使运动电子受到一个沿y轴正方向的电场力$\boldsymbol{F}_e$,A、B面之间的电势差为U_H(即霍耳电压),则

$$\boldsymbol{F}_e = qE_H\boldsymbol{e}_y = -eE_H\boldsymbol{e}_y = e\frac{U_H}{b}\boldsymbol{e}_y$$

达到稳定时两个力大小相等、方向相反，即

$$e\frac{U_H}{b}-evB=0$$

即

$$U_H=vbB$$

若 n 型单晶中的电子数密度为 n，则流过样片横截面的电流为

$$I=nebdv$$

所以

$$U_H=\frac{1}{ne}\frac{IB}{d}=R_H\frac{IB}{d}\quad 或\quad U_H=K_HIB \tag{4-39}$$

式(4-39)中 $R_H=1/ne$ 称为霍耳系数，它表示材料产生霍耳效应的本领大小；K_H称为霍耳元件的灵敏度.一般地说，K_H越大越好，以便获得较大的霍耳电压 U_H.因 K_H和载流子数密度 n 成反比，而半导体的载流子数密度远小于金属的载流子数密度，所以采用半导体材料作霍耳元件灵敏度较高.又因 K_H和样品厚度 d 成反比，所以霍耳片都切得很薄，一般 $d\approx0.2$ mm.

上面讨论的是 n 型半导体样品产生的霍耳效应，B 侧面电势比 A 侧面高.对于 p 型半导体样品，由于形成电流的载流子是带正电荷的空穴，与 n 型半导体的情况相反，A 侧面积累正电荷，B 侧面积累负电荷，此时，A 侧面电势比 B 侧面高.由此可知，根据 A、B 两端电势的高低，就可以判断半导体材料的导电类型是 p 型还是 n 型.

如果霍耳元件的霍耳系数 R_H已知，测得控制电流 I 和产生的霍耳电压 U_H，则可测定霍耳元件所在处的磁感应强度，详细测量细节在下一章中的磁场测量一节中专门介绍.

4-5-2 量子霍耳效应

1980 年的德国马克斯·普朗克研究所物理学家克利青(K.V.Klitzing，1943—)等人在研究低温(约几 K)、强磁场(1 T～10 T)下二维电子气的霍耳效应时(见图 4-53)，发现霍耳电阻随磁场的增大作台阶状升高，台阶的一个高度为一个物理常量 h/e^2 除以整数 i，即

$$R_H=\frac{h}{ie^2},i=1,2,3,\cdots \tag{4-40}$$

这一现象被称为量子霍耳效应.克利青因此获得了 1985 年诺贝尔物理学奖.

1982 年美国加利福尼亚州斯坦福大学的劳克林(R.B.Laughlin，1950—)、美国纽约的哥伦比亚大学与新泽西州贝尔实验室的施特默(H.L.Stormer，1959—)和美国新泽西州普林斯顿大学电气工程系的华裔美籍科学家崔琦(D.C.Tsui，1939—)等人在研究极低温度(约 0.1 K)和超强磁场(大于 10 T)下二维电子气的霍耳效应时，发现霍耳电阻随磁场的变化不仅出现在 i 为整数时，而且出现在分母为奇数的分数时，具体如下

$$1/3,2/5,3/7,5/9,5/11,6/13,7/15,\cdots$$

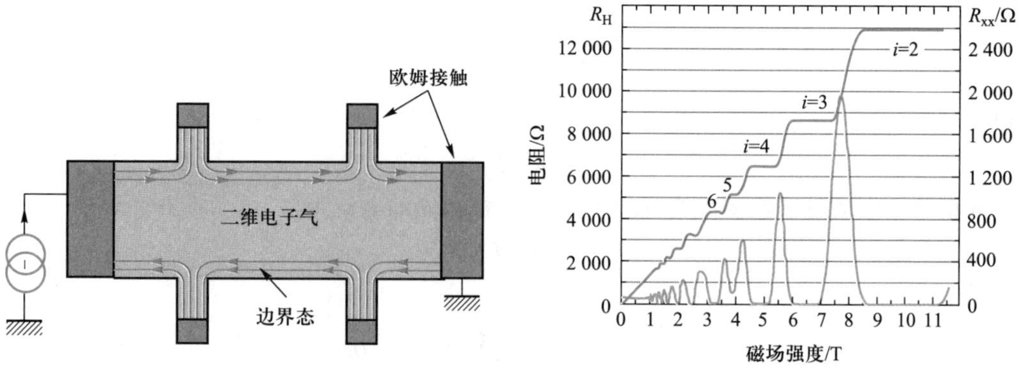

(a) (b)

图 4-53 量子霍耳效应实验示意图和分数量子霍耳效应实验曲线

这就是分数量子霍耳效应,这三位科学家因此荣获了 1998 年诺贝尔物理学奖.他们的这一发现对理论工作者提出了更大的挑战,近几年来分数霍耳效应的理论解释也取得了一些进展.

电子除了带有电荷外,电子还拥有另一个特性——自旋.最近一些年,理论家便预言,拥有正常电子结构的材料可以与磁场发生作用并最终出现量子自旋霍耳效应.2007 年,加利福尼亚州大学研究者与德国实验物理学家合作,证明了量子自旋霍耳效应确实存在.如果研究人员能够在室温下实现量子自旋霍耳效应,新型低功耗"自旋电子"计算设备将成为一种可能.

§4-6 天体的磁场

1. 地球的磁场

地球磁场是偶极型磁场,即近似于把一个磁铁棒放到地球中心,使它的 N 极大体上对着地理南极而产生的磁场形状,如图 4-3 所示.地球磁场由基本磁场、地壳磁场与变化磁场三部分组成.基本磁场来源于地核,地球磁场的起源有很多学说,在这些学说中,大多数认为地球磁场是利用内部的发电机来产生磁场的.在地球核心,有着体积相当于 6 倍月球大小并处于熔融状态的铁,形成不断环绕流动的汪洋,这些运动着的导电流体,会产生电流和磁场,这就是所谓的地球发电机学说,如图 4-54 所示.发电机学说在观测、实验和理论研究上得到了较多的

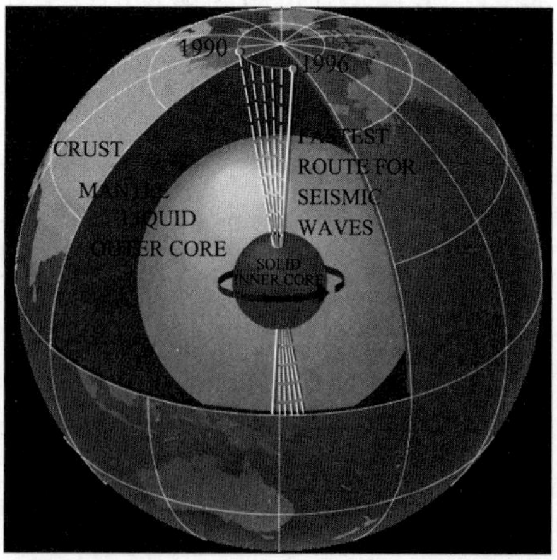

图 4-54 地球磁场的内部框图和磁极的变化

认证,是目前研究和应用较多的地球磁场学说.

地球的磁极并不是一直不变的,通过研究磁性矿物而发现地球的磁极在历史上发生了很多次翻转.当岩石受热,其中的磁性矿物会顺应地球磁场而排列,因此矿物能保存岩石冷却时的地磁方向.地球磁场平均每 50 万年翻转一次,在地球约 46 亿年的历史中,地磁的方向已经反复南北翻转了好几百次,而最近一次的翻转发生在 78 万年前——这比之前发生翻转的平均间隔时间 25 万年要长了许多.此外,地球的主要磁场自 1830 年首次测量至今,已经减弱了将近 10%.

地球各地表面附近的磁场分布是不相同的,如图 4-55 所示.在磁极附近,如西伯利亚、加拿大和南极洲附近的地区,它可以超过 6×10^{-5} T,而在较远地区,如南美和南非,则只有 3×10^{-5} T. 3×10^{-5} ~ 6×10^{-5} T 的地磁场似乎并不太大,但是考虑到地球巨大的空间,地磁场产生的能量是巨大的.地球磁场进入太空的地区被称为磁层,如图 4-56 所示,磁层可以影响太阳风的轨迹.

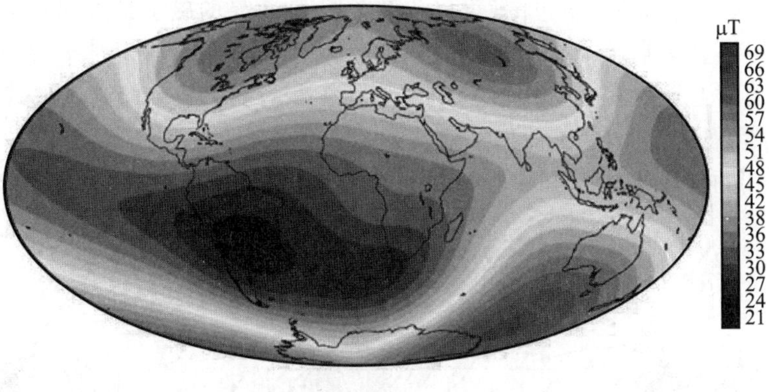

图 4-55　2010 年国际地球物理参照场(IGRF)给出的地磁总强度分布图

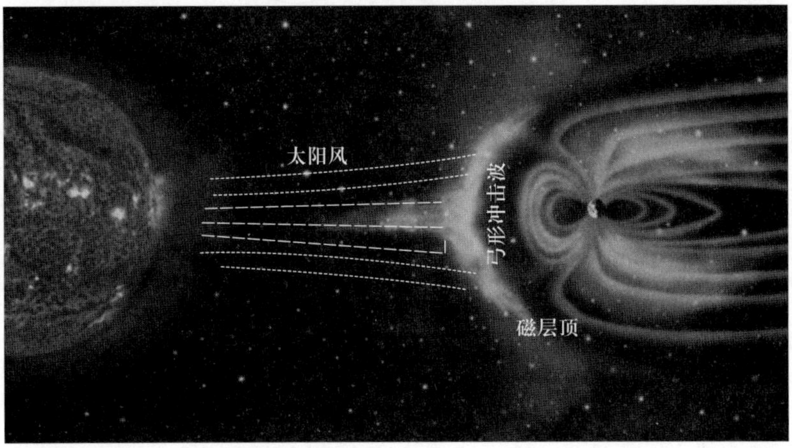

图 4-56　地球的磁场在太空形成的磁层

2. 太阳系中部分行星的磁场

行星磁场(除地磁场外)目前知道的还不是太详细.随着空间探测技术的发展,

情况正在迅速改变.到目前为止,已对水星、金星、火星、木星和土星的磁场作了空间探测.

探测结果表明水星磁矩约为 5.2×10^{22} 电磁单位,即不到地球磁矩的 1/1 500.水星磁极与地球相同,偶极矩指向南;磁轴和自转轴交角约 12°;赤道表面的场强为 4×10^{-7} T,两极处略微强些,约 7×10^{-3} T,大体上说来,水星表面磁场的强度大致是地球的 1%.

火星的磁矩约为 2.5×10^{22} 电磁单位,是地球磁矩的 1/3 000;赤道表面磁场强度为 6×10^{-7} T;磁极的极性与地球相反,即偶极矩指向北;磁轴与自转轴交角为 105°.

木星具有强大的磁场,其强度大约比地球磁场强 4 000 倍.木星赤道的磁场强度不稳定,在 $(2\sim12)\times10^{-5}$ T 之间波动.捕获有大量电子和质子的辐射带位于 3~4 倍的木星半径处,辐射带强度比地球的两个辐射带强 1 万~100 万倍;木星磁轴与自转轴交角约 9.6°.木星磁场极性与地磁场相反,即偶极矩指向北.木星的"磁层"就像一个巨大的气泡将木星包围,可以化解太阳风.木星的磁层是太阳系中最大的物体,其磁尾一直延伸到土星的轨道.可以形象地说,如果这个磁层是个看得见的球体的话,从地球上望去,它将"比夜空中的月亮还要明亮".通过探测还发现了木星两极附近也有极光,其产生机理与太阳风在地球上引起的极光相似.

太阳系中几个具有较强磁场行星的磁轴和磁场大小等比较如图 4-57 所示.

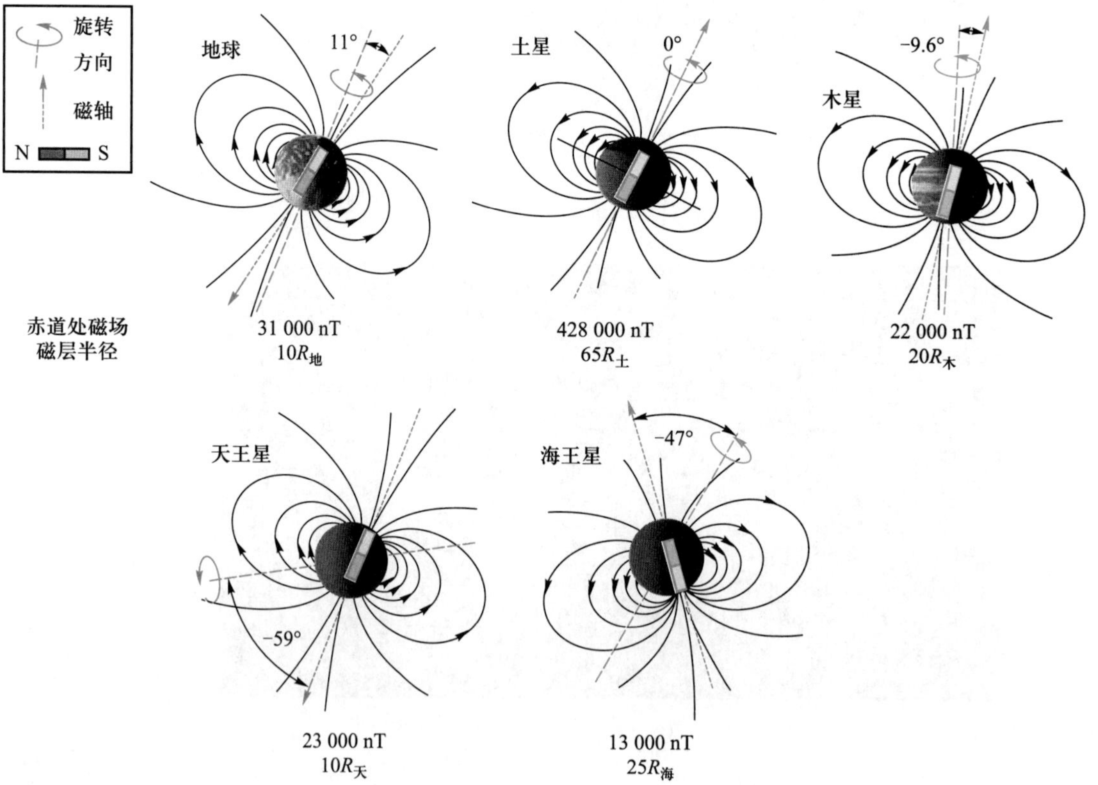

图 4-57 太阳系中几个具有较强磁场行星的磁轴和磁场大小比较

3. **太阳的磁场**

太阳有一个非常大且非常复杂的磁场.太阳表面的磁场平均为 10^{-4} T左右,大约是地球表面平均磁场的两倍.因为太阳的表面积比地球的 12 000 倍还大,所以太阳磁场的整体影响是巨大的,太阳的能量来自氘-氚聚变.太阳黑子是太阳表面上磁场最强的区域,强度可达 0.2~0.4 T.

日冕的厚度约是太阳半径的 1.3 倍,温度可达 5×10^5 K,而日冕表面温度高达 1×10^6~6×10^6 K,形成环形的等离子气流.受太阳强磁场的控制,日冕展现出磁感应线弯曲形态,见图 4-58(a).日珥是太阳色球层上一种经常性的而且十分美丽壮观的活动现象.日珥的温度约为 1×10^5 K,它却能长期存在于高达 1×10^6~2×10^6 K 的日冕中,既不迅速瓦解,也不下坠到太阳表面,这主要是靠磁感应线的隔热和支撑作用.平静日珥的磁场强度约为 10^{-3} T,磁感应线基本上与太阳表面平行;活动日珥的磁场强一些,可达 2×10^{-2} T,磁场结构较为复杂.天文学家形容太阳色球层像是“燃烧着的草原”,或者说它是“火的海洋”,那上面许多细小的火舌在不停地跳动着,不时地还有一束束火柱窜得很高,这些窜得很高的火柱就叫做“日珥”,见图 4-58(b).

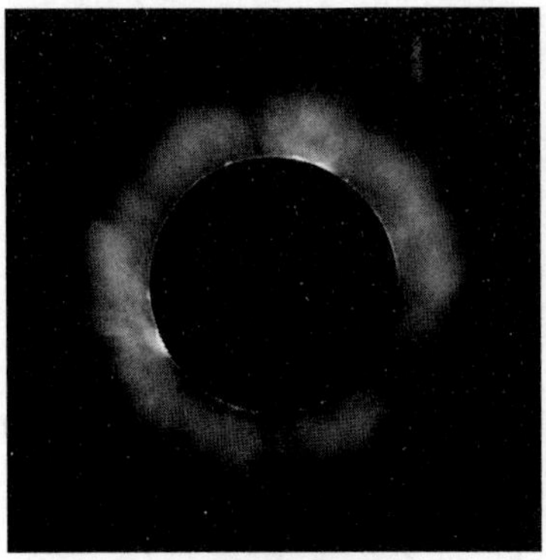

(a) 太阳的日冕环

(b) 日珥

图 4-58

太阳风是脱离日冕远离太阳而去的高速粒子流,主要成分为质子和电子,平均流速约为 450 km · s^{-1}.太阳的磁场实际上进入了太空,远远超越了最远的行星(冥王星).这遥远太阳的磁场的延伸,被称为行星际磁场(IMF).太阳风的带电粒子流从太阳向外流,与行星际磁场和行星的磁场以复杂的相互作用方式,产生了极光等现象.

总体而言,太阳磁场的基本形状就像是地球磁场的形状一样,可以用一个磁棒的磁场简化.但是太阳的磁场除这个磁棒的磁场外还要叠加上一个复杂的局域磁场.太阳的磁场来源是一个尚未解决的难题.

4. **宇宙空间的磁场**

自然界或宇宙间的磁场既然是普遍存在的,那么宇宙中存在着的最强的强磁场和最弱的磁场分别为多大？通过大量的天文观测和研究，现在认识到的最强磁场存在于脉冲星中.脉冲星又称中子星，是恒星演化到晚期的一类星体.演化到晚期的白矮星的磁场剧增到 $10^3 \sim 10^5$ T，而演化到晚期的脉冲星（即中子星）的磁场更剧增到 $10^8 \sim 10^9$ T.

目前在宇宙中观测到的最弱的磁场是多大？是在什么地方观测到的？根据目前对各处宇宙磁场的观测，各种星体的磁场都高于星体之间的行星际空间的磁场.例如，在太阳系中各行星之间的行星际磁场为 $1\times10^{-9} \sim 5\times10^{-9}$ T，即约为地球磁场的十万分之一.在各个恒星之间的恒星星际空间的恒星际磁场，常简称星际磁场，比行星际磁场更低，为 $5\times10^{-10} \sim 10\times10^{-10}$ T，即约为行星际磁场的十分之一.由现代多方面的天文观测知道，由大量的恒星形成星系，星系与星系之间的空间称为星系际空间，根据多方面的天文观测的间接推算和理论估计，星系际空间的磁场为 $10^{-13} \sim 10^{-12}$ T，即为行星际磁场的万分之一到千分之一.

第四章拓展应用

第四章习题

4-1 毕奥和萨伐尔当年推导毕奥-萨伐尔定律时使用的是弯曲的电流导线，如图所示.一根无限长直导线电流为 I，弯曲夹角为 2α，求距离弯折点为 d 处点 P 的磁感应强度.

4-2 一个线圈构成封闭的正方形回路，边长为 a，如果通有电流 I，求正方形中心点的磁感应强度.

4-3 如图所示，一个导线弯成如图所示的几何形状，圆心角为 θ，电流为 I，求圆心处的磁感应强度.

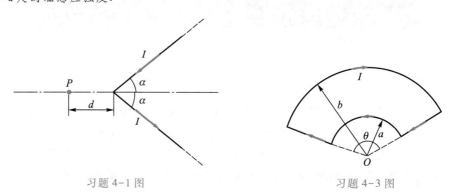

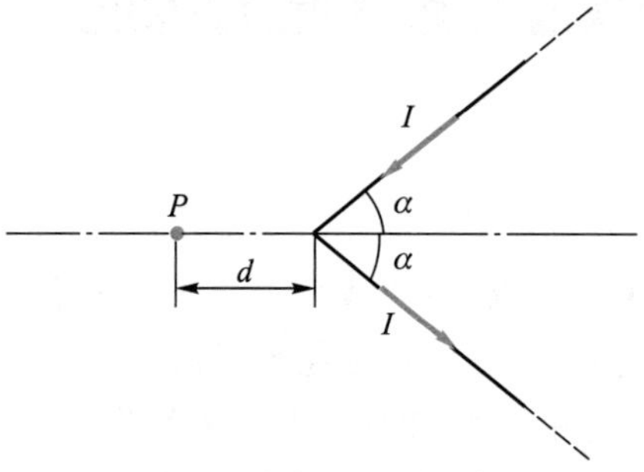

习题 4-1 图

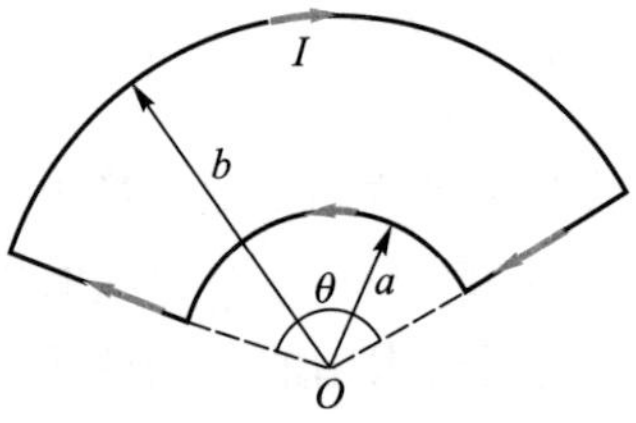

习题 4-3 图

4-4 一段导线弯成一个闭合的椭圆形状，椭圆方程为 $\frac{x^2}{a^2}+\frac{y^2}{b^2}=1$.导线通有电流 I，如图所示，求在椭圆焦点 F 处的磁感应强度.

4-5 将一根导线折成正 n 边形，其外接圆的半径为 R，通有电流 I，如图所示，求：(1) 圆心处的磁感应强度，(2) n 趋于无限大时圆心处的磁感应强度的值.

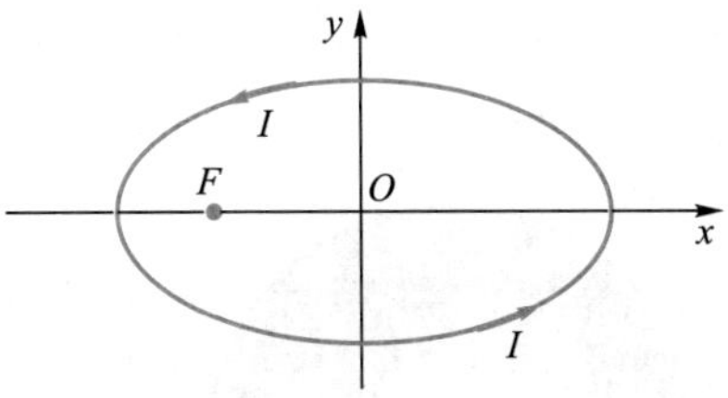

习题 4-4 图

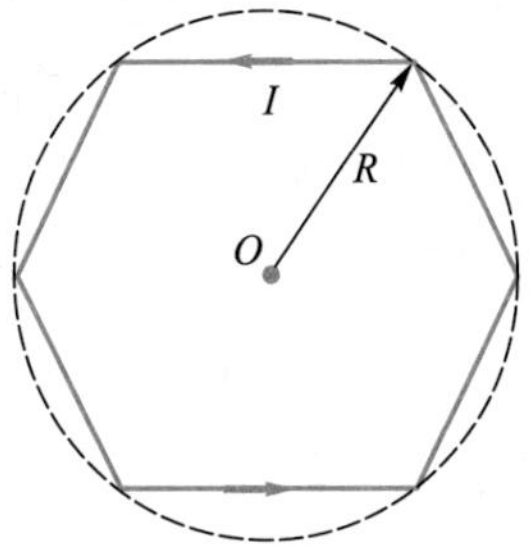

习题 4-5 图

4-6 一个带宽为 b 的平面无限长电流带，电流面密度为 i，如图所示，求在电流同一平面上距离电流带为 a 的一点的磁感应强度.

4-7 细导线密绕成一个“蚊香”型的平面环带，共有 N 匝，内外半径分别为 a 和 b，当导线中通有电流 I 时，每圈近似为圆形，如图所示，求：(1) 环带中心的磁场；(2) 环带中心对称轴上 r 处的磁场.

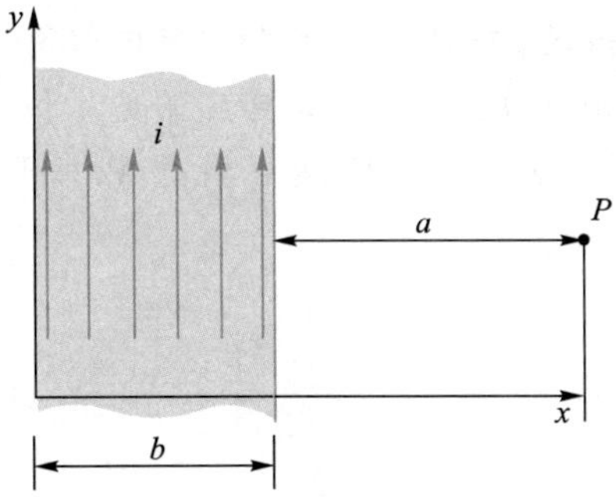

习题 4-6 图

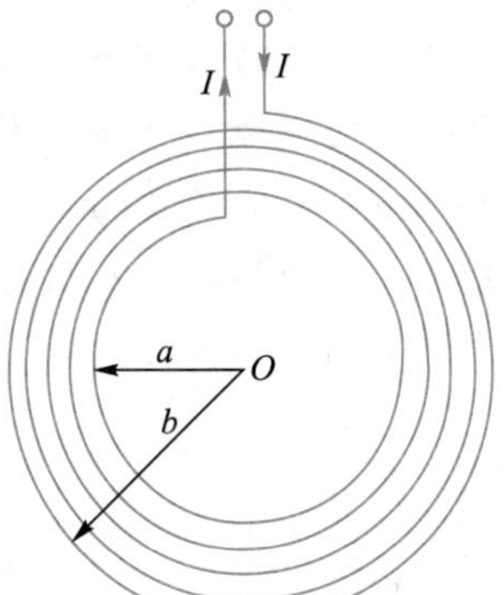

习题 4-7 图

4-8 电荷量 Q 均匀地分布在半径为 R 的球面上，这球面以匀角速度 ω 绕一个直径轴旋转，求：(1) 求轴线上离圆心为 r 处的磁感应强度；(2) 该球的磁矩.

***4-9** 一根无限长导线载有电流 I，接到一个半径为 R 的金属球壳的南极点，然后从北极点接出一根无限长直导线，电流流向无限远处，如图所示，求：(1) 球面上的电流密度；(2) 通过球心垂直于电流的一个平面上任一点的磁感应强度；(3) 球表面任一点的磁感应强度.

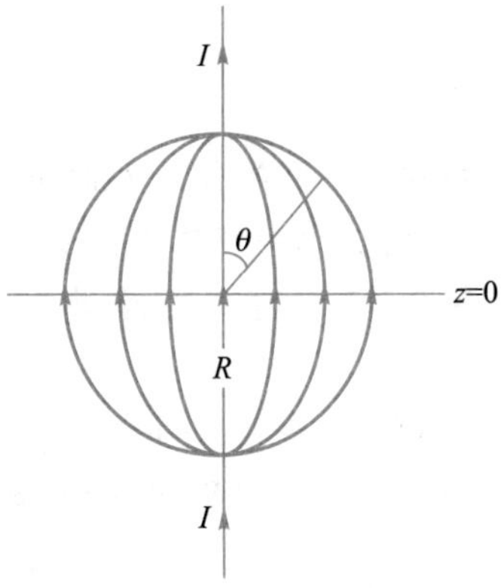

习题 4-9 图

4-10 四根无限长直导线，它们的横截面是边长为 a 的正方形，每条导线的电流均为 I，方向如图所示，求正方形中心 O 处的磁感应强度.

***4-11** 球形线圈由表面绝缘的细导线在半径为 R 的球面上密绕而成，线圈中心在同一直径上，沿着直径单位长度内的匝数为 n，并且各处 n 都相同，通过线圈的电流为 I，如图所示.设在该直径上一点 P，到球心的距离为 x，求下列各处的磁感应强度.(1) $x=0$ 处(球心处)；(2) $x=R$ 处(直径与球面交点处)；(3) $x<R$；(4) $x>R$.

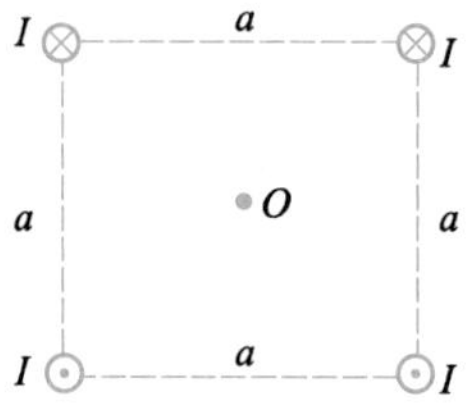

习题 4-10 图

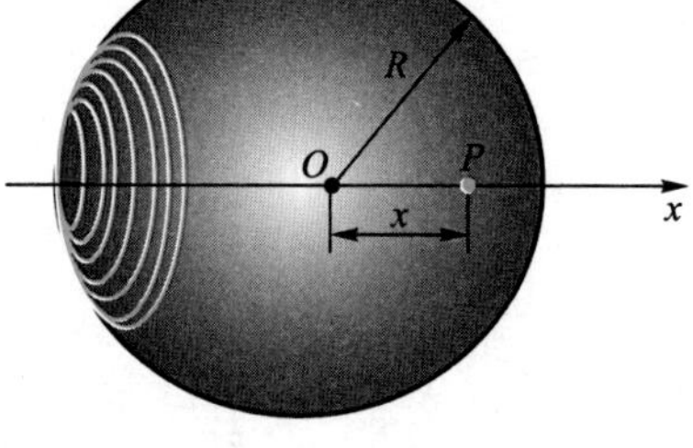

习题 4-11 图

4-12 半径为 a 的无限长圆柱形导体(相对磁导率为 1)，管内空心部分半径为 b，空心管的轴线与圆柱管轴线平行，两轴线相距为 d. 导体管内有一均匀分布的电流 I，如图所示.(1) 求导体管轴线上和空心管轴线上的磁感应强度大小和方向；(2) 求空心管内任意一点 r 处的磁感应强度，并讨论其大小和方向；(3) 设 $a=10$ mm，$b=0.5$ mm，$d=5.0$ mm，$I=20$ A，分别计算上述两处磁感应强度大小.

4-13 一个内半径为 a，外半径为 b 的平面螺线管环，总匝数是 N，每匝电流为 I，如图所示，求平面螺线管环的磁矩.

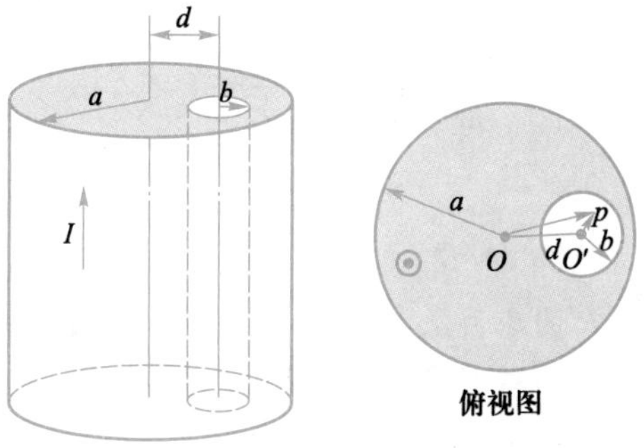

习题 4-12 图

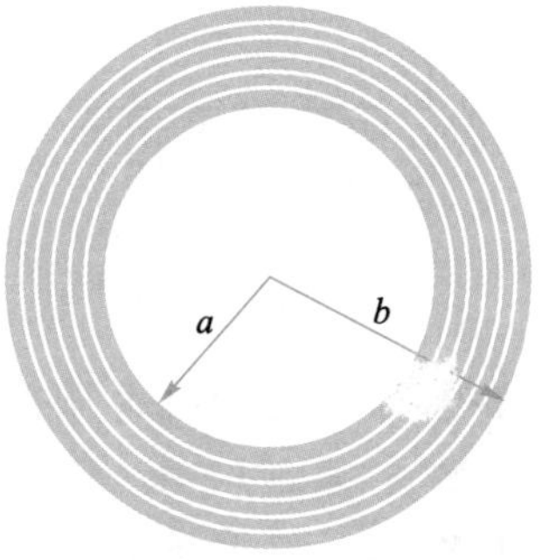

习题 4-13 图

****4-14** 一个半径为 R 的带电球体，总电荷量为 Q，电荷均匀分布在球内，球的磁导率为 μ_0，如果绕球的一个直径作匀角速度 ω 转动，(1) 求该球的磁矩；(2) 如果转轴平移一个半径距离，即转轴紧贴轴球面一点，以同样的角速度 ω 转动，则磁矩为多少？

***4-15** 超导体内部的磁感应强度为零.一个半径为 R 的球形超导体，放置在均匀的外部均匀磁场 B_0 中.(1) 超导球表面的感应电流等效于一个位于球心的磁矩，利用磁场的边值关系，求该磁矩的大小；(2) 通过球面感应电流密度计算超导球的磁矩，验证与(1)的结果相同.

4-16 无限长直导线载有电流 I_1，在它旁边与其共面的半径为 R 的圆电流载有电流 I_2，圆心到直线电流的距离为 L，如图所示，求：(1) 圆电流对无限长直导线的磁力；(2) 圆电流所受的力矩.

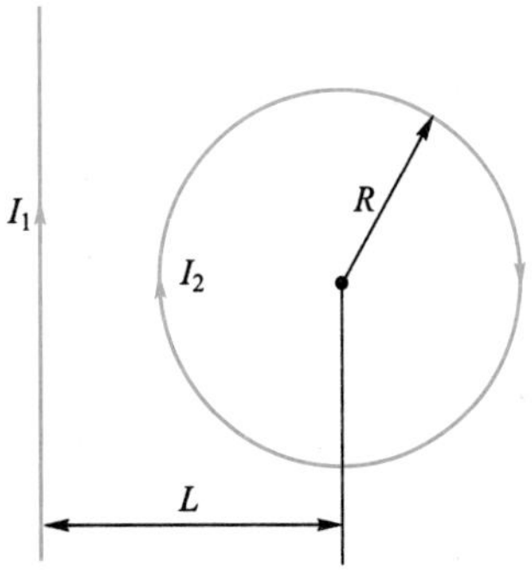

习题 4-16 图

4-17 三根平行细导线，每根载有 20 A 电流，电流沿相同方向，间距分别为 10 cm，求：(1) 旁边一根导线单位长度的安培力；(2) 中间导线单位长度的安培力.

4-18 一段导线载有电流 I，弯曲成如图所示的形状，两边沿直径方向，长度各为 l，中间是半径为 R 的半圆环，放置在均匀磁场 $\boldsymbol{B}$ 中，$\boldsymbol{B}$ 的方向由纸面向外，求导线所受的安培力.

4-19 一根无限长直导线，载有电流 I_1，在同一平面上放置有一个刚性的边长为 l 的正方形线圈，载有电流 I_2，靠近导线的一条边 AB 距离导线为 d，如图所示，求线圈受到的作用力.

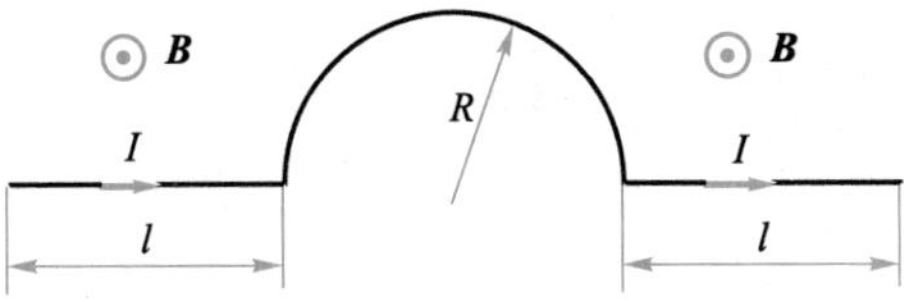

习题 4-18 图

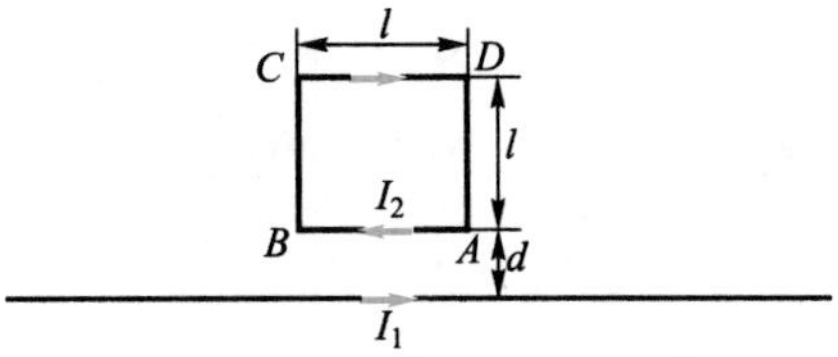

习题 4-19 图

4-20 无限长的同轴电缆由两个圆筒组成，内外电流均为 I，电流均匀分布，方向相反.外筒的半径为 R，内筒当成细导线，求外圆筒单位面积上受到的作用力.

****4-21** 载有电流 I_1 的长直导线旁边有一正方形的线圈，边长为 $2a$，线圈中心到导线的垂直距离为 b，电流方向如图所示，线圈可以绕平行于导线的轴 O_1O_2 转动. (1) 求线圈在角 θ 位置时的合力和合力矩；(2) 求线圈平衡时的角度 θ；(3) 线圈从平衡位置转到 $\theta=\pi/2$ 时，I_1 作用在线圈上的力做了多少功？(4) 若在 $\theta=0$ 处线圈的角速度为 ω_0，则在 $\theta=\pi/2$ 处线圈的角速度为多大？设每边的质量为 m.

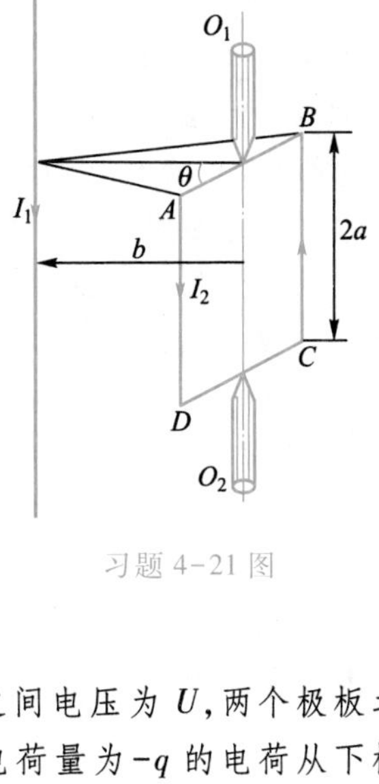

习题 4-21 图

4-22 一个质谱仪磁感应强度为 0.2 T，用该质谱仪分离 ${}^{235}_{92}\mathrm{U}(m=3.90\times10^{-25}\ \mathrm{kg})$ 和 ${}^{238}_{92}\mathrm{U}(m=3.95\times10^{-25}\ \mathrm{kg})$ 两种同位素，把它们电离后（带 $+e$ 电荷），要求两个离子分开 2 mm. 请计算要到达这个目标需要加速离子的电势为多大.

4-23 极板间距为 d 的平行板电容器的两个极板之间电压为 U，两个极板之间有一个均匀磁场，磁感应强度为 $\boldsymbol{B}$，垂直于电场.一个电荷量为 $-q$ 的电荷从下极板无初速释放，如图所示，(1) 求电荷的运动速度；(2) 经过时间 t 后，求粒子具有 x 方向的速度大小；(3) 求 y 方向速度与距离 y 的关系；(4) 证明如果极板间距 $d^2<\dfrac{2mU}{eB^2}$，则电子可以到达阳极板.

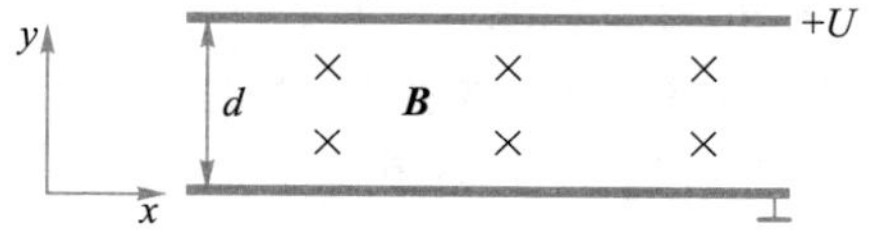

习题 4-23 图

4-24　将一电流均匀分布的无限大载流平面放入均匀磁场中，放入后平面两侧的磁感应强度分别为 $\boldsymbol{B}_1$ 和 $\boldsymbol{B}_2$，如图所示.(1) 求无限大载流平面的电流密度 i；(2) 求无限大载流平面单位面积上的安培力；(3) 如果在右边再放入一个相同电流的无限大载流导体板，则三个区域的磁感应强度分别为多少？(4) 左边原导体板单位面积的作用力又是多少？

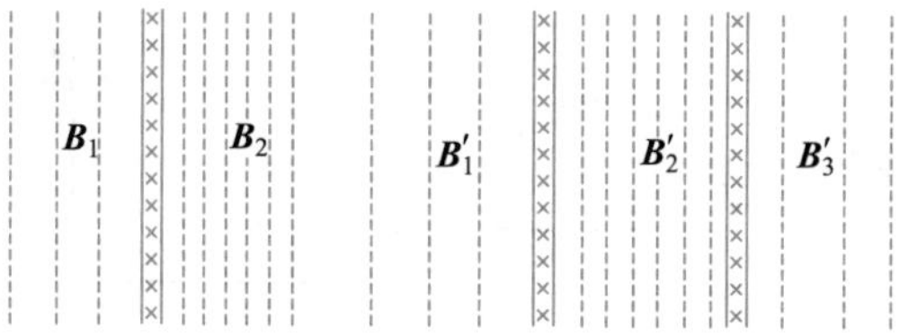

习题 4-24 图

4-25　两个粒子质量均为 m，分别带 $+q$ 和 $-q$ 的电荷量，静止在均匀磁场 $\boldsymbol{B}$ 中，两个粒子连线与 $\boldsymbol{B}$ 垂直.同时释放两个粒子，粒子若在今后运动过程中不发生碰撞，则最小距离为多少？忽略重力场.

***4-26**　在半径为 a 的圆柱空间充满磁感应强度为 $\boldsymbol{B}$ 的均匀磁场，其方向垂直纸面向里，在平面上放置一绝缘的边长 $L=1.6a$ 的刚性等边三角形框架 DEF，其中心 O 在圆柱的轴线上.在 DE 边上点 S ($|DS|=L/4$) 处有一放射带电粒子的源，发射粒子的方向在该平面内且垂直 DE 边向下，粒子电荷量 $q>0$，质量为 m，但速度有各种不同的值，如图所示.若这些粒子与三角形框架的碰撞均为完全弹性碰撞，要求每次碰撞时速度均垂直于被碰的边.(1) 速度 v 为哪些值时可以使粒子从 S 出发又回到 S？(2) 这些粒子中，回到点 S 所用时间最短的时间是多少？

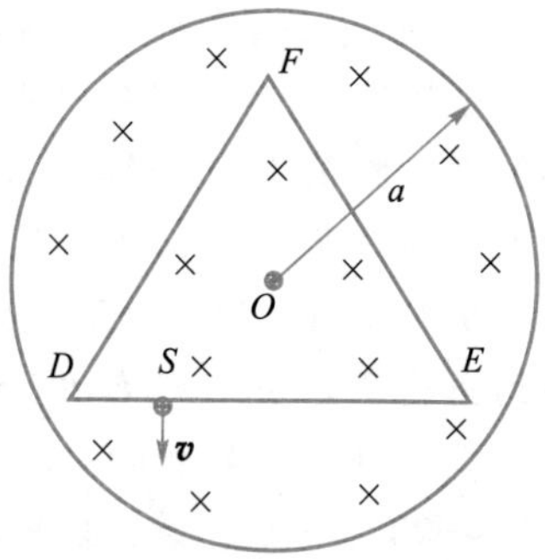

习题 4-26 图

4-27　一个实心圆柱形导体和一个中空圆柱形导体共轴放置，其间为真空.内圆柱体半径为 a，外圆柱体半径为 b，外圆柱体相对于内圆柱体有正电压 U，称阳极.中空区有一均匀磁场 $\boldsymbol{B}$，方向与圆柱体轴平行，导体感应电荷一律不计.(1) 若 $B=$

0，电子从内圆柱体表面逸出，忽略初速度，求电子打到阳极的速度；(2) 若 $U=0$，B 不为零，电子以径向初速度 v_0 入射，当磁场超过某一临界值 B_c 时，电子不能到达阳极．在 B 略大于 B_c 的情况下，分析并画出电子与内柱体碰撞前的运动轨道，并求 B_c 值；(3) 设 L 为电子的角动量，证明 $L-keBr^2$ 为守恒量，k 为常量，并确定 k.

***4-28** 磁矩在外磁场中磁能 $W=-\boldsymbol{m}\cdot\boldsymbol{B}$.两个磁矩分别为 $\boldsymbol{m}_1$ 和 $\boldsymbol{m}_2$ 的小磁体放在 x 轴上分别与 x 轴成 α 和 β 角，沿 x 轴负方向加上均匀磁场 $\boldsymbol{B}$，如图所示，证明 $\alpha=\beta=0$ 为稳定平衡位置，且磁场 B 满足

$$B<\frac{\mu_0}{4\pi R^3}\left[m_1+m_2-\sqrt{m_1^2+m_2^2-m_1m_2}\right]$$

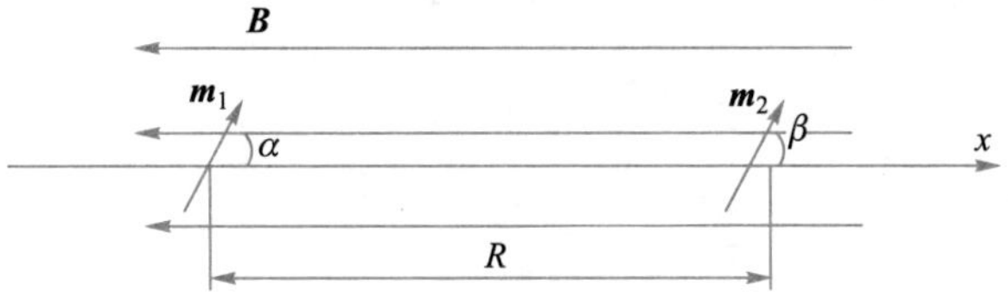

习题 4-28 图

***4-29** 两根无限长细导线平行放置，载有相同方向的电流 I，坐标位置分别为 $(1,0,z)$ 和 $(-1,0,z)$，加上一个很大的均匀磁场 $\boldsymbol{B}_0=B_0\boldsymbol{e}_z$，一个质量为 m_0 的原子具有磁矩 $\boldsymbol{m}$，放置在坐标原点，求原子小幅度摆动的频率.

4-30 已知电子的质量为 m，电荷量绝对值为 e，以角速度 ω 绕质子作圆周运动.当在垂直于电子轨道平面上加上均匀的磁场 $\boldsymbol{B}$ 时，设电子的回旋半径不变，而角速度变为 ω'，证明

$$\Delta\omega=\omega'-\omega=\pm\frac{eB}{2m}$$

4-31 设在一均匀磁场 $\boldsymbol{B}_0$ 中有一带电粒子在与 $\boldsymbol{B}_0$ 垂直的平面内作圆周运动，速率为 v_0，电荷量为 e，质量为 m.当磁场由 $\boldsymbol{B}_0$ 缓慢变化到 $\boldsymbol{B}$ 时，求粒子的运动速率和回旋半径 R.

***4-32** 磁流体发电机由两个间距为 d 的金属板组成，板长无限，板宽为 b，质量为 m，带电荷量为 $+q$，单位体积内个数为 n 的粒子和质量为 m，带电荷量为 $-q$，单位体积内个数也为 n 的粒子，均以 $\boldsymbol{v}$ 的速度沿着与板面平行的方向射入两板间，两板间还有与粒子速度方向垂直的均匀磁场，其磁感应强度为 $\boldsymbol{B}$，且 $B\leqslant\frac{2mv}{qd}$，以 U 表示发电机两极板间的电压，如图所示，求此发电机输出电压 U 与电流 I 的关系(不计重力).

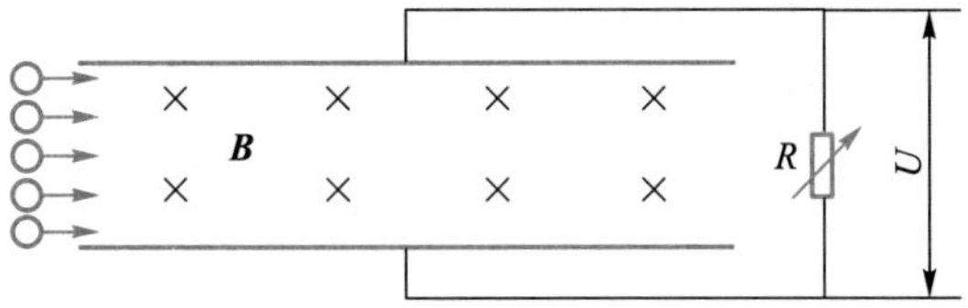

习题 4-32 图

4-33 将一块半导体样品放在均匀磁场 $\boldsymbol{B}$ 中(沿 z 轴方向),并通以电流 I(沿 x 轴方向),如图所示,由于半导体中既有电子又有空穴,假设半导体中电子与空穴的浓度分别为 n 和 p,迁移速率 v 定义为单位电荷所受到的合力,即 $v=\mu F/e$,μ 是迁移率,e 是电子电荷量绝对值.半导体的电子迁移率为 μ_e,空穴迁移率为 μ_h,两者均为常量,并引进 $b=\mu_e/\mu_h$ 为电子和空穴的迁移率之比.霍耳电阻 $R_H=E_y/j_xB_z$,j_x 为在 x 轴上的电流密度.求半导体的霍耳电阻 R_H.

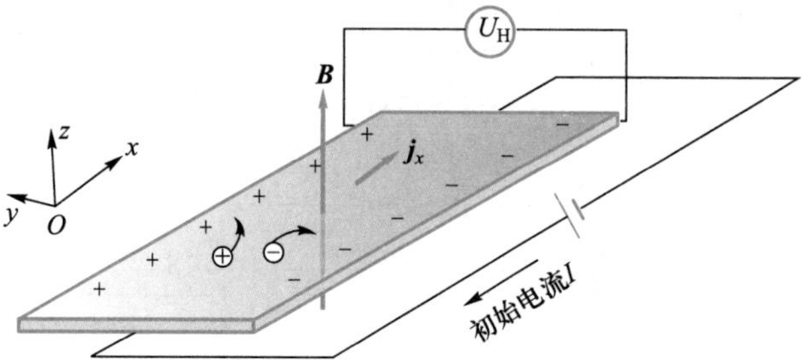

习题 4-33 图

4-34 一个质量为 m,电荷量为 q 的带电粒子处在均匀磁场 $\boldsymbol{B}=B_0\boldsymbol{e}_z$ 和均匀电场 $\boldsymbol{E}_0$ 中,$\boldsymbol{E}_0$ 在 Oxy 平面上以 ω 的角速度顺时针或逆时针转动,如图所示.(1) 求带电粒子的运动方程;(2) 如果 $\omega=\omega_0$,这里 $\omega_0=\dfrac{qB}{m}$,求带电粒子的运动方程;(3) 如果存在阻尼力,阻尼力 $\boldsymbol{F}=-m\gamma\boldsymbol{v}$,其中 γ 为常量,求带电粒子的稳定解,并求一个周期阻尼力消耗的功率.

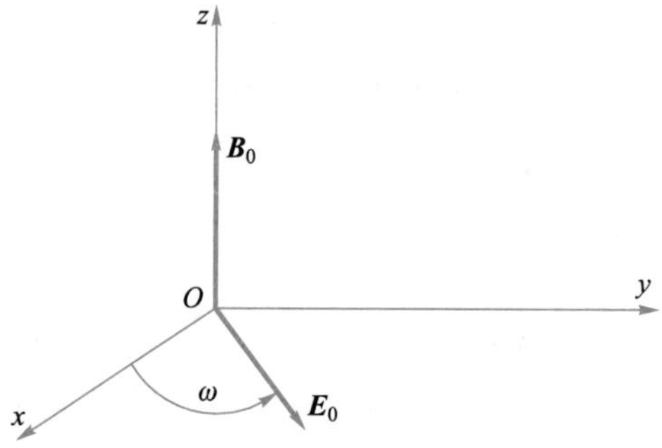

习题 4-34 图

习题答案

第五章

磁介质与磁性材料

§5-1 磁介质及其磁化

5-1-1 磁化强度

1. 原子和分子磁矩

安培曾提出分子电流的假设,即每个分子都是一个等效的小分子环形电流.分子环形电流形成的磁矩称为分子磁矩.一个由大量原子或分子组成的体系,每一个分子或原子的磁矩 $\boldsymbol{\mu}_m$ 是它内部所有电子磁矩 $\boldsymbol{\mu}_e$ 的叠加,即

$$\boldsymbol{\mu}_m=\sum\boldsymbol{\mu}_e$$

分子或原子的磁矩取决于各电子磁矩的大小和方向.由大量的原子或分子组成的物质体系的合磁矩为零,即物质无磁性,如图 5-1(a)所示.

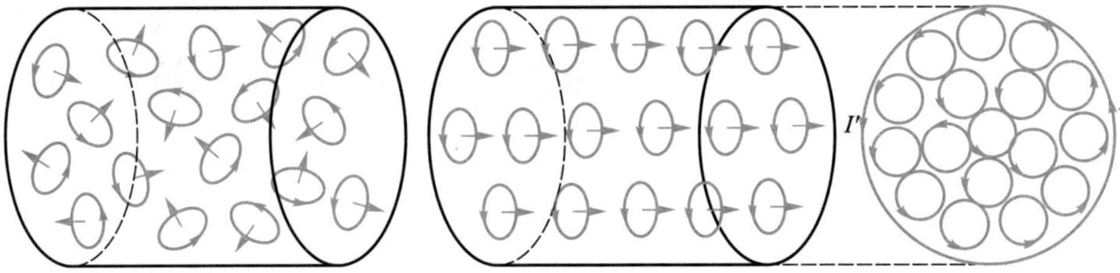

(a) 合磁矩为零　　(b) 在外磁场中被磁化

图 5-1　整个体系的原子分子合磁矩

如果有外加磁场存在,各个分子磁矩在外磁场的作用下将发生转动,分子的合磁矩将不为零,其和将指向外磁场方向,如图 5-1(b)所示,我们称该物质在外磁场中被磁化了.由于一个宏观物质体系内有大量的原子或分子,因此这些分子环形电流在内部总是处处抵消,只是在物质的表面出现了宏观的电流,称为表面磁化电流,因此物质在外磁场中被磁化等效于磁介质在外场中出现宏观的磁化电流,这种磁化电流产生的磁场反过来又能影响外磁场的分布.但也有一部分物质在没有外场作用时其原子或分子的电子合磁矩不为零,因而这种原子或分子就具有固有磁矩.

我们引入分子平均磁矩 $\boldsymbol{\mu}_a$,其定义如下:

$$\boldsymbol{\mu}_a=\frac{\sum\boldsymbol{\mu}_m}{n\Delta V}\tag{5-1}$$

式中 n 为分子数密度.

2. 电子的轨道磁矩和自旋磁矩

原子由原子核和外层电子构成,原子磁矩来源于电子磁矩和原子核磁矩,但原子核的磁矩很小,约比电子的磁矩小三个数量级,一般可以忽略,因此原子磁矩通常是指电子的磁矩.

按照经典物理概念,一个电子以半径为 r 的圆形轨道绕原子核运动,我们称轨道运动,相应的磁矩称轨道磁矩;此外每个电子绕自身的轴作自旋运动,相应的磁

矩称自旋磁矩,图 5-2 是电子的轨道和自旋运动示意图.要想完全充分了解电子绕核的运动规律,需要量子力学的知识,这里仅用经典力学的方法来讨论电子的磁矩.

电子受到原子核对它的库仑力作圆周运动,考虑氢原子的情况,根据牛顿运动定律,有

$$\frac{1}{4\pi\varepsilon_0}\frac{e^2}{r^2}=\frac{m\boldsymbol{v}^2}{r}$$

电子作圆周运动的速率为

$$v=\sqrt{\frac{e^2}{4\pi\varepsilon_0 mr}}$$

由此可以计算出电子轨道运动的周期 $T=2\pi r/v$,轨道运动相当于一个环形电流,电流为

$$i=\frac{e}{T}=\frac{e^2}{4\pi r\sqrt{\pi\varepsilon_0 mr}}$$

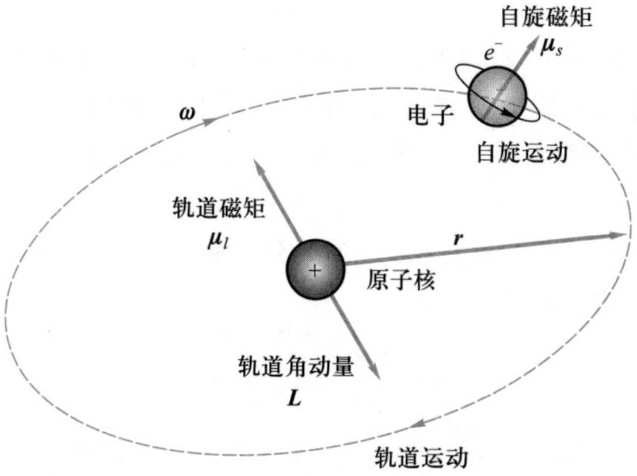

图 5-2 电子的轨道运动和自旋运动

因此我们得到电子的轨道磁矩

$$\boldsymbol{\mu}_l=i\boldsymbol{S}=-\frac{e^2}{4\pi r\sqrt{\pi\varepsilon_0 mr}}\cdot\pi r^2\boldsymbol{e}_n=-\frac{e^2}{4}\sqrt{\frac{r}{\pi\varepsilon_0 m}}\boldsymbol{e}_n$$

$\boldsymbol{e}_n$ 是面的法线方向单位矢量,与电流流动方向的右手螺旋方向一致,由于电子运动方向与电流方向相反,所以取负号.

根据经典力学,电子作轨道运动的角动量 $\boldsymbol{L}$ 为

$$\boldsymbol{L}=\boldsymbol{r}\times\boldsymbol{p}=\boldsymbol{r}\times(m\boldsymbol{v})=\frac{e}{2}\sqrt{\frac{mr}{\pi\varepsilon_0}}\boldsymbol{e}_n$$

所以 $\boldsymbol{\mu}_l$ 与 $\boldsymbol{L}$ 方向相反,其量值之比为

$$\frac{\mu_l}{L}=\frac{e}{2m}$$

或写成

$$\boldsymbol{\mu}_l=-\frac{e}{2m}\boldsymbol{L} \tag{5-2}$$

对基态氢原子，$r=5.3\times10^{-11}$ m，我们可以进一步估算其轨道磁矩的值，即

$$\mu_l=\frac{e^2}{4}\sqrt{\frac{r}{\pi\varepsilon_0 m}}=\frac{(1.6\times10^{-19})^2}{4}\cdot\sqrt{\frac{5.3\times10^{-11}}{3.14\times8.9\times10^{-12}\times9.1\times10^{-31}}}\ \mathrm{A\cdot m^2}$$
$$=9.24\times10^{-24}\ \mathrm{A\cdot m^2}$$

实际上，就是对氢原子，不同量子态下其电子也可以在不同的轨道运动，其轨道磁矩和角动量也会有不同的值，但是它们之间的比值总是相同的.

3. **磁化强度**

一个磁化介质的磁性来源于物质内部有规则排列的分子或原子磁矩.用$\sum\boldsymbol{\mu}_\mathrm{m}$表示体积元$\Delta V$中所有分子磁矩的矢量和，为了描述磁介质的磁化强弱情况，我们引进磁化强度$\boldsymbol{M}$，定义：

$$\boldsymbol{M}=\frac{\sum\boldsymbol{\mu}_\mathrm{m}}{\Delta V} \tag{5-3}$$

注意ΔV的尺度应远大于分子间的平均距离而远小于$\boldsymbol{M}$的非均匀尺度，只有这样才会使得式(5-3)的统计平均有意义，且由它定义的$\boldsymbol{M}$能充分反映磁介质磁化状态的非均匀性.磁化强度$\boldsymbol{M}$为矢量，其方向代表磁化的方向，其大小代表磁化的程度.

我们设分子的平均磁矩$\boldsymbol{\mu}_\mathrm{a}$是由一等效分子电流所产生，其电流为$I_\mathrm{a}$，面积矢量为$\boldsymbol{S}_\mathrm{a}$，即$\boldsymbol{\mu}_\mathrm{a}=I_\mathrm{a}\boldsymbol{S}_\mathrm{a}$，则由式(5-1)得

$$\boldsymbol{M}=\frac{\sum\boldsymbol{\mu}_\mathrm{m}}{\Delta V}=n\boldsymbol{\mu}_\mathrm{a}=nI_\mathrm{a}\boldsymbol{S}_\mathrm{a}$$

n为单位体积的分子数.在非磁化状态下，要么分子固有磁矩为零，要么分子磁矩的取向杂乱无章，以至于$\sum\boldsymbol{\mu}_\mathrm{m}=0$.于是，$\boldsymbol{M}=0$表示磁介质处于非磁化态.在磁化状态下，$\boldsymbol{M}$代表单位体积的宏观磁矩，其值越大，表示与外磁场的相互作用也就越强，相应物质的磁性也越强.

5-1-2 磁化电流

当材料被磁化后，内部每个原子或分子都形成一个圆形的磁化电流，材料内部有大量的原子或分子，这些分子电流由于与周围的分子电流正好方向相反，相互抵消.但是在边界上，会形成一个大的磁化电流，如图5-1(b)所示.现在考虑磁介质中任一闭合回路L和以它为周线的曲面S，如图5-3(a)所示，设通过S的总磁化电流为$\sum I'$，其正向与回路L的绕行方向满足右手定则.显然，只有那些从S内穿过并在S外闭合的分子电流才对$\sum I'$有贡献.

考虑L上一段弧元$\mathrm{d}\boldsymbol{l}$，其方向沿回路绕行方向.设在$\mathrm{d}\boldsymbol{l}$处磁化强度$\boldsymbol{M}$与$\mathrm{d}\boldsymbol{l}$的夹角为θ.先分析$0\leqslant\theta\leqslant\pi/2$的情况.不难看出，对$\sum I'$有贡献的分子的中心应位于以$\mathrm{d}\boldsymbol{l}$为轴、$S_\mathrm{a}\cos\theta$为底的圆柱体内，如图5-3(b)中所示，其总数为$nS_\mathrm{a}\cos\theta\mathrm{d}l$，对

$\sum I'$的贡献为

$$\mathrm{d}I' = I_{a}n\mathrm{d}V = nI_{a}\boldsymbol{S}_{a} \cdot \mathrm{d}\boldsymbol{l}$$

当 $\pi/2<\theta\leqslant\pi$ 时,上式也成立,所得磁化电流为负.将上式沿 L 积分即得到穿过 S 曲面边界的总磁化电流,即

$$\oint nI_{a}\boldsymbol{S}_{a} \cdot \mathrm{d}\boldsymbol{l} = \oint \boldsymbol{M} \cdot \mathrm{d}\boldsymbol{l} = \sum I'$$

即

$$\oint \boldsymbol{M} \cdot \mathrm{d}\boldsymbol{l} = \sum I' \tag{5-4}$$

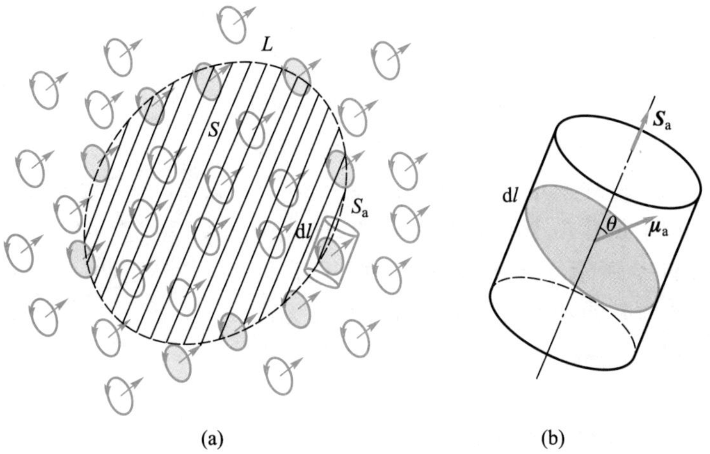

图 5-3 对磁化电流有贡献的只是与边界相交的分子电流

式(5-4)反映了磁介质中磁化电流和磁化强度的积分关系,其微分表达式为

$$\boldsymbol{j}' = \nabla\times \boldsymbol{M} \tag{5-5}$$

在均匀磁介质内部,通常,$\boldsymbol{M}$ 为常矢量,因此对任意的闭合回路,有

$$\oint \boldsymbol{M} \cdot \mathrm{d}\boldsymbol{l} = \boldsymbol{M} \cdot \oint \mathrm{d}\boldsymbol{l} = 0$$

即均匀磁化介质内,磁化体电流为零.一般来讲,磁介质磁化后,在磁介质表面上或两种不同磁介质的交界面上都会有面分布的磁化电流.而对非均匀磁化的磁介质,内部通常存在磁化体电流.

设有一载流长直螺线管,管内充满均匀磁介质.电流在螺线管内激发均匀磁场,磁介质被均匀磁化.磁介质中各个分子电流平面将转向与磁场方向相垂直的方向.磁介质内部任一处相邻的分子电流都是成对反向相互抵消的,结果就形成沿横截面边缘的圆电流 I'.圆电流 I' 沿着柱面流动,即为磁化面电流.对于抗磁质,磁化面电流 I'和螺线管上导线中的电流 I 方向相反,使磁介质内的磁场减弱.对于顺磁质,磁化面电流 I'和螺线管上导线中的电流 I 方向相同,使磁介质内的磁场增强.

把磁化强度与磁化电流的关系式(5-4)应用到两种磁介质的界面,如图 5-4 所示,在两种介质交界面选择一个矩形的环路,可以得到分界面的磁化面电流密度为

$$\boldsymbol{i}' = (\boldsymbol{M}_{1} - \boldsymbol{M}_{2}) \times \boldsymbol{e}_{n} \tag{5-6}$$

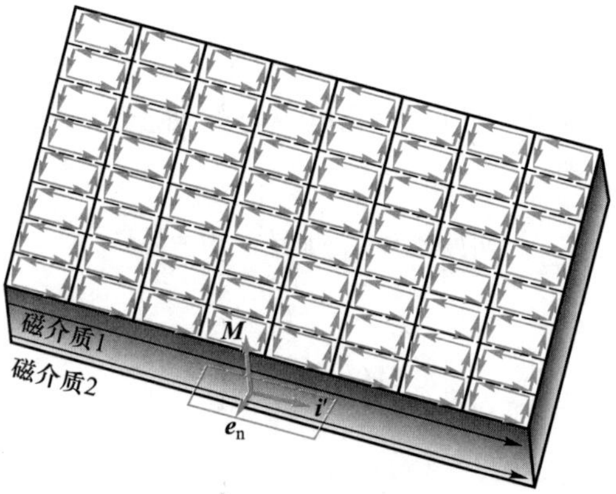

图 5-4 表面磁化电流

即磁化面电流密度是两种磁介质交界面的磁化强度的切线方向分量之差.

磁化电流和传导电流均产生磁场,都受外磁场作用.但磁化电流是约束电流,仅存在于磁介质交界面上,它不产生焦耳热.例如均匀磁化棒,磁化强度为 $\boldsymbol{M}$,如图 5-5 所示.在两侧 A 和 B 的表面,因为磁化强度 $\boldsymbol{M}$ 与其表面法线方向平行,所以无磁化面电流;但在磁化棒的侧面,由于 $\boldsymbol{M}$ 与法线方向垂直,所以

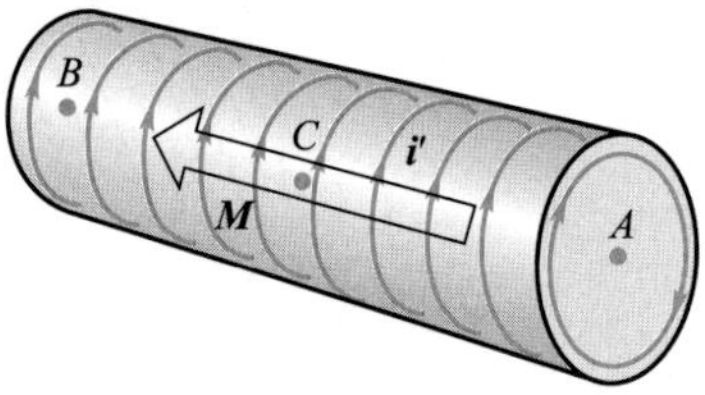

图 5-5 均匀磁化棒的磁化面电流

$$\boldsymbol{i}' = \boldsymbol{M} \times \boldsymbol{e}_{\mathrm{n}} = M\boldsymbol{e}_{\mathrm{t}}$$

这个在侧面流动的磁化面电流密度相当于螺线管的 nI,故它产生的磁感应强度在中间点 C 的值为

$$B_C = \mu_0 nI = \mu_0 M$$

在两侧 A 和 B 处产生的磁感应强度为

$$B_A = B_B = \frac{1}{2}\mu_0 M$$

在各种不同的磁介质交界面上,磁化面电流分布与分界面形状和磁化强度方向有直接关系,图 5-6 表明了两种磁介质中磁化强度的方向与真空交界面的磁化面电流分布示意图.

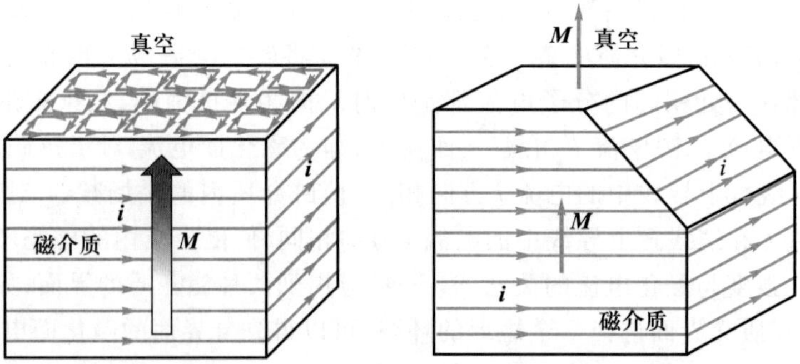

图 5-6 两种不同磁介质磁化强度方向与表面磁化电流关系

5-1-3 磁介质存在时的高斯定理和环路定理

有磁介质时,空间各点的磁感应强度 $\boldsymbol{B}$ 应是传导电流 I 产生的磁感应强度 $\boldsymbol{B}_0$ 和磁化电流 I' 产生的磁感应强度 $\boldsymbol{B}'$ 的矢量和,即 $\boldsymbol{B}=\boldsymbol{B}_0+\boldsymbol{B}'$,所以由安培环路定理,得

$$\oint \boldsymbol{B}\cdot \mathrm{d}\boldsymbol{l}=\mu_0\left(\sum I_0+\sum I'\right)=\mu_0\left(\sum I_0+\oint \boldsymbol{M}\cdot \mathrm{d}\boldsymbol{l}\right)$$

定义磁场强度 $\boldsymbol{H}$

$$\boldsymbol{H}=\frac{\boldsymbol{B}}{\mu_0}-\boldsymbol{M} \tag{5-7}$$

则式(5-7)变为

$$\oint \boldsymbol{H}\cdot \mathrm{d}\boldsymbol{l}=\sum I_0 \tag{5-8}$$

这就是用磁场强度 $\boldsymbol{H}$ 表示的安培环路定理,即沿任一闭合路径磁场强度 $\boldsymbol{H}$ 的环量等于该闭合路径所包围的传导电流的代数和.对应的微分表达式是

$$\nabla\times \boldsymbol{H}=\boldsymbol{j}_0 \tag{5-9}$$

磁场强度 $\boldsymbol{H}$ 的环量仅与传导电流 I_0 有关,与磁介质无关.磁场强度 $\boldsymbol{H}$ 与在有电介质的静电场中引入的电位移 $\boldsymbol{D}$ 相似,它们都是辅助物理量,历史上人们曾认为磁极存在磁荷,磁力是磁场对磁荷的作用力,即 $\boldsymbol{H}$ 反映磁场对单位磁荷的作用.但 $\boldsymbol{H}$ 并不能反映磁场对运动电荷或电流的作用力的强弱,只有磁感应强度 $\boldsymbol{B}$ 才可以.但是在磁介质存在时求 $\boldsymbol{H}$ 要比求 $\boldsymbol{B}$ 简便得多.

传导电流和磁化电流产生的磁感应线都是无头无尾的闭合曲线.因此,在有磁介质时,磁场高斯定理依然成立

$$\oint \boldsymbol{B}\cdot \mathrm{d}\boldsymbol{S}=\oint \boldsymbol{B}_0\cdot \mathrm{d}\boldsymbol{S}+\oint \boldsymbol{B}'\cdot \mathrm{d}\boldsymbol{S}=0 \tag{5-10}$$

特别注意 $\boldsymbol{B}$ 线(磁感应线)和 $\boldsymbol{H}$ 线是不同的,因为在磁介质内部,由于有磁化强度,$\boldsymbol{H}$ 是 $\boldsymbol{B}/\mu_0$ 和 $\boldsymbol{M}$ 的矢量叠加,如图 5-7 所示.在永久磁铁内部,$\boldsymbol{B}$ 线和 $\boldsymbol{H}$ 线甚至相反,如图 5-8 所示.

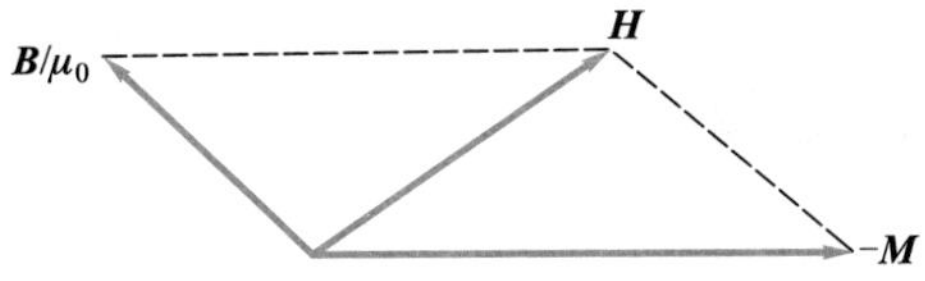

图 5-7 在磁介质(磁铁)内部的 $\boldsymbol{H}$、$\boldsymbol{B}$ 和 $\boldsymbol{M}$ 三者的关系

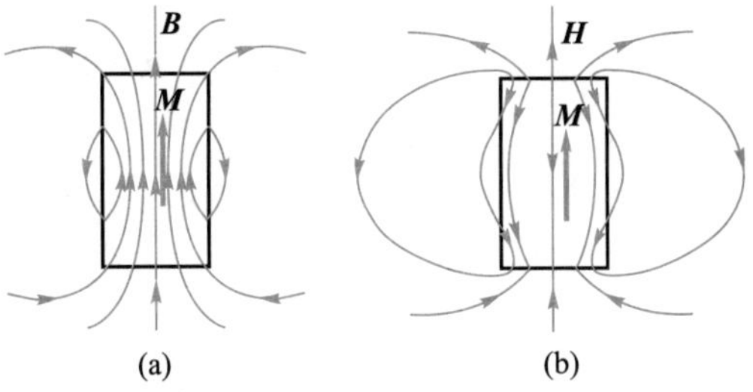

图 5-8 永久磁铁内部的 $\boldsymbol{B}$ 线和 $\boldsymbol{H}$ 线相反

【例 5-1】 若螺绕环内充满磁介质,求磁感应强度 $\boldsymbol{B}$.已知磁化场的磁感应强度为 $\boldsymbol{B}_0$,磁化强度为 $\boldsymbol{M}$.

【解】 设平均半径为 R,总匝数为 N,则取圆形回路 L,根据安培环路定理,有

$$\oint_L \boldsymbol{H}\cdot \mathrm{d}\boldsymbol{l} = 2\pi RH = \sum_{L内} I = NI$$

得

$$H = \frac{N}{2\pi R}I = nI$$

因为 $\boldsymbol{B}_0 = \mu_0 nI$,所以

$$\boldsymbol{B}_0 = \mu_0\boldsymbol{H} \text{ 或 } \boldsymbol{H} = \frac{\boldsymbol{B}_0}{\mu_0}$$

螺线管内总磁感应强度为

$$\boldsymbol{B} = \mu_0(\boldsymbol{H} + \boldsymbol{M}) = \boldsymbol{B}_0 + \mu_0\boldsymbol{M}$$

各种磁介质在外磁场作用下被磁化时,通过测量磁化强度 $\boldsymbol{M}$ 或磁感应强度 $\boldsymbol{B}$ 随 $\boldsymbol{H}$ 的变化,将得到一条曲线,称磁化曲线.磁化曲线的测量最简单的方案如例 5-1 图所示,把待测材料放在环形螺线管的内部,如果螺线管的线圈匝数为 N,通电的电流为 I,则环内的磁场强度为

$$H = \frac{NI}{2\pi R}$$

同时通过电磁感应来测量环形螺线管截面的磁通量 Φ,可以得到磁感应强度 B 的大小,即

$$B = \frac{\Phi}{S} = \frac{\Phi}{\pi r^2}$$

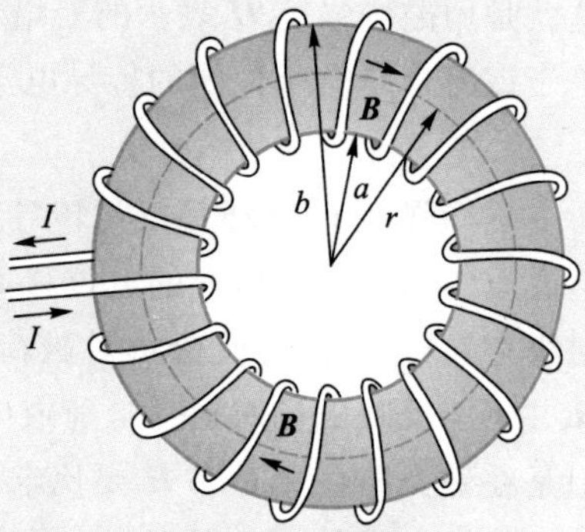

例 5-1 图 环形螺线管的磁化

通过改变电流 I,可以同时测出磁介质内部的 $\boldsymbol{B}$ 和 $\boldsymbol{H}$ 的大小,就得到了磁化曲线,如图 5-9所示,各种磁介质的磁化规律和磁化机制在本章第二节将专门介绍.

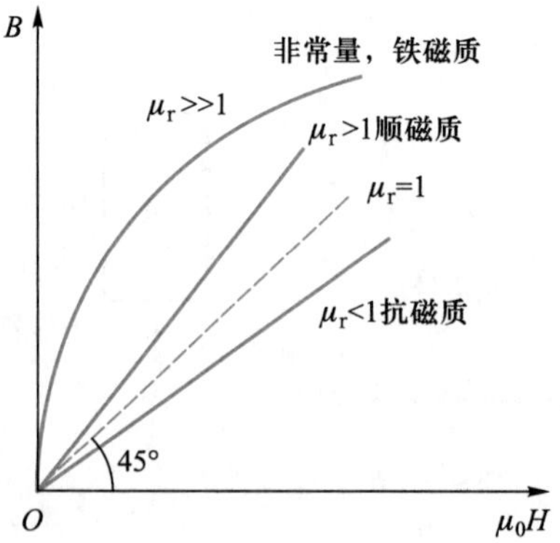

图 5-9 各种材料的磁化曲线

5-1-4 磁化规律

大多数磁介质是弱磁性的,实验表明如果磁介质是各向同性的,在外磁场不太强的情况下,磁化强度 $\boldsymbol{M}$ 与磁场强度 $\boldsymbol{H}$ 成线性关系,即

$$\boldsymbol{M}=\chi_{\mathrm{m}}\boldsymbol{H} \tag{5-11}$$

χ_{m} 称为磁介质的磁化率,它是与磁介质性质有关的一个常量.由 $\boldsymbol{H}$ 的定义式,得

$$\boldsymbol{B}=\mu_0(\boldsymbol{H}+\boldsymbol{M})=\mu_0\boldsymbol{H}+\mu_0\chi_{\mathrm{m}}\boldsymbol{H}=\mu_0(1+\chi_{\mathrm{m}})\boldsymbol{H}=\mu_0\mu_{\mathrm{r}}\boldsymbol{H}=\mu\boldsymbol{H} \tag{5-12}$$

式(5-12)中 $\mu_{\mathrm{r}}=1+\chi_{\mathrm{m}}$ 为磁介质的相对磁导率,$\mu=\mu_0\mu_{\mathrm{r}}$ 称为磁介质的磁导率(或绝对磁导率).对顺磁质,$\chi_{\mathrm{m}}\approx10^{-5}\sim10^{-4}>0,\mu_{\mathrm{r}}>1$;对抗磁质,$\chi_{\mathrm{m}}\approx-(10^{-5}\sim10^{-6})<0,\mu_{\mathrm{r}}<1$.由于顺磁质和抗磁质的磁化率都很小,其相对磁导率几乎等于 1.相比之下,抗磁质的磁化率比顺磁质还要小一个数量级,不管是抗磁质还是顺磁质,它们对电流的磁场只产生微弱的影响,所以也称为弱磁性材料.

在实际工作中还会使用磁化系数 λ,磁化系数 λ 与磁化率 χ_{m} 的关系为 $\lambda=\chi_{\mathrm{m}}/\rho$,$\rho$ 为物质的密度,磁化率 χ_{m} 和磁化系数 λ 均与单位制的选择有关.

在自然界中,大多数物质都具有抗磁性,特别是有机材料和生物材料,绝大部分为抗磁性的.表 5-1 给出了一些常见材料的磁化系数.

表 5-1 一些材料的磁化系数 单位:$4\pi\times10^{-6}\ \mathrm{cm^3/g}$

物质	磁化系数	物质	磁化系数
CO_2	-21.0	$CuCl_2$	+1 080.0
CO	-9.8	O_2(气态)	+3 449.0
SO_2	-18.2	空气	+24.16
Br_2	-73.5	TiO_2	+5.9
NH_3	-18.0	NO	+1 461.0
H_2S	-25.5	Ti_2O_3	+125.6
SCl_2	-49.4	V_2O_3	+1 976.0
H_2SO_4	-39.8	胶木	+0.6

5-1-5 磁介质的边值关系

利用磁场的高斯定理和安培环路定理,仿照电介质边值关系的证明,读者很容易证明在两种各向同性线性磁介质的分界面的两侧,磁感应强度和磁场强度的法向和切向分量满足下列边值关系,如图 5-10 所示.

(1) 磁感应强度 $\boldsymbol{B}$ 的法向分量连续,但磁场强度 $\boldsymbol{H}$ 的法向分量不连续.

$$\boldsymbol{e}_{\mathrm{n}}\cdot(\boldsymbol{B}_1-\boldsymbol{B}_2)=0 \quad 或 \quad B_{1\mathrm{n}}=B_{2\mathrm{n}} \quad 或 \quad \mu_1H_{1\mathrm{n}}=\mu_2H_{2\mathrm{n}} \tag{5-13}$$

(2) 磁场强度 H 的切向分量不连续,磁感应强度 B 的切向分量也不连续.

$$\boldsymbol{e}_{\mathrm{n}}\times(\boldsymbol{H}_2-\boldsymbol{H}_1)=\boldsymbol{i}_0 \quad 或 \quad H_{2\mathrm{t}}-H_{1\mathrm{t}}=i_0 \quad 或 \quad B_{2\mathrm{t}}/\mu_2-B_{1\mathrm{t}}/\mu_1=i_0 \tag{5-14}$$

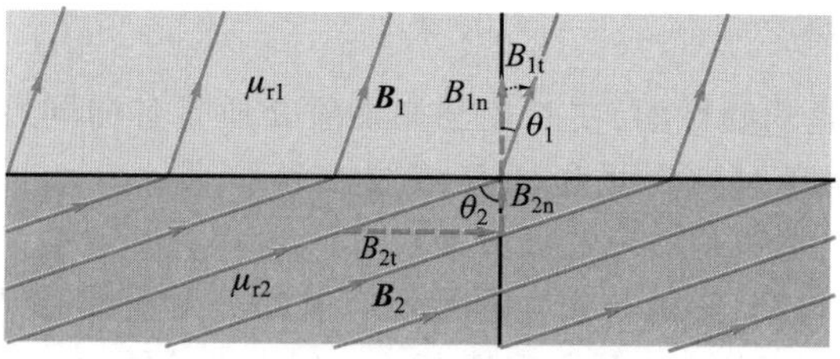

图 5-10 磁介质分界面的边值关系

对无传导电流的界面,$\boldsymbol{H}$ 的切向分量也是连续的.

(3) 如果磁介质分界面不存在传导电流,分界面的磁感应线满足"折射定理",即

$$\tan\theta_1=\frac{B_{1t}}{B_{1n}}=\frac{B_{1t}}{B_{2n}}=\frac{\mu_1 B_{2t}}{\mu_2 B_{2n}}=\frac{\mu_1}{\mu_2}\tan\theta_2$$

或

$$\frac{\tan\theta_1}{\tan\theta_2}=\frac{\mu_1}{\mu_2} \tag{5-15}$$

对 $\boldsymbol{H}$ 线,则也有类似的关系,即

$$\tan\theta_1=\frac{H_{1t}}{H_{1n}}=\frac{H_{2t}}{H_{1n}}=\frac{B_{2t}/\mu_2}{B_{1n}/\mu_1}=\frac{\mu_1}{\mu_2}\frac{B_{2t}}{B_{2n}}=\frac{\mu_1}{\mu_2}\tan\theta_2$$

或

$$\frac{\tan\theta_1}{\tan\theta_2}=\frac{\mu_1}{\mu_2}$$

对由两种磁介质组成的分界面,若两种材料的相对磁导率相差很大,若 $\mu_{r2}\gg1$,$\mu_{r1}\approx1$,则磁感应线几乎都集中在具有大磁导率(如铁磁质)的磁介质内,漏出外面的磁通量很少,如图 5-11 所示.

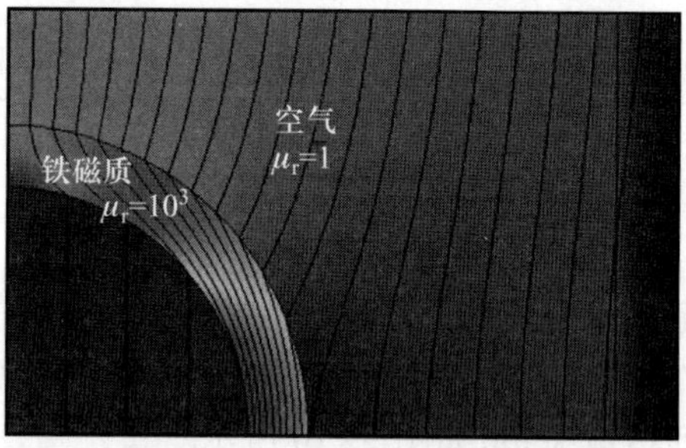

图 5-11 铁磁质与空气边界的磁感应线分布图

【例 5-2】 单位长度匝数为 n,通有电流 I_0 的无限长密绕螺线管中放置有相对磁导率为 μ_r 的顺磁质,求内部的磁感应强度、磁场强度和表面的磁化电流密度.

【解】 因为无限长密绕螺线管外部的磁感应强度为零，内部的磁感应强度沿轴线方向.螺线管单位长度的电流，即电流面密度 $i=nI$.如例 5-2 图所示，作一个安培矩形回路，有

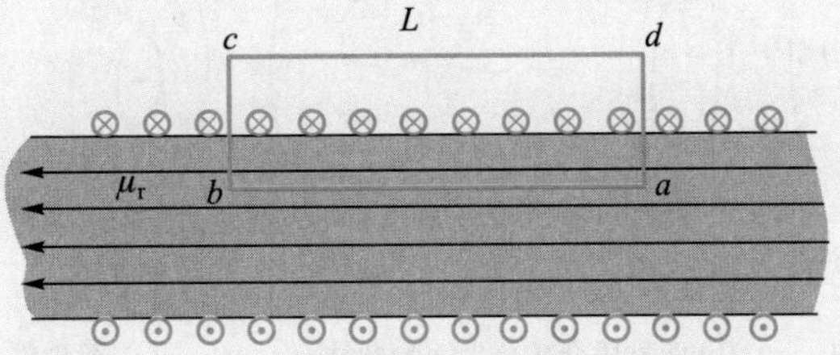

例 5-2 图

$$\oint \boldsymbol{B}\cdot \mathrm{d}\boldsymbol{l}=\int_a^b \boldsymbol{B}\cdot \mathrm{d}\boldsymbol{l}=\int_a^b \mu_0\mu_r H\mathrm{d}l=\mu_0\mu_r i_0 L$$

又因为

$$\oint \boldsymbol{B}\cdot \mathrm{d}\boldsymbol{l}=\int_a^b B\mathrm{d}l=\mu_0(i_0+i')L$$

所以有

$$\mu_0(i_0+i')=\mu_0\mu_r i_0$$

解之得

$$i'=(\mu_r-1)i_0=\chi_m i_0$$

$$i=i_0+i'=\mu_r i_0$$

螺线管内部的磁感应强度为

$$B=\mu_0\mu_r i_0$$

磁场强度为

$$H=\frac{B}{\mu_0\mu_r}=i_0$$

磁介质分布主要存在以下几种情况：

(1) 各向同性均匀磁介质充满整个磁场空间的情况，如图 5-12(a)所示.因为此时只有一种磁介质，则磁介质中的磁感应强度为真空时的 μ_r 倍，即 $\boldsymbol{B}(r)=\mu_r\boldsymbol{B}_0(r)$，所以有

$$\boldsymbol{H}=\frac{\boldsymbol{B}}{\mu_0\mu_r}=\frac{\boldsymbol{B}_0}{\mu_0}=\boldsymbol{H}_0 \tag{5-16}$$

即磁场强度不变.

(2) 不同的各向同性均匀磁介质分区域分布，而介质分界面与 $\boldsymbol{B}$ 平行的情况，如图 5-12(b)所示.若没有磁介质时其磁感应强度为 $\boldsymbol{B}_0$，则此时磁介质中的磁场强度为 $\boldsymbol{H}=\dfrac{\boldsymbol{B}_0}{\mu_0}$，因此有

$$\boldsymbol{B}_i = \mu_0\mu_{ri}\boldsymbol{H} = \mu_{ri}\boldsymbol{B}_0 \tag{5-17}$$

即(1)和(2)两种情况的解答过程是一样的.

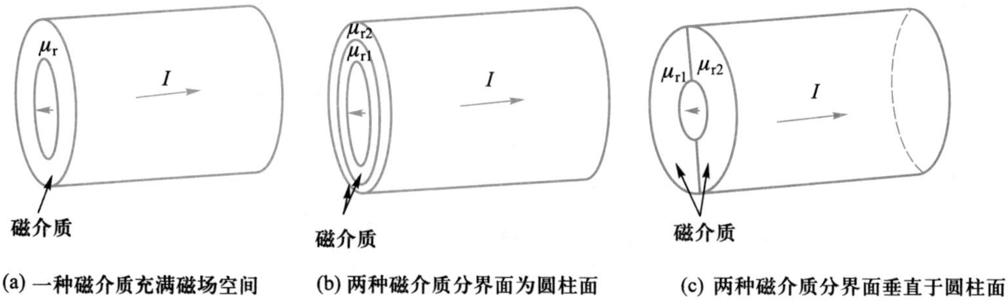

图 5-12 同轴电缆中的三种磁介质构图

(3)不同的各向同性均匀磁介质分区域分布而磁介质分界面与 $\boldsymbol{B}$ 垂直情况,如图 5-12(c)所示.因为分界面上仅有 B_n,而 B_n 连续,即

$$\boldsymbol{B}_1 = \boldsymbol{B}_2 = \cdots = \boldsymbol{B}_n = \boldsymbol{B} \tag{5-18}$$

即各种磁介质的磁感应强度相同,但磁场强度不同:

$$\boldsymbol{H}_i = \frac{1}{\mu_0\mu_{ri}}\boldsymbol{B} \tag{5-19}$$

【例 5-3】 如例 5-3 图所示,两同轴导体圆柱面通有反向的电流 I,两柱面间从 $R_1 \sim R_2$ 充满相对磁导率为 μ_1 的磁介质,从 $R_2 \sim R_3$ 充满相对磁导率为 μ_2 的磁介质,从 $R_3 \sim R_4$ 充满相对磁导率为 μ_3 的磁介质.求各区域的磁感应强度值 B.

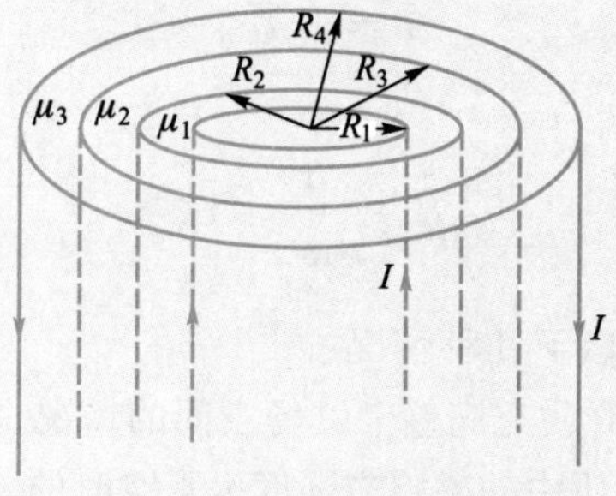

例 5-3 图

【解】 该题为三种磁介质分界面与磁感应强度 $\boldsymbol{B}$ 平行的情况.先求无磁介质时的磁感应强度 $\boldsymbol{B}_0$,利用安培环路定理,得

$$B_0 = \begin{cases} 0, & r<R_1, r>R_4 \\ \dfrac{\mu_0 I}{2\pi r}, & R_1<r<R_4 \end{cases}$$

各个区域充满各种磁介质后,各个区域的磁场强度为

$$H=\frac{B_0}{\mu_0}=\begin{cases}0, & r<R_1, r>R_4\\ \dfrac{I}{2\pi r}, & R_1<r<R_4\end{cases}$$

各个区域的磁感应强度为

$$B=\begin{cases}0, & r<R_1, r>R_4\\ \mu_1 B_0=\dfrac{\mu_0\mu_1 I}{2\pi r}, & R_1<r<R_2\\ \mu_2 B_0=\dfrac{\mu_0\mu_2 I}{2\pi r}, & R_2<r<R_3\\ \mu_3 B_0=\dfrac{\mu_0\mu_3 I}{2\pi r}, & R_3<r<R_4\end{cases}$$

【例 5-4】 如例 5-4 图所示，半径为 R_1 和 R_2 的导体构成同轴电缆. 通一电流 I，电缆内充有 4 种磁介质，各占 1/4. 求磁介质内磁感应强度值 B 和磁场强度值 H 及磁化面电流分布.

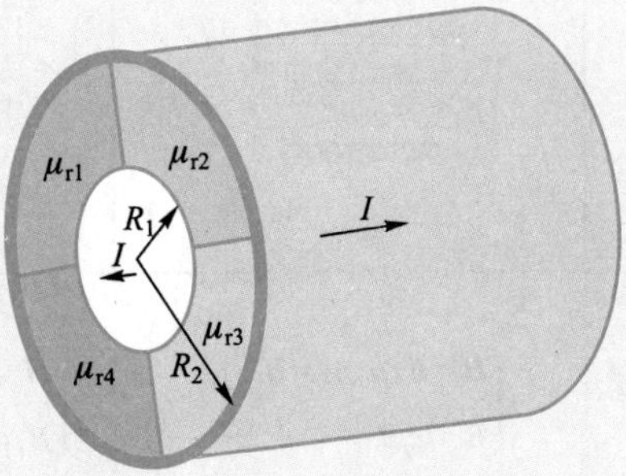

例 5-4 图

【解】 该题中四种磁介质分布的分界面为垂直于 $\boldsymbol{B}$ 的情况. 作环路（$R_1<r<R_2$），利用安培环路定理，有

$$\oint_L \frac{\boldsymbol{B}}{\mu_0\mu_r}\cdot \mathrm{d}\boldsymbol{l}=\frac{B}{\mu_0}\frac{1}{2}\pi r\left(\frac{1}{\mu_1}+\frac{1}{\mu_2}+\frac{1}{\mu_3}+\frac{1}{\mu_4}\right)=I$$

令 $\dfrac{1}{\mu'}=\dfrac{1}{\mu_1}+\dfrac{1}{\mu_2}+\dfrac{1}{\mu_3}+\dfrac{1}{\mu_4}$，则 $B=\dfrac{2\mu_0\mu' I}{\pi r}$，即 4 种磁介质中 B 相等. 4 种磁介质中的磁场强度为

$$\begin{cases}H_1=\dfrac{\boldsymbol{B}}{\mu_1\mu_0}=\dfrac{2\mu' I}{\pi\mu_1 r}\\ H_2=\dfrac{\boldsymbol{B}}{\mu_2\mu_0}=\dfrac{2\mu' I}{\pi\mu_2 r}\\ H_3=\dfrac{\boldsymbol{B}}{\mu_3\mu_0}=\dfrac{2\mu' I}{\pi\mu_3 r}\\ H_4=\dfrac{\boldsymbol{B}}{\mu_4\mu_0}=\dfrac{2\mu' I}{\pi\mu_4 r}\end{cases}$$

磁介质与电介质的分界面有相似之处，下面对它们作一个比较，如表 5-2 所示.

表 5-2 电介质与磁介质几种分界面情况比较

	场空间充满一种介质	场空间充满多种介质	场空间充满多种介质
电介质	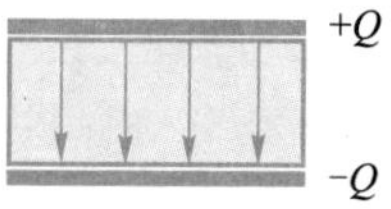	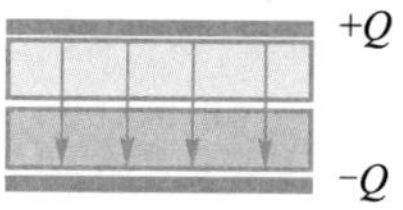 分界面为等势面	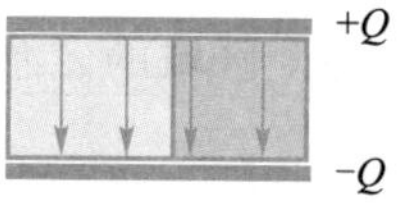 分界面垂直于等势面
	$\begin{cases}\boldsymbol{D}=\varepsilon_0\varepsilon_r\boldsymbol{E}=\varepsilon_0\boldsymbol{E}_0\\ \boldsymbol{E}=\boldsymbol{E}_0/\varepsilon_r\end{cases}$	$\begin{cases}\boldsymbol{D}_1=\boldsymbol{D}_2=\cdots=\boldsymbol{D}=\varepsilon_0\boldsymbol{E}_0\\ \boldsymbol{E}_i=\boldsymbol{E}_0/\varepsilon_{ri}\end{cases}$	$\begin{cases}\boldsymbol{E}_1=\boldsymbol{E}_2=\cdots=\boldsymbol{E}\\ \boldsymbol{D}_i=\varepsilon_0\varepsilon_{ri}\boldsymbol{E}\end{cases}$
磁介质		 分界面与磁感应线平行	 分界面与磁感应线垂直
	$\begin{cases}\boldsymbol{H}=\boldsymbol{B}/\mu_0\mu_r=\boldsymbol{B}_0/\mu_0\\ \boldsymbol{B}=\mu_r\boldsymbol{B}_0\end{cases}$	$\begin{cases}\boldsymbol{H}_1=\boldsymbol{H}_2=\cdots=\boldsymbol{H}=\boldsymbol{B}_0/\mu_0\\ \boldsymbol{B}_i=\mu_{ri}\boldsymbol{B}_0\end{cases}$	$\begin{cases}\boldsymbol{B}_1=\boldsymbol{B}_2=\cdots=\boldsymbol{B}\\ \boldsymbol{H}_i=\boldsymbol{B}/\mu_0\mu_{ri}\end{cases}$

§ 5-2 磁性材料

早在 1778 年，丹麦人布鲁格曼斯（S.J.Brugmans）在实验中发现铋被磁极排斥，提出了抗磁质的概念．1845 年 12 月，法拉第在《论新磁作用兼论所有物质的磁状态》中再次提出抗磁质的概念，分析了抗磁质的性质，并对抗磁质和顺磁质进行了分类，发现绝大部分的物质都是抗磁质．居里在 1895 年发现了关于抗磁质和顺磁质的两个定律，并发现了各种物质的磁化率随温度的变化规律．在磁性领域作出重要贡献的另一位科学家是外斯，他提出了分子场概念，并解释了铁磁现象．材料磁性的真正的解释是在量子力学建立之后，用量子力学效应和多原子磁矩系统的多体问题来处理．

20 世纪 50 年代以来，人们研究和开发出了各种各样的磁性材料，大大扩大了磁学的研究范围和应用领域．磁性材料按照磁有序、磁无序以及原子的磁性和原子核的磁性来分，其类型已经变得十分丰富，如表 5-3 所示．本章限于篇幅，主要介绍典型的集中类型的磁材料的基本特性．

表 5-3 磁性材料的分类

	电子的磁性					原子核的磁性
	晶态系统		非晶态系统	微颗粒系统	磁稀释系统	
	磁矩共线	磁矩非共线				
磁无序	抗磁性,顺磁性		抗磁性 顺磁性	顺磁性	顺磁性	核抗磁性 核顺磁性
磁有序	铁磁性	非共线铁磁性	散铁磁性	超铁磁性	自旋玻璃	核铁磁性
	反铁磁性	非共线反铁磁性	散反铁磁性	超反铁磁性	混磁性	核反铁磁性
	亚铁磁性	非共线亚铁磁性	散亚铁磁性			核亚铁磁性
	超顺磁性					

5-2-1 抗磁性、顺磁性和铁磁性

物质的磁性是通过该物质在磁场中所受到的力来定义的.通常具有磁性的物质在不均匀的具有梯度的磁场中会受到力的作用,利用图 5-13 的实验装置就可判定被测材料的磁性类型.该装置有一个平板型的 N 极和一个尖端性的 S 极,在两极之间的缝隙中产生一个有梯度的磁场分布,把被测的材料悬挂起来放入两极之间,当材料被吸到 S 极时,为顺磁性材料(顺磁质),当被 S 极排斥时即为抗磁性材料(抗磁质),由排斥力的大小大致可以判断是弱磁性材料或强磁性材料.材料的磁化系数分类如表 5-4 所示.

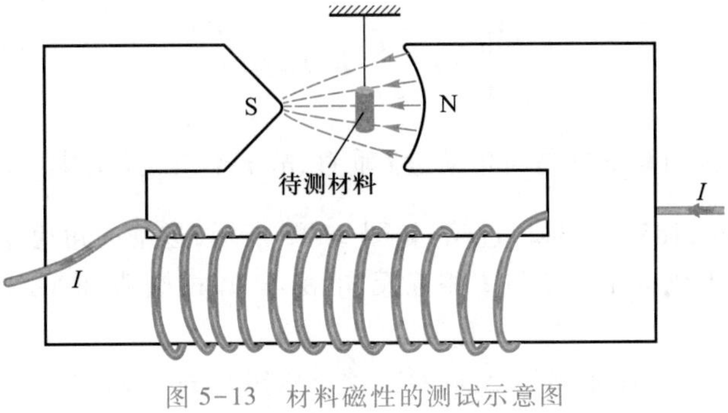

图 5-13 材料磁性的测试示意图

表 5-4 材料的磁化系数分类 单位:$4\pi\times10^{-6}$ cm^3/g

类别	λ 依赖 B?	依赖于温度?	磁滞?	例子	λ
抗磁性	否	否	否	水	-9.0×10^{-6}
顺磁性	否	是	否	铝	2.2×10^{-5}
铁磁性	是	是	是	铁	3 000
反铁磁性	是	是	是	铽	9.51×10^{-2}
亚铁磁性	是	是	是	$MnZn(Fe_2O_4)_2$	2 500

1. 抗磁质

对抗磁质(如铋、铜、银等),磁化率为负值,$|\chi_{m}|=10^{-6}\sim10^{-5}$,磁化强度 $\boldsymbol{M}$ 与 $\boldsymbol{H}$ 反方向,相对磁导率 $\mu_{r}<1$.一般来说,一切物质都具有抗磁性,但当物质中的其他磁性如顺磁性或铁磁性等超过其抗磁性时,就不再考虑其抗磁性而主要考虑其他的磁性,但在精确计算和理论分析时,就必须考虑其抗磁性的影响.

抗磁介质的总的原子(或分子)固有磁矩为零,以原子为例,是因为抗磁质中的原子的电子壳层是满壳层,即每一壳层中的电子自旋磁矩是互为反向平行而抵消的,其轨道运动产生的轨道磁矩在无外加磁场时也是相互抵消的,因此所有原子(或分子)的合磁矩为零.磁性的基本特性如图 5-14 所示.在外磁场作用下,感生磁矩与外场方向相反.在外磁场中的力矩为

$$\boldsymbol{\tau}=\boldsymbol{\mu}_{l}\times\boldsymbol{B}=-\frac{e}{2m_{e}}\boldsymbol{l}\times\boldsymbol{B}=\frac{e}{2m_{e}}\boldsymbol{B}\times\boldsymbol{l}$$

式中 μ_{l} 由式(5-2)表示,$\boldsymbol{l}$ 为电子轨道角动量.根据角动量定理,得到

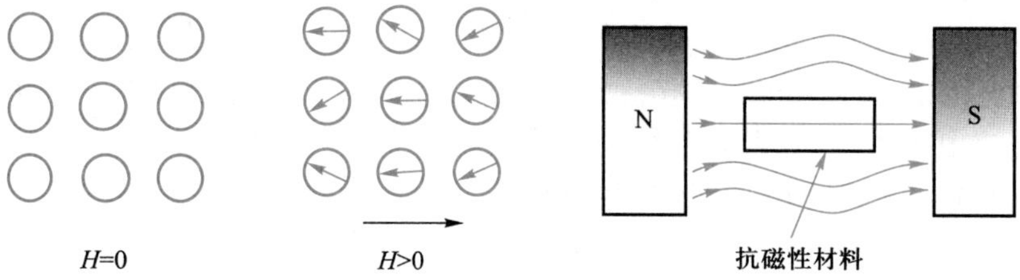

图 5-14　磁性的基本特性

$$\frac{\mathrm{d}\boldsymbol{l}}{\mathrm{d}t}=\boldsymbol{\tau}=\frac{e}{2m_{e}}\boldsymbol{B}\times\boldsymbol{l}=\boldsymbol{\Omega}\times\boldsymbol{l},$$

式中 $\boldsymbol{\Omega}=\frac{e}{2m_{e}}\boldsymbol{B}$.因力矩 $\boldsymbol{\tau}$ 总是与角动量 $\boldsymbol{l}$ 垂直,故 $\boldsymbol{\tau}$ 不改变 $\boldsymbol{l}$ 的大小,只使 $\boldsymbol{l}$ 绕磁场作拉莫尔(J.Larmor,1857—1942)进动,如图 5-15 所示,进动的角速度 $\boldsymbol{\Omega}$($\Omega=eB/2m$)与 $\boldsymbol{r}$ 和 $\boldsymbol{l}$ 无关.两个电子的 $\boldsymbol{l}$ 与 $\boldsymbol{l}'$ 相互反向,μ_{l} 与 $\mu_{l'}$ 相抵消,但两个电子的 Ω 是同向的.

电子进动产生一附加磁矩 $\Delta\mu_{e}(\boldsymbol{\Omega})$,这个磁矩与 $\boldsymbol{\Omega}$ 反向,亦与 $\boldsymbol{B}$ 反向,即

$$\Delta\boldsymbol{\mu}_{e}(\boldsymbol{\Omega})=-\frac{er^{2}}{2}\boldsymbol{\Omega}=-\frac{e^{2}r^{2}}{4m}\boldsymbol{B}\tag{5-20}$$

因此电子的总磁矩为

$$\boldsymbol{\mu}=\sum[\boldsymbol{\mu}_{e}+\Delta\boldsymbol{\mu}_{e}(\boldsymbol{\Omega})]=\sum\boldsymbol{\mu}_{e}+\sum\Delta\boldsymbol{\mu}_{e}(\boldsymbol{\Omega})=\sum\Delta\boldsymbol{\mu}_{e}(\boldsymbol{\Omega})\neq0$$

方向与磁场反向,呈现抗磁性,这就是材料出现抗磁性的微观机制.

对全部电子轨道的统计平均后,给出对式(5-20)修正的结果为

$$\Delta\boldsymbol{\mu}_{e}=-\frac{e^{2}\langle r^{2}\rangle}{6m}\boldsymbol{B}\tag{5-21}$$

这就是物质抗磁性的来源,它源于一个与磁场方向相反的感生的附加磁矩.

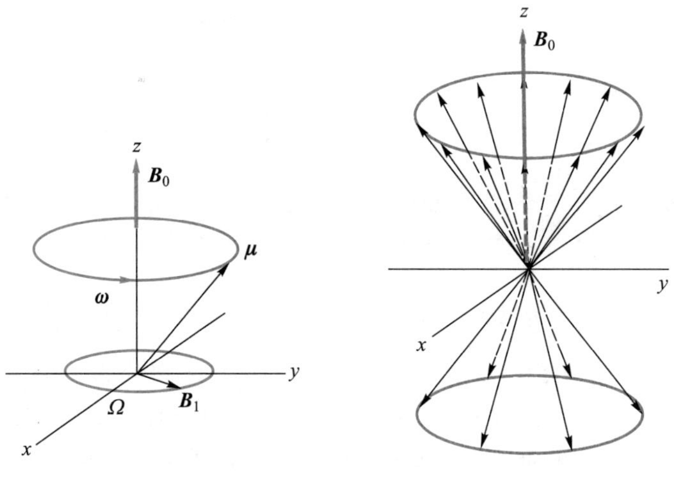

(a) (b)

图 5-15 电子在外磁场中作拉莫尔进动示意图

抗磁质的磁化系数一般不随温度变化,如图 5-16 所示.只有少数物质如石墨的磁化率会随温度变化.此外,抗磁质的磁化率一般不随物质的状态发生变化,个别有例外,如铋(Bi)的磁化系数在固体变液体时,其磁化系数明显发生了改变.由于抗磁性都很弱,一直以来人们很少对抗磁性作研究,具体的应用就更少了.目前主要集中在磁化学和磁生物学等方面的少量研究和应用上.

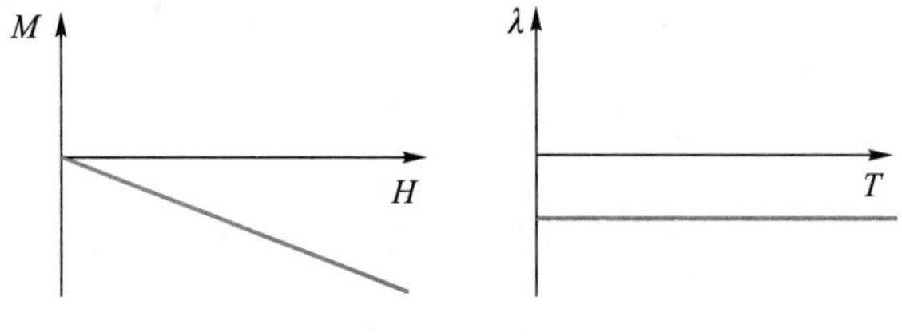

(a) (b)

图 5-16 抗磁质磁化规律以及随温度的变化

2. 顺磁质

对顺磁质(如锰、铬、锂、钠等),$\chi_m = 10^{-5} \sim 10^{-4} > 0$,磁化强度 $\boldsymbol{M}$ 与 $\boldsymbol{H}$ 同方向,且相对磁导率 $\mu_r > 1$.

顺磁质是由具有固有磁矩的分子形成的物质,在无外场时,由于分子热运动使分子磁矩取向无规则,在宏观上磁矩为零,即 $\sum \boldsymbol{\mu}_m = 0$ 或 $\boldsymbol{M} = 0$.当存在外磁场时,每个磁矩都受到一个力矩,使分子磁矩转向外磁场方向,各分子磁矩在一定程度上沿外场排列,即 $\boldsymbol{M} \neq 0$,但因为热运动阻止 $\boldsymbol{M}$ 转向 $\boldsymbol{H}$ 方向,温度越高则顺磁效应越弱.材料顺磁性的基本特性如图 5-17 所示.

一般的顺磁质的磁化率随温度降低而增大,遵从以下规律:

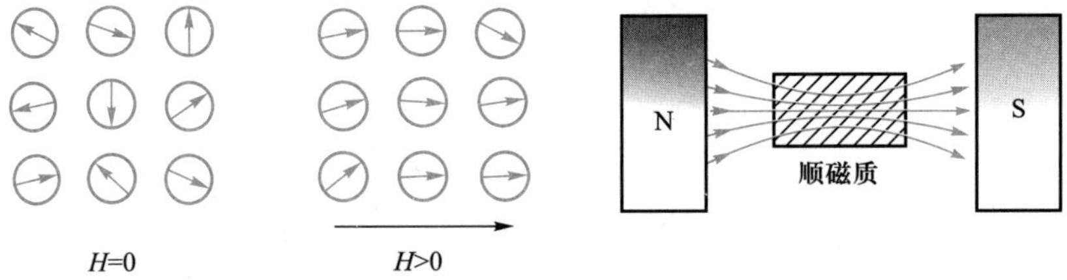

图 5-17 顺磁性的基本特性

$$\chi_m=\frac{C}{T}\text{（居里定律）}\quad 或\quad \chi_m=\frac{C}{T-T_C}\text{（居里-外斯定律）}\tag{5-22}$$

C 是居里常量，T_C 是顺磁居里温度，C 和 T_C 是从实验上得到的常量.

物质的顺磁性又可以细分为一般顺磁性、泡利顺磁性和范弗莱克顺磁性.一般顺磁性又可分为居里顺磁性和居里-外斯顺磁性，其规律分别用式(5-22)的两个式子表示.

1905 年，朗之万研究磁介质热运动规律时得到了理论上的初步解释.有外磁场时，分子受力矩 $\boldsymbol{\tau}=\boldsymbol{\mu}_m\times\boldsymbol{B}$，方向沿外场方向.磁分子取向在存在外场时满足玻耳兹曼分布

$$\mathrm{d}n(\theta)=A\mathrm{e}^{-\frac{\varepsilon_p}{KT}}\sin\theta\mathrm{d}\theta$$

A 为归一化因子.在外场中磁矩的"势能"为

$$\varepsilon_p=-\boldsymbol{\mu}_m\cdot\boldsymbol{B}=-\mu_m B\cos\theta$$

当 $|\varepsilon_p|\ll kT$ 时（k 为玻耳兹曼常量），取一级近似，得

$$\mathrm{e}^{-\frac{\varepsilon_p}{kT}}\approx 1-\frac{\varepsilon_p}{kT}=1+\frac{\mu_m B\cos\theta}{kT}$$

所以有

$$\mathrm{d}n(\theta)=A\left(1+\frac{\mu_m B\cos\theta}{kT}\right)\sin\theta\mathrm{d}\theta$$

由归一化关系 $\int\mathrm{d}n(\theta)=n_0$，得 $A=n_0/2$，代入上式，有

$$\mathrm{d}n(\theta)=\frac{n_0}{2}\left(1+\frac{\mu_m B\cos\theta}{kT}\right)\sin\theta\mathrm{d}\theta$$

所以磁化强度 $\boldsymbol{M}$ 大小为

$$M=\int\mu_m\cos\theta\mathrm{d}n(\theta)\approx\frac{n_0\mu_m^2}{3kT}B=\frac{n_0\mu_0\mu_m^2}{3kT}H=\chi_m H$$

系数 χ_m 值为

$$\chi_m=\frac{\mu_0 n_0\mu_m^2}{3kT}=\frac{C}{T}\tag{5-23}$$

即磁介质的磁化率与温度成反比，如图 5-18 所示.对气态顺磁质实验与理论符合，但是对固态或液态磁介质，式(5-23)不完全符合.更精确的结果需要用量子力学理论计算.

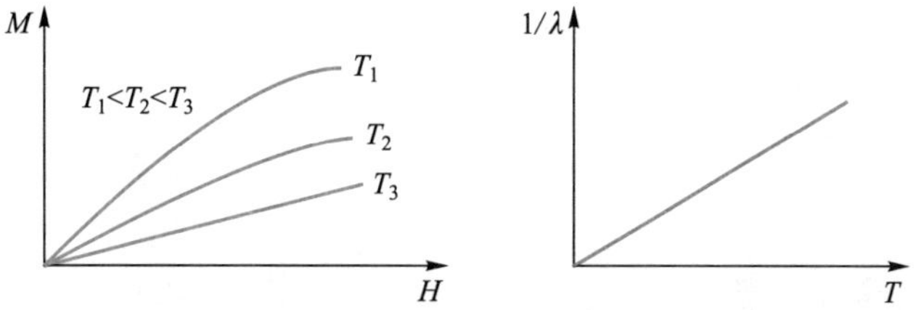

(a) 磁化曲线　　(b) 磁化系数与温度的关系

图 5-18 顺磁性磁介质的磁化规律

目前顺磁质主要有以下几方面的研究和应用:① 通过顺磁性来研究电子组态;② 利用顺磁质的绝热去磁效应可以获得 $10^{-6}\sim1$ K 的超低温度;③ 发展具有超低噪声的顺磁量子放大器以及顺磁共振成像技术等.

3. **铁磁质**

以铁、钴、镍和一些稀土元素钆、镝、钬以及它们的合金及氧化物为材料构成的磁介质,在磁场中显示出很强的磁性,称为铁磁性材料(铁磁质).铁磁质的磁化规律如图 5-19 所示.每一种铁磁质都有一个确定的居里温度,在居里温度以下,其磁化规律就是以上所描述的过程;当温度超过居里温度时,磁滞过程消失.

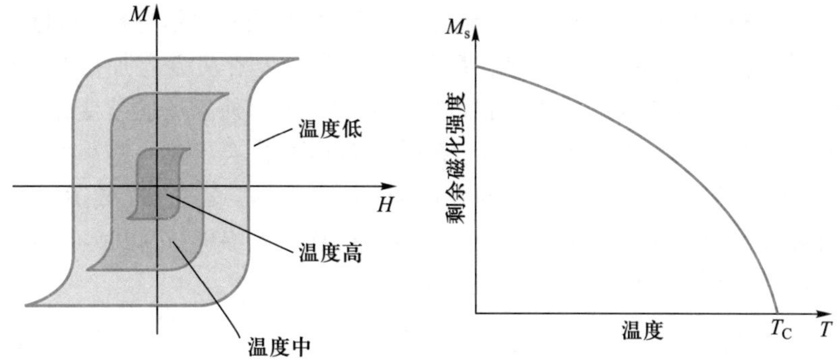

图 5-19 铁磁性材料磁化规律以及剩余磁化强度随温度的变化

$\boldsymbol{M}$ 与 $\boldsymbol{H}$ 的关系不是线性关系,若仍用 $\boldsymbol{M}=\chi_m\boldsymbol{H}$ 表示,则

$$\boldsymbol{M}=\chi_m(\boldsymbol{H})\boldsymbol{H} \tag{5-24}$$

(1) 铁磁质磁化机制

铁磁质的结构与其他物质有所不同,它们本身就是由很多已经磁化的小区域组成,这些磁化的小区域叫做“磁畴”.铁磁质中由于原子之间自旋的强烈耦合,在铁磁质中会形成磁场很强的小区域磁畴,各个磁畴之间的交界面称为磁畴壁,磁畴的体积约为 10^{-12} m^3,每个区域内部包含大量原子,这些原子的磁矩都像一个个小磁针那样整齐排列,但相邻的不同区域之间的原子磁矩排列的方向不同.在无外磁场时,热运动使各个磁畴的磁矩方向各不相同,结果相互抵消,整个物体的磁矩为零,铁磁质不显磁性,如图 5-20 所示.当在外磁场中,各磁畴沿外场转向,随着外磁场的增加,能够提供转向的磁畴越来越少,铁磁质中的磁场增加的速度变慢,若外磁场继续增加,铁磁质内的磁场也不会再增加,铁磁质达到磁饱和状态.饱和磁化强

度 $\boldsymbol{M}_s$ 等于每个磁畴中原来的磁化强度,该值很大,这就是铁磁质的相对磁导率 μ_r 比弱磁性材料大得多的原因.

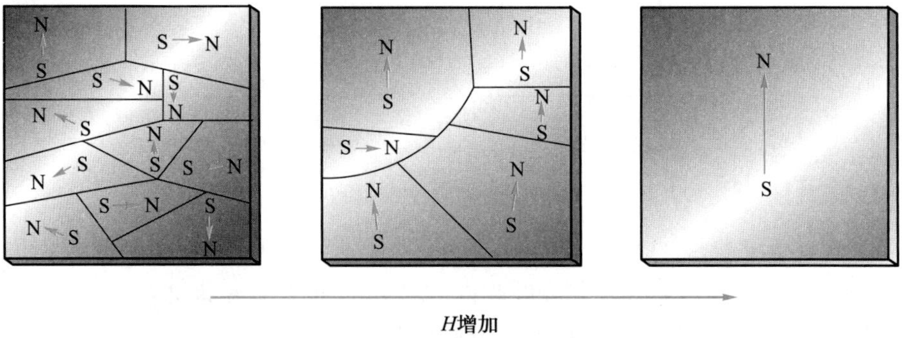

图 5-20　铁磁质的磁化机制

当外磁场减小或撤掉外磁场时,由于掺杂和内应力等的作用,磁畴的畴壁很难恢复到原来的形状,在居里温度以下外磁场中磁化过程是不可逆的,即磁滞现象.反复磁化时,磁化强度与磁场的关系是一闭合曲线,称为磁滞回线.

铁磁质的磁化曲线相当复杂,通常由实验方法测定.图 5-21 表示铁磁质的磁化曲线,曲线 OAS 段称起始磁化曲线,当磁场减小时,曲线不再沿原路回到点 O,而是沿 SRC 曲线,当外磁场减小到零时,$\boldsymbol{M}$ 不为零,进一步沿反方向加磁场,当 $H=H_c$ 时,磁化强度才回到零,这个外磁场强度 H_c 称矫顽力.当外磁场继续变化时,磁化曲线形成一个回路.当在不同的地点外磁场增加或减小时,会出现一些小的磁化回路,如图 5-21 所示的小回路.一个确定的外场 $\boldsymbol{H}$,可以对应于多个 $\boldsymbol{M}$(或 $\boldsymbol{B}$),与磁化的历史和过程有关.磁化过程中磁介质消耗的能量,称磁滞损耗,可以证明一个磁化循环过程消耗的能量由磁滞回线的面积确定.

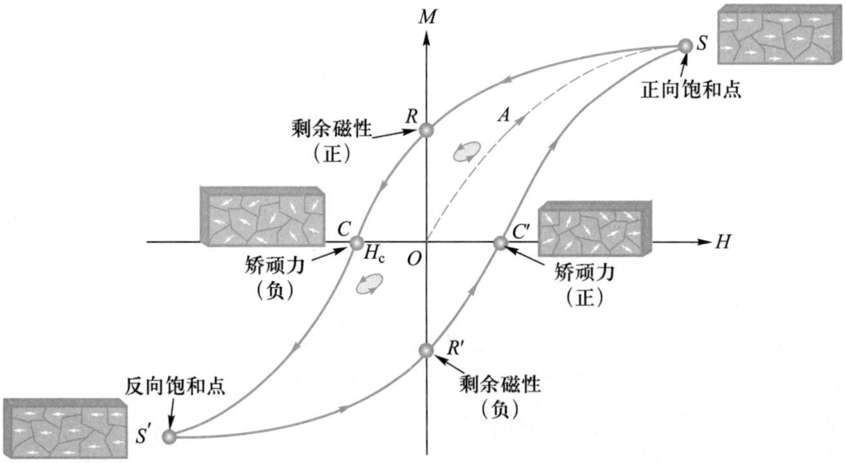

图 5-21　铁磁性材料的磁化曲线和局部的小磁滞回线

铁磁质在外场中的磁化实质上是它的磁畴区域逐渐变化的过程,磁畴的位移是跳变式的、不连续的,与外场同向的磁畴不断扩大,不同向的磁畴逐渐减小.在磁化曲线最陡区域，磁畴的移动会出现跃变，尤其硬磁性材料更是如此.无线电设备中，载流线圈中的铁芯在磁化时出现的磁畴跳动会造成一种噪声，这现象称为巴克豪森(H.Barkhausen，1881—1956)效应，是德国科学家巴克豪森于 1919 年发现的，巴克豪森效应的实验装置示意图如图 5-22 所示.

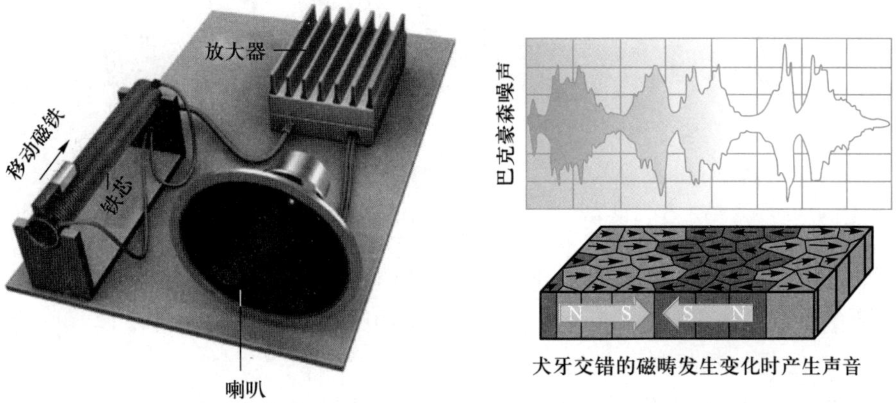

图 5-22 巴克豪森效应实验示意图

直到 1928 年海森伯(W.Heisenberg，1901—1976)提出了铁磁性的量子理论，才正确地解释了铁磁性的微观来源，由于涉及量子力学的很多内容，这里不再介绍.

(2) 去磁(或退磁)

根据铁磁质的磁化曲线，我们可以通过外磁场反复变化其方向，同时使它的幅值逐渐变小，最后到零，可以使其中磁化的物质去磁，如图 5-23 所示.录音机中磁带的交流抹音磁头中就是利用这种方法.

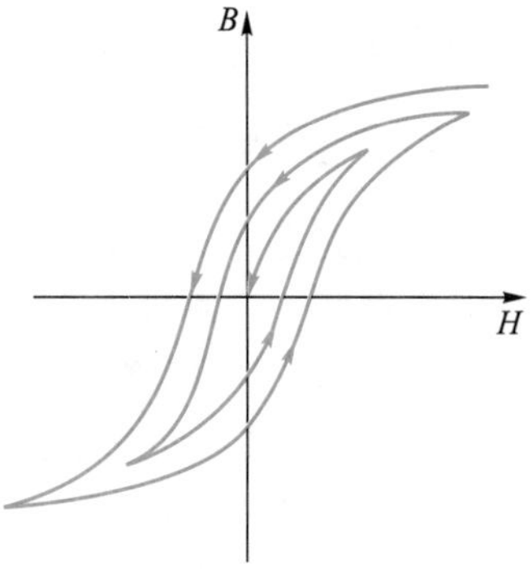

图 5-23 去磁曲线

除了上面的去磁方法外，还有以下几种去磁方法：

① 加热法：当铁磁质的温度升高到某一温度时，磁性消失，由铁磁质变为顺磁质，该温度为居里温度 T_C.当温度低于 T_C 时，又由顺磁质转变为铁磁质.铁的居里温度 $T_C=770$ ℃；30%的坡莫合金居里温度 $T_C=70$ ℃.其原因是加热使磁介质中的分子、原子的振动加剧，提供了磁畴转向的能量，使铁磁质失去磁性.

② 敲击法：通过振动可提供磁畴转向的能量，使铁磁质失去磁性.如敲击永久磁铁会使磁铁磁性减小.

(3) 铁磁质分类

铁磁质有很多种分类方法，其中一种是根据其矫顽力来划分，如图 5-24 所示，可以简单地分成以下几种：

软磁材料：相对磁导率和饱和磁感应强度值 B 一般都较大，但矫顽力小，磁滞

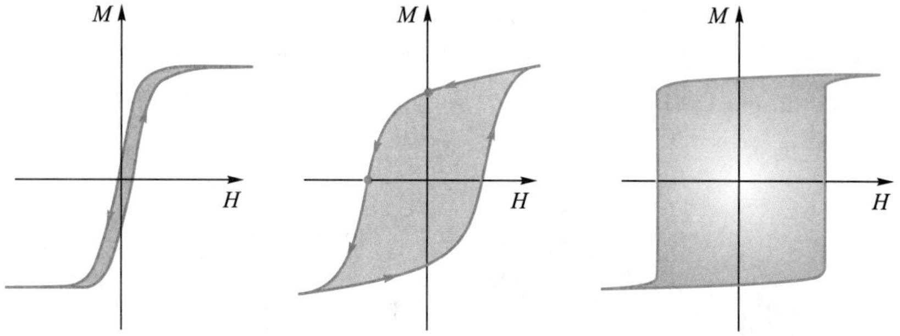

(a) 软磁材料　(b) 硬磁材料　(c) 矩磁材料

图 5-24

回线的面积窄而长，损耗小.易磁化、易退磁，剩磁很小.如软铁、坡莫合金、硒钢片等.由于软磁材料磁滞损耗小，适合用在交变磁场中，如变压器铁芯、继电器、电动机转子、定子都是用软磁材料制成的.

硬磁材料：剩磁和矫顽力比较大，磁滞回线所围的面积大，磁滞损耗大，磁滞特性非常显著，剩磁很大.这种材料充磁后不易退磁，适合做永久磁铁.硬磁材料如碳钢、铝镍钴合金和铝钢等.可用在磁电式电表、永磁扬声器以及雷达中的磁控管等.

矩磁材料：剩磁和矫顽力比较大，磁滞回线所围的面积大，磁滞损耗大，磁滞特性非常显著，磁滞回线呈矩形.剩磁接近于磁饱和磁感应强度，具有高磁导率和高电阻率.当正脉冲产生 $H>H_c$ 使磁芯呈 $+B$ 态，则负脉冲产生 $H<-H_c$ 使磁芯呈 $-B$ 态，可作为二进制的两个态，所以可作磁性记忆元件.

5-2-2 磁路定律与磁屏蔽

1. 磁路定律

很多电工设备需要较强的磁场或较大的磁通.由于铁磁质的磁导率远比非铁磁质的磁导率大，所以将铁磁质作成闭合或近似闭合的环路，即所谓铁芯.绕在铁芯上的线圈通以较小的电流(励磁电流)便能得到较强的磁场.这种情况下的磁场差不多约束在限定的铁芯范围之内，周围非铁磁质(包括空气)中的磁场则很微弱.这种约束在限定铁芯范围内的磁场称为磁路，如图 5-25 所示.

磁路的磁通可以分为两部分：主磁通和漏磁通.主磁通就是绝大部分磁感应线通过磁路(包括气隙)的磁通；漏磁通就是磁感应线穿出铁芯，经过磁路周围非铁磁质的磁通.人们采取了很多措施来减少漏磁通，使漏磁通只占总磁通的很小一部分.所以对磁路的初步计算中常将漏磁通略去不计.

由于磁通的连续性，如果忽略漏磁通，则

$$\sum_i \Phi_i = 0 \tag{5-25}$$

此即磁路的基尔霍夫第一定律.

我们引进“磁位差”的概念，定义“磁位差”为其磁场强度与长度的乘积，即 $U_m=$

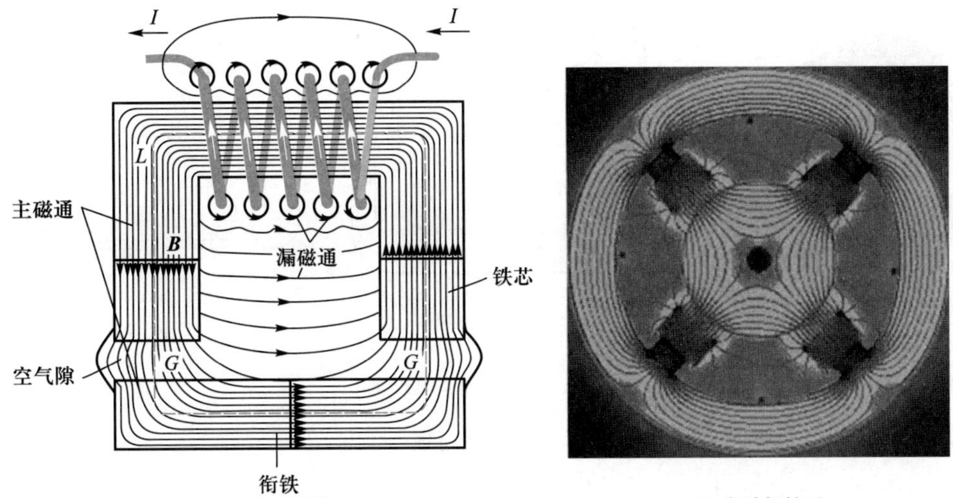

(a) 电磁铁　　(b) 电动机转子

图 5-25　电磁铁和各种电机中磁铁的磁路

Hl.应用安培环路定理于磁路中的各个回路,并选择顺时针方向为回线的绕行方向可得各段磁位差的代数和与电流的关系为

$$\sum_{l} H_i l_i = \sum_{j} N_j I_j \tag{5-26}$$

引进“磁动势”的概念,即磁动势 $\mathscr{E}_m = NI$,N 为线圈的匝数,则式(5-26)可改写为

$$\sum_{i} H_i l_i = \sum_{j} \mathscr{E}_j \tag{5-27}$$

此即磁路的基尔霍夫第二定律.

对整个闭合磁路应用安培环路定理,得到

$$\oint \boldsymbol{H} \cdot \mathrm{d}\boldsymbol{l} = \sum_{i} \int H_i \mathrm{d}l_i = \sum_{i} \int \frac{\Phi}{\mu_0 \mu_{ri} S_i} \mathrm{d}l_i = \Phi \sum_{i} R_{mi}$$

式中 R_m 称磁阻,即 $R_m = \int \frac{\mathrm{d}l}{\mu_0 \mu_r S}$,则上式变为关于磁路的“欧姆定律”,是英国科学家霍普金森(J. Hopkinson,1849—1898)在 1890 年得到的,故又称为霍普金森定律,即

$$U_m = \Phi R_m \tag{5-28}$$

对如图 5-26 所示的磁路,根据安培环路定理,有

$$\oint_L \boldsymbol{H} \cdot \mathrm{d}\boldsymbol{l} = \int \frac{1}{\mu_r \mu_0} \boldsymbol{B} \cdot \mathrm{d}\boldsymbol{l} + \int \frac{1}{\mu_0} \boldsymbol{B} \cdot \mathrm{d}\boldsymbol{l}$$

$$= B\left(\frac{l}{\mu_r \mu_0} + \frac{l_0}{\mu_0}\right) = \Phi\left(\frac{l}{\mu_r \mu_0 S} + \frac{l_0}{\mu_0 S}\right) = NI_0$$

上面的计算中已经忽略了漏磁,近似认为空隙中的 $\boldsymbol{B}$ 和铁芯中的 $\boldsymbol{B}$ 相等.引进磁阻概念,令

$$R_{rm} = \frac{l}{\mu_0 \mu_r S}, \quad R_m = \frac{l_0}{\mu_0 S}$$

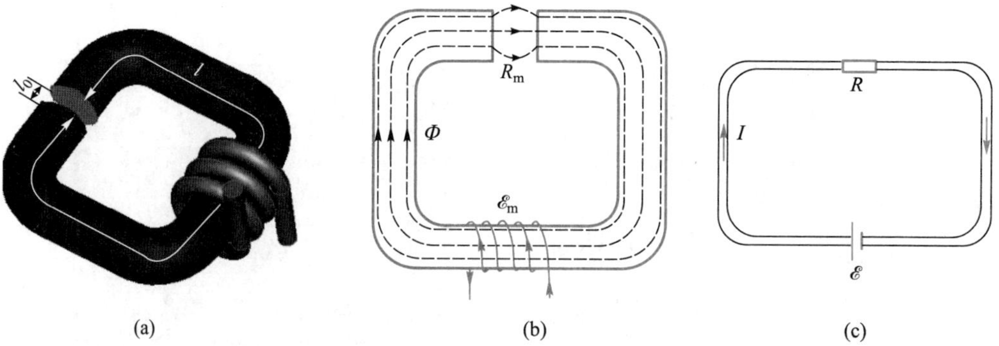

图 5-26 磁路与电路的等效性

R_{rm} 和 R_m 对应于内阻和外阻，则上式可以改写成

$$\Phi(R_m + R_{rm}) = \mathscr{E}_m \tag{5-29}$$

这相当于全电路的欧姆定律，或者

$$\Phi = \frac{\mathscr{E}_m}{R_{rm} + R_m} = \frac{NI_0}{\dfrac{l}{\mu_r\mu_0 S} + \dfrac{l_0}{\mu_0 S}}$$

求解得到磁通量 Φ 后，就可以得到磁感应强度 $\boldsymbol{B}$ 的大小，即

$$B = \frac{\Phi}{S} = \frac{NI_0}{\left(\dfrac{l}{\mu_r\mu_0} + \dfrac{l_0}{\mu_0}\right)} = \frac{\mu_0\mu_r NI_0}{l + \mu_r l_0} \tag{5-30}$$

可见，由于铁芯的 μ_r 值很大，改变很小的 l_0 就可以改变整个磁感应强度 B！

需要特别指出的是：磁路欧姆定律和电路欧姆定律只是在形式上相似.由于 μ 不是常量，其随励磁电流而变，磁路欧姆定律不能直接用来计算，只能用于定性分析.此外，在电路中，当 $\mathscr{E}=0$ 时，$I=0$；但在磁路中，由于有剩磁，当 $\mathscr{E}_m=0$ 时，Φ 不为零.

【例 5-5】 求如例 5-5 图所示的磁体的气隙中的磁场强度 $\boldsymbol{H}$ 的大小.已知线圈匝数分别为 N_1 和 N_2，横截面积分别为 S_1 和 S_2，线圈中磁介质的相对磁导率分别为 μ_1 和 μ_2，气隙的横截面积为 S_3.

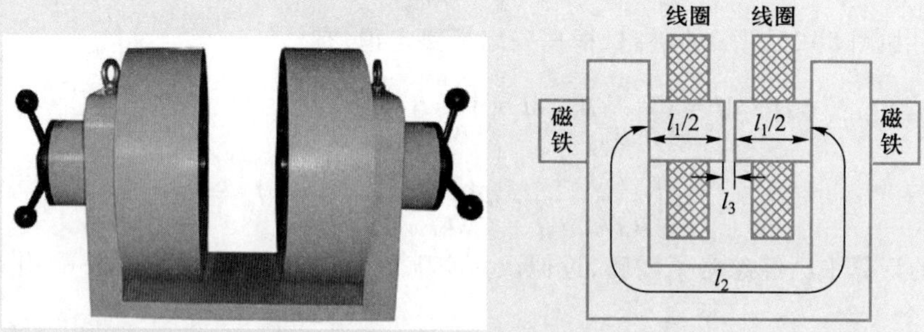

例 5-5 图

【解】 应用磁路的"欧姆定律",有

$$\Phi=\frac{(N_1+N_2)I_0}{\frac{l_1}{\mu_1\mu_0S_1}+\frac{l_2}{\mu_2\mu_0S_2}+\frac{l_3}{\mu_0S_3}}$$

在气隙中 $\Phi=\mu_0HS_3$,所以有

$$H=\frac{(N_1+N_2)I_0/S_3}{\frac{l_1}{\mu_1S_1}+\frac{l_2}{\mu_2S_2}+\frac{l_3}{S_3}}$$

从该例子可以看出,气隙对磁阻影响极大,通过控制气隙大小,可以很方便地控制气隙中的磁场强度.

【例 5-6】 有一环形铁芯线圈,其内直径为 10 cm,外直径为 15 cm,铁芯材料为铸钢.磁路中含有一空气隙,其长度等于 0.2 cm.设线圈中通有 1 A 的电流,如要得到 0.9 T 的磁感应强度(对应磁化曲线上的磁场强度为 $H_1=500$ A/m),试求线圈匝数.

【解】 空气隙的磁场强度为

$$H_0=\frac{B_0}{\mu_0}=\frac{0.9}{4\pi\times10^{-7}}\ \text{A/m}=7.2\times10^5\ \text{A/m}$$

根据已知条件,铸钢在 $B=0.9$ T 时对应磁化曲线上的磁场强度为 $H_1=500$ A/m,磁路的平均总长度 $l=\frac{10+15}{2}\pi\ \text{cm}\approx39.2\ \text{cm}$,铁芯的平均长度为

$$l_1=l-\delta=(39.2-0.2)\ \text{cm}=39\ \text{cm}$$

对各段有

$$H_0\delta=7.2\times10^5\times0.2\times10^{-2}\ \text{A}=1\ 440\ \text{A}$$

$$H_1l_1=500\times39\times10^{-2}\ \text{A}=195\ \text{A}$$

总磁动势为

$$NI=H_0\delta+H_1l_1=(1\ 440+195)\ \text{A}=1\ 635\ \text{A}$$

线圈匝数为

$$N=\frac{NI}{I}=\frac{1\ 635}{1}=1\ 635$$

所以磁路中含有空气隙时,由于其磁阻较大,磁动势几乎都降在空气隙上面了.

2. **电磁铁**

电磁铁在生产中获得了广泛应用.其主要应用原理是:用电磁铁衔铁的运动带动其他机械装置运动,产生机械连动,实现控制要求.电磁铁是利用通电的铁芯线圈吸引衔铁或保持某种机械零件、工件于固定位置的一种电器.当电源断开时电磁铁的磁性消失,衔铁或其他零件即被释放.电磁铁衔铁的动作可使其他机械装置发生

联动.

电磁铁根据使用电源类型分为两类,一是直流电磁铁,即用直流电源励磁;二是交流电磁铁,即用交流电源励磁.

电磁铁由线圈、铁芯及衔铁三部分组成,常见的结构如图 5-27 所示.

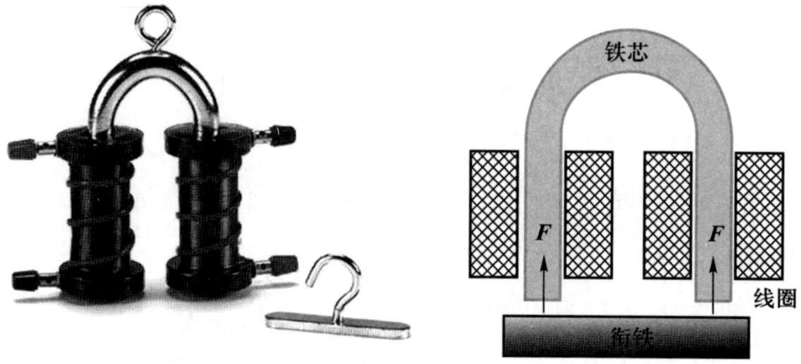

图 5-27 电磁铁示意图

电磁铁吸力的大小与气隙的截面积 S_0 及气隙中的磁感应强度值 B_0 的平方成正比.基本公式如下:

$$F=\frac{B_0^2S_0}{2\mu_0} \tag{5-31}$$

式(5-31)中 B_0 的单位是 T;S_0 的单位是 m^2;F 的单位是 N.直流电磁铁的吸力可以由式(5-31)直接计算.对用交流电作为励磁的电磁铁的吸力计算时,则需要考虑交流电产生的吸力也是交变的,设 $B_0=B_m\sin\omega t$,则一个周期内的吸力平均值为

$$F=\frac{1}{T}\int_0^T f\mathrm{d}t=\frac{1}{2}F_m=\frac{B_m^2S_0}{4\mu_0} \tag{5-32}$$

式(5-32)中 F_m 为吸力的最大值.因此交流电磁铁的吸力在零与最大值之间进行脉动.

3. 磁屏蔽

很多场合,电子设备中的元器件会受到周围磁场的影响.当磁场的频率很低时,传统的屏蔽方法几乎没有作用.因此低频磁场往往对设备的正常工作造成严重的影响.低频磁场一般由马达、发电机、变压器等设备产生.这些磁场会对利用磁场工作的设备产生影响,如阴极射线管中的电子束是在磁场的控制下进行扫描的,电子束在外界磁场干扰下,偏转会发生变化,使图像失真.再如用光电倍增管在磁场环境中测量光子信号时,由于光电倍增管的原理是靠光子打到光阴极产生电子并进行倍增方法获得信号的,如果受到外磁场的干扰,将影响其倍增效率甚至影响其放大倍数和分辨率.

对地磁场或静磁场的屏蔽,通常是利用高磁导率 μ 的铁磁质做成屏蔽罩以屏蔽外磁场.为了提供高的屏蔽效果,屏蔽材料应具有尽量大的磁导率 μ,这样其屏蔽效果才会明显.常用磁导率高的铁磁质如软铁、硅钢、坡莫合金做屏蔽层,故静磁屏蔽又叫铁磁屏蔽,如图 5-28 所示.为了获得更好的屏蔽效果,电工中常采用多层磁屏蔽的方法.

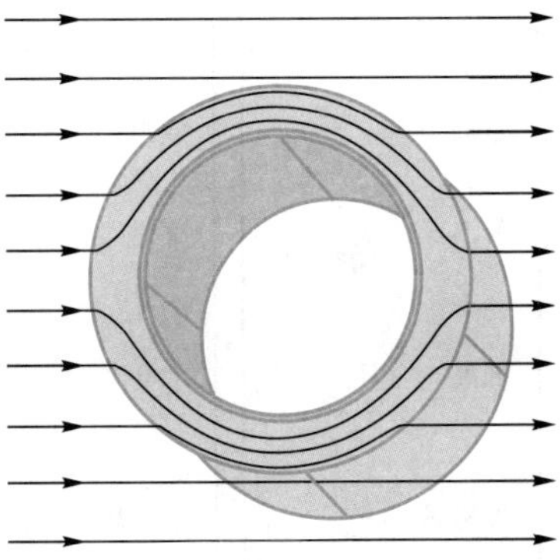

图 5-28　静磁场的屏蔽示意图

*5-2-3　超导体的磁性

1911 年,荷兰物理学家昂内斯(H.K.Onnes,1853—1926)及其助手首先发现在温度降至液氦的沸点(4.2 K)以下时,水银的电阻为 0.在低温下某些物质会失去电阻,这些物质称为超导体.昂内斯因他在低温物理和超导领域所做的杰出贡献,荣获 1913 年诺贝尔物理学奖.

从 1911 年至 1986 年,超导温度由水银的 4.2 K提高到 23.22 K.1986 年 1 月发现钡镧铜氧化物的超导温度是 30 K,至今高温超导体已取得了巨大突破,使超导技术走向大规模应用.

1. 迈斯纳效应

对常规导体,对其降温至某个温度后再加上磁场,然后撤去磁场,则导体内部磁场为零,如图 5-29(a)所示.而理想导体的磁性与加磁场的历史有关.当导体处于正常态时,把它冷却到理想导体,然后把外磁场加上,再撤去外磁场,则导体内部磁场为零,如图 5-29(b)所示;但是如果是在室温下把外磁场先加在导体上,然后再降温冷却至理想导体态,原来存在于内部的磁场由于零电阻特性,在样品转变为超导体后仍存在于内部,如果这时撤去外磁场,则导体为了保持内部磁场不变,将会在表面薄层中引起感应电流,这个感应电流在外部产生也会产生磁场,如图 5-29(c)所示.在图 5-29(c)过程中,理想导体表面会存在一个面电流,其密度为

$$\boldsymbol{j}=\boldsymbol{H}_{\mathrm{a}}\times\boldsymbol{e}_{\mathrm{n}} \tag{5-33}$$

式(5-33)中 $\boldsymbol{H}_{\mathrm{a}}$ 是外加磁场.这个电流保持理想导体的磁通量不变,结果样品被永久磁化了.

1933 年德国物理学家迈斯纳(F.W.Meissner,1882—1974)发现,将超导体放入磁场中,表面会产生超导电流,超导电流产生的磁场与外磁场抵消,使超导体内的磁感应强度为零,如图 5-29(d)和(e)所示.即对超导体,不管加磁场的次序如何,超导体内部的磁场总保持为零,即与加磁场的历史无关,这个效应称为迈斯纳效应.

迈斯纳效应告诉我们,不管如何加磁场,超导体内部的磁场都为零,即

$$\boldsymbol{B}=\mu_0(\boldsymbol{M}+\boldsymbol{H}_{\mathrm{a}})=0$$

因此超导体具有一个磁化强度(相对于磁矩)

$$\boldsymbol{M}=-\boldsymbol{H}_{\mathrm{a}} \tag{5-34}$$

把超导体看成一个完全的抗磁体,即 $\mu=0$,当导体的磁导率从 $\mu=1$ 突变到 $\mu=0$ 时,内部的磁通全部从超导体内排出,由于在此过程中体系要对外做功,所以导体的磁矩从 $M=0$ 变到 $M=-H_{\mathrm{a}}$.

超导体在磁场中由于超导电流产生的磁场与外磁场的斥力作用,所以可使超

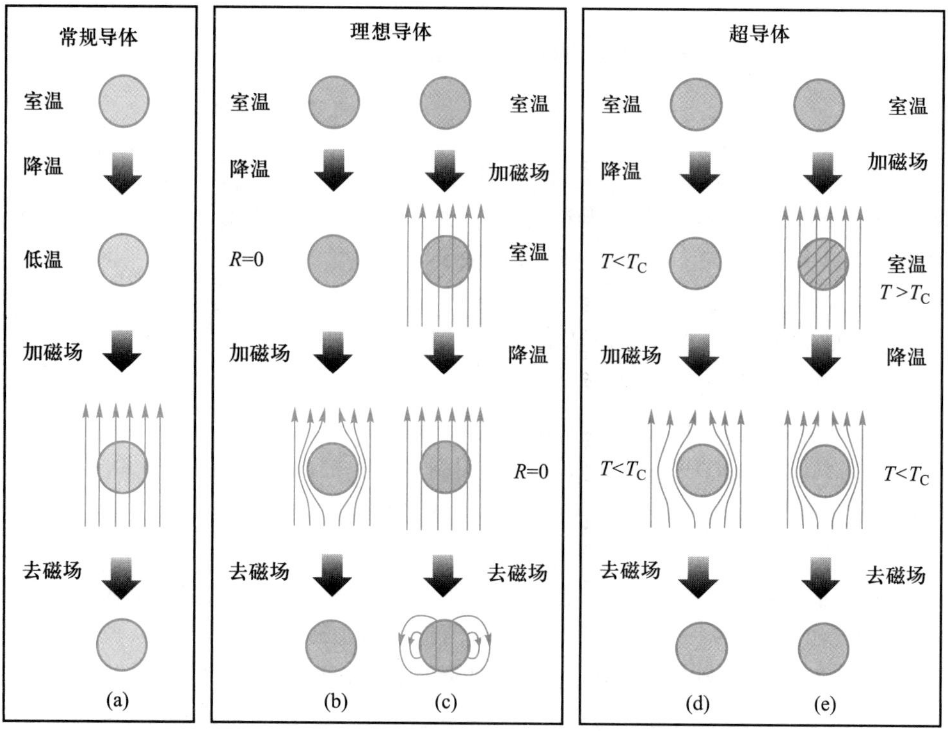

图 5-29 常规导体、理想导体和超导体的磁场变化

导体悬浮在空中，如图 5-30 所示.

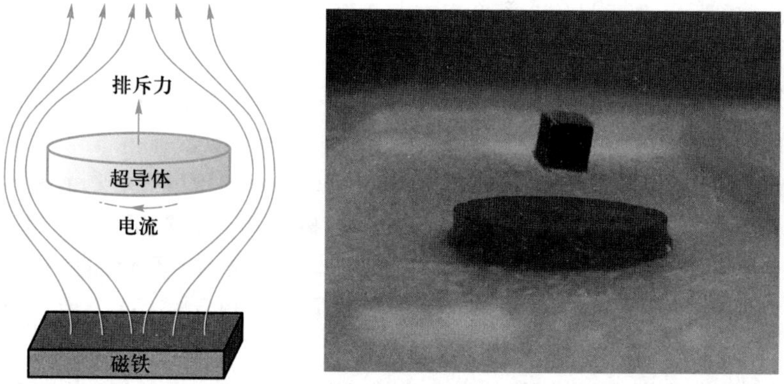

图 5-30 磁悬浮示意图

不过，当我们加大磁场强度时，可以破坏超导态.超导体在保持超导态不至于变为正常态时所能承受外加磁场的最大强度 H_C 称为超导体的临界磁场 H_C.临界磁场与温度有关，$H_C(T)$ 与 0 K 时的临界磁场为 $H_C(0)$ 的关系为

$$H_C(T)=H_C(0)\left[1-\left(\frac{T}{T_C}\right)^2\right] \tag{5-35}$$

在临界温度 T_C 以下，超导态不至于被破坏而容许通过的最大电流称为临界电流 I_C. 这三个参量 T_C、H_C、I_C 是评价超导材料性能的重要指标. 对理想的超导材料，这些参量越大越好.

临界温度 T_C、临界磁场强度 H_C、临界电流 I_C 是约束超导现象的三大临界条件. 当温度超过临界温度时，超导态就消失了；同时，当超过临界电流或者临界磁场强度时，超导态也会消失，三者具有明显的相关性. 只有当上述三个条件均满足超导材料本身的临界值时，才能发生超导现象（由 T_C、H_C、I_C 形成的闭合曲面内为超导态），如图 5-31 所示.

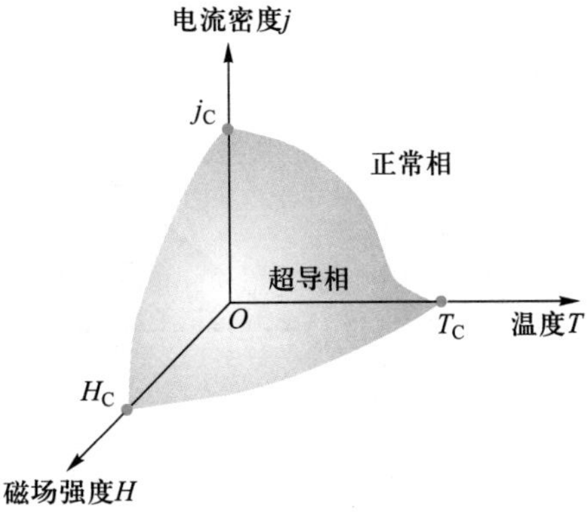

图 5-31 超导相和正常相

【例 5-7】 在外磁场中的超导体，平衡后超导体内部的磁感应强度处处为零，超导体表面外侧的磁感应强度与表面平行. 在如例 5-7 图 1 所示的直角坐标系中，Oxy 平面是水平面，其中有一超导平板，位于 $z=0$ 处，在 $z=h$ 处有一质量为 m、半径为 r、环心在 z 轴上、环平面为水平面的匀质金属圆环，且 $r \gg h$. 在圆环内通以恒定电流，刚好使圆环漂浮在 $z=h$ 处. (1) 试求圆环中的电流；(2) 若使圆环保持水平，从平衡位置稍稍偏上或偏下移动时，圆环将上、下振动. 试求振动周期 T.

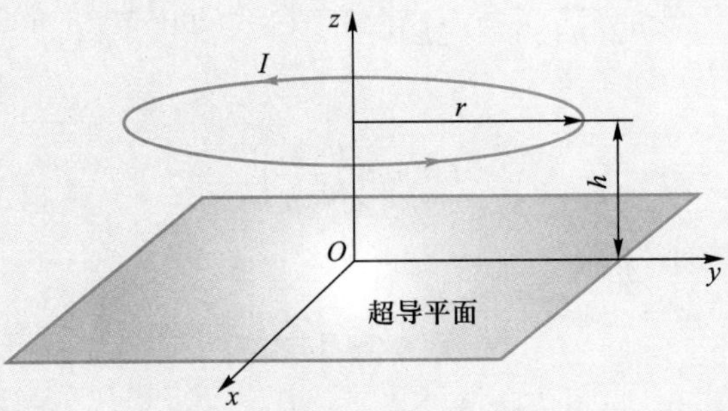

例 5-7 图 1

【解】 (1) 超导平板内激起感应电流，产生附加磁场. 平衡后，圆环电流的磁场及超导平板内感应电流的附加磁场，在超导平板内应相互抵消. 可以采用类似于电像法的方法，作一个电流环的像，位置在超导平面下方，到超导平面的距离也为 h. 如例 5-7 图 2 所示. 因题设 $r \gg h$，两圆环电流之间的安培力可简化为两平行长直载流导线之间的安培力，则 $\boldsymbol{F}_0$ 的方向向上，大小为

$$F_0 = I \cdot 2\pi r \frac{\mu_0 I}{2\pi \cdot 2h} = \frac{\mu_0 I^2 r}{2h}$$

圆环平衡时，$\boldsymbol{F}_0$ 与重力 $m\boldsymbol{g}$ 抵消，有

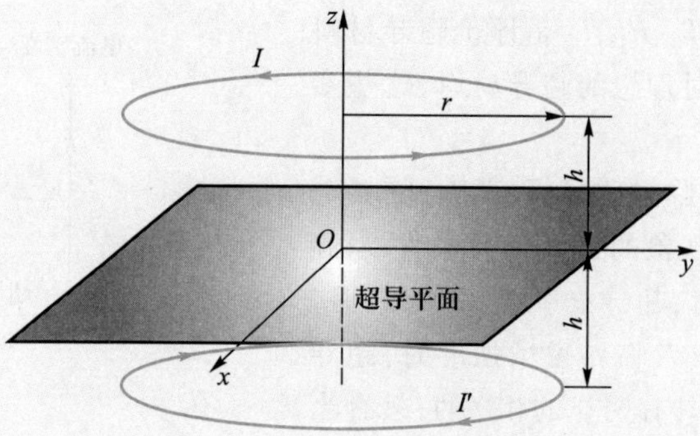

例 5-7 图 2

$$\frac{\mu_0 I^2 r}{2h} = mg$$

解之得

$$I = \sqrt{\frac{2mgh}{\mu_0 r}}$$

(2) 取圆环环心的平衡位置为坐标原点,取竖直向上的 z'轴.当圆环从平衡位置保持水平上移到 z'位置时,镜像圆环将相应地下移 z',于是,原圆环所受向上安培力 $\boldsymbol{F}$ 的大小为

$$F = \frac{\mu_0 I^2 r}{2(h+z')} = \frac{\mu_0 I^2 r}{2h}\left(1+\frac{z'}{h}\right)^{-1} = mg\left(1+\frac{z'}{h}\right)^{-1}$$

因 $z' \ll h$,故有

$$F = mg\left(1-\frac{z'}{h}\right)$$

竖直方向的合力大小为

$$F' = F - mg = -\frac{mg}{h}z'$$

这是一个线性回复力,它使原圆环在平衡位置附近上、下作简谐振动,振动周期为

$$T = 2\pi\sqrt{\frac{m}{\frac{mg}{h}}} = 2\pi\sqrt{\frac{h}{g}}$$

2. 伦敦方程

超导电性是一种量子现象.当物体处于超导状态时,一部分电子作完全有序运动,不受到晶格散射的影响,没有电阻效应,其余电子仍属于正常电子,可以用双流体模型来描述这种情况.设超导体内的传导电子数密度 n 为超导电子数密度 n_s 和正常电子数密度 n_n 之和,即

$$n=n_s+n_n$$

相应地，超导体内的电流密度 j 为超导电流密度 j_s 与正常电流密度 j_n 之和，即

$$j=j_s+j_n$$

正常电流满足欧姆定律 $j_n=\sigma E$. 由于超导电子运动不受阻尼作用，电阻为零，电场 $\boldsymbol{E}$ 将使电子加速，设 $\boldsymbol{v}$ 为超导电子速度，根据经典力学，有

$$\frac{\mathrm{d}\boldsymbol{v}}{\mathrm{d}t}=\frac{q\boldsymbol{E}}{m}$$

超导电流密度 $\boldsymbol{j}_s=nq\boldsymbol{v}$，所以有

$$\frac{\mathrm{d}\boldsymbol{j}_s}{\mathrm{d}t}=nq\frac{\mathrm{d}\boldsymbol{v}}{\mathrm{d}t}=\frac{nq^2}{m}\boldsymbol{E} \tag{5-36}$$

这是一个理想电性方程，表明超导电流密度随超导电子加速而增大. 通常对超导体 $q=e$，电子质量 m 用电子等效质量 m^* 来代替，即

$$\frac{\mathrm{d}\boldsymbol{j}_s}{\mathrm{d}t}=\frac{ne^2}{m^*}\boldsymbol{E}=\alpha\boldsymbol{E} \tag{5-37}$$

式(5-37)中 $\alpha=\dfrac{ne^2}{m^*}$. 这个方程称为伦敦第一方程，取代了由于超导体的电导 σ 为无限大而不再适应的欧姆定律($\boldsymbol{j}=\sigma\boldsymbol{E}$). 由伦敦第一方程可以导出超导体的零电阻性，当超导体内为恒定电流时，$\mathrm{d}j_s/\mathrm{d}t=0$，所以 $E=0$，代入到正常电流满足的欧姆定律 $j_n=\sigma\boldsymbol{E}$ 中，则 $j_n=0$，所以在恒定情况下，超导体内的电流完全来自超导电子，没有电阻效应，即超导体为零电阻.

伦敦第一方程只导出了超导体的超导电性，还不足以完全描述超导体的全部电磁性质. 我们考虑迈斯纳效应，它指出在超导体内部 $B=0$，由磁场边值关系可知，当超导体外部有磁场时，紧贴超导体表面两侧处应有边值关系 $H_{2t}=H_{1t}$，$B_{2n}=B_{1n}$. 因此，磁场不可能在超导体内侧紧贴表面处突变为零，它必存在于超导体表面一薄层内.

对伦敦第一方程两边分别用"$\nabla\times$"作用，并利用下一章电磁感应的结果 $\nabla\times\boldsymbol{E}=-\dfrac{\partial\boldsymbol{B}}{\partial t}$，有

$$\frac{\partial}{\partial t}\nabla\times\boldsymbol{j}_s=\alpha\nabla\times\boldsymbol{E}=-\alpha\frac{\partial\boldsymbol{B}}{\partial t}$$

或

$$\frac{\partial}{\partial t}(\nabla\times\boldsymbol{j}_s+\alpha\boldsymbol{B})=0$$

$(\nabla\times\boldsymbol{j}_s+\alpha\boldsymbol{B})$ 与时间无关，但可以有某种空间分布，这取决于超导体的初始状态，取这个量为零，即得

$$\nabla\times\boldsymbol{j}_s=-\alpha\boldsymbol{B} \tag{5-38}$$

这就是伦敦第二方程. 伦敦方程是伦敦兄弟(F. London, 1900—1954; H. London, 1907—1970)通过修正通常的电动力学方程而建立了的两个方程，用来描述超导态

的基本属性零电阻和迈斯纳效应.

对伦敦第二方程再进行运算,由安培环路定理 $\nabla\times\boldsymbol{B}=\mu_0\boldsymbol{j}_s$,两边的左边分别用“$\nabla\times$”作用,有

$$\nabla\times(\nabla\times\boldsymbol{B})=\mu_0\nabla\times\boldsymbol{j}_s=-\mu_0\frac{ne^2}{m^*}\boldsymbol{B}$$

因为 $\nabla\cdot\boldsymbol{B}=0$,所以 $\nabla\times(\nabla\times\boldsymbol{B})=\nabla(\nabla\cdot\boldsymbol{B})-\nabla^2\boldsymbol{B}=-\nabla^2\boldsymbol{B}$,代入上式,得

$$\nabla^2\boldsymbol{B}-\frac{1}{\lambda_s^2}\boldsymbol{B}=0$$

其中 $\lambda_s=\sqrt{\dfrac{m^*}{\mu_0 ne^2}}$.

对于样品占据 $x>0$ 的半空间,且 $\boldsymbol{B}$ 平行于样品表面的特殊情况,上式可写成

$$\frac{\mathrm{d}^2B}{\mathrm{d}x^2}-\frac{1}{\lambda_s^2}B=0$$

其解为

$$B=B_0\mathrm{e}^{-\frac{x}{\lambda_s}} \tag{5-39}$$

其中 B_0 是样品表面的磁感应强度,这表明超导体内部的磁场随深度按指数衰减.λ_s 即为特征深度.其透入深度一般在 $10^{-6}\sim10^{-5}$ m 之间,因而在研究大块超导体时可认为透入深度为零.伦敦理论的最大成功之处在于给出了磁场对超导材料有一定的穿透性.

3. 第二类超导体的磁性

超导体可以依据它们在磁场中的磁化特性划分为两大类:

第Ⅰ类超导体:只有一个临界磁场 H_C,超导态具有迈斯纳效应,表面层的超导电流维持体内完全抗磁性,如图 5-32 所示.

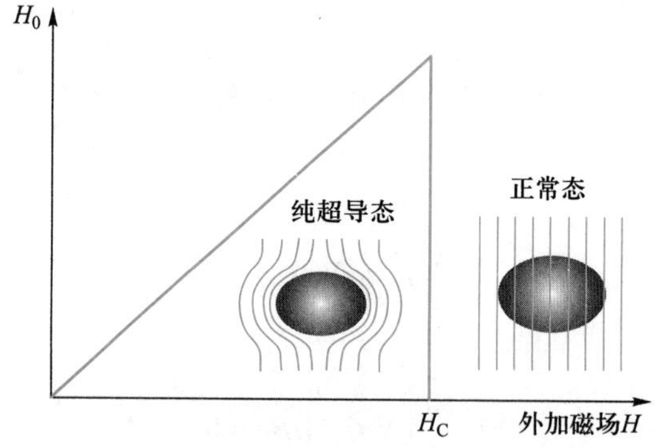

图 5-32 第一类超导体的磁场

第Ⅱ类超导体:具有两个临界磁场 H_{C1} 和 H_{C2}(分别称为下临界场和上临界场)、可以经历超导态、混合态和正常态三种状态的超导体.第Ⅱ类超导体的第一个实验于 1937 年发表,但是直到 1957 年才逐渐受到重视.

对第Ⅱ类超导体,如图 5-33 所示,当外加磁场 $H_0<H_{C1}$时,其超导特性与第Ⅰ类

相同,超导态具有迈斯纳效应,体内没有磁感应线穿过;当 $H_{C1}<H_0<H_{C2}$时,超导体处于混合态,仍具有零电阻效应,但这时体内的磁通量不是全部被排斥到外面,而是有部分磁通穿过,即混合态的抗磁性是不完全的.

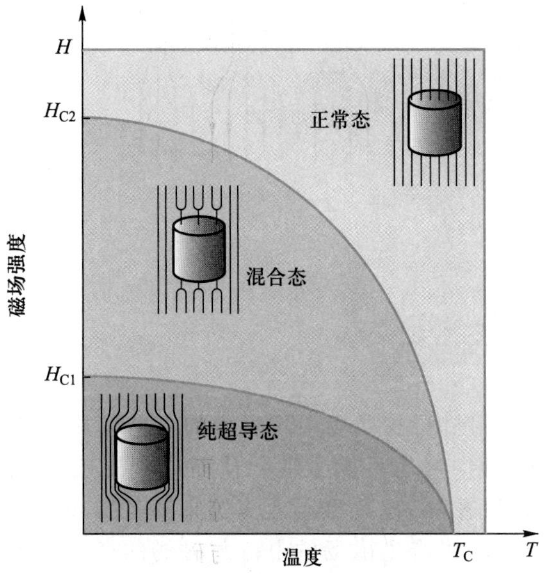

图 5-33 第二类超导体的相图

第Ⅱ类超导体又分为理想第Ⅱ类超导体和非理想第Ⅱ类超导体.前者为均匀无缺陷的第Ⅱ类超导体,其中的磁通线在洛伦兹力作用下呈周期的三角形晶格排列,其临界电流密度仍很低.后者为不均匀、含有缺陷的第Ⅱ类超导体,由于缺陷的磁通钉扎作用,阻碍磁通线的运动,使其磁通线成不均匀分布,并能无阻承载大的传输电流.因此,实用型超导体均为非理想第Ⅱ类超导体,也称之为硬超导体.

金兹堡(V.L.Ginzburg,1916—2009)和朗道(L.D.Landau,1908—1968)在 1950 年建立了金兹堡-朗道理论(简称 G-L 理论),他们从热力学统计物理角度描述了超导相变.1957 年,阿布里科索夫(A.A.Abrikosov,1928—2017)从 G-L 方程导出,在第Ⅱ类超导体中,磁场其实是以量子化的量子磁通涡进动到超导体内部的,一个磁通量子为 $\Phi_0=h/2e$(约为 2.067×10^{-15} Wb).在低温和低场下,量子磁通涡旋将有序地排列,第Ⅱ类超导体中的电流形成了一个个小旋涡,如同水流中的旋涡一样,这些旋涡形成了一个有序的晶格,这样可以使超导体中电子运动的阻力消失,又可以使磁场能够从晶格中的通道通过,这就是第Ⅱ类超导体允许磁场通过的原理.如图 5-34所示,量子化的磁通很快就被实验所证实,金兹堡和阿布里科索夫获得了 2003 年诺贝尔物理学奖.

第Ⅱ类超导体可以承受比第Ⅰ类超导体高达数十倍的磁场,因此第Ⅱ类超导较有实用价值.高温超导陶瓷均是属于第Ⅱ类超导体.迄今为止,具有高临界温度和高临界磁场和高的临界电流密度的超导体都是第Ⅱ类超导体.

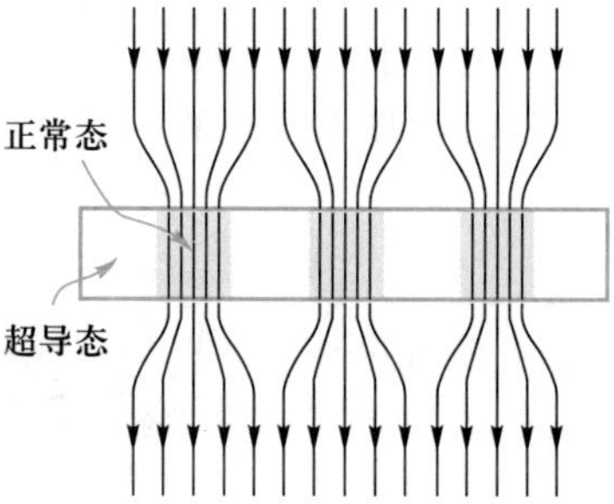

图 5-34 量子磁通涡旋阵列示意图

*§5-3 磁场的测量

磁场测量就是利用材料在磁场中所发生的各种作用来测量磁场，如在磁场中受力，在变化的磁场中磁通量发生变化从而产生感应电动势，或在磁场中出现的各种效应，如利用霍耳效应、磁阻效应等来测量磁场的大小和方向.从测量方法上来分可以分为利用产生磁场的电流与磁场的严格关系，通过测量电流来确定磁场（简称电流法）；利用法拉第电磁感应定律测量磁场（简称电磁感应法）；借助于一些物质的磁效应（如霍耳效应）测量磁场.常用的磁场测量仪器有电磁感应测场仪、霍耳效应测场仪、磁阻效应测场仪、磁共振测场仪和磁光效应测场仪.

对磁场强度进行测量，可以使用各种不同的技术.每种技术都有其独特的性能，适合不同的范围，从最简单的磁场灵敏传感器到精确地测量磁场的数值和方向.磁场传感器可分为矢量型传感器和标量型传感器，矢量型传感器可以测量低磁场（低于 1 mT）和高磁场（高于 1 mT），测量低磁场的传感器通常被称为磁场计，测量高磁场的传感器通常被称为高斯计.图 5-35 是磁场传感器的一种分类方式.本节主要介绍几种常用的磁场测量计原理.

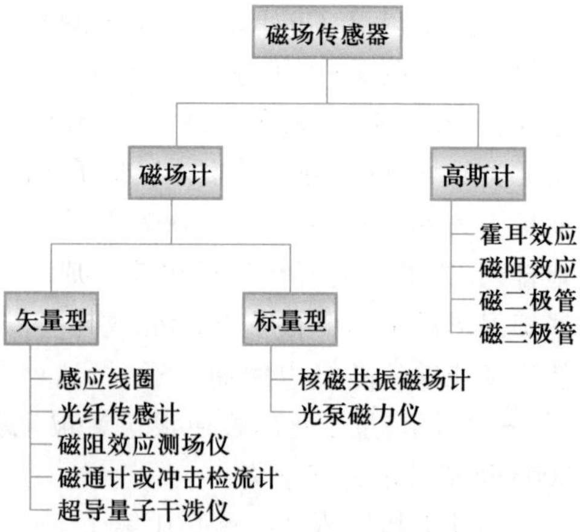

图 5-35 磁场测量计的分类

5-3-1 高磁场的测量

1. 霍耳效应高斯计

霍耳效应在上一章已经介绍，如果霍耳元件的霍耳系数 R_H 已知，测得了控制电流 I 和产生的霍耳电压 U_H，则可测定霍耳元件所在处的磁感应强

度为

$$B=\frac{U_{H}d}{IR_{H}}$$

霍耳效应高斯计就是利用霍耳效应来测定磁感应强度 **B** 值的仪器.选定霍耳元件,即 R_H 已确定,保持控制电流 I 不变,则霍耳电压 U_H 与被测磁感应强度 B 成正比.如按照霍耳电压的大小,预先在仪器面板上标定出高斯刻度,则使用时由指针示值就可直接读出磁感应强度 **B** 值,如图 5-36 所示.

严格地说,在半导体中载流子的漂移运动速度并不完全相同,考虑到载流子速度的统计分布,并认为多数载流子的浓度与迁移率之积远大于少数载流子的浓度与迁移率之积,可得半导体霍耳系数的公式中还应引入一个霍耳因子 r_H,即

$$R_{H}=\frac{r_{H}}{ne}\left(\text{或}\frac{r_{H}}{pe}\right)$$

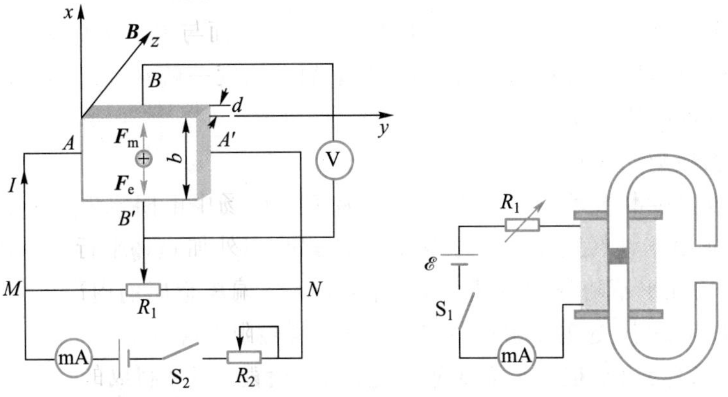

(a) 实验装置图(霍耳元件部分)　(b) 电磁铁气隙中的磁场

图 5-36 通过霍耳效应测量磁场

普通物理实验中常用 n 型 Si、n 型 Ge、InSb 和 InAs 等半导体材料制作霍耳元件.在室温下测量,这些元件的霍耳因子 $r_H=3\pi/8\approx1.18$,所以

$$R_{H}=\frac{3\pi}{8}\frac{1}{ne} \tag{5-40}$$

上述计算是从理想情况出发的,实际情况要复杂得多,在产生霍耳电压 U_H 的同时,还伴有四种副效应,副效应产生的电压叠加在霍耳电压上,造成系统误差.为便于说明,画一简图如图 5-37 所示.

(1) 埃廷斯豪森(A.Ettingshausen,1850—1932)效应引起的电势差 U_E.由于电子实际上并非以同一速度 v 沿 x 轴负向运动,速度大的电子回转半径大,能较快地到达接点 3 的侧面,从而导致 3 侧面较 4 侧面集中较多能量高的电子,使得 3、4 侧面出现温差,产生温差电动势 U_E.可以证明 $U_E\propto IB$.容易理解 U_E 的正负与 I 和 **B** 的方向有关.

(2) 能斯特(W.H.Nernst,1864—1941)效应引起的电势差 U_N.焊点 1、2 间接触

电阻可能不同，通电发热程度不同，故1、2两点间温度可能不同，于是引起热扩散电流. 与霍耳效应类似，该电流也会在3、4点间形成电势差 U_N. 若只考虑接触电阻的差异，则 U_N 的方向仅与 $\boldsymbol{B}$ 的方向有关.

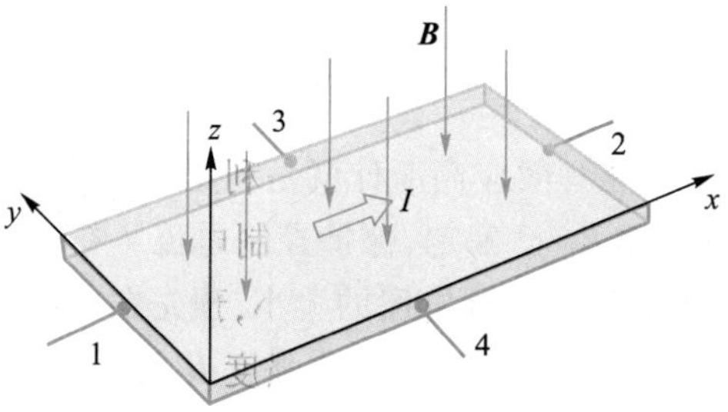

图 5-37 霍耳效应四种副效应示意图

（3）里吉-勒迪克（A.Righi，1850—1920；S.A.Leduc，1856—1937）效应产生的电势差 U_R. 能斯特效应引起的热扩散电流的载流子由于速度不同，一样具有埃廷斯豪森效应，又会在3、4点间形成温差电动势 U_R. U_R 的正负仅与 $\boldsymbol{B}$ 的方向有关，而与 I 的方向无关.

（4）不等电势效应引起的电势差 U_0. 由于制造上的困难及材料的不均匀性，3、4两点实际上不可能在同一条等势线上. 因此，即使未加磁场，当 I 流过时，3、4两点也会出现电势差 U_0. U_0 的正负只与电流方向 I 有关，而与 $\boldsymbol{B}$ 的方向无关.

霍耳效应高斯计对均匀、恒定磁场测量的准确度一般在0.5%～5%，高精度的测量准确度可以达到0.05%.

2. 磁阻效应测场仪

磁阻效应在本章第三节中已经介绍，物质在磁场中电阻率发生变化的现象称为磁阻效应. 对于铁、钴、镍及其合金等磁性金属，当外加磁场平行于磁体内部磁化方向时，电阻几乎不随外加磁场变化；当外加磁场偏离金属的内部磁化方向时，此类金属的电阻减小，这就是强磁金属的各向异性磁阻效应.

磁阻传感器通常是由长而薄的坡莫合金（铁镍合金）制成的一维磁阻微电路集成芯片（二维和三维磁阻传感器可以测量二维或三维磁场）. 它利用通常的半导体工艺，将合金薄膜附着在硅片上，如图5-38所示. 当沿着合金薄膜的长度方向通以一定的直流电流，而垂直于电流方向施加一个外界磁场时，合金薄膜自身的阻值会发生较大的变化，利用合金薄膜阻值的这一变化，可以测量磁场大小和方向.

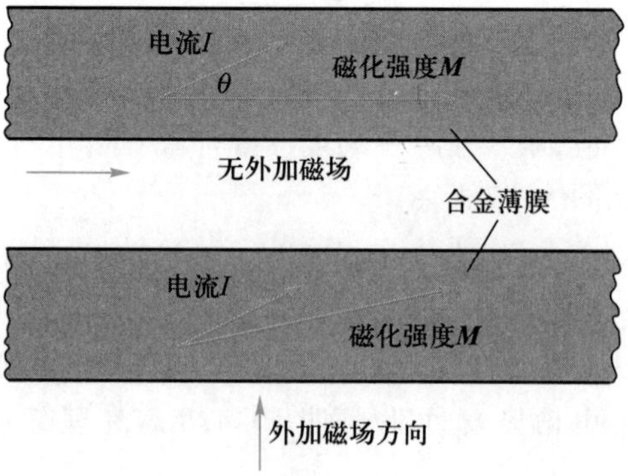

图 5-38 磁阻传感器的构造示意图

5-3-2 低磁场的测量

1. 感应线圈、磁通计或冲击检流计

感应线圈、磁通计或冲击检流计是使用最广泛的矢量型磁场测量仪器，它们坚固耐用，质量可靠，比其他的低场矢量测量计相对便宜.磁通计是利用法拉第电磁感应定律来测量磁场的，即一段导体在磁场中运动，产生感应电动势，通过测量感应电动势（即电压）来测量磁通量或磁感应强度的，如图 5-39 所示.

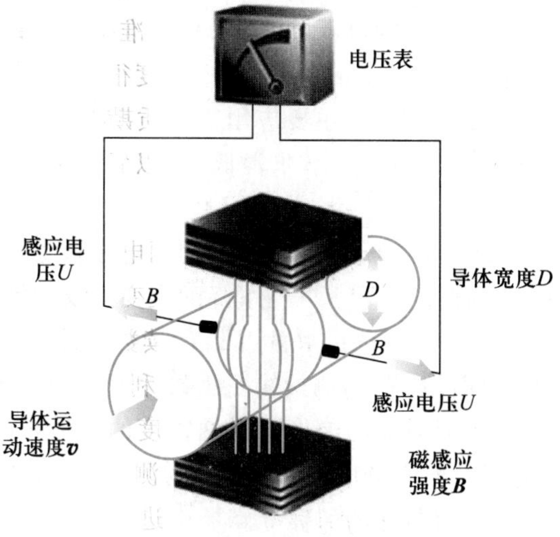

图 5-39 磁通量计测量磁场示意图

2. 超导量子干涉仪

在所有测量仪器中，超导量子干涉仪（SQUID）对磁场最灵敏，但这种测量仪需要工作在很低的温度，并需要特殊的维持低温系统，这使得其价格昂贵.超导量子干涉仪是利用环境磁场对约瑟夫森结中两个超导体的电子波函数相位的调制作用，实现对环境磁通测量的.超导量子干涉仪主要有两大类型：直流 SQUID 和射频 SQUID.

直流 SQUID 在超导回路中插入两个约瑟夫森结，如图 5-40 所示.其最大超导电流随回路所包围的磁通作周期性变化，量子理论得出的十分重要的结论是，若有一超导体环路，则它包围的磁通量只能取 Φ_0 的整数倍，磁通量子 $\Phi_0=2.07\times10^{-15}$ Wb，这就是磁通量的量子化，如果磁场发生变化，则 Φ_0 的个数也跟着变化，对 Φ_0 个数进行计数就可测得磁场值.SQUID 灵敏度极高，可达 10^{-15} T，比灵敏度较高的光泵磁力仪要高出几个数量级；它测量范围宽，可从零场

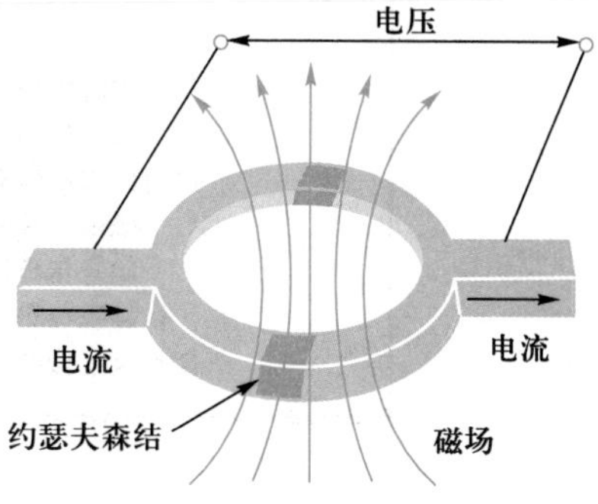

图 5-40 直流 SQUID 磁场计示意图

测量到数千特斯拉;其响应频率可从零响应到几千兆赫.这些特性均远远超过常用的磁通计和质子进动磁力仪.它可以应用于矿产资源勘探、地质构造研究、无损探伤和超导数字电路等方面.射频 SQUID 由超导回路中插入一个约瑟夫森结构成,通常在射频或微波偏置下使用,具有与前者类似的特性与用途.

3. 核磁共振磁场计

核磁共振磁场计是最流行的标量磁场测量仪器,它是利用原子核的磁矩在磁场 $\boldsymbol{B}$ 的作用下,将围绕磁场方向进动,其进动频率 $f_0=\gamma B$(γ 为旋磁比,对于一定的物质,它是一个常量),若在垂直于 $\boldsymbol{B}$ 的方向施加一小交变磁场,当其频率与 f_0 相等时,将产生共振吸收现象,即核磁共振.由共振频率可准确地计算出磁通密度或磁场强度.这种磁强计的测量范围为 0.1 mT ~ 10 T,准确度很高,误差在 $10^{-5}\sim10^{-4}$,常用以提供标准磁场及作为校验标准.其主要应用于地质勘探、航空测绘等野外作业的磁场测量,但核磁共振磁场计的采样率非常低,所以它不能用于测量快速变化的磁场.

对于随时间而变化的交变磁场的测量.通常利用电磁感应效应将磁场的磁学量转变为电动势来测量.以周期性单调上升与下降的交变磁场为例,测量磁通密度时,只需将检测线圈接到平均值电压表上,由电压表的读数可计算出最大磁通密度 B_m,f 为频率,S 为铁芯有效截面积,N_2 为测量线圈匝数.利用霍耳片可直接测磁通密度,如保持 I 为直流,则输出电动势 $\mathscr{E}$ 的波形与磁通密度的波形相同.由 $\mathscr{E}$ 可计算出磁通密度值.测量磁场强度时,若用平均值电压表作为测量仪表,则可根据电压表读数折算出磁场强度的最大值,也可在均匀标准磁场中进行标定.表 5-5 给出了各种磁场测量仪的可测量磁场能力.

表 5-5 各种磁场传感器测量磁场的范围

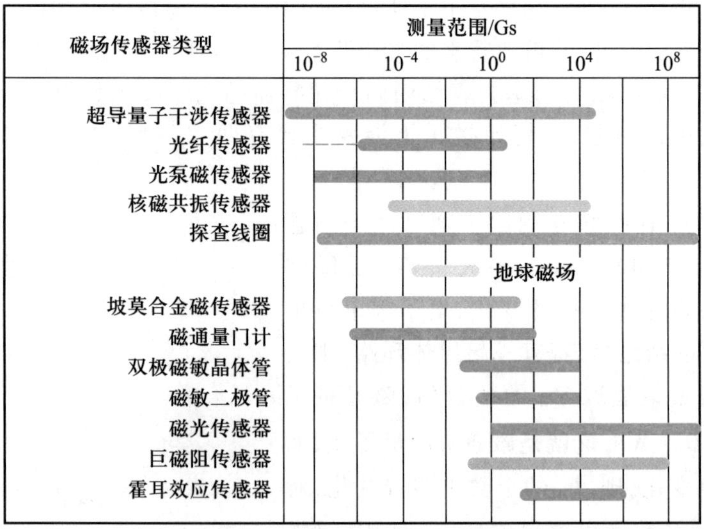

第五章拓展应用

第五章习题

5-1 一均匀磁化棒直径为 10 mm，长为 30 mm，磁化强度为 1 200 A/m，求它的磁矩.

5-2 一个半径为 a，磁导率为 μ 的磁介质球置于均匀外磁场 $\boldsymbol{B}_0$ 中，求该球磁化后的磁矩.

5-3 中子星具有很强的磁场，假设中子星是由中子密集构成的球体，则它的磁场来自中子的磁矩 $\boldsymbol{m}$，中子磁矩都朝同一方向排列.假设中子的半径 $R=8\times10^{-16}$ m，中子的磁矩大小 $m=9.65\times10^{-27}\ \mathrm{A\cdot m^2}$，求中子星表面的最大磁感应强度.

5-4 螺绕环的导线内通有电流 20 A.利用冲击电流计测得环内磁感应强度的大小是 $1.0\ \mathrm{Wb\cdot m^{-2}}$.已知环的周长是 40 cm，绕有导线 400 匝.计算：(1) 磁场强度；(2) 磁化强度；(3) 磁化率；(4) 磁化面电流和相对磁导率.

5-5 一细长的均匀磁化棒，磁化强度为 $\boldsymbol{M}$，$\boldsymbol{M}$ 沿棒长方向，如图所示，求图中各点的磁场强度 $\boldsymbol{H}$ 和磁感应强度 $\boldsymbol{B}$.

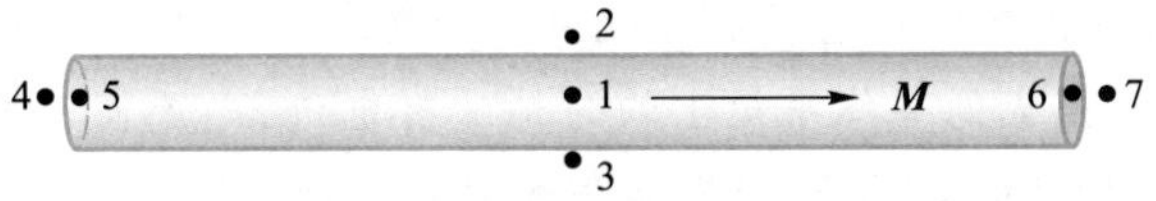

习题 5-5 图

5-6 一均匀磁化的铁环，磁化强度为 $\boldsymbol{M}$，$\boldsymbol{M}$ 沿环的方向，环上有一个很窄的空气隙，环的横截面很小，求图中标注的各点的磁场强度 $\boldsymbol{H}$ 和磁感应强度 $\boldsymbol{B}$.

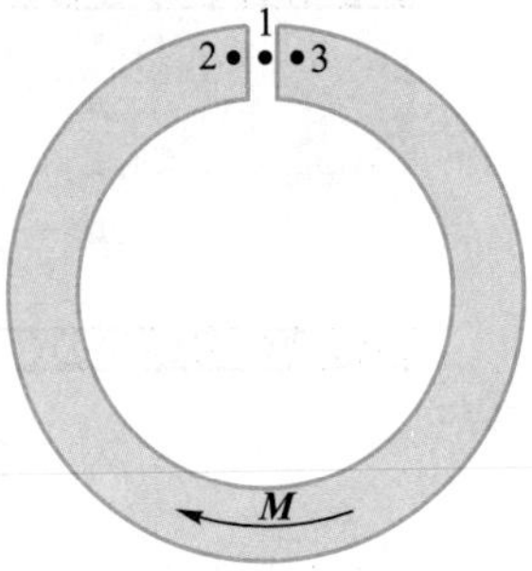

习题 5-6 图

5-7 一个半径为 R，厚度为 d 的圆形薄磁片均匀磁化，磁化强度为 $\boldsymbol{M}$，$\boldsymbol{M}$ 与两个端面垂直，求图中 1、2、3 点处的磁感应强度和磁场强度.

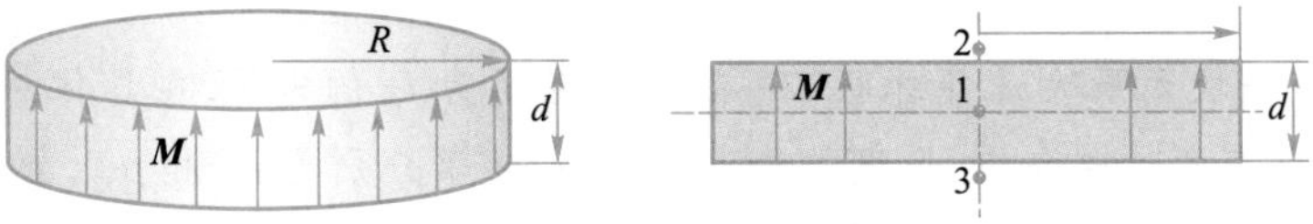

习题 5-7 图

*5-8 一个半径为 R,磁化强度为 $\boldsymbol{M}$ 的球形磁体,其内部有一个半径为 r_0 的球形空腔,如图所示,(1) 求空腔内的磁感应强度 $\boldsymbol{B}'$;(2) 求磁体球心处的磁感应强度 $\boldsymbol{B}_0$;(3) 给出磁体空腔外部的磁感应强度分布;(4) 由边值关系给出空腔外部边缘上 1、2 两点的磁感应强度;(5) 求出以上各处对应的磁场强度 $\boldsymbol{H}$.

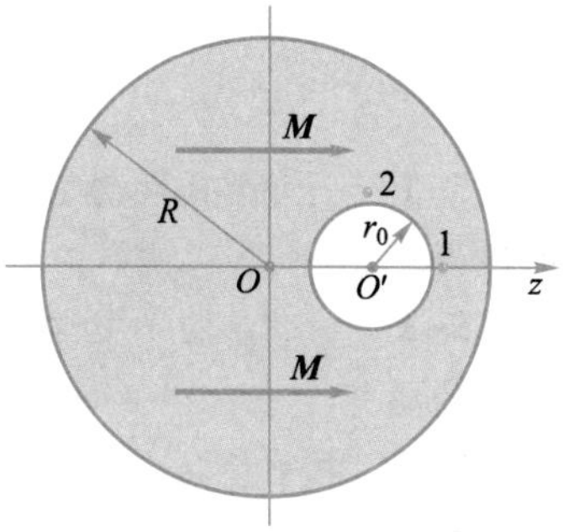

习题 5-8 图

5-9 一个环形铁芯具有正方形的截面,磁导率为 μ,绕有线圈匝数为 N,每匝电流大小为 I,求铁芯内的磁化强度.

5-10 一无限长圆柱形金属导线(磁导率 $\mu_r=1$),半径为 R,通有均匀分布的电流 I,导线外部包有一层相对磁导率为 μ_r 的均匀磁介质,厚度为 d,求:(1) 距离导线中心轴为 r 处的 $\boldsymbol{B}$ 和 $\boldsymbol{H}$;(2) 磁介质内外圆柱面上的磁化电流面密度.

5-11 半径为 R_1 的空心圆柱和半径为 R_2 的导体柱面共轴,组成一长直电缆,两圆柱面之间填满两种相对磁导率分别为 μ_1、μ_2 的磁介质,如图所示.设内外导体面通有方向相反的电流 I,求:(1) 磁介质内的磁场分布($\boldsymbol{B}$,$\boldsymbol{H}$,$\boldsymbol{M}$);(2) 磁介质和导体分界面 R_2 处的传导电流密度和磁化电流密度.

5-12 两块无限大的导体平板上均匀地通有电流,电流面密度为 i_0,两块板上电流相互平行,但方向相反,板之间有两层相对磁导率为 μ_{r1}和 μ_{r2}的顺磁质,如图所示.求:(1) 各区域的磁感应强度;(2) 三个分界面的磁化电流面密度.

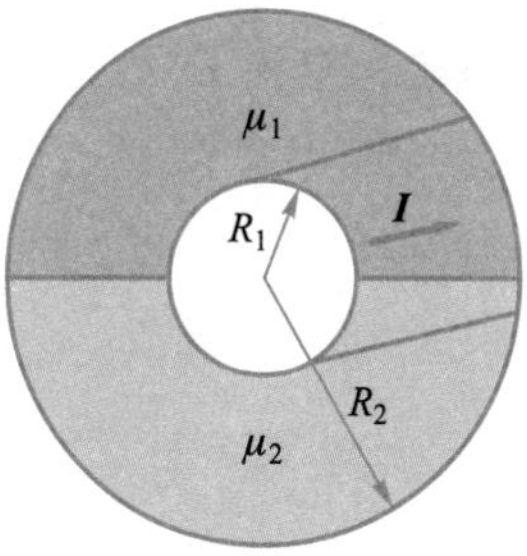

习题 5-11 图

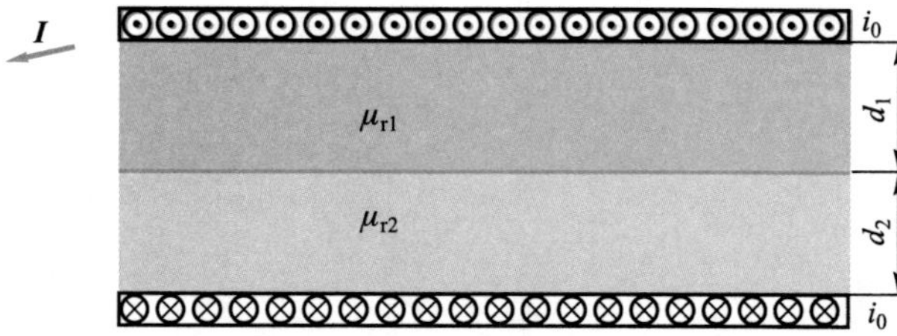

习题 5-12 图

*5-13 同轴电缆的内导体是半径为 a 的空心圆柱,外导体是半径为 b 的薄圆柱面,其厚度可以忽略不计,内、外导体间填充有绝对磁导率分别为 μ_1、μ_2 和 μ_3 的三种磁介质,每种磁介质均占三分之一的圆柱间体积,分界面沿半径方向,如图所示.设内外圆柱体内沿轴线方向载有电流 I,方向相反.求三种磁介质中的磁感应强度和磁场强度.

5-14 一块无限大薄导体板,通有电流密度为 i_0 的电流.在导体板的上下空间,分别放置有两层磁介质,厚度均为 d,相对磁导率分别为 μ_{r1}和 μ_{r2},如图所示,求空间各处的磁感应强度和分界面的磁化电流面密度.

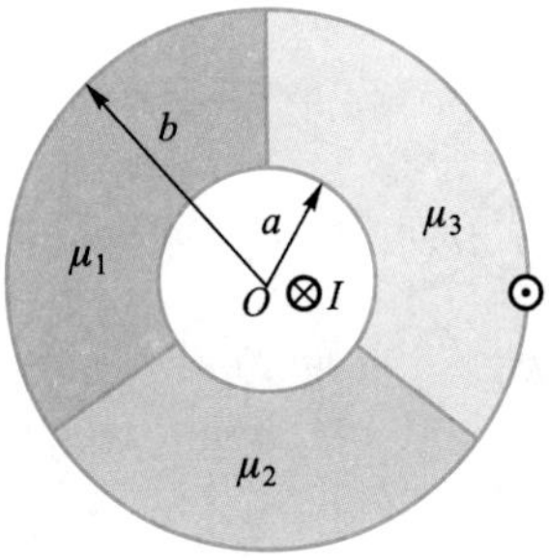

习题 5-13 图

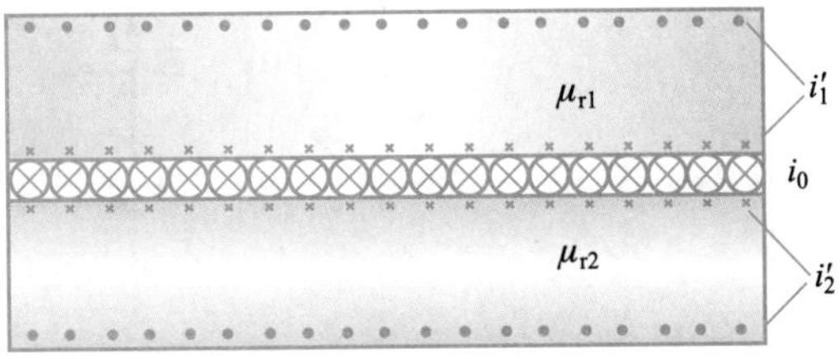

习题 5-14 图

**5-15 一块无限大薄导体板(不计厚度),通有电流密度为 i_0 的电流,初始时,电流均匀分布,现在导体板的上下空间,分别放置四层磁介质,各占四分之一区域,厚度均为 d,分界面垂直于导体板,相对磁导率分别为 μ_{r1}、μ_{r2}、μ_{r3}、μ_{r4},如图所示,求:(1) 空间各处的磁感应强度;(2) 分界面的磁化电流面密度;(3) 导体板各处的传导电流面密度.

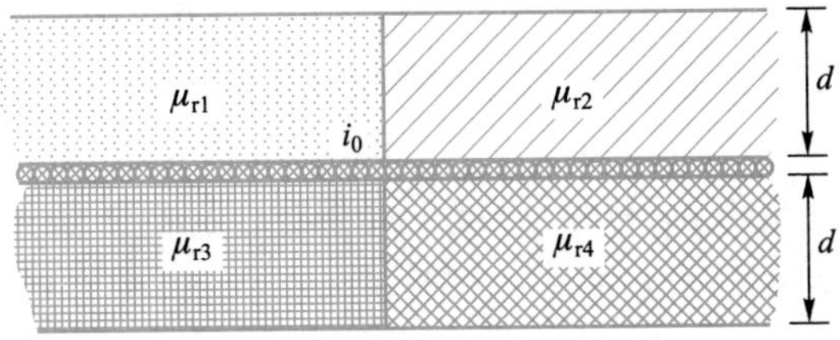

习题 5-15 图

**5-16 半径为 R 的无限长导体圆筒,电荷面密度为 σ,均匀分布,圆筒以匀角速度 ω 绕轴线匀速转动.在圆筒内左右两侧分别有无限长的圆柱形磁介质,分界面垂直于轴线.两种磁介质的相对磁导率分别为 μ_{r1} 和 μ_{r2},如图所示,圆筒转动假设不带动磁介质.求最终圆筒表面的电荷面密度.

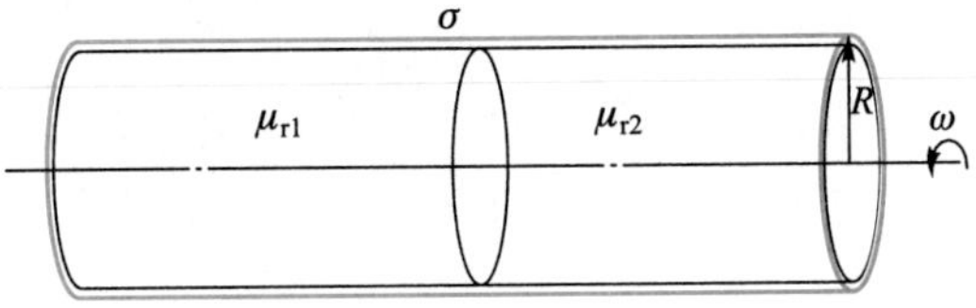

习题 5-16 图

**5-17 无限长直导线载有电流 I,以导线为中心轴,套有两个闭合环状的磁介质圆筒,圆筒的轴线离直导线的距离为 d,圆筒剖面的半径分别为 R_1 和 R_2,磁介质的相对磁导率分别为 μ_{r1} 和 μ_{r2},如图所示,求:(1) 空间各处的磁感应强度,(2) 磁介质表面的磁化电流面密度.

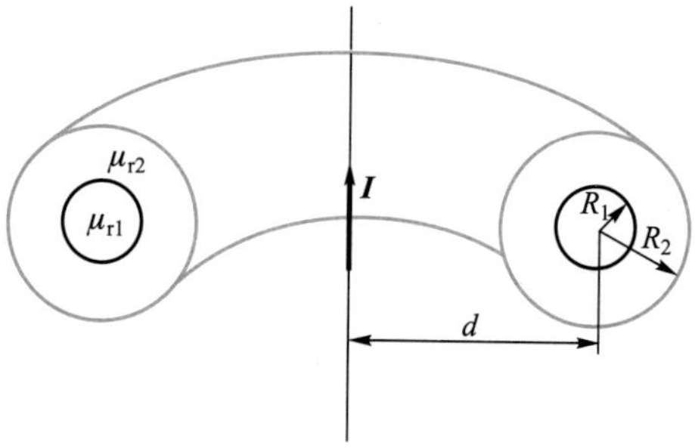

习题 5-17 图

*5-18 一个无限大的磁材料薄膜，磁导率为 μ，厚度为 h，现有一均匀的外磁场 $\boldsymbol{B}_0$ 垂直穿过薄膜，如图所示，(1) 求薄膜内任一点的磁感应强度；(2) 把薄膜挖走一个半径为 R 的圆形区域，$R \gg h$，求圆形空腔中心处的磁感应强度.

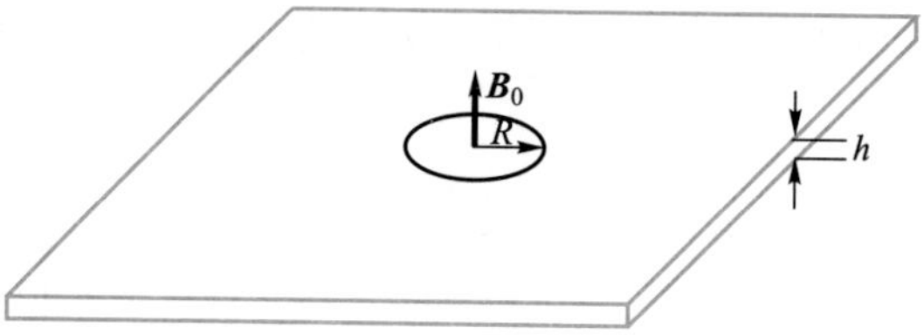

习题 5-18 图

**5-19 磁导率分别为 μ_1 和 μ_2 的磁介质分别占据半无限大空间，如图所示. 在距离分界面为 a 处的磁介质 1 中有一根无限长直导线，载有电流 I，电流方向垂直于纸面向外，求：(1) 空间各处的磁感应强度；(2) 长直导线单位长度上所受到的作用力.

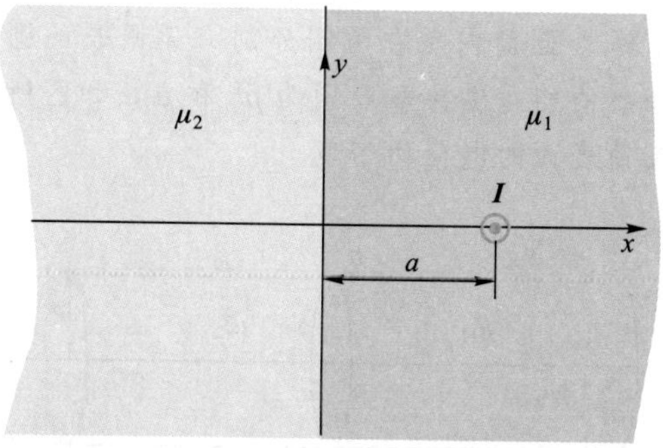

习题 5-19 图

**5-20 无限长磁介质，相对磁导率为 μ_{r2}，半径为 a，圆柱体外部空间充满相对磁导率为 μ_{r1} 的磁介质，一根无限长直导线，载有电流 I，与圆柱体轴线平行，距离为 d，如图所示，求圆柱体内外的磁感应强度.

5-21 已知一个电磁铁由绕有 N 匝载流线圈的 C 形铁片 ($\mu \gg \mu_0$) 所构成，如图所示. 如果铁片的横截面积为 A，电流为 I，空隙宽度为 d，C 形边的每边长为 l，求空隙中的磁感应强度.

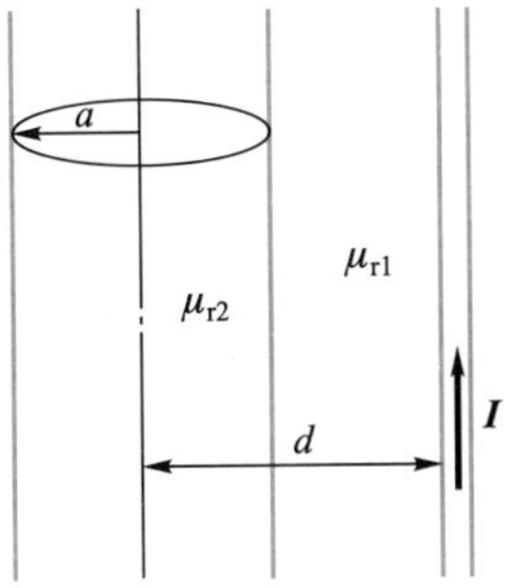

习题 5-20 图

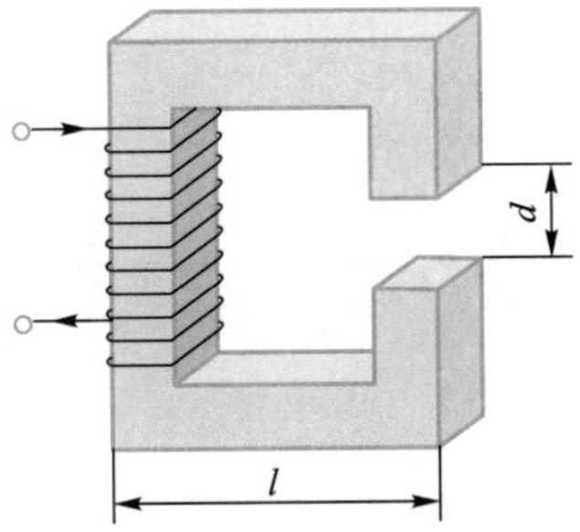

习题 5-21 图

5-22 科学研究中也常常使用电磁铁来产生较强的磁场.如图所示是一个电磁铁的结构,尺寸见图标注,电磁铁的两极是圆柱形的,半径为 0.25 m,两极间空气隙的间距为 0.15 m,磁路其他部分是边长为 0.5 m 的正方形铁芯,如果要在空气隙中产生 1.0 T 的磁场,则其线圈的总安匝数为多少?设铁的相对磁导率为 3 000.

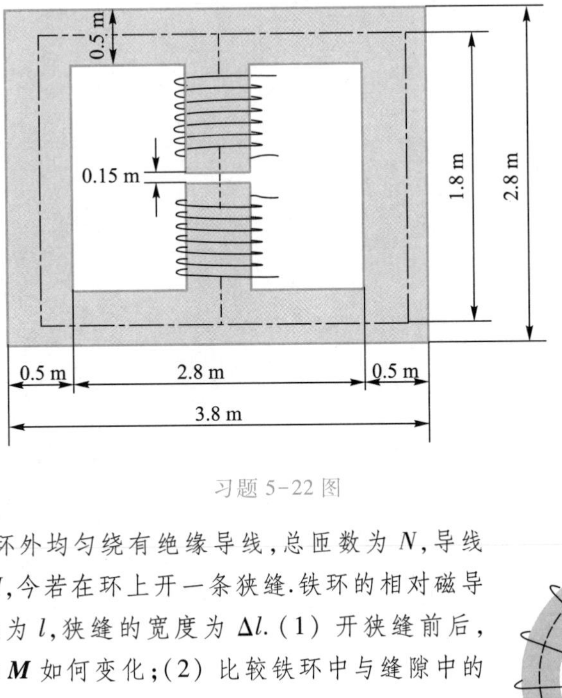

习题 5-22 图

习题答案

5-23 一铁环外均匀绕有绝缘导线,总匝数为 N,导线中通有恒定电流 I,今若在环上开一条狭缝.铁环的相对磁导率为 μ_r,平均周长为 l,狭缝的宽度为 Δl. (1) 开狭缝前后,铁环中的 $\boldsymbol{B}$、$\boldsymbol{H}$ 和 $\boldsymbol{M}$ 如何变化;(2) 比较铁环中与缝隙中的 $\boldsymbol{B}$、$\boldsymbol{H}$ 和 $\boldsymbol{M}$.

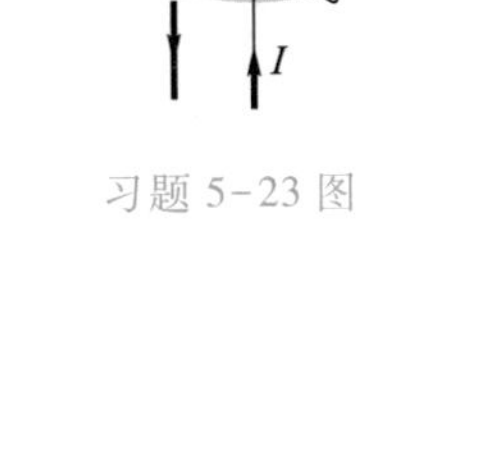

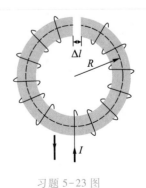

习题 5-23 图

第六章

电磁感应

§6-1 电磁感应定律

6-1-1 电磁感应现象

自然界的许多规律都具有对称性,利用对称性也是人类认识自然界的一个重要方法.那么电和磁是否也具有对称性?早期的磁学研究类比电学的方法,引进磁荷的概念,并给出与库仑力相似的磁荷之间的作用力,对磁学的发展起到了一定的作用.安培从电流角度给出了电和磁的同一性,他提出的分子电流假设表明电与磁是一体的,它们的同一性在电流方面反映了出来,即磁由电流产生,而电流是运动电荷产生的,即磁归根结底是由电荷产生的.1825 年法国物理学家阿拉果(F.Arago,1786—1853)在一次实验中偶然发现金属可以阻尼磁针的振动,他进一步联想:既然一个运动着的磁针可以被金属片吸引,那么一个静止的磁针也一定可以被一个运动着的金属片带动,因此他设计了一个圆盘实验:在一个可以绕着垂直轴旋转的铜盘的正上方悬挂一根磁针,当铜盘旋转时,磁针跟着旋转,这一实验表明磁是因运动着的导体而产生的,该实验震动了整个欧洲物理学界,阿拉果因圆盘实验而荣获了 1825 年科普利奖.

法拉第(M.Faraday,1791—1867)认为电与磁应该是一对和谐的对称现象,若认为电能够产生磁,反而破坏了这种对称和谐,因而法拉第推测:磁也可以产生电!

图 6-1 英国物理学家法拉第

法拉第(图 6-1)仅上过小学,13 岁时便在一家书店里当学徒,自学化学和电学,并动手做了一些简单的实验.1813 年 3 月法拉弟由著名化学家戴维(H.Davy,1778—1829)举荐到皇家研究所任实验室助手,他对电磁学产生了极大的兴趣,开始转向电磁学的研究.他仔细地分析了电流的磁效应等现象,认为既然电能够产生磁,反过来,磁也应该能产生电.于是,他企图利用静止的磁力对导线或线圈的作用来产生电流,从 1824 年至 1828 年法拉第做了三次实验,都是在稳态下进行的,均告失败.1831 年 8 月 29 日,法拉第再次开始关于磁产生电的研究,终于获得突破.他在软铁环的 A 边绕了三个线圈,可以串联起来使用,也可以分开使用.在 B 边以同样的方向绕两个线圈.他把 B 边的线圈接到检流计上,把 A 边的线圈接到电池组上,如图 6-2(a)所示.当电路接通时,检流计的指针立即发生明显的偏转并振荡,然后停止在原来的位置上,这表明线圈 B 中出现了感应电流.当电路 A 断开时,他又发现指针向相反方向偏转.把 A 边的三个线圈串联成一个线圈重做以上实验,磁针产生的效应比以前更加明显,法拉第改用磁铁插入和拔出一个接检流计的线圈,发现电流表的指针也发生了偏转，接着再改用一个通电线圈插进和拔出，如图 6-2(b)所示，结果也相同.

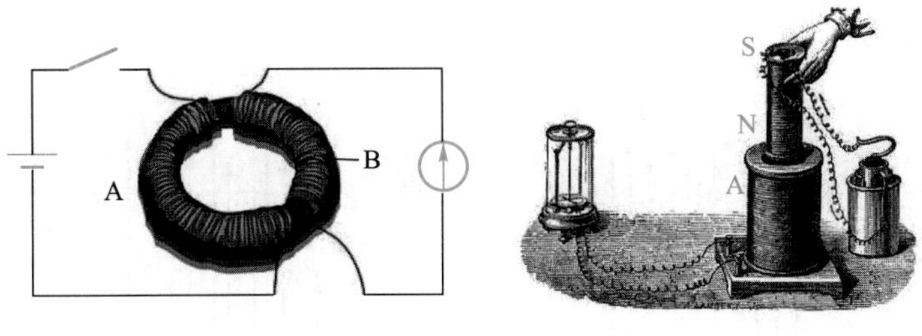

(a)　　(b)

图 6-2　法拉第实验示意图

1831 年 11 月 24 日法拉第在英国皇家学会宣读了他的论文《电学实验研究》第一辑中的 4 篇论文：《论电流的感应》《论从磁产生电》《论物质的一种新的电状态》和《论阿拉果的磁现象》.法拉第把产生感应电流的情况概括为五类：变化的电流、变化的磁场、运动的恒定电流、运动的磁铁、在磁场中运动的导体.法拉第把他发现的这种现象正式定名为“电磁感应”.

1832 年法拉第发现，在相同的条件下，不同金属导体中产生的感应电流与导体的导电能力成正比，这表明，在一定条件下形成了一定的感应电动势.法拉第由此意识到，感应电流是由与导体性质无关的感应电动势产生的，他相信，即使没有闭合电路，感应电动势可能依然存在.

1833 年 11 月 29 日，楞次(H.Lenz，1804—1865)(图 6-3)在他的《论如何确定由电动力感应所引起的伽伐尼电流方向》一文中，提出了后来称为“楞次定律”的定律.1845 年，诺伊曼(F.E Neumann，1798—1895)和韦伯(W.E Weber，1804—1891)采用理论分析的方法，给出了电磁感应定律的定量形式.

图 6-3　楞次

6-1-2　法拉第电磁感应定律

法拉第电磁感应定律表述为：当通过导体回路的磁通量随时间发生变化时，回路中就有感应电动势产生，从而产生感应电流.

感应电动势的大小与磁通量变化的快慢有关，或者说与磁通量随时间的变化率成正比.感应电动势的方向总是企图由它产生的感应电流建立一个附加磁通量，以阻碍引起感应电动势的那个磁通量的变化，即

$$\mathscr{E}=-\frac{\mathrm{d}\Phi}{\mathrm{d}t} \tag{6-1}$$

感应电动势比感应电流更本质，即使回路不闭合，仍有感应电动势存在.感应电动势产生的原因是磁通量的变化，与原来磁通量的大小无关.

在计算电动势时，对任意闭合回路，首先要确定磁通量的正负，即确定面元的

法线正方向.通常使给定的回路 L 的正方向与面元 S 的法线方向成右手螺旋关系，一旦方向确定，磁通量 Φ 的正负就确定，由此就确定了 $\mathscr{E}$ 的正负.$\mathscr{E}$ 为正表示在闭合回路中产生的感应电流的方向就是按规定的右手螺旋方向流动，反之亦然，如图 6-4 所示为 $\mathscr{E}<0$ 时的方向.

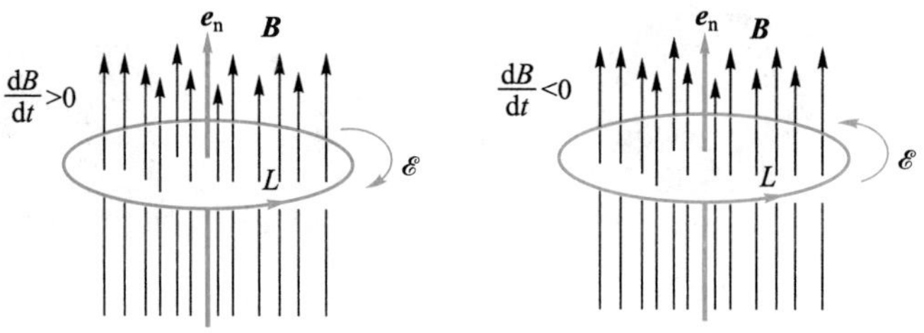

图 6-4 磁通量正方向的定义

考虑一个面积为 S 的闭合平面线圈放在均匀外磁场 $\boldsymbol{B}$ 中，则通过该闭合线圈的磁通量为

$$\Phi=\boldsymbol{B}\cdot\boldsymbol{S}=BS\cos\theta$$

该式对时间求导，得

$$\mathscr{E}=-\frac{\mathrm{d}\Phi}{\mathrm{d}t}=-S\cos\theta\frac{\mathrm{d}B}{\mathrm{d}t}-B\cos\theta\frac{\mathrm{d}S}{\mathrm{d}t}+BS\sin\theta\frac{\mathrm{d}\theta}{\mathrm{d}t}$$

因此只要 $\mathrm{d}B/\mathrm{d}t,\mathrm{d}S/\mathrm{d}t,\mathrm{d}\theta/\mathrm{d}t$ 不同时为零，线圈中总有电动势产生.通常把上式右边的第一项（即由于磁场变化）带来的电动势称感生电动势，把第二项和第三项（导体在磁场中运动）带来的电动势称动生电动势.

电动势的方向由德国物理学家楞次在 1833 年给出：闭合回路中感应电流的方向，总是使得它所激发的磁场来阻止原磁通量的变化.通常把该定律称为楞次定律，它的本质是电磁感应过程遵从能量守恒定律.

在图 6-5（a）中，条形磁铁插入螺线管过程中，线圈中产生感应电流而产生焦耳热，能量何来？实际上在磁铁插入螺线管过程中，电流表有读数，即螺线管中出现了感应电流，这个电流通过螺线管产生的磁场的极性与条形磁铁靠近的一端的

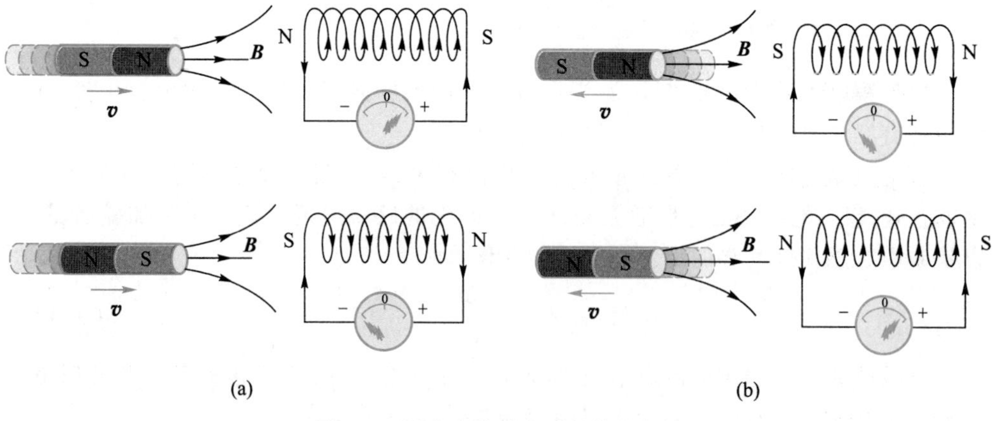

图 6-5 楞次定律的实质是能量守恒

极性一定是相同的,即一定是阻碍条形磁铁的运动,因此外界需要继续对条形磁铁做功.试想如果螺线管靠近条形磁铁的一端产生的是相反的极性,那么,条形磁铁以后的过程就不需要外界做功而不断地被吸引进入螺线管,并且在螺线管中不断地产生感应电流,即产生焦耳热,这相当于一个永动机!显然违背了能量守恒定律,因此楞次定理的实质是能量守恒.同样道理,当条形磁铁拔出时,如图 6-5(b)所示,螺线管中磁通量减少,因此螺线管内会感应出一个电流,这个电流产生的磁场将叠加在条形磁铁产生的磁场中,因此螺线管的磁极如图所示.所以楞次定律可以用另一种表述:当导体在磁场中运动时,导体中由于出现感应电流而受到的磁场力必然阻碍此导体的运动.这里阻碍有两层意思:① 磁通量增加时,感应电流的磁通量与原磁通量方向相反;② 磁通量减少时,感应电流的磁通量与原磁通量方向相同.

在如图 6-6 所示的实验中,在一个条形磁铁从一个螺线管的右边插入,从左边出来的过程中,螺线管中产生的感应电流按楞次定律给出,见图中(a)和(c)的标注,但当进入到内部时,由于磁通量没有改变,因此螺线管中没有感应电流产生,见图中(b)所示.

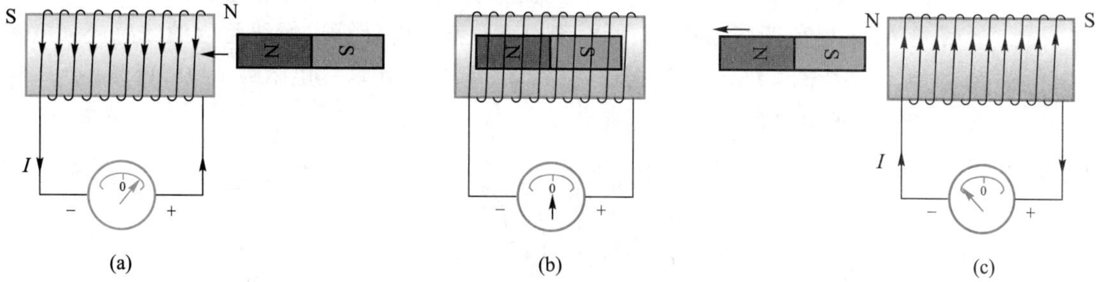

图 6-6 条形磁铁从一个螺线管的一端插入并从另一端出来时的感应电流

对 N 匝线圈组成的导体回路,总磁通量为

$$\Psi = \sum_{i=1}^{N} \Phi_i$$

则

$$\mathscr{E} = -\frac{d\Psi}{dt} = -\sum_{i=1}^{N} \frac{d\Phi_i}{dt} \tag{6-2}$$

对通过各匝的磁通量相等的特殊情况,有

$$\mathscr{E} = -N\frac{d\Phi}{dt} \tag{6-3}$$

在 1851—1859 年期间,意大利科学家费利西(R.Felici,1819—1902)利用磁通量的变化来测定通过线圈回路的电荷量.设 t_1 时刻穿过线圈的磁通量为 Φ_1,t_2 时刻穿过线圈的磁通量为 Φ_2,线圈回路的电阻为 R,则有

$$\Delta Q = \int_{t_1}^{t_2} i(t)\,dt = -\frac{1}{R}\int_{t_1}^{t_2} \frac{d\Phi}{dt}dt = \frac{\Phi_1 - \Phi_2}{R}$$

这个公式称为费利西定理.如果测出电荷量的变化,则可以获得磁感应强度的变化,

如例题 6-2 所示.

【例 6-1】 如例 6-1 图所示,一个质量为 m 的小磁体从一个空心金属圆筒中掉下去.由于电磁感应的作用,小磁体几乎匀速下落,速度为$\boldsymbol{v}$.重力加速度大小为 g,金属筒的电阻为 R,求小磁体在圆筒上产生的感应电动势为多少?

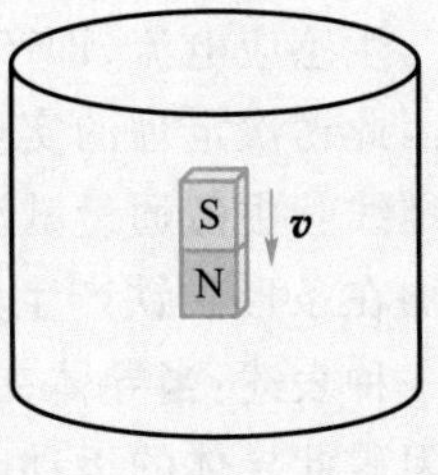

例 6-1 图

【解】 根据能量守恒定律,单位时间内重力的功率和在电阻上消耗的能量是相等的,即

$$mgv=\frac{\mathscr{E}^2}{R}$$

解之得

$$\mathscr{E}=\sqrt{mgRv}$$

【例 6-2】 如例 6-2 图所示的是测量螺线管内的磁场的一种装置,将一个很小的线圈放在螺线管内部待测处,这个线圈与一个冲击电流计 G 串联,当用反向开关 S 使螺线管的电流反向时,测量线圈中就会产生感应电动势,从而产生电荷量 Δq 的电荷迁移,通过 G 可以测出 Δq,就可以计算出螺线管内的磁感应强度大小,已知线圈 2 000 匝,螺线管直径 2.5 cm,与 G 串联的电阻为 1 kΩ,测得 $\Delta q=2.5\times10^{-7}$ C,求 $\boldsymbol{B}$ 值.

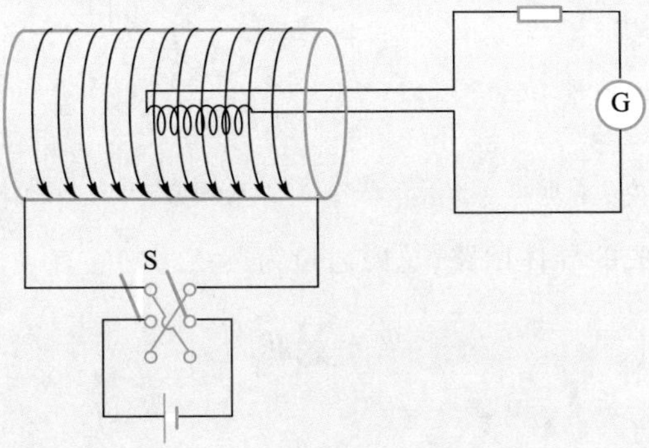

例 6-2 图

【解】 设测量线圈的横截面积为 S,匝数为 N,回路中的感应电流 i 为

$$i=\frac{\mathrm{d}q}{\mathrm{d}t}=\frac{\mathscr{E}}{R}=-\frac{N}{R}\frac{\mathrm{d}\Phi}{\mathrm{d}t}=-\frac{NS}{R}\frac{\mathrm{d}B}{\mathrm{d}t}$$

所以

$$\mathrm{d}q=-\frac{NS}{R}\mathrm{d}B$$

因螺线管电流反向,$\boldsymbol{B}$ 也跟着反向,所以

$$\int_0^{\Delta q}\mathrm{d}q=\Delta q=-\frac{NS}{R}(-B-B)=\frac{2NSB}{R}$$

得

$$B=\frac{R\Delta q}{2NS}=\frac{1\ 000\times 2.5\times 10^{-7}}{2\times 2\ 000\times 3.14\times\left(\frac{2.5\times 10^{-2}}{2}\right)^2}\ \mathrm{T}=1.3\times 10^{-4}\ \mathrm{T}$$

§ 6-2 动生电动势和感生电动势

6-2-1 动生电动势

导体在不随时间改变的磁场内运动，因导体运动而产生的感应电动势，称为动生电动势.

设一闭合回路 C 在均匀磁场 $\boldsymbol{B}$ 中以 $\boldsymbol{v}$ 的速度作匀速运动，在 $\mathrm{d}t$ 时间内平移了一个距离 $v\mathrm{d}t$，线圈到达了新的位置 C'，我们把两个端面面积 S 和 S' 与母线 $v\mathrm{d}t$ 构成一个封闭圆柱面，如图 6-7 所示.

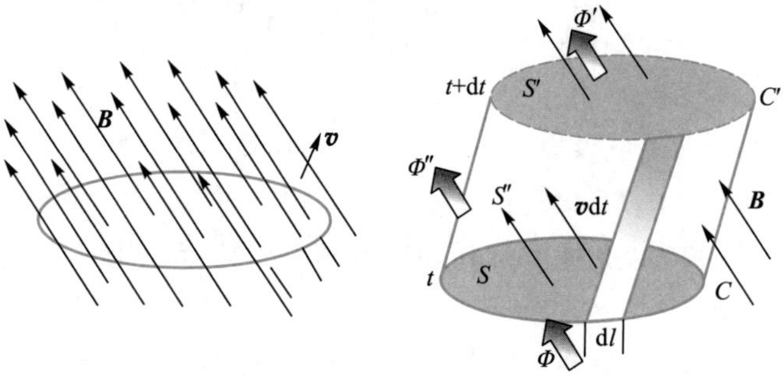

图 6-7 闭合线圈运动形成一个封闭的圆柱面

根据磁场的无源性，对该封闭的圆柱面，其磁通量为零. 设 t 时刻的线圈在 C 处的磁通量为 Φ，$t+\mathrm{d}t$ 时刻线圈在 C' 处的磁通量为 Φ'，侧面的磁通量为 Φ''，三个面的总磁通量为零，即

$$\Phi'+\Phi+\Phi''=0$$

在圆柱的侧面取一长条状面元，其面积矢量为

$$\mathrm{d}\boldsymbol{S}''=\mathrm{d}\boldsymbol{l}\times\boldsymbol{v}\mathrm{d}t$$

则通过侧面的总磁通量为

$$\Phi''=\int_{S''}\boldsymbol{B}\cdot\mathrm{d}\boldsymbol{S}=\int_{S''}\boldsymbol{B}\cdot(\mathrm{d}\boldsymbol{l}\times\boldsymbol{v}\mathrm{d}t)$$

利用矢量运算中的循环关系

$$\boldsymbol{a}\cdot(\boldsymbol{b}\times\boldsymbol{c})=\boldsymbol{b}\cdot(\boldsymbol{c}\times\boldsymbol{a})=\boldsymbol{c}\cdot(\boldsymbol{a}\times\boldsymbol{b})$$

侧面的磁通量 Φ'' 可以改写为

$$\Phi''=\int_{S''}(\boldsymbol{v}\mathrm{d}t\times\boldsymbol{B})\cdot\mathrm{d}\boldsymbol{l}=\Delta t\oint_C(\boldsymbol{v}\times\boldsymbol{B})\cdot\mathrm{d}\boldsymbol{l}$$

圆柱体的三个面作为一个整体形成一个闭合曲面的外法线方向为正,但是只考虑各自的曲面法线方向,面元 $\boldsymbol{S}$ 的正方向与外法线方向相反,因而有

$$\Delta\Phi=\Phi'-\Phi=-\Phi''$$

所以由于线圈运动产生的动生电动势为

$$\mathscr{E}=-\frac{\Delta\Phi}{\Delta t}=-\frac{\Phi'-\Phi}{\Delta t}=\frac{\Phi''}{\Delta t}=\oint_C(\boldsymbol{v}\times\boldsymbol{B})\cdot\mathrm{d}\boldsymbol{l} \tag{6-4}$$

这就是动生电动势的表达式.

若导体没有构成一个闭合回路,只有一段导体在磁场中运动,则有

$$\mathscr{E}=\int_a^b(\boldsymbol{v}\times\boldsymbol{B})\cdot\mathrm{d}\boldsymbol{l} \tag{6-5}$$

对图 6-8 所示的特殊情况,即一根导体在导轨上运动,磁场垂直于纸面,则

$$\mathscr{E}=\int vB\mathrm{d}l=BLv \tag{6-6}$$

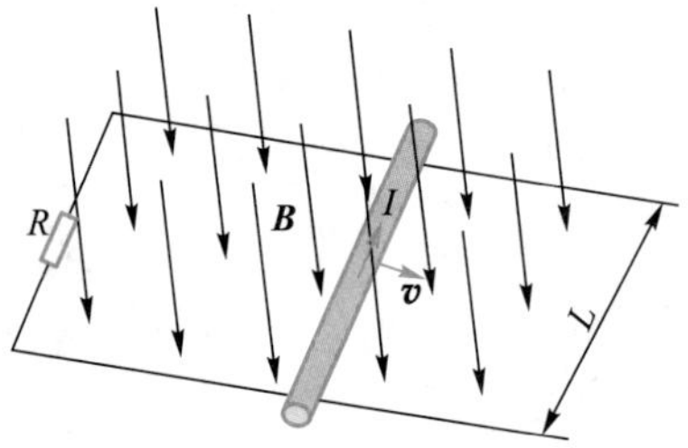

图 6-8 导体棒在均匀磁场中沿导轨运动切割磁感应线,产生动生电动势

若一端固定的棒 l 以角速度 ω 在均匀磁场中旋转,角速度方向与磁场平行,如图 6-9(a)所示,则

$$\mathrm{d}\mathscr{E}=(\boldsymbol{v}\times\boldsymbol{B})\cdot\mathrm{d}\boldsymbol{r}=vB\mathrm{d}r=B\omega r\mathrm{d}r$$

即

$$\mathscr{E}=\int\mathrm{d}\mathscr{E}=\int_0^l B\omega r\mathrm{d}r=\frac{1}{2}B\omega l^2$$

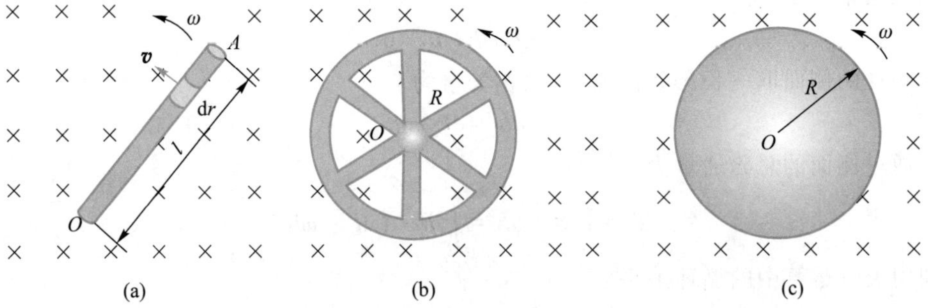

图 6-9 导体棒、多根辐条和圆盘在磁场中匀速转动产生动生电动势

对这个旋转的导体棒,A 端累积负电荷,O 端累积正电荷,因此 O 端的电势高于 A 端的电势,即

$$U_O - U_A = \frac{1}{2}B\omega l^2$$

如果这段导体棒感应的电动势作为电源，则 A 端相当于电源的负极，O 端相当于电源的正极.

在如图 6-9(b)所示的一个轮子(如自行车的轮子)上有多根辐条随轮子以匀角速度转动，在磁场中切割磁感应线，每根辐条中同样都会产生感应电动势，由于图中有 6 根辐条，每根长度 R 相等，则 6 根辐条产生的电动势相同而且并联，所以对外作为电源输出的电压是相同的.同理，对图 6-9(c)所示的金属转盘绕中心 O 作匀角速度转动，那么中心 O 和边缘如果安装两个电刷，则两个电刷输出的电压与图(b)是相同的.

1831 年法拉第制造了第一个单极发电机，如图 6-10(a)所示，称为法拉第圆盘.磁感应线穿过圆盘，当圆盘转动时，切割磁感应线，在轴和圆盘边缘产生电势差，等效示意图如图 6-10(b)所示.

(a)

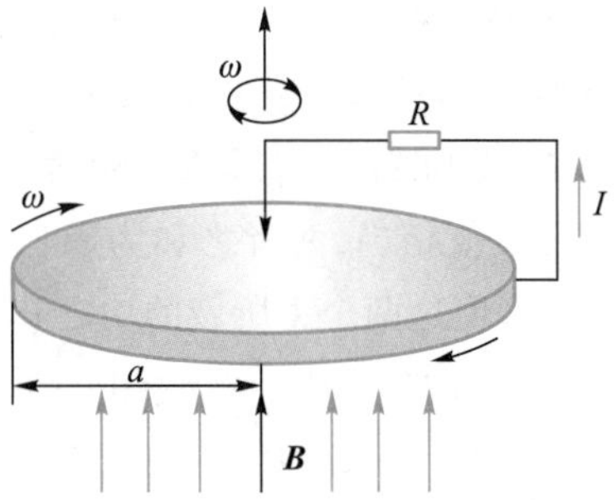

(b)

图 6-10 法拉第圆盘

导体在磁场中切割磁感应线时会产生感应电动势，这个电动势就可以作为电源使用，那么它输出的能量来源于何处？

根据电源的定义，即电源是由于非静电力做功产生的，那么对感应电动势这个电源而言，其对应的非静电力是什么呢？因为 $\mathscr{E} = \int \boldsymbol{E}_{\text{k非}} \cdot \mathrm{d}\boldsymbol{l}$，又因为 $\mathscr{E} = \int (\boldsymbol{v} \times \boldsymbol{B}) \cdot \mathrm{d}\boldsymbol{l}$，所以产生动生电动势的非静电力为

$$\boldsymbol{E}_{\text{k非}} = \boldsymbol{v} \times \boldsymbol{B} \tag{6-7}$$

这实际上就是单位电荷在磁场中受到的洛伦兹力！所以非静电力来源于洛伦兹力.

但是新的问题又出现了，在第五章我们已经证明电荷在磁场中运动受到的洛伦兹力是不做功的，而这里却要说动生电动势产生的原因是洛伦兹力！即洛伦兹力是要做功的，显然出现了矛盾.其实，第五章所说的洛伦兹力不做功是指洛伦兹力的合力，而这里所说的洛伦兹力做功是指洛伦兹力的一个分力，并没有矛盾.

为了说明这个问题，我们考虑一段导体在均匀的磁场中以 $\boldsymbol{v}$ 的速度作匀速运动，由于该导体在磁场中切割磁感应线，因此这段导体中就会有感应电动势产生，

由于这段导体是某个闭合回路的一部分，因此回路中就有感应电流，导体中自由电子的定向运动方向与电流方向相反，设电子运动速度为 $\boldsymbol{v}_1$，则其方向向下，如图 6-11 所示，由于电子还随棒有个向右的运动速度 $\boldsymbol{v}$，因此电子运动的合速度为 $\boldsymbol{v}_{合}$，其方向如图所示.该电子受到的洛伦兹力的合力为 $\boldsymbol{F}$，则

$$\boldsymbol{F}=-e\boldsymbol{v}_{合}\times\boldsymbol{B}=-e(\boldsymbol{v}+\boldsymbol{v}_1)\times\boldsymbol{B}=-e\boldsymbol{v}\times\boldsymbol{B}+(-e)\boldsymbol{v}_1\times\boldsymbol{B}=\boldsymbol{F}_1+\boldsymbol{F}_2$$

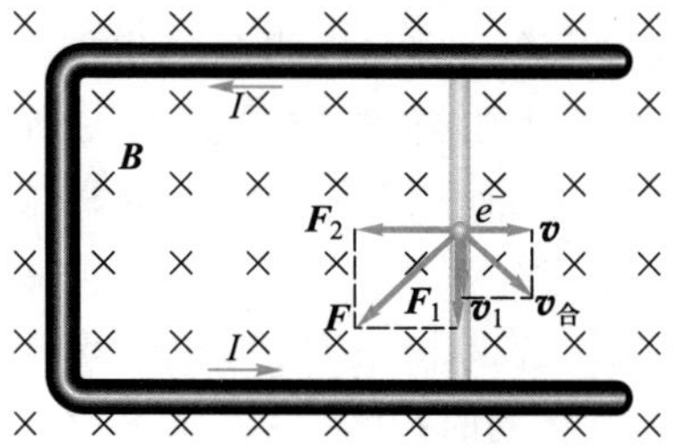

图 6-11　两个洛伦兹力的分力都要做功

在本例中这两个分力 $\boldsymbol{F}_2$ 和 $\boldsymbol{F}_1$ 正好垂直，$\boldsymbol{F}_1$ 为非静电力来源，它使电子作定向运动，同时欲使导体棒保持匀速 $\boldsymbol{v}$ 向右运动，外界就必须提供一个力来克服 $\boldsymbol{F}_2$，即外力克服 $\boldsymbol{F}_2$ 做功.外力所做的功就等于非静电力所做的功，即 $\boldsymbol{F}_1$ 做的正功和 $\boldsymbol{F}_2$ 所做的负功的数值相当，两者之和为零！

下面来证明这两个力所做的功之和正好为零.$\boldsymbol{F}_1$ 对棒所做的功率 $P_1=e(\boldsymbol{v}\times\boldsymbol{B})\cdot\boldsymbol{v}_1$，$\boldsymbol{F}_2$ 对棒所做的功率 $P_2=e(\boldsymbol{v}_1\times\boldsymbol{B})\cdot\boldsymbol{v}$，由于 $(\boldsymbol{a}\times\boldsymbol{b})\cdot\boldsymbol{c}=-\boldsymbol{a}\cdot(\boldsymbol{c}\times\boldsymbol{b})$，所以 $(\boldsymbol{v}\times\boldsymbol{B})\cdot\boldsymbol{v}_1=-\boldsymbol{v}\cdot(\boldsymbol{v}_1\times\boldsymbol{B})=-(\boldsymbol{v}_1\times\boldsymbol{B})\cdot\boldsymbol{v}$，故 $\boldsymbol{F}$ 的总功率为

$$P=P_1+P_2=e(\boldsymbol{v}\times\boldsymbol{B})\cdot\boldsymbol{v}_1+e(\boldsymbol{v}_1\times\boldsymbol{B})\cdot\boldsymbol{v}=0$$

故洛伦兹力的合力并不提供能量，而是传递能量，即外力克服洛伦兹力的一个分力做功，通过另一个洛伦兹力分力做功而转化为电流的能量.

【例 6-3】 一个闭合的平面导体回路在垂直于闭合回路的均匀磁场 $\boldsymbol{B}$ 中绕通过点 a 且与 $\boldsymbol{B}$ 平行的轴在其平面内以角速度 ω 匀速转动，如例 6-3 图所示，假设 ab 两点的直线距离为 l，求 acb 和 bda 段的电动势，并求 a、b 两点的电势差.

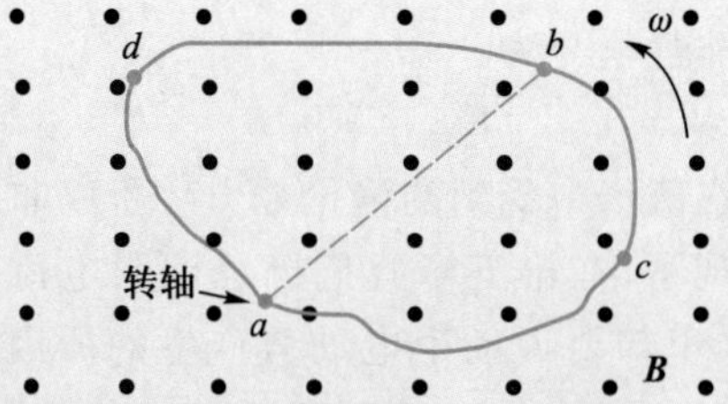

例 6-3 图

【解】 连接 ab，ab 直接连接段为直导线，ab 段和 acb 段构成一个闭合回路，这个闭合回路在磁场中转动时，磁通量不变，因此总的感应电动势为零，因此

$$\mathscr{E}_{ba}+\mathscr{E}_{acb}=0 \quad 或者 \quad \mathscr{E}_{acb}=-\mathscr{E}_{ba}=\mathscr{E}_{ab}$$

ab 为直线段,绕点 a 转动产生的电动势为 $\mathscr{E}_{ab}=Bvl^2/2$,所以 $\mathscr{E}_{acb}=\mathscr{E}_{ab}=Bvl^2/2$.

同理 adb 段的动生电动势 $\mathscr{E}_{adb}=\mathscr{E}_{ab}=Bvl^2/2$.整个闭合回路的总电动势亦为零,即

$$\mathscr{E}_{acb}+\mathscr{E}_{bda}=\mathscr{E}_{acb}-\mathscr{E}_{adb}=0$$

所以在这个闭合导体回路中没有电流,所以根据欧姆定律,ab 两点之间没有电势差.

【例 6-4】 如例 6-4 图所示,竖直平面内有两个平行光滑的电阻可以忽略不计的长直金属杆,一个水平均匀磁场跟金属杆平面垂直,磁感应强度大小为 B,一条长为 L,质量为 m 无电阻的导体棒紧贴金属杆无初速释放后下滑.(1) 当开关 S 接到 1,即把电阻 R 接入电路,求导体的最大速度,并讨论导体棒达到最大速度时的能量转化关系;(2) 当开关 S 接到 2,即把电容器 C 接入电路,求棒的加速度,设电容器的击穿电压为 U_b,导体棒下滑多长时间电容器被击穿?

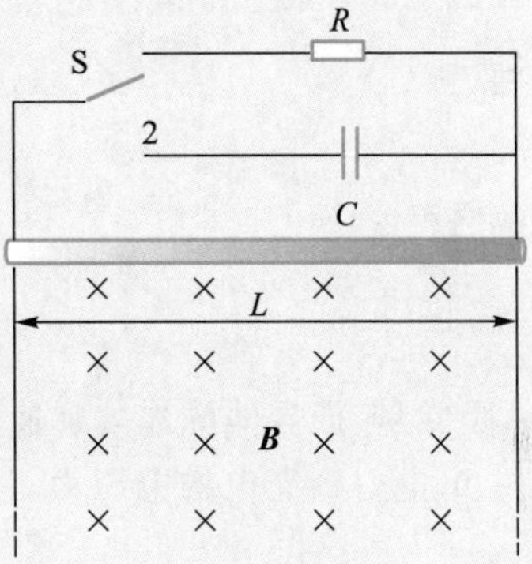

例 6-4 图

【解】 (1) 电阻 R 接入电路,设棒下滑的速度为$\boldsymbol{v}$,则

$$\mathscr{E}=\int_0^L(\boldsymbol{v}\times\boldsymbol{B})\cdot \mathrm{d}\boldsymbol{l}=BLv$$

电路中的电流为逆时针方向,棒受到的安培力为 $F=BLI$,所以根据牛顿第二定律,得

$$mg-BLI=ma \quad 或 \quad mg-\frac{B^2L^2}{R}v=ma=m\frac{\mathrm{d}v}{\mathrm{d}t}$$

$$g-\frac{B^2L^2}{mR}v=\frac{\mathrm{d}v}{\mathrm{d}t}$$

引进变量替换 $v'=g-kv$,式中 $k=\dfrac{B^2L^2}{mR}$,则上式变为

$$\frac{\mathrm{d}v'}{v'}=-k\mathrm{d}t$$

积分得

$$v=(g-A\mathrm{e}^{-kt})/k$$

根据初始条件当 $t=0$ 时,$v=0$,确定出积分常量 $A=g$,代入后得

$$v=\frac{mgR}{B^2L^2}(1-\mathrm{e}^{-kt})$$

当 $t\to\infty$ 时,棒达到最大速度,其值为 $v=\dfrac{mgR}{B^2L^2}$.

因全程只有重力和安培力做功,则有

$$\frac{1}{2}mv_{\max}^2=W_{重}-W_{安}$$

(2) 电容器 C 接入电路,则

$$I=\frac{\Delta Q}{\Delta t}=\frac{\Delta(C\mathscr{E})}{\Delta t}=C\frac{\Delta\mathscr{E}}{\Delta t}=C\frac{\Delta}{\Delta t}(BLv)=CBLa$$

根据牛顿第二定律,有

$$mg-BLI=ma$$

即

$$mg-B^2L^2Ca=ma$$

解之得

$$a=\frac{mg}{m+CB^2L^2}$$

a 是常量,即导体棒作匀加速下滑.电流为逆时针方向,电容器充电的极性为右正左负.电容器充电的电压为

$$U=BLv=BLat$$

当 $U=U_b$ 时,电容器击穿,所以击穿的时间为

$$t=\frac{U_b}{BLa}=\frac{U_b(m+CB^2L^2)}{BLmg}$$

【例 6-5】 电磁炮有很多类型,其中一种类型是轨道炮,如例 6-5 图(a)所示,可以把它简化成图(b)的模型,即一平行导轨相距 l,其间电阻可以忽略,导轨一端与一个电容为 C、所充电压为 U_0 的电容器相连,该装置电感可以忽略.假设导轨之间的磁场为均匀分布,磁感应强度为 $\boldsymbol{B}$,炮弹等效成一个质量为 m 电阻为 R 的导体棒,导体棒垂直于轨道放在导轨上,开关闭合后,(1) 求导体棒的最大速度;(2) 在什么条件下,该"电磁炮"的效率最大?

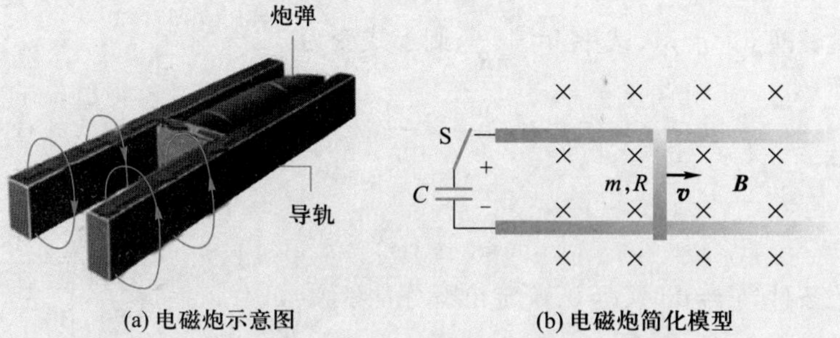

(a) 电磁炮示意图　　(b) 电磁炮简化模型

例 6-5 图

【解】 (1) 开关闭合瞬间,回路中产生电流,使得导体棒在磁场中受到安培力,即

$$F=BIl=Bl\frac{U}{R}$$

由牛顿第二定律,得到导体棒的加速度为

$$a=\frac{BlU}{mR}$$

此后,导体棒运动产生感应电动势,根据能量守恒定律,导体棒产生的动生电动势阻碍导体棒的运动,随着电容器放电,电压降低,同时随导体棒运动速度增加,导体棒上的电动势增加,最终棒上的电压和电容器的电压达到平衡,导体棒以它最终的最大速度继续运动,即此时

$$Blv_{\max}=\frac{Q_{\min}}{C}$$

此外,有

$$m\frac{\mathrm{d}v}{\mathrm{d}t}=-Bl\frac{\mathrm{d}Q}{\mathrm{d}t}$$

两边积分,可得

$$\int_0^{v_{\max}}m\mathrm{d}v=-Bl\int_{Q_0}^{Q_{\min}}\mathrm{d}Q$$

$$mv_{\max}=Bl(Q_0-Q_{\min})$$

联立两个最小电荷量和最大速度方程,解之得

$$v_{\max}=\frac{BlCU_0}{m+B^2l^2C},\quad Q_{\min}=\frac{B^2l^2C^2U_0}{m+B^2l^2C}$$

(2) 电磁炮的效率为

$$\eta=\frac{\frac{1}{2}mv_{\max}^2}{\frac{1}{2}CU_0^2}=\frac{1}{\left[\frac{\sqrt{m}}{Bl\sqrt{C}}+\frac{Bl\sqrt{C}}{\sqrt{m}}\right]^2}=\frac{1}{\left[A+\frac{1}{A}\right]^2}$$

因为

$$(A^2-2A+1)=(A-1)^2\geqslant 0$$

所以

$$A+\frac{1}{A}\geqslant 2$$

因此这种电磁炮的最大效率 $\eta=25\%$.

6-2-2 感生电动势和涡旋电场

由磁场的变化而产生的电动势称感生电动势,即

$$\mathscr{E}=-\frac{\mathrm{d}\Phi}{\mathrm{d}t}=-\frac{\mathrm{d}}{\mathrm{d}t}\int_S \boldsymbol{B}\cdot\mathrm{d}\boldsymbol{S}=-\int_S\frac{\partial\boldsymbol{B}}{\partial t}\cdot\mathrm{d}\boldsymbol{S} \tag{6-8}$$

这里磁通量正负的规定见图 6-4 的标注.

感生电动势作为一种电源,产生它的非静电力是什么? 麦克斯韦通过分析,提出变化的磁场在其周围空间会激发一种新的电场,称涡旋电场.涡旋电场就是产生感生电动势的原因,即导体中的载流子在这种涡旋电场的作用下产生运动,形成电流.

跟静电场不同,涡旋电场是一种由磁场变化而产生的电场,并不是由电荷产生的,涡旋电场的电场线总是环绕着磁感应线,即它总是闭合的曲线.因此从带电粒子在电场中做功的行为看,带电粒子在涡旋电场中沿任意一条闭合曲线移动一周,电场力对带电粒子所做的功不为零,即

$$\oint_L \boldsymbol{E}_{旋}\cdot\mathrm{d}\boldsymbol{l}\neq 0 \tag{6-9}$$

亦即涡旋电场是非保守力场.单位电荷的带电粒子在涡旋电场中运动一周,电场力所做的功就是回路中产生的感生电动势,即

$$W=\oint_L \boldsymbol{E}_{旋}\cdot\mathrm{d}\boldsymbol{l}=\mathscr{E} \tag{6-10}$$

麦克斯韦进一步认为,不管有无导体回路存在,变化的磁场所激发的涡旋电场总是客观存在的.即空间有两种形式的电场:由电荷激发的静电场和由变化磁场激发的涡旋电场.

涡旋电场是由变化的磁场产生的,由于磁场的无源性,我们引进一个新的物理量——磁矢势 $\boldsymbol{A}$,满足 $\boldsymbol{B}=\nabla\times\boldsymbol{A}$,$\boldsymbol{A}$ 的表达式为

$$\boldsymbol{A}=\frac{\mu_0}{4\pi}\int\frac{I\mathrm{d}\boldsymbol{l}}{r} \tag{6-11}$$

磁矢势 $\boldsymbol{A}$ 的表达式推导,读者可参考胡友秋等著的《电磁学与电动力学》,把$\boldsymbol{B}=\nabla\times\boldsymbol{A}$ 代入式(6-8)中,有

$$\mathscr{E}=-\frac{\mathrm{d}\Phi}{\mathrm{d}t}=-\frac{\mathrm{d}}{\mathrm{d}t}\int_S \boldsymbol{B}\cdot\mathrm{d}\boldsymbol{S}=-\frac{\mathrm{d}}{\mathrm{d}t}\int_S(\nabla\times\boldsymbol{A})\cdot\mathrm{d}\boldsymbol{S}=-\frac{\mathrm{d}}{\mathrm{d}t}\oint_L\boldsymbol{A}\cdot\mathrm{d}\boldsymbol{l}=-\oint_L\frac{\partial\boldsymbol{A}}{\partial t}\cdot\mathrm{d}\boldsymbol{l}$$

所以

$$\boldsymbol{E}_{旋}=-\frac{\partial\boldsymbol{A}}{\partial t} \tag{6-12}$$

即涡旋电场是磁矢势随时间变化率的负值.如果空间既有静电场 $\boldsymbol{E}_{静}$,又有涡旋电场 $\boldsymbol{E}_{旋}$,则总电场为

$$\boldsymbol{E}=\boldsymbol{E}_{静}+\boldsymbol{E}_{旋} \tag{6-13}$$

因为静电场是有势场,满足 $\boldsymbol{E}_{静}=-\nabla U$,所以普遍情况下总电场也可写成

$$\boldsymbol{E}=-\nabla U-\frac{\partial\boldsymbol{A}}{\partial t} \tag{6-14}$$

感生电动势是由涡旋电场引起的,因此我们可以得到下列的表达式,即

$$\oint_L \boldsymbol{E}_{旋}\cdot\mathrm{d}\boldsymbol{l}=-\int_S\frac{\partial\boldsymbol{B}}{\partial t}\cdot\mathrm{d}\boldsymbol{S} \tag{6-15}$$

这就是涡旋电场与变化磁场之间的关系，这里 S 是闭合回路 L 所圈围的面积.图 6-12 是电流的磁感应线和变化磁场产生的涡旋电场线的比较.

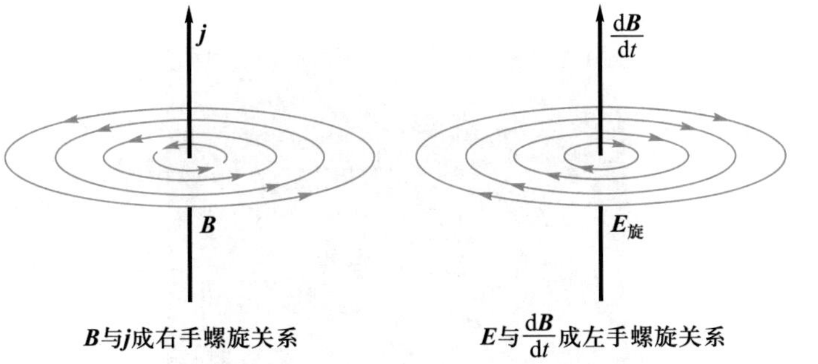

图 6-12 电流的磁感应线和磁场随时间变化产生的电场的电场线比较

一个半径为 R 的区域内有均匀磁场，磁感应强度随时间变化为 $\boldsymbol{B}(t)$，且$\frac{dB}{dt}>0$，外部无磁场，如图 6-13(a)所示.由于内部磁场均匀，所以涡旋电场是同心圆，在半径为 R 的圆的内部作一个半径为 r 的圆周，有

$$\oint_L \boldsymbol{E}_{旋}\cdot d\boldsymbol{l}=E_{旋}2\pi r=-\pi r^2\frac{dB}{dt}$$

所以得

$$E_{旋}=-\frac{r}{2}\frac{dB}{dt}$$

在半径为 R 的圆的外部，同理可以得到

$$\oint_L \boldsymbol{E}_{旋}\cdot d\boldsymbol{l}=E_{旋}2\pi r=-\pi R^2\frac{dB}{dt}$$

$$E_{旋}=-\frac{R^2}{2r}\frac{dB}{dt}$$

涡旋电场的方向如图 6-13(a)所示，内外涡旋电场分布随 r 的变化如图 6-13(b)所示.

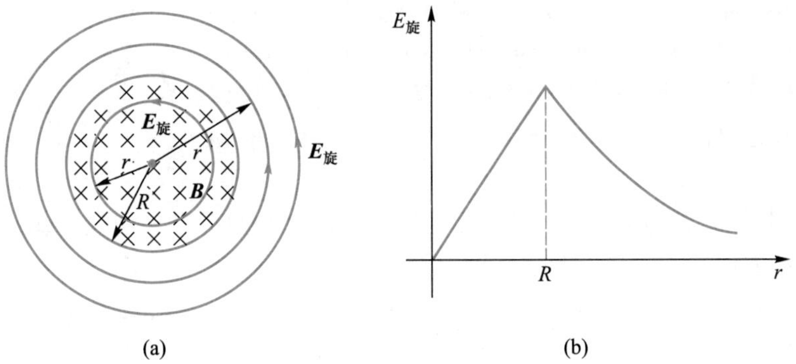

图 6-13 圆周半径为 R 的内部和外部的涡旋电场

理想螺线管通有电流 $I(t)$ 时,内部磁场均匀,外部无磁场,正是属于这种情况,只要知道电流随时间变化的函数关系,就可以计算出螺线管内外的涡旋电场分布.通过计算机模拟,得到螺线管外部的涡旋电场如图 6-14 所示.

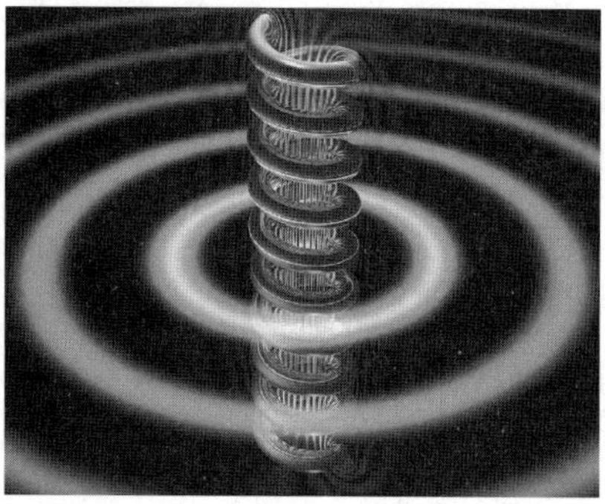

图 6-14 计算机模拟的螺线管外部的涡旋电场分布

上面计算了圆形螺线管截面内外的涡旋电场,对正方形截面的螺线管和三角形截面的螺线管,通有电流 $I(t)$ 时,螺线管内外的涡旋电场分布如图 6-15 所示.

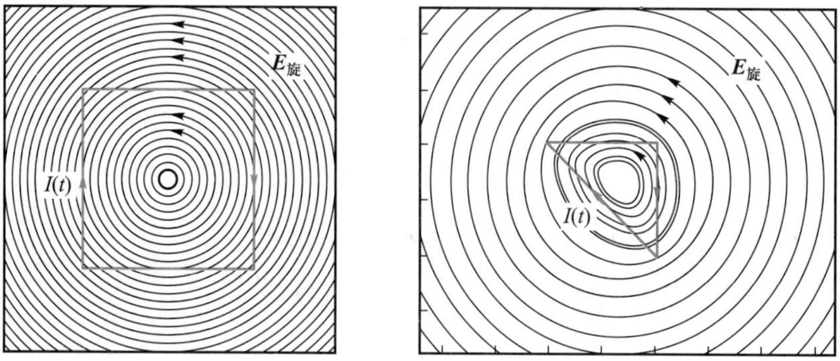

(a) 正方形螺线管内外涡旋电场　　(b) 三角形螺线管内外涡旋电场

图 6-15 不同螺线管内外的涡旋电场分布

【例 6-6】 在半径为 R 的无限长圆柱形空间内部有均匀的磁场 $\boldsymbol{B}$ 以恒定的变化率 $\mathrm{d}B/\mathrm{d}t=k(k>0)$ 变化,有一内阻可忽略的等腰梯形导线框 a、b、c、d 按如例 6-6 图所示方式放置,a、b 两点在圆柱面上,长度关系为 $cd=2ab=2R$,bc 边和 ad 边延长线正好通过圆心 O,求等腰梯形导线框中的感应电动势的大小和方向.

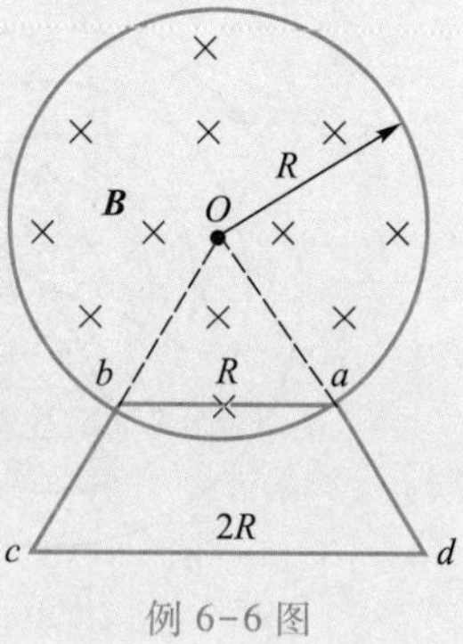

例 6-6 图

【解】 首先求出圆柱形管内外的涡旋电场,设定回路逆时针方向为正方向,由电磁感应定律。

$$\oint_L \boldsymbol{E}\cdot \mathrm{d}\boldsymbol{l}=-\int_S \frac{\partial \boldsymbol{B}}{\partial t}\cdot \mathrm{d}\boldsymbol{S}$$

得到螺线管内外涡旋电场的分布为

$$\begin{cases} E=\dfrac{r}{2}\dfrac{\mathrm{d}B}{\mathrm{d}t}=\dfrac{rk}{2}, & r<R \\ E=\dfrac{R^2}{2r}\dfrac{\mathrm{d}B}{\mathrm{d}t}=\dfrac{R^2k}{2r}, & r>R \end{cases}$$

涡旋电场方向与标定的正方向相同,即逆时针方向.

导线 ab 中的感应电动势为

$$\mathscr{E}_{ba}=\int_b^a \boldsymbol{E}\cdot\mathrm{d}\boldsymbol{l}=\int_0^R \frac{rk}{2}\cdot\cos\theta\mathrm{d}l=\frac{Rk\cos 30^\circ}{2}\int_0^R \mathrm{d}l=\frac{\sqrt{3}}{4}R^2k$$

导线 cd 中的感应电动势为

$$\mathscr{E}_{cd}=\int_c^d \boldsymbol{E}\cdot\mathrm{d}\boldsymbol{l}=\int_0^{2R} \frac{R^2k}{2r}\cdot\cos\theta\mathrm{d}l=\frac{R^2k}{2}\int_0^{\pi/6}\mathrm{d}\theta=\frac{\pi}{6}R^2k$$

导线 bc 段和 da 段与涡旋电场垂直,不会产生感应电动势,故最终有

$$\mathscr{E}=\mathscr{E}_{cd}-\mathscr{E}_{ba}=\left(\frac{\pi}{6}-\frac{\sqrt{3}}{4}\right)R^2k$$

6-2-3 电磁感应的相对性

1. 动生和感生电动势的相对性

动生电动势和感生电动势是相对的,对任意一个闭合回路 L 在磁场 $\boldsymbol{B}$ 中运动,运动速度为 $\boldsymbol{v}$,并假设 $v\ll c$,则感应电动势的表达式为

$$\mathscr{E}=-\int_S \frac{\partial \boldsymbol{B}}{\partial t}\cdot\mathrm{d}\boldsymbol{S}+\oint_L(\boldsymbol{v}\times\boldsymbol{B})\cdot\mathrm{d}\boldsymbol{l} \qquad (6-16)$$

第一项是磁场随时间变化带来的,即感生电动势;第二项是磁场运动带来的,即动生电动势.

现在来分析一个条形磁铁插入一个线圈所产生的电动势的过程,如图 6-16 所示.磁棒与线圈作相对运动,相对速度为 $\boldsymbol{v}$.并设 S 系固定在磁棒上;S′系固定在线圈上;S″系固定在地面上.

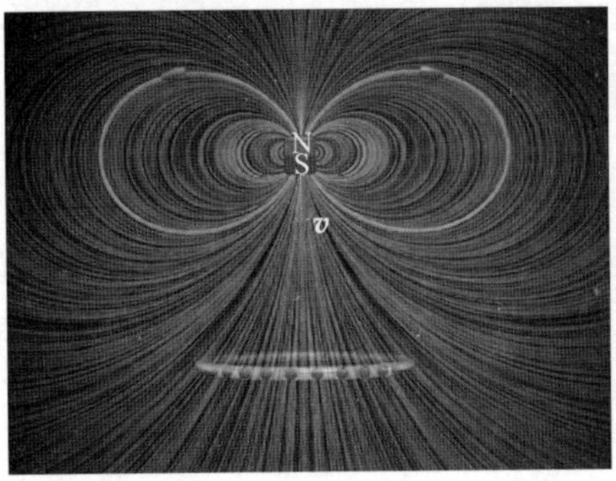

(a)

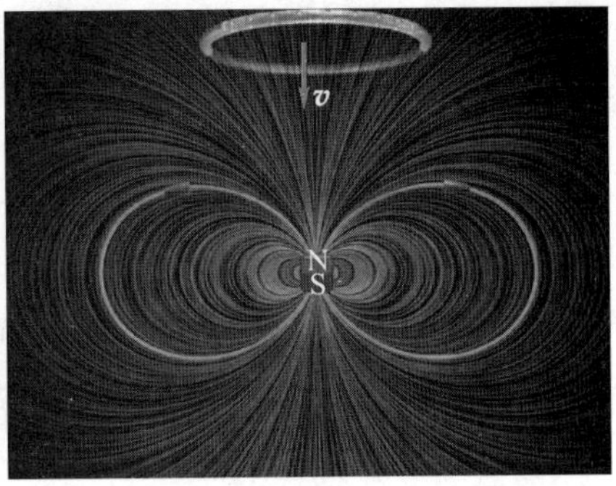

(b)

图 6-16 电磁感应的相对性

对 S 系的观察者而言，磁棒静止，线圈向上运动，因此产生的电动势是动生电动势.这个电动势是由于磁场运动而引起的一个电场，根据上面的分析有

$$\mathscr{E}_{动}=\oint_L(-\boldsymbol{v}\times\boldsymbol{B})\cdot \mathrm{d}\boldsymbol{l}$$

对 S′系观察者来说，线圈并没有动，而是磁铁在运动，即是磁场变化带来的电动势，故为感生电动势，所以

$$\mathscr{E}_{感}=\oint_L\boldsymbol{E}_{旋}\cdot \mathrm{d}\boldsymbol{l}=-\int_S\frac{\partial\boldsymbol{B}}{\partial t}\cdot \mathrm{d}\boldsymbol{S}$$

对 S″系观察者来说，由于线圈和磁铁可能都在运动，因此既有动生电动势，又有感生电动势，即

$$\mathscr{E}=\oint_L(\boldsymbol{v}'\times\boldsymbol{B}')\cdot \mathrm{d}\boldsymbol{l}-\int_S\frac{\partial\boldsymbol{B}'}{\partial t}\cdot \mathrm{d}\boldsymbol{S}$$

这里$\boldsymbol{v}'$是线圈相对于 S″系的运动速度，$\boldsymbol{B}'$是磁铁相对于 S″系的磁场.所以，动生电动势和感生电动势并不是绝对的，而是相对而言的，取决于观察者所处的参考系.但无论观察者在什么参考系，线圈产生感应电动势是客观事实，在低速近似($\boldsymbol{v}\ll c$)下，其值不会因观察者所处的参考系不同而变化.

2. 电场与磁场的相对性

根据电磁场的狭义相对论变换为(感兴趣的读者可以参考胡友秋等编著的《电磁学与电动力学》下册)

$$\begin{cases}E'_{/\!/}=E_{/\!/}\\E'_{\perp}=\gamma(\boldsymbol{E}+\boldsymbol{v}\times\boldsymbol{B})_{\perp}\end{cases}\tag{6-17}$$

$$\begin{cases}B'_{/\!/}=B_{/\!/}\\B'_{\perp}=\gamma\left(\boldsymbol{B}-\dfrac{\boldsymbol{v}}{c^2}\times\boldsymbol{E}\right)_{\perp}\end{cases}\tag{6-18}$$

S′系相对于 S 系以$\boldsymbol{v}$ 的速度作匀速直线运动，$\boldsymbol{E}'$和 $\boldsymbol{B}'$是在 S′系中的电场和磁感应强度，而 $\boldsymbol{E}$ 和 $\boldsymbol{B}$ 是在 S 系中的电场和磁感应强度.下标“//”和“⊥”分别表示与速度$\boldsymbol{v}$ 平行和垂直的分量，$\gamma=(1-v^2/c^2)^{-1/2}$.该变换表明电场与磁场是相对的，在不同的参考系中测量的电场与磁场与参考系运动速度有关，并且电场与磁场之间可以在不同的参考系中相互转化.

在低速运动情况下，略去$(v/c)^2$ 级小项时，并近似取 $\gamma\approx1$，则式(6-17)和式(6-18)变为非相对论情况下的表达式

$$\boldsymbol{E}'=\boldsymbol{E}+\boldsymbol{v}\times\boldsymbol{B},\quad \boldsymbol{B}'=\boldsymbol{B}-\frac{1}{c^2}\boldsymbol{v}\times\boldsymbol{E}\tag{6-19}$$

该式说明，即使在非相对论情况(低速运动)下，电场与磁场也是相对的.例如在一个参考系(S 系)中若没有电场只有磁场，则在另一个以 $\boldsymbol{v}$ 速度运动的参考系 S′系中，也可以测量到电场，且 $\boldsymbol{E}'=\boldsymbol{v}\times\boldsymbol{B}$.

3. 再论动生电动势的本质

在 6-2-1 节中，我们指出动生电动势的本质是单位电荷所受的洛伦兹力(其中

一个分力)所做的功.现在我们用非相对论下的 $\boldsymbol{E}$ 和 $\boldsymbol{B}$ 的变换来重新思考这个问题,一个导体棒在均匀磁场中匀速切割磁感应线,见图 6-17(a),(a)图中的棒以速度 $\boldsymbol{v}$ 在静止的磁场中向右运动,相对于(b)图中的棒不动,而空间既有电场 $\boldsymbol{E}'$ 又有磁场 $\boldsymbol{B}'$.取棒为 S′系,S 系为静止的磁场 $\boldsymbol{B}$ 所处的系,则在 S′系中棒不动,电荷感受到一个电场,

$$\boldsymbol{E}' = \boldsymbol{v} \times \boldsymbol{B} \tag{6-20}$$

这里的速度 $\boldsymbol{v}$ 是 S′系相对于 S 系的速度,即棒的运动速度,电场 $\boldsymbol{E}'$方向如图 6-17(b)所示.

因此我们换一个角度来看,动生电动势的本质就是静止的电荷所感受到一个运动磁场引起的电场的驱动作用,电荷运动引起电动势.因此动生电动势的本质是静止电荷在运动磁场中,由运动磁场引起的电场力对单位电荷做功.

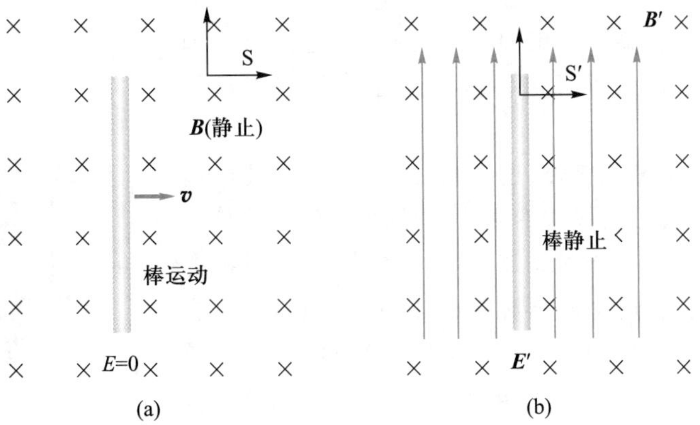

图 6-17 动生电动势的本质

6-2-4 涡电流和趋肤效应

1. 涡电流

第一个产生涡电流(eddy current)的实验是 1824 年阿拉果的圆盘实验,1851 年法国科学家傅科(J.Foucault,1819—1868)发现金属块处在变化的磁场中或相对于磁场运动时,在它们的内部也会产生感应电流,该电流被称为"傅科电流",

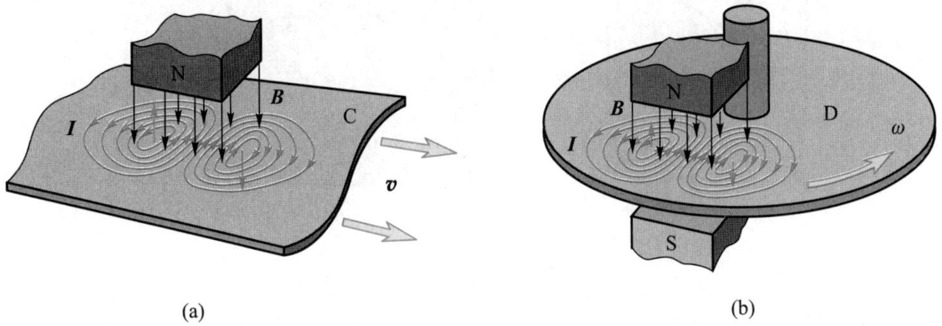

图 6-18 导体在磁场中运动和转动形成涡电流

如图 6-18 所示.这是傅科在电磁学方面的重要发现,同年,他被英国皇家学会授予科普利奖.

当导体板 C 向右运动时,如图 6-18(a)所示,穿过某一闭合回路的磁通量将发生变化,导体离开磁铁下方的磁场区域时,dB/dt 减少,而导体进入磁铁下方磁场区域时,dB/dt 增加,根据电磁感应规律,将在导体内形成涡旋电场,涡旋电场驱动导体中自由电子运动,形成涡电流(电子运动方向与电流方向相反),所以磁铁边界区对应的下方导体板上的涡电流方向相反.涡电流又会激发出磁场,图 6-18 中的图形磁场为次生磁场.

图 6-19 是大金属块加上螺线管,大块金属可看作是由一系列半径逐渐变化的圆柱状薄壳组成,每层薄壳自成一个闭合回路,在交变磁场中,通过这些薄壳的磁通量都在不断地变化,所以一层层地产生感应电流.从上端俯视,电流线呈闭合的涡旋状,由于大块金属的电阻很小,因此涡电流可达到非常大的强度,甚至可融化金属.工业上常用涡电流效应加热金属.

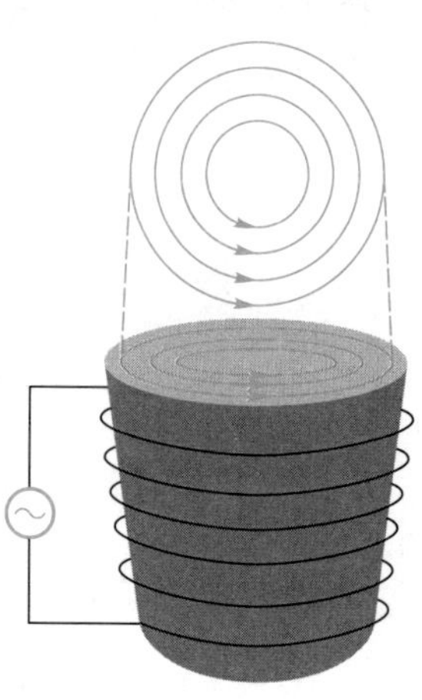

图 6-19 傅科的涡电流效应

涡电流除了热效应外,还有机械效应,即大块金属在磁场中运动会受到很大的阻力.如图 6-20 所示是一个金属摆,当金属摆下落经过磁场的区域时,金属板上就会产生涡电流,这个涡电流在磁场中受到安培力,这个安培力是阻尼力(为什么?);同理当摆锤要离开磁场时,由于摆锤上的磁通量会减少,也会产生涡电流,这个涡电流也是阻尼力,所以摆锤很快就停止摆动.如果在摆锤的金属板上开一些狭槽,会大大降低阻尼效应.

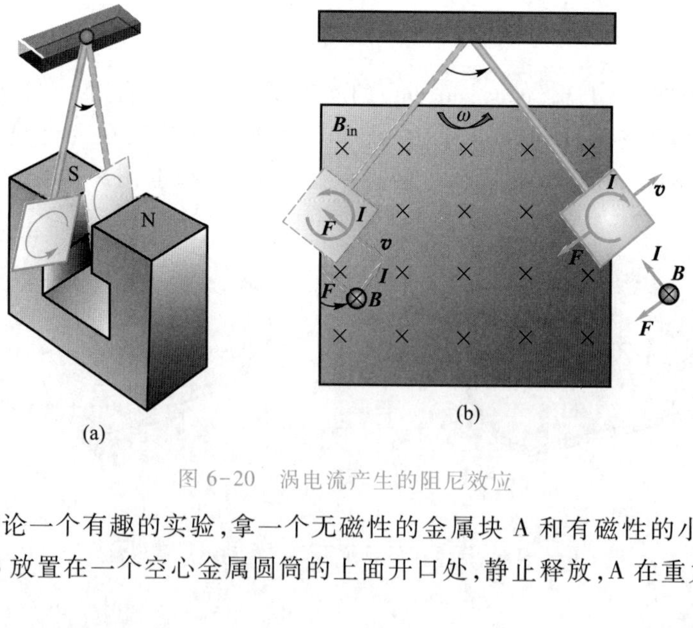

图 6-20 涡电流产生的阻尼效应

下面讨论一个有趣的实验,拿一个无磁性的金属块 A 和有磁性的小磁体 B,分别把 A 和 B 放置在一个空心金属圆筒的上面开口处,静止释放,A 在重力作用下加速下落，而 B 却在金属圆筒中近似为匀速下落，如图 6-21(a)所示.为何小磁体 B 在金属圆筒中近似匀速下落？这是因为小磁体下落时，在金属圆筒壁上产生许多涡电流，如图 6-21(b)所示.涡电流在磁场中受到安培力，此时安培力为阻尼力，使得小磁铁减速，如果金属圆筒足够长，小磁铁最终会匀速下落.

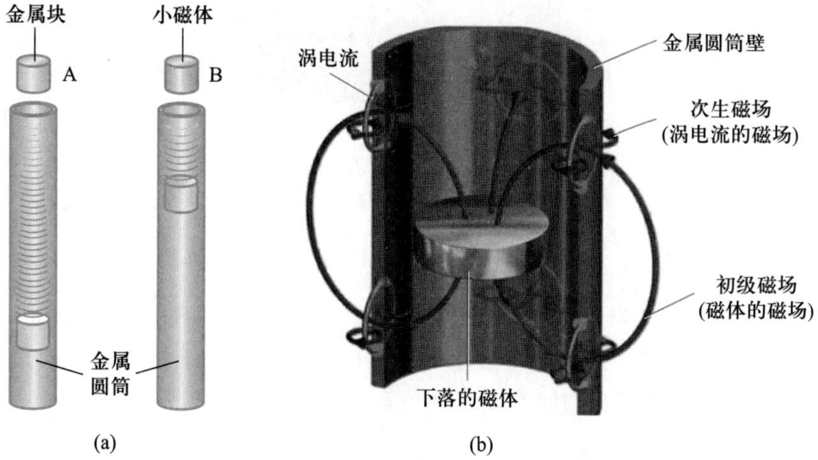

图 6-21　小磁体在铜管中的下落实验

在大部分情况下，我们是不希望产生涡电流的.例如作为各种变压器的铁芯，是不希望产生涡电流的，否则铁芯温度就会很高，既造成了能量的损失又不安全.减少涡电流的主要方法有：① 采用高电阻材料，如硅钢，在钢中增加硅含量，电阻率可以达到 40~50 μΩ · cm，比纯钢的电阻率 10 μΩ · cm 要大 4~5 倍，而硅含量的增加对磁导率没有太大的改变；② 采用多层相互绝缘硅钢片叠加而成，减少涡电流的导体截面积，即增大电阻值，如图 6-22 所示.

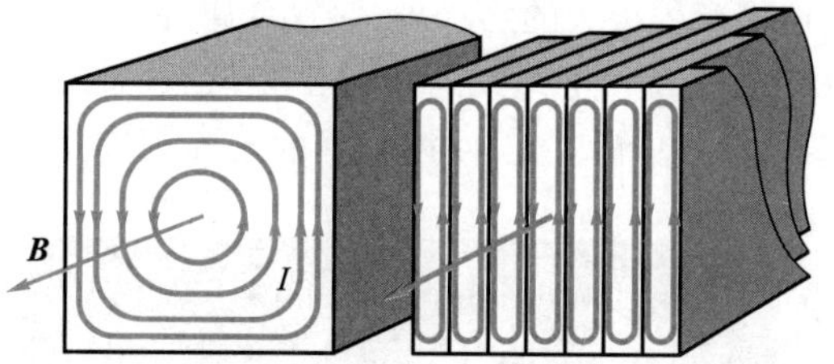

图 6-22　减少涡电流的方法

2. **趋肤效应**

当交变电流通过导电圆柱体时，电流密度分布不再均匀，越靠近导体表面处，电流密度越大，这种现象称趋肤效应，如图 6-23 所示.其结果使有效面积减少，电阻增加.趋肤效应实际上比较复杂，还跟涡电流与交变电流之间的相位有关.

理论分析表明，导体中电流密度为

$$j = j_0 e^{-d/d_s}$$

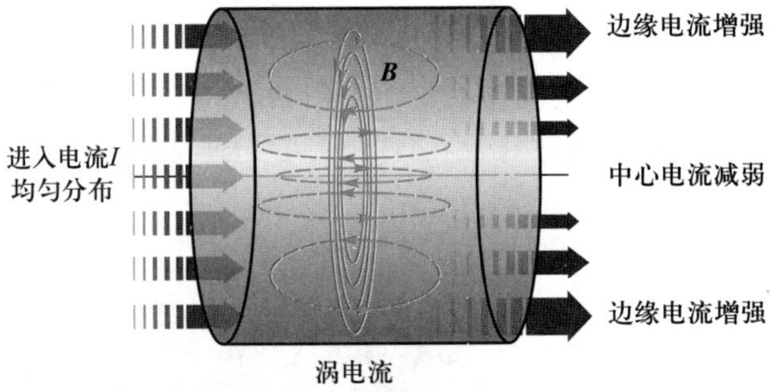

图 6-23 趋肤效应示意图

式中 d_s 为趋肤深度，$d_s=\sqrt{\dfrac{2}{\omega\mu_0\mu_r\sigma}}$. 对铜材料，$\sigma=5.9\times10^7(\Omega\cdot\mathrm{m})^{-1}$，$\mu_r=1$，对 $f=1$ kHz 交流电，计算得到趋肤深度 $d_s=0.21$ cm；如果 $f=100$ kHz，$d_s=0.021$ cm. 对铁而言，由于 μ_r 很大，趋肤效应更加明显. 图 6-24 是圆柱形实心钢材料在不同交流电的频率下的电流密度分布和趋肤深度.

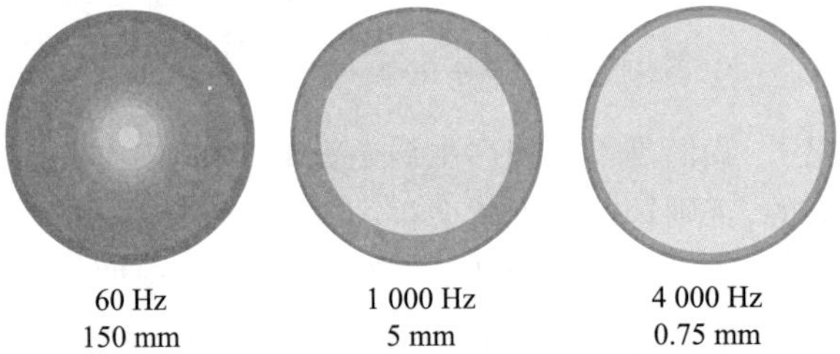

图 6-24 趋肤效应的模拟计算

当导线中通有高频电流时，由于趋肤效应，电流主要分布在导线的表面，表面的电流密度大大增加，这将产生很大的焦耳热，导致金属导线表面起保护作用的绝缘层老化甚至着火，所以一般的高频电缆线通常是由多股很细的金属丝制成，如图 6-25 所示. 趋肤效应还可应用于表面淬火，使得材料的表面硬度增加，常用于制作刀具.

图 6-25 铜导线采用多股细铜丝制成

6-2-5 电子感应加速器

1922 年，美国科学家斯莱本（J.Slepian，1891—1969）提出利用变化磁场中产生的涡旋电场来加速电子的感应加速器原理，但是直到 1940 年伊利诺依大学的克斯特（D.W.Kerst，1911—1993）等人才解决了轨道稳定性问题，建成了第一台电子感应加速器.图 6-26 是这种加速器的示意图.在由电磁铁产生的非均匀磁场中安放环状真空室，当电磁铁用低频的强大交变电流励磁时，真空室中会产生很强的涡旋电场.由电子枪发射的电子，在洛伦兹力的作用下作圆周运动，同时被涡旋电场所加速.由于带电粒子在均匀磁场中作圆周运动的轨道半径 R 与其速率 v 成正比.而在电子感应加速器中，真空室的半径是有限的，那么如何使电子限制在一个固定的圆形轨道上，又同时被加速呢？

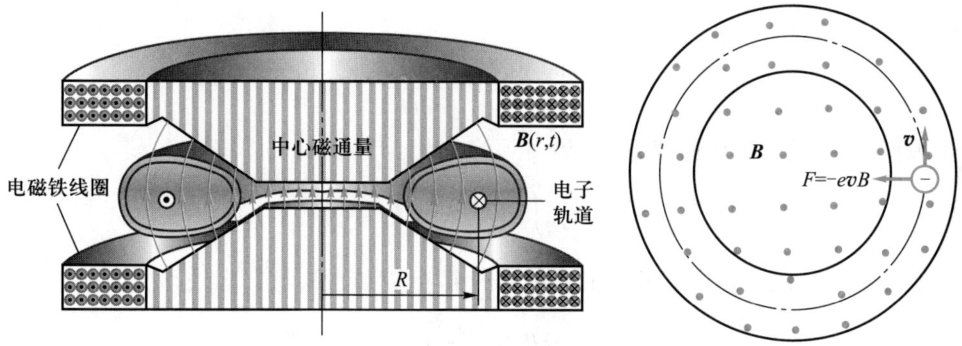

图 6-26 电子感应加速器示意图

假设磁场 $\boldsymbol{B}$ 按正弦变化，为了保证电子作圆周运动并加速，圆周运动电子切向受 $\boldsymbol{E}_{旋}$ 作用而加速，要求 $\boldsymbol{E}_{旋}$ 和右旋方向反向，即要求 $\mathrm{d}B/\mathrm{d}t>0$，这只有在第一个 1/4 周期和最后一个 1/4 周期内满足这个条件，如图 6-27 所示.在最后一个 1/4 周期内，电子受到的洛伦兹力方向向外，不能使电子的圆周运动稳定运动.综合以上两种条件，即只有在磁场的第一个 1/4 周期内电子既可以加速又可以沿圆周运动.只要电

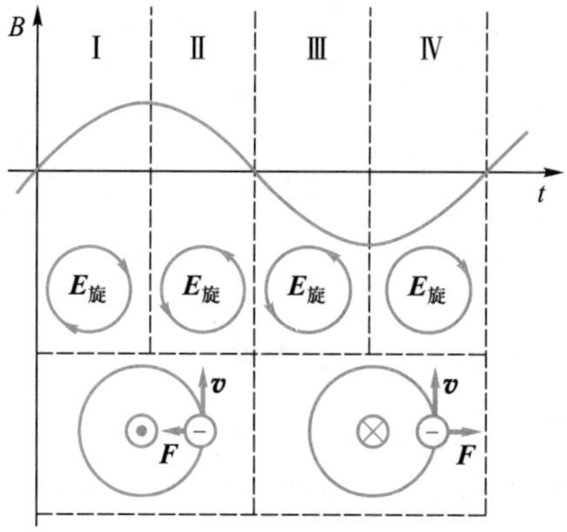

图 6-27 电子感应加速器磁场和涡旋电场以及电子受到的洛伦兹力关系

子在第一个 1/4 周期结束前已经在磁场中旋转了很多圈，加速到了足够高的能量，在第二个 1/4 周期到来前就从真空室中偏出，输运到实验靶站上，结束加速过程.

下面分析电子稳定在圆周轨道上运动的基本条件.根据牛顿力学，我们可以列出电子沿径向和切线方向的两个运动方程，即

$$\begin{cases} evB_R = \dfrac{mv^2}{R} \\ -eE_{旋} = \dfrac{\mathrm{d}(mv)}{\mathrm{d}t} \end{cases}$$

式中 B_R 是电子运行轨道上的磁感应强度，由第一式可得到 $mv=eRB_R$.沿电子运动的圆周对涡旋电场进行一周的积分，可以计算出涡旋电场，即

$$E_{旋} = -\frac{1}{2\pi R}\frac{\mathrm{d}\Phi}{\mathrm{d}t}$$

代入第二个方程，有

$$\frac{e}{2\pi R}\frac{\mathrm{d}\Phi}{\mathrm{d}t} = \frac{\mathrm{d}(mv)}{\mathrm{d}t}$$

两边积分，假设电子初速度为零，有

$$mv = \frac{e}{2\pi R}\int_S \mathrm{d}\Phi = \frac{e}{2\pi R}\overline{B}\cdot\pi R^2$$

式中 $\overline{B}$ 为电子圆周运动轨道所围面积上的磁感应强度平均值，即

$$eRB_R = \frac{eR}{2}\overline{B}$$

或

$$B_R = \overline{B}/2 \tag{6-21}$$

即轨道上 B_R 等于轨道内 B 的平均值 $\overline{B}$ 的一半时，电子就能稳定地在圆形轨道上被加速.

电子在涡旋电场中运动一周被加速所获得的能量为

$$\Delta W = -2\pi eRE_{旋} = \frac{e\Delta\Phi}{\Delta t}\ (\text{用 eV 做能量的单位})$$

或者

$$\frac{\Delta\Phi}{\Delta W} = T = \frac{2\pi R}{v}\ (\text{用 eV 做能量的单位})$$

得

$$\Delta W = \frac{v\Delta\Phi}{2\pi R}\ (\text{用 eV 做能量的单位}) \tag{6-22}$$

即加速能量 ΔW 与磁通量 $\Delta\Phi$ 成正比，与半径 R 成反比，因此在轨道半径大的感应加速器中，加速粒子到相同的能量，其磁通利用率不如尺寸小的加速器有效.其次，用感应加速器加速比电子静止质量大得多的粒子或离子并不适宜，因为与电子相比，在同样的磁场强度和相当的动能增量情况下，离子加速器轨道半径不仅比电子

加速器大很多,而且速度比光速低得多.因而要使离子获得同样动能增量所需磁通的增量,将比加速电子大得多.所以感应加速器只适于加速电子,而不适于加速重的粒子或离子.

§6-3 互感与自感

6-3-1 互感与互感系数

当一个线圈中的电流变化时,在另一个线圈中产生的感应电动势称互感电动势.线圈1激发的磁场在线圈2中的总磁通量只与线圈1中的电流 I_1 有关,如图6-28所示,总磁通量为

$$\psi_{21}=M_{21}I_1 \tag{6-23}$$

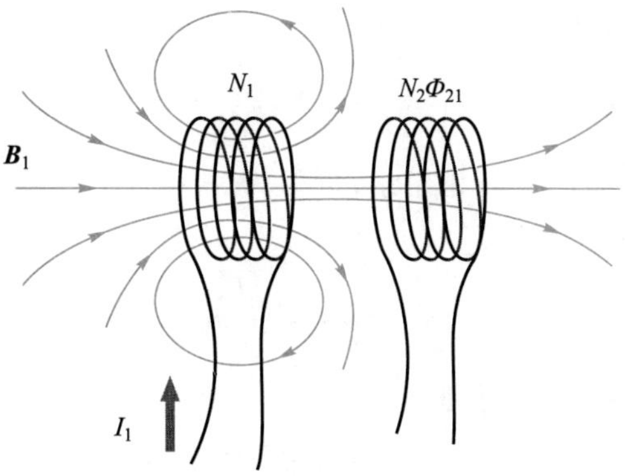

图6-28 两个线圈之间的互感

同理线圈2激发的磁场在线圈1中的总磁通量为

$$\psi_{12}=M_{12}I_2 \tag{6-24}$$

M_{21} 和 M_{12} 为互感系数的第一种定义,简称互感.互感系数具有对称性,即下标交换不变,即

$$M_{12}=M_{21} \tag{6-25}$$

互感系数的单位为H(亨利),1 H = 10^3 mH = 10^6 μH.

当只有两个线圈存在时,M 可以省略下标.I_1 变化而激发的线圈2中的感应电动势为

$$\mathscr{E}_2=-\frac{\mathrm{d}\psi_{21}}{\mathrm{d}t}=-M\frac{\mathrm{d}I_1}{\mathrm{d}t} \tag{6-26}$$

I_2 变化而激发的线圈1中的感应电动势为

$$\mathscr{E}_1=-\frac{\mathrm{d}\psi_{12}}{\mathrm{d}t}=-M\frac{\mathrm{d}I_2}{\mathrm{d}t} \tag{6-27}$$

互感系数是由回路自身的几何特性、相对位形和介质特性决定的.互感系数还有一种定义,即

$$M_{21}=-\frac{\mathscr{E}_{21}}{\mathrm{d}I_1/\mathrm{d}t} \tag{6-28}$$

在没有铁磁质且回路不变形时两种定义是等效的.第一种定义通常用于计算,而第二种定义常用于测量.此外,互感系数 M 可正可负,取决于 I 的方向;即 M 取正时,表明其互感电动势与该线圈原有的电动势(或电流)是相互加强的,反之 M 取负值时,表明是相互抵消的.

【例 6-7】 如例 6-7 图所示的两个同心共面的圆线圈半径分别为 a、b,其中大线圈中通有电流 I.设大线圈中电流产生的磁场在小线圈中近似为常量,(1) 求互感系数 M;(2) 若小线圈中的电流 $I_a=I_0\sin\omega t$,则 $\mathscr{E}_b$ 为多少?($a\ll b$.)

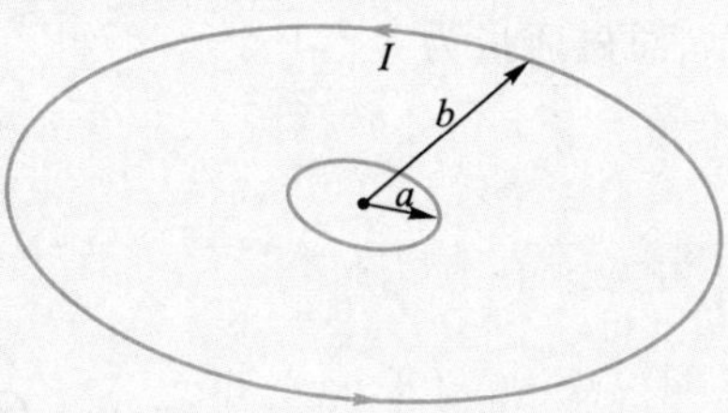

例 6-7 图 两个线圈之间的互感

【解】 (1) 半径为 b 的圆环电流 I 在圆心处产生的磁感应强度为

$$B=\frac{\mu_0 I}{2b}$$

近似认为穿过小线圈的磁场是常量,近似为圆心处的磁场,则磁通量为

$$\Phi_{ab}=BS_a=\frac{\mu_0 I}{2b}\pi a^2$$

所以根据互感系数的定义,得到

$$M=\frac{\Phi_{ab}}{I}=\frac{\mu_0\pi a^2}{2b}$$

(2) 当小线圈中通有交流电时,在大线圈中产生的磁通量为

$$\Phi_{ba}=MI_a=MI_0\sin\omega t$$

所以,互感电动势为

$$\mathscr{E}_b=-\frac{\mathrm{d}\Phi_{ba}}{\mathrm{d}t}=-M\omega I_0\cos\omega t=-\frac{\mu_0\omega\pi a^2}{2b}I_0\cos\omega t$$

【例 6-8】 在横截面积为 S,长为 l 的螺线管上,重叠绕制两组线圈,匝数为 N_1 和 N_2,求两组线圈的互感系数.

【解】 设一个螺线管通有电流 I_1,在螺线管内部产生的磁感应强度为

$$B_1=\mu_0 nI_1=\mu_0\frac{N_1}{l}I_1$$

由于两个螺线管重叠,所以这个磁场的磁感应线也全部穿过第二个螺线管,磁通量为

$$\Phi_{21}=N_2B_1S=\mu_0\frac{N_1N_2}{l}SI_1$$

所以,互感系数为

$$M=\frac{\Phi_{21}}{I_1}=\mu_0\frac{N_1N_2}{l}S=\mu_0\frac{N_1N_2}{l^2}Sl=\mu_0n_1n_2V$$

6-3-2 自感与自感系数

线圈中的电流变化会在线圈自身中产生感应电动势,该电动势称为自感电动势.线圈激发的磁场在线圈自身中的磁通匝链数当然只与自身中的电流 I 有关:

$$\Phi=LI \tag{6-29}$$

因此自感系数为

$$L=\frac{\Phi}{I} \tag{6-30}$$

线圈中 I 变化激发在自身线圈中的感应电动势为

$$\mathscr{E}=-\frac{\mathrm{d}\Phi}{\mathrm{d}t}=-L\frac{\mathrm{d}I}{\mathrm{d}t} \tag{6-31}$$

例如理想螺线管的自感系数 $L=\mu_0n^2V$, n 为单位长度的匝数, V 为螺线管的体积.

计算变化的磁场对回路自身所圈围面积的磁感通量,会出现令人迷惑的问题,因为,如果认为电流是线电流,导线的直径趋向于零,那么在导线附近的磁感应强度将趋向无限大,通过细线回路的磁通量也趋向无限大.但实际上,导线总有一定的粗细,只有当考察的场点离导线较远时,把导线看作几何线才是合理的,当考察点接近导线时,就必须考虑导线具有一定粗细这一实际情况.

但是,对于有粗细的导线,导线不同部分构成不同的回路,所围的面积不同,因而有不同大小的磁通量.在这种情况下,不同的磁感应线将交链不同的电流.

如图 6-29 所示,磁感应线 a 包围了整个导线中的电流,与整个电流互相交链;而磁感应线 b 则仅包围了一部分电流,即只与部分电流交链,只有这部分电流通过所圈围的面积.这与由若干匝线圈组成的回路有相似之处,在计算自感系数时,既要考虑磁通匝链数,又要考虑到不同的磁感应线交链不同的电流这一事实.

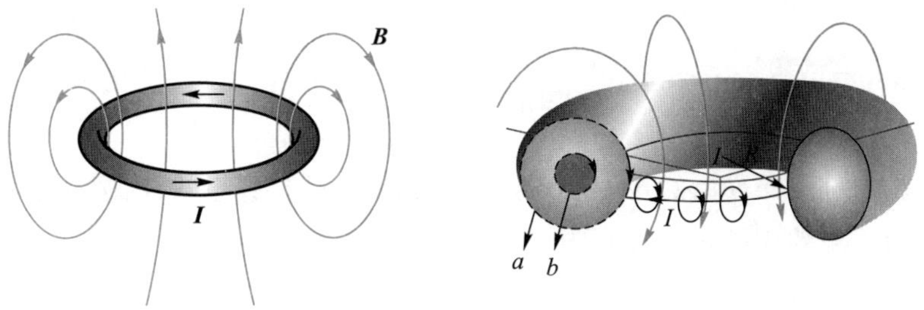

图 6-29 磁感应线交链不同的电流

如图 6-30 所示,对于 N 匝线圈组成的回路,若通过每匝线圈的磁通量都是 Φ,即每条磁感应线交链的电流是每匝电流的 N 倍,那么整个回路的磁通匝链数为

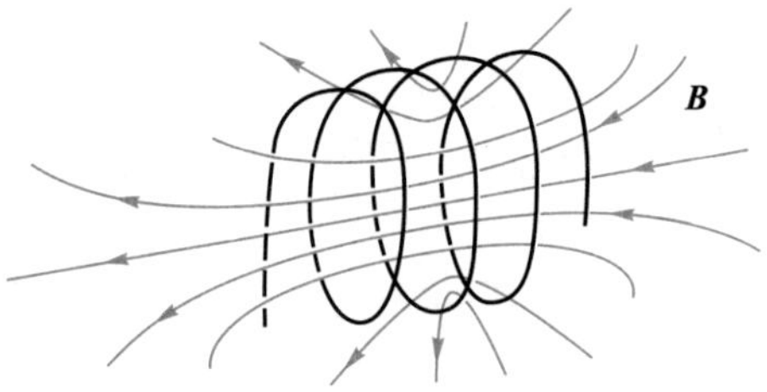

图 6-30 有效匝数

$$\Psi = N\Phi$$

若通过各匝线圈的磁通量不等，即通过 n_1 匝线圈的磁通量为 Φ_1，通过 n_2 匝线圈的磁通量为 Φ_2……则总的磁通量为

$$\Psi = n_1\Phi_1 + n_2\Phi_2 + \cdots = \sum_i n_i\Phi_i$$

线圈总匝数 $N = \sum_i n_i$，所以自感系数为

$$L = \frac{\Psi}{I} = \frac{1}{I}\sum n_i\Phi_i \tag{6-32}$$

同理对于粗导线构成的回路，整个回路的电流为 I，回路仅包含一匝线圈，但导线内部的磁通量 $\mathrm{d}\Phi$ 只与 I 中的一部分电流 I' 相交链. 与 I' 相联系的电流只有 I'/I 匝，故

$$\mathrm{d}\Psi = \frac{I'}{I}\mathrm{d}\Phi$$

整个电流回路的磁通匝链数为

$$\Psi = \int \frac{I'}{I}\mathrm{d}\Phi \tag{6-33}$$

自感系数是由回路自身的几何特性和介质特性决定的. 自感同样有另外一种定义，即

$$L = -\frac{\mathscr{E}}{\mathrm{d}I/\mathrm{d}t} \tag{6-34}$$

在无铁磁质且回路不变形时两者定义是等效的. 与 M 可取正负值不同，L 总取正值.

密绕无限长螺线管的自感系数，可以通过使例 6-7 中的互感系数中的 $n_1 = n_2 = n$ 而得到，即

$$L = \mu_0\frac{N^2}{l}S = \mu_0 n^2 V$$

【例 6-9】 计算如例 6-9 图所示的同轴电缆的自感系数，内圆柱是实心的.

【解】 电缆中的磁场分布为

$$\begin{cases} B_1 = \dfrac{\mu_0 I}{2\pi R_1^2}r, & r<R_1 \\ B_2 = \dfrac{\mu_0 I}{2\pi r}, & R_1<r<R_2 \end{cases}$$

B_2 交链整个电流 I,而 B_1 仅交链部分电流,B_1 对磁通匝链数的贡献为

$$\Psi_1=\int\frac{I'}{I}B_1\mathrm{d}S=\int_0^{R_1}\frac{r^2}{R_1^2}\frac{\mu_0 I}{2\pi R_1^2}rl\mathrm{d}r=\frac{\mu_0 Il}{2\pi R_1^4}\int_0^{R_1}r^3\mathrm{d}r=\frac{\mu_0 Il}{8\pi}$$

$$\Psi_2=\int B_2\mathrm{d}S=\frac{\mu_0 I}{2\pi}\int_{R_1}^{R_2}\frac{l}{r}\mathrm{d}r=\frac{\mu_0 Il}{2\pi}\ln\frac{R_2}{R_1}$$

总磁通量为

$$\Psi=\Psi_1+\Psi_2=\frac{\mu_0 Il}{2\pi}\ln\frac{R_2}{R_1}+\frac{\mu_0 Il}{8\pi}$$

因为 $\Psi=lLI$,所以单位长度的电感系数为

$$L=\frac{\mu_0}{2\pi}\left(\frac{1}{4}+\ln\frac{R_2}{R_1}\right)$$

而由空心圆筒构成的同轴电缆的单位长度的电感系数为(读者可以自行计算)

$$L=\frac{\mu_0}{2\pi}\ln\frac{R_2}{R_1}$$

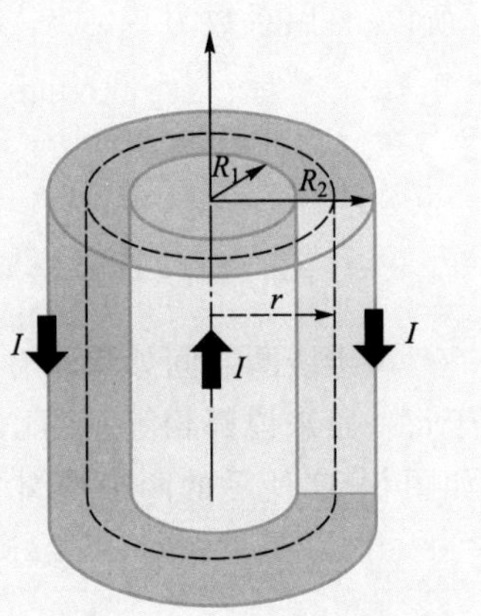

例 6-9 图　同轴电缆的自感

【例 6-10】 计算如例 6-10 图所示矩形环状螺线管的自感系数,已知螺线管的内径为 R_1,外径为 R_2,高度为 h,磁介质的相对磁导率为 μ_r,线圈总匝数为 N.

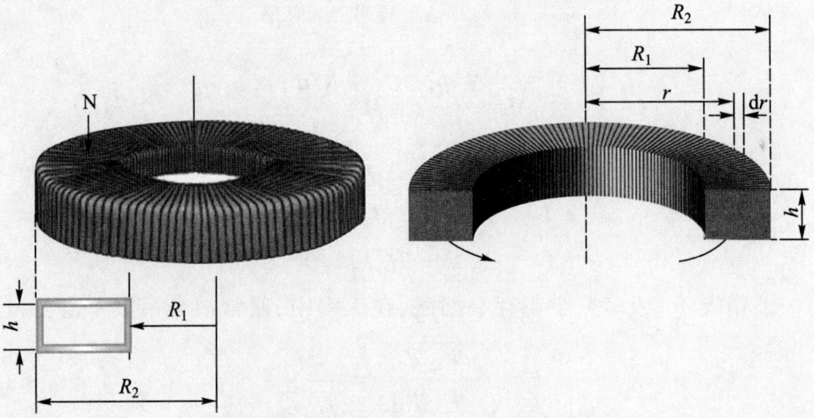

例 6-10 图

【解】 螺线管内部的磁感应强度为

$$B=\frac{\mu_0\mu_r NI}{2\pi r}$$

穿过横截面的一匝线圈中磁通量为

$$\Phi=\int_S\boldsymbol{B}\cdot\mathrm{d}\boldsymbol{S}=\frac{\mu_0\mu_r NI}{2\pi}\int_{R_1}^{R_2}\frac{1}{r}h\mathrm{d}r=\frac{\mu_0\mu_r hNI}{2\pi}\ln\frac{R_2}{R_1}$$

所以,自感系数为

$$L=\frac{N\Phi}{I}=\frac{\mu_0\mu_r hN^2}{2\pi}\ln\frac{R_2}{R_1}$$

6-3-3 自感系数与互感系数的关系

两组线圈之间如果不存在漏磁,即两个线圈中每一个线圈所产生的磁通量对于每一匝来说都相等,并且全部穿过另一个线圈的每一匝,这种情况叫无磁漏,对如图 6-31 所示的两个线圈组合,有

$$M=\frac{N_2\Phi_{21}}{I_1}=\frac{N_1\Phi_{12}}{I_2}$$

$$L_1=\frac{N_1\Phi_1}{I_1},\quad L_2=\frac{N_2\Phi_2}{I_2}$$

在无磁漏条件下,即满足 $\Phi_{12}=\Phi_2,\Phi_{21}=\Phi_1$,有

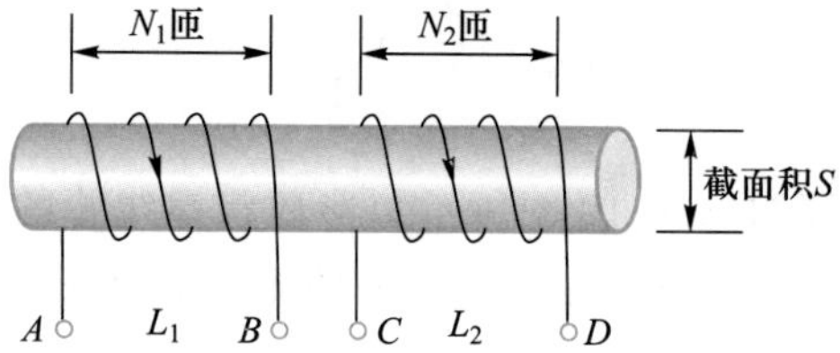

图 6-31 两个线圈之间互感

$$M=\frac{N_2\Phi_1}{I_1},\quad M=\frac{N_1\Phi_2}{I_2}$$

$$M^2=\frac{N_2\Phi_1}{I_1}\cdot\frac{N_1\Phi_2}{I_2}=\frac{N_1\Phi_1}{I_1}\cdot\frac{N_2\Phi_2}{I_2}=L_1L_2$$

故

$$M=\sqrt{L_1L_2} \tag{6-35}$$

但一般情况下,或多或少都存在漏磁,在工程中,通常耦合系数 k 定义为

$$k=\sqrt{\frac{|\Psi_{12}\Psi_{21}|}{\Psi_{11}\Psi_{22}}}=\frac{M}{\sqrt{L_1L_2}} \tag{6-36}$$

耦合系数 k 与线圈的结构、相互几何位置、空间磁介质有关.通常情况下 $k\leqslant 1$,因此

$$M=k\sqrt{L_1L_2} \tag{6-37}$$

$k=0$ 表示两个线圈无耦合;$k=1$ 表示两个线圈理想耦合,变压器的主副线圈之间一般存在很好的耦合,通常 $k=0.98$.

6-3-4 电感的串联与并联

电感是交流电路中的一个重要元件,电感(或电感线圈)是用漆包线、纱包线或塑皮线等在绝缘骨架或磁芯、铁芯上绕制而成的一组串联的同轴线匝,它在电路中

用字母“L”表示.图 6-32 是各种不同的电感在电路中的图形符号.电感的主要作用是对交流信号进行隔离、滤波或与电容器、电阻等组成谐振电路等.

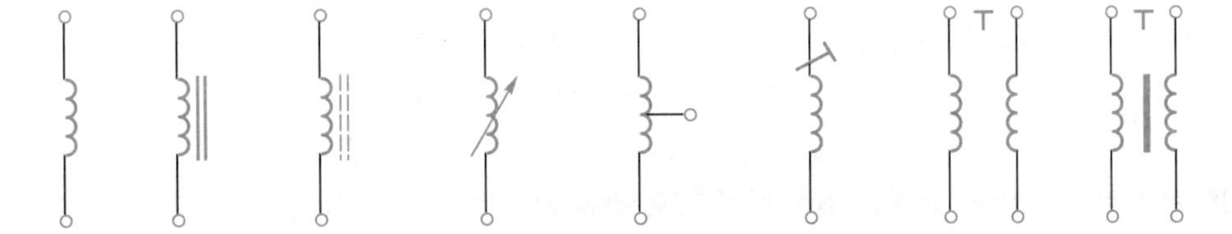

图 6-32 各种电感在电路中的符号

把电感接在电路中,如图 6-33 左边图所示,当开关闭合时,电感中就会产生感应电压,根据电磁感应定律,感应电压(或感应电动势)与外加电压正负号相反,线圈中电流逐渐增大,当达到最大值时,线圈中不再出现感应电压.当开关断开时,线圈中也会出现感应电压,该感应电压阻碍外加电压的突然减少,使之逐渐减少,如图 6-33 右边所示.电感接到电路中,当电流随时间增加时,自感电动势如图 6-34(a)所示,当电流随时间减少时,自感电动势如图 6-34(b)所示.

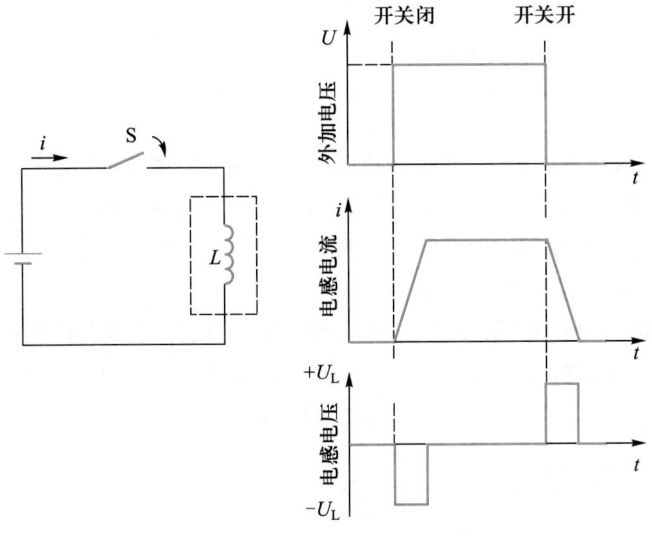

图 6-33 电感在电路中的响应

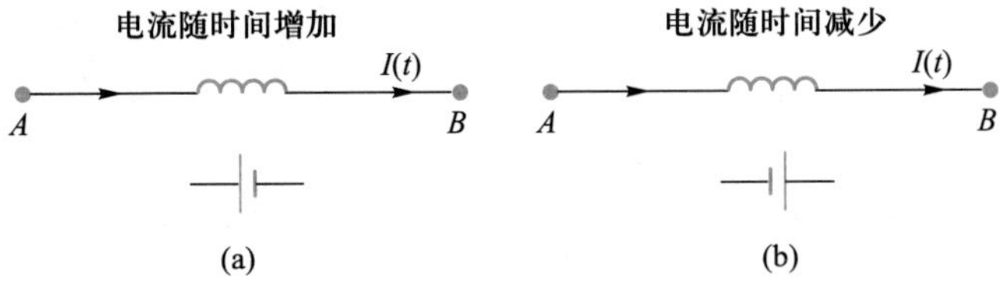

图 6-34 电感接到电路中时,自感电动势与电流变化有关

1. 电感串联

两个线圈串联后，如图 6-35(a)所示，当两个电流分别从两个线圈的对应端口同时流入或流出，若所产生的磁通相互加强时，则这两个对应端口称为两互感线圈的同名端.对同名端串联，每个线圈中的总磁通量分别为

$$\Phi_1=\Phi_{11}+\Phi_{12}=L_1I_1+MI_2$$

$$\Phi_2=\Phi_{22}+\Phi_{21}=L_2I_2+MI_1$$

因为 $I_1=I_2$，所以两个线圈串联后总的磁通量为

$$\Phi=\Phi_1+\Phi_2=L_1I_1+MI_2+L_2I_2+MI_1$$

所以有

$$L_{顺}=L_1+L_2+2M \tag{6-38}$$

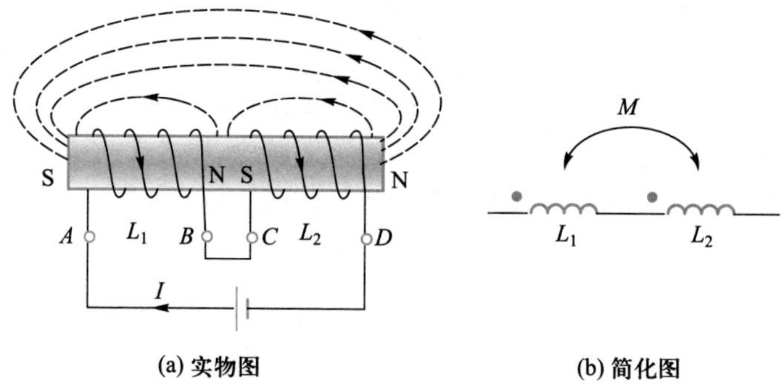

图 6-35 线圈串联后磁场加强

确定同名端的方法有① 当两个线圈中的电流同时由同名端流入(或流出)时，两个电流产生的磁场相互增强；② 当随时间增大的时变电流从一线圈的一端流入时，将会引起另一线圈相应同名端的电势升高.图 6-35(b)中的两个蓝点即表示为同名端.一些教材中也采用“ * ”表示.

如图 6-36(a)所示的接线方法，两个线圈的磁场在磁芯中相互抵消，总电感仍可以用式(6-38)来表示，将式中最后一项 M 前取负号即可，即

$$L_{反}=L_1+L_2-2M \tag{6-39}$$

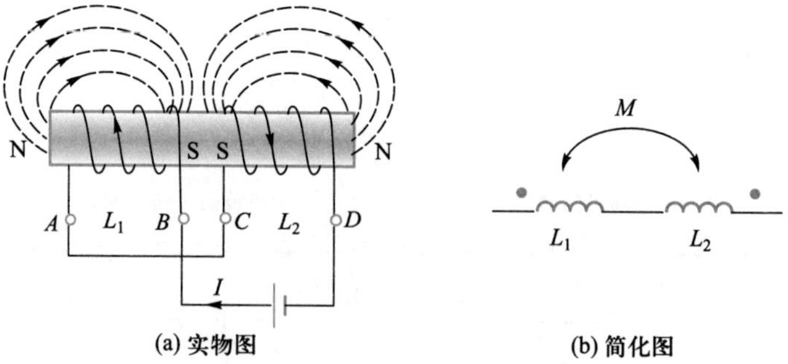

图 6-36 线圈串联后磁场相消

综合以上两种情况，两个电感线圈串联后，总自感为

$$L=L_1+L_2\pm 2M \tag{6-40}$$

正负号分别对应于磁场加强和磁场抵消，即两个感应线圈串联后，总自感并不等于各自的自感之和.

我们可以利用上面的关系来测量两个固定线圈之间的互感.把两个线圈顺串联一次，然后反向串联一次，得

$$M=\frac{L_{顺}-L_{反}}{4} \tag{6-41}$$

但是如果串联的感应线圈之间的磁通量没有交链，或者各自是相互独立的，则它们之间不存在互感，如图 6-37 所示，此时

$$U=L\frac{\mathrm{d}I}{\mathrm{d}t}=U_{L1}+U_{L2}+U_{L3}=L_1\frac{\mathrm{d}I}{\mathrm{d}t}+L_2\frac{\mathrm{d}I}{\mathrm{d}t}+L_3\frac{\mathrm{d}I}{\mathrm{d}t}$$

$$L=L_1+L_2+L_3$$

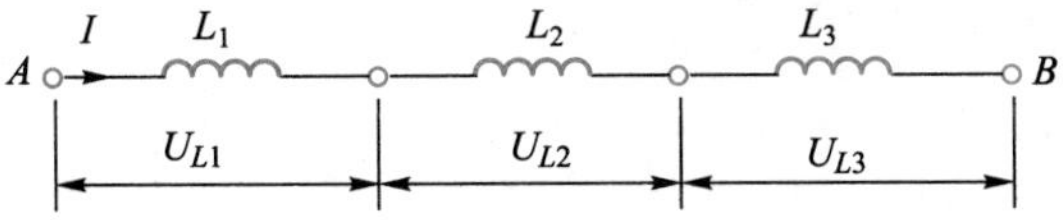

图 6-37 无耦合的电感串联

2. 电感并联

如果两个电感线圈之间存在耦合，那么在并联时需要分两种情况，同名端并联和异名端并联，如图 6-38(a)和(b)所示.

同名端并联时，因为

$$\mathscr{E}=\mathscr{E}_1=\mathscr{E}_2$$

即

$$\mathscr{E}=-\left(L_1\frac{\mathrm{d}I_1}{\mathrm{d}t}+M\frac{\mathrm{d}I_2}{\mathrm{d}t}\right)=-\left(L_2\frac{\mathrm{d}I_2}{\mathrm{d}t}+M\frac{\mathrm{d}I_1}{\mathrm{d}t}\right)$$

由于是并联电路，电流关系为

$$\frac{\mathrm{d}I}{\mathrm{d}t}=\frac{\mathrm{d}I_1}{\mathrm{d}t}+\frac{\mathrm{d}I_2}{\mathrm{d}t}$$

解上面的两个方程组，有

$$\begin{cases}\dfrac{\mathrm{d}I_1}{\mathrm{d}t}=\dfrac{L_2-M}{L_1+L_2-2M}\dfrac{\mathrm{d}I}{\mathrm{d}t}\\[2ex]\dfrac{\mathrm{d}I_2}{\mathrm{d}t}=\dfrac{L_1-M}{L_1+L_2-2M}\dfrac{\mathrm{d}I}{\mathrm{d}t}\end{cases}$$

代入到总电动势表达式，得

$$\mathscr{E}=-\frac{L_1L_2-M^2}{L_1+L_2-2M}\frac{\mathrm{d}I}{\mathrm{d}t}=-L_{同}\frac{\mathrm{d}I}{\mathrm{d}t}$$

所以，总自感系数为

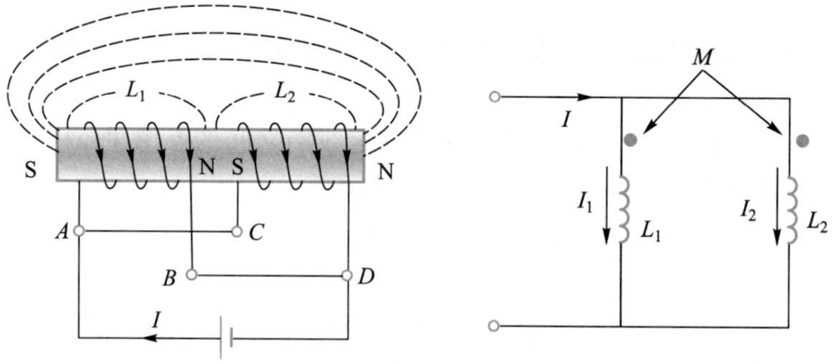

(a) 同名端并联

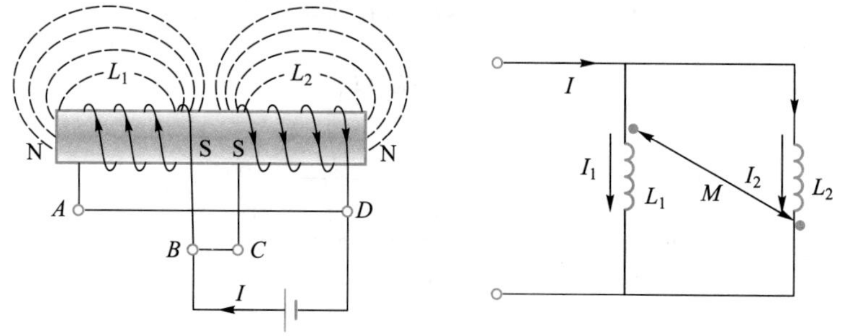

(b) 异名端并联

图 6-38 电感线圈并联

$$L_{同}=\frac{L_1L_2-M^2}{L_1+L_2-2M} \tag{6-42}$$

$2M$ 是因为 L_1 对 L_2 的影响和 L_2 对 L_1 的影响.如果两个线圈的自感系数相等并且是理想耦合,即 $L_1=L_2=M$,那么就有 $L_{同}=L_1=L_2=M$;如果完全没有耦合,即 $L_1=L_2=L_0,M=0$,则 $L_{同}=L_0/2$.

因为 $L_1+L_2-2M>0$,即

$$M\leqslant\frac{1}{2}(L_1+L_2)$$

因为总自感系数 $L_{同}$ 总是正的,由于分母非负,必须要求分子非负,所以 $M\leqslant\sqrt{L_1L_2}$.

同理,对异名端并联的情况,可以得到

$$L_{异}=\frac{L_1L_2-M^2}{L_1+L_2+2M} \tag{6-43}$$

综合以上两种情况,电感线圈并联的总自感系数为

$$L=\frac{L_1L_2-M^2}{L_1+L_2\mp 2M} \tag{6-44}$$

正负号分别对应于同名端并联和异名端并联.

若 $L_1=L_2=L_0$,则同名端并联时

$$L=\frac{L_0^2-M^2}{2(L_0-M)}=\frac{1}{2}(L_0+M)$$

对理想耦合，即 $M=L_0$，则有 $L=L_0$.

若 $L_1=L_2=L_0$，则异名端并联时，有

$$L=\frac{L_0^2-M^2}{2(L_0+M)}=\frac{1}{2}(L_0-M)$$

如果是理想耦合，则 $L_0=M$，那么就有 $L=0$；随意将两个理想耦合的线圈并联，意味着有可能出现“短路”.

但是如果并联的感应线圈之间的磁通量没有交链，或者各自相互独立，则它们之间不存在互感，如图 6-39 所示，此时

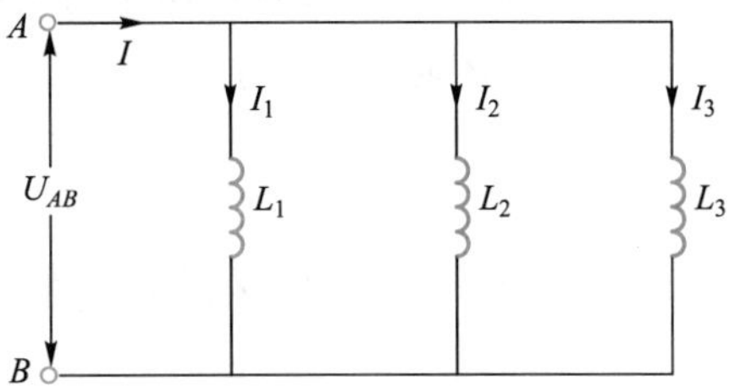

图 6-39　电感的并联

$$U_{AB}=L\frac{\mathrm{d}}{\mathrm{d}t}(I_1+I_2+I_3)=L\left(\frac{\mathrm{d}I_1}{\mathrm{d}t}+\frac{\mathrm{d}I_2}{\mathrm{d}t}+\frac{\mathrm{d}I_3}{\mathrm{d}t}\right)$$

因为 $\mathrm{d}I/\mathrm{d}t=U_{AB}/L$，所以

$$U_{AB}=L\left(\frac{U_{AB}}{L_1}+\frac{U_{AB}}{L_2}+\frac{U_{AB}}{L_3}\right)$$

所以有

$$\frac{1}{L}=\frac{1}{L_1}+\frac{1}{L_2}+\frac{1}{L_3} \tag{6-45}$$

【例 6-11】　计算例 6-11 图所示的等效电感 L_{EF}.

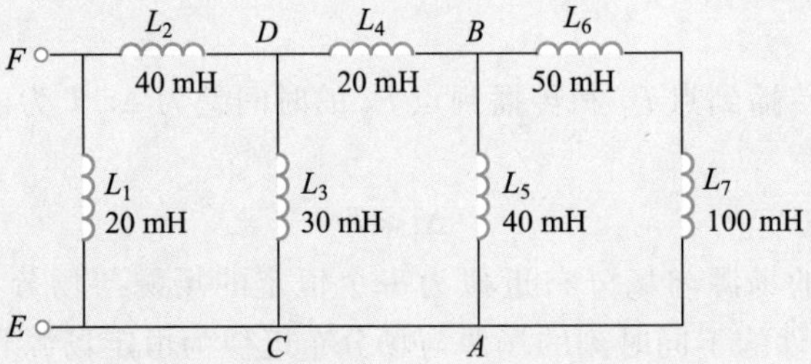

例 6-11 图

【解】　可以分三步计算，先计算 L_5、L_6 和 L_7 三个电感的等效电感 L_{AB}：

$$L_{AB}=\frac{L_5\times(L_6+L_7)}{L_5+L_6+L_7}=\frac{40\ \mathrm{mH}\times(50\ \mathrm{mH}+100\ \mathrm{mH})}{40\ \mathrm{mH}+50\ \mathrm{mH}+100\ \mathrm{mH}}=31.6\ \mathrm{mH}$$

然后计算 L_3、L_4 和 L_{AB} 的等效电感 L_{CD}：

$$L_{CD}=\frac{L_3\times(L_4+L_{AB})}{L_3+L_4+L_{AB}}=\frac{30\ \mathrm{mH}\times(20\ \mathrm{mH}+31.6\ \mathrm{mH})}{30\ \mathrm{mH}+20\ \mathrm{mH}+31.6\ \mathrm{mH}}=19.0\ \mathrm{mH}$$

最后计算 L_1、L_2 和 L_{CD} 的等效电感 L_{EF}：

$$L_{EF}=\frac{L_1\times(L_2+L_{CD})}{L_1+L_2+L_{CD}}=\frac{20\ \mathrm{mH}\times(40\ \mathrm{mH}+19.0\ \mathrm{mH})}{20\ \mathrm{mH}+40\ \mathrm{mH}+19.0\ \mathrm{mH}}=14.9\ \mathrm{mH}$$

§6-4 似稳电路和暂态过程

6-4-1 似稳过程与似稳电路

一般讲来,伴随变化的磁场的电场是随时间变化的,在变化的电场作用下形成的电流亦是随时间变化的,是非恒定的电流.欧姆定律的微分形式对非恒定电流仍然成立,即

$$\boldsymbol{j}=\sigma\boldsymbol{E}$$

这里 $\boldsymbol{E}$ 是总电场,即 $\boldsymbol{E}=\boldsymbol{E}_{静}+\boldsymbol{E}_{旋}+\boldsymbol{E}_{k}$,所以

$$\boldsymbol{j}=\sigma(\boldsymbol{E}_{静}+\boldsymbol{E}_{旋}+\boldsymbol{E}_{k}) \tag{6-46}$$

此时 $\oint_S \boldsymbol{j}\cdot\mathrm{d}\boldsymbol{S}\neq 0$,因此基尔霍夫第一定律不再适用.

如果交流电的频率过高,电路中将产生涡旋电场,则 $\oint_L \boldsymbol{E}\cdot\mathrm{d}\boldsymbol{l}\neq 0$,因此基尔霍夫第二定律不再适用,甚至电压概念也不再适用.

恒定电流的闭合性要求在没有分支的电路中,通过导线的任何截面的电流都相等,然而这一结论对于可变电流不再成立.因为电场和磁场是以有限速度传播的,在同一时刻,电路上各点的场,并非由同一时刻场源的电荷分布和电流分布确定.

设场从源点传播到点 P_1 和传播到点 P_2 的时间差为 Δt,T 为电场随时间变化的周期,当

$$\Delta t\ll T$$

电路在每一时刻的场源与场分布近似为一个恒定的场源与场分布,该式称为似稳条件.满足似稳条件的不同时刻的场源与场分布近似为恒定场源和场分布.

由于这种变化缓慢的电场和磁场在任何时刻的分布都可近似看作恒定的电场和磁场,如图 6-40 所示,故称这样的场为似稳场,在似稳场作用下的电流称似稳电流.

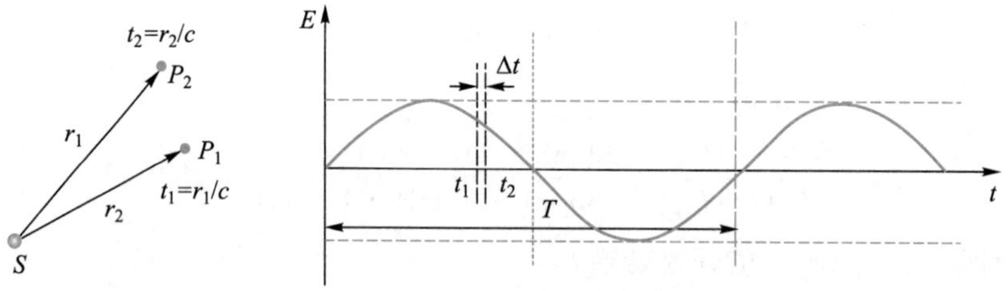

图 6-40 似稳场中电磁场在两点的时间差与周期相比很小

对于似稳电流的瞬时值,有关直流电路的基本概念、电路定律仍然有效.似稳电

流与恒定电流一样，任何时刻无分支的线路上各个截面的电流相等，电流线连续地通过导体内部，不会在导体的表面上终止.以同样的方式激发磁场，可以用毕奥-萨伐尔定律计算磁场，服从安培环路定理.

随时间变化的电荷激发的电场也是随时间变化的，它是一种随时间变化的"静态场"，在任何时刻，这种电场的旋度为零，因而仍然是一种有势场，不过是随时间变化的有势场.但是，由于趋肤效应的存在，电流密度在导体截面上的分布并不均匀，导线表面的电流密度较大，导线中心处的电流密度则较小，这一点与恒定电流是不同的.但是当似稳电流随时间变化比较缓慢、导线又比较细时，趋肤效应也可以忽略.

6-4-2 暂态过程

1. *RC* 暂态过程

考虑如图 6-41 所示的电容器充电电路.当开关位于 1 时，电源接上，电容器开始充电.设某时刻 t 电路中的电流为 I，电容器极板充电的电荷量为 q，则根据回路方程，有

$$IR+\frac{q}{C}=\mathscr{E}$$

考虑到 $I=\mathrm{d}q/\mathrm{d}t$，上式也可以写成

$$R\frac{\mathrm{d}q}{\mathrm{d}t}+\frac{1}{C}q=\mathscr{E}$$

利用初始条件 $q\big|_{t=0}=0$，可求得上式的解为

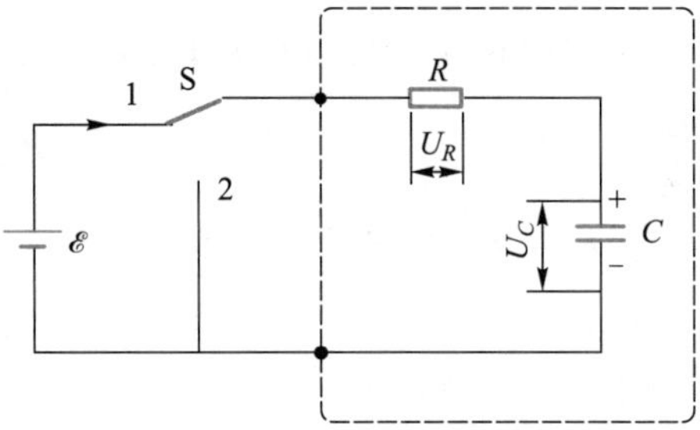

图 6-41 电容器充电过程

$$q=q_0(1-\mathrm{e}^{-\frac{t}{\tau}}) \tag{6-47}$$

相应的充电电流为

$$I=I_0\mathrm{e}^{-\frac{t}{\tau}} \tag{6-48}$$

式中 $q_0=C\mathscr{E}, I_0=\mathscr{E}/R, \tau=RC$. τ 称为 RC 电路的时间常量.上面的结果表明，当电容器充电时，电容器的电荷由零逐渐增加到 q_0，而电流则由 I_0 逐渐减小到零. τ 越小，上述过程进行得越快，如图 6-42(a)所示.

根据电容器充电过程的解，我们可以求出电容器充电的能量为

$$W_C=\int_0^{\infty}I(t)U_C(t)\mathrm{d}t=\int_0^{\infty}\frac{\mathscr{E}^2}{R}(1-\mathrm{e}^{-\frac{t}{\tau}})\mathrm{e}^{-\frac{t}{\tau}}\mathrm{d}t=\frac{C\mathscr{E}^2}{2}$$

充电过程中电阻消耗的电能为

$$W_R=\int_0^{\infty}I^2(t)R\mathrm{d}t=\int_0^{\infty}\frac{\mathscr{E}^2}{R}\mathrm{e}^{-\frac{2t}{\tau}}\mathrm{d}t=\frac{\mathscr{E}^2\tau}{2R}=\frac{C\mathscr{E}^2}{2}$$

电源提供的能量为

$$W_{\mathrm{t}}=\int_0^{\infty}I(t)\mathscr{E}\mathrm{d}t=\int_0^{\infty}\frac{\mathscr{E}^2}{R}\mathrm{e}^{-\frac{t}{\tau}}\mathrm{d}t=\frac{\mathscr{E}^2\tau}{R}=C\mathscr{E}^2$$

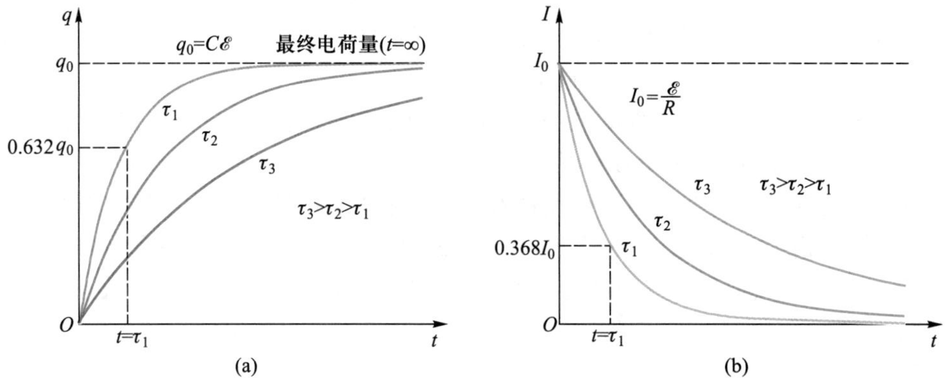

图 6-42 电容器充电过程电容器极板上的电荷和放电过程中电路中的电流随时间的变化

可见电容器充电过程中只能获得电源提供电能的一半,另一半消耗在了电路的负载上.电容器得到一半能量的结论也只有在充电过程中电动势恒定的情况成立,如果充电过程电动势变小,则电容器将不能得到电源提供的一半能量.

在图 6-41 中,当开关由 1 拨至 2 时,电容器开始放电.该电路的回路方程为

$$R\frac{\mathrm{d}q}{\mathrm{d}t}+\frac{1}{C}q=0$$

满足$q|_{t=0}=q_0$ 的解为

$$q=q_0\mathrm{e}^{-\frac{t}{\tau}} \tag{6-49}$$

相应的放电电流为

$$I=\frac{\mathrm{d}q}{\mathrm{d}t}=I_0\mathrm{e}^{-\frac{t}{\tau}} \tag{6-50}$$

这说明,在放电过程中,电荷量由 q_0 逐渐减小到零,电流则由 I_0 逐渐变化到零,如图 6-42(b)所示.

在这个过程中由于不存在电源,电容器储存的能量将全部转化为电阻的焦耳热,读者可以自行证明.

2. *RL* 暂态过程

对 RL 串联电路,如图 6-43 所示,开关 S 拨至 1 点时,即接通电源时,有

$$U_R+U_L=\mathscr{E}$$

设电感线圈内阻为零,电感值为 L,$U_L=-\mathscr{E}_L=L\frac{\mathrm{d}I}{\mathrm{d}t}$,即

$$L\frac{\mathrm{d}I}{\mathrm{d}t}+IR-\mathscr{E}=0$$

注意到初始条件,即 $t=0$ 时,$I=0$,则其解为

$$I=\frac{\mathscr{E}}{R}(1-\mathrm{e}^{-\frac{R}{L}t}) \tag{6-51}$$

令$\frac{\mathscr{E}}{R}=I_0$,$\frac{L}{R}=\tau$,$\tau$ 称回路的时间常量或弛豫时间,则式(6-51)改写为$I=I_0(1-\mathrm{e}^{-\frac{t}{\tau}})$.

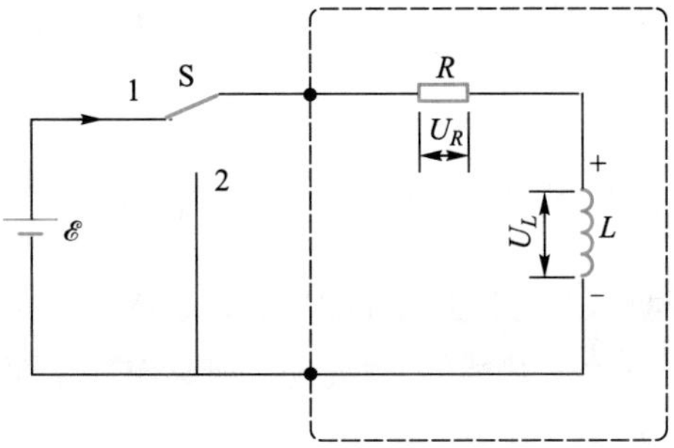

图 6-43　RL 暂态过程

当 $t\to\infty$,$I\to I_0$;当 $t=\tau$,$I=I_0(1-e^{-1})=0.63I_0$,电流随时间的变化如图 6-44 中的黑色曲线所示.

当图 6-43 中开关拨至 2 点时,即断开电源时,有 $L\frac{dI}{dt}+IR=0$,该方程的解为$I=I_0e^{-\frac{t}{\tau}}$;当 $t\to\infty$,$I\to 0$,当 $t=\tau$,$I=I_0e^{-1}=0.37I_0$,电流随时间的变化如图 6-44 中蓝色曲线所示.

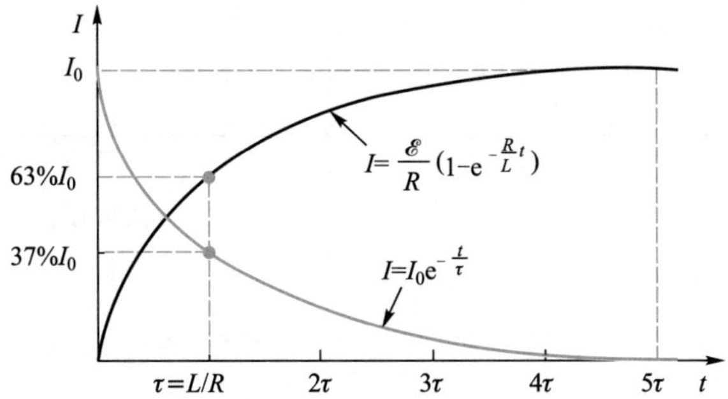

图 6-44　电流随时间变化曲线

3. **RLC 暂态过程**

对 RLC 串联电流,如图 6-45 所示,开关 S 接到 1 点时,即接通电源时,有

$$L\frac{d^2q}{dt^2}+R\frac{dq}{dt}+\frac{q}{C}=\mathscr{E}$$

令 $\beta=\frac{R}{2L}$,$\omega_0=\frac{1}{\sqrt{LC}}$,$q_0=C\mathscr{E}$,微分方程改写为

$$\frac{d^2q}{dt^2}+2\beta\frac{dq}{dt}+\omega_0^2q=\omega_0^2q_0 \qquad (6-52)$$

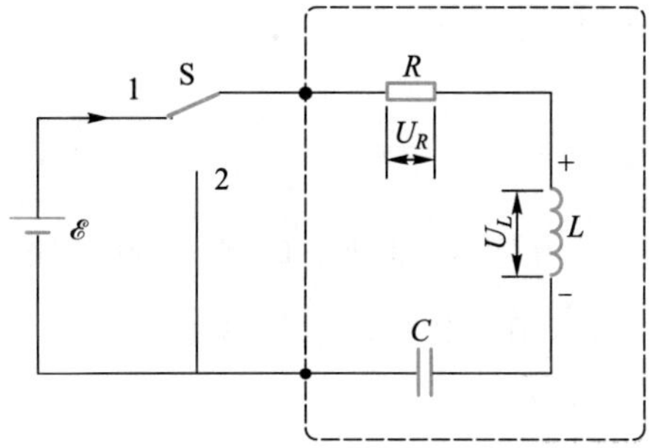

图 6-45　RLC 暂态过程

该电路的初始条件为 $q\big|_{t=0}=0$,$\frac{dq}{dt}\Big|_{t=0}=0$,微分方程的解分三种情况:

(1) 欠阻尼 $\beta^2-\omega_0^2<0$,其解为 $q=q_0-q_0\mathrm{e}^{-\beta t}\left(\cos\omega t+\dfrac{\beta}{\omega}\sin\omega t\right)$,这里 $\omega=\sqrt{\omega_0^2-\beta^2}$,称阻尼振荡解.

(2) 过阻尼 $\beta^2-\omega_0^2>0$,其解为 $q=q_0-\dfrac{1}{2\gamma}q_0\mathrm{e}^{-\beta t}[(\beta+\gamma)\mathrm{e}^{\gamma t}-(\beta-\gamma)\mathrm{e}^{-\gamma t}]$,这里 $\gamma=\sqrt{\beta^2-\omega_0^2}$,表明 q 随时间单调上升,且 β 越大,上升越慢.

(3) 临界阻尼 $\beta^2-\omega_0^2=0$,其解为 $q=q_0-q_0(1+\beta t)\mathrm{e}^{-\beta t}$,$q$ 随时间单调上升,但是比过阻尼上升要快些.

图 6-46(a)表明了 *RLC* 暂态过程三种解的电容器极板上的电荷随时间的变化关系,图 6-46(b)表示开关 S 拨至 2 点时,即断开电源时,三种情况下电容器极板上的电荷随时间的衰减关系.

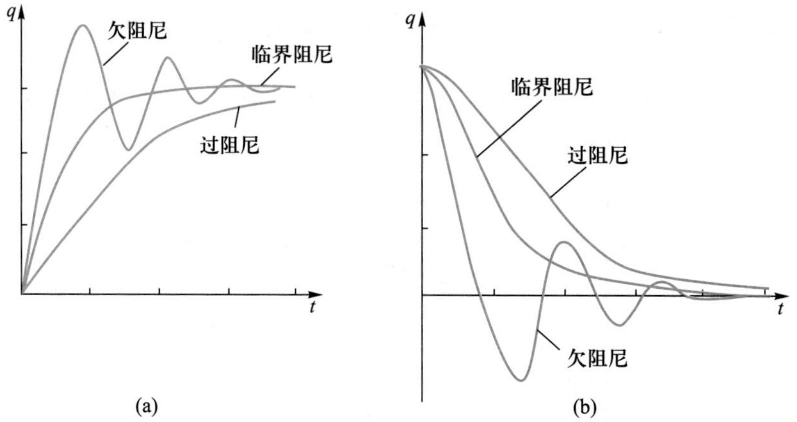

图 6-46 *RLC* 暂态过程和断开电源后电荷随时间的变化

§6-5 磁场的能量

6-5-1 载流线圈系统的磁能

在图 6-43 所示的 *RL* 串联电路中,当撤去电源,即开关 S 拨至 2 点时,则 $I=I_0\mathrm{e}^{-\frac{t}{\tau}}$,在电阻中的焦耳热为

$$\mathrm{d}Q=RI^2\mathrm{d}t=RI_0^2\mathrm{e}^{-\frac{2t}{\tau}}\mathrm{d}t$$

对该式积分,得到电阻上总的焦耳热为

$$Q=RI_0^2\int_0^\infty \mathrm{e}^{-\frac{2t}{\tau}}\mathrm{d}t=-\frac{\tau}{2}RI_0^2\mathrm{e}^{-\frac{2t}{\tau}}=\frac{1}{2}LI_0^2$$

电源已经断开,这个能量从何而来?可见电阻上产生的焦耳热来源于线圈中的磁

能，即电感线圈是一个储能元件.

我们现在来考虑 RL 串联电路在电源接通电源后，储存在电感上的能量，对图 6-43 图中 S 接通电源时(拨至 1 点)，有

$$\mathscr{E}=IR+L\frac{\mathrm{d}I}{\mathrm{d}t}$$

电源提供的能量为

$$I\mathscr{E}=I^2R+\frac{1}{2}L\frac{\mathrm{d}I^2}{\mathrm{d}t}=I^2R+\frac{\mathrm{d}}{\mathrm{d}t}\left(\frac{1}{2}LI^2\right)$$

即电源提供的能量，一部分转化为焦耳热，一部分克服自感线圈电动势做了功.后一部分的能量储存在电感线圈中，储存的总能量就是对 I 从 0 到 I_0 积分，即

$$W_{\mathrm{m}}=\int_0^{I_0}\mathrm{d}\left(\frac{1}{2}LI^2\right)=\frac{1}{2}LI_0^2$$

这正是当撤去电源后，电感中储存的能量转移给电阻，产生焦耳热.

因此，电感线圈在通电后，任一时刻电流为 I，则储存的磁能的表达式为

$$W_{\mathrm{m}}=\frac{1}{2}LI^2 \tag{6-53}$$

下面来讨论互感线圈的磁能.当 L_1 和 L_2 两个线圈单独存在时，磁能为

$$\begin{cases}W_{\mathrm{m1}}=\dfrac{1}{2}L_1I_1^2, & I_1=\dfrac{\mathscr{E}_1}{R_1}\\[2ex] W_{\mathrm{m2}}=\dfrac{1}{2}L_2I_2^2, & I_2=\dfrac{\mathscr{E}_2}{R_2}\end{cases}$$

由于 L_2 的存在，i_2 在 L_1 回路中产生的电动势为

$$\mathscr{E}'=M\frac{\mathrm{d}i_2}{\mathrm{d}t}$$

两边乘以 $I_1\mathrm{d}t$，有

$$I_1\mathscr{E}'\mathrm{d}t=I_1M\mathrm{d}i_2$$

当 i_2 从 $0\to I_2$ 时，积分该式，得

$$W_{\mathrm{m3}}=\int_0^{I_2}I_1M\mathrm{d}i_2=MI_1I_2$$

注意 L_1 和 L_2 之间的互感只有一个，不必另外计算 I_1 在 L_2 回路中的磁能.

总磁能为

$$\begin{cases}W_{\mathrm{m}}=\dfrac{1}{2}L_1I_1^2+\dfrac{1}{2}L_2I_2^2+MI_1I_2, & \text{顺接}\\[2ex] W_{\mathrm{m}}=\dfrac{1}{2}L_1I_1^2+\dfrac{1}{2}L_2I_2^2-MI_1I_2, & \text{反接}\end{cases} \tag{6-54}$$

也可以写成对称形式：

$$\begin{cases}W_{\mathrm{m}}=\dfrac{1}{2}L_1I_1^2+\dfrac{1}{2}L_2I_2^2+\dfrac{1}{2}M_{12}I_1I_2+\dfrac{1}{2}M_{21}I_2I_1, & \text{顺接}\\[2ex] W_{\mathrm{m}}=\dfrac{1}{2}L_1I_1^2+\dfrac{1}{2}L_2I_2^2-\dfrac{1}{2}M_{12}I_1I_2-\dfrac{1}{2}M_{21}I_2I_1, & \text{反接}\end{cases} \tag{6-55}$$

【例 6-12】 一电容器 C 蓄有电荷量 Q_0，在 $t=0$ 时刻接通 S，经自感为 L 的线圈放电，如例 6-12 图 1 所示，求：(1) L 内磁场能量第一次等于 C 内电场能量的时刻 t_1；(2) L 内磁场能量第二次达到极大值的时刻 t_2.

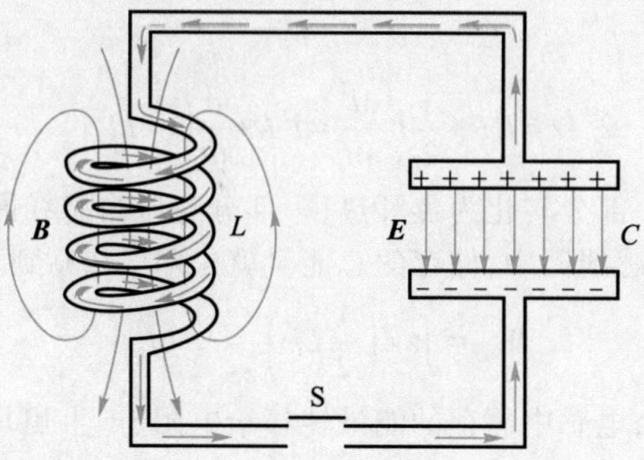

例 6-12 图 1

【解】 列出回路方程，有

$$-L\frac{\mathrm{d}I}{\mathrm{d}t}+\frac{Q}{C}=0$$

两边对 t 求导，利用 $I=-\frac{\mathrm{d}Q}{\mathrm{d}t}$，得

$$L\frac{\mathrm{d}^2I}{\mathrm{d}t^2}+\frac{I}{C}=0$$

由初始条件 $t=0$，有

$$\begin{cases}I=0\\Q=Q_0\end{cases}$$

解之得

$$\begin{cases}I=\dfrac{Q_0}{\sqrt{LC}}\sin\left(\dfrac{t}{\sqrt{LC}}\right)\\Q=Q_0\cos\left(\dfrac{t}{\sqrt{LC}}\right)\end{cases}$$

(1) L 内磁能等于 C 内电能，即

$$\frac{1}{2}LI^2=\frac{1}{2}\frac{Q^2}{C}$$

或

$$\sin^2\left(\frac{t}{\sqrt{LC}}\right)=\cos^2\left(\frac{t}{\sqrt{LC}}\right)$$

第一次相等，即满足

$$\frac{t_1}{\sqrt{LC}}=\frac{\pi}{4}$$

解之得

$$t_1=\frac{\pi}{4}\sqrt{LC}$$

（2）L 内磁场能量第二次达到极大值的时间为

$$t_2=\frac{3}{4}T=\frac{3}{4}\frac{2\pi}{\omega}=\frac{3\pi}{2}\sqrt{LC}$$

这是一个 LC 振荡回路，电场能量和磁场能量在电容器和电感线圈之间相互转化，如例 6-12 图 2 所示.

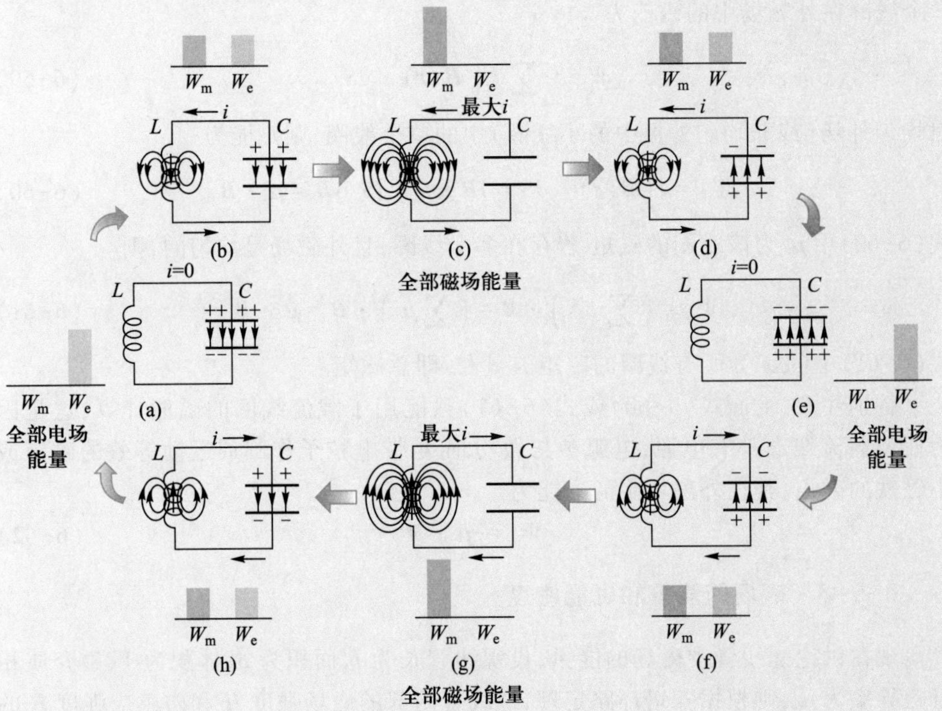

例 6-12 图 2

6-5-2　载流线圈在外磁场中的磁能

前面讨论了两个线圈的磁能，设定两个线圈顺接时 M 取正值，反接时 M 取负值，则式(6-55)改写为

$$W_m=\frac{1}{2}L_1I_1^2+\frac{1}{2}L_2I_2^2+\frac{1}{2}M_{12}I_1I_2+\frac{1}{2}M_{21}I_2I_1=\frac{1}{2}\sum_{i=1}^{2}L_iI_i^2+\frac{1}{2}\sum_{\substack{i,k=1\\ i\neq k}}^{2}M_{ik}I_iI_k$$

如果存在 N 个线圈，各个线圈有自感，各个线圈之间又有互感，则 N 个线圈储存的总磁能，只需把上式的求和上标 2 改为 N，即

$$W_m=\frac{1}{2}\sum_{i=1}^{N}L_iI_i^2+\frac{1}{2}\sum_{\substack{i,k=1\\ i\neq k}}^{N}M_{ik}I_iI_k \tag{6-56}$$

如果令 $M_{ii}=L_i$，则 N 个线圈储存的总磁能进一步简化为

$$W_m=\frac{1}{2}\sum_{i,k=1}^{N}M_{ik}I_iI_k=\frac{1}{2}\sum_{i=1}^{N}\sum_{k=1}^{N}M_{ik}I_iI_k \tag{6-57}$$

再回到两个线圈情况，两个线圈系统的磁能为

$$W_m=\frac{1}{2}L_1I_1^2+\frac{1}{2}L_2I_2^2+MI_1I_2$$

互感磁能即为两个线圈之间的相互作用能，为

$$W_{12}=M_{21}I_1I_2=\Phi_{21}I_2=I_2\int_{S_2}\boldsymbol{B}_1(\boldsymbol{r}_2)\cdot\mathrm{d}\boldsymbol{S} \tag{6-58}$$

N 个线圈在外磁场中的磁能为

$$W_m=\sum_{i=1}^{N}I_i\int_{S_i}\boldsymbol{B}(\boldsymbol{r})\cdot\mathrm{d}\boldsymbol{S} \tag{6-59}$$

对均匀外场（或非均匀外场中的小线圈）中的单个线圈，则磁能为

$$W_m=I\int_S\boldsymbol{B}(\boldsymbol{r})\cdot\mathrm{d}\boldsymbol{S}=I\boldsymbol{B}\cdot\boldsymbol{S}=I\boldsymbol{S}\cdot\boldsymbol{B}=\boldsymbol{\mu}\cdot\boldsymbol{B} \tag{6-60}$$

式（6-60）中 $\boldsymbol{\mu}$ 为该线圈的磁矩.若存在多个线圈，且外磁场是均匀的，则

$$W_m=\left(\sum_{i}^{N}I_i\boldsymbol{S}_i\right)\cdot\boldsymbol{B}=\left(\sum_{i}^{N}\boldsymbol{\mu}_i\right)\cdot\boldsymbol{B}=\boldsymbol{\mu}\cdot\boldsymbol{B} \tag{6-61}$$

式（6-61）中的 $\boldsymbol{\mu}$ 为所有线圈的磁矩矢量和，即总磁矩.

特别注意，上面式（6-60）或式（6-61）只能用于载流线圈的磁能计算，这是因为任何载流线圈都有电源，电源参与做功.而对带电粒子作圆周运动等效的磁矩或小磁铁的磁矩，其在外磁场中的磁能为

$$W_m=-\boldsymbol{\mu}\cdot\boldsymbol{B} \tag{6-62}$$

6-5-3 磁场的能量和磁能密度

现在讨论螺线管中磁场的能量，设螺线管长为 l，面积为 S，体积为 V，磁介质相对磁导率为 μ_r，则根据安培环路定理，螺线管内部的磁场强度 $\boldsymbol{H}$ 和磁感应强度 $\boldsymbol{B}$ 的大小分别为 $H=nI,B=\mu_0\mu_rnI$，螺线管的自感系数为

$$L=\frac{\Phi_m}{I}=\frac{NSB}{I}=\mu_0\mu_rn^2V$$

所以

$$W_m=\frac{1}{2}LI^2=\frac{1}{2}V\mu_0\mu_rn^2I^2=\frac{1}{2}VBH$$

单位体积的能量称能量密度，即

$$w_m=\frac{W_m}{V}=\frac{1}{2}BH=\frac{1}{2}\boldsymbol{B}\cdot\boldsymbol{H} \tag{6-63}$$

式(6-63)表明，磁场的能量是储存在磁场所处的空间中，而不是在螺线管的线圈上.尽管上面的磁场能量密度关系是从螺线管中推导出来的，但是却是普遍适用的.

因此，在磁场存在空间中磁场的总能量为

$$W_{\mathrm{m}}=\int_V w_{\mathrm{m}}\mathrm{d}V=\frac{1}{2}\int_V \boldsymbol{B}\cdot\boldsymbol{H}\mathrm{d}V \tag{6-64}$$

式(6-64)表明磁场的能量是储存在磁场存在的空间中,而不是储存在线圈的导线上,特别是在磁场随时间变化时,其意义更加明显.

【例 6-13】 一个同轴电缆,中心为半径为 a 的实心导线,外部是内半径为 b,外半径为 c 的导体圆筒,内外导体之间充满相对磁导率为 μ_{r} 的磁介质,电流在内外筒中等大反向且均匀分布,如例 6-13 图所示,求该电缆单位长度上的电感.

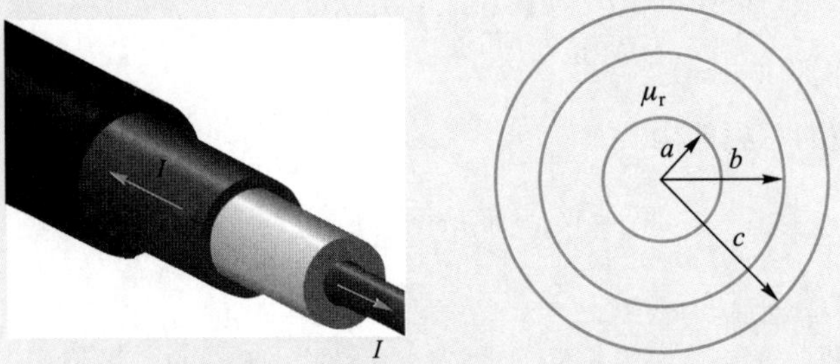

例 6-13 图

【解】 我们分 4 个区分别计算其磁能,然后由 $W_{\mathrm{m}}=LI^2/2$ 计算自感系数 L.

(1) $0\leqslant r\leqslant a,\mu_{\mathrm{r}}=1$,由安培环路定理,可求得

$$H_1=\frac{1}{2\pi r}\left(\frac{I}{\pi a^2}\right)\pi r^2=\frac{Ir}{2\pi a^2},\quad B_1=\mu_0H_1$$

能量密度为 $w_{\mathrm{m1}}=\dfrac{\mu_0I^2r^2}{8\pi^2a^4}$,该区域的磁能为

$$W_{\mathrm{m1}}=\int_0^a\int_0^{2\pi}\int_0^l w_{\mathrm{m1}}r\mathrm{d}\varphi\mathrm{d}r\mathrm{d}z=\frac{\mu_0 l}{16\pi}I^2$$

(2) $a\leqslant r\leqslant b$,同理由安培环路定理得

$$H_2=\frac{I}{2\pi r},\quad B_2=\frac{\mu_0\mu_{\mathrm{r}}I}{2\pi r}$$

所以能量密度为 $w_{\mathrm{m2}}=\dfrac{\mu_0\mu_{\mathrm{r}}I^2}{8\pi r^2}$,该区域的磁能为

$$W_{\mathrm{m2}}=\int_a^b\int_0^{2\pi}\int_0^l w_{\mathrm{m2}}r\mathrm{d}\varphi\mathrm{d}r\mathrm{d}z=\frac{\mu_0\mu_{\mathrm{r}}}{4\pi}lI^2\ln\left(\frac{b}{a}\right)$$

(3) $b\leqslant r\leqslant c$,穿过半径为 r 的环路内部的总电流为

$$\sum I=I-\frac{\pi(r^2-b^2)}{\pi(c^2-b^2)}I=\frac{c^2-r^2}{c^2-b^2}I$$

由安培环路定理得

$$H_3=\frac{I}{2\pi(c^2-b^2)}\left(\frac{c^2}{r}-r\right),B_3=\mu_0H_3$$

所以能量密度为

$$w_{m3}=\frac{\mu_0 I^2}{8\pi^2(c^2-b^2)^2}\left(\frac{c^4}{r^2}-2c^2+r^2\right)$$

该区域的磁能为

$$W_{m3}=\int_b^c\int_0^{2\pi}\int_0^l w_{m3}r\mathrm{d}\varphi\mathrm{d}r\mathrm{d}z=\frac{\mu_0 lI^2}{4\pi(c^2-b^2)^2}\left[c^4\ln\left(\frac{b}{a}\right)-\frac{1}{4}(c^2-b^2)(3c^2-b^2)\right]$$

（4）$r>c$，穿过半径为 r 的环路的总电流为

$$\sum I=I-I=0$$

所以 $H_4=0$，亦即 $W_{m4}=0$.

同轴电缆的总磁能为

$$W_m=W_{m1}+W_{m2}+W_{m3}+W_{m4}=\frac{1}{2}LI^2$$

单位长度的自感为

$$L_0=\frac{L}{l}=\frac{2W_m}{lI^2}=\frac{\mu_0}{2\pi}\left\{\frac{1}{4}+\mu_r\ln\left(\frac{b}{a}\right)+\frac{1}{(c^2-b^2)^2}\left[c^4\ln\left(\frac{b}{a}\right)-\frac{1}{4}(c^2-b^2)(3c^2-b^2)\right]\right\}$$

第六章拓展应用

第六章习题

6-1 一段直导线长为 $2l$，在中点 b 处折成 α 角，如图所示. 磁感应强度为 $\boldsymbol{B}$ 的均匀磁场垂直穿过平面，当导线以速度 $\boldsymbol{v}$ 运动时，求 ac 两端的感应电势差，哪端电势高？

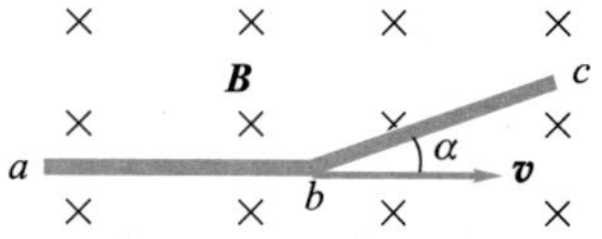

习题 6-1 图

6-2 载有电流为 I 的无限长直导线，在它旁边有一个半圆形的导线，半径为 R，圆心 O 到直导线的距离为 $l(l>R)$，半圆形导线和直导线在同一平面上，两个端点 a 和 b 连线与直导线垂直，当它以匀速度 $\boldsymbol{v}$ 平行于直导线运动时，求 ab 两点的电势差.

6-3 质量为 m 的导体棒搁在水平放置的两个间距为 d 的导轨上并垂直于导轨，磁感应强度为 $\boldsymbol{B}$ 的均匀磁场垂直穿过导轨平面，导轨两端接上已经充电到电压为 U 的电容器 C 上，导体棒的电阻为 R，其他部分电阻忽略，导体棒只作平动，如图所示，求导体棒运动后的稳定速度.

***6-4** 在 $x<0$ 的空间存在均匀磁场，$\boldsymbol{B}=B_0\boldsymbol{e}_z$，一个半径为 a 的半圆形线圈，电阻为 R，位于 Oxy 平面上，圆心位于坐标原点 O，如图所示. 该线圈绕 z 轴以匀角速度 ω 转动，忽略线圈的自感.（1）求线圈中的电流；（2）求线圈受到的力矩；（3）如果线圈自感为 L，求线圈中的电流，并讨论 L/R 远小于周期和与周期相同数量级两种情况.

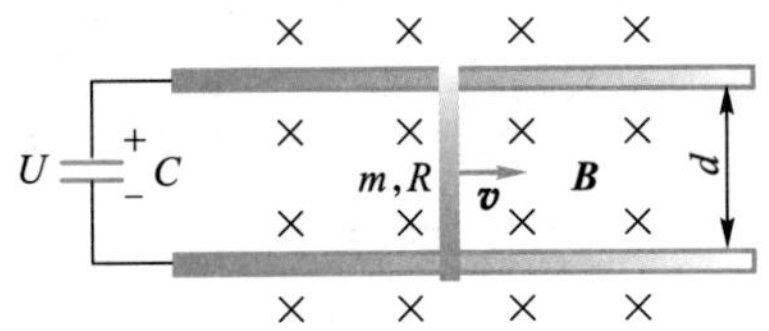

习题 6-3 图

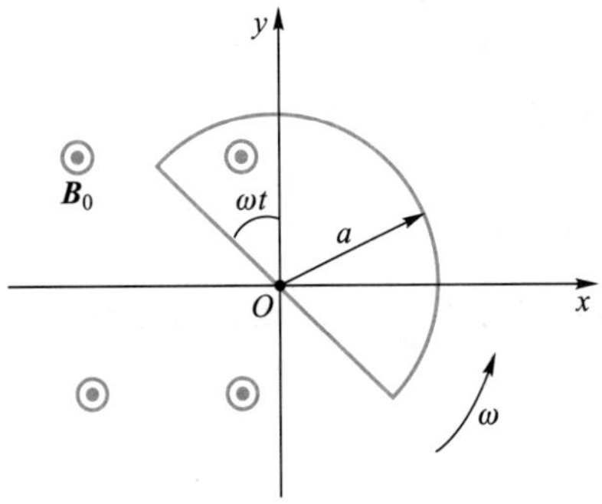

习题 6-4 图

6-5 一个具有旋转对称性的磁场,在柱坐标系(r,φ,z)中,中心处的磁感应强度$B_z(0,z)=B_0z/L$,这里L为常量.一个半径为a,电阻为R的线圈,中心在z轴上,以速度$\boldsymbol{v}=v\boldsymbol{e}_z$匀速运动,假设线圈的半径$a$很小,线圈运动到不同位置时,线圈内的磁场近似为均匀场.(1) 求线圈中的电流;(2) 求线圈的焦耳功率,并通过能量守恒定律计算线圈受到的阻尼力;(3) 由安培力计算线圈的阻尼力.

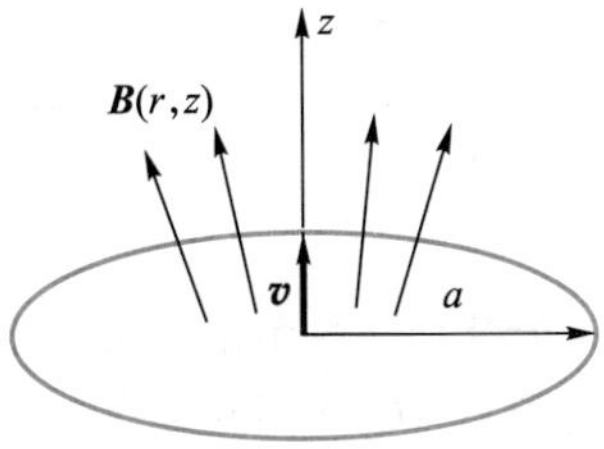

习题 6-5 图

6-6 在重力场$\boldsymbol{g}$中,有两根平行可以忽略电阻的金属导轨固定放置,间距为a.两根导体细棒,电阻均为$R/2$,长度均为a,质量均为m,放置在两个导轨上,整个系统处于水平方向的均匀磁场中,磁感应强度为$\boldsymbol{B}$,如图所示.(1) 假设上面一根导体棒固定不动,在$t=0$时刻无初速释放下面的导体棒,求该导体棒的速度和终极速度,并求在稳定运动时的焦耳功率和重力做功的功率;(2) 假设$t=0$时刻,上面的棒给予初速度v_0,而下面的棒无初速同时释放,求两根棒的速度,并求出$t\to\infty$时的电流.

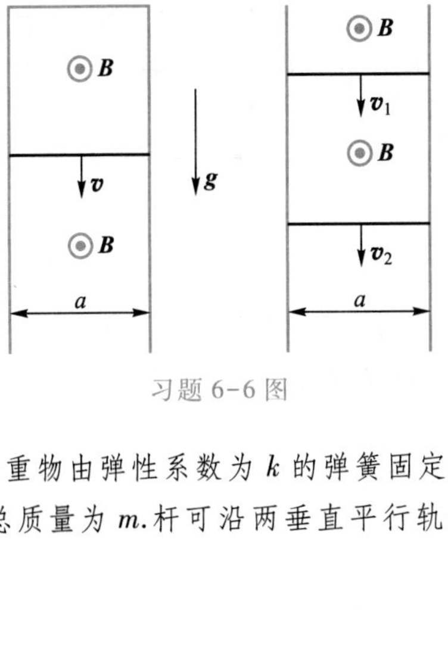

习题 6-6 图

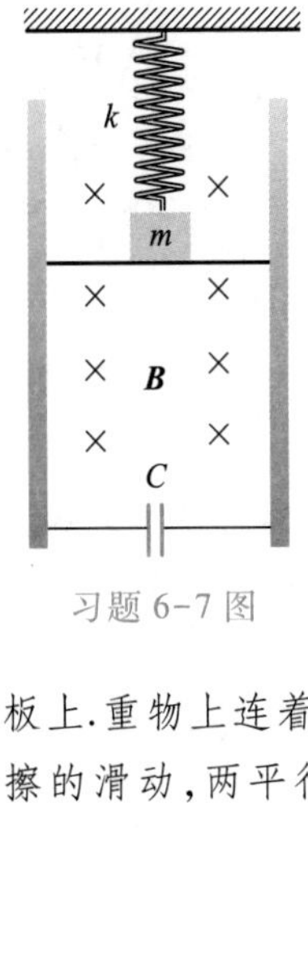

习题 6-7 图

6-7 一重物由弹性系数为k的弹簧固定在天花板上.重物上连着一个导体杆,重物和杆的总质量为m.杆可沿两垂直平行轨道无摩擦的滑动,两平行轨道间距为

l.已知电容为 C 的电容器通过导线连在轨道上,整个系统位于恒定磁场 $\boldsymbol{B}$ 内,如图所示.求重物的垂直振动周期,忽略导线和杆的电阻.

6-8 一根无限长直导线通有电流 $I=I_0\sin\omega t$,在它旁边有一个与导线平行的矩形线圈,长为 l,宽为 $(b-a)$,如图所示,仅考虑传导电流,(1) 求在线圈上的感应电动势,(2) 若线圈以匀速 v 离开导线,则线圈上的电动势为多少? (3) 如果线圈的总电阻为 R,为保持线圈匀速运动,需要给线圈加多大的力?

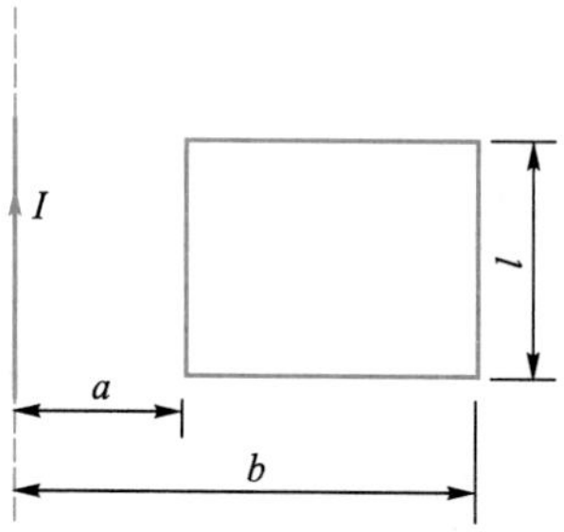

习题 6-8 图

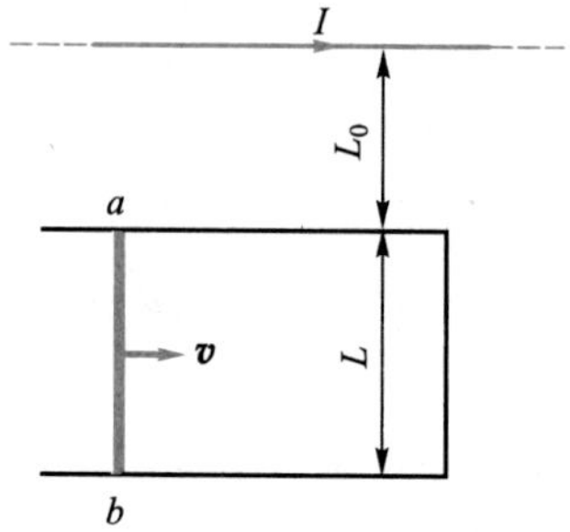

习题 6-9 图

6-9 一根无限长直导线中通有电流 I,在其旁边一个 U 形的导线上有根可滑动的导线 ab,如图所示.设三者在同一平面内,今使 ab 导线以匀速 v 运动,求线框中的感应电动势.

6-10 一个电阻为 R 的圆形导线作为磁单极子探测器,假设一个太空中的磁单极子到达地球,磁荷为 g,并穿过这个圆环,则这个圆环中通过的总电荷量为多少?

6-11 一个环形圆盘厚度为 t、内半径为 R_1、外半径为 R_2、电导率为 σ,电子数密度为 n. 磁场垂直穿过盘面,磁感应强度为 $\boldsymbol{B}$.一个初始的径向电流 I_0 从内圆面流到外圆面,如图所示,求最终从内圆面流到外圆面的电流.

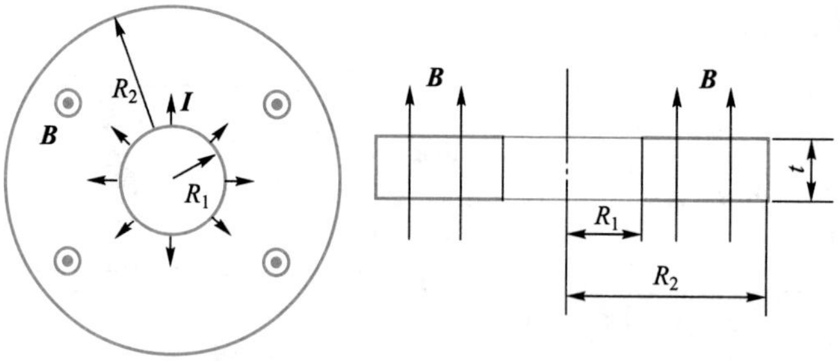

习题 6-11 图

6-12 一长度为 l 的金属棒 ab 水平放置,以长度的 1/5 处为轴心,在水平面内旋转,角速度为 ω,均匀磁场的磁感应强度 $\boldsymbol{B}$ 垂直向上,如图所示,求导体棒两端的电势差 U_{ab}.

***6-13** 无限长的光滑导轨上有一辆载有磁铁的小车,质量为 m,N 极在下,S 极在上,磁铁的端面为边长为 a 的正方形(设磁场全部集中在端面,磁感应强度为

B)，两导轨之间焊接有一系列的金属条，构成边长为 a 的正方形格子，每边电阻为 R，要使小车以匀速度下滑，则导轨的倾角为多少？

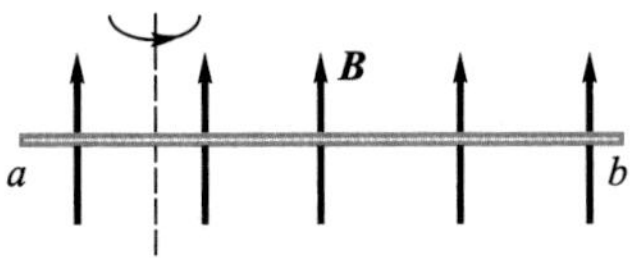

习题 6-12 图

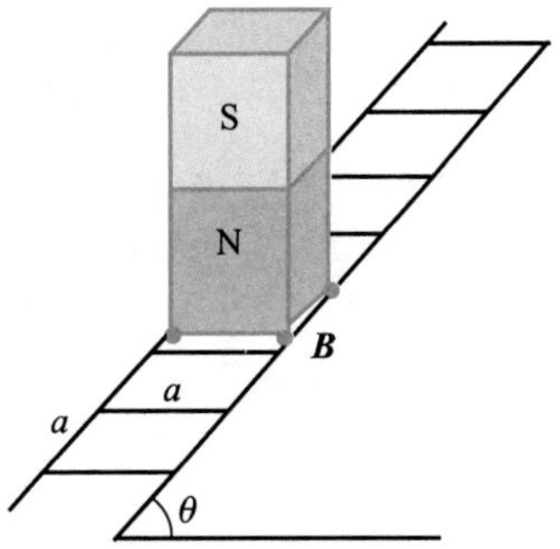

习题 6-13 图

6-14 电子感应加速器是应用电磁感应效应加速环形真空室中电子的装置.如果电子回旋周期为 1/60 s，回旋半径为 40 cm，在一个回旋周期内磁通量密度的改变量为 5 $\mathrm{Wb\cdot m^{-2}}$，那么电子回旋一周得到多少能量？加速电子的电场强度是多大？

6-15 一个无限长圆柱形理想螺线管中，半径为 R，单位匝数为 n，每匝电流为 I，$I=I_0kt$，k 是常量，在螺线管的剖面上放置一个直角三角形 abc，ab 边的长度为 l，如图所示，求：(1) 螺线管内外的涡旋电场；(2) ab 段和 bc 段的感应电动势.

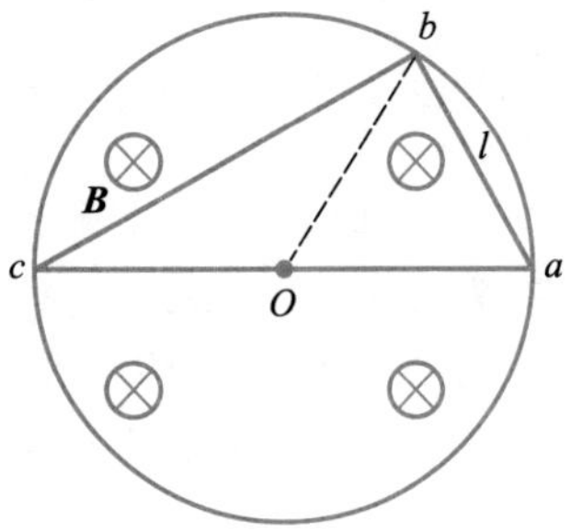

习题 6-15 图

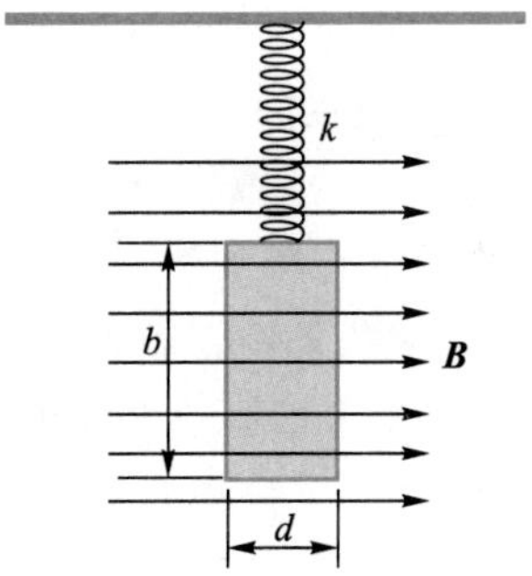

习题 6-16 图

6-16 一个正方形形状的薄导体板，质量为 m，边长为 b，厚度为 d，用弹性系数为 k 的弹簧悬挂在天花板上，均匀磁场 **B** 沿水平方向垂直穿过金属板，求该金属板作小幅度振动的周期.

6-17 质量为 m，直径为 d，阻值为 R 的圆环竖直地从高处落下，如图所示.磁感应强度随高度变化：$B=B_0(1+ky)$，其中 k 为已知量，y 为竖直坐标.若环所在的平面在下落过程中保持水平，求环的终极速度.

6-18 半径为 R 圆柱形空间存在均匀的随时间线性变化的磁场，$B=B_0+kt$，k 为常量，如图所示.在这横截面上有一根长为 $2R$ 的导体，其中长度为 R 的部分在圆柱面内，另一半在外面，求 ac 导体上的感应电动势 U_{ac}.

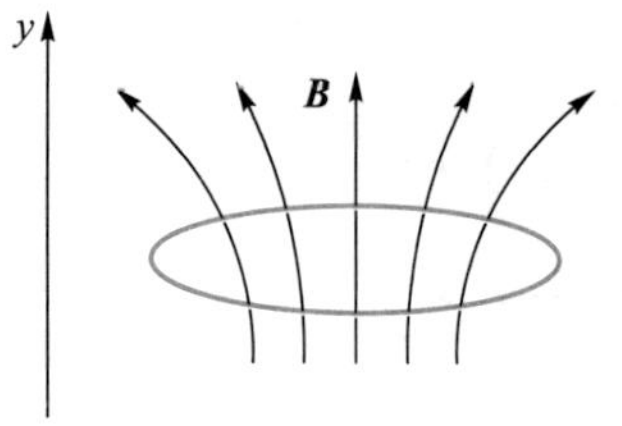

习题 6-17 图

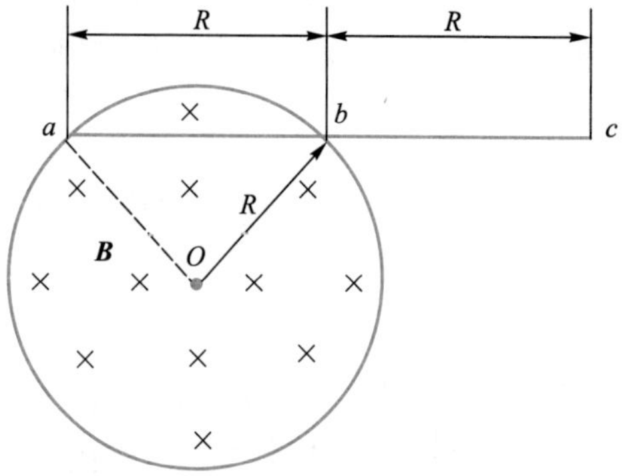

习题 6-18 图

6-19 一个质量为 m、半径为 R,并且带电荷量为 Q 的非导体圆环,静止在高度为 h 的地方,空间存在非均匀磁场 $B(r)$,导体环从静止开始下落,环面始终平行.证明环的中心到达地面时的速度为

$$v_O=\sqrt{2gh-\frac{Q^2R^2}{4m^2}[B_z(0)-B_z(h)]^2}$$

并求磁场在整个过程中所做的功.

6-20 一个长方形线圈,边长分别为 a 和 b,线圈一边距离一个无限长直导线为 l,直导线载有电流 I_0,线圈与直导线在同一平面上,如图所示.线圈的质量为 m,电阻为 R,当直导线中的电流突然变为 0 时,线圈的速度为多少?

6-21 一个薄的圆柱型带电导体壳长为 l,半径为 a,$l\gg a$,壳表面的电荷面密度为 σ,此圆柱壳以 $\omega=kt$ 的角速度绕其中心轴转动,其中 $k>0$ 为常量,忽略边缘效应.求圆柱体内外的涡旋电场.

6-22 一个长螺线管包含另一个同轴螺线管,它们的线圈单位长度具有相同的匝数,且初始都没有电流.同一瞬间,电流开始在螺线管中线性增加.在任意时刻,里边的螺线管中的电流是外边螺线管中的两倍,电流方向相同,如图所示.由于存在增长的电流,一个初始静止处于两个螺线管之间的带电粒子,开始沿着一根圆形轨道运动,问其运动半径为多少?

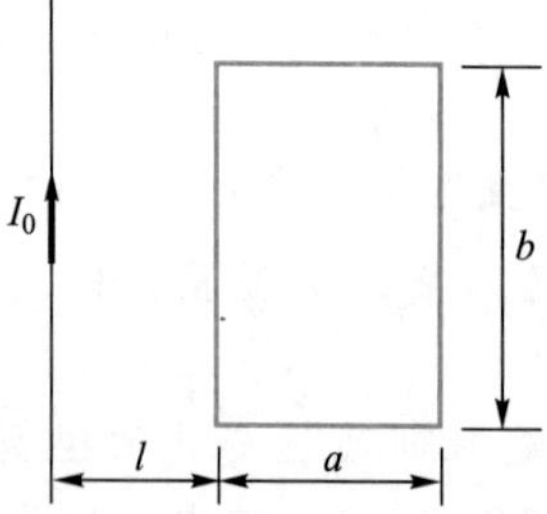

习题 6-20 图

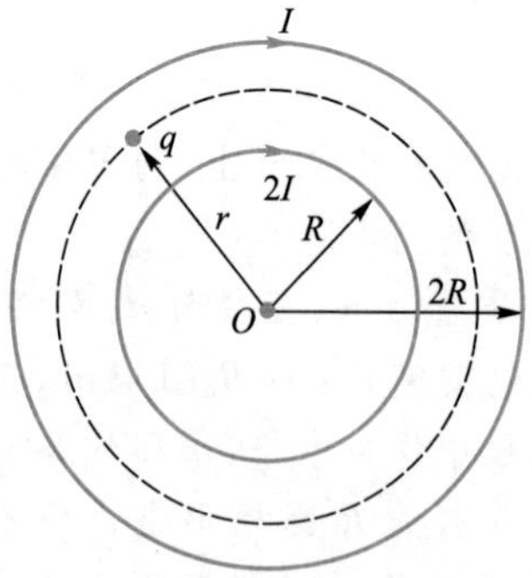

习题 6-22 图

6-23 有一个半径为 R 的圆形电流环，在其中心轴线上 z 处放置一个半径为 r（r 很小）的小圆环，其总电阻为 R_ρ，质量为 m，当电流环中电流从 0 突然增加到 I，求小圆环获得的初速度.

** **6-24** 一铜环绕一垂直于均匀磁场 $\boldsymbol{B}_0$ 的轴线旋转，如图所示，设铜环的横截面半径 b 远小于环的半径 a，铜环的电阻率为 ρ，其初角速度 ω_0 很大，可以认为在一个周期内 ω 变化不大，求 ω 随时间的变化规律.

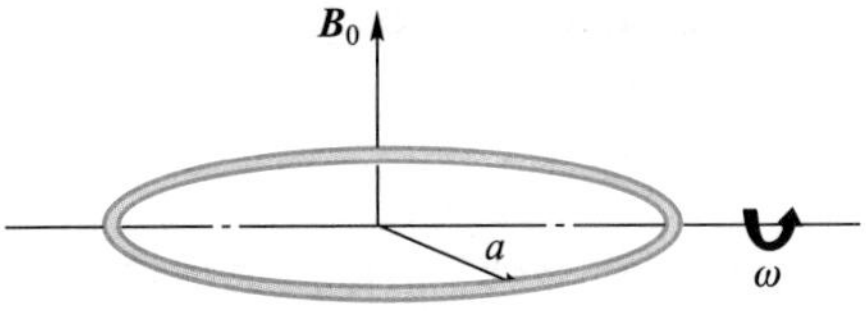

习题 6-24 图

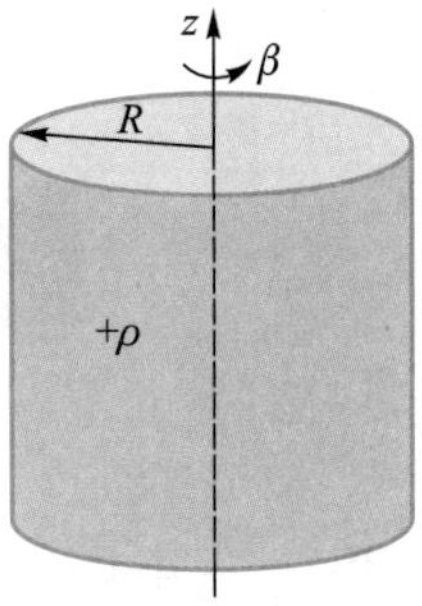

习题 6-25 图

** **6-25** 一个半径为 R，长为 l 的长直圆柱体（$R \ll l$），质量为 m，均匀带电，电荷体密度为 $+\rho$. 一个外力矩使圆柱体以恒定的角加速度 β 绕竖直轴（z 轴）逆时针旋转，如图所示. 不计边界效应和电磁辐射.（1）求圆柱体内任一点的磁感应强度 B；（2）求圆柱体内任一点的电场强度 E；（3）为了保持圆柱体以恒定的角加速度 β 转动，外力矩需多大？

6-26 两根平行的输电线，横截面积的半径都是 a，中线相距为 d（$d \gg a$），载有大小相等方向相反的电流. 设导线内部的磁通量可以忽略不计.（1）求两根导线单位长度的自感；（2）若将两根导线保持平行地缓慢分开到相距 d'（$d' > d$），求磁场对单位长度导线做的功.

6-27 一环形螺线管有 N 匝，环半径为 R，环的横截面为矩形，其尺寸如图所示. 求：（1）此螺线管的自感系数；（2）这个环形螺线管和位于它的对称轴处的长直导线之间的互感系数.

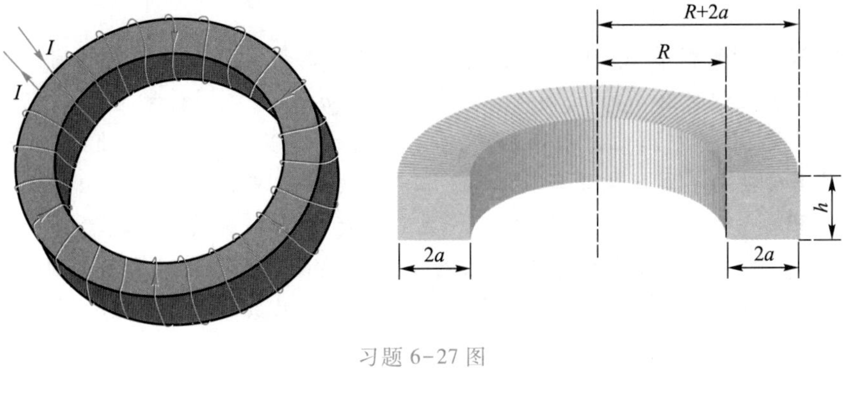

习题 6-27 图

6-28 在一个无限长直导线旁边距离为 d 处有一个任意形状的小回路,回路的面积为 S,证明其互感系数 $M=\mu_0 S/(2\pi d)$.

**6-29 一个截面为长方形的环形螺线管,电流为 I,总匝数为 N,内径为 a,外径为 $a+w$,高度为 h,如图所示,如果电流随时间线性变化,比例系数为 k,求螺线管轴线上点 P 处的电场.

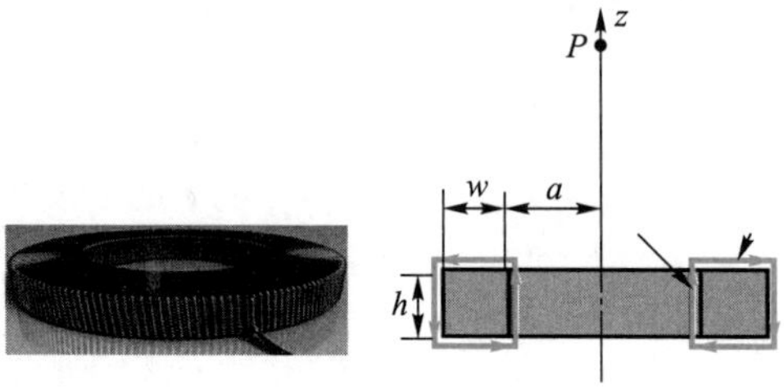

习题 6-29 图

6-30 一个半径为 R 的球形螺线管,总匝数为 N,沿直径方向等间距绕制而成,求自感系数.

6-31 一个变压器如图所示,线圈 A、B、C 的匝数分别为 500、1 000、500,截面积分别是 0.005 m^2、0.001 m^2、0.000 5 m^2,芯的水平截面积是 0.002 m^2,如果芯的相对磁导率 $\mu_r=10\ 000$,求:(1) 线圈 A 和 C 间的互感;(2) 线圈 A 和 B 间的互感.

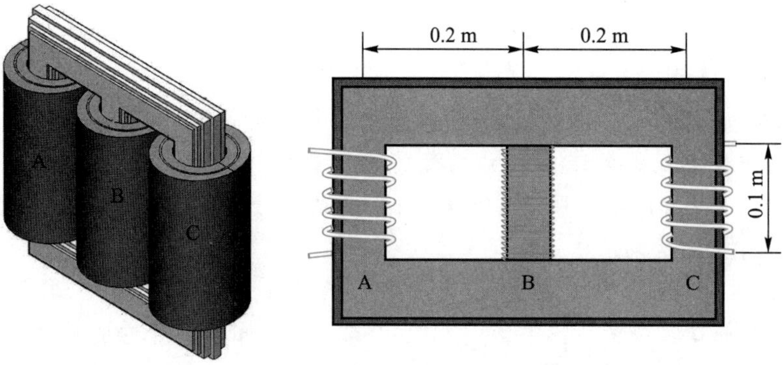

习题 6-31 图

6-32 (1) 利用磁场能量方法计算如图所示的两个同轴导体圆柱面组成的传输线单位长度的自感系数 L,内导体圆筒半径为 a,外导体圆柱半径为 b;(2) 如果电流为常量,而将外圆柱面半径加倍,那么磁能增加多少?(3) 在上述过程中,磁场做了多少功?电源提供了多少能量?二者与磁能的增加有何关系?

*6-33 一个半径为 b 的圆形线圈,载有恒定电流 I,在其中心放置一个相对磁导率为 μ_r,半径为 a 的顺磁介质小球,若 $a \ll b$,求:(1) 小球的磁化强度 M(小球近似为均匀磁化);(2) 由于小球的存在使线圈的自感系数变化的值 ΔL.

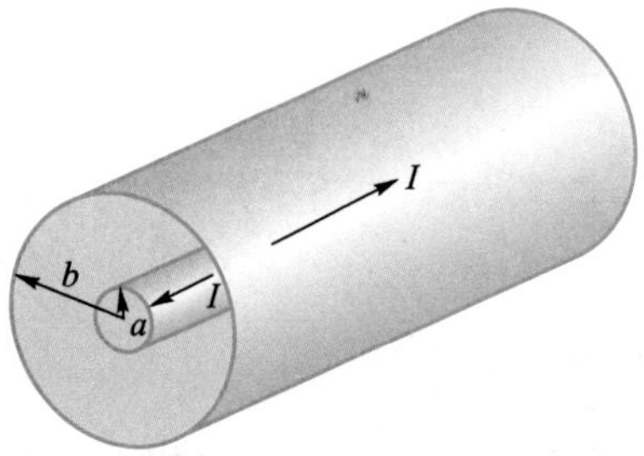

习题 6-32 图

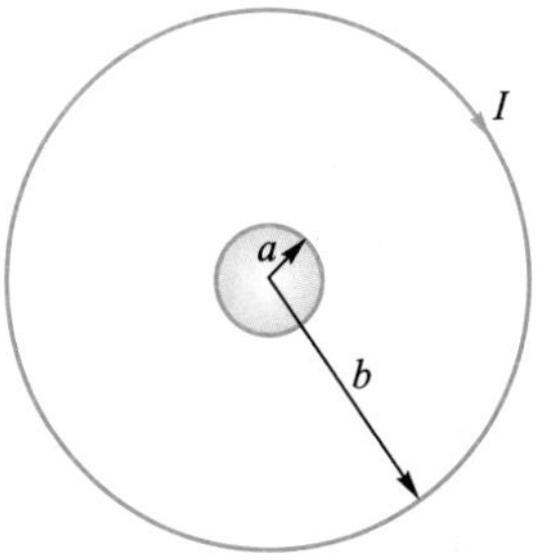

习题 6-33 图

6-34 如图所示，截面积为 S，单位长度匝数为 n 的螺线管环上套有一个边长为 l 的正方形线圈，今在线圈中通以交流电 $I=I_0\sin\omega t$，螺线管环的两端为开端，求 a、b 两端的感应电动势.

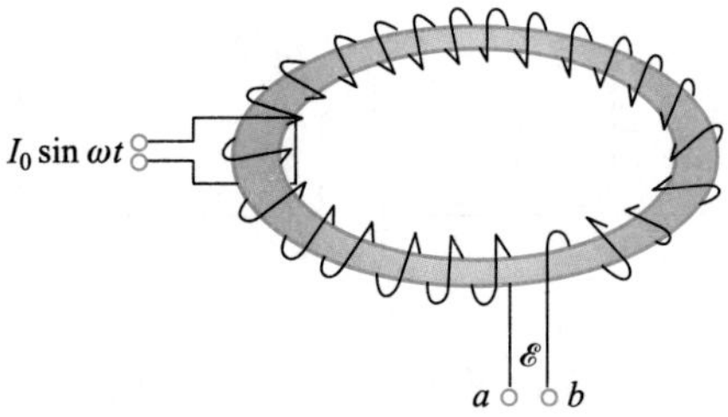

习题 6-34 图

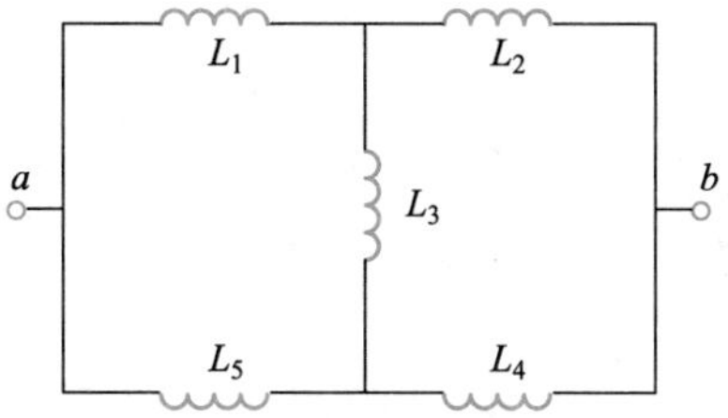

习题 6-35 图

6-35 有 5 个自感线圈如图所示连接，它们之间的互感可以忽略不计，求 ab 之间的总自感.

6-36 两个线圈的自感系数分别为 L_1 和 L_2，它们之间的互感系数为 M，证明：(1) $M\leqslant\frac{1}{2}(L_1+L_2)$；(2) $M\leqslant\sqrt{L_1L_2}$.

6-37 如图所示，其中电阻 R_1、R_2、R_3 和电动势 $\mathscr{E}$ 为已知，电源无内阻，电感线圈的电阻含在 R_3 中，在开关闭合前电感上的电流为零，(1) 求开关闭合后电阻 R_1 上的电流 I_1；(2) 当电流达到稳定后，断开开关 S，以此时为时间的起始时刻，求电感上电流 I_3 随时间的变化关系.

6-38 如图所示，L 为理想自感，已知 $\mathscr{E}=220\ \mathrm{V}$，$R_1=10\ \Omega$，$R_2=100\ \Omega$，$L=10\ \mathrm{H}$，将电路接通后并持续很长的时间，(1) 求在电阻 R_2 上产生的焦耳热；(2) 之后断开开关并持续很长时间，求在 R_2 上产生的焦耳热.

6-39 一电路如图所示，一电容器 C 充满电后通过两个 RL 并联电路放电，电阻 R_1 与电感 L_1 串联，电阻 R_2 与电感 L_2 串联，然后再并联，证明接通开关 S 后两条支路上通过的电荷量与电阻成反比，即 $Q_1/Q_2=R_2/R_1$.

***6-40** 一对互感耦合的 RL 电路，证明在无漏磁的条件下，两个回路的时间常量为

$$\tau=\frac{R_1}{L_1}+\frac{R_2}{L_2}$$

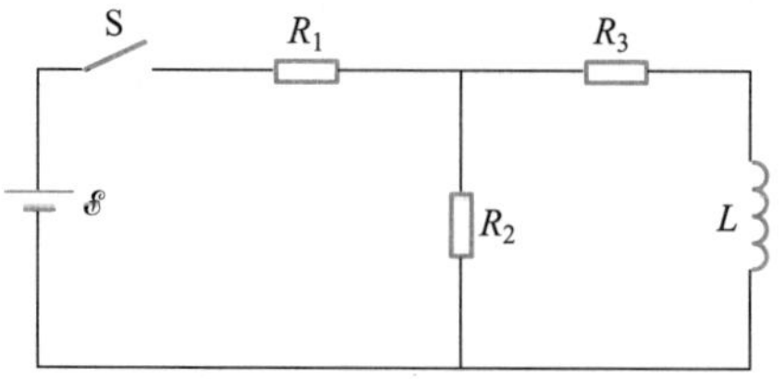

习题 6-37 图

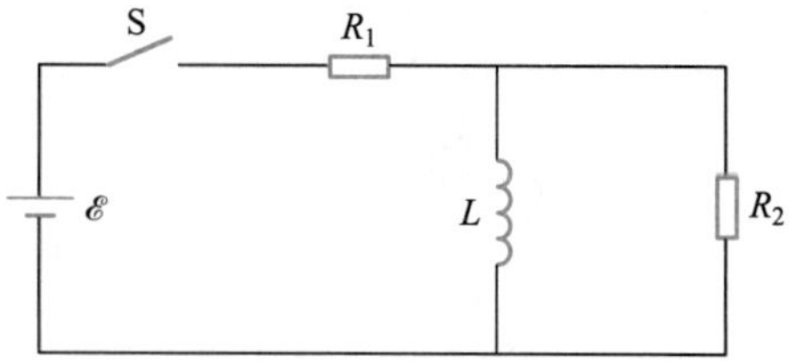

习题 6-38 图

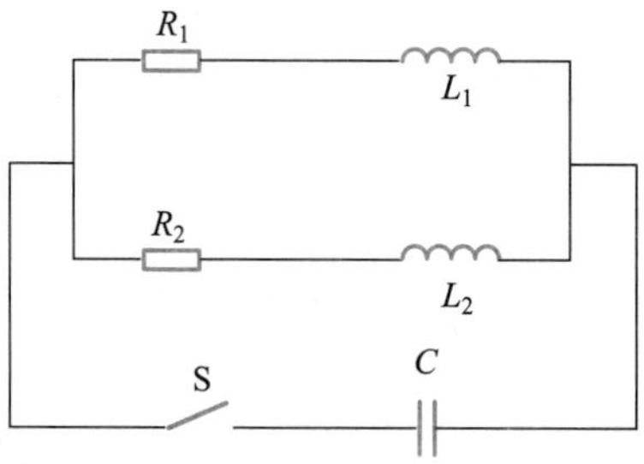

习题 6-39 图

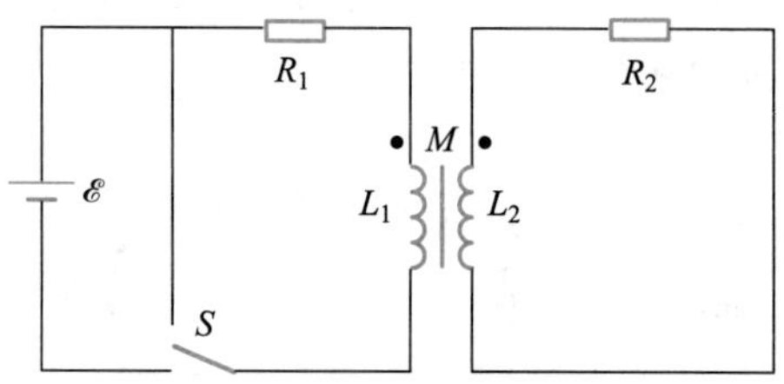

习题 6-40 图

6-41 一导体盘的半径为 a,厚度为 d,电导率为 σ,将其放在相对盘中心 z 轴对称的磁场 $\boldsymbol{B}$ 中:

$$\boldsymbol{B}=B_0kt\boldsymbol{e}_z(0\leqslant r\leqslant R),B=0(R<r<a)$$

式中 $k>0$ 为常量,如图所示.求:(1) 导体盘的电流密度;(2) 导体盘耗散的总功率.

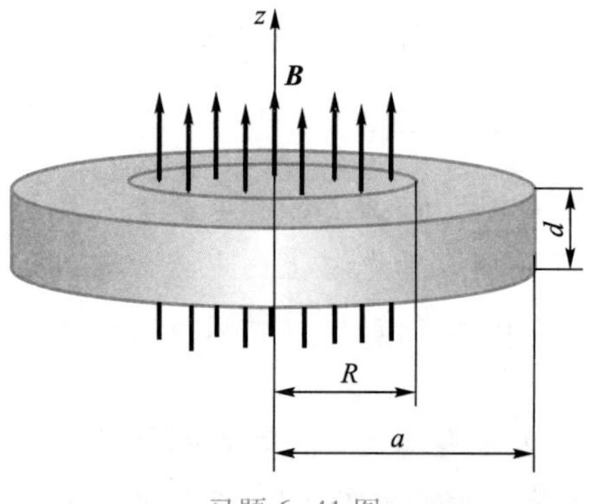

习题 6-41 图

6-42 一个由金属导线绕成的螺线管状弹簧,总匝数为 N,长度为 L,半径为 R,忽略线圈的弹性,上端固定在天花板上,下面挂有一个质量为 m 的物块,给螺线管弹簧通过一个电流,系统处于平衡状态,求电流大小.

6-43 无限长直导线通有直流电 I_1,矩形电流环通有电流 I_2,尺寸如图所示,利用磁能计算求两者之间的作用力.

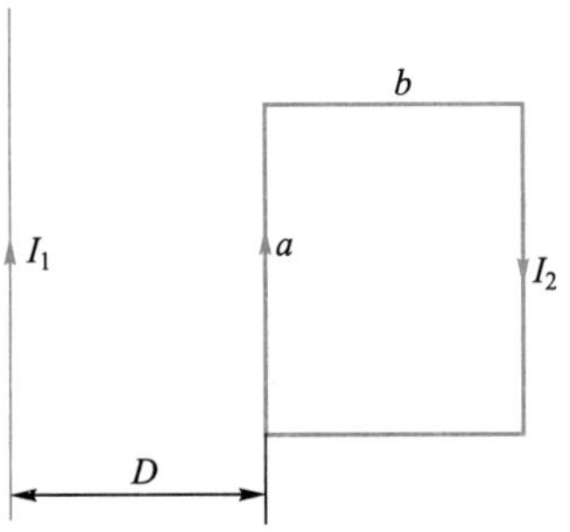

习题 6-43 图

*6-44　一大块长方形的金属，放置在外磁场 $\boldsymbol{B}(t)$ 中，长为 w，宽为 D，高为 L，金属的电导率为 σ，求长方形金属的涡电流的焦耳功率；如果沿长度方向把金属块分割成 N 块，每块之间绝缘，求此时焦耳功率与 N 的关系.

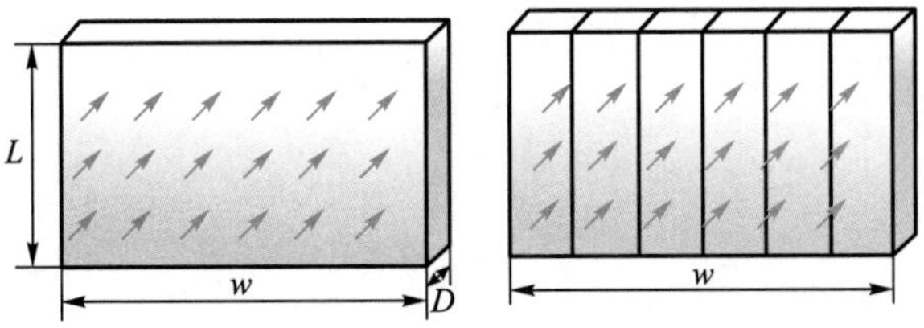

习题 6-44 图

习题答案

第七章

交流电路

§7-1 交流电的产生和基本特性

7-1-1 交流电的产生

交流电的产生主要有两类方式:一类是用交流发电机产生,这是日常生活和工业用电的最主要产生方式,通过火力、水力、核能、风力等发电形式产生交流电;另一类是用含电子器件如电子管、半导体晶体管的电子振荡器产生交流电,主要在仪器设备中作信号使用.

交流发电机是利用电磁感应的原理来产生交流电的.发电机转子上有由直流励磁的磁极,转子外的定子内侧上有固定的导体线圈.当转子以一定转速旋转时,线圈回路中的磁通量因旋转而周期地变化,于是线圈中便有交流电动势产生.发电机输出的电能是由输入到原动机的能量(如汽轮机中是热能,水轮机中是水的重力势能)转化而得来的,如图 7-1 所示.这种发电机是以一定的转速 n(r/min)旋转的,称为同步发电机,它发出的交流电的频率是 $f=Pn/60$,P 是发电机的磁极对数.由于转子的转速受到机械强度的限制,所以发电机产生的交流电频率,一般都在10 000 Hz 以下,电力系统中的交流电都是利用交流同步发电机产生的.

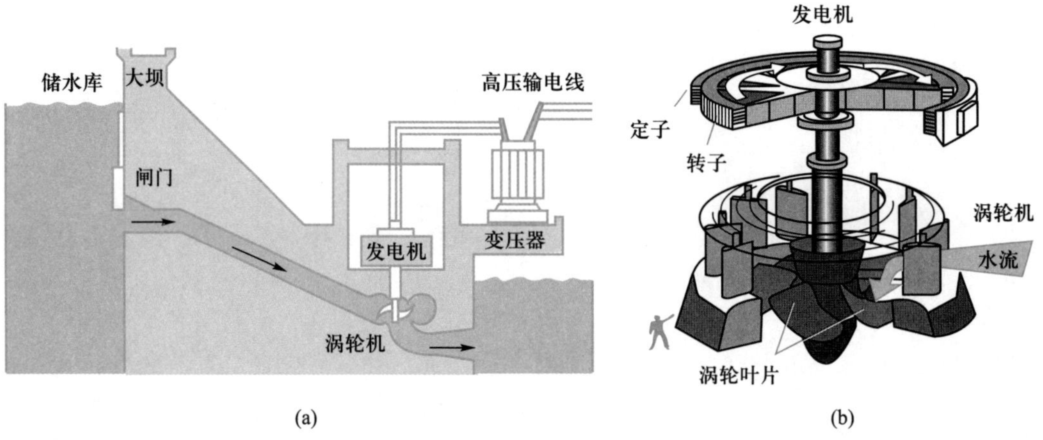

图 7-1 水力发电站和涡轮机示意图

交流电产生的原理图如图 7-2 所示,导体线圈在磁场中以匀角速度 ω 旋转,长方形线圈的边长分别为 l_1 和 l_2,线圈的两条边 l_1 在作切割磁感应线运动,如果线圈有 n 匝,在线圈中产生的感应电动势为

$$\mathscr{E}=2nBl_1v_{\perp}=2nBl_1v\sin\theta=2nBl_1\frac{l_2}{2}\omega\sin\omega t=nBS\omega\sin\omega t=\mathscr{E}_0\sin\omega t \quad (7-1)$$

这就是正弦交流电.可见交流电的幅值 $\mathscr{E}_0$ 与匝数 n、角速度 ω 和磁通量 BS 有关.

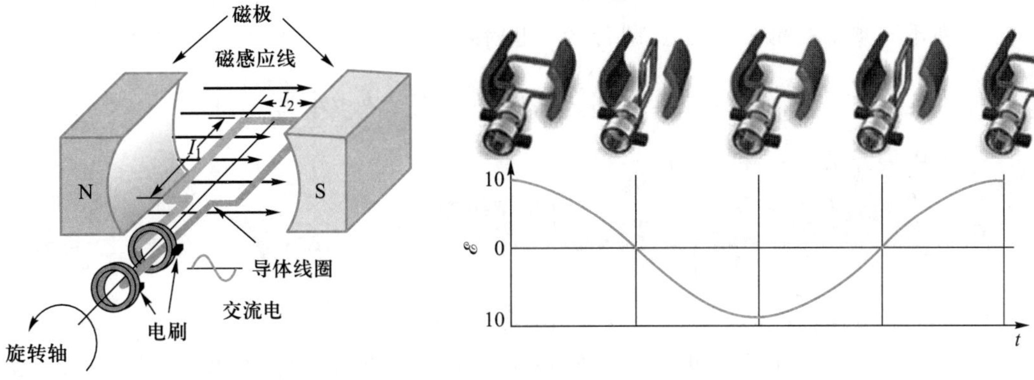

(a) 线圈在磁场中旋转　　(b) 两个电刷输出交流电

图 7-2　交流电产生的原理图

当今世界各国的电力系统都以交流电源作为供电电源，并规定了供电的额定频率.如中国和欧洲各国的额定频率为 50 Hz，美国主要为 60 Hz，日本为 50 Hz 和 60 Hz 并存等.

7-1-2　交流电的类型

交流电的种类很多，图 7-3 表示几种常见的交流电.常用的电子示波器的扫描信号是锯齿波，它是由示波器内的锯齿波发生器产生的，一般收音机和广播中的中、短波段的信号是调幅波，电视中的图像信号是调频波，电子计算机中的信号是矩形脉冲波，激光通信的载波信号是尖脉冲，它是由脉冲的光信号转换成电信号而成的.

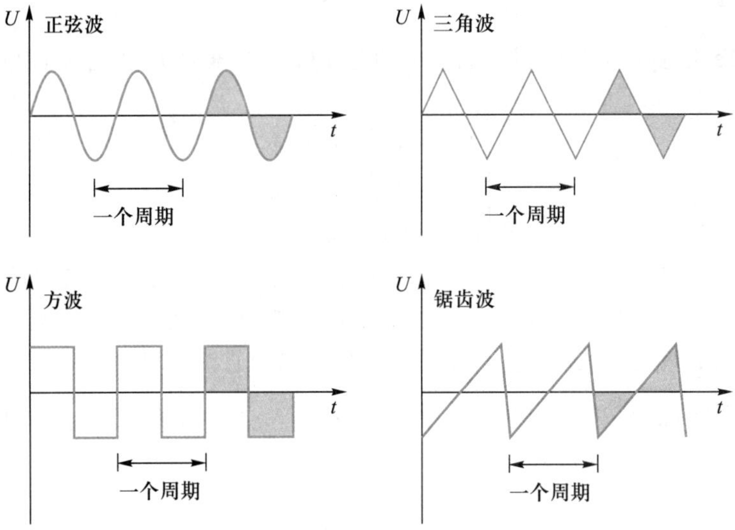

图 7-3　交流电的几种类型

简谐交流电是随时间按正弦或余弦规律变化的交流电.

根据高等数学中傅里叶级数分解方法,任何形式的交流电都可以分解成一系列不同频率的简谐交流电,即若交流电周期为 T,则 $f(t+T)=f(t)$,那么有

$$f(t)=\frac{a_0}{2}+\sum_{n=1}^{\infty}\left[a_n\cos\left(\frac{2n\pi}{T}t\right)+b_n\sin\left(\frac{2n\pi}{T}t\right)\right] \tag{7-2}$$

其中展开系数 a_n 和 b_n 为

$$\begin{pmatrix}a_n\\b_n\end{pmatrix}=\frac{2}{T}\int_0^T f(t)\begin{pmatrix}\cos\left(\frac{2n\pi}{T}t\right)\\ \sin\left(\frac{2n\pi}{T}t\right)\end{pmatrix}\mathrm{d}t,n=0,1,2,\cdots \tag{7-3}$$

图 7-4 表示一个方波可以由各种频率的简谐波合成.因此在本书中,我们仅以余弦交流电为例讨论交流电路.

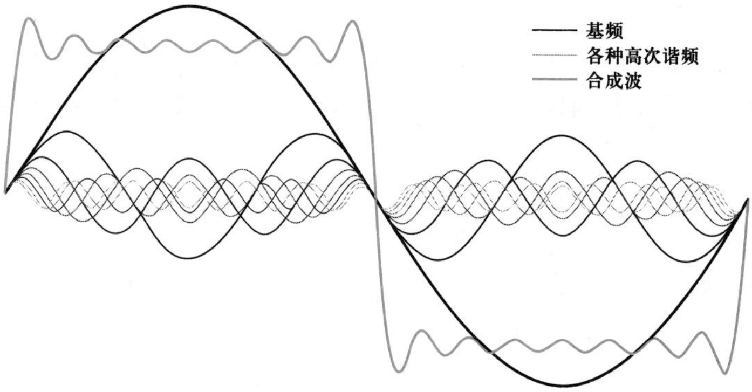

图 7-4 一个方波由各种频率的简谐波合成

7-1-3 简谐交流电的表述和特征量

简谐交流电采用余弦的形式,即电动势 $\mathscr{E}(t)$、电压 $u(t)$ 和电流 $i(t)$ 均用余弦表示

$$\begin{cases}\mathscr{E}(t)=\mathscr{E}_{\mathrm{m}}\cos(\omega t+\varphi_e)\\u(t)=U_{\mathrm{m}}\cos(\omega t+\varphi_u)\\i(t)=I_{\mathrm{m}}\cos(\omega t+\varphi_i)\end{cases} \tag{7-4}$$

或采用统一的表达式 $A=A_{\mathrm{m}}\cos(\omega t+\varphi_A)$,$\mathscr{E}_{\mathrm{m}}$、$U_{\mathrm{m}}$、$I_{\mathrm{m}}$ 分别为电动势、电压和电流的极大值或峰值,φ_A 为初相位.实际应用中都采用有效值,定义交流电的电流有效值为一个周期内交流电在纯电阻元件中产生的焦耳热与直流电流在同一时间内通过该电阻所产生的焦耳热相同时的电流值,即 $Q_{交}=Q_{直}$,由 $I_{\mathrm{e}}^2RT=\int_0^T i^2R\mathrm{d}t$,得 $I_{\mathrm{e}}=\sqrt{\frac{1}{T}\int_0^T i^2\mathrm{d}t}$,所以

$$I_{\mathrm{e}}=\sqrt{\frac{1}{T}\int_0^T I_{\mathrm{m}}^2\cos^2(\omega t+\varphi_i)\mathrm{d}t}=\frac{I_{\mathrm{m}}}{\sqrt{2}}=0.707I_{\mathrm{m}} \tag{7-5}$$

电压的有效值与极大值的关系也是 $U_e=0.707U_m$，因此我国市电为 220 V，是指电压有效值为 220 V，峰值则为 311 V. 大多数交流电表的读数均为有效值，引入有效值的目的在于可利用直流电的公式去直接计算交流电的平均功率.

交流电的角频率 ω 由发电机决定，与频率 f 的关系为 $\omega=2\pi f, f=\frac{1}{T}$. 相位 $(\omega t+\varphi_0)$ 反映每一时刻的电流或电压的大小和变化趋势. 其中 φ_0 为初相位，即 $t=0$ 时的相位. 引入相位描述的好处在于不同周期的简谐量均可统一地用相位来描述其瞬间状态. 相位总是以 2π 为周期，当它改变 2π 之后，简谐量的状态重复出现. 不仅不同交流电之间存在相位差，同一交流电的不同参量之间通常也有相位差.

7-1-4 交流电路中的元件

交流电路中的元件的特性有两个方面，第一是阻抗 Z，我们定义阻抗 Z 为

$$Z=\frac{U}{I}=\frac{U_m}{I_m} \tag{7-6}$$

第二是每个阻抗上电压与电流之间的相位差，或称辐角，即

$$\varphi=\varphi_u-\varphi_i \tag{7-7}$$

由于交流电电压和电流之间通常存在相位差，所以它们的瞬时值一般不满足简单的比例关系. 交流电路中的元件的特性都必须用上面的两个参量描述. 在下面的讨论中我们假设各种元件都是“纯”的.

1. 交流电路中的电阻元件

我们设纯电阻元件两端加的交流电压为 $u(t)=U_m\cos(\omega t+\varphi_u)$，则根据欧姆定律，有

$$i(t)=\frac{u(t)}{R}=\frac{U_m}{R}\cos(\omega t+\varphi_u)=I_m\cos(\omega t+\varphi_i) \tag{7-8}$$

所以电阻元件的阻抗 $Z_R=R$，电压和电流的相位差 $\varphi=\varphi_u-\varphi_i=0$，如图 7-5 所示. 阻抗即电阻，与频率无关；相位差为零，电压与电流始终同步.

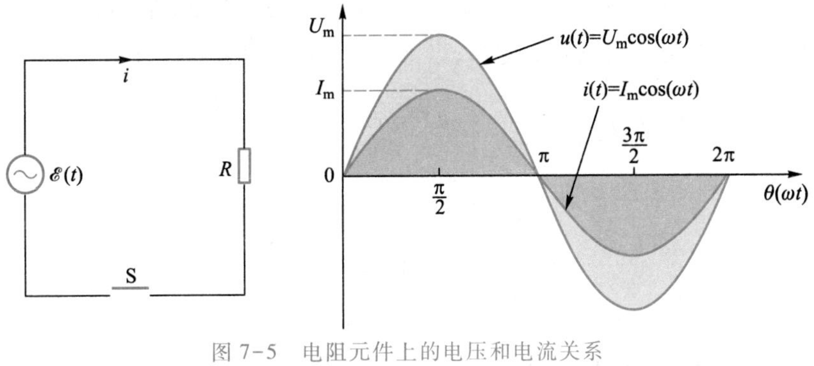

图 7-5 电阻元件上的电压和电流关系

2. 交流电路中的电容元件

假设电容器的极板在某时刻其电荷量为 $q(t)=Q_m\cos\omega t$，如图 7-6 所示，则

电流

$$i(t)=\frac{\mathrm{d}q}{\mathrm{d}t}=-Q_{\mathrm{m}}\omega\sin\ \omega t=\omega Q_{\mathrm{m}}\cos\left(\omega t+\frac{\pi}{2}\right)=I_{\mathrm{m}}\cos(\omega t+\varphi_i)$$

即 $I_{\mathrm{m}}=\omega Q_{\mathrm{m}},\varphi_i=\frac{\pi}{2}$.同理极板两端的电压为

$$u(t)=\frac{q(t)}{C}=\frac{Q_{\mathrm{m}}}{C}\cos\ \omega t=U_{\mathrm{m}}\cos(\omega t+\varphi_u)$$

即 $U_{\mathrm{m}}=\frac{Q_{\mathrm{m}}}{C},\varphi_u=0$.所以电容器的容抗值和电容器上电压与电流的相位差为

$$Z_C=\frac{U_{\mathrm{m}}}{I_{\mathrm{m}}}=\frac{1}{\omega C},\varphi=\varphi_u-\varphi_i=-\frac{\pi}{2} \tag{7-9}$$

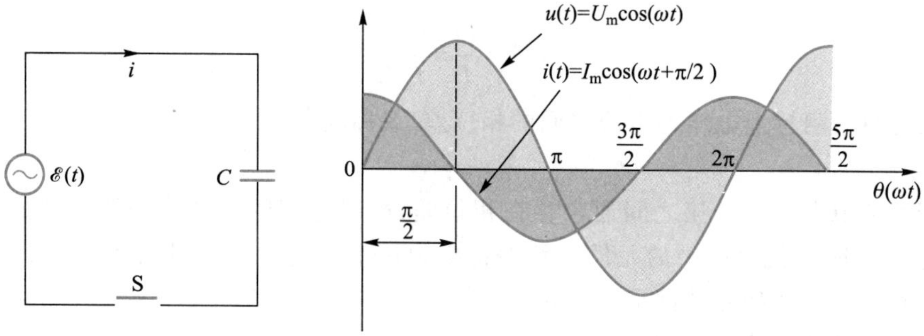

图 7-6 电容元件上的电压和电流的关系

可见容抗与频率成反比,即频率越高,容抗越小;特别地当 $\omega\to0$ 时,$Z_C\to\infty$;当时$\omega\to\infty$,$Z_C\to0$,因此电容器在交流电路中具有通高频阻低频和高频短路直流开路的特性.电压的相位落后于电流 $\pi/2$,这是由于电容器充电时电荷要先积累,后释放(放电)的缘故.

3. 交流电路中的电感元件

设电流为 $i(t)=I_{\mathrm{m}}\cos\ \omega t$,对如图 7-7 所示的纯电感电路,若将电感视为交流电源,则根据一段含源电路的欧姆定律,当 $R=0$ 时,电感两端的电压为 u,则

$$u(t)=-\mathscr{E}=L\frac{\mathrm{d}i}{\mathrm{d}t}=-\omega LI_{\mathrm{m}}\sin\ \omega t=\omega LI_{\mathrm{m}}\cos\left(\omega t+\frac{\pi}{2}\right)$$

所以,感抗 Z_L 和相位差 φ 为

$$Z_L=\frac{U_0}{I_0}=\omega L,\varphi=\varphi_u-\varphi_i=\frac{\pi}{2} \tag{7-10}$$

即感抗与频率成正比;频率越高,感抗越大.特别地,当 $\omega\to0$ 时,$Z_L\to0$;当 $\omega\to\infty$ 时,$Z_L\to\infty$.所以电感具有通低频阻高频的特性.电压的相位超前于电流 $\pi/2$,这是由于电流要先产生自感电动势,后释放的缘故.

根据以上的分析,我们把交流电路中的三个元件的特性列在表 7-1 中.

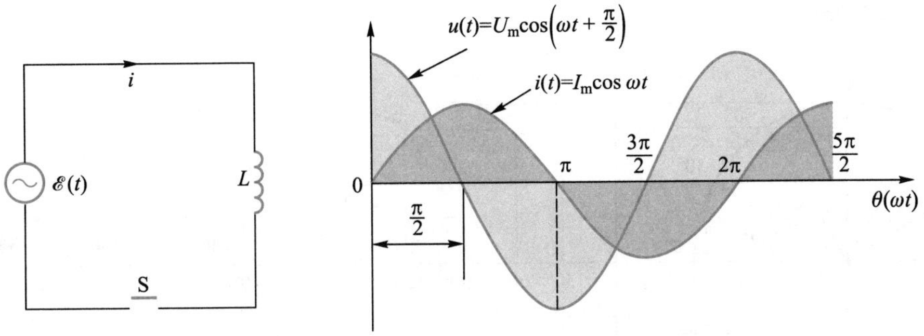

图 7-7 电感元件上的电压和电流的关系

表 7-1 交流电路中"纯"元件的比较

元件	阻抗	相位差($\varphi=\varphi_u-\varphi_i$)
电容器 C	容抗 $Z_C=\frac{1}{\omega C}\propto\frac{1}{f}$	$-\frac{\pi}{2}$
电阻 R	电阻 $Z_R=R$	0
电感 L	感抗 $Z_L=\omega L\propto f$	$\frac{\pi}{2}$

实际上每个元件均有三个成分,即均有电阻、电感和电容的特性.一个线绕电阻,各匝之间有一定的电容分布,绕线又是一个电感.例如一个线绕电阻的三个参量为 $L=3$ mH,$C=2$ pF,$R=2$ Ω,对直流电,即 $f=0$,$Z_C=0$,$Z_L=0$;对 $f=50$ Hz 的市电,$Z_L=\omega L=0.942$ Ω,$Z_C=\frac{1}{\omega C}=1.59\times10^9$ Ω,相当于 R 和 Z_L 串联,如图 7-8 所示.对 $f=10^4$ Hz 的高频交流电,则 $Z_L=188.4$ Ω,$Z_C=7.9\times10^6$ Ω,由于 $Z_L\gg R$,相当于一个纯电感元件;对 $f=10^8$ Hz 的交流电,则 $Z_L=1.88\times10^6$ Ω,$Z_C=7.9\times10^2$ Ω,由于 $Z_L\gg Z_C$,相当于一个纯电容元件.

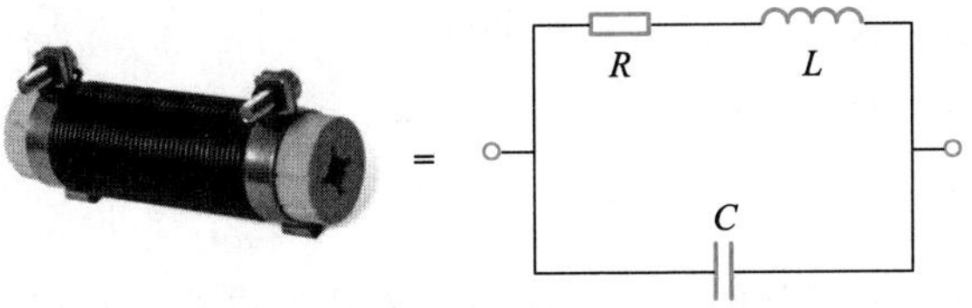

图 7-8 一个实际的线绕电阻等效图

7-1-5 交流电路的矢量图解法

我们可以用旋转的矢量来表示交流电,用 $\boldsymbol{A}_m$ 表示 $a(t)=A_m\cos(\omega t+\varphi)$,$\boldsymbol{A}_m$ 在 x 轴上的投影就可以表示为 $a(t)$ 的瞬时值,如图 7-9 所示.电压和电流的相位关系如图 7-10 所示.

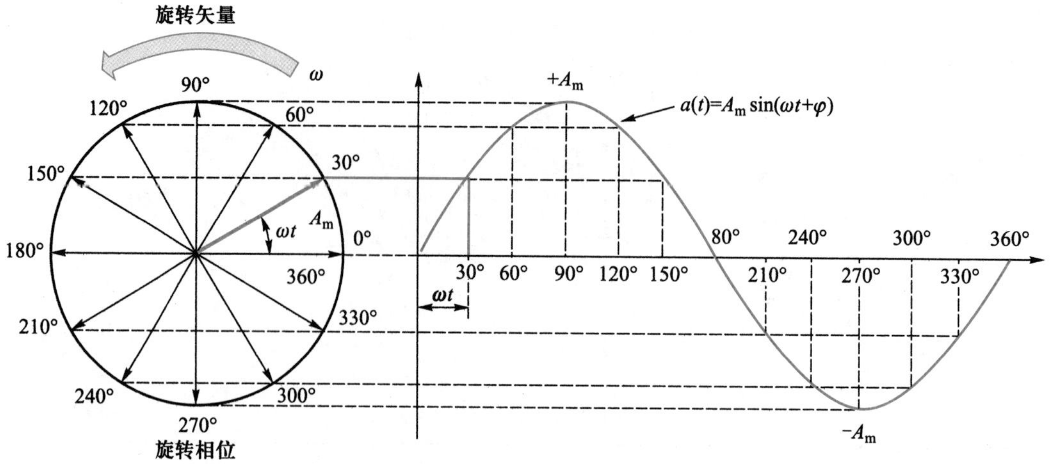

图 7-9 旋转矢量表示交流的电流或电压

三种元件上的电流和电压为

纯电阻元件 $\begin{cases} i(t)=I_m\cos(\omega t+\varphi) \\ u(t)=U_m\cos(\omega t+\varphi) \end{cases}$ 电压与电流同相位

纯电容元件 $\begin{cases} i(t)=I_m\cos(\omega t+\varphi) \\ u(t)=U_m\cos\left(\omega t+\varphi+\dfrac{\pi}{2}\right) \end{cases}$ 电压落后电流 π/2

纯电感元件 $\begin{cases} i(t)=I_m\cos(\omega t+\varphi) \\ u(t)=U_m\cos\left(\omega t+\varphi-\dfrac{\pi}{2}\right) \end{cases}$ 电压超前电流 π/2

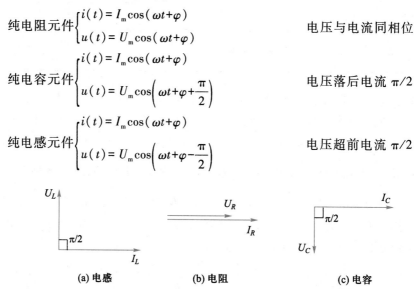

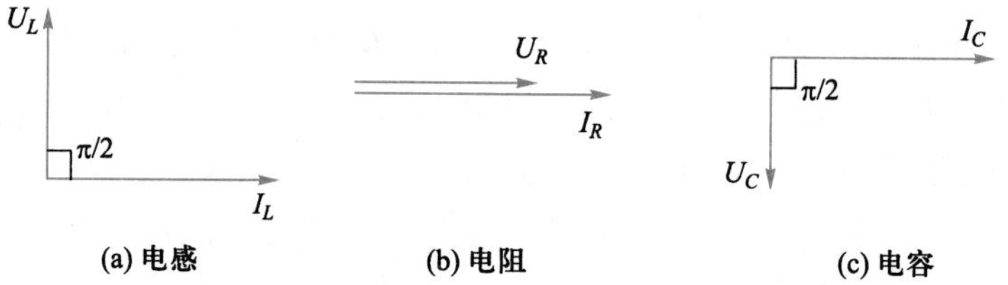

(a) 电感 (b) 电阻 (c) 电容

图 7-10 用旋转矢量表示的电压和电流的相位关系

1. 串联电路

串联电路中通过各元件的电流一样，对 RC 串联电路，如图 7-11(a)所示，总电压为各元件两端的分电压之和，即

$$u(t)=u_R(t)+u_C(t)$$

以 I 为基准，I 与 U_R 同相位，U_C 落后 I 的相位为 π/2，所以由图 7-11(b)的矢量图可得

$$U=\sqrt{U_R^2+U_C^2}, \varphi=-\arctan\frac{U_C}{U_R} \tag{7-11}$$

因为 $Z_R=R, Z_C=1/\omega C$，所以

$$\frac{U_C}{U_R}=\frac{(I/\omega C)}{IR}=\frac{1}{\omega CR}$$

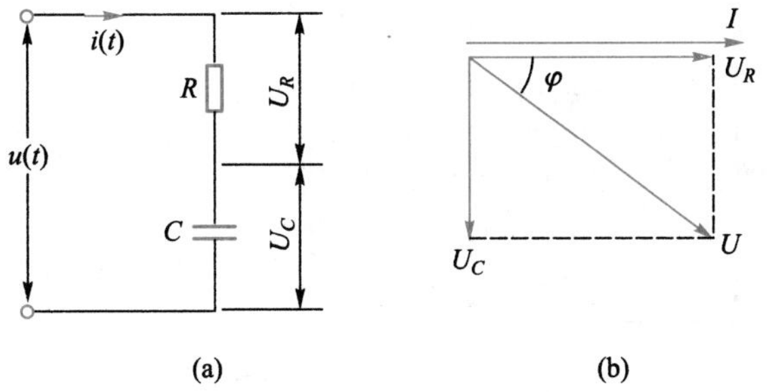

图 7-11 *RC* 串联电路的矢量图法

得

$$U=I\sqrt{R^2+\left(\frac{1}{\omega C}\right)^2}, \varphi=-\arctan\frac{1}{\omega CR} \tag{7-12}$$

因此 *RC* 串联电路的总阻抗为

$$Z=\frac{U}{I}=\sqrt{R^2+\left(\frac{1}{\omega C}\right)^2} \quad 或 \quad Z^2=Z_R^2+Z_C^2 \tag{7-13}$$

如果输入电压为 U_0，则电容器上的电压为

$$U_C=\frac{Z_C}{Z}U_0=U_0\frac{Z_C}{\sqrt{R^2+Z_C^2}}=U_0\frac{\frac{1}{2\pi fC}}{\sqrt{R^2+\left(\frac{1}{2\pi fC}\right)^2}}=U_0\frac{1}{\sqrt{(2\pi fRC)^2+1}}$$

与输入电压的比值为

$$\frac{U_C}{U_0}=\frac{1}{\sqrt{(2\pi fRC)^2+1}}$$

相位差为

$$\varphi=\arctan(2\pi fRC)$$

电容器上的电压与输入电压之间的比值以及相位差都与频率 f 有关，如图 7-12 所示.

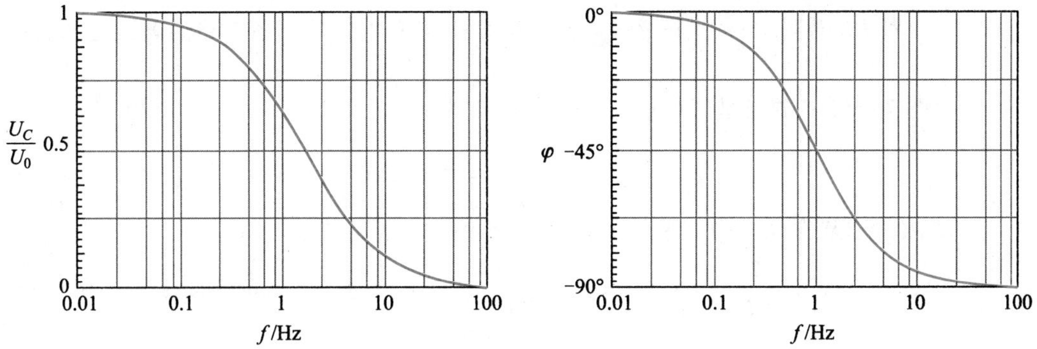

图 7-12 *RC* 串联电路中电容器上的电压与输入电压之比以及相位差随频率的变化

对如图 7-13 所示的 RL 串联电路,同理可得

$$Z=\frac{U}{I}=\frac{\sqrt{U_R^2+U_L^2}}{I}=\sqrt{R^2+(\omega L)^2},\quad \varphi=\arctan\frac{U_L}{U_R}=\arctan\frac{\omega L}{R}$$

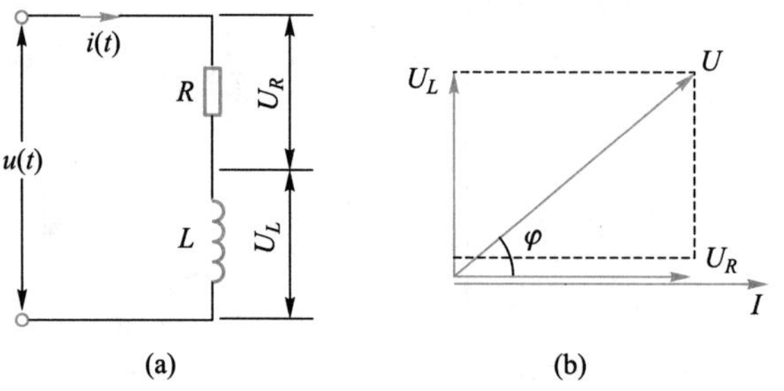

图 7-13 RL 串联电路的矢量图法

如果输入电压为 U_0,则电感上的电压 U_L 与输入电压 U_0 的比值以及相位差为

$$\frac{U_L}{U_0}=\frac{1}{\sqrt{\left(\frac{R}{2\pi fL}\right)^2+1}},\quad \varphi=\arctan\frac{R}{2\pi fL}$$

电感上的电压与输入电压之间的比值以及相位差都与频率 f 有关,如图 7-14 所示.

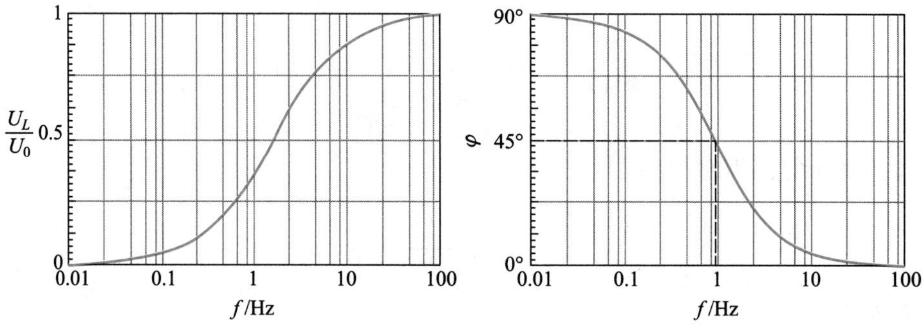

图 7-14 RL 串联电路中电感上的电压与输入电压之比以及相位差随频率的变化

2. 并联电路

对 RC 并联电路,见图 7-15(a),电压相等,总电流等于各支路的电流之和,即

$$i(t)=i_R(t)+i_C(t)$$

由图 7-15(b)的矢量图可得

$$I=\sqrt{I_R^2+I_C^2},\quad \varphi=-\arctan\frac{I_C}{I_R} \tag{7-14}$$

以 $u(t)$ 为基准,U 与 I_R 同相位,I_C 与 U 的相位差为 $\pi/2$,所以有

$$Z=\frac{U}{I}=\frac{U}{\sqrt{I_R^2+I_C^2}}=\frac{1}{\sqrt{\left(\frac{1}{R}\right)^2+(\omega C)^2}},\quad \varphi=-\arctan(\omega CR) \tag{7-15}$$

或者写成

$$\frac{1}{Z^2}=\frac{1}{Z_R^2}+\frac{1}{Z_C^2} \tag{7-16}$$

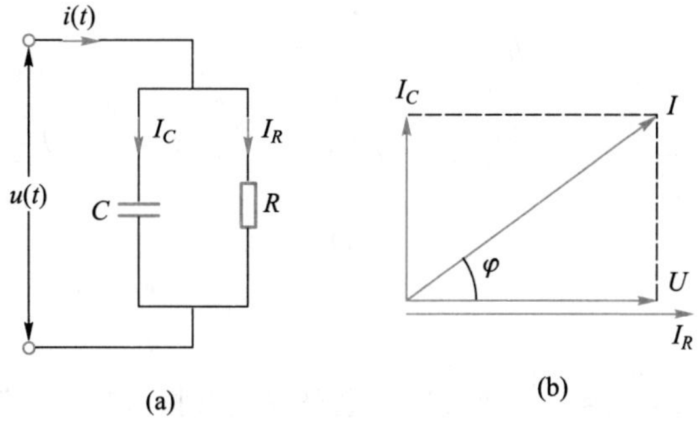

图 7-15 *RC* 并联电路的矢量图法

对如图 7-16 所示的 *RL* 并联电路，画出其各支路电流的电压的相位关系，同理可得

$$Z=\frac{U}{I}=\frac{U}{\sqrt{I_R^2+I_L^2}}=\frac{1}{\sqrt{\left(\frac{1}{R}\right)^2+\left(\frac{1}{\omega L}\right)^2}},\varphi=\arctan\frac{I_L}{I_R}=\arctan\left(\frac{R}{\omega L}\right)$$

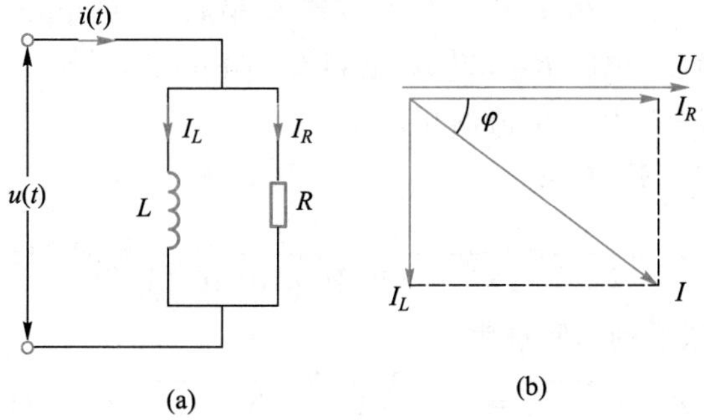

图 7-16 *RL* 并联电路的矢量图法

对如图 7-17 所示的 *RLC* 并联电路，画出其各支路电流的电压的相位关系，同理可得

$$Z=\frac{U}{I}=\frac{U}{\sqrt{I_R^2+(I_L-I_C)^2}}=\frac{1}{\sqrt{\left(\frac{1}{R}\right)^2+\left(\frac{1}{\omega L}-\omega C\right)^2}}$$

$$\varphi=\arctan\frac{I_L-I_C}{I_R}=\arctan\frac{\frac{1}{\omega L}-\omega C}{\frac{1}{R}}=\arctan\frac{R(1-\omega^2 LC)}{\omega L}$$

对图 7-17(b)和(c)两种情况，都可以用上式表示总阻抗的相位.

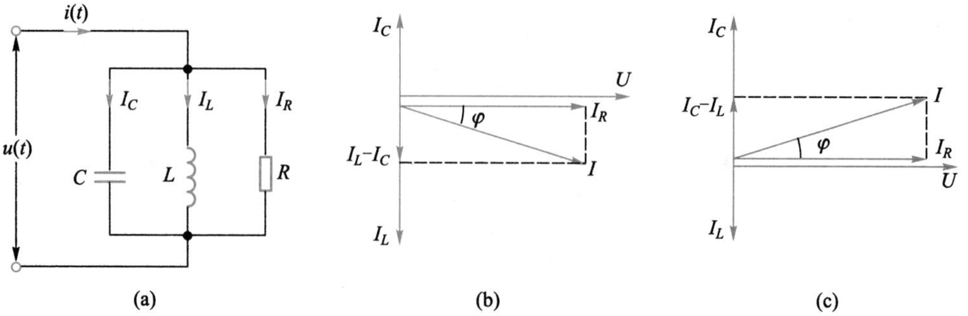

图 7-17 *RLC* 并联电路的矢量图法

当 $1-\omega^2LC=0$，即 $\omega_0=\dfrac{1}{\sqrt{LC}}$ 时，*RLC* 电路发生共振，此时电路为纯电阻电路，电感 L 或者电容器 C 支路上的电流与总电流之比为

$$\frac{I_L}{I}=\frac{R}{\omega_0 L}=R\sqrt{\frac{C}{L}},\ \frac{I_C}{I}=\frac{R}{1/(\omega_0 C)}=R\sqrt{\frac{C}{L}}$$

两者相等.

矢量图解法的优点是直观，缺点是只能用于简单的电路，对元件较多的复杂电路，矢量图法在做各矢量之间的相对相位关系时将变得十分困难.

【例 7-1】 一个电阻 R 和一个电容器 C 串联，接到电压为 220 V、频率 $f=$ 50 Hz 的交流电源上，电阻 $R=220\ \Omega$，电容 $C=10\ \mu\text{F}$，求总阻抗、电阻和电容器上的电压，并求电路中电压与电流的相位差.

【解】 电容器的阻抗为

$$Z_C=\frac{1}{2\pi fC}=\frac{1}{2\times3.14\times50\ \text{Hz}\times10\times10^{-6}\ \text{F}}\approx318\ \Omega$$

电阻和电容器串联后的总阻抗为

$$Z=\sqrt{R^2+Z_C^2}=\sqrt{(220\ \Omega)^2+(318\ \Omega)^2}\approx387\ \Omega$$

电路中的电流为

$$I=\frac{U}{Z}=\frac{220\ \text{V}}{387\ \Omega}\approx0.568\ \text{A}$$

电阻和电容器上的电压为

$$U_R=IR=0.568\ \text{A}\times220\ \Omega\approx125\ \text{V}$$

$$U_C=IZ_C=0.568\ \text{A}\times318\ \Omega\approx180.6\ \text{V}$$

总电压与总电流的相位差为

$$\varphi=-\arctan\frac{1}{2\pi fCR}=-\arctan\frac{1}{2\times3.14\times50\ \text{Hz}\times10\times10^{-6}\ \text{F}\times220\ \Omega}=-55.3^\circ$$

负号表示电压相位落后于电流相位.

【例 7-2】　如例 7-2 图 1 所示，已知 $Z_C=Z_L=Z_R=R$，试用矢量图解法求下列各量的相位差：(1) U_C 与 I_R；(2) I_C 与 I_R；(3) U_L 与 U_R；(4) U 与 I.

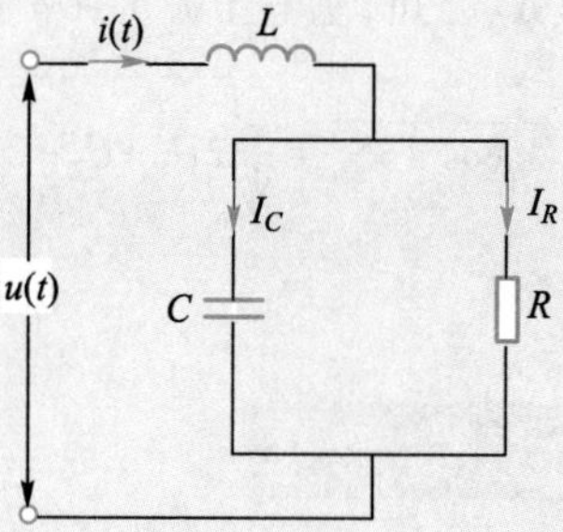

例 7-2 图 1

【解】　电路电阻和电容器先并联，然后与电感串联. 先计算 RC 并联的阻抗，即

$$Z_{RC}=\frac{1}{\sqrt{\left(\frac{1}{Z_R}\right)^2+\left(\frac{1}{Z_C}\right)^2}}=\frac{1}{\sqrt{\frac{1}{R^2}+\frac{1}{R^2}}}=\frac{R}{\sqrt{2}}$$

RC 并联后再与 L 串联，总阻抗为

$$Z_{总}=\sqrt{Z_L^2+Z_{RC}^2}=\sqrt{R^2+R^2/2}=\sqrt{\frac{3}{2}}R$$

电压比为

$$\frac{U_R}{U_C}=1,\frac{U_L}{U_R}=\frac{Z_L}{Z_{RC}}=\sqrt{2}$$

(1) 以并联部分电压 U_C 为基准. I_R 与 U_C 同相位；I_C 超前 $U_C\pi/2$ 相位，如例 7-2 图 2(a)所示. 因 $Z_C=Z_R$，$U_R=U_C$，所以 $I_R=I_C$，则 U_C 与 I_R的相位差为 0，I_C 与 I_R的相位差为 $\pi/2$.

(2) 在图(a)上叠加上串联部分的矢量图，如图(b)所示，U_L 超前 I 相位 $\pi/2$，则 U_L 与 I_C 夹角为 $\pi/4$.

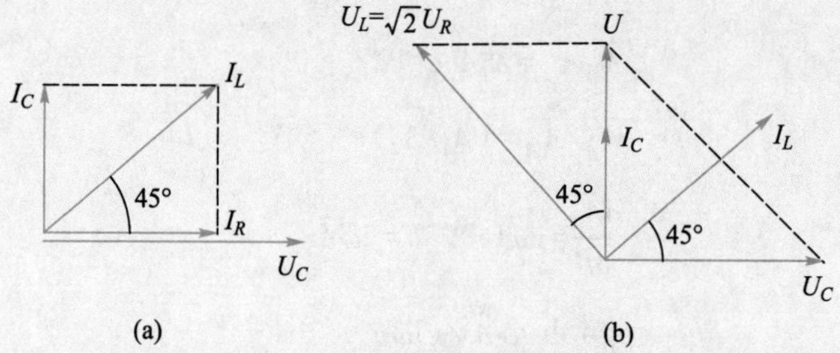

例 7-2 图 2

所以

$$U_L=I_LZ_L=\sqrt{2}I_RR=\sqrt{2}U_R=\sqrt{2}U_C$$

总电压 U 的方向在垂直方向，如图(b)所示，则 U_L 与 U_R 的相位差为 $3\pi/4$，U 与 I 的相位差为 $\pi/4$，由矢量图(b)可知，总电压 U 是 U_C 和 U_L 的矢量叠加，即

$$U=\sqrt{U_L^2+U_C^2+2U_LU_C\cos 135°}=\sqrt{2U_C^2+U_C^2-2\cdot\sqrt{2}U_C^2\cdot\frac{\sqrt{2}}{2}}=U_C$$

§7-2 交流电路的复数解法

7-2-1 电阻、电容和电感的复数表示

1. 复数的基本概念

根据数学中复数的基本知识，任一复数 $\tilde{A}$ 可以用实部和虚部表示，如图 7-18 所示，即

$$\tilde{A}=a+\mathrm{i}b=A(\cos\varphi+\mathrm{i}\sin\varphi)=A\mathrm{e}^{\mathrm{i}\varphi} \tag{7-17}$$

式(7-17)中实数 a 为 $\tilde{A}$ 的实部，记为 $a=\mathrm{Re}\tilde{A}$；实数 b 为 $\tilde{A}$ 的虚部，记为 $b=\mathrm{Im}\tilde{A}$；i 为虚数单位，满足 $\mathrm{i}^2=-1$，$\mathrm{i}=\sqrt{-1}$. $\tilde{A}$ 的模 $|\tilde{A}|$ 和辐角 φ 分别为 $|\tilde{A}|=\sqrt{a^2+b^2}$，$\varphi=\arctan\dfrac{b}{a}$.

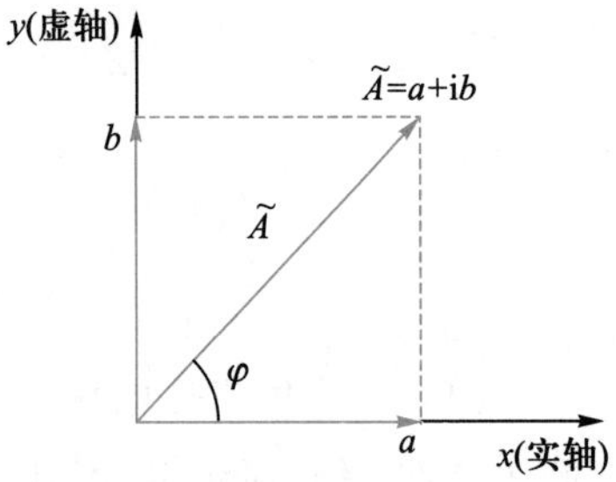

图 7-18 复数的几何表示

在指数表示下，显然有

$$\mathrm{i}=\mathrm{e}^{\mathrm{i}\frac{\pi}{2}},\ 1/\mathrm{i}=\mathrm{e}^{-\mathrm{i}\frac{\pi}{2}},\ 1+\mathrm{e}^{\mathrm{i}\pi}=0$$

若 $\tilde{A}_1=x_1+\mathrm{i}y_1=A_1\mathrm{e}^{\mathrm{i}\varphi_1}$，$\tilde{A}_2=x_2+\mathrm{i}y_2=A_2\mathrm{e}^{\mathrm{i}\varphi_2}$，则复数的加减乘除运算和微分、积分运算法则如下：

$$\begin{aligned}
&\tilde{A}_1\pm\tilde{A}_2=(x_1\pm x_2)+\mathrm{i}(y_1\pm y_2)\\
&\tilde{A}_1\tilde{A}_2=A_1A_2\mathrm{e}^{\mathrm{i}(\varphi_1+\varphi_2)}\\
&\tilde{A}_1/\tilde{A}_2=(A_1/A_2)\mathrm{e}^{\mathrm{i}(\varphi_1-\varphi_2)}\\
&\frac{\mathrm{d}\tilde{A}}{\mathrm{d}t}=\mathrm{i}\omega A\mathrm{e}^{\mathrm{i}(\omega t+\varphi)}=\mathrm{i}\omega\tilde{A}\\
&\int\tilde{A}\,\mathrm{d}t=\tilde{A}/(\mathrm{i}\omega)
\end{aligned} \tag{7-18}$$

交流电中的电压和电流等简谐量用复数表示为

$$\tilde{A}=A\mathrm{e}^{\mathrm{i}(\omega t+\varphi)} \tag{7-19}$$

该复数的实部表示简谐量的瞬时值,即

$$a(t)=\mathrm{Re}\tilde{A}=A\cos(\omega t+\varphi) \tag{7-20}$$

复数的运算比矢量图法简单方便,这就是为何人们广泛采用复数法求解简谐交流电路的重要原因.

2. 电阻、电容和电感的复数表示

简谐交流电的任何一个瞬时量都可以写成对应的复数形式.交流电的电压、电流和电动势的瞬时值表达式的复数形式如下:

$$\tilde{U}=U_{\mathrm{m}}\mathrm{e}^{\mathrm{i}(\omega t+\varphi_u)},\ \tilde{I}=I_{\mathrm{m}}\mathrm{e}^{\mathrm{i}(\omega t+\varphi_i)},\ \tilde{\mathscr{E}}=\mathscr{E}_{\mathrm{m}}\mathrm{e}^{\mathrm{i}(\omega t+\varphi_e)} \tag{7-21}$$

相应地把 $\tilde{U}$、$\tilde{I}$ 和 $\tilde{\mathscr{E}}$ 分别叫作复电压、复电流和复电动势,U_{m},I_{m} 和 $\mathscr{E}_{\mathrm{m}}$ 分别为电压、电流和电动势的极大值(或峰值).取 $\tilde{U}$、$\tilde{I}$ 和 $\tilde{\mathscr{E}}$ 的实部可得到有实际物理意义的电压、电流和电动势的瞬时值.

复电压和复电流之比称复阻抗,即

$$\frac{\tilde{U}}{\tilde{I}}=\frac{U_{\mathrm{m}}\mathrm{e}^{\mathrm{i}(\omega t+\varphi_u)}}{I_{\mathrm{m}}\mathrm{e}^{\mathrm{i}(\omega t+\varphi_i)}}=\frac{U_{\mathrm{m}}}{I_{\mathrm{m}}}\mathrm{e}^{\mathrm{i}(\varphi_u-\varphi_i)}=Z\mathrm{e}^{\mathrm{i}\varphi}=\tilde{Z} \tag{7-22}$$

它的模 Z 为电压有效值与电流有效值之比(或最大值之比),称为电路元件的阻抗;φ 则表示电压与电流的相位差,叫做复阻抗的辐角.复阻抗本身已经完全包含了电路两方面的基本性质:阻抗 $Z=\dfrac{U_{\mathrm{m}}}{I_{\mathrm{m}}}$和辐角 φ.

复数形式的欧姆定律为

$$\frac{\tilde{U}}{\tilde{I}}=\tilde{Z}\quad 或\quad \tilde{U}=\tilde{I}\,\tilde{Z} \tag{7-23}$$

各种纯元件的复阻抗如下:

$$Z_R=R,\varphi=0,所以\ \tilde{Z}_R=R \tag{7-24}$$

$$Z_C=\frac{1}{\omega C},\varphi=-\frac{\pi}{2},所以\ \tilde{Z}_C=\frac{1}{\omega C}\mathrm{e}^{-\mathrm{i}\pi/2}=\frac{-\mathrm{i}}{\omega C}=\frac{1}{\mathrm{i}\omega C} \tag{7-25}$$

$$Z_L=\omega L,\varphi=\frac{\pi}{2},所以\ \tilde{Z}_L=\omega L\mathrm{e}^{\mathrm{i}\pi/2}=\mathrm{i}\omega L \tag{7-26}$$

7-2-2 交流电路的复数解法

1. 串并联电路的复数解法

对交流电的串联电路,见图 7-19(a),由于总电压等于各元件上的电压,即

$$\tilde{U}=\tilde{U}_1+\tilde{U}_2=\tilde{I}\,\tilde{Z}_1+\tilde{I}\,\tilde{Z}_2=\tilde{I}\,(\tilde{Z}_1+\tilde{Z}_2)$$

串联电路总复阻抗为

$$\tilde{Z}=\frac{\tilde{U}}{\tilde{I}}=\tilde{Z}_1+\tilde{Z}_2 \tag{7-27}$$

对并联电路,见图 7-19(b),由于各阻抗上的电压相同,而总电流是各支路电流之和,即

$$\tilde{I}=\frac{\tilde{U}}{\tilde{Z}}=\tilde{I}_1+\tilde{I}_2=\frac{\tilde{U}}{\tilde{Z}_1}+\frac{\tilde{U}}{\tilde{Z}_2}$$

并联电路的总复阻抗为

$$\frac{1}{\tilde{Z}}=\frac{1}{\tilde{Z}_1}+\frac{1}{\tilde{Z}_2} \tag{7-28}$$

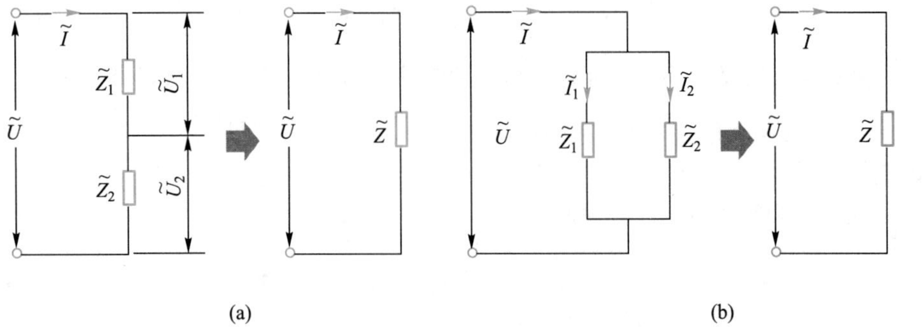

图 7-19 串联和并联电路的复数解法

所以复数解法的串并联总阻抗求法与直流电阻总电阻求法一样,只不过这里是用复数表示的!

对如图 7-20(a)所示的 RC 串联电路,根据串联复阻抗公式,可得总复阻抗为

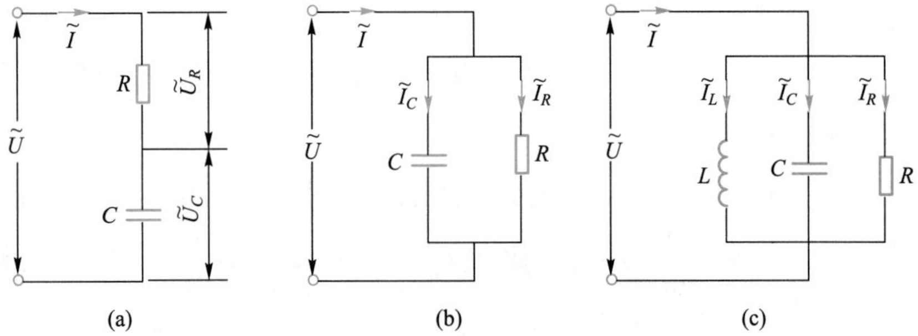

图 7-20 RC 串联、RC 并联电路和 RLC 并联电路

$$\tilde{Z}=\tilde{Z}_1+\tilde{Z}_2=R+\frac{1}{\mathrm{i}\omega C}$$

总复阻抗的模为

$$Z=|\tilde{Z}|=\sqrt{R^2+\frac{1}{(\omega C)^2}}$$

辐角为

$$\varphi=\arctan\left(-\frac{1}{\omega CR}\right)$$

对如图 7-20(b)所示的 RC 并联电路,根据并联复阻抗计算公式,可得

$$\frac{1}{\tilde{Z}}=\frac{1}{\tilde{Z}_1}+\frac{1}{\tilde{Z}_2}=\frac{1}{R}+\mathrm{i}\omega C$$

所以总复阻抗为

$$\tilde{Z}=\frac{1}{\left(\frac{1}{R}\right)^2+\omega^2C^2}\left(\frac{1}{R}-\mathrm{i}\omega C\right)$$

总复阻抗的模为

$$Z=|\tilde{Z}|=\frac{1}{\sqrt{\frac{1}{R^2}+(\omega C)^2}}$$

辐角为

$$\varphi=\arctan(-\omega CR)$$

对如图 7-20(c)所示的 RLC 并联电路,同理有

$$\frac{1}{\tilde{Z}}=\frac{1}{\tilde{Z}_1}+\frac{1}{\tilde{Z}_2}+\frac{1}{\tilde{Z}_3}=\frac{1}{R}+\frac{1}{\mathrm{i}\omega L}+\mathrm{i}\omega C=\frac{\mathrm{i}\omega L+R-\omega^2RCL}{\mathrm{i}\omega LR}$$

总复阻抗和辐角分别为

$$\tilde{Z}=\frac{\mathrm{i}\omega LR}{(R-\omega^2RCL)+\mathrm{i}\omega L}=\frac{\omega LR}{\omega L-\mathrm{i}(R-\omega^2RCL)},\tan\varphi=\frac{(1-\omega^2LC)R}{\omega L}$$

【例 7-3】 如例 7-3 图所示是为消除分布电容的影响而设计的一种脉冲分压器.当 C_1、C_2、R_1、R_2 满足一定条件时,此分压器就能和直流电路一样,使输入电压 $\tilde{U}$ 与输出电压 $\tilde{U}_2$ 之比等于电阻之比,即

$$\frac{\tilde{U}_2}{\tilde{U}}=\frac{R_2}{R_1+R_2}$$

而与频率无关.试求电阻和电容应满足的条件.

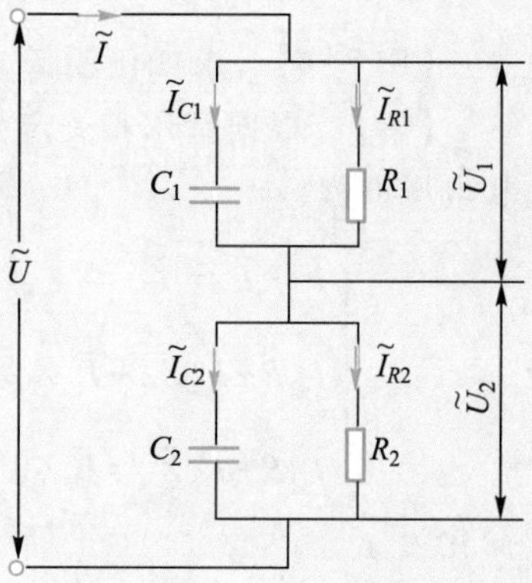

例 7-3 图　脉冲分压器电路

【解】 设 Z_1 上的电压为 U_1,因串联电路的电压与阻抗成正比分配,即 $\frac{\tilde{U}_1}{\tilde{U}_2}=\frac{\tilde{Z}_1}{\tilde{Z}_2}$,而电路要求 $\frac{\tilde{U}_2}{\tilde{U}}=\frac{R_2}{R_1+R_2}$,即 $\frac{\tilde{U}_1}{\tilde{U}_2}=\frac{R_1}{R_2}$.

首先求出各部分 RC 并联的阻抗,即

$$\tilde{Z}_1=\frac{R_1}{1+\mathrm{i}R_1\omega C_1},\text{模为 }Z_1=\frac{R_1}{\sqrt{1+\omega^2R_1^2C_1^2}}$$

$$\tilde{Z}_2=\frac{R_2}{1+\mathrm{i}R_2\omega C_2},\text{模为 }Z_2=\frac{R_2}{\sqrt{1+\omega^2R_2^2C_2^2}}$$

则
$$\frac{Z_1}{Z_2}=\frac{R_1}{\sqrt{1+\omega^2R_1^2C_1^2}}\cdot\frac{\sqrt{1+\omega^2R_2^2C_2^2}}{R_2}=\frac{R_1}{R_2}$$
解得
$$R_1C_1=R_2C_2$$

2. 交流电路的基尔霍夫定律

在似稳条件下，在任一瞬间，对于交流电路，基尔霍夫定律如下：

(1) 对于任意节点，流入和流出节点的电流相等，即
$$\sum\tilde{I}_k=\sum\tilde{I}_{km}\mathrm{e}^{\mathrm{i}\omega t}=0\quad 或\quad \sum\tilde{I}_{km}=0 \tag{7-29}$$
(2) 环绕任一闭合回路一周，各元件电压降之和等于回路电动势之和，即
$$\sum\tilde{I}_n\tilde{Z}_n=\sum\tilde{\mathscr{E}}_k\quad 或\quad \sum\tilde{I}_{nm}\mathrm{e}^{\mathrm{i}\omega t}\tilde{Z}_n=\sum\tilde{\mathscr{E}}_{km}\mathrm{e}^{\mathrm{i}\omega t}$$
亦即
$$\sum\tilde{I}_{nm}\tilde{Z}_{m}=\sum\tilde{\mathscr{E}}_{km} \tag{7-30}$$
由于交流电路各部分在相同时刻 t，其各量随时间的变化均为 $\mathrm{e}^{\mathrm{i}\omega t}$，所以在式(7-29)和式(7-30)中，采用了最大值或有效值的复数形式表示．这两个式子与直流恒定电路方程具有几乎完全相同的数学形式，不同的只是实数运算代之以复数运算，且复阻抗包括电容和电感的贡献，不仅仅限于电阻．如果两个电感之间还存在互感 M，则式(7-30)可以改写成
$$\sum\tilde{I}_{nm}\tilde{Z}_{m}+\sum\tilde{I}_{lm}\tilde{M}_{m}=\sum\tilde{\mathscr{E}}_{km} \tag{7-31}$$
这里 $\tilde{I}_{lm}$是另外一个支路中的复电流．

【例 7-4】 求如例题 7-4 图所示电路中输出电压与输入电压之比．

【解】 根据基尔霍夫定律，列出电流和电压方程

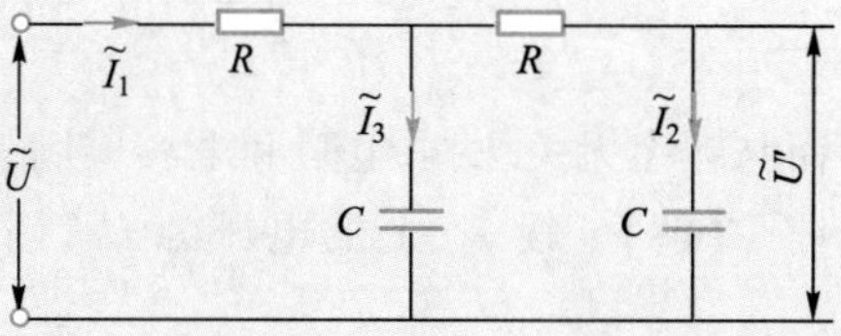

例 7-4 图 分压电路

$$\begin{cases}\tilde{I}_1-\tilde{I}_2=\tilde{I}_3\\ \tilde{I}_2R+\tilde{I}_2\tilde{Z}_C-\tilde{I}_3\tilde{Z}_C=0\\ \tilde{I}_1R+\tilde{I}_3\tilde{Z}_C=\tilde{U}\end{cases}$$
简化为
$$(R+\tilde{Z}_C)\tilde{I}_2-\tilde{Z}_C\tilde{I}_3=0$$
$$R\tilde{I}_2+(R+\tilde{Z}_C)\tilde{I}_3=\tilde{U}$$
解得
$$\tilde{I}_2=\frac{\tilde{U}}{\mathrm{i}\omega C}\frac{1}{R^2-\dfrac{1}{(\omega C)^2}+\dfrac{3R}{\mathrm{i}\omega C}}$$

所以

$$\tilde{U}'=\tilde{I}_2\tilde{Z}_C=\frac{-\tilde{U}}{(\omega C)^2\left[R^2-\dfrac{1}{(\omega C)^2}-\dfrac{\mathrm{i}3R}{\omega C}\right]}$$

输出输入电压之比为

$$\left|\frac{\tilde{U}'}{\tilde{U}}\right|=\{[(\omega CR)^2-1]^2+(3\omega CR)^2\}^{-1/2}$$

相位差为

$$\Delta\varphi=\arctan\left[\frac{3\omega CR}{(\omega CR)^2-1}\right]$$

【例 7-5】 求解如例 7-5 图所示的 *RCL* 混联电路总阻抗.

【解】 等效阻抗为

$$\frac{1}{\tilde{Z}}=\frac{1}{\tilde{Z}_C}+\frac{1}{\tilde{Z}_R+\tilde{Z}_L}=\mathrm{i}\omega C+\frac{1}{R+\mathrm{i}\omega L}=\mathrm{i}\omega C+\frac{R-\mathrm{i}\omega L}{R^2+(\omega L)^2}$$

$$=\frac{R}{R^2+(\omega L)^2}+\mathrm{i}\left[\omega C-\frac{\omega L}{R^2+(\omega L)^2}\right]=A\mathrm{e}^{\mathrm{i}\varphi}$$

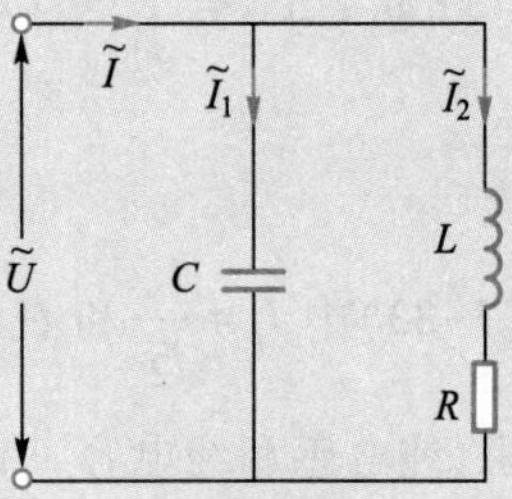

例 7-5 图 *RCL* 混联电路

则有

$$\tilde{Z}=\frac{1}{A}\mathrm{e}^{-\mathrm{i}\varphi}$$

式中 A 和 φ 为

$$A=\left\{\frac{R^2}{[R^2+(\omega L)^2]^2}+\left[\omega C-\frac{\omega L}{R^2+(\omega L)^2}\right]^2\right\}^{1/2},\ |\tilde{Z}|=\frac{1}{A}$$

$$\varphi=\arctan\frac{\dfrac{\omega\{C[R^2+(\omega L)^2]-L\}}{R^2+(\omega L)^2}}{\dfrac{R}{R^2+(\omega L)^2}}=\arctan\frac{\omega\{C[R^2+(\omega L)^2]-L\}}{R}$$

§7-3 交流电的功率

7-3-1 交流电的功率

1. 瞬时功率

交流电路的瞬时功率 $P(t)=i(t)u(t)$,因 $i(t)$ 和 $u(t)$ 之间存在相位差,故 P 可正可负.$P>0$ 表示元件从电源得到功率,$P<0$ 表示元件中储存的能量回到电源中去.

因为

$$\begin{cases}u(t)=U_{\mathrm{m}}\cos(\omega t+\varphi_u)\\ i(t)=I_{\mathrm{m}}\cos(\omega t+\varphi_i)\end{cases}$$

所以瞬时功率为

$$\begin{aligned}P(t)=u(t)i(t)&=U_{\mathrm{m}}I_{\mathrm{m}}\cos(\omega t+\varphi_u)\cos(\omega t+\varphi_i)\\&=\frac{1}{2}U_{\mathrm{m}}I_{\mathrm{m}}[\cos(2\omega t+\varphi_u+\varphi_i)+\cos\varphi]\end{aligned}\tag{7-32}$$

2. 平均功率

交流电路中实际有意义的是平均功率，平均功率的定义为 $\overline{P}=\frac{1}{T}\int_0^T P(t)\mathrm{d}t$，因此

$$\overline{P}(t)=\frac{1}{T}\int_0^T\frac{1}{2}U_{\mathrm{m}}I_{\mathrm{m}}[\cos(2\omega t+\varphi_u+\varphi_i)+\cos\varphi]\mathrm{d}t$$

在数学上，有 $\int_0^T\cos(2\omega t+\varphi_u+\varphi_i)\mathrm{d}t=0$，并且 $\int_0^T\cos\varphi\mathrm{d}t=T\cos\varphi$，所以

$$\overline{P}(t)=\frac{1}{2}U_{\mathrm{m}}I_{\mathrm{m}}\cos\varphi=U_{\mathrm{e}}I_{\mathrm{e}}\cos\varphi\tag{7-33}$$

式(7-33)中 $I_{\mathrm{e}}=\frac{I_{\mathrm{m}}}{\sqrt{2}}$ 和 $U_{\mathrm{e}}=\frac{U_{\mathrm{m}}}{\sqrt{2}}$，为电流和电压的有效值.下面来分别讨论电路在纯电阻、纯电感和纯电容三种阻抗条件下的平均功率.

（1）纯电阻电路

纯电阻电路的瞬时功率 $P=\frac{I_{\mathrm{m}}U_{\mathrm{m}}}{2}(1+\cos 2\omega t)$，平均功率 $\overline{P}_R=\frac{I_{\mathrm{m}}U_{\mathrm{m}}}{2}=I^2R$，电阻上电流与电压的相位差 $\varphi=\varphi_u-\varphi_i=0$，如图 7-21 所示.

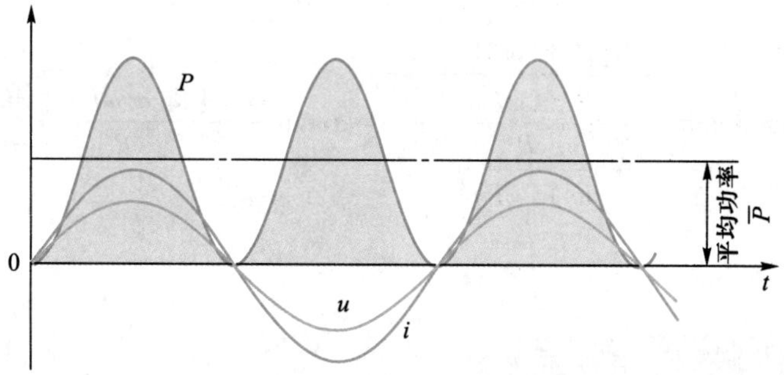

图 7-21 纯电阻电路的瞬时功率和平均功率

（2）纯电感电路

纯电感电路的瞬时功率 $P_L=\frac{I_{\mathrm{m}}U_{\mathrm{m}}}{2}\cos\left(2\omega t+\frac{\pi}{2}\right)=IU\cos\left(2\omega t+\frac{\pi}{2}\right)$，一个周期内的平均功率 $\overline{P}_L=0$，半个周期从电源吸收能量，储存在电感中，而另半个周期把电感中储存的能量释放到电路中，即一个周期内吸收的能量等于释放的能量，如图 7-22(a)所示.

(3) 纯电容电路

纯电容电路的瞬时功率 $P_C=\frac{I_m U_m}{2}\cos\left(2\omega t-\frac{\pi}{2}\right)=IU\cos\left(2\omega t-\frac{\pi}{2}\right)$,一个周期内的平均功率 $\overline{P}_C=0$,即一个周期内吸收的能量等于释放的能量,如图 7-22(b)所示.

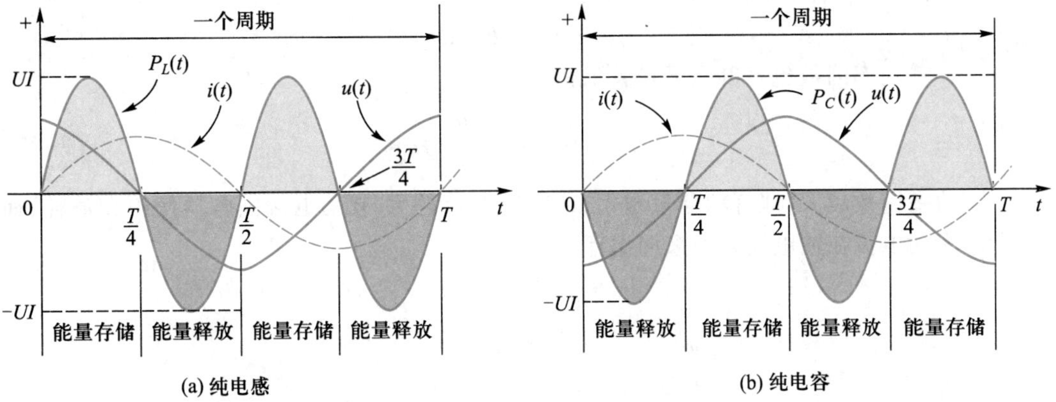

图 7-22 电路的瞬时功率

7-3-2 功率因数

交流电平均功率的表达式可以写成 $\overline{P}(t)=U_e I_e\cos\varphi$,通常把 $\cos\varphi$ 称功率因数.图 7-23 表示一个电感性阻抗的电路中交流电的瞬时功率曲线,一般情况下 φ 在 0~π/2 之间时,吸收功率总是大于释放功率,即上部分面积总是大于下部分面积.如图 7-23 所示,浅蓝色部分面积抵消,深蓝色部分是净功率,平均功率如图虚线所示.

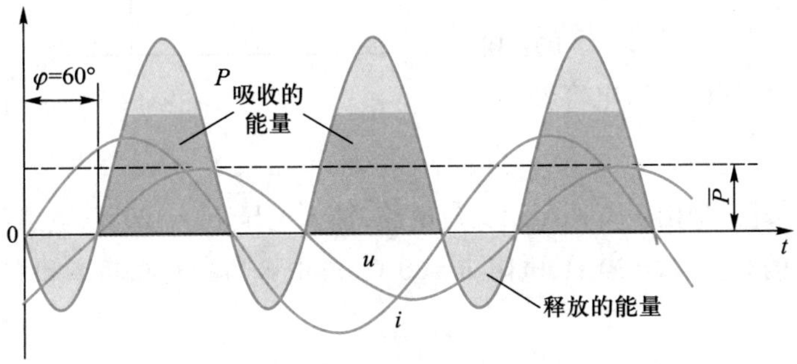

图 7-23 交流电的瞬时功率曲线

1. 有功功率与无功功率

为了进一步分析交流电的功率,我们把 $S=U_e I_e$ 称为视在功率,同时把交流电的功率分成有功功率和无功功率.令

$$P_1=P_{/\!/}=U_e I_{e/\!/}=U_e I_e\cos\varphi=S\cos\varphi \qquad (7-34)$$

$$P_2=P_\perp=U_eI_{e\perp}=U_eI_e\sin\varphi=S\sin\varphi \tag{7-35}$$

所以视在功率 S 为

$$S=\sqrt{P_1^2+P_2^2}=U_e\sqrt{I_{e/\!/}^2+I_{e\perp}^2} \tag{7-36}$$

式(7-36)中 $I_{e/\!/}=I_e\cos\varphi, I_{e\perp}=I_e\sin\varphi$.功率和电流都可以看成是一个直角三角形,如图 7-24 所示,可以采用复数表示:

$$S=P_1+\mathrm{i}P_2$$

功率因数也可以用下式表示:

$$\cos\varphi=\frac{\overline{P}}{I_eU_e}=\frac{P_1}{S} \tag{7-37}$$

功率因数越大,即有功分量越大,或有功电流越大.有功电流供电器使用和消耗;而无功电流在输电线路中来回循环.

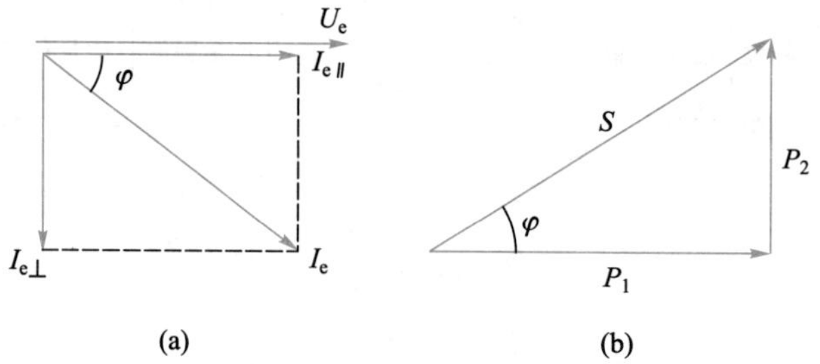

图 7-24 电流三角形和功率三角形

一个电路中各区域有功功率和无功功率满足简单的代数相加原理,如图 7-25 所示.

$$P_{1T}=\sum_i^n P_{1i}, P_{2T}=\sum_i^n P_{2i} \tag{7-38}$$

电感性无功功率取正号,电容性无功功率取负号.

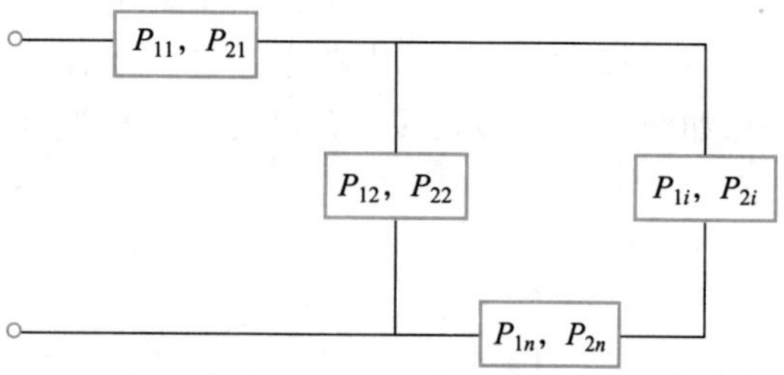

图 7-25 交流电路的功率叠加原理

【例 7-6】 如例 7-6 图所示交流电路,输入电压 $U_0=120$ V,电感的感抗 $Z_L=15\ \Omega$,电容的容抗 $Z_C=30\ \Omega$,电阻 $R=60\ \Omega$,求电容器的视在功率和有功功率.

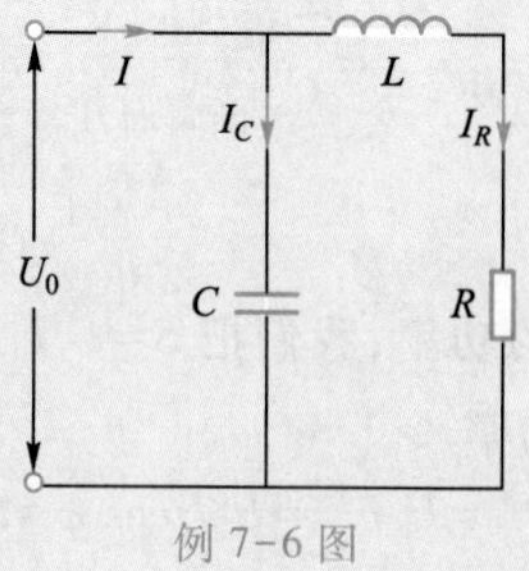

例 7-6 图

【解】 该电路就是例 7-5 中的电路，利用例 7-5 中的解，电路的总阻抗为

$$A=\left[\frac{R^2}{(R^2+Z_L^2)^2}+\left(\frac{1}{Z_C}-\frac{Z_L^2}{R^2+Z_L^2}\right)^2\right]^{1/2}$$

$$=\left[\frac{60^2}{(60^2+15^2)^2}+\left(\frac{1}{30}-\frac{15^2}{60^2+15^2}\right)^2\right]^{1/2}\ \Omega^{-1}$$

$$\approx 0.33\ \Omega^{-1}$$

$$Z=\frac{1}{A}\approx 30\ \Omega$$

$$\varphi=\arctan\frac{\omega C[R^2+(\omega L)^2]-\omega L}{R}$$

$$=\arctan\frac{(R^2+Z_L^2)/Z_C-Z_L}{R}$$

$$=\arctan\frac{(60^2+15^2)/30-15}{60}$$

$$=\arctan 1.875\approx 62^\circ$$

总电流为

$$I=\frac{U_0}{Z}=\frac{120}{30}\ \mathrm{A}=4\ \mathrm{A},\varphi=62^\circ$$

视在功率为

$$S=UI=120\times 4\ \mathrm{VA}=480\ \mathrm{VA}$$

视在功率单位用 VA(伏安)表示.有功功率为

$$P_1=UI\cos\varphi=120\times 4\times\cos 62^\circ\ \mathrm{W}\approx 225.35\ \mathrm{W}$$

无功功率为

$$P_2=UI\sin\varphi=120\times 4\times\sin 62^\circ\ \mathrm{VA}\approx 423.81\ \mathrm{VA}$$

有功功率单位用 W(瓦特)表示，无功功率单位用 VA(伏安)表示.

*【例 7-7】 如例 7-7 图所示的交流电路，一个电阻 R 连接交流电路的三个子网络后接到电源电压为 600 V 的交流电源上，电路的总电流为 30 A，三个子网络的有功功率和无功功率数值如图所示，求：(1) 电路的无功功率和有功功率；(2) 电阻 R 的大小；(3) 电路的功率因数.

【解】 (1) 总视在功率为

$$S_T=600\ \mathrm{V}\times 30\ \mathrm{A}=18\ \mathrm{kVA}$$

总无功功率为

$$P_{2T}=2\ 750\ \mathrm{VA}-17\ 880\ \mathrm{VA}+12\ 960\ \mathrm{VA}=-2\ 170\ \mathrm{VA}$$

总的有功功率为

$$P_{1T}=\sqrt{S_T^2-P_{2T}^2}=\sqrt{(18\ \mathrm{kVA})^2-(-2\ 170\ \mathrm{VA})^2}\approx 17.87\ \mathrm{kW}$$

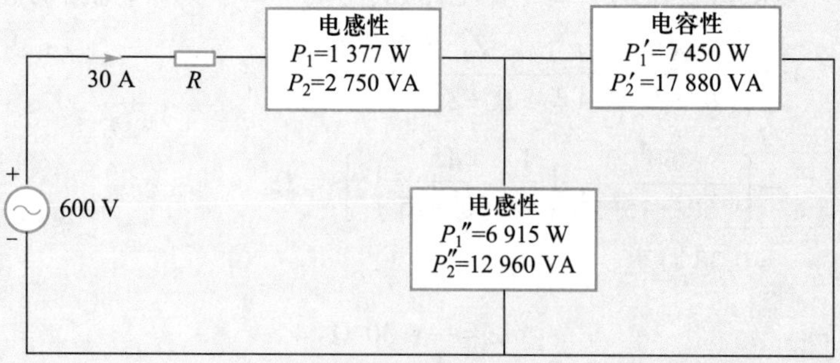

例 7-7 图

(2) 根据功率叠加原理,总有功功率为

$$P_{1T}=P_R+P_1+P_1'+P_1''$$

所以电阻上的有功功率为

$$P_R=P_{1T}-P_1-P_1'-P_1''=17.87\ \mathrm{kW}-1\ 377\ \mathrm{W}-7\ 450\ \mathrm{W}-6\ 915\ \mathrm{W}=2\ 128\ \mathrm{W}$$

所以电阻的阻值为

$$R=\frac{P_R}{I^2}=\frac{2\ 128\ \mathrm{W}}{(30\ \mathrm{A})^2}\approx 2.36\ \Omega$$

(3) 由于总无功功率为负值,所以电路为电容性电路,功率因数为

$$\cos\varphi=\frac{P_{1T}}{S_T}=\frac{17.87}{18}\approx 0.992\ 8$$

2. 提高功率因数的意义和方法

提高功率因数可以充分发挥电力设备的潜力,因为电力设备工作时,其电压与电流都有额定值,电压和电流超过额定值将给线路安全带来隐患.因此需在保持有功电流的情况下,尽量减少无功电流,从而使输出线路的损失减少.

如同一台发电机组,其标值 $U_{额}=10\ \mathrm{kV}$,$I_{额}=5\ \mathrm{kA}$,表明该发电机组的额定功率为 50 MW.如果输电线路和用电网络的功率因数为 $\cos\varphi=0.6$,则可以提供用户使用的功率 $P_{有功}=50\ \mathrm{MW}\cdot\cos\varphi=30\ \mathrm{MW}$;但如果把功率因数提高到 $\cos\varphi=0.8$,则可提供给用户的功率 $P_{有功}=50\ \mathrm{MW}\cdot\cos\varphi=40\ \mathrm{MW}$.

当用电器是电感性网络 N 时(通常都是如此),用一个适当的电容器与之并联,并联后的网络为 N',如图 7-26(a)所示,利用电感和电容中电流的相位关系,使总电流 i 与电压之间的相位差 φ 减少到 φ',如图 7-26(b)所示,这样就可以提高功率因数,即并联电容器 C 后的新网络 N' 比原网络 N 有较大的功率因数,提高的具体数值取决于原网络 N 的 φ 的大小和并联电容器 C 的大小.

串联电容器也可以使功率因数提高,甚至可以补偿到 1,但不可以这样做! 原因是在外加电压不变的情况下,负载得不到所需的额定工作电压.同样,电路中串、并电感或电阻也不能用于功率因数的提高.其请自行分析.

此外,一般 220 V 电场线路受负载的影响很小,即并联电容器后,不改变电源电

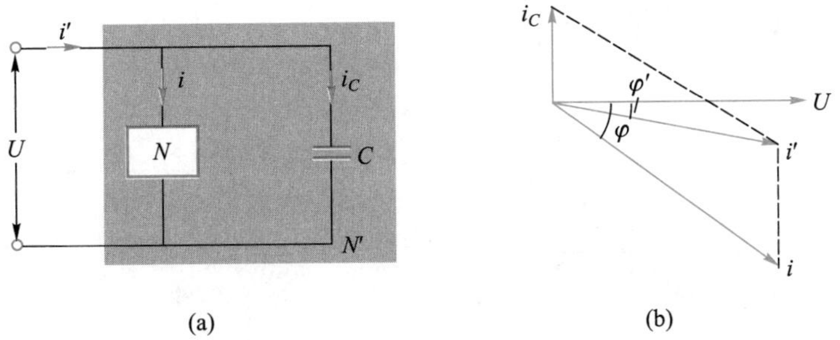

图 7-26 在电感性网络中并联一个电容器可以提高功率因数

压;并联的纯电容不吸收功率,实际上电容器上能量损失亦很小,故电源的输出功率不会显著增加;提高功率因数的原因是 $i'<i$,即总电流小于支路电流,线路损耗减少.

【例 7-8】 发电机的额定电压为 220 V,视在功率为 22 kVA.(1) 它能供多少盏功率因数为 0.5 、平均功率为 40 W 的日光灯正常发光?(2) 如果将日光灯的功率因数提高到 0.8,能供多少盏灯?(3) 如果保持日光灯数目不变而将功率因数继续提高到 1,则输电线路中的总电流降为多少?

【解】 (1) 忽略交流电在输电线及发电机中的功率消耗,则发电机提供的有功功率应等于日光灯消耗的平均功率,即由 $N_1P_1 = S\cos\varphi_1$,得

$$N_1 = \frac{S\cos\varphi_1}{P_1} = 275$$

(2) 当功率因数提高到 0.8 时,有

$$N_2 = \frac{S\cos\varphi_2}{P_2} = 440$$

(3) 保持 N_2 不变,其消耗的功率不变.因发电机输出的电压不变,则输电线路中的电流将会减少,由 $N_2P_2 = N_2I_2U\cos\varphi_2 = N_2I_3U\cos\varphi_3$,得

$$I_3 = \frac{\cos\varphi_2}{\cos\varphi_3}I_2 = 0.8I_2$$

可见功率因数提高时,输电线路的总电流下降.

7-3-3 品质因数

交流电路通常用品质因数 Q 来描述其特性:

$$Q = \frac{P_{无功}}{P_{有功}} \tag{7-39}$$

显然,Q 值越高表示 $P_{有功}$ 越小,即各种损耗越小,能量会在线路里长时间循环.

1. Q 值的第一种意义——储能与耗能

我们来计算 RLC 串联电路的总阻抗,如图 7-27 所示.

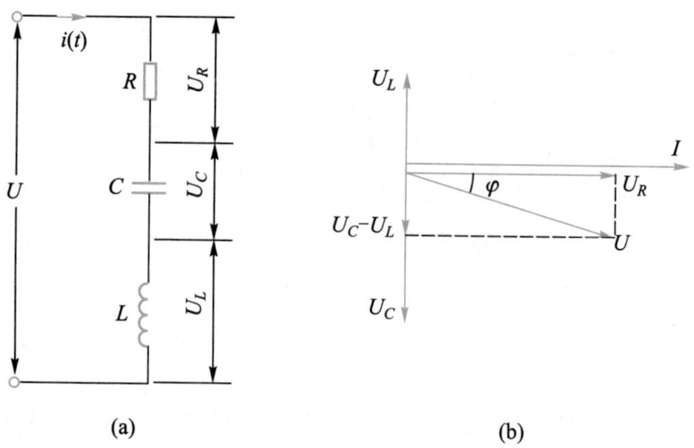

图 7-27 *RLC* 串联电路

我们采用矢量图解法,总电压为

$$U_{\mathrm{m}}=\sqrt{U_R^2+(U_L-U_C)^2}=I_{\mathrm{m}}\sqrt{R^2+\left(\omega L-\frac{1}{\omega C}\right)^2}$$

因此,总阻抗和辐角为

$$\begin{cases}Z=\sqrt{R^2+\left(\omega L-\dfrac{1}{\omega C}\right)^2}\\ \varphi=\arctan\dfrac{\omega L-\dfrac{1}{\omega C}}{R}\end{cases}$$

若 $u(t)=U_{\mathrm{m}}\cos\omega t$,则

$$i(t)=I_{\mathrm{m}}\cos(\omega t+\varphi)=\frac{U_{\mathrm{m}}}{\sqrt{R^2+\left(\omega L-\dfrac{1}{\omega C}\right)^2}}\cos\left(\omega t+\arctan\frac{\omega L-\dfrac{1}{\omega C}}{R}\right)$$

若 $Z_C=Z_L$,则 $\varphi=0$,电路出现纯电阻性.此时,Z 最小,亦即 $i(t)$ 最大,称为共振,共振频率由 $\omega_0L=\dfrac{1}{\omega_0C}$ 求出,即 $\omega_0=1/\sqrt{LC}$.

共振时电路中储存的能量为

$$\begin{aligned}W_S&=\frac{1}{2}LI^2+\frac{1}{2}CU^2\\&=\frac{1}{2}LI_{\mathrm{m}}^2\cos^2\omega_0t+\frac{I_{\mathrm{m}}^2}{2}\frac{C}{\omega_0^2C^2}\cos^2\left(\omega_0t-\frac{\pi}{2}\right)\\&=\frac{1}{2}I_{\mathrm{m}}^2\left[L\cos^2\omega_0t+\frac{1}{\omega_0^2C}\sin^2\omega_0t\right]\\&=\frac{1}{2}I_{\mathrm{m}}^2[L\cos^2\omega_0t+L\sin^2\omega_0t]\end{aligned}$$

$$=\frac{1}{2}LI_m^2=LI_e^2$$

而在电阻上消耗的能量为 $W_R=RI_e^2T$,两者之比为

$$\frac{W_S}{W_R}=\frac{L}{RT}=\frac{L}{R2\pi\sqrt{LC}}=\frac{1}{2\pi}\frac{1}{R}\sqrt{\frac{L}{C}}=\frac{Q}{2\pi}$$

或

$$Q=2\pi\frac{W_S}{W_R} \tag{7-40}$$

因此,Q 值表征电路中每个周期内储存的能量和消耗的能量之比乘以 2π.这时电路会稳定地储存电磁能而不再与外界交换无功功率,而只消耗有功功率.

2. Q 值的第二种物理意义——电压或电流放大倍数

RLC 串联达到共振时,如图 7-27 所示,电路的阻抗为最小,电流最大,这时电感或电容两端的电压最大,且等于电源电动势的 Q 倍,即

$$U_{Lm}=Z_LI_m=\omega_0L\frac{U_0}{R}=\frac{1}{\sqrt{LC}}L\frac{U_0}{R}=\frac{1}{R}\sqrt{\frac{L}{C}}U_0=QU_0$$

即 $U_{Lm}=QU_0$,同理 $U_{Cm}=QU_0$,即电压放大 Q 倍.共振时输入一个弱信号,在 L 和 C 两端将得到一个放大的输出信号,如图 7-28 所示,电容和电感的总作用相当于短路.

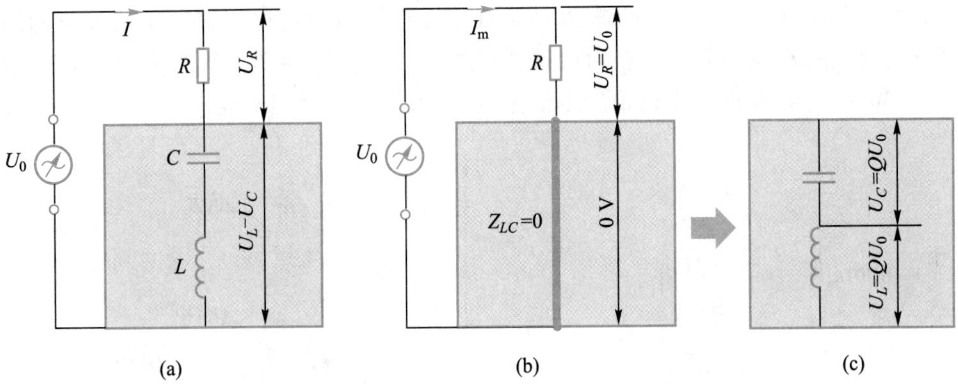

图 7-28　RCL 串联谐振示意图

在 RLC 并联电路达到谐振时,有

$$\frac{I_L}{I}=\frac{R}{\omega_0L}=R\sqrt{\frac{C}{L}}=Q',\quad \frac{I_C}{I}=\frac{R}{1/(\omega_0C)}=R\sqrt{\frac{C}{L}}=Q'$$

注意在 RLC 并联谐振的 Q'值与 RLC 串联谐振的 Q 值互为逆,即 $Q=1/Q'$.并联电路电流共振的特点:① 回路总阻抗达到最大值;② 回路电流达到最小值;③ 电路呈现纯电阻性;④ 分支电流达到最大值,为总电流的 Q 倍.此时 LC 的总效果是相当于开路,如图 7-29 所示.

因此,Q 值在串联谐振电路中表征了电压放大倍数,在并联谐振电路中表征了

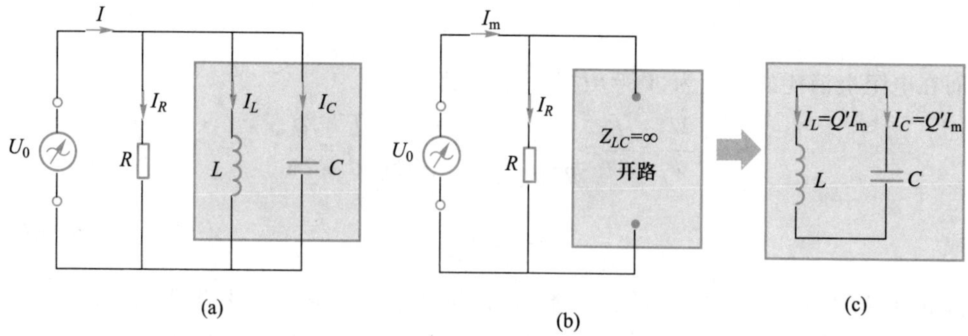

图 7-29 *RLC* 并联谐振示意图

电流放大倍数.

3. *Q* 值的第三种物理意义——频率选择性

谐振电路在无线电技术中最重要的应用是选择信号.例如,各广播电台以不同频率的电磁波向空间发射信号,收音机的调谐旋钮与谐振电路的可变电容器相连,改变电容或电感就可改变电路的谐振频率.当电路的谐振频率与某个电台的发射频率一致时,我们收到它的信号就最强,其他发射频率与电路的谐振频率相差较远的电台就收听不到.这就是利用了谐振电路的选频特性.

我们下面继续讨论 *RLC* 串联谐振电路.为了定量地说明频率选择性的好坏程度,通常引用"通频带宽度"的概念.通常规定在谐振峰两边电流值等于最大值的约70%的两点所对应的频率之差为通频带宽度,即 $\Delta f=f_2-f_1=2\delta f$,其中 $f_{1,2}=f_{I=0.7I_m}$,如图 7-30 所示.我们现在来讨论发生谐振时,谐振峰的高度和宽度.

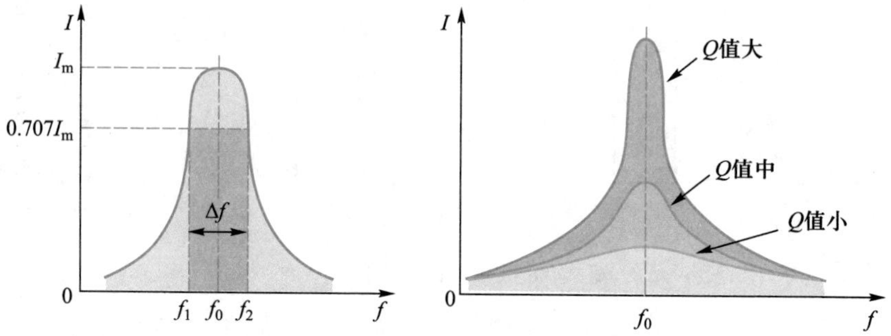

图 7-30 频率选择性

考虑 *RLC* 串联谐振电路,其阻抗为

$$Z=\sqrt{R^2+\left(\omega L-\frac{1}{\omega C}\right)^2}$$

假定频率稍微偏离谐振频率,即 $f=f_0+\delta f$, $\delta f\ll f_0$,则

$$Z=\sqrt{R^2+\left(2\pi fL-\frac{1}{2\pi fC}\right)^2}=\sqrt{R^2+\left[2\pi(f_0+\delta f)L-\frac{1}{2\pi(f_0+\delta f)C}\right]^2}$$

近似地有

$$Z \approx \sqrt{R^2+\left[\left(2\pi f_0 L-\frac{1}{2\pi f_0 C}\right)+\left(2\pi f_0 L+\frac{1}{2\pi f_0 C}\right)\frac{\delta f}{f_0}\right]^2}$$

$$\approx R\sqrt{1+\left(\frac{4\pi f_0 L}{R}\frac{\delta f}{f_0}\right)^2}=R\sqrt{1+\left(2\frac{\omega_0 L}{R}\frac{\delta f}{f_0}\right)^2}=R\sqrt{1+\left(2Q\frac{\delta f}{f_0}\right)^2}$$

当 $2Q\dfrac{\delta f}{f_0}=\pm 1$ 时，$I=I_m/\sqrt{2}$，故通频带边界的频率 f_1 和 f_2 与谐振频率 f_0 之差

$$\left.\begin{matrix} f_2-f_0 \\ f_1-f_0 \end{matrix}\right\}=\delta f=\pm\frac{f_0}{2Q}$$

通频带宽度为

$$\Delta f=f_2-f_1=2\delta f=\frac{f_0}{Q} \tag{7-41}$$

所以谐振电路的通频带宽度 Δf 反比于谐振电路的 Q 值，Q 值越大，电路的谐振峰越尖锐，其频率选择性越好. 此时，只要电台信号的频率稍微偏离谐振频率，它的信号就大大减弱，与该频率附近的其他电台不至于“串台”.

7-3-4 交流电桥

1. 交流电桥

如图 7-31 所示的交流电路，称为交流电桥电路，交流电桥的平衡条件为 $I_N=0$，即

$$\tilde{I}_1=\tilde{I}_3,\quad \tilde{I}_2=\tilde{I}_4$$

$$\tilde{U}_1=\tilde{U}_2,\quad \tilde{U}_3=\tilde{U}_4$$

由于

$$\tilde{U}_1=\tilde{I}_1\tilde{Z}_1,\quad \tilde{U}_3=\tilde{I}_3\tilde{Z}_3=\tilde{I}_1\tilde{Z}_3$$

$$\tilde{U}_2=\tilde{I}_2\tilde{Z}_2,\quad \tilde{U}_4=\tilde{I}_4\tilde{Z}_4=\tilde{I}_2\tilde{Z}_4$$

所以

$$\tilde{I}_1\tilde{Z}_1=\tilde{I}_2\tilde{Z}_2,\ \tilde{I}_1\tilde{Z}_3=\tilde{I}_2\tilde{Z}_4$$

或

$$\tilde{Z}_1\tilde{Z}_4=\tilde{Z}_2\tilde{Z}_3 \tag{7-42}$$

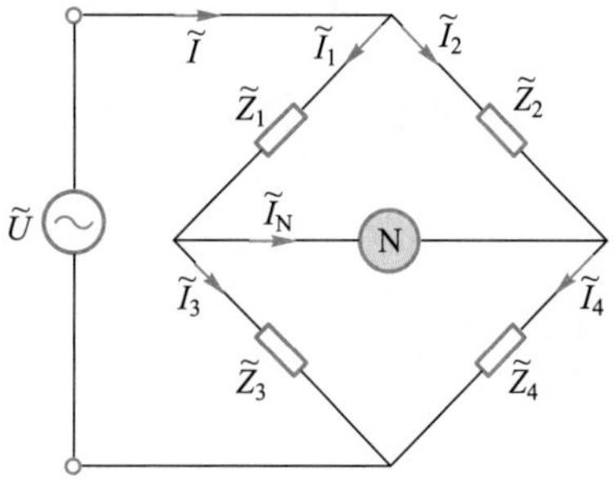

图 7-31 交流电桥

式(7-42)可改写为

$$Z_1Z_4=Z_2Z_3,\ \varphi_1+\varphi_4=\varphi_2+\varphi_3 \tag{7-43}$$

这就是交流电桥的平衡方程. 该方程表明：① 当选 Z_2 和 Z_4 为纯电阻时，则 Z_1 和 Z_3 必须同为电感性或电容性. ② 当选 Z_2 和 Z_3 为纯电阻时，则 Z_1 和 Z_4 必须一个为电感性，而另一个为电容性.

2. 电容桥

电容桥主要用来测量电容或电容的损耗，其结构如图 7-32 所示.

根据交流电桥的平衡方程，可以得到

$$\begin{cases}\tilde{Z}_1=R_x-\dfrac{\mathrm{i}}{\omega C_x}, & \tilde{Z}_2=-\dfrac{\mathrm{i}}{\omega C_2}\\ \tilde{Z}_3=R_3, & \tilde{Z}_4=\dfrac{1}{\dfrac{1}{R_4}+\mathrm{i}\omega C_4}\end{cases}$$

如果第一臂为待测电容和电阻，则

$$R_x-\frac{\mathrm{i}}{\omega C_x}=-\frac{\mathrm{i}R_3}{\omega C_2}\left(\frac{1}{R_4}+\mathrm{i}\omega C_4\right)=\frac{R_3C_4}{C_2}-\mathrm{i}\frac{R_3}{\omega C_2R_4}$$

可以同时解出两个待测量 R_x 和 C_x，即 $R_x=\dfrac{R_3C_4}{C_2}$，$C_x=\dfrac{R_4}{R_3}C_2$.

3. **电感桥**

用来测量电感及其损耗的电桥称电感桥，如图 7-33 所示.

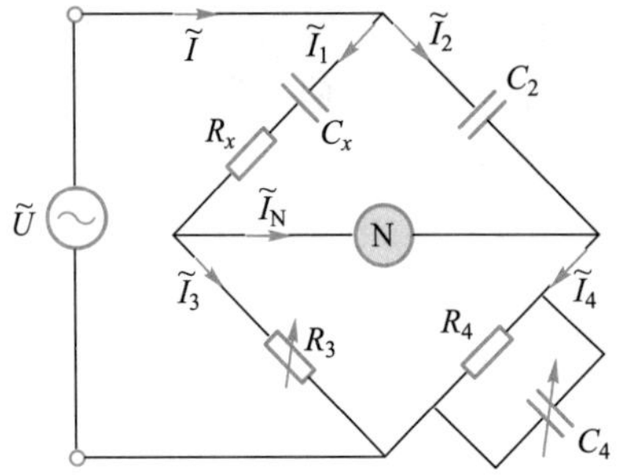

图 7-32 电容桥

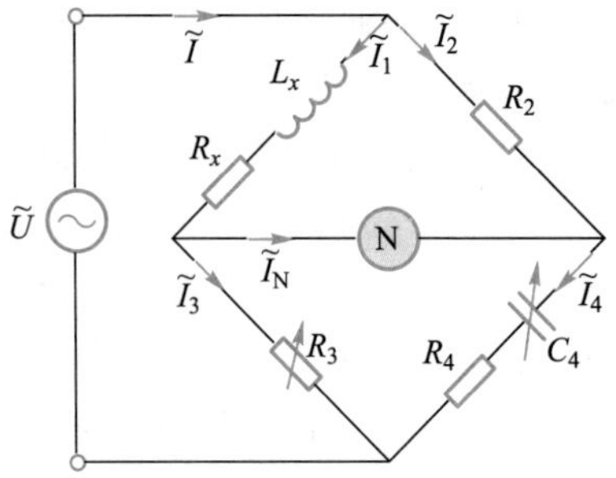

图 7-33 电感桥

利用交流电桥平衡方程，得

$$R_2R_3=(R_x+\mathrm{i}\omega L_x)\left(R_4-\mathrm{i}\frac{1}{\omega C_4}\right)$$

解之得

$$L_x=\frac{R_2R_3C_4}{1+(\omega R_4C_4)^2},\quad R_x=\frac{R_2R_3R_4(\omega C_4)^2}{1+(\omega R_4C_4)^2}$$

§ 7-4 变压器与电力输送

电力输送系统就是通过各级电压的电力输送线路，将发电厂、变电站和电力用户连接起来的集发电、输电、变电、配电和用电的一个整体，其主要作用是变换电压和传送电能，由升压、降压变电器和与之对应的电场线路组成.电网往往以电压等级来区分，如 35 kV 电网.电力用户根据供电电压分为高压用户（1 kV 以上）和低压用户（380/220 V）.

我国输送和供电的电压分为三个等级，每个等级设置几种电压：① 100 V 以下：12 V、24 V、36 V；② 100 V～1 000 V：127 V、220 V、380 V；③ 1 000 V 以上：3 kV、6 kV、10 kV、35 kV、110 kV、220 kV、330 kV、500 kV 等.由 10 kV 及以下的配电线路和配电变压器所组成的电力网称为配电网，它的作用是将电能分配给各类不同的用户.由 35 kV 及以上的输电线路和与其相连接的变电所组成的电力网称为输电网，它是电力系统的主要网络.它的作用是将电能输送到各个地区或直接输送给大型用户.我国交流电力设备的额定频率为 50 Hz，频率偏差一般不得超过±0.5 Hz，对于容量在 300 MW 或以上的电力系统频率偏差不得超过±0.2 Hz.图 7-34 是发电厂到用户的电力输送示意图.

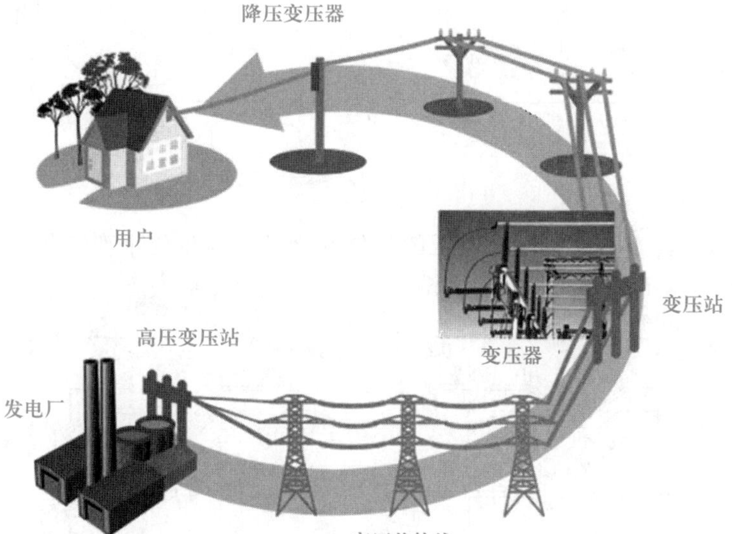

图 7-34 电力输送示意图

7-4-1 变压器原理

变压器是利用电磁感应原理传输电能或电信号的器件，它具有变压、变流和变阻抗的作用.从电压变换角度来分，变压器主要分为升压变压器和降压变压器，发电机产生的电经升压变压器把电压升高后进行远距离输电，到达目的地后再用降压变压器把电压降低以便用户使用，以此减少传输过程中电能的损耗.实际上在电子设备和仪器中常用小功率电源变压器改变市电电压，再通过整流和滤波，得到电路所需要的直流电压.此外，在放大电路中用耦合变压器传递信号或进行阻抗的匹配等都要用到变压器.因此变压器的种类很多，大小也很悬殊，且用途各异，但其基本结构和工作原理却是相同的.

变压器由铁芯和线圈绕组两个基本部分组成，其中与电源相连的线圈称为初级线圈（原绕组），与负载相连的绕组称为次级线圈（副绕组），如图 7-35(a)所示.在一个闭合的铁芯上套有两个线圈绕组，线圈绕组与线圈绕组之间以及线圈与铁芯之间都是绝缘的，线圈一般采用绝缘铜线或铝线绕制.变压器的铁芯是变压器的磁路通道，是用磁导率较高且相互绝缘的硅钢片制成的，以便减少涡流和磁滞损耗.按铁芯和线圈绕组的组合结构可分为芯式变压器和壳式变压器，芯式变压器的铁芯被线圈绕组包围，初级线圈和次级线圈绕在不同的铁芯上；而壳式变压器的铁芯则包围绕组，初级线圈与次级线圈绕在同一个铁芯上，如图 7-35(b)所示.

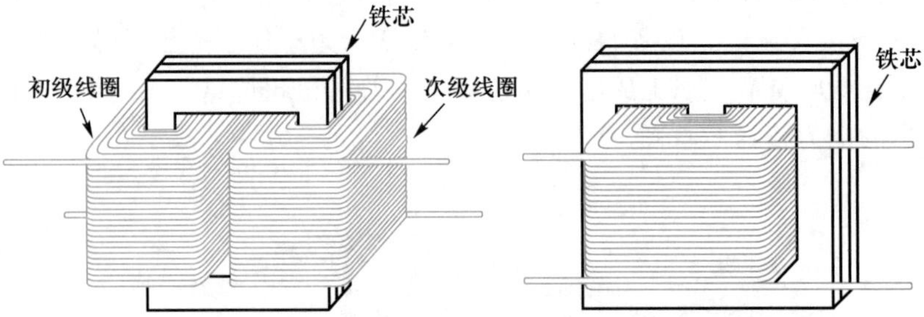

(a) 芯式变压器　(b) 壳式变压器

图 7-35　芯式变压器和壳式变压器

变压器按输入电压和输出电压的相位变化又分为相位不变和相位相反两种，如图 7-36 所示.同名端用蓝点来标记.

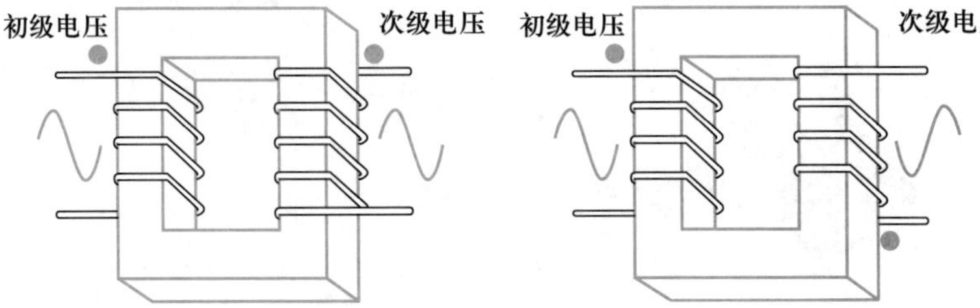

(a) 同相变压器　(b) 反相变压器

图 7-36　同相变压器和反相变压器

1. 变压器的基本特性

当变压器空载运行时，见图 7-37，将变压器的初级线圈接在交流电压 u_1 上，次级线圈开路.此时次级线圈中的电流 $i_2=0$，电压为开路电压 u_{20}，初级线圈中通过的电流为空载电流 i_{10}，电压和电流的参考方向如图 7-37 所示.图中 N_1 为初级线圈的匝数，N_2 为次级线圈的匝数.

次级线圈开路时，通过初级线圈的空载电流 i_{10} 就是励磁电流.磁动势 $i_{10}N_1$ 在铁芯中产生的主磁通 Φ 既穿过初级线圈，也穿过次级线圈，于是在初、次级线圈中分别感应出电动势 $\mathscr{E}_1$ 和 $\mathscr{E}_2$.由法拉第电磁感应定律可得

$$\mathscr{E}_1=-N_1\frac{\mathrm{d}\Phi}{\mathrm{d}t},\quad \mathscr{E}_2=-N_2\frac{\mathrm{d}\Phi}{\mathrm{d}t}$$

$\mathscr{E}_1$ 和 $\mathscr{E}_2$ 的有效值 E_1 和 E_2 分别为

$$E_1=\frac{N_1\omega}{\sqrt{2}}\times\Phi_{\mathrm{m}}=\frac{2\pi}{\sqrt{2}}fN_1\Phi_{\mathrm{m}}\approx 4.44fN_1\Phi_{\mathrm{m}},\quad E_2\approx 4.44fN_2\Phi_{\mathrm{m}}$$

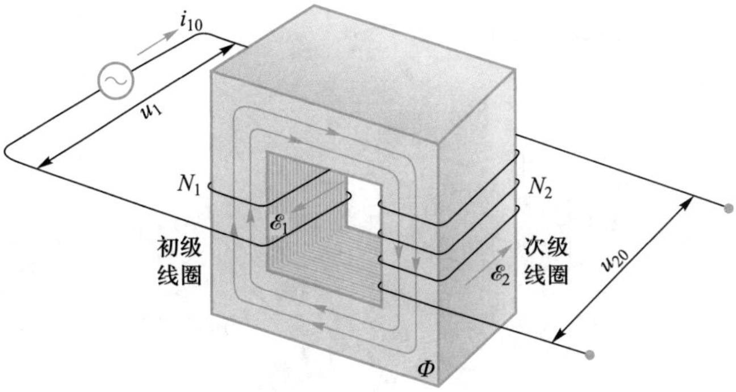

图 7-37　变压器空载运行

式中 f 为交流电源的频率，Φ_m 为主磁通的最大值.如果忽略漏磁通的影响并且不考虑线圈上电阻的压降时，可认为初、次级线圈上电动势的有效值近似等于初、次级线圈上电压的有效值，即

$$U_1 \approx E_1, \quad U_2 \approx E_2$$

空载时，有

$$\frac{U_1}{U_{20}} \approx \frac{E_1}{E_2} = \frac{4.44fN_1\Phi_m}{4.44fN_2\Phi_m} = \frac{N_1}{N_2} = K \qquad (7-44)$$

可见，变压器空载运行时，初、次级线圈上电压的比值等于两者的匝数之比，K 称为变压器的变比.若改变变压器初、次线圈的匝数，就能够把某一数值的交流电压变为同频率的另一数值的交流电压：

$$U_{20} = \frac{N_2}{N_1}U_1 = \frac{1}{K}U_1$$

当初级线圈的匝数 N_1 比次级线圈的匝数 N_2 多时，$K>1$，这种变压器为降压变压器；反之，当 N_1 的匝数少于 N_2 的匝数时，$K<1$，为升压变压器.

当变压器加负载 Z 运行时，初级线圈接交流电压 u_1，这时次级线圈的电流为 i_2，初级线圈电流由 i_{10} 增大为 i_1，且 u_2 略有下降，这是因为有了负载后，i_1、i_2 会增大，初、次级线圈本身的内部压降也要比空载时增大，使次级线圈电压 U_2 比 E_2 低一些.因为变压器内部压降一般小于额定电压的 10%，因此变压器有无负载对电压比的影响不大，可以认为负载运行时变压器初、次级线圈的电压比仍然基本上等于初、次级线圈的匝数之比.

变压器负载运行时，如图 7-38 所示，由 i_2 形成的磁动势 i_2N_2 对磁路也会产生影响，即铁芯中的主磁通 Φ 是由 i_1N_1 和 i_2N_2 共同产生的.由 $U \approx E \approx 4.44fN\Phi_m$ 可知，当电源电压和频率不变时，铁芯中的磁通最大值应保持基本不变，那么磁动势也应保持不变，即

$$\dot{I}_1N_1 + \dot{I}_2N_2 \approx 常量$$

由于变压器空载电流很小，一般只有额定电流的百分之几，因此当变压器额定运行时，可忽略不计.则有

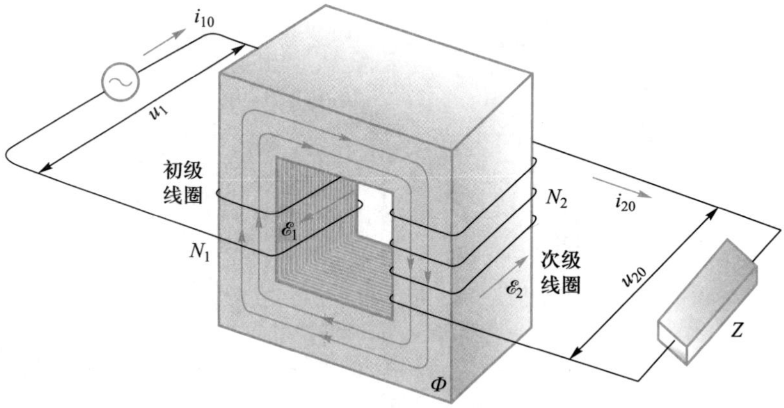

图 7-38 变压器带负载运行

$$\dot{I}_1 N_1 \approx -\dot{I}_2 N_2$$

可见变压器负载运行时，初、次级线圈产生的磁动势方向相反，即次级线圈电流 I_2 对初级线圈电流 I_1 产生的磁通有去磁作用.因此，当负载阻抗减小，次级线圈电流 I_2 增大时，铁芯中的磁通 Φ_m 将减小，初级线圈电流 I_1 必然增加，以保持磁通 Φ_m 基本不变，所以次级线圈电流变化时，初级线圈电流也会相应地变化.初、次级线圈电流有效值的关系为

$$\frac{I_1}{I_2}=\frac{N_2}{N_1}=\frac{1}{K} \tag{7-45}$$

也可以利用能量守恒定律获得电流比，即变压器输出功率与从电网中获得功率相等，即 $P_1=P_2$，由交流电功率的公式可得

$$U_1 I_1 \cos\varphi_1 = U_2 I_2 \cos\varphi_2$$

式中 $\cos\varphi_1$ 是初级线圈电路的功率因数；$\cos\varphi_2$ 是次级线圈电路的功率因数.φ_1、φ_2 相差很小，可认为相等，因此得到

$$U_1 I_1 = U_2 I_2 \tag{7-46}$$

由该式即可得到输入和输出的电流比.

可见，当变压器额定运行时，初、次级线圈的电流之比近似等于其匝数之比的倒数.若改变初、次级线圈的匝数，就能够改变其电流的比值，这就是变压器的电流变换作用.

变压器除了具有变压和变流的作用外，还有变换阻抗的作用.如图 7-39 所示，变压器初级线圈接电源 U_1，次级线圈接负载阻抗 Z，对于电源来说，图中虚线框内的电路可用另一个阻抗 Z'来等效.所谓等效，就是它们从电源吸收的电流和功率相等.当忽略变压器的漏磁和损耗时，等效阻抗由下式求得

$$Z'=\frac{U_1}{I_1}=\frac{\left(\frac{N_1}{N_2}\right)U_2}{\left(\frac{N_2}{N_1}\right)I_2}=\left(\frac{N_1}{N_2}\right)^2 Z=K^2 Z \tag{7-47}$$

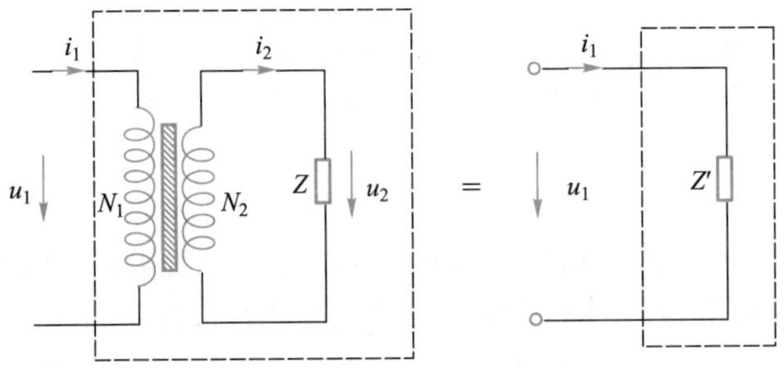

图 7-39 变压器的阻抗变换

可见,对于变比为 K 且变压器次级线圈侧的阻抗为 Z 的负载,相当于在电源上直接接上一个阻抗 $Z'=K^2Z$ 的负载.在电子电路中,为了提高信号的传输功率,常用变压器将负载阻抗变换为适当的数值,使其与放大电路的输出阻抗相匹配,这种做法称为阻抗匹配.

2. 变压器的损耗

变压器的功率消耗等于输入功率 $P_1=U_1I_1\cos\varphi_1$ 和 $P_2=U_2I_2\cos\varphi_2$ 输出功率之差,即

$$\Delta P=P_1-P_2$$

变压器功率损耗包括铁损和铜损.铜损(ΔP_{Cu})是指绕组导线电阻的损耗;铁损(ΔP_{Fe})又分为磁滞损耗和涡流损耗两部分.磁滞损耗即磁滞现象引起铁芯发热造成的损耗,涡流损耗即交变磁通在铁芯中产生的感应电流(涡流)造成的损耗.为减少涡流损耗,铁芯一般由导磁硅钢片叠成.

变压器的效率为变压器输出功率与输入功率的百分比,即

$$\eta=\frac{P_2}{P_1}\times100\%=\frac{P_2}{P_2+\Delta P_{Cu}+\Delta P_{Fe}}\times100\% \tag{7-48}$$

大容量变压器的效率可达 98%~99%,小型电源变压器效率为 70%~80%.

*7-4-2 高压输电技术

通常电站建在资源丰富的地区,距离用户远,故需远距离输电,由于输电线长,电阻大,当电流通过输电线时,会产生热量 Q,损失一部分电能,同时输电线上还有电压降,故又损失一部分电压.对于远距离输电,损耗尤其的大.我国高压输电目前普遍采用的三相三线制,交流输电线路上损耗的电功率为 $\Delta P=3I^2R$,R 为每一条输电线的电阻,I 为输电线中的电流.如果要输送的电功率为 P,输电线路的线电压为 U,每相负载的功率因数为 $\cos\varphi$,$P=\sqrt{3}UI\cos\varphi$,则输电电流还可表示为 $I=P/(1.732U\cos\varphi)$.假设送电距离为 L,所用输电线的电阻率为 ρ,其截面积为 S,则 $R=\rho L/S$.于是,损耗的电功率可写成

$$\Delta P=3\left(\frac{P}{1.732U\cos\varphi}\right)^2\cdot\rho\frac{L}{S}=\frac{\rho P^2L}{U^2S\cos^2\varphi}$$

由上式可以看出,在输送的电功率、输电距离、输电导线材料及负载功率因数

都一定的情况下，输电电压 U 越高，损耗的电功率 ΔP 就越小.如果允许损耗的电功率 ΔP 一定时，一般不得超过输送功率的 10%，电压越高，输电导线的截面积就越小，这可大大节省输电导线所用的材料.例如一段总电阻为 5 Ω 的电缆输送 4 kW 的功率，以 200 V 输电，电缆中的电流为 20 A，电缆的功率损耗为 2 000 W.如果以 4 000 V 输电，电缆中的电流降为 1 A，电缆的功率损耗则降到 5 W.

从减少输电线路上的电功率损耗和节省输电导线所用材料两个方面来说，远距离输送电能要采用高电压或超高电压.但也不能盲目提高输电电压，因为输电电压越高，在输电架空线的建设中对所用各种材料的要求越严格，线路的造价就越高.长距离高压输电技术可分为交流输电和直流输电两种.

1. 交流高压输电技术

我国目前普遍采用的高压交流输电技术，送电距离在 200～300 km 时采用 220 kV 的电压输电；在 100 km 左右时采用 110 kV；50 km 左右时采用 35 kV；在 15 km～20 km 时采用 10 kV，有的则用 6 600 V.输电电压在 110 kV 以上的线路，称为超高压输电线路.在输电电压超过 1 000 kV 时，称特高压输电线路.

对相距 500 千米甚至几千千米的超远距离输送电力，通常采用特高压输电技术.为了保证输送的电能被有效地输送到目的地，交流特高压输电线路需要满足以下几个特性：① 高的输电能力：输电线路的传输能力与输电电压的平方成正比，与线路阻抗成反比；② 线路参量特性：高压输电线路单位长度的电抗和电阻满足一定的比例；③ 小的功率损耗：输电线路的功率损耗与输电电流的平方成正比，与线路电阻成正比.

为了防止高压电晕放电，高压输电线路通常采用分裂导线的方法，用多根导线联合使用作为一根导线，可以减少导线表面的最大电场强度，一般是 220 kV 为二分裂，500 kV 为四分裂，750 kV 为六分裂，1 000 kV 为八分裂.图 7-40 是八分裂和四分裂导线输电线路.

图 7-40 高压输电采用分裂导线技术

2. 直流高压输电技术

高压直流输电是将三相交流电通过换流站整流变成直流电，然后通过直流输电线路送往另一个换流站逆变成三相交流电的输电方式.它基本上由两个换流站和直流输电线组成,两个换流站与两端的交流系统相连接,图 7-41 是高压直流输电示意图.

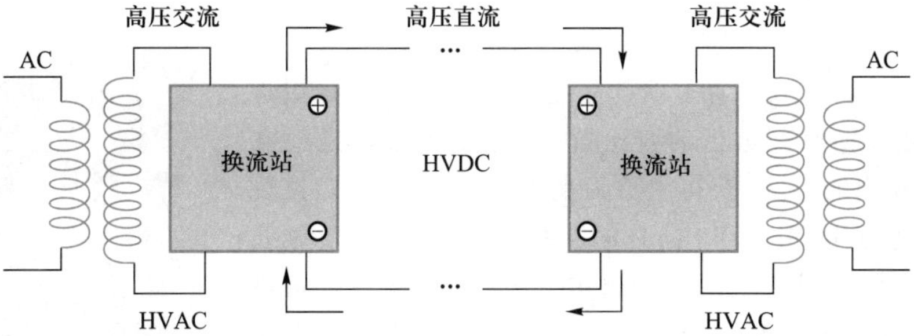

图 7-41 高压直流输电示意图

直流高压输电始于 20 世纪 20 年代,在 1954 年,随着世界上第一条连接瑞典本土大陆与哥德兰岛的高压直流输电(HVDC)线路投入运营,HVDC 进入了商业运营时代.随着大功率晶闸管(即可控硅)的出现,HVDC 得到了迅速的发展.我国高压直流输电起步相对较晚.但近年来发展很快,2000 年以后,我国又相继建成了多条 500 kV 容量达 3 000 MW 的直流输电工程.

在发电和变压上,交流输电有明显的优越性,但是在输电问题上,直流输电有交流输电所没有的优点.直流输电优点主要有三个:① 当输电距离足够长时,直流输电的经济性将优于交流输电;② 直流输电通过对换流器的控制可以快速地(时间为毫秒级)调整直流线路上的功率,从而提高交流系统的稳定性;③ 可以连接两个不同步或频率不同的交流系统.

高压直流输电用于远距离或超远距离输电,因为它相对传统的交流输电更经济.直流输电线路造价低于交流输电线路但换流站造价却比交流变电站高得多.一般认为架空线路超过 600~800 km,电缆线路超过 40~60 km 时,直流输电比交流输电更经济.随着高电压大容量可控硅及控制保护技术的发展,换流设备造价逐渐降低.直流输电近年来发展较快,图 7-42 是一台直流高压输电系统的变压器.

图 7-42 一台直流高压输电系统的变压器

*7-4-3 特斯拉线圈

美籍塞尔维亚裔科学家尼古拉·特斯拉(Nikola Tesla,1856—1943)是一位世界著名的发明家、物理学家、机械工程师、电机工程师,特斯拉在电磁场领域有着多项革命性的发明.特斯拉线圈是一种使用共振原理运行的变压器(共振变压器),是他在1891年发明的,可以获得上百万伏的高频电压.特斯拉线圈由两组(有时用三组)耦合的共振电路组成.特斯拉线圈的原理是使用变压器使普通电压升压,然后经由两极线圈,从放电终端放电.通俗一点说它是一个人工闪电制造器,在世界各地都有特斯拉线圈的爱好者,他们做出了各种各样的设备,制造出了炫目的人工闪电,如图7-44所示.

图7-43 特斯拉

图7-44 特斯拉高压装置和放电演示

一台高压放电特斯拉线圈主要由升压变压器、陈列电容、打火器、主线圈、二级线圈和放电终端(顶盖)组成,整个系统要接地,这个装置只要接上市电,就可以产生几十万伏的高压,放电端通过设置一些放电尖端可以向空气放出电弧,或与其他导体产生放电回路,形成壮观的放电场景.图7-45是特斯拉线圈的原理图,从市电输入到变压器的能量首先传输给电容和电感(第一级变压器)组成 L_pC_p 振荡电路,其振荡频率为

$$f_p=\frac{1}{2\pi\sqrt{L_pC_p}}$$

第二级振动电路由自感为 L_s 的立式线圈(第二级变压器)和球形电容器 C_t 和接地电容器 C_s 组成的振荡电路接收,两个电容器并联,第二级振荡频率为

$$f_s=\frac{1}{2\pi\sqrt{L_s(C_s+C_t)}}$$

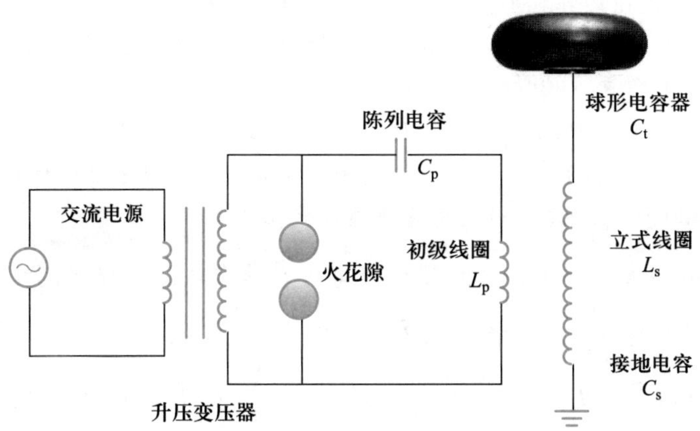

图 7-45　特斯拉线圈原理图

调节两个振荡电路，使之频率相等，亦即满足 $L_pC_p=L_s(C_s+C_t)$ 时，第二组振荡线路就达到了共振能量吸收. 第一级电路的能量为 $E_p=\frac{1}{2}C_pU_p^2$，假定传输效率为 η，则最终在第二级电路中的电压为

$$U_s=U_p\sqrt{\frac{\eta C_p}{(C_s+C_p)}}$$

由于 C_p 是一个陈列电容，其值可以做得很大，所以通常输出电压 U_s 是输入电压 U_p 的几十倍，这个电压就是顶盖球形电容器与大地之间的电压，通常达到几十万伏，因此在球形电容器周围出现强烈的放电现象. 特斯拉线圈常常被做成放电表演装置，其放电程度相当震撼.

第七章习题

7-1　在已知交流电频率的条件下，一个电阻和电容器串联的总电压为 100 V，两者阻抗之比 $Z_C/Z_R=3/4$，(1) 电阻和电容器上的电压分别为多少？(2) 电阻上的电压和电流有无相位差？

7-2　一个交流电路，已知 $R=20\ \Omega$，三个电压表的读数分别为 $U_1=44$ V，$U_2=91$ V，$U_3=120$ V，如图所示，求元件 Z 上消耗的功率.

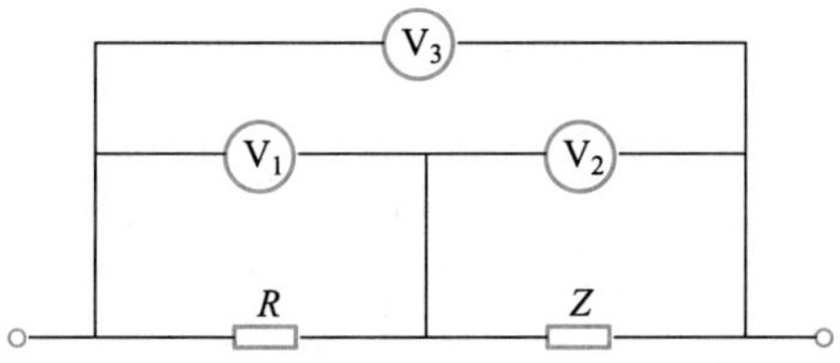

习题 7-2 图

7-3 交流电压的峰值 $U_m=1$ V、频率 $f=50$ Hz，将这个电压接在 RLC 串联电路的两端，$R=40\ \Omega$，$L=0.1$ H，$C=50\ \mu$F.（1）计算这个电路的总阻抗；（2）计算每个元件两端的电压峰值.

7-4 一线圈的自感 $L=0.10$ H，电阻 $R=2.0\ \Omega$，与电容器 C 串联后接到 50 Hz 的交流电源上，（1）C 为多大时，线圈中的电流为最大；（2）如果这个电容器 C 的耐压为 400 V，则电源的最大电压不能超过多少？

7-5 在用复数法解交流电问题时，复电压 $\tilde{U}$ 和复电流 $\tilde{I}$ 满足欧姆定律，即 $\tilde{U}=\tilde{I}\tilde{Z}$，但消耗的功率却不能用 $\tilde{I}\tilde{U}$ 来表示. 证明：（1）瞬时功率 $P(t)=\dfrac{1}{4}(\tilde{I}\tilde{U}+\tilde{I}^*\tilde{U}+\tilde{I}\tilde{U}^*+\tilde{I}^*\tilde{U}^*)$；（2）平均功率 $\overline{P}=\dfrac{1}{4}(\tilde{I}^*\tilde{U}+\tilde{I}\tilde{U}^*)$. 这里 $\tilde{I}^*$ 和 $\tilde{U}^*$ 分别是 $\tilde{I}$ 和 $\tilde{U}$ 的共轭复数，它们的模都是相应的峰值.

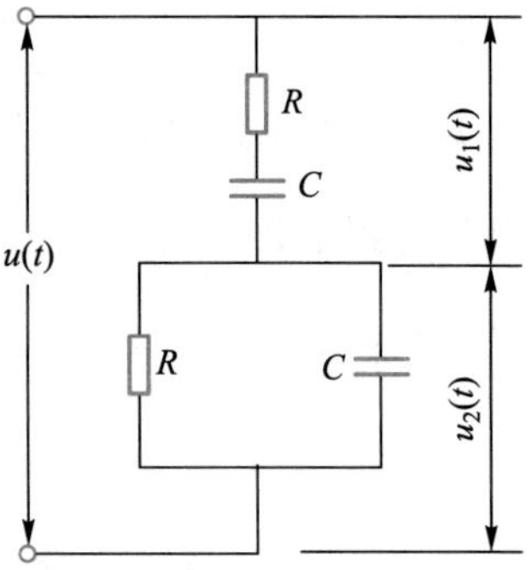

习题 7-6 图

7-6 RC 振荡器的电路如图所示，（1）求系统的总阻抗；（2）总电压 $u(t)$ 与分电压 $u_2(t)$ 的相位相等时，电路中的频率称为振荡频率，以 ω_0 表示，证明，$\omega_0=1/RC$；（3）当 $\omega=\omega_0$ 时，证明 $u(t)$ 与 $u_2(t)$ 的峰值关系为 $U_0=3U_{20}$.

7-7 如图所示电路，已知 $R_1=2.0\ \Omega$，$Z_{C_1}=1.0\ \Omega$，$Z_{C_2}=3.0\ \Omega$，$R_2=1.0\ \Omega$，$Z_L=2.0\ \Omega$，（1）电路总复阻抗是感性还是容性的？（2）如果在 ab 两端加上 220 V 的交流电压，则 C_1 上的电压为多少？

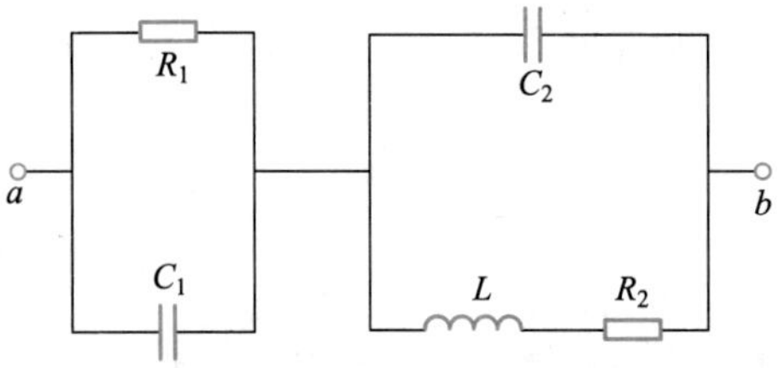

习题 7-7 图

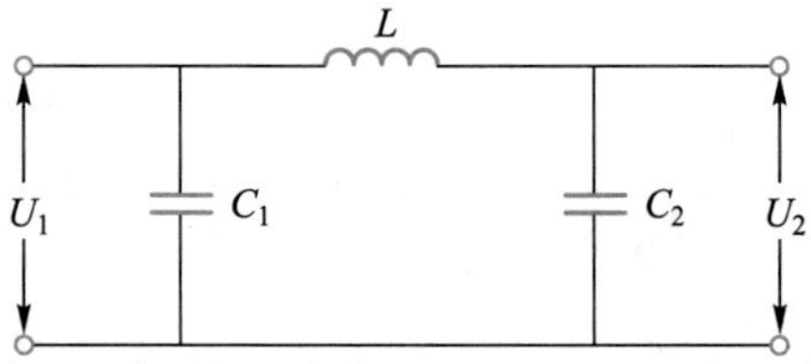

习题 7-8 图

7-8 一个“π”形滤波电路，如图所示，$C_1=C_2=10\ \mu$F，$f=100$ Hz，若要求输出电压 U_2 为输入电压 U_1 的 1/10，求 L 值.

7-9 求如图所示的无限网络的总等效阻抗.

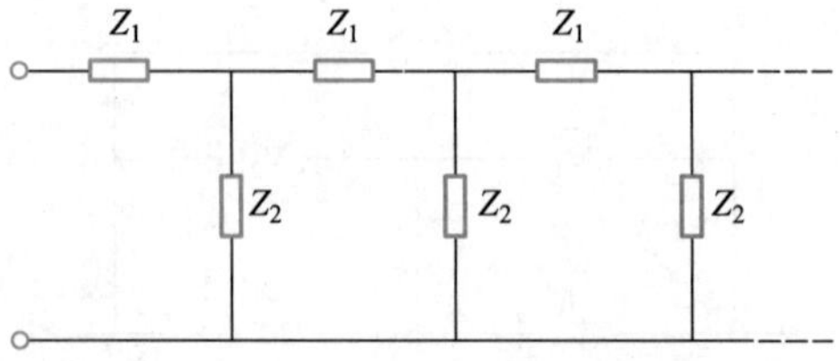

习题 7-9 图

7-10 求如图所示电路的谐振频率.

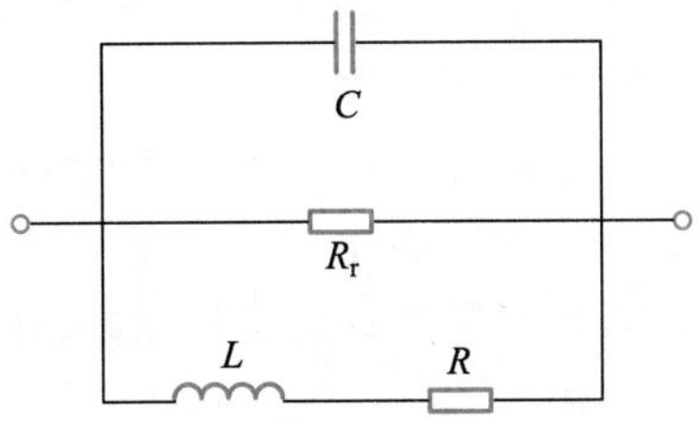

习题 7-10 图

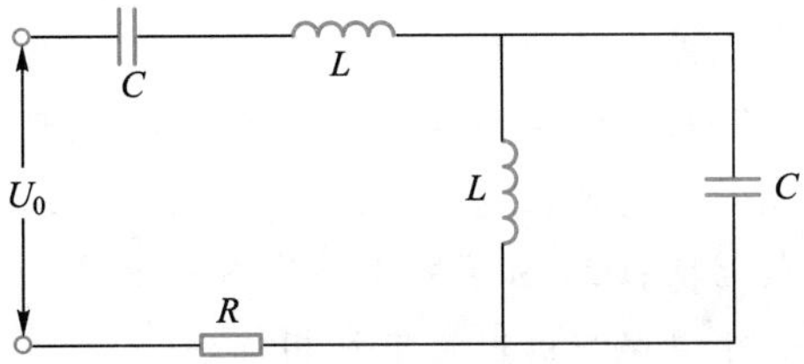

习题 7-11 图

7-11 一电路如图所示,电源提供频率为 ω、幅值为 U_0 的交流电压,ω 可调.问:(1) 电路的总阻抗为多大?(2) 电源的输出功率何时达到最大?

7-12 如图所示为一单位供电系统,输电线路干线的电压 $U=220$ V,频率 $f=50$ Hz,用户与干线之间串联一个抗流线圈,$L=50$ mH,内阻 $R_r=1\ \Omega$,求:(1) 用户用电 $I=2$ A 时,灯泡两端的电压;(2) 用户包括抗流线圈能得到的最大功率;(3) 当用户发生短路时,抗流线圈中消耗的功率.

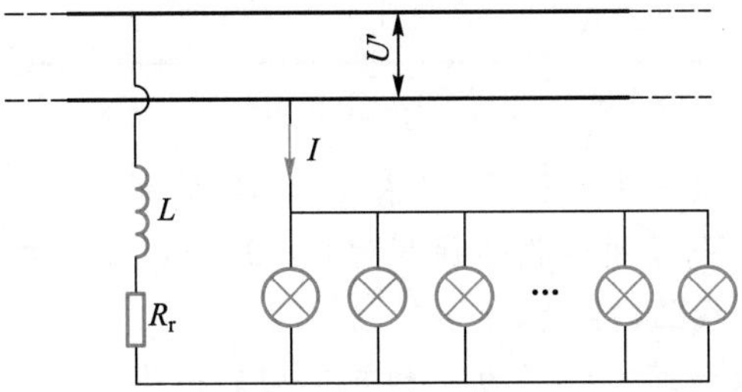

习题 7-12 图

7-13 中波收音机的输入调谐电路是一个可变电容器 C 和一个电感 L 串联组成,C 的变化范围是 30 pF 到 300 pF,电感是一个铁芯上绕制螺线管状线圈,铁芯的相对磁导率 $\mu_r=200$,螺线管长度为 3 cm,横截面积为 0.1 cm^2,直径为 0.50 cm,电阻率 $\rho=1.7\times10^{-8}\ \Omega\cdot m$,(1) 如果要收听 500 kHz 到 1 500 kHz 波段的电台,线圈应该要多少匝?(2) 当收听 1 150 kHz 节目时,会不会与 1 220 kHz 节目发生串音?

7-14 设原电路的功率因数为 $\cos\varphi_L$,要求补偿到 $\cos\varphi$,需并联多大电容(设 U、P 为已知)?并联电容补偿后,总电路的有功功率是否改变了?

***7-15** 一个无限长网络由 L 和 C 组成,接到交流电源 $u(t)=U_0\cos\omega t$ 上,如图所示,设 ω_0 为该电路的临界频率,求一个周期的平均功率;分析 $\omega>\omega_0$ 和 $\omega<\omega_0$ 两种情况.

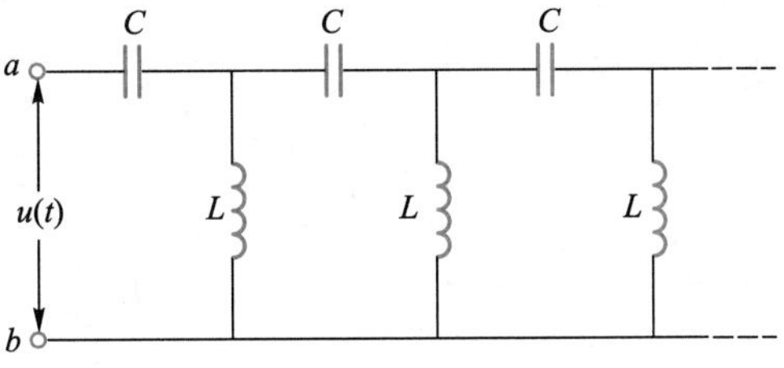

习题 7-15 图

7-16　一台发电机沿干线输送电能给用户,此发电机的电动势为 $\mathscr{E}$,角频率为 ω,干线及发电机的总电阻为 R_0,电感为 L_0,用户电路中的电阻为 R,电感为 L,求:(1) 电源供给的全部功率 P;(2) 用户得到的功率 P';(3) 整个系统的效率.

****7-17**　两个同轴的相同螺线管,长度均为 l,半径均为 r,总匝数均为 N,螺线管绕制导线的电阻均为 R,相距 $d(d\gg l)$,(1) 计算每个螺线管的自感和它们两者之间的互感;(2) 如果在第一个螺线管中加入幅值为 U,角频率为 ω 的交流电时,计算第二个电路中的电流值和相位.

****7-18**　两个完全相同的 RLC 串联电路用一个电容为 C_0 的电容器连接在一起,假设两个回路的电流由无内阻的电压源提供,如图所示,(1) 如果 $R=0$,求稳态的电流形式 $I_1=A_1\mathrm{e}^{-\omega t}$,$I_2=A_2\mathrm{e}^{-\omega t}$,并求出可能的角频率 ω;(2) 如果 $R\neq 0$,求电流 I_1 和 I_2 满足的微分方程.

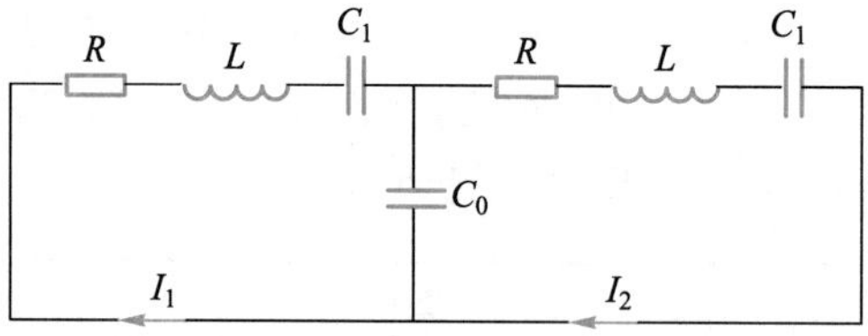

习题 7-18 图

7-19　请你自己绕一个变压器,要求在 50 Hz 的频率下,输入电压为 220 V,输出电压为 36 V 和 12 V,使用的铁芯面积为 $8\times10^{-4}\ \mathrm{m}^2$,最大磁感应强度为 1.2 T,请计算初级线圈和次级线圈的匝数.

7-20　一个同轴电缆由半径为 a 和与它同轴的半径为 b 的薄圆筒组成,导线与圆筒间充满介质,相对电容率为 ε_r,相对电导率为 μ_r,定义电缆的特征阻抗 $Z_0=\sqrt{L/C}$,这里 L 和 C 分别是单位长度的电感和电容.(1) 求该电缆的等效阻抗;(2) 如果要求等效阻抗为 50 Ω,设 $\varepsilon_r=4$,$\mu_r=1$,$a=1$ cm,则 b 为多少?

7-21　奥温电桥的电路如图所示.其中 R_1 和 R_3 是可调节的,求该电桥平衡条件.

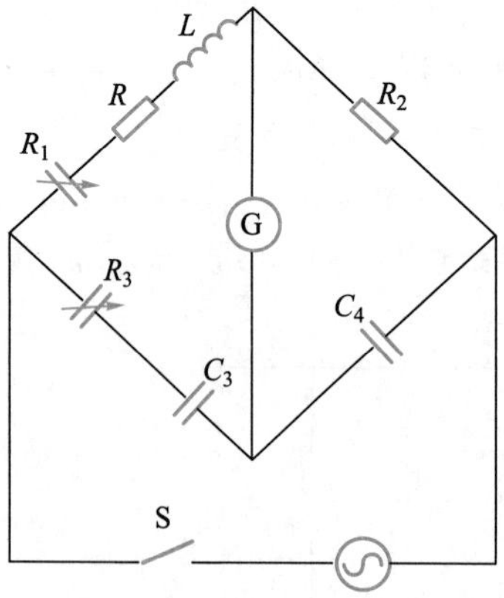

习题 7-21 图

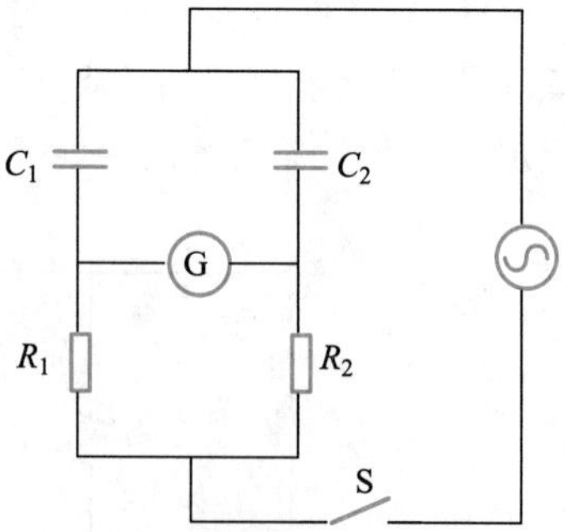

习题 7-22 图

7-22 一电路如图所示，电容器 C_1 和 C_2 及电阻 R_1 和 R_2 均已知，G 为电流计．试证明：如果 $R_1C_1=R_2C_2$，则接通开关 S 后，G 中指针不会发生偏转．

***7-23** 一个螺线管单位长度的匝数为 n，中间有一根铁芯，铁芯露出一点，在露出的铁芯上套一个闭合铝环，将螺线管连接电源的开关 S 接通，铝环就会跳起来，如图所示．设铝环自感为 L，铝环与螺线管的互感为 M，铝环位置上磁场横向分量与纵向分量的比值为 k，螺线管上的交流电为 $I(t)=I_0\exp(-\mathrm{i}\omega t)$．求铝环一个周期内的平均作用力．

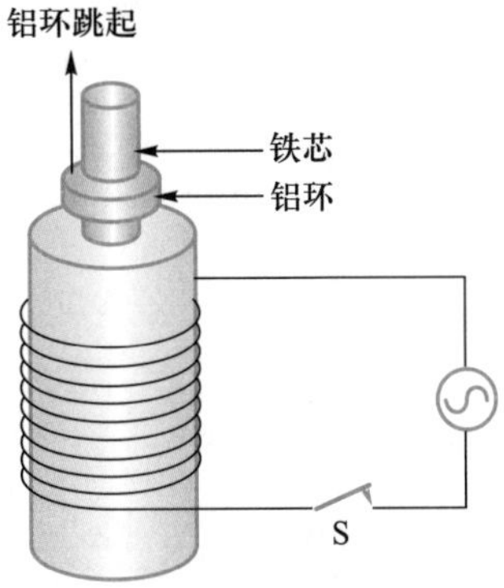

习题 7-23 图

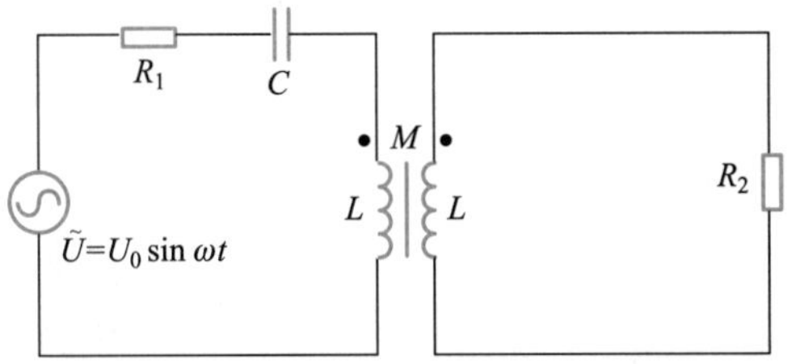

习题 7-24 图

***7-24** 一个交流电路如图所示，交流电源通过 R_1CL 组成串联回路，另一个回路由 R_2L 串联组成，两个回路靠两个线圈之间的互感 M 耦合，若 $R_2>R_1$，求 R_2 上消耗功率最大时的 M 和 C 值？最大消耗功率是多少？

习题答案

第八章

麦克斯韦方程组和电磁波

§8-1 静态电场和磁场的基本规律

8-1-1 麦克斯韦和电磁学理论的建立

1840 年前后，大部分电磁学实验规律相继发现，剩下的问题是对这些实验规律进行概括和总结，寻求它们之间的联系，建立统一的理论.

麦克斯韦（J.C.Maxwell，1831—1879），16 岁进入爱丁堡大学学习物理，1850 年升入英国剑桥大学 Peterhouse 学院，一学期后转入三一学院学习.1855 年成为三一学院的研究员，1856 年担任阿伯丁（Aberdeen）大学自然哲学教授，麦克斯韦不仅致力于抽象的数学，而且把严谨抽象的数学与生动具体的物理学结合了起来.他毕业以后留校工作，在读到法拉第的《电学实验研究》时感到极大的兴趣.1855 年他发表了第一篇电磁学论文《论法拉第的力线》，在这篇论文中，法拉第的力线概念获得了精确的数学表述，并且由此导出了高斯定律.这篇文章只是限于把法拉第的思想翻译成数学语言，还没有引导出新的结果.1860 年，他受聘伦敦国王学院教授，并第一次见到了法拉第，中断四年的电磁场研究重新开始了.1861 年他发表了《论物理的场线》的重要论文.该文不但进一步发展了法拉第的思想，扩充到了变化磁场产生电场，而且提出了位移电流的概念，即变化电场产生磁场.此后，麦克斯韦按照电磁场必须逐步传播的概念，着重于描述空间相邻各点之间场的变化.他将安培环路定理、电磁感应定律、高斯定理和磁通连续性原理进行了推广，使之可以应用到随时间变化的情况，并在安培环路定理中补充了重要的位移电流一项，最终总结成电磁场理论的 20 个方程（后来经亥姆霍兹和赫兹的整理，变为现代形式的四个矢量方程，即著名的麦克斯韦方程组）.麦克斯韦方程组概括了全部已有的关于电磁场的实验事实，方程组给出了电磁场空间分布和时间变化的全部规律.他又根据这组方程推导出电磁场传播的波动方程，指出电磁波的传播速度正是光速，因此可以判定光也是一种电磁波，在 1864 年他发表了第三篇论文《电磁场的动力学理论》.

麦克斯韦（图 8-1）于 1861 年当选为伦敦皇家学会会员，1865 年春辞去教职回到家乡系统地总结了他的关于电磁学的研究成果，完成了电磁场理论的经典巨著《电磁通论》，并于 1873 年出版.这是一部集电磁学大成的划时代著作，全面地总结了 19 世纪中叶以前对电磁现象的研究成果，建立了完整的电磁理论体系.这是一部可以同牛顿的《自然哲学的数学原理》、达尔文的《物种起源》和赖尔的《地质学原理》相媲美的里程碑式的科学著作.1871 年麦克斯韦受聘为剑桥大学新设立的卡文迪什实验室物理学教授，负责筹建著名的卡文迪什实验室，1874 年建成后担任

图 8-1 英国物理学家麦克斯韦

这个实验室的第一任主任,直到1879年11月5日在剑桥逝世,年仅48岁.

在1931年纪念他诞辰百周年纪念会上,近代物理学家普朗克(M.Plank,1858—1947)说:"……麦克斯韦的成就是无与比拟的,他的名字将永远屹立在经典物理学中.他的诞生属于爱丁堡,他个人属于剑桥,而他的工作成果是属于全世界的."

8-1-2 静电学和静磁学总结

1. 静电学的基本规律

描述真空中静电场的两个方程为

$$\begin{cases}\oint_S \boldsymbol{E}\cdot \mathrm{d}\boldsymbol{S}=\dfrac{1}{\varepsilon_0}\int_V \rho \mathrm{d}V, & \nabla\cdot \boldsymbol{E}=\dfrac{\rho}{\varepsilon_0} \\ \oint_L \boldsymbol{E}\cdot \mathrm{d}\boldsymbol{l}=0, & \nabla\times \boldsymbol{E}=0\end{cases} \tag{8-1}$$

在电介质中,静电场的两个方程为

$$\begin{cases}\oint_S \boldsymbol{D}\cdot \mathrm{d}\boldsymbol{S}=\int_V \rho_0 \mathrm{d}V, & \nabla\cdot \boldsymbol{D}=\rho_0 \\ \oint_L \boldsymbol{E}\cdot \mathrm{d}\boldsymbol{l}=0, & \nabla\times \boldsymbol{E}=0\end{cases} \tag{8-2}$$

此外,电介质的静电学特征方程为

$$\boldsymbol{D}=\varepsilon_0\varepsilon_r\boldsymbol{E}, \quad \boldsymbol{P}=\varepsilon_0(\varepsilon_r-1)\boldsymbol{E} \tag{8-3}$$

在两种电介质的分界面,作一个圆柱形高斯面,高度趋近于零,如图8-2所示.利用高斯定理

$$\oint \boldsymbol{D}\cdot \mathrm{d}\boldsymbol{S}=\boldsymbol{D}_1\cdot \Delta S(-\boldsymbol{e}_n)+\boldsymbol{D}_2\cdot \Delta S\boldsymbol{e}_n=\sigma_0\Delta S$$

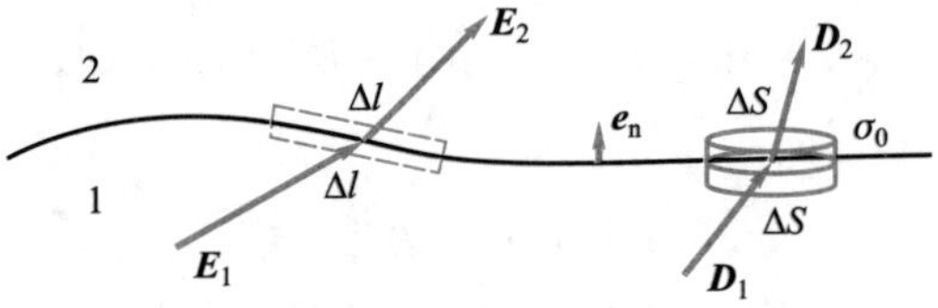

图8-2 静电场的边值关系

得到

$$D_{2n}-D_{1n}=\sigma_0 \tag{8-4}$$

在两种电介质分界面作一个长方形的回路,利用静电场的环路定理,有

$$\oint \boldsymbol{E}\cdot \mathrm{d}\boldsymbol{l}=E_{1t}\Delta l-E_{2t}\Delta l=0$$

得到

$$E_{1t}=E_{2t} \tag{8-5}$$

这些结果组成了静电学问题的完备性方程,结合唯一性定理,可以处理静电学问题.

2. 静磁场的基本规律

静磁场的高斯定理和安培环路定理的微分形式为

$$\begin{cases}\oint_S \boldsymbol{B}\cdot \mathrm{d}\boldsymbol{S}=0, & \nabla\cdot \boldsymbol{B}=0\\ \oint_L \boldsymbol{B}\cdot \mathrm{d}\boldsymbol{l}=\mu_0\int_S \boldsymbol{j}\cdot \mathrm{d}\boldsymbol{S}, & \nabla\times \boldsymbol{B}=\mu_0\boldsymbol{j}\end{cases} \tag{8-6}$$

在磁介质中,静磁场的两个方程为

$$\begin{cases}\oint_S \boldsymbol{B}\cdot \mathrm{d}\boldsymbol{S}=0, & \nabla\cdot \boldsymbol{B}=0\\ \oint_L \boldsymbol{H}\cdot \mathrm{d}\boldsymbol{l}=\int_S \boldsymbol{j}_0\cdot \mathrm{d}\boldsymbol{S}, & \nabla\times \boldsymbol{H}=\boldsymbol{j}_0\end{cases} \tag{8-7}$$

此外,磁介质的静磁学特征方程为

$$\boldsymbol{B}=\mu_0\mu_r\boldsymbol{H},\quad \boldsymbol{M}=(\mu_r-1)\boldsymbol{H} \tag{8-8}$$

在两种磁介质的分界面,作一个圆柱形高斯面,高度趋近于零,如图 8-3 所示.利用高斯定理

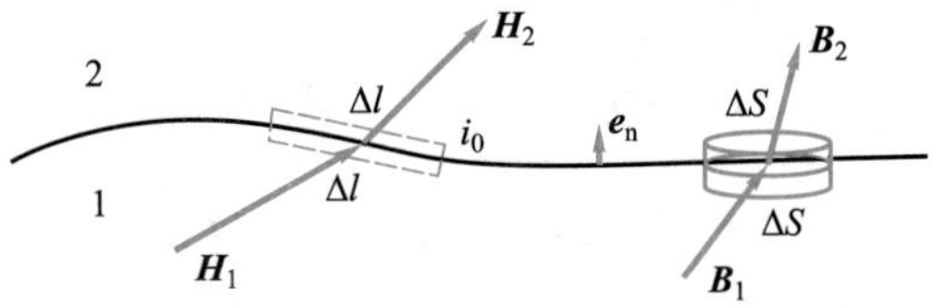

图 8-3 静磁场的边值关系

$$\oint \boldsymbol{B}\cdot \mathrm{d}\boldsymbol{S}=\boldsymbol{B}_1\cdot \Delta S(-\boldsymbol{e}_n)+\boldsymbol{B}_2\cdot \Delta S\boldsymbol{e}_n=0$$

得到

$$B_{2n}=B_{1n} \tag{8-9}$$

在两种磁介质分界面作一个长方形的回路,利用磁场的环路定理,有

$$\oint \boldsymbol{H}\cdot \mathrm{d}\boldsymbol{l}=H_1\times(-\Delta l)+H_2\times\Delta l=i_0\Delta l$$

得到

$$\boldsymbol{e}_n\times(\boldsymbol{H}_2-\boldsymbol{H}_1)=\boldsymbol{i}_0 \tag{8-10}$$

这些结果组成了静磁学问题的完备性方程,结合唯一性定理,可以处理静磁学问题.

3. **带电粒子在电磁场中运动**

带电粒子运动形成电流,在导体中,电流满足欧姆定律:

$$\boldsymbol{j}=\sigma\boldsymbol{E} \tag{8-11}$$

如果电荷在电磁场中运动,电荷将受到电场和磁场的作用力,即

$$\boldsymbol{F}=q(\boldsymbol{E}+\boldsymbol{v}\times\boldsymbol{B}) \tag{8-12}$$

此时欧姆定律改写为

$$\boldsymbol{j}=\sigma(\boldsymbol{E}+\boldsymbol{v}\times\boldsymbol{B}) \tag{8-13}$$

此外,电荷守恒方程为

$$\oint_S \boldsymbol{j}\cdot \mathrm{d}\boldsymbol{S}=-\frac{\mathrm{d}}{\mathrm{d}t}\int_V \rho\,\mathrm{d}V \tag{8-14}$$

恒定电流满足边值关系:

$$j_{1n}=j_{2n} \tag{8-15}$$

这些方程构成了带电粒子运动和电流场问题的解.

采用静电学、静磁学和带电粒子运动的规律，可以解决静场下电磁学的问题和带电粒子的运动问题.如在粒子物理的各种加速器装置中，常利用各种静态的电场和磁场，通过电场和磁场把从靶上通过核反应产生的带电粒子进行输运和聚焦，最终获得理想的束流，开展各种实验研究，图 8-4 就是一种传输 π^+、μ^+和 e^+的联合传输线的模拟示意图.

图 8-4 一种传输 π^+、μ^+和 e^+的联合传输线的模拟示意图

§ 8-2 时变的电场与磁场的基本规律

8-2-1 时变情况下的电场环路定理

静电场环路定理表明静电场是一个保守力场，静电场力做功与路径无关.但在随时间变化的情况下，此时空间总电场为

$$\boldsymbol{E}=\boldsymbol{E}_{势}+\boldsymbol{E}_{旋} \tag{8-16}$$

所以，根据电磁感应定律，有

$$\oint_L \boldsymbol{E}\cdot \mathrm{d}\boldsymbol{l}=\oint_L \boldsymbol{E}_{势}\cdot \mathrm{d}\boldsymbol{l}+\oint_L \boldsymbol{E}_{旋}\cdot \mathrm{d}\boldsymbol{l}=-\int_S \frac{\partial \boldsymbol{B}}{\partial t}\cdot \mathrm{d}\boldsymbol{S}$$

其微分形式为

$$\nabla\times \boldsymbol{E}=-\frac{\partial \boldsymbol{B}}{\partial t} \tag{8-17}$$

这就是时变情况下电场的环路定理.

8-2-2 时变情况下的电场高斯定理

在时变电场的情况下，变化的磁场将激发涡旋电场，涡旋电场的电场线为闭合的曲线，故

$$\oint_S \boldsymbol{E}_{旋}\cdot \mathrm{d}\boldsymbol{S}=0$$

因为 $\boldsymbol{E}=\boldsymbol{E}_{势}+\boldsymbol{E}_{旋}$，所以有

$$\oint_S \boldsymbol{E}_{势} \cdot \mathrm{d}\boldsymbol{S} + \oint_S \boldsymbol{E}_{旋} \cdot \mathrm{d}\boldsymbol{S} = \frac{1}{\varepsilon_0}\sum_{S内} q_i$$

亦即

$$\oint_S \boldsymbol{D} \cdot \mathrm{d}\boldsymbol{S} = \sum_{S内} q_i$$

或者

$$\nabla \cdot \boldsymbol{D} = \rho_0$$

即静电场高斯定理 $\nabla \cdot \boldsymbol{D} = \rho_0$ 可以直接推广到源随时间变化的时变情况。

8-2-3 时变情况下的磁场高斯定理

对同一边界 L,可以作两个曲面 S_1 和 S_2,S_1+S_2 构成一个闭合曲面 S,如图 8-5 所示.由法拉第电磁感应定律,两个曲面 S_1 和 S_2 的通量对时间的变化率对应于同一个环路积分,即

$$\oint_L \boldsymbol{E} \cdot \mathrm{d}\boldsymbol{l} = -\int_{S_1} \frac{\partial \boldsymbol{B}}{\partial t} \cdot \mathrm{d}\boldsymbol{S} = -\int_{S_2} \frac{\partial \boldsymbol{B}}{\partial t} \cdot \mathrm{d}\boldsymbol{S}$$

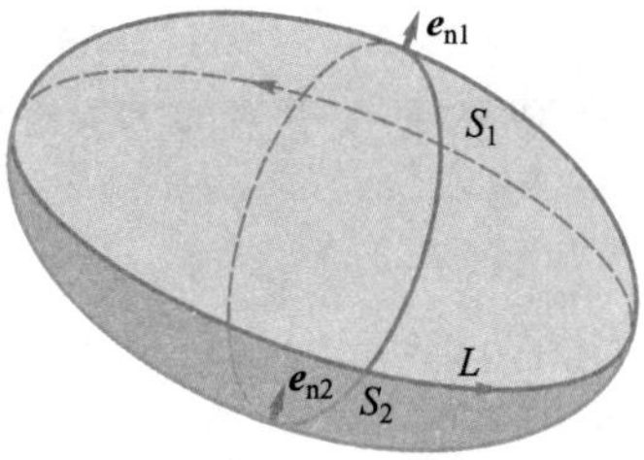

图 8-5 对同一边界 L,作两个曲面 S_1 和 S_2,构成封闭曲面

因此有

$$\int_{S_1} \frac{\partial \boldsymbol{B}}{\partial t} \cdot \mathrm{d}\boldsymbol{S} = \int_{S_2} \frac{\partial \boldsymbol{B}}{\partial t} \cdot \mathrm{d}\boldsymbol{S} \quad 或 \quad \int_{S_1} \frac{\partial \boldsymbol{B}}{\partial t} \cdot \mathrm{d}\boldsymbol{S} - \int_{S_2} \frac{\partial \boldsymbol{B}}{\partial t} \cdot \mathrm{d}\boldsymbol{S} = 0$$

统一以 S 的外法线方向为正,即

$$\int_{S_1} \frac{\partial \boldsymbol{B}}{\partial t} \cdot \mathrm{d}\boldsymbol{S} + \int_{S_2} \frac{\partial \boldsymbol{B}}{\partial t} \cdot \mathrm{d}\boldsymbol{S} = \oint_S \frac{\partial \boldsymbol{B}}{\partial t} \cdot \mathrm{d}\boldsymbol{S} = 0$$

可以改写为

$$\int_V \nabla \cdot \left(\frac{\partial \boldsymbol{B}}{\partial t}\right) \mathrm{d}V = 0$$

因此

$$\nabla \cdot \left(\frac{\partial \boldsymbol{B}}{\partial t}\right) = 0 \quad 或 \quad \frac{\partial}{\partial t}(\nabla \cdot \boldsymbol{B}) = 0$$

得到

$$\nabla \cdot \boldsymbol{B} = 常量$$

若空间某处原来只有静磁场,亦即 $t=0$ 时,$\nabla \cdot \boldsymbol{B} \equiv 0$,则以后任意时刻即使有了变化的磁场,仍然有

$$\nabla\cdot \boldsymbol{B}=0 \tag{8-18}$$

这就是时变情况下磁场的高斯定理.这也是麦克斯韦另一个大胆地推广静磁场的高斯定理到时变磁场的情况,同时也与电磁感应定律自洽.

8-2-4　时变情况下的磁场安培环路定理

考虑安培环路定理,其物理意义是无论电流周围是真空还是磁介质,都可以写成

$$\oint_L \boldsymbol{H}\cdot \mathrm{d}\boldsymbol{l}=\sum_i I_i=\int_S \boldsymbol{j}\cdot \mathrm{d}\boldsymbol{S}$$

这个规律在时变的情况下是否适用呢?考虑如图 8-6 所示的圆盘型电容器,假设电容器正在充电,其充电电流为 $i(t)$,对同一个安培积分回路,我们可以作两个不同的积分曲面,第一个曲面 S_1 穿过导线的平面,第二个曲面 S_2 穿过电容器内部,因此

对 S_1 平面　　$\oint_L \boldsymbol{H}\cdot \mathrm{d}\boldsymbol{l}=\int_{S_1} \boldsymbol{j}\cdot \mathrm{d}\boldsymbol{S}=i_C$

对 S_2 曲面　　$\oint_L \boldsymbol{H}\cdot \mathrm{d}\boldsymbol{l}=\int_{S_2} \boldsymbol{j}\cdot \mathrm{d}\boldsymbol{S}=0$

可见,在电流随时间变化时,安培环路定理不再适用.那么在时变情况下用什么规律来代替它呢?

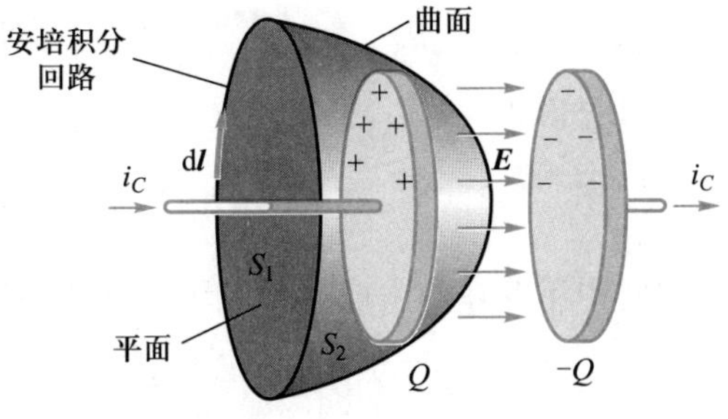

图 8-6　电容器充电时沿不同回路的结果不同

事实上电容器充电或放电时,电容器极板上的电荷密度 σ_C 在随时间增加或减小,因而电容器内部的电场强度 $E_C=\sigma_C/\varepsilon_0$ 也随时间增加或减少,而电容器极板上的总电荷 $q_C=\sigma_C S$ 随时间的变化率等于充放电路中传导电流的大小 i_C,根据电荷守恒定律,有

$$\oint_S \boldsymbol{j}_0\cdot \mathrm{d}\boldsymbol{S}=-\frac{\mathrm{d}q_C}{\mathrm{d}t}$$

上式 S 是由 S_1 和 S_2 构成的闭合曲面,q_C 是积聚在 S 面内的自由电荷,根据高斯定理有

$$\oint_S \boldsymbol{D}\cdot \mathrm{d}\boldsymbol{S}=q_C$$

对该式求导,得到电流为

$$\frac{\mathrm{d}q_C}{\mathrm{d}t}=\frac{\mathrm{d}}{\mathrm{d}t}\oint_S \boldsymbol{D}\cdot \mathrm{d}\boldsymbol{S}=\oint_S \frac{\partial \boldsymbol{D}}{\partial t}\cdot \mathrm{d}\boldsymbol{S}$$

因此

$$\oint_S \boldsymbol{j}_0\cdot \mathrm{d}\boldsymbol{S}=-\oint_S \frac{\partial \boldsymbol{D}}{\partial t}\cdot \mathrm{d}\boldsymbol{S}\quad 或\quad \oint_S\left(\boldsymbol{j}_0+\frac{\partial \boldsymbol{D}}{\partial t}\right)\cdot \mathrm{d}\boldsymbol{S}=0$$

式中 j_0 表示传导电流密度,上式对整个闭合曲面 $S(=S_1+S_2)$ 积分,可以改写为

$$\oint_S\left(\boldsymbol{j}_0+\frac{\partial \boldsymbol{D}}{\partial t}\right)\cdot \mathrm{d}\boldsymbol{S}=\int_{S_1}\left(\boldsymbol{j}_0+\frac{\partial \boldsymbol{D}}{\partial t}\right)\cdot \mathrm{d}\boldsymbol{S}+\int_{S_2}\left(\boldsymbol{j}_0+\frac{\partial \boldsymbol{D}}{\partial t}\right)\cdot \mathrm{d}\boldsymbol{S}=0$$

可见$\int_S \frac{\partial \boldsymbol{D}}{\partial t} \cdot \mathrm{d}\boldsymbol{S}$具有与电流相同的量纲,为此定义位移电流$I_{\mathrm{d}}$,即

$$I_{\mathrm{d}} = \frac{\mathrm{d}\Psi}{\mathrm{d}t} = \int_S \frac{\partial \boldsymbol{D}}{\partial t} \cdot \mathrm{d}\boldsymbol{S} = \int_S \boldsymbol{j}_{\mathrm{d}} \cdot \mathrm{d}\boldsymbol{S} \tag{8-19}$$

$\boldsymbol{j}_{\mathrm{d}}$定义为位移电流密度,它不是真实的电流,只是电位移矢量的时间变化率.

传导电流与位移电流合起来称为全电流I,即

$$I = I_0 + I_{\mathrm{d}} = \int_S \boldsymbol{j}_0 \cdot \mathrm{d}\boldsymbol{S} + \int_S \frac{\partial \boldsymbol{D}}{\partial t} \cdot \mathrm{d}\boldsymbol{S} = \int_S \left(\boldsymbol{j}_0 + \frac{\partial \boldsymbol{D}}{\partial t}\right) \cdot \mathrm{d}\boldsymbol{S} \tag{8-20}$$

这样定义全电流后,安培环路定理右边理解成对全电流的求和,即

$$\oint_L \boldsymbol{H} \cdot \mathrm{d}\boldsymbol{l} = \sum I \tag{8-21}$$

这样改造后,安培环路定理就可以推广到时变情况了.在上面电容器充电的例子中,对S_1平面的积分对应于传导电流,对曲面S_2的积分对应于电容器内部的位移电流,即传导电流中断之处由位移电流接上,使得全电流保持连续性.

由此,麦克斯韦把安培环路定理推广到了随时间变化情况下也适用的普遍形式:

$$\oint_L \boldsymbol{H} \cdot \mathrm{d}\boldsymbol{l} = \sum I_0 + \int_S \frac{\partial \boldsymbol{D}}{\partial t} \cdot \mathrm{d}\boldsymbol{S} \tag{8-22}$$

对应的微分形式为

$$\nabla \times \boldsymbol{H} = \boldsymbol{j}_0 + \frac{\partial \boldsymbol{D}}{\partial t} \tag{8-23}$$

假定空间中不存在自由电荷和传导电流,则有

$$\oint_L \boldsymbol{H} \cdot \mathrm{d}\boldsymbol{l} = \int_S \frac{\partial \boldsymbol{D}}{\partial t} \cdot \mathrm{d}\boldsymbol{S} = \varepsilon_0 \varepsilon_{\mathrm{r}} \int \frac{\partial \boldsymbol{E}}{\partial t} \cdot \mathrm{d}\boldsymbol{S} \tag{8-24}$$

该式表明,空间随时间变化的电场可以激发磁场,这就是位移电流的物理本质,如图 8-7 所示.这正好与变化的磁场可以激发电场的法拉第电磁感应定律相对应.使得电和磁在激发场的方面继续保持着对称性,否则若只有电磁感应定律,则会破坏了这种电磁的对称性;即随时间变化的磁场在空间激发电场和随时间变化的电场在空间激发磁场,这种相互激发,使电磁场不断地在空间传播.

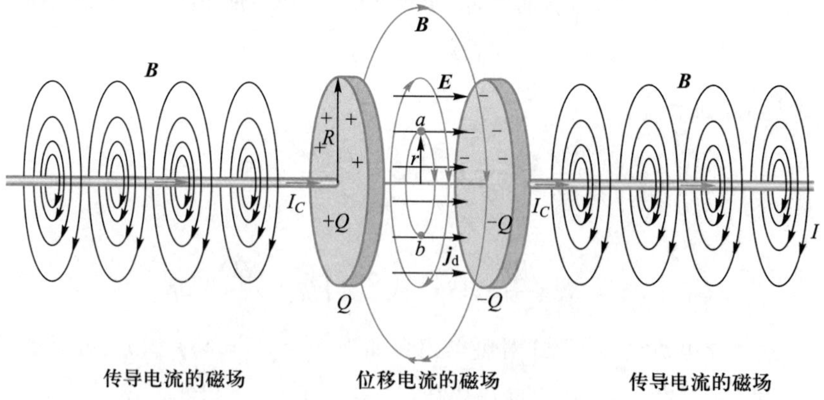

图 8-7 传导电流和位移电流激发的磁场

【例 8-1】　一无限长直螺线管，横截面的半径为 R，单位长度的匝数为 n，当导线中载有交流电流 $I=I_0\sin\omega t$ 时，试求螺线管内外的位移电流密度.

【解】　管内涡旋电场强度为

$$E_1=-\frac{1}{2\pi r}\frac{\mathrm{d}\Phi}{\mathrm{d}t}=-\frac{1}{2\pi r}\frac{\mathrm{d}}{\mathrm{d}t}(\mu_0 nI_0\sin\omega t\cdot\pi r^2)$$

$$=-\frac{1}{2}\mu_0 nI_0\omega r\cos\omega t$$

故位移电流密度为

$$j_{\mathrm{d}}=\frac{\partial D}{\partial t}=\varepsilon_0\frac{\partial E_1}{\partial t}=\frac{1}{2}\varepsilon_0\mu_0 nI_0\omega^2 r\sin\omega t$$

管外涡旋电场强度为

$$E_2=-\frac{1}{2\pi r}\frac{\mathrm{d}\Phi}{\mathrm{d}t}=-\frac{1}{2\pi r}\frac{\mathrm{d}}{\mathrm{d}t}(\mu_0 nI_0\sin\omega t\cdot\pi R^2)$$

$$=-\frac{1}{2r}\mu_0 nI_0\omega R^2\cos\omega t$$

故位移电流密度为

$$j_{\mathrm{d}}=\frac{\partial D}{\partial t}=\varepsilon_0\frac{\partial E_2}{\partial t}=\frac{1}{2r}\varepsilon_0\mu_0 nI_0\omega^2 R^2\sin\omega t$$

位移电流的方向就是涡旋电场的方向，涡旋电场与磁场方向成左手系.

【例 8-2】　一平行板电容器，由两个半径为 r 的圆板构成，中间距离为 $d(d\ll r)$，两个极板分别带 $+Q_0$ 和 $-Q_0$ 的电荷，在 $t=0$ 时刻，用电阻为 R（R 很大）的导线把两个极板从中间接通，如例 8-2 图所示，任一时刻两极板之间的电场保持均匀，且电感可以忽略. 求：(1) 两极板之间的位移电流；(2) 两极板之间的磁场.

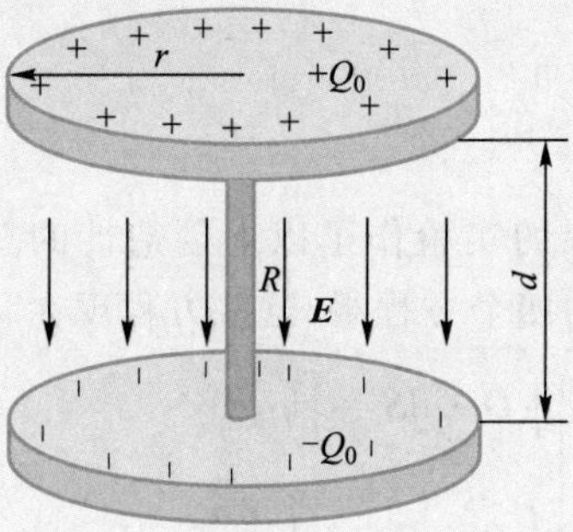

例 8-2 图

【解】　(1) 平行板电容器的电容为

$$C=\frac{\varepsilon_0 S}{d}=\frac{\pi\varepsilon_0 r^2}{d}$$

用导线连接两个极板，回路方程为

$$\frac{Q}{C}+IR=\frac{Q}{C}+\frac{\mathrm{d}Q}{\mathrm{d}t}R=0$$

$$\frac{\mathrm{d}Q}{Q}=-\frac{1}{RC}\mathrm{d}t$$

引进时间常量 $\tau=RC$,两边积分,考虑到初始时刻电荷量为 Q_0,得 $Q=Q_0\mathrm{e}^{-\frac{t}{\tau}}$,所以电容器两个极板之间的电场强度为

$$E=\frac{\sigma}{\varepsilon_0}=\frac{Q(t)}{\pi\varepsilon_0 r^2}=\frac{Q_0}{\pi\varepsilon_0 r^2}\mathrm{e}^{-t/\tau}$$

由此得到两个极板之间的位移电流为

$$I_\mathrm{d}=\pi r^2 j_\mathrm{d}=\pi r^2\varepsilon_0\frac{\mathrm{d}}{\mathrm{d}t}E(t)=Q_0\left(-\frac{1}{\tau}\right)\mathrm{e}^{-t/\tau}=-\frac{Q_0}{RC}\mathrm{e}^{-t/\tau}$$

负号表示位移电流方向与电场强度方向相反,即从下极板流到上极板,正好与传导电流构成闭合回路.

(2) 在两个极板之间围绕中心轴取半径为 a 的圆周,利用安培环路定理,有

$$2\pi aB_\theta=\mu_0(I+\pi a^2 i_D)=\mu_0 I\left(1-\frac{a^2}{r^2}\right)$$

即得

$$B_\theta=\frac{\mu_0 I}{2\pi a}\left(1-\frac{a^2}{r^2}\right)=\frac{\mu_0 Q_0}{2\pi aRC}\left(1-\frac{a^2}{r^2}\right)\mathrm{e}^{-\frac{t}{RC}}$$

θ 方向即传导电流的右手螺旋方向.

§8-3 麦克斯韦方程组

8-3-1 麦克斯韦方程组

麦克斯韦在对电磁现象的实验作了以上创造性的总结和发展后,得到了在普遍情况下电磁场必须满足的四个方程组,这些方程现在写成

$$\begin{cases}\oint_S \boldsymbol{D}\cdot\mathrm{d}\boldsymbol{S}=\int_V\rho_0\mathrm{d}V\\ \oint_L \boldsymbol{E}\cdot\mathrm{d}\boldsymbol{l}=-\int_S\frac{\partial\boldsymbol{B}}{\partial t}\cdot\mathrm{d}\boldsymbol{S}\\ \oint_S \boldsymbol{B}\cdot\mathrm{d}\boldsymbol{S}=0\\ \oint_L \boldsymbol{H}\cdot\mathrm{d}\boldsymbol{l}=\int_S\left(\boldsymbol{j}_0+\frac{\partial\boldsymbol{D}}{\partial t}\right)\cdot\mathrm{d}\boldsymbol{S}\end{cases}\tag{8-25}$$

这就是著名的麦克斯韦方程组的积分形式.对应的微分形式为

$$\begin{cases}\nabla\cdot\boldsymbol{D}=\rho_0\\ \nabla\times\boldsymbol{E}=-\dfrac{\partial\boldsymbol{B}}{\partial t}\\ \nabla\cdot\boldsymbol{B}=0\\ \nabla\times\boldsymbol{H}=\boldsymbol{j}_0+\dfrac{\partial\boldsymbol{D}}{\partial t}\end{cases}\tag{8-26}$$

如果应用到各向同性线性电磁介质上,还需要电磁介质的本构方程,即

$$\begin{cases}\boldsymbol{B}=\mu_0\mu_r\boldsymbol{H}\\ \boldsymbol{D}=\varepsilon_0\varepsilon_r\boldsymbol{E}\\ \boldsymbol{j}_0=\sigma\boldsymbol{E}\end{cases}\tag{8-27}$$

若将式(8-25)应用于两种电磁介质的界面上,边界的电磁特性方程,即边值关系为

$$\begin{cases}\boldsymbol{e}_n\cdot(\boldsymbol{D}_2-\boldsymbol{D}_1)=\sigma_0\\ \boldsymbol{e}_n\times(\boldsymbol{E}_2-\boldsymbol{E}_1)=0\\ \boldsymbol{e}_n\cdot(\boldsymbol{B}_2-\boldsymbol{B}_1)=0\\ \boldsymbol{e}_n\times(\boldsymbol{H}_2-\boldsymbol{H}_1)=\boldsymbol{i}_0\end{cases}\tag{8-28}$$

可以证明,只要给定空间的电荷和电流分布、初始条件和边界条件,就可以由麦克斯韦方程组得到电磁场的唯一确定的解,这就是电磁场的唯一性定理.

此外,带电粒子在磁场中的受力即为洛伦兹力,即

$$\boldsymbol{F}=q(\boldsymbol{E}+q\boldsymbol{v}\times\boldsymbol{B})\tag{8-29}$$

以上所有的方程构成了电磁场的基本方程.麦克斯韦电磁场理论是一个完整的理论体系,它的建立不仅为电磁学领域已有的研究成果作了很好的总结,而且为进一步研究提供了理论基础,从而迎来了电磁学全面蓬勃发展的新时期.

麦克斯韦电磁场理论的历史意义还在于引起了物理实在观念的深刻变革.在电磁场理论建立之前,所谓物理实在指的就是物质的存在,均为实物粒子,当时认为世间万物无非都是实物粒子的组合,别无其他.质点的运动遵循牛顿运动定律.此外,对于非接触物体之间的各种作用(如引力、磁力和电力),超距作用观点占据统治地位,即认为既无须媒介物传递,也无须传递时间.电磁场理论使人们认识到除了实物粒子外,还有电磁场这种完全不同于实物粒子的另一类物理实在,电磁场具有能量、动量等基本物理性质,电磁场可以脱离物质单独存在,并且能够与物质交换能量和动量,电磁场的运动变化遵循麦克斯韦方程,非接触的电磁物体之间的电磁作用,是以电磁场为媒介物传递的,是需要传递时间的,即是近距作用.

麦克斯韦电磁场理论的建立开辟了许多新的研究课题和新的研究方向.例如,电磁波的研究带来了通信、广播和电视事业的发展;物质电磁性质的研究推动了材料科学的发展;带电粒子和电磁场相互作用的研究应用于其他分支学科,导致了不少交叉学科(如等离子体物理、磁流体力学等)的形成与发展.

所有这些,对于 20 世纪科学的发展、技术的进步和社会的文明,都起了重要的作用.

【例 8-3】 证明麦克斯韦方程组中隐含电荷守恒定律.

【证明】 对麦克斯韦方程组的微分形式(8-26)第四式两边用($\nabla\cdot$)作用，利用$\nabla\cdot(\nabla\times\boldsymbol{H})=0$，得

$$\nabla\cdot\boldsymbol{j}=-\nabla\cdot\frac{\partial\boldsymbol{D}}{\partial t}=-\frac{\partial}{\partial t}(\nabla\cdot\boldsymbol{D})=-\frac{\partial\rho}{\partial t}$$

这就是电荷守恒定律的微分形式,证毕.

【例 8-4】 电导率为σ,电容率为ε的电介质内初始时刻有ρ_0的自由电荷,求电介质内自由电荷随时间的变化关系.

【解】 根据麦克斯韦方程组,即$\nabla\cdot\boldsymbol{D}=\rho$或$\varepsilon\nabla\cdot\boldsymbol{E}=\rho$,又因为$\boldsymbol{j}=\sigma\boldsymbol{E}$,所以$\nabla\cdot\boldsymbol{j}=\dfrac{\sigma}{\varepsilon}\rho$,利用上题中电荷守恒关系,得到$\dfrac{\partial\rho}{\partial t}=-\dfrac{\sigma}{\varepsilon}\rho$或$\dfrac{\mathrm{d}\rho}{\rho}=-\dfrac{\sigma}{\varepsilon}\mathrm{d}t$,两边积分,利用初始条件$\rho(t)\big|_{t=0}=\rho_0$,得到

$$\rho(t)=\rho_0\mathrm{e}^{-\frac{\sigma}{\varepsilon}t}=\rho_0\mathrm{e}^{-\frac{t}{\tau}}$$

式中$\tau=\varepsilon/\sigma$称时间常量,其物理意义是当$t=\tau$时,体内的自由电荷数量为初始值的1/e.

【例 8-5】 求运动电荷q在空间r处产生的磁场,设运动速度为$v(v\ll c)$.

【解】 设电荷t时刻位于点O,q到O'点的距离以x表示,在O'点作一半径为a的圆,圆面与$\boldsymbol{v}$垂直,如例 8-5 图 1 所示.穿过该圆面的电场强度通量与半径为r的球面上与该圆面对应的球冠的电场强度通量相同,即

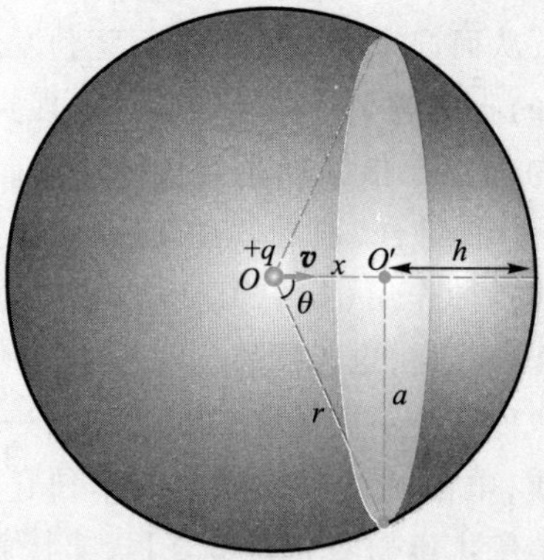

例 8-5 图 1

$$\Psi=\int_S\boldsymbol{D}\cdot\mathrm{d}\boldsymbol{S}=DS_{球冠}=\frac{q}{4\pi r^2}2\pi r\cdot h=\frac{q}{4\pi r^2}2\pi r(r-r\cos\theta)$$

$$=\frac{q}{2}(1-\cos\theta)=\frac{q}{2}\left(1-\frac{x}{\sqrt{x^2+a^2}}\right)$$

该圆面上的位移电流为

$$I_d = \frac{d\Psi}{dt} = \frac{q}{2} \cdot \frac{a^2}{(x^2+a^2)^{3/2}} \frac{dx}{dt} = \frac{qa^2 v}{2r^3}$$

过 O' 点取半径为 a 的圆为积分回路 L，利用麦克斯韦方程组[式(8-25)]第四项，有

$$\oint_L \boldsymbol{B} \cdot d\boldsymbol{l} = \mu_0 I_d = \frac{q\mu_0 a^2 v}{2r^3}$$

圆周具有对称性，所以圆环上各点 $\boldsymbol{B}$ 的大小相等，方向沿切线方向，即

$$B \cdot 2\pi a = \frac{q\mu_0 a^2 v}{2r^3}$$

或

$$\boldsymbol{B} = \frac{\mu_0 qv}{4\pi r^2} \sin\theta \boldsymbol{e}_\theta = \frac{\mu_0 q\boldsymbol{v}\times\boldsymbol{r}}{4\pi r^3} = \frac{q\boldsymbol{v}\times\boldsymbol{r}}{4\pi\varepsilon_0 c^2 r^3} = \frac{1}{c^2}\boldsymbol{v}\times\boldsymbol{E}$$

$\boldsymbol{E}$ 是电荷 q 在 r 处的电场强度，如例 8-5 图 2 所示.

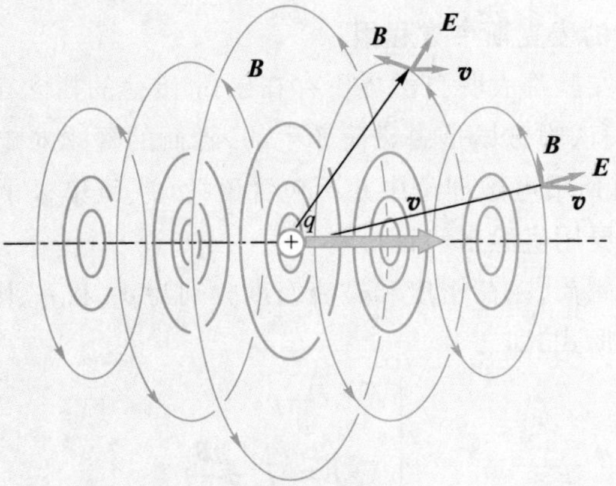

例 8-5 图 2

*8-3-2 其他形式的麦克斯韦方程组

1. 光子质量不为零时的麦克斯韦方程组

光子的质量等于零，虽然在很高的精度上与实验结果相符，但仍然只是一个科学假设，如果光子质量不为零，将出现许多新的结果.20 世纪 30 年代，普鲁卡（A. Proca，1897—1955）首先研究了如果光子质量不为零会引起什么后果的问题，根据变分原理，他得到修改后的电磁场方程组——普鲁卡方程组，即

$$\begin{cases} \nabla \cdot \boldsymbol{E} = \dfrac{\rho_0}{\varepsilon_0} - \mu^2 U \\ \nabla \times \boldsymbol{E} = -\dfrac{\partial \boldsymbol{B}}{\partial t} \\ \nabla \cdot \boldsymbol{B} = 0 \\ \nabla \times \boldsymbol{B} = \mu_0 \boldsymbol{j}_0 - \mu^2 \boldsymbol{A} + \dfrac{1}{c^2}\dfrac{\partial \boldsymbol{E}}{\partial t} \end{cases} \tag{8-30}$$

光子质量 m_γ 与系数 μ 的关系为 $m_\gamma=\dfrac{\mu\hbar}{c}$,其中 $\hbar$ 是约化普朗克常量,c 是光速.

普鲁卡方程组中如果光子质量为零,则回到麦克斯韦方程组.如果光子质量不为零,则会得到一些新的结果:① 静电场的解中必定包含指数衰减因子 $e^{-\mu}$,所以静电场要比平方反比规律衰减得更快些;② 出现真空光速色散效应,即真空中光的群速度与 ω 有关.

但是,普鲁卡方程组并不是对麦克斯韦方程组的全盘否定,而是前者比后者更全面.或者说,普鲁卡方程组的出现揭示了麦克斯韦方程组的近似性.当然最根本问题即光子质量是否为零是要由实验决定的.

物理学家们进行了许多实验来确定光子静质量上限.例如,1940 年德布罗意(L.de Broglie,1892—1987)用双星观测方法得到 $m_\gamma\leqslant 8\times10^{-40}$ g;1969 年费恩贝格(G.Feinberg,1933—1992)利用脉冲星光进行观测得到 $m_\gamma\leqslant 10^{-44}$ g;1975 年戴维斯(L.Davies)等利用木星磁场进行观测,结果为 $m_\gamma\leqslant 7\times10^{-49}$ g 等.

2. 存在磁荷时的麦克斯韦方程组

现有的理论和实验都表明自然界不存在磁荷.磁荷的概念在历史上曾经出现过一段时间,最初人们认为磁场是由磁荷产生的,磁荷的概念对电磁学的发展曾经做出过贡献.但是麦克斯韦电磁理论中并不包含磁荷(或磁单极子),磁荷或磁单极子是否真的不存在需要用实验来验证.

若存在磁流和磁荷,磁荷密度和磁流密度分别为 ρ_m 和 j_m,则麦克斯韦方程组可以改成更加对称的形式,即

$$\begin{cases}\nabla\cdot\boldsymbol{D}=\rho_0\\ \nabla\times\boldsymbol{E}=-\boldsymbol{j}_m-\dfrac{\partial\boldsymbol{B}}{\partial t}\\ \nabla\cdot\boldsymbol{B}=\rho_m\\ \nabla\times\boldsymbol{H}=\boldsymbol{j}_0+\dfrac{\partial\boldsymbol{D}}{\partial t}\end{cases}\tag{8-31}$$

此外,类似地也可以推出磁荷守恒定律,即

$$\nabla\cdot\boldsymbol{j}_m=-\frac{\partial\rho_m}{\partial t}\tag{8-32}$$

1930 年物理学家狄拉克(P.A.M.Dirac,1902—1984)提出了存在磁单极子的假设,引起了物理学家的极大兴趣,因为磁单极子存在会使电磁现象具有更好的对称性.我们可以设想两个磁荷 g 之间的作用能与两个电荷之间的作用能具有相同的形式,即

$$W_g=\frac{\mu_0}{4\pi}\frac{g^2}{r}$$

从量子力学可以推导出磁荷也是量子化的,最小磁荷 g_{min} 与最小的电荷 e 之间的关系为

$$g_{\min}=\frac{137}{2}ce \tag{8-33}$$

则两个最小磁荷之间的相互作用能为

$$W_{g_{\min}}=\left(\frac{137}{2}\right)^2 W_e \approx 5\ 000 W_e \tag{8-34}$$

因此可以估算出最小磁荷的质量为

$$m_{g_{\min}}\approx 5\ 000 m_e \approx 3m_p \tag{8-35}$$

即最小磁荷的质量约为质子质量的 3 倍.因此磁单极子的产生或湮没是一种高能行为,产生一对正负磁荷的最小能量至少为 6 GeV.不过这只是一种估算磁单极子质量的方式,不同方式估算其结果会有较大的差别.

§ 8-4　平面电磁波

8-4-1　真空中自由空间的电磁波

对自由和无界真空,且 $\rho_0=0, j_0=0$,则麦克斯韦方程组为

$$\begin{cases}\nabla\cdot\boldsymbol{D}=0\\ \nabla\times\boldsymbol{E}=-\dfrac{\partial\boldsymbol{B}}{\partial t}\\ \nabla\cdot\boldsymbol{B}=0\\ \nabla\times\boldsymbol{H}=\dfrac{\partial\boldsymbol{D}}{\partial t}\end{cases} \tag{8-36}$$

考虑到真空中 $\boldsymbol{D}=\varepsilon_0\boldsymbol{E}, \boldsymbol{B}=\mu_0\boldsymbol{H}$,则有

$$\nabla\times(\nabla\times\boldsymbol{E})=-\nabla\times\frac{\partial\boldsymbol{B}}{\partial t}=-\frac{\partial}{\partial t}(\nabla\times\boldsymbol{B})=-\mu_0\varepsilon_0\frac{\partial^2\boldsymbol{E}}{\partial t^2}$$

利用矢量运算关系式 $\nabla\times(\nabla\times\boldsymbol{E})=\nabla(\nabla\cdot\boldsymbol{E})-\nabla^2\boldsymbol{E}=-\nabla^2\boldsymbol{E}$,上式就变为

$$\nabla^2\boldsymbol{E}-\varepsilon_0\mu_0\frac{\partial^2\boldsymbol{E}}{\partial t^2}=0 \tag{8-37}$$

同理可以导出

$$\nabla^2\boldsymbol{B}-\varepsilon_0\mu_0\frac{\partial^2\boldsymbol{B}}{\partial t^2}=0 \tag{8-38}$$

这两个方程都是波动方程,也正是电场和磁场的运动方程,表明随时间变化的电场和磁场是以波的形式传播,这就是电磁波的传播方程！电磁波的传播速度可以从波动方程本身得到,令

$$v=\frac{1}{\sqrt{\varepsilon_0\mu_0}} \tag{8-39}$$

则

$$v=\frac{1}{\sqrt{\mu_0\varepsilon_0}}=\frac{1}{\sqrt{(4\pi\times10^{-7}\ \mathrm{T\cdot m\cdot A^{-1}})(8.85\times10^{-12}\ \mathrm{C^2\cdot N^{-1}\cdot m^{-2}})}}$$

$$=2.997\ 924\ 58\times10^{8}\ \mathrm{m\cdot s^{-1}}=c$$

正是光在真空中的传播速度，这个结果是根据目前的 ε_0 和 μ_0 值计算出来的.在19世纪由于光速的值测量精度不高，而且当时的 ε_0 和 μ_0 的值精度也不高，使得 $v=(\mu_0\varepsilon_0)^{-1/2}$ 的值与当时的光速的值几乎相同.1864年12月8日，麦克斯韦在英国皇家学会宣读了他的论文《电磁场的动力学理论》，在这篇论文中用醒目的斜体字写道："*The agreement of the results seems to show that light and magnetism are affections of the same substance, and that light is an electromagnetic disturbance propagated through the field according to electromagnetic laws.*"

利用真空中的 ε_0 和 μ_0 值，可以计算出真空中的阻抗：

$$Z_0=\sqrt{\frac{\mu_0}{\varepsilon_0}}=376.73\ \Omega \tag{8-40}$$

读者可以用量纲分析来验算这个结果.

在19世纪，光速的实验结果差别还较大.有两个较好的光速实验测量结果，一个是法国科学家斐索（H.Fizeau，1819—1896）在1849年测到的 $c=3.15\times10^{8}\ \mathrm{m\cdot s^{-1}}$；一个是法国科学家傅科（L.Foucault，1819—1868）在1862年测到的 $c=2.98\times10^{8}\ \mathrm{m\cdot s^{-1}}$，两个实验的结果相差达5%.1856年韦伯（W.Weber，1804—1891）等人用电容器电压和电荷量等物理量的测量得到了 $(\varepsilon_0\mu_0)^{-1/2}=3.11\times10^{8}\ \mathrm{m\cdot s^{-1}}$.

为了改善实验测量精度，1868年麦克斯韦自己设计了一个漂亮的实验，实验题目是"关于静电与电磁力的直接比较"，并把实验结果提交给伦敦皇家学会.如果一圆盘形平形板电容器，极板半径为 r，间距为 h，在两个极板之间加上电势差 U，则两个极板之间的作用力为

$$F_1=\frac{\pi r^2}{2h^2}\varepsilon_0U^2=k_1\varepsilon_0U^2$$

两根平行直导线，间距为 d，通以电流 I，长度为 l 的一段导线受到的安培力为

$$F=\frac{l}{2\pi d}\mu_0I^2=k_2\mu_0I^2$$

麦克斯韦在实验中让 $U=IR$，这里 R 是电阻，而且实验中让电场力和磁场力相平衡，即

$$k_1\varepsilon_0I^2R^2=k_2\mu_0I^2$$

引进比例系数 $k_3=k_1/k_2$，则有

$$\mu_0/\varepsilon_0=k_3R^2$$

麦克斯韦通过设计的实验一共测量了10次实验数据，得到一个平均值为

$$\frac{1}{4\pi}\sqrt{\frac{\mu_0}{\varepsilon_0}}=28.798\ \Omega$$

再从这个数据得到

$$\sqrt{\frac{1}{\mu_0\varepsilon_0}}=2.88\times10^8\ \mathrm{m\cdot s^{-1}}$$

虽然这个实验结果并没有比傅科的结果更好,但却提供了一个简单的方法.要精确测定$(\varepsilon_0\mu_0)^{-1/2}$确实十分困难,麦克斯韦去世后,其他物理学家也一直在努力提高测量精度,英国物理学家艾尔顿(W. E. Ayrton, 1847—1908)测得$(\varepsilon_0\mu_0)^{-1/2}=2.96(\pm0.03)\times10^8\ \mathrm{m\cdot s^{-1}}$,美国科学家迈克耳孙(A.A.Michelson,1852—1931)测得$(\varepsilon_0\mu_0)^{-1/2}=2.998\ 64(\pm0.000\ 51)\times10^8\ \mathrm{m\cdot s^{-1}}$,这个测量值与目前国际上的光在真空中的速度已经非常接近.

这样,真空中电磁波的传播方程为

$$\begin{cases}\dfrac{\partial^2\boldsymbol{E}}{\partial t^2}-c^2\nabla^2\boldsymbol{E}=0\\[2mm]\dfrac{\partial^2\boldsymbol{B}}{\partial t^2}-c^2\nabla^2\boldsymbol{B}=0\end{cases}\tag{8-41}$$

我们熟知的一维波动方程为

$$\frac{\partial^2u}{\partial t^2}-c^2\frac{\partial^2u}{\partial x^2}=0\tag{8-42}$$

其解为平面波,即

$$u(x,t)=A_1\mathrm{e}^{\mathrm{i}kx+\mathrm{i}\omega t}+A_2\mathrm{e}^{\mathrm{i}kx-\mathrm{i}\omega t}=A_1\mathrm{e}^{\mathrm{i}k(x+ct)}+A_2\mathrm{e}^{\mathrm{i}k(x-ct)}\tag{8-43}$$

对电磁波,这里$u(x,t)$就是$E(x,t)$或$B(x,t)$.

8-4-2 平面电磁波的性质

存在各向同性线性介质,并且$\rho_0=0,j_0=0$时,麦克斯韦方程组改写为

$$\begin{cases}\nabla\cdot\boldsymbol{E}=0,\ \nabla\cdot\boldsymbol{H}=0\\[1mm]\nabla\times\boldsymbol{E}=-\mu_0\mu_{\mathrm{r}}\dfrac{\partial\boldsymbol{H}}{\partial t}\\[2mm]\nabla\times\boldsymbol{H}=\varepsilon_0\varepsilon_{\mathrm{r}}\dfrac{\partial\boldsymbol{E}}{\partial t}\end{cases}\tag{8-44}$$

对定态电磁波,电场和磁场可以表示为

$$\begin{cases}\boldsymbol{E}=\boldsymbol{E}_0\mathrm{e}^{-\mathrm{i}(\omega t-\boldsymbol{k}\cdot\boldsymbol{r})}\\\boldsymbol{H}=\boldsymbol{H}_0\mathrm{e}^{-\mathrm{i}(\omega t-\boldsymbol{k}\cdot\boldsymbol{r})}\end{cases}\tag{8-45}$$

$\boldsymbol{k}$为波数矢量.对这种电场,有$\nabla\cdot\boldsymbol{E}=\mathrm{i}\boldsymbol{k}\cdot\boldsymbol{E}$, $\nabla\times\boldsymbol{E}=\mathrm{i}\boldsymbol{k}\times\boldsymbol{E}$,$\dfrac{\partial\boldsymbol{E}}{\partial t}=-\mathrm{i}\omega\boldsymbol{E}$;对磁场也有类似的结果.将式(8-45)代入到式(8-44),有

$$\begin{cases}\boldsymbol{k}\cdot\boldsymbol{E}=0,\boldsymbol{k}\cdot\boldsymbol{H}=0\\\boldsymbol{k}\times\boldsymbol{E}=\mu_0\mu_{\mathrm{r}}\omega\boldsymbol{H}\\\boldsymbol{k}\times\boldsymbol{H}=-\varepsilon_0\varepsilon_{\mathrm{r}}\omega\boldsymbol{E}\end{cases}\tag{8-46}$$

该式表明,在任何时刻,电磁波的电场强度矢量$\boldsymbol{E}$和磁感应强度矢量$\boldsymbol{B}$总是垂直

的，并且与电磁波传播方向 $\boldsymbol{k}$ 垂直，因此电磁波是横波，而且 $\boldsymbol{E}$、$\boldsymbol{B}$ 和 $\boldsymbol{k}$ 三个矢量构成右手螺旋关系，如图 8-8 所示.此外如果已经确定 $\boldsymbol{k}$ 和 $\boldsymbol{E}$，则 $\boldsymbol{B}$（或 $\boldsymbol{H}$）可以直接从第二个方程求出.

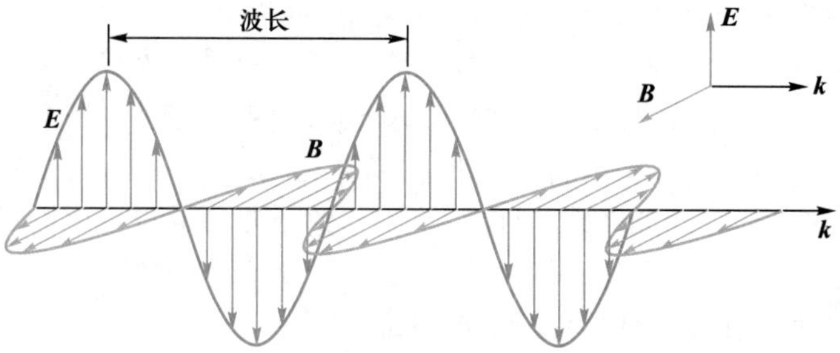

图 8-8 平面电磁波

为了进一步得到电磁波的特性，我们用"$\boldsymbol{k}\times$"作用在(8-46)第二式的两边，有

$$\boldsymbol{k}\times(\boldsymbol{k}\times\boldsymbol{E})=\mu_0\mu_r\omega\boldsymbol{k}\times\boldsymbol{H}\quad 亦即\quad \boldsymbol{k}(\boldsymbol{k}\cdot\boldsymbol{E})-k^2\boldsymbol{E}=\mu_0\mu_r\omega\boldsymbol{k}\times\boldsymbol{H}$$

由于 $\boldsymbol{k}\cdot\boldsymbol{E}=0$，把(8-46)的第三式 $\boldsymbol{k}\times\boldsymbol{H}$ 代入上式，有

$$\left(\varepsilon_0\varepsilon_r\omega-\frac{k^2}{\mu_0\mu_r\omega}\right)\boldsymbol{E}=0$$

该方程有非零解的条件是

$$\frac{\omega}{k}=\frac{1}{\sqrt{\varepsilon_0\varepsilon_r\mu_0\mu_r}}=\frac{c}{\sqrt{\varepsilon_r\mu_r}}\tag{8-47}$$

由于 $\boldsymbol{k}\times\boldsymbol{E}=\mu_0\mu_r\omega\boldsymbol{H}$ 的模为 $kE=\mu_0\mu_r\omega H$，消去 ω/k，得到

$$\sqrt{\varepsilon_0\varepsilon_r}\,E_0=\sqrt{\mu_0\mu_r}\,H_0\tag{8-48}$$

这表明电磁波 $\boldsymbol{E}$ 的振幅和 $\boldsymbol{H}$（或 $\boldsymbol{B}$）的振幅之间满足

$$\frac{E_0}{H_0}=\sqrt{\frac{\mu_0\mu_r}{\varepsilon_0\varepsilon_r}}\quad 和\quad \frac{E_0}{B_0}=\sqrt{\frac{1}{\varepsilon_0\varepsilon_r\mu_0\mu_r}}\tag{8-49}$$

在真空中，有

$$\frac{E_0}{B_0}=\sqrt{\frac{1}{\varepsilon_0\mu_0}}=c\tag{8-50}$$

在介质中，电磁波的电场和磁场幅度满足

$$\frac{E_0}{B_0}=\frac{c}{\sqrt{\varepsilon_r\mu_r}}=\frac{c}{n}\tag{8-51}$$

式(8-51)中 $n=\sqrt{\varepsilon_r\mu_r}$ 为介质的折射率.

8-4-3 赫兹实验

赫兹（H.Hertz，1857—1894）是德国物理学家（图 8-9），出生于汉堡.赫兹在柏林大学随亥姆霍兹学物理时，受亥姆霍兹鼓励开始研究麦克斯韦电磁理论，赫兹决定用实验来证实麦克斯韦理论.赫兹根据电容器经由电火花隙会产生振荡的原理，设计了一套电磁波发生器，1886 年 10 月，赫兹在做放电实验时，发现其旁边的一个开路线圈也发出了火花，他敏锐地想到这可能是电磁振荡的共振现象，是由于开路线圈的固有频率等于放电回路的固有频率所致，如图 8-10 所示. 赫兹使用产生高频电磁波的偶极振子，A 和 B 是两段共轴的黄铜杆，A 和 B 之间有一个火花间隙，间隙两边的端点上各焊有一个黄铜球，当充电到一定程度时，间隙被火花击穿，两个黄铜球就连成了一个通路，电荷便经由电火花隙在黄铜球之间振荡，这时就相当于一个振荡的谐振子，其振荡频率高达 10^8 ~ 10^9 Hz. 由于谐振子振荡辐射的电磁波使系统的能量不断地损失，因此每次引起的高频振荡衰减得很快，所以实际上是间隙性的阻尼振荡.

图 8-9 物理学家赫兹

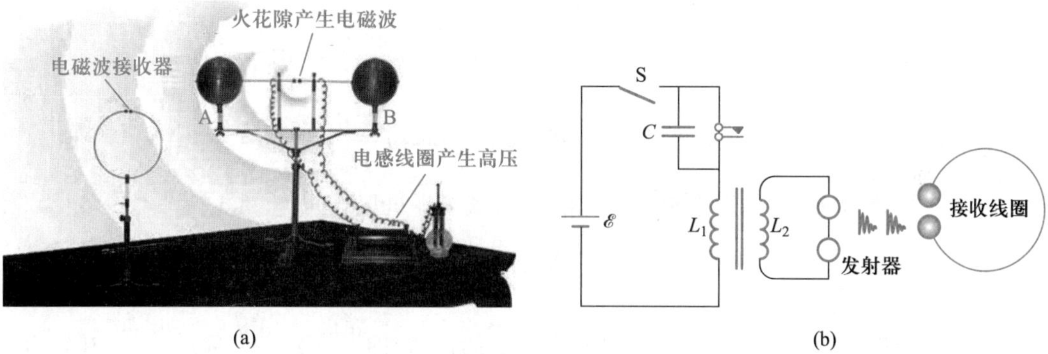

图 8-10 赫兹实验装置和原理图

1887 年赫兹把发射电磁振荡的振荡器和接收振荡信号的探测器相隔一定的距离，探测器距振荡器 10 m 远，他坐在一暗室内，适当调节其方向和间隙，赫兹发现，当偶极振子两个球之间有火花跳过时，探测器振子的两个球间隙中也有火花跳过. 赫兹再在暗室远端的墙壁上覆盖一个可反射电磁波的锌板，入射波与反射波重叠应产生驻波，他也以检波器在距振荡器不同距离处监测加以证实. 赫兹先求出振荡器的频率，又以检波器量得驻波的波长，二者乘积即电磁波的传播速度. 正如麦克斯韦预测的一样，电磁波传播的速度等于光速. 这样赫兹实现了电磁波的发射和接收，证实了电磁波的存在，从而证实了麦克斯韦电磁场理论.

1888 年 1 月 21 日赫兹完成了他的著名的论文《论电动力学作用的传播速度》，通常人们把这一天定为实验证实电磁波存在的纪念日. 赫兹在实验时曾指出，电磁波可以被反射、折射并如同可见光一样地被偏振. 由他的振荡器所发出的电磁波是平面偏振波，其电场平行于振荡器的导线，而磁场垂直于电场，且两者均垂直于传播方向. 1888 年 12 月 13 日，赫兹在柏林普鲁士科学院宣读了他的论文《论电力辐射》，这篇论文以及后续的两篇续篇，标志着赫兹对电磁波探索的成功完成，也标志着无线电、电视和雷达的发展的历史起点. 为了纪念赫兹在电磁波方面的成就，国际电工委员会的电磁单位命名委员会在 1933 年把 1 周每秒的频率命名为 1 赫兹(Hz)，简称为赫.

8-4-4 电磁波在导体中的传播

现在我们讨论电磁波在导体中的传播.由于导体的基本特性是导体内无自由电荷的积累,即

$$\rho=0,\quad \boldsymbol{j}=\sigma\boldsymbol{E} \tag{8-52}$$

所以麦克斯韦方程组为

$$\begin{cases}\nabla\cdot\boldsymbol{D}=0\\ \nabla\times\boldsymbol{E}=-\dfrac{\partial\boldsymbol{B}}{\partial t}\\ \nabla\cdot\boldsymbol{B}=0\\ \nabla\times\boldsymbol{H}=\sigma\boldsymbol{E}+\dfrac{\partial\boldsymbol{D}}{\partial t}\end{cases} \tag{8-53}$$

用 $\nabla\times$作用在第二式两边,考虑到 $\nabla\times(\nabla\times\boldsymbol{E})=-\nabla^2\boldsymbol{E}$,所以有

$$\begin{cases}\nabla^2\boldsymbol{E}-\mu\sigma\dfrac{\partial\boldsymbol{E}}{\partial t}-\varepsilon\mu\dfrac{\partial^2\boldsymbol{E}}{\partial t^2}=0\\ \nabla^2\boldsymbol{B}-\mu\sigma\dfrac{\partial\boldsymbol{B}}{\partial t}-\varepsilon\mu\dfrac{\partial^2\boldsymbol{B}}{\partial t^2}=0\end{cases} \tag{8-54}$$

即 $\boldsymbol{E}$ 和 $\boldsymbol{B}$ 满足相同的波动方程,该方程的标量形式为

$$\nabla^2 u-\mu\varepsilon\frac{\partial^2 u}{\partial t^2}-\mu\sigma\frac{\partial u}{\partial t}=0 \tag{8-55}$$

如果我们只考虑一维电磁波在导体中的传播,即$\dfrac{\partial^2 u}{\partial z^2}-\mu\varepsilon\dfrac{\partial^2 u}{\partial t^2}-\mu\sigma\dfrac{\partial u}{\partial t}=0$,其解为

$$\Psi(z,t)=\Psi_0 e^{-\beta z}e^{i(\alpha z-\omega t)} \tag{8-56}$$

式(8-56)中系数 α 和 β 满足

$$\begin{cases}\alpha^2-\beta^2=\omega^2\mu\varepsilon\\ 2\alpha\beta=\omega\mu\sigma\end{cases}$$

解这个方程组,得

$$\begin{cases}\alpha=\omega\sqrt{\dfrac{\mu\varepsilon}{2}}\left\{\left[1+\left(\dfrac{\sigma}{\omega\varepsilon}\right)^2\right]^{1/2}+1\right\}^{1/2}\\ \beta=\omega\sqrt{\dfrac{\mu\varepsilon}{2}}\left\{\left[1+\left(\dfrac{\sigma}{\omega\varepsilon}\right)^2\right]^{1/2}-1\right\}^{1/2}\end{cases} \tag{8-57}$$

对良导体,即满足 $\sigma/\varepsilon\omega\gg1$,因此

$$\alpha\approx\beta=\sqrt{\frac{\omega\mu\sigma}{2}} \tag{8-58}$$

我们把电磁波在导体中的波幅降为 1/e 的深度称为穿透深度 δ,即

$$\delta=\frac{1}{\beta}=\sqrt{\frac{2}{\omega\mu\sigma}} \tag{8-59}$$

对铜导体,$\omega=50$ Hz 的电磁波,其穿透深度 $\delta=0.9$ mm,可见电磁波很难在导体

中传播.

常量 α 是沿 k 方向的相移常量，它表示单位长度上的相移变化，单位是 rad/m，波传播的相速度为

$$v=\frac{\omega}{\alpha}=\sqrt{\frac{2}{\mu\varepsilon}}\left[\sqrt{1+\left(\frac{\sigma}{\omega\varepsilon}\right)^{2}}+1\right]^{-1/2} \tag{8-60}$$

该式表明电磁波在导体中传播是要损耗的，但 $\boldsymbol{E}$、$\boldsymbol{B}$ 和 $\boldsymbol{k}$ 仍满足正交关系，并且导体中的电磁波是一衰减色散波.此外电场和磁场的强度在任何时刻、任何地点不再同相，每一组正交分量之比不再等于波阻抗，如图 8-11 所示.

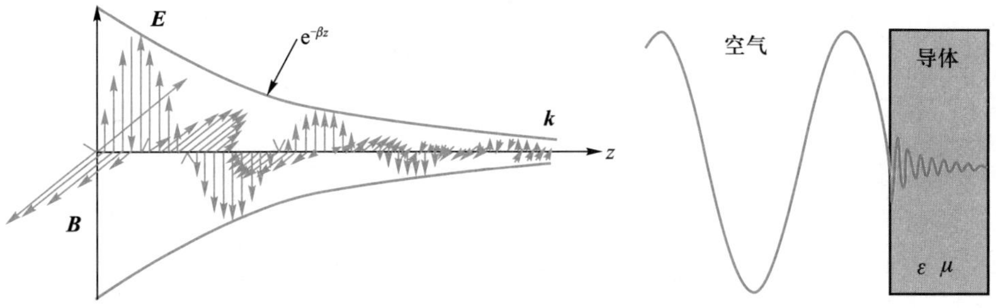

(a) (b)

图 8-11 导体中的电磁波

8-4-5 电磁波谱

1. 电磁波谱

人们通过实验发现了不同频率和波长的电磁波，如无线电波、红外线、可见光、紫外线、X 射线和 γ 射线等.这些电磁波按频率和波长的顺序排列起来构成电磁波谱.图 8-12 给出了各种电磁波的名称和近似的波长范围.真空中波长和频率的关系为 $\lambda=c/\nu$，ν 为频率.

已知的电磁波谱从很高的 γ 射线的频率（$\nu\leqslant10^{26}$ Hz）到无线电长波的频率（$\nu\geqslant10$ Hz）.人的视觉可感觉到的可见光只占已知波谱的很小一部分，它的波长在 4 000～7 600 Å（1 Å = 10^{-10} m）之间.可见光的两边延伸区域是红外线和紫外线，红外线的波长范围是 7 600 Å～700 μm，紫外线波长范围是 50～4 000 Å.X 射线波长范围是 4×10^{-2}～10^{2} Å，γ 射线的波长更短.无线电的波长范围是 10^{-4}～10^{6} m，其中长波波长达几千米，中波波长 50～3×10^{3} m，短波波长 1 cm～10 m.

地球上接收到的宇宙中的各种电磁波，有高能 γ 射线、可见光、红外线和紫外线等，以及波长更长的电磁波，由于大气的吸收，使得能到达地球表面的电磁波只是一部分，大气对各种波长的电磁波吸收效率不同，对可见光部分吸收最少，如图 8-13 所示.

2. 偶极振荡产生的电磁波

人类利用无线电波传送信息.无线电的波长范围为 10^{-4}～10^{6} m，其中长波波长达几千米，中波波长为 50 m～3×10^{3} m，短波波长为 1 cm～10 m.

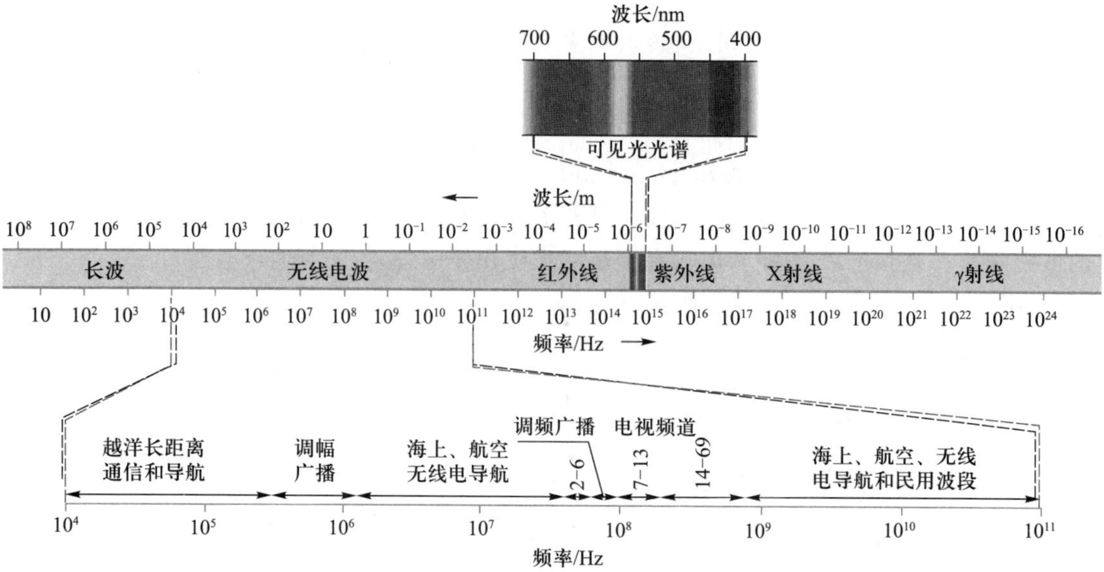

图 8-12 电磁波谱

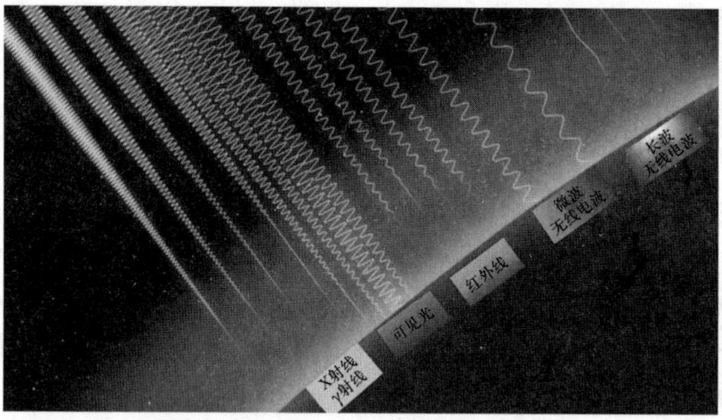

图 8-13 大气对各种波长电磁波的吸收

对无线电波(kHz～MHz)而言,可用振荡电路产生电磁振荡,由 *RLC* 振荡电路的齐次振荡方程

$$L\frac{\mathrm{d}^2q}{\mathrm{d}t^2}+R\frac{\mathrm{d}q}{\mathrm{d}t}+\frac{q}{C}=0$$

当电阻很小时,其解为

$$q=q_0\mathrm{e}^{-\alpha t}\cos(\omega_0t+\varphi)$$

电荷在电路中作受迫振动,如图 8-14 所示,振荡过程发射电磁波损耗的能量可以用直流电源供电.

为了使谐振电路的电磁能量尽量往外发射,通常电容器两极可以完全打开,就像一个振荡的电偶极子,如图 8-14(d)所示,这个电偶极子的电矩作周期性变化,即

$$p=ql=ql_0\cos\,\omega t=p_0\cos\,\omega t$$

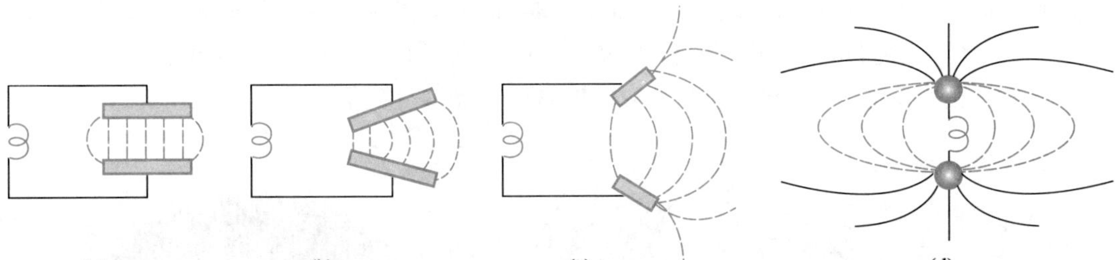

(a) (b) (c) (d)

图 8-14 谐振产生电磁波

这等效于一振荡电流元，即

$$il=\frac{\mathrm{d}q}{\mathrm{d}t}l=\frac{\mathrm{d}p}{\mathrm{d}t}=-p_0\omega\sin\ \omega t$$

电偶极子（或磁偶极子）振动过程发出的是球面电磁波，即

$$E=E_0\cos\ \omega\left(t-\frac{r}{v}\right),H=H_0\cos\ \omega\left(t-\frac{r}{v}\right)\tag{8-61}$$

电偶极子的辐射过程如图 8-15 所示，辐射的电磁场是有旋场，每振荡一个周期发射出一个闭合的电场线圈和磁感应线圈，电场线和磁感应线环环相扣向外传播，电磁波如图 8-16 所示.

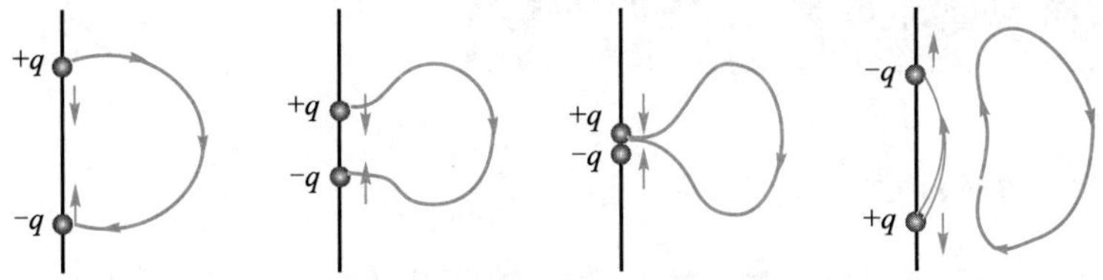

(a) 电偶极子振动产生电场和磁场

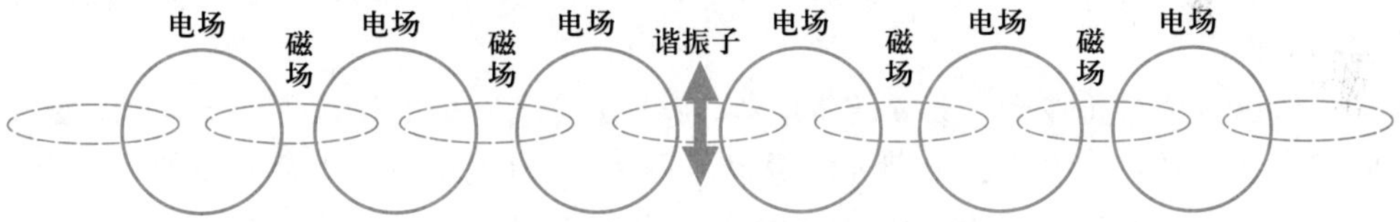

(b) 电场和磁场环环相扣，向外传播

图 8-15 电偶极子振荡产生的电磁波机制

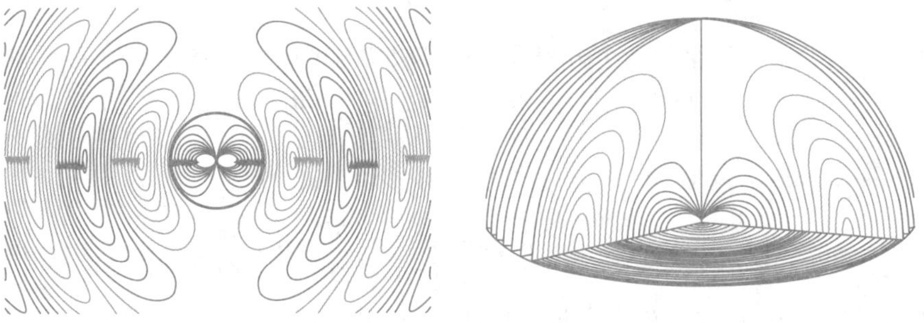

(a) (b)

图 8-16 电偶极子振荡产生的电磁波的 2D 和 3D 示意图

实际的电磁振动是向四面八方传播的.电偶极子发射的电磁波,$\boldsymbol{E}$ 在子午面内(一系列包含极轴的平面)内.$\boldsymbol{H}$ 在与赤道面平行的平面内.波场中任一点的 $\boldsymbol{E}$ 与 $\boldsymbol{H}$ 相互垂直,传播方向 $\boldsymbol{k}$ 沿 $\boldsymbol{E}\times\boldsymbol{H}$ 的方向,如图 8-17 所示.

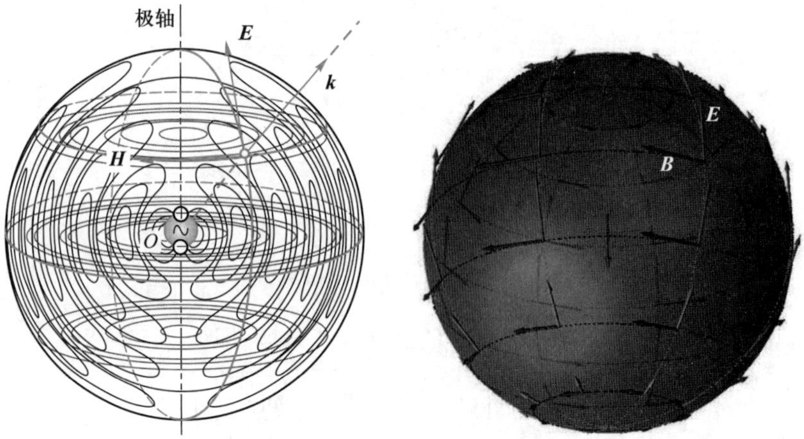

图 8-17 电偶极子辐射产生球面波示意图

§8-5 电磁场能量和能量传输

8-5-1 电磁场的能量

麦克斯韦方程组作为电磁场的普遍规律,不仅揭示了电磁波的存在,预言了光就是电磁波,而且揭示了电磁场具有能量和动量,即麦克斯韦方程组揭示了电磁场的物质性.

假设一个电荷体密度为 ρ 的带电体,由于在受电磁场的作用下以 v 运动,在 $\mathrm{d}t$ 时间内,一小体积 $\mathrm{d}V$ 中的电荷 $\rho\mathrm{d}V$ 移动了距离 $\mathrm{d}l$,则电磁场对电荷所做的元功为

$$\mathrm{d}W=\boldsymbol{F}\cdot\mathrm{d}\boldsymbol{l}=\rho\mathrm{d}V(\boldsymbol{E}+\boldsymbol{v}\times\boldsymbol{B})\cdot\boldsymbol{v}\mathrm{d}t=\rho\boldsymbol{v}\cdot\boldsymbol{E}\mathrm{d}t\mathrm{d}V=\boldsymbol{j}\cdot\boldsymbol{E}\mathrm{d}t\mathrm{d}V$$

可见,电磁场在单位时间内对整个空间内的运动电荷所做的功为

$$\frac{\mathrm{d}W}{\mathrm{d}t}=\int_V\boldsymbol{j}\cdot\boldsymbol{E}\mathrm{d}V \tag{8-62}$$

现在从麦克斯韦方程组的两个方程来寻求机械功与电磁场矢量之间的关系,因为

$$\nabla\times\boldsymbol{H}=\frac{\partial\boldsymbol{D}}{\partial t}+\boldsymbol{j},\qquad\nabla\times\boldsymbol{E}=-\frac{\partial\boldsymbol{B}}{\partial t}$$

这两个式子变形后得到

$$[\boldsymbol{E}\cdot(\nabla\times\boldsymbol{H})-\boldsymbol{H}\cdot(\nabla\times\boldsymbol{E})]=\boldsymbol{E}\cdot\frac{\partial\boldsymbol{D}}{\partial t}+\boldsymbol{H}\cdot\frac{\partial\boldsymbol{B}}{\partial t}+\boldsymbol{j}\cdot\boldsymbol{E}$$

利用矢量分析中的关系,对于满足 $\boldsymbol{D}=\varepsilon\boldsymbol{E}$,$\boldsymbol{B}=\mu\boldsymbol{H}$ 的各向同性线性介质,上式可以写成

$$-\nabla\cdot(\boldsymbol{E}\times\boldsymbol{H})=\frac{\partial}{\partial t}\left(\frac{\varepsilon}{2}E^2+\frac{1}{2\mu}B^2\right)+\boldsymbol{j}\cdot\boldsymbol{E} \tag{8-63}$$

为了描述电磁波的能量传播，常引入能流密度矢量的概念，定义

$$\boldsymbol{S}=\boldsymbol{E}\times\boldsymbol{H}$$

能流密度矢量 $\boldsymbol{S}$ 有时也称为坡印廷矢量（Poynting vector）.引进电磁能量密度 w，即

$$w=\frac{\varepsilon}{2}E^2+\frac{1}{2\mu}B^2 \tag{8-64}$$

则式（8-63）变为

$$-\frac{\partial w}{\partial t}=\nabla\cdot\boldsymbol{S}+\boldsymbol{j}\cdot\boldsymbol{E} \tag{8-65}$$

将式（8-65）对 V 空间求积分，并定义体积 V 内总电磁能为 W，即

$$W=\int_V w\mathrm{d}V=\frac{1}{2}\int_V(\boldsymbol{E}\cdot\boldsymbol{D}+\boldsymbol{B}\cdot\boldsymbol{H})\mathrm{d}V=\frac{1}{2}\int_V\left(\varepsilon E^2+\frac{B^2}{\mu}\right)\mathrm{d}V \tag{8-66}$$

利用高斯散度定理得

$$-\frac{\partial W}{\partial t}=\int_V\boldsymbol{j}\cdot\boldsymbol{E}\mathrm{d}V+\oint_A\boldsymbol{S}\cdot\mathrm{d}\boldsymbol{A} \tag{8-67}$$

该方程表明，电磁场对 V 内运动电荷所做的功和流出空间 V 的能量之和等于 V 内电磁能的减少.这就是总电磁能的能量守恒方程.

考察两种情况：

（1）若体积 V 为整个空间，而电磁扰动只存在于有限范围的情况：

$$-\frac{\partial W}{\partial t}=\int_V\boldsymbol{j}\cdot\boldsymbol{E}\mathrm{d}V$$

该式表示电磁在单位时间内对传导电流所做的功一定是单位时间内电磁本身能量的减少量.这就是全空间的电磁能的能量守恒表达式.

（2）空间 V 为有限空间，利用欧姆定律 $\boldsymbol{j}=\sigma\boldsymbol{E}$，则有

$$\frac{\partial W}{\partial t}+\int_V\frac{j^2}{\sigma}\mathrm{d}V=-\oint_A\boldsymbol{S}\cdot\mathrm{d}\boldsymbol{A}$$

该式表明，空间区域 V 内的电磁能的增加与在 V 内消耗的焦耳热之和等于从 V 的界面 A 流入到 V 内的电磁能.这就是有限空间内的电磁能的能量守恒表达式.

8-5-2 电磁场的能流

在上面我们已经定义了电磁场的能流密度 $\boldsymbol{S}$，下面我们详细讨论能流密度矢量的物理内涵.电磁波的能量来自波源，能量流动的方向就是波传播的方向.能量传播的速度就是波速 v，单位时间内通过介质中某一面积的平均能量，叫作通过该面积的平均能流.在单位时间内通过面积 A 的平均能量为

$$\overline{P}=\overline{w}vA \tag{8-68}$$

在单位时间内通过垂直于波传播方向的单位面积上的平均能量即能流密度 S（即波的强度 I）为

$$S = I = \frac{\overline{P}}{A} = \bar{w}v \tag{8-69}$$

能流密度是矢量,因此能流密度是指单位时间内通过与传播方向垂直的单位面积的能量,其方向为电磁波传播方向.在真空中其数值为

$$|\boldsymbol{S}| = |\boldsymbol{E}\times\boldsymbol{H}| = \frac{EB}{\mu_0} \tag{8-70}$$

对平面电磁波,如图 8-18 所示,有

$$\boldsymbol{E} = E_0\cos(\omega t - kx)\boldsymbol{e}_y, \quad \boldsymbol{B} = B_0\cos(\omega t - kx)\boldsymbol{e}_z$$

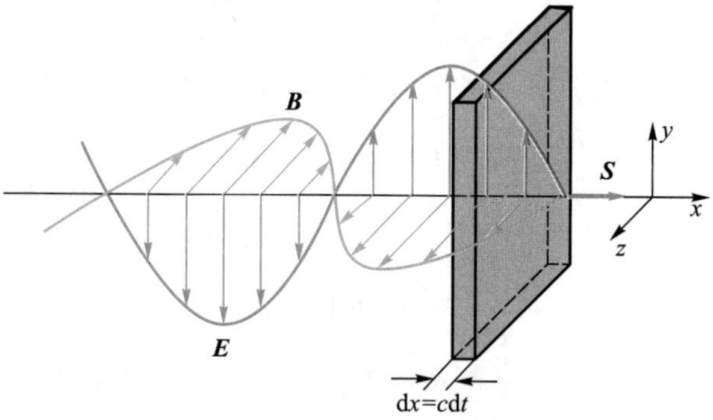

图 8-18 平面电磁波能流密度矢量

可以得到能流为

$$\boldsymbol{S} = \frac{1}{\mu_0}[E_0\cos(\omega t - kx)\boldsymbol{e}_y]\times[B_0\cos(\omega t - kx)\boldsymbol{e}_z] = \frac{E_0B_0}{\mu_0}\cos^2(\omega t - kx)\boldsymbol{e}_x$$

能流 $\boldsymbol{S}$ 的方向正是电磁波传播方向.因为 $\overline{\cos^2(\omega t - kx)} = 1/2$,所以波的强度为

$$I = \bar{S} = \frac{E_0B_0}{2\mu_0} \tag{8-71}$$

图 8-19 表示谐振子振动产生平面电磁波的能流密度传播示意图.

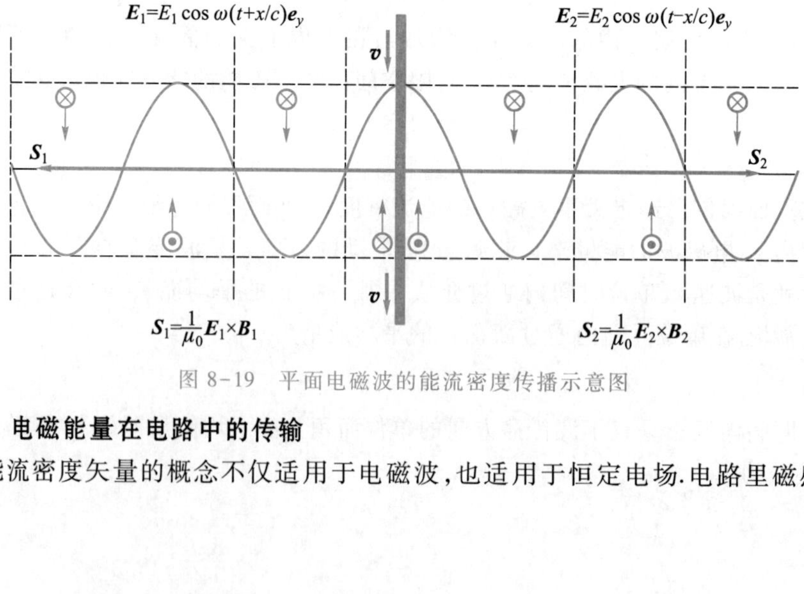

图 8-19 平面电磁波的能流密度传播示意图

1. 电磁能量在电路中的传输

能流密度矢量的概念不仅适用于电磁波,也适用于恒定电场.电路里磁感应线

总是沿右旋方向环绕电流的.在电源内部,电流密度 $\boldsymbol{j}$ 与非静电场 $\boldsymbol{E}_{\mathrm{k}}$ 方向一致,与 $\boldsymbol{E}$ 的方向相反.能流密度矢量垂直于 $\boldsymbol{j}$ 的方向向外,即电源向外部空间输出能量,如图 8-20(a)所示.

在电源以外的导线内,$\boldsymbol{E}_{内}$ 与 $\boldsymbol{j}$ 方向一致,故 $\boldsymbol{S}=\boldsymbol{E}\times\boldsymbol{H}$ 沿垂直于 $\boldsymbol{j}$ 的方向指向导线内部.导线外的电场 $\boldsymbol{E}_{外}$ 一般有较大的法向分量,但因切向分量连续,导线表面外的电场或多或少总是有些切向分量的,切向分量与 $\boldsymbol{E}_{内}$ 和电流方向一致.由此可见,导体表面外的能流密度矢量 $\boldsymbol{S}=\boldsymbol{E}\times\boldsymbol{H}$ 的法向分量部分总是指向导体内部的,如图 8-20(b)所示.

$\boldsymbol{j}$ 一定,电导率 σ 越大,$\boldsymbol{E}_{内}$ 本身与 $\boldsymbol{E}_{外}$ 的切向分量越小,导体内的 $\boldsymbol{S}$ 和导体外表面垂直于表面分量的 $\boldsymbol{S}$ 就越小.在 $\sigma\to\infty$ 的极限情形下,导体外的 $\boldsymbol{S}$ 与导体表面平行.

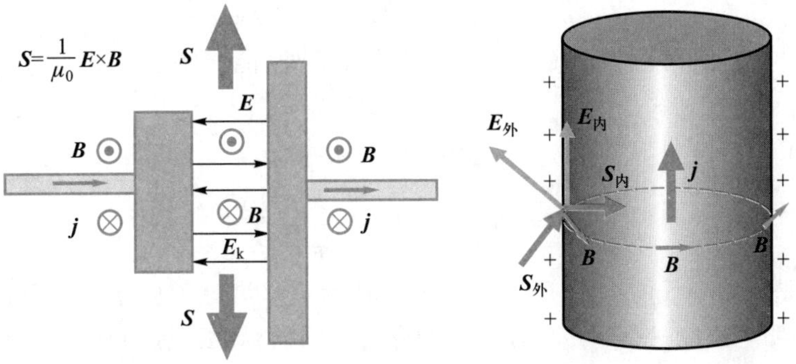

(a) 电源附近能流密度　　(b) 导线附近能流密度

图 8-20　电路中的能流密度矢量

至于 $\boldsymbol{S}$ 的切向分量的方向,则需分两个情形来讨论:① 在导体表面带正电荷的地方,$\boldsymbol{E}_{外}$ 的法向分量向外,$\boldsymbol{S}$ 的切向分量与电流平行;在导体表面带负电的地方 $\boldsymbol{E}_{外}$ 的法向分量向内,$\boldsymbol{S}$ 的切向分量与电流反平行.② 整个电路中的能量传输:在靠近电源正极的导线表面上带正电,在靠近电源负极的导线表面上带负电.图 8-21 表示一个简单的直流电路的能流图,即能量流动的方向,能量从电源向周围空间发出,在电阻很小的导线表面基本上沿切线前进,流向负载;在电阻较大的负载表面,能量将以较大的法向分量输入;在导线表面经过折射,直指它的中心.由此可见,电磁场能量不是通过电流沿导线内部从电源传给负载的.

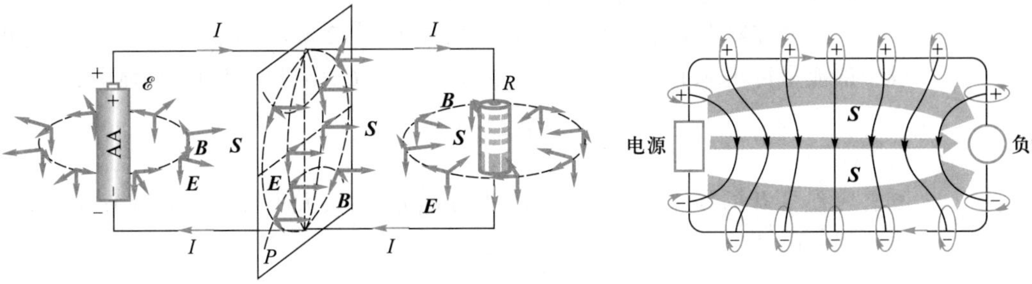

图 8-21　直流电路各部分的电磁场能量传输示意图

【例 8-6】 半径为 a 的长直导线载有电流 I，I 沿轴线方向并均匀地分布在横截面上，试证明(1) 在导线表面上，能流密度处处垂直于表面向里；(2) 导线内消耗的焦耳热等于 S 输入的能量.

【解】 (1) 根据欧姆定律 $\boldsymbol{j}=\sigma\boldsymbol{E}$，有

$$\boldsymbol{E}=\rho\boldsymbol{j}=\rho\frac{I}{\pi a^2}\boldsymbol{e}_I$$

导线表面的磁场强度为

$$\boldsymbol{H}=\frac{I}{2\pi a}\boldsymbol{e}_\varphi$$

$\boldsymbol{e}_I$为电流方向，$\boldsymbol{e}_\varphi$与 $\boldsymbol{e}_I$成右手螺旋关系.所以导线表面的能流密度为

$$\boldsymbol{S}=\boldsymbol{E}\times\boldsymbol{H}=\frac{\rho I}{\pi a^2}\boldsymbol{e}_I\times\left(\frac{I}{2\pi a}\boldsymbol{e}_\varphi\right)=-\frac{\rho I^2}{2\pi^2 a^3}\boldsymbol{e}_\mathrm{n}$$

$\boldsymbol{e}_\mathrm{n}$ 为导体表面的外法线矢量；可见在导体表面处，能流密度处处垂直于表面向里，如例 8-6 图所示.

(2) 单位时间由 S 输入导线的能量，即功率为

$$P=-\boldsymbol{S}\cdot\boldsymbol{e}_\mathrm{n}\cdot 2\pi al=\frac{I^2\rho l}{\pi a^2}=I^2R$$

其中 R 是该段导线的电阻.所以导线内消耗的焦耳热等于从导线侧面输入的能量，这表明电磁能量是通过导体周围的介质传播的，导线只起到引导能量传输方向的作用.

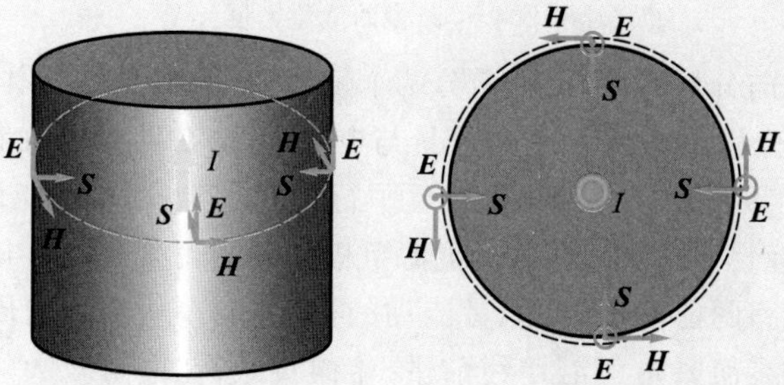

例 8-6图

2. **电容器充电时的能量传输**

假设电容器为圆盘型平行板电容器，如图 8-22 所示.现在来讨论电容器充电过程中的能量传输.假设极板上已充电的电荷量为 Q，则极板间的电场强度为

$$\boldsymbol{E}=\frac{\sigma}{\varepsilon_0}\boldsymbol{e}_z=\frac{Q}{\pi R^2\varepsilon_0}\boldsymbol{e}_z$$

磁感应强度 $\boldsymbol{B}$ 的方向为围绕导线的圆周 $\boldsymbol{e}_\varphi$ 方向，其大小可用麦克斯韦方程组中的表达式给出，即

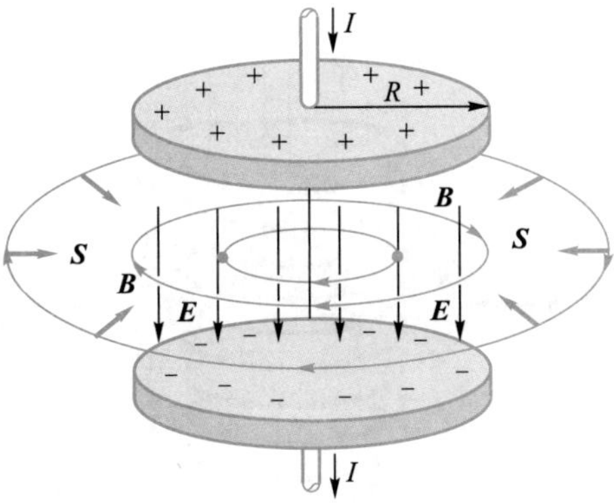

图 8-22 电容器充电时的能量传输

$$\oint \boldsymbol{B} \cdot \mathrm{d}\boldsymbol{l} = \mu_0 I + \mu_0 \varepsilon_0 \frac{\mathrm{d}}{\mathrm{d}t}\int_A \boldsymbol{E} \cdot \mathrm{d}\boldsymbol{A}$$

对 $r<R$ 的电容器内部积分,得

$$B \cdot 2\pi r = 0 + \mu_0 \varepsilon_0 \frac{\mathrm{d}}{\mathrm{d}t}\left(\frac{Q}{\pi R^2 \varepsilon_0}\pi r^2\right) = \frac{\mu_0 r^2}{R^2}\frac{\mathrm{d}Q}{\mathrm{d}t}$$

考虑到 $\boldsymbol{B}$ 的方向,有

$$\boldsymbol{B} = \frac{\mu_0 r}{2\pi R^2}\frac{\mathrm{d}Q}{\mathrm{d}t}\boldsymbol{e}_\varphi$$

为简化起见,设电荷随时间为线性变化,则

$$\boldsymbol{S} = \frac{1}{\mu_0}\boldsymbol{E}\times\boldsymbol{B} = \frac{1}{\mu_0}\left(\frac{Q}{\pi R^2 \varepsilon_0}\boldsymbol{e}_z\right)\times\left(\frac{\mu_0 r}{2\pi R^2}\frac{\mathrm{d}Q}{\mathrm{d}t}\boldsymbol{e}_\varphi\right) = -\left(\frac{Qr}{2\pi^2 R^4 \varepsilon_0}\right)\left(\frac{\mathrm{d}Q}{\mathrm{d}t}\right)\boldsymbol{e}_r$$

充电过程中 $\mathrm{d}Q/\mathrm{d}t>0$,因此能流密度矢量沿垂直于电容器轴线的方向向内,即电容器充电过程中电容器内部电场的能量是从电容器侧面不断地流入!

在充电到电荷量 Q 时,电容器存储的能量为

$$W_\mathrm{e} = w_\mathrm{e} V = \frac{\varepsilon_0}{2}E^2(\pi R^2 h) = \frac{1}{2}\varepsilon_0\left(\frac{Q}{\pi R^2 \varepsilon_0}\right)^2 \pi R^2 h = \frac{Q^2 h}{2\pi R^2 \varepsilon_0}$$

单位时间能量的增加为

$$\frac{\mathrm{d}W_\mathrm{e}}{\mathrm{d}t} = \frac{Qh}{\pi R^2 \varepsilon_0}\left(\frac{\mathrm{d}Q}{\mathrm{d}t}\right)$$

从电容器边界流入的能量为

$$\oint_A \boldsymbol{S} \cdot \mathrm{d}\boldsymbol{A} = \left(\frac{QR}{2\pi^2 \varepsilon_0 R^4}\frac{\mathrm{d}Q}{\mathrm{d}t}\right)(2\pi R h) = \frac{Qh}{\pi R^2 \varepsilon_0}\left(\frac{\mathrm{d}Q}{\mathrm{d}t}\right)$$

两者正好相等! 即单位时间内电容器内部储存能量的增加量就等于从电容器侧面的边界流入的能量的数量.

3. 螺线管中的能量传输

现在来讨论电感线圈在通电过程中,线圈内部电磁能量建立的过程.如图 8-23 所示的线圈,假设某时刻 t 线圈中的电流为 I,则线圈内部的磁感应强度 $\boldsymbol{B}=\mu_0 n I \boldsymbol{e}_k$,

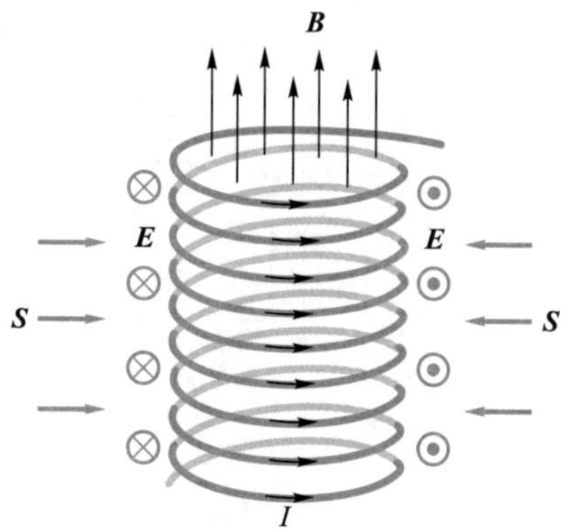

图 8-23 线圈的电磁能量传输过程

式中 n 为单位长度的匝数.为简化计算,设电流随时间为线性变化,则该时刻线圈内部的电场强度可以由下式求得

$$\oint_L \boldsymbol{E} \cdot \mathrm{d}\boldsymbol{l} = -\int_A \frac{\mathrm{d}\boldsymbol{B}}{\mathrm{d}t} \cdot \mathrm{d}\boldsymbol{A}$$

即

$$\boldsymbol{E} = -\frac{\mu_0 n r}{2}\left(\frac{\mathrm{d}I}{\mathrm{d}t}\right)\boldsymbol{e}_\varphi$$

对充电过程 $\mathrm{d}I/\mathrm{d}t>0$,由能流密度矢量的定义,得

$$\boldsymbol{S} = \frac{\boldsymbol{E}\times\boldsymbol{B}}{\mu_0} = \frac{1}{\mu_0}\left[-\frac{\mu_0 n r}{2}\left(\frac{\mathrm{d}I}{\mathrm{d}t}\right)\boldsymbol{e}_\varphi\right]\times(\mu_0 n I\boldsymbol{e}_z) = -\frac{\mu_0 n^2 r I}{2}\left(\frac{\mathrm{d}I}{\mathrm{d}t}\right)\boldsymbol{e}_r$$

线圈在充电过程中产生的感应电动势为

$$\mathscr{E} = -N\frac{\mathrm{d}\Phi}{\mathrm{d}t} = -(nl)\left(\frac{\mathrm{d}B}{\mathrm{d}t}\right)\pi r^2 = -\mu_0 \pi n^2 r^2 l\left(\frac{\mathrm{d}I}{\mathrm{d}t}\right)$$

线圈内部磁场的能量为

$$W_\mathrm{m} = \left(\frac{B^2}{2\mu_0}\right)(\pi r^2 l) = \frac{1}{2}\mu_0 \pi n^2 I^2 r^2 l$$

能量随时间的变化率为

$$\frac{\mathrm{d}W_\mathrm{m}}{\mathrm{d}t} = \mu_0 \pi n^2 I r^2 l\left(\frac{\mathrm{d}I}{\mathrm{d}t}\right)$$

从线圈侧面流入到线圈内部的能量为

$$\oint_A \boldsymbol{S} \cdot \mathrm{d}\boldsymbol{A} = \frac{\mu_0 n^2 r I}{2}\left(\frac{\mathrm{d}I}{\mathrm{d}t}\right)\cdot(2\pi r l) = \mu_0 \pi n^2 I r^2 l\left(\frac{\mathrm{d}I}{\mathrm{d}t}\right)$$

两者又是正好相等!

8-5-3 太阳光的能量传输

1. 太阳光的电场和磁场强度

太阳光作为电磁波的一个组成部分,它每天普照地球,使地球上生命得以繁

衍,使地球万物生机勃勃,使世界变得姹紫嫣红、五彩缤纷.

太阳光是可见光波段内的电磁波,太阳光是由于太阳发生热核聚变反应产生剧烈的光辐射,太阳光包含了各种波长的光:红外线、红光、橙光、黄光、绿光、蓝光、靛光、紫光、紫外线等,太阳光谱的颜色和强度如图 8-24 所示.太阳光谱属于 G2V 光谱型,有效色温为5 770 K.太阳辐射至地球表面附近的光谱主要集中在可见光区(0.4~0.76 μm)和波长大于可见光的红外区(>0.76 μm),小于可见光的紫外区(<0.4 μm)的部分较少.在全部辐射能量中,波长在 0.15~4 μm 之间的占 99%以上,且主要分布在可见光区和红外区,前者占太阳辐射总能量的约 50%,后者占约 43%,紫外区的太阳辐射能很少,只占总量的约 7%.在地面上观测的太阳辐射的波段范围为0.295~2.5 μm.短于 0.295 μm 和大于 2.5 μm 波长的太阳辐射,因地球大气中臭氧、水蒸气和其他大气分子的强烈吸收,不能到达地面.

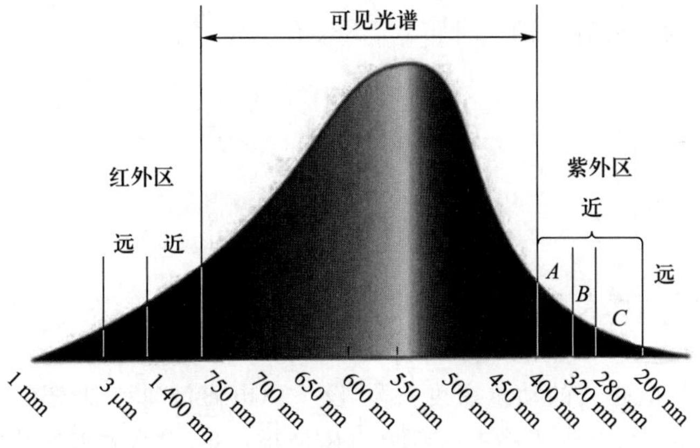

图 8-24 太阳光谱的颜色和强度

到达地球大气上界的太阳辐射能量称为天文太阳辐射量.在地球位于日地平均距离处时,地球大气上界垂直于太阳光线的单位面积在单位时间内所受到的太阳辐射的全谱总能量,称为太阳常量.太阳常量的常用单位为 W/m^2.因观测方法和技术不同,得到的太阳常量值不同.世界气象组织(WMO)1981 年公布的太阳常量值是 1 368 W/m^2.

太阳光射到地球表面时,近似为平面波,设其平面波的电场和磁场为

$$\boldsymbol{E}=\boldsymbol{E}_0\sin\omega t,\quad \boldsymbol{B}=\boldsymbol{B}_0\sin\omega t$$

由于 $\sqrt{\varepsilon_0}E=\sqrt{\mu_0}H$,所以能量密度为

$$w=w_e+w_m=\frac{1}{2}\varepsilon_0E^2+\frac{1}{2}\mu_0H^2=\varepsilon_0E^2=\varepsilon_0E_0^2\sin^2\omega t$$

其平均值为

$$\bar{w}=\frac{1}{T}\int_0^T w\mathrm{d}t=\frac{\varepsilon_0E_0^2}{T}\int_0^T\sin^2\omega t\mathrm{d}t$$

$$=\frac{\varepsilon_0E_0^2}{T}\left(\frac{1}{2}\omega t-\frac{1}{2}\sin\omega t\cos\omega t\right)\Bigg|_{t=0}^{t=T}=\frac{1}{2}\varepsilon_0E_0^2$$

单位时间内射到单位面积上的太阳光的能量为

$$\overline{W}=\frac{\bar{w}ct}{t}=\frac{1}{2}\varepsilon_0E_0^2c$$

这就是太阳常量,取太阳常量值为 1 368 W/m^2,所以

$$E_0=\sqrt{\frac{2\overline{W}}{\varepsilon_0c}}=\sqrt{\frac{2\times1\ 368}{8.854\times10^{-12}\times3\times10^8}}\ V/m\approx1.01\times10^3\ V/m$$

$$H_0=\sqrt{\frac{\varepsilon_0}{\mu_0}}E_0=\sqrt{\frac{8.854\times10^{-12}}{4\pi\times10^{-7}}}\times1.01\times10^3\ A/m\approx2.68\ A/m$$

这表明,在地球表面附近,太阳光的电场强度达到了 1 000 V/m.在这么强的电势强度下,人在阳光下散步为何不会触电?请读者自行作出解释.

2. **光压**

电磁场作为物质存在的一种形式,不仅有能量,而且也有动量.电磁波动量密度为

$$g=\frac{w}{c}=\frac{\varepsilon_0E^2}{c}=\frac{1}{c^2}|\boldsymbol{E}\times\boldsymbol{H}|$$
$$\boldsymbol{g}=\frac{1}{c^2}(\boldsymbol{E}\times\boldsymbol{H})=\frac{\boldsymbol{S}}{c^2}\qquad(8-72)$$

即电磁波的动量密度大小正比于能流密度,方向沿电磁波的传播方向,即能流密度方向.

下面来推导电磁波的动量密度矢量.设平面电磁波垂直地射在一块金属平板上,如图 8-25 所示,在这里将有一部分电磁波被反射.设入射波的传播方向为 z 方向,$\boldsymbol{E}$ 和 $\boldsymbol{B}$ 分别沿 x 和 y 方向.金属表面附近的自由电子将在电场的作用下沿 x 方向往复运动,形成传导电流,由于电子的运动方向与磁场垂直,它将受到一个洛伦兹力,$\boldsymbol{F}$ 沿 $\boldsymbol{E}\times\boldsymbol{B}$ 的方向.于是在电磁波的作用下,金属板将受到一个朝 $+z$ 方向的压力,或者说产生光压.

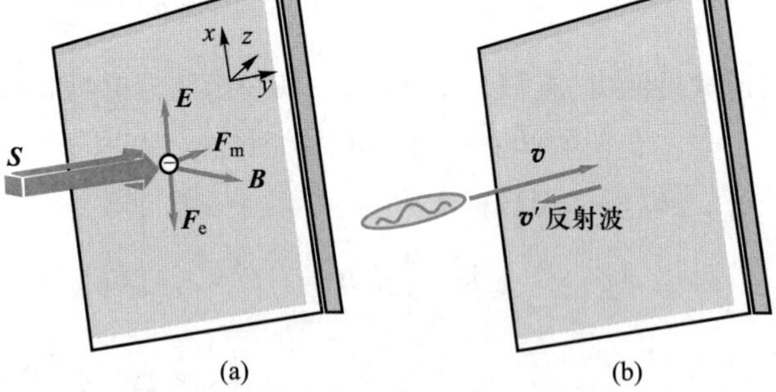

图 8-25 电磁波照射金属表面产生光压

ΔA 面元上的光压的大小为

$$\Delta F=\frac{1}{c}(S_{入}-S_{反})\Delta A$$

Δt 时间内板受到的冲量为

$$\Delta \boldsymbol{G}_{板} = \Delta \boldsymbol{F} \Delta t = \frac{1}{c}(\boldsymbol{S}_{入} - \boldsymbol{S}_{反}) \Delta A \Delta t$$

根据动量守恒,Δt 时间内电磁波的动量改变量为

$$\Delta \boldsymbol{G} = -\Delta \boldsymbol{G}_{板} = \frac{1}{c}(\boldsymbol{S}_{反} - \boldsymbol{S}_{入}) \Delta A \Delta t$$

在 Δt 时间内,电磁波传播了距离 $c\Delta t$,体积 $\Delta V = \Delta A c \Delta t$,单位体积的动量改变为

$$\Delta \boldsymbol{g} = \frac{\Delta \boldsymbol{G}}{\Delta V} = \frac{1}{c^2}(\boldsymbol{S}_{反} - \boldsymbol{S}_{入})$$

$\boldsymbol{g}$ 就是电磁波的动量密度,普遍地有

$$\boldsymbol{g} = \frac{1}{c^2}\boldsymbol{S} = \frac{1}{c^2}\boldsymbol{E} \times \boldsymbol{H} \tag{8-73}$$

这就是电磁波动量密度的表达式,从这里推导出的动量密度与式(8-72)定义的结果一样.

我们定义电磁波被平板反射的反射系数 $r = S_{反}/S_{入}$,则得到光压为

$$P = \frac{1}{c}(1+r)\left|S_{入}\right| = \frac{1}{c}(1+r)EH \tag{8-74}$$

若发生全反射,则 $r=1, P=2EH/c$;若发生全吸收,则 $r=0, P=EH/c$.

下面来计算太阳光作用在整个地球上给地球带来的光压.在 t 时间内射到地球上的太阳光的动量为

$$p = \pi R^2 ctg = \pi R^2 t \frac{S}{c}$$

设这些动量全部被地球吸收,故地球受到太阳光的作用力为

$$F = \frac{\mathrm{d}p}{\mathrm{d}t} = \frac{\pi R^2}{c}S$$

把地球的数据和太阳常量代入,我们得到

$$F = \frac{\pi \times (6.4 \times 10^6)^2}{3 \times 10^8} \times \frac{1.94 \times 4.186\ 8}{1 \times 10^{-4} \times 60}\ \mathrm{N} = 5.8 \times 10^8\ \mathrm{N}$$

而地球与太阳之间的万有引力值为

$$F_G = G\frac{mM}{r^2} = 6.67 \times 10^{-11} \times \frac{6 \times 10^{24} \times 2 \times 10^{30}}{(1.5 \times 10^{11})^2}\ \mathrm{N} = 3.6 \times 10^{22}\ \mathrm{N}$$

即太阳光辐射地球对地球产生的光压的作用力相比万有引力可以忽略不计.

8-5-4 无线输电技术

无线输电技术是一种利用无线电技术传输电磁能量的技术,目前尚在研究阶段.在技术上,无线输电技术与无线电通信中所用发射与接收技术并无本质区别.但是前者着眼于传输能量,而非附载于能量之上的信息.无线输电技术的最大困难在于无线电波的弥散性与不期望的吸收与衰减.对于无线电通信,无线电波的弥散问题甚至不

一定是件坏事，但是却可能给无线输电带来严重的传输效率问题.一个解决的办法是使用微波甚至激光传输，理论上，无线电波波长越短，其定向性越好，弥散越小.

早在1899年，特斯拉就进行了无线功率传输的实验，在没有导线的情况下点亮25英里以外的氖气照明灯.但是由于技术上的困难，无线能量传输一直没有得到发展.无线能量传输技术按照其传输和接收方式可以分为：① 辐射技术：通过某种独特的接收器接收空气中尚未散失的辐射能量，并将其转化成电能，储存到附近的电池中；② 谐振耦合技术：当两个物体在同一频率实现共振时，将实现能量的无线传输；③ 微波技术：通过微波传输能量.

目前无线能量传输使用最多的是"磁耦合共振"技术，即使用两个天线或线圈，其中一个接在家用电源的接线盒上，另一个安装在用电器上.第一个线圈以一定的频率振动，发射电磁波，第二个线圈以相同的频率振动时，就可以接收第一个线圈发射的电磁能量，使用电器工作.基本原理如图 8-26 所示.

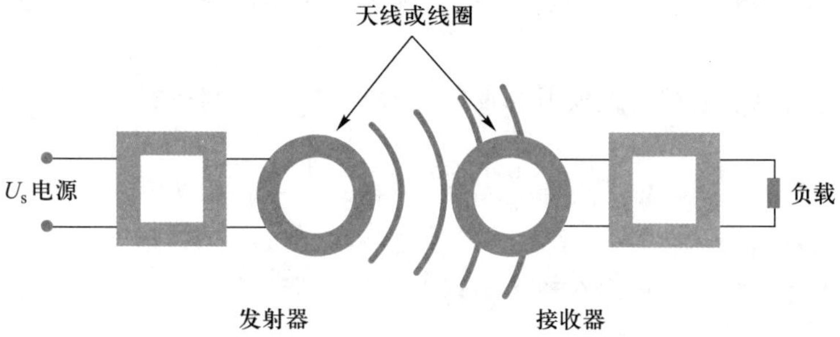

图 8-26 无线能量传输技术示意图

无线能量传输技术中几个关键的指标是：传输距离、传输效率、传输功率和装置体积等.无线能量传输技术的主要困难是：① 能量传输过程损耗太大，传输效率低；② 如果辐射是全方位的，则传输效率更低，如果是定向传输，则需要十分复杂的跟踪设备.

第八章习题

8-1 在麦克斯韦方程组中，(1) 如果所有源的符号都变号（称电荷共轭变换），则写出这时的 $\boldsymbol{E}'$ 和 $\boldsymbol{B}'$ 与变号前的 $\boldsymbol{E}$ 和 $\boldsymbol{B}$ 的关系；(2) 如果进行空间反演呢（即 $x\to -x$），结果如何？(3) 如果进行时间反演呢（即 $t\to -t$），结果又如何？

8-2 (1) 证明麦克斯韦方程组中隐含电荷守恒定律；(2) 求导体内部的自由电荷随时间变化规律.

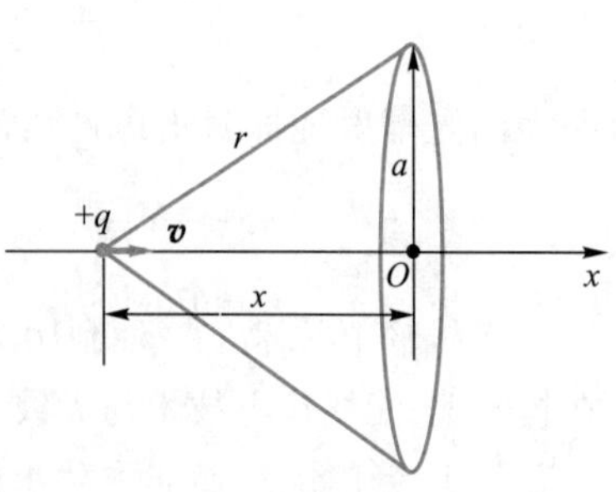

习题 8-3 图

8-3 如图所示，电荷 $+q$ 以速度 $\boldsymbol{v}$ 向点 O 运

动（$+q$ 到 O 的距离以 x 表示）.在点 O 处作一半径为 a 的圆，圆面与 $\boldsymbol{v}$ 垂直.试求：（1）通过该圆面的位移电流；（2）圆周上各点处的磁感应强度.

8-4 一无限长螺线管，半径为 a，单位长度的匝数为 n，通有交流电流 $I=I_0\sin\omega t$，求螺线管内外的位移电流密度的大小.

8-5 一平行板电容器的两极为圆形金属板，面积为 S，相距为 d，如图所示，接于一交流电源时，板上电荷随时间变化，即 $q=q_0\sin\omega t$，求：（1）电容器中位移电流密度的大小；（2）电容器内距轴线中心 r 处的磁感应强度 $\boldsymbol{B}$；（3）电容器内电场 $\boldsymbol{E}$ 的旋度 $\nabla\times\boldsymbol{E}$.

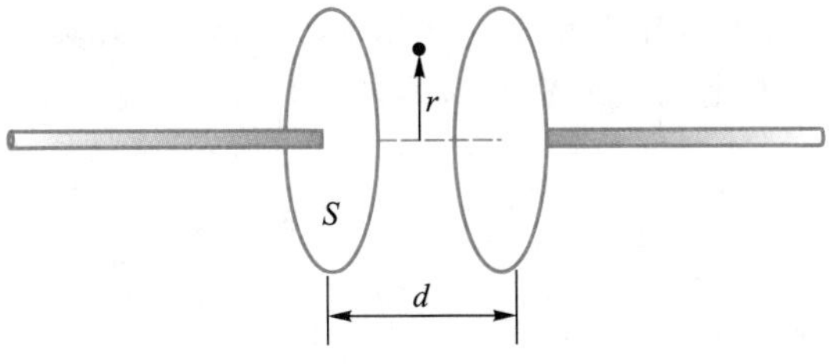

习题 8-5 图

8-6 某位同学在黑板上随意写了一个电场：$\boldsymbol{E}=E_0y\cos\omega t\boldsymbol{e}_x$，请你证明这个电场不存在！（提示：计算出磁场，看是否满足麦克斯韦方程组.）

8-7 在空气中有一个单色的平面电磁波，它的频率为 1.0×10^8 Hz，位移电流密度的方均根值为 1.0×10^{-5} A · m^{-2}，求该电磁波的电场强度和磁感应强度的振幅 E_0 和 H_0.

8-8 两个电阻分别为 R_1 和 R_2 的电阻与一个电容器构成如图所示的电路.电容器由两个圆形极板组成，其半径为 b，间距为 d，电源电压为 U_0，当电路达到稳定时开关 S 断开，求：（1）t 时刻电容器内部的位移电流，（2）电容器两个极板之间的磁感应强度 $\boldsymbol{B}$ 分布；（3）从电容器流出的能量密度.

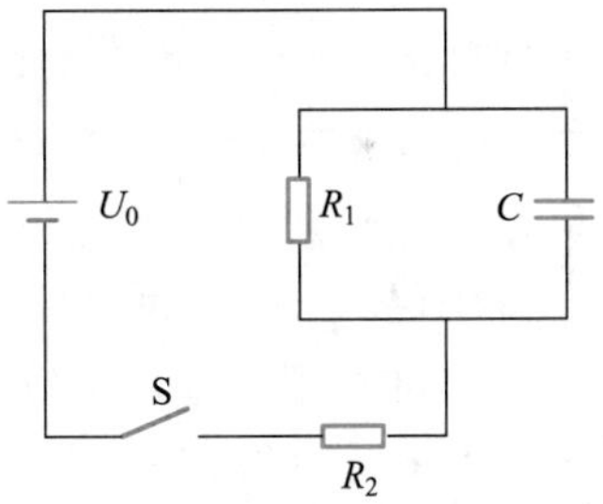

习题 8-8 图

*__8-9__ 一个平行板电容器由两个半径为 a 的金属圆盘组成，开始时两个极板的间距为 h_0，其中一个板以 $\boldsymbol{v}$ 的速度匀速运动，板面始终平行，如图所示，如果任意时刻的间距 $h\ll a$，忽略边缘效应，分别在（a）、（b）两种情况[（a）两个板分别带电荷量为 $+Q_0$ 和 $-Q_0$，（b）两个板接到电压为 U_0 的电源上]下，求：（1）保持板匀速运动的力；（2）电容器静电能的变化；（3）两个板之间的磁感应强度；（4）通过电容器侧面的能流密度矢量，并讨论系统的能量守恒问题.

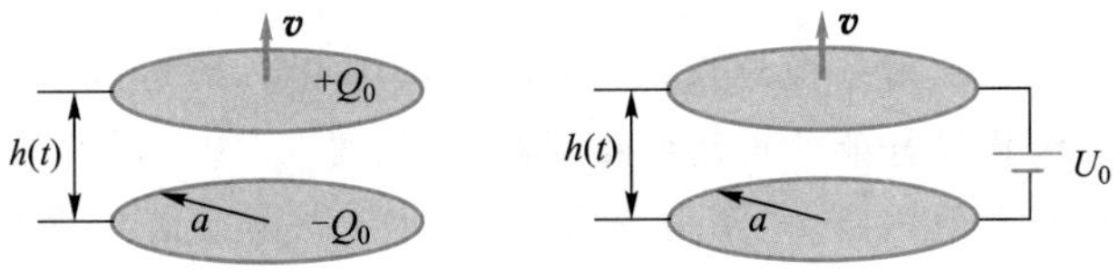

习题 8-9 图

8-10 已知电磁波的电场 $\boldsymbol{E}=E_0\cos(\omega\sqrt{\varepsilon_0\mu_0}z-\omega t)\boldsymbol{e}_x$，求：(1) 电磁波的磁场强度 H；(2) 能流密度矢量及其在一个周期内的平均值.

8-11 两个半径为 R 的圆形导体平板构成一平行板电容器，两极板的间距为 d，两极板间充满电容率为 ε，电导率为 σ 的介质，设两极板间加入缓变的电压 $u=U_{\mathrm{m}}\cos\omega t$，略去边缘效应.求：(1) 电容器内的瞬时坡印廷矢量和平均坡印廷矢量；(2) 进入电容器的平均功率；(3) 电容器内损耗的瞬时功率和平均功率.

8-12 一螺线管长为 l，半径为 R，$l>>R$，单位长度的匝数为 n，不考虑边缘效应，通有电流 $i=I_0\sin\omega t$，如图所示，求：(1) 螺线管内外的涡旋电场；(2) 螺线管内的总位移电流；(3) 螺线管内部的磁场和电场能量；(4) 螺线管内部的能流密度和单位时间从螺线管边界流入螺线管内部的能量(这部分能量对应于内部单位时间磁场能量增加).

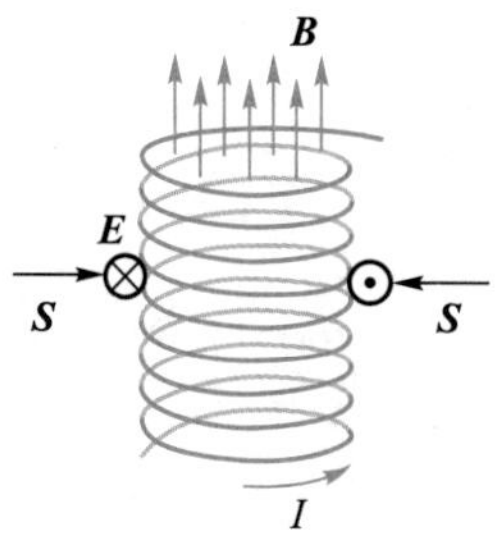

习题 8-12 图

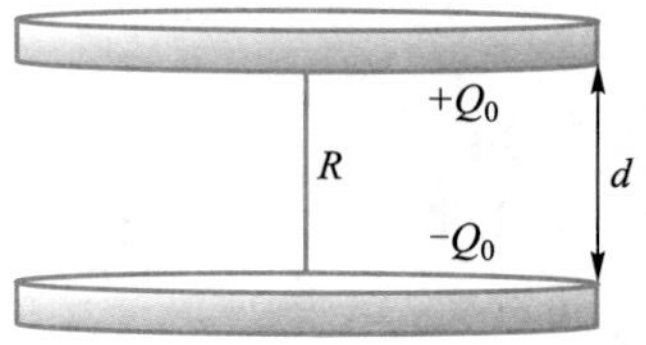

习题 8-13 图

*__8-13__ 一平行板电容器，由两个半径为 a 的圆板构成，极板之间的距离为 $d(d\ll a)$，两个极板分别带 $+Q_0$ 和 $-Q_0$ 的电荷，在 $t=0$ 时刻，用电阻为 R(R 很大)的导线把两个极板从中间接通，如图所示，任一时刻两极板之间的电场保持均匀，且电感可以忽略.(1) 计算极板电荷随时间的变化；(2) 计算两极板之间离中心轴距离为 $r(r<a)$ 处的磁场；(3) 计算两极板之间离中心轴距离为 $r(r<a)$ 处的能流密度.

*__8-14__ 一个平面电磁波沿正 z 方向传播，频率为 50 MHz，$z=0$ 处电场强度为 x 方向，其有效值为 100 V/m.若 $z>0$ 区域是海水，其电磁特性参量为 $\varepsilon_{\mathrm{r}}=80$，$\mu_{\mathrm{r}}=1$，$\sigma=4$ S/m，求：(1) 该电磁波在海水中的相速，波长和趋肤深度；(2) $z=0.8$ m 处的电场强度和磁场强度以及复能流密度.

8-15 设电场和磁场

$$E=E_0\cos(\omega t-\theta_E),\quad H=H_0\cos(\omega t-\theta_H)$$

证明能流密度的平均值

$$\overline{S}=\frac{1}{2}E_0H_0\cos(\theta_E-\theta_H)$$

8-16 某雷达站发射一微波束，其总功率为 10 kW，到达探测目标时波束截面积为 100 cm^2，请估算目标处的电场和磁场的幅度.

8-17 如图所示的电路，电源电压为 U，通过一个电缆向负载电阻 R 供电.同轴电缆由一长直导线和套在外面的金属圆筒组成，设边缘效应和电缆本身消耗的能量可以忽略不计，试证明：电缆内导线和圆筒间的电磁场向负载 R 传输的功率正好等于 R 消耗的功率.

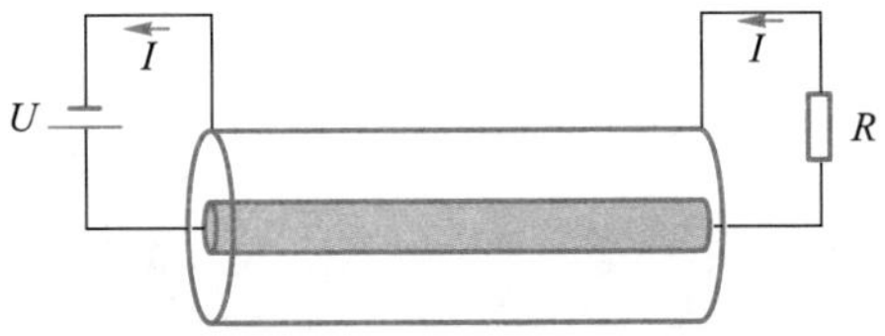

习题 8-17 图

*8-18 角频率为 ω 的电磁波进入一个介质中，介质中自由电子数的密度为 n_e，求：(1) 电场引起的电流；(2) 介质中的电磁波波动方程（E 和 B 满足的微分方程），并讨论电磁波可以通过无限大介质的条件.

8-19 利用麦克斯韦方程组的积分形式，结合恒定电流方程，推导出恒定电路的基尔霍夫定律：(1) 对每一个节点，总有 $\sum_i I_i = 0$；(2) 对每一个回路，总有 $\sum_i U_i = \sum_i \mathscr{E}_i$.

习题答案

附录Ⅰ 常用物理常量

物理量	符号	数值	单位	相对标准不确定度
真空中的光速	c	299 792 458	$m\cdot s^{-1}$	精确
普朗克常量	h	$6.626\ 070\ 15\times10^{-34}$	$J\cdot s$	精确
约化普朗克常量	$h/2\pi$	$1.054\ 571\ 817\cdots\times10^{-34}$	$J\cdot s$	精确
元电荷	e	$1.602\ 176\ 634\times10^{-19}$	C	精确
阿伏伽德罗常量	N_A	$6.022\ 140\ 76\times10^{23}$	mol^{-1}	精确
摩尔气体常量	R	$8.314\ 462\ 618\cdots$	$J\cdot mol^{-1}\cdot K^{-1}$	精确
玻耳兹曼常量	k	$1.380\ 649\times10^{-23}$	$J\cdot K^{-1}$	精确
理想气体的摩尔体积（标准状态下）	V_m	$22.413\ 969\ 54\cdots\times10^{-3}$	$m^3\cdot mol^{-1}$	精确
斯特藩-玻耳兹曼常量	σ	$5.670\ 374\ 419\cdots\times10^{-8}$	$W\cdot m^{-2}\cdot K^{-4}$	精确
维恩位移定律常量	b	$2.897\ 771\ 955\times10^{-3}$	$m\cdot K$	精确
引力常量	G	$6.674\ 30(15)\times10^{-11}$	$m^3\cdot kg^{-1}\cdot s^{-2}$	2.2×10^{-5}
真空磁导率	μ_0	$1.256\ 637\ 062\ 12(19)\times10^{-6}$	$N\cdot A^{-2}$	1.5×10^{-10}
真空电容率	ε_0	$8.854\ 187\ 812\ 8(13)\times10^{-12}$	$F\cdot m^{-1}$	1.5×10^{-10}
电子质量	m_e	$9.109\ 383\ 701\ 5(28)\times10^{-31}$	kg	3.0×10^{-10}
电子比荷	$-e/m_e$	$-1.758\ 820\ 010\ 76(53)\times10^{11}$	$C\cdot kg^{-1}$	3.0×10^{-10}
质子质量	m_p	$1.672\ 621\ 923\ 69(51)\times10^{-27}$	kg	3.1×10^{-10}
中子质量	m_n	$1.674\ 927\ 498\ 04(95)\times10^{-27}$	kg	5.7×10^{-10}
里德伯常量	R_∞	$1.097\ 373\ 156\ 816\ 0(21)\times10^{7}$	m^{-1}	1.9×10^{-12}
精细结构常数	α	$7.297\ 352\ 569\ 3(11)\times10^{-3}$		1.5×10^{-10}
精细结构常数的倒数	α^{-1}	$137.035\ 999\ 084(21)$		1.5×10^{-10}
玻尔磁子	μ_B	$9.274\ 010\ 078\ 3(28)\times10^{-24}$	$J\cdot T^{-1}$	3.0×10^{-10}
核磁子	μ_N	$5.050\ 783\ 746\ 1(15)\times10^{-27}$	$J\cdot T^{-1}$	3.1×10^{-10}
玻尔半径	a_0	$5.291\ 772\ 109\ 03(80)\times10^{-11}$	m	1.5×10^{-10}
康普顿波长	λ_C	$2.426\ 310\ 238\ 67(73)\times10^{-12}$	m	3.0×10^{-10}
原子质量常量	m_u	$1.660\ 539\ 066\ 60(50)\times10^{-27}$	kg	3.0×10^{-10}

注：表中数据为国际科学联合会理事会科学技术数据委员会（CODATA）2018 年的国际推荐值。

附录Ⅱ

常用数学工具

一、矢量运算

1. 矢量的标积

两个矢量的标积定义为一个标量,它等于这两个矢量的大小和它们之间夹角的余弦的乘积,即

$$C=\boldsymbol{A}\cdot\boldsymbol{B}=AB\cos\theta$$

简单地说,就是一个矢量 $\boldsymbol{A}$ 在另一个矢量 $\boldsymbol{B}$ 上的投影与这个矢量 $\boldsymbol{B}$ 的大小的乘积.

矢量标积的一些运算法则:

$$\boldsymbol{A}\cdot\boldsymbol{B}=\boldsymbol{B}\cdot\boldsymbol{A}$$

$$\boldsymbol{A}\cdot\boldsymbol{A}=A^2$$

$$\boldsymbol{A}\cdot(\boldsymbol{B}+\boldsymbol{C})=\boldsymbol{A}\cdot\boldsymbol{B}+\boldsymbol{A}\cdot\boldsymbol{C}$$

在直角坐标系中

$$\boldsymbol{A}\cdot\boldsymbol{B}=(A_x\boldsymbol{e}_x+A_y\boldsymbol{e}_y+A_z\boldsymbol{e}_z)\cdot(B_x\boldsymbol{e}_x+B_y\boldsymbol{e}_y+B_z\boldsymbol{e}_z)=A_xB_x+A_yB_y+A_zB_z$$

2. 矢量的叉积

两个矢量 $\boldsymbol{A}$ 和 $\boldsymbol{B}$ 的叉积也是矢量,方向垂直于 $\boldsymbol{A}$ 和 $\boldsymbol{B}$ 构成的平面,大小为以矢量 $\boldsymbol{A}$ 和 $\boldsymbol{B}$ 为边的平行四边形面积,即

$$\boldsymbol{C}=\boldsymbol{A}\times\boldsymbol{B}=AB\sin\theta\boldsymbol{e}_\mathrm{n}$$

θ 为矢量 $\boldsymbol{A}$ 和 $\boldsymbol{B}$ 的夹角,$\boldsymbol{e}_\mathrm{n}$ 为右手四指从 $\boldsymbol{A}$ 旋转到 $\boldsymbol{B}$ 时大拇指所指的方向,如附录图 1 所示.所以叉乘又称为面积矢量.

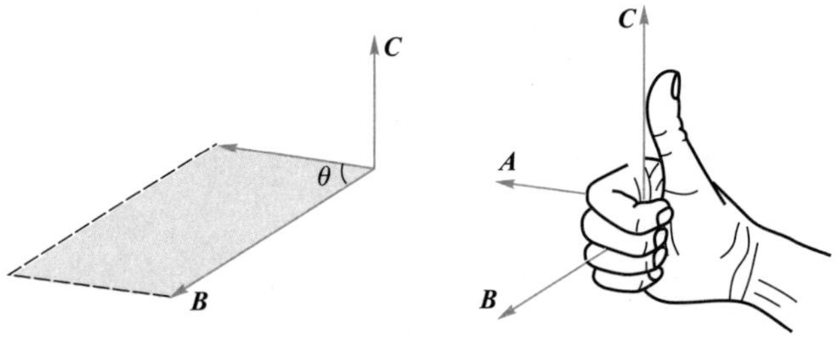

附录图 1

矢量叉积的一些运算法则:

$$\boldsymbol{A}\times\boldsymbol{B}=-\boldsymbol{B}\times\boldsymbol{A}$$

$$\boldsymbol{A}\times\boldsymbol{A}=0$$

$$\boldsymbol{A}\times(\boldsymbol{B}+\boldsymbol{C})=\boldsymbol{A}\times\boldsymbol{B}+\boldsymbol{A}\times\boldsymbol{C}$$

在直角坐标系中

$$\begin{aligned}\boldsymbol{A}\times\boldsymbol{B}&=(A_x\boldsymbol{e}_x+A_y\boldsymbol{e}_y+A_z\boldsymbol{e}_z)\times(B_x\boldsymbol{e}_x+B_y\boldsymbol{e}_y+B_z\boldsymbol{e}_z)\\&=(A_yB_z-A_zB_y)\boldsymbol{e}_x+(A_zB_x-A_xB_z)\boldsymbol{e}_y+(A_xB_y-A_yB_x)\boldsymbol{e}_z\end{aligned}$$

此式也可以用一个很容易记忆的行列式表示,即

$$\boldsymbol{A}\times\boldsymbol{B}=\begin{vmatrix}\boldsymbol{e}_x & \boldsymbol{e}_y & \boldsymbol{e}_z\\ A_x & A_y & A_z\\ B_x & B_y & B_z\end{vmatrix}$$

3. 矢量的其他运算公式

$$\boldsymbol{A}\cdot(\boldsymbol{B}\times\boldsymbol{C})=\boldsymbol{C}\cdot(\boldsymbol{A}\times\boldsymbol{B})=\boldsymbol{B}\cdot(\boldsymbol{C}\times\boldsymbol{A})$$

$$\boldsymbol{A}\times(\boldsymbol{B}\times\boldsymbol{C})=\boldsymbol{B}(\boldsymbol{A}\cdot\boldsymbol{C})-\boldsymbol{C}(\boldsymbol{A}\cdot\boldsymbol{B})$$

$$(\boldsymbol{A}\times\boldsymbol{B})\times\boldsymbol{C}=(\boldsymbol{A}\cdot\boldsymbol{C})\boldsymbol{B}-(\boldsymbol{B}\cdot\boldsymbol{C})\boldsymbol{A}$$

$$(\boldsymbol{A}\times\boldsymbol{B})\cdot(\boldsymbol{C}\times\boldsymbol{D})=(\boldsymbol{A}\cdot\boldsymbol{C})(\boldsymbol{B}\cdot\boldsymbol{D})-(\boldsymbol{A}\cdot\boldsymbol{D})(\boldsymbol{B}\cdot\boldsymbol{C})$$

二、哈密顿(Hamilton)算符(或算子)“∇”

引进微分算子“ ∇”,读作 “Nabla”.在直角坐标系中, ∇为

$$\nabla=\boldsymbol{e}_x\frac{\partial}{\partial x}+\boldsymbol{e}_y\frac{\partial}{\partial y}+\boldsymbol{e}_z\frac{\partial}{\partial z}$$

在柱坐标系和球坐标系中,“ ∇”的表达式为

$$\nabla=\boldsymbol{e}_r\frac{\partial}{\partial r}+\boldsymbol{e}_\phi\frac{1}{r}\frac{\partial}{\partial \phi}+\boldsymbol{e}_z\frac{\partial}{\partial z}$$

$$\nabla=\boldsymbol{e}_r\frac{\partial}{\partial r}+\boldsymbol{e}_\theta\frac{1}{r}\frac{\partial}{\partial \theta}+\boldsymbol{e}_\phi\frac{1}{r\sin\theta}\frac{\partial}{\partial \phi}$$

另外,还经常用到标量拉普拉斯算子,即

$$\nabla^2=\nabla\cdot\nabla$$

在直角坐标系中的拉普拉斯算子表达式为

$$\nabla^2=\frac{\partial^2}{\partial x^2}+\frac{\partial^2}{\partial y^2}+\frac{\partial^2}{\partial z^2}$$

在柱坐标系中和球坐标系中拉普拉斯算子的表达式分别为

$$\nabla^2=\frac{1}{r}\frac{\partial}{\partial r}\left(r\frac{\partial}{\partial r}\right)+\frac{1}{r^2}\left(\frac{\partial^2}{\partial\varphi^2}\right)+\frac{\partial^2}{\partial z^2}$$

$$\nabla^2=\frac{1}{r^2}\frac{\partial}{\partial r}\left(r^2\frac{\partial}{\partial r}\right)+\frac{1}{r^2\sin\theta}\frac{\partial}{\partial\theta}\left(\sin\theta\frac{\partial}{\partial\theta}\right)+\frac{1}{r^2\sin^2\theta}\frac{\partial^2}{\partial\varphi^2}$$

三、场论初步

若对全空间或其中某一区域 V 中每一点 P,都有一个标量值(或矢量值)与之对应,则称在 V 上给定了一个标量场(或矢量场).例如:温度场和密度场都是标量场,力场和速度场都是矢量场.在引进直角坐标系后,点 P 的位置可由坐标确定.因此给定了某个标量场就等于给定了一个标量函数 $u(x,y,z)$.在以下讨论中总是设它对每个变量都有一阶连续偏导数;同理,每个矢量场都可用某个矢量函数 $\boldsymbol{A}$ 表示,并假定它们有一阶连续偏导数,即

$$\boldsymbol{A}(x,y,z)=A_x(x,y,z)\boldsymbol{e}_x+A_y(x,y,z)\boldsymbol{e}_y+A_z(x,y,z)\boldsymbol{e}_z$$

相对应,A_x,A_y,A_z 为所定义区域上的标量函数.

1. 标量场的梯度

(1) 梯度的定义

我们定义一个矢量 $\boldsymbol{A}$,其方向就是标量函数 u 在点 P 处变化率为最大的方向,其

大小就是这个最大变化率的值，这个矢量 $\boldsymbol{A}$ 称为函数 u 在点 P 处的梯度(gradient)，记为

$$\operatorname{grad} u=\boldsymbol{A}=\frac{\partial u}{\partial x}\boldsymbol{e}_x+\frac{\partial u}{\partial y}\boldsymbol{e}_y+\frac{\partial u}{\partial z}\boldsymbol{e}_z$$

也可以用哈密顿算符表示，即

$$\boldsymbol{A}=\text{gard } u=\nabla u$$

∇u 称梯度场.

(2) 梯度的性质

梯度有以下重要性质：

① 方向导数等于梯度在该方向上的投影即 $\dfrac{\partial u}{\partial l}=\nabla u\cdot \boldsymbol{l}$.

② 标量场 u 中每一点 P 处的梯度，垂直于过该点的等值面，且指向函数 $u(P)$ 增大的方向.也就是说，梯度就是该等值面的法向矢量.

③ $\nabla\times\nabla u=0$，这就是说如果一个矢量 $\boldsymbol{A}$ 满足 $\nabla\times\boldsymbol{A}=0$，即 $\boldsymbol{A}$ 是一个无旋场，则矢量 $\boldsymbol{A}$ 可以用一个标量函数的梯度来表示，即 $\boldsymbol{A}=\nabla u$.如静电场中的电场强度就可以用一个标量函数静电势的梯度来表示.

2. 矢量场的散度

(1) 散度的定义

设有矢量场 $\boldsymbol{A}$，在场中任一点 P 处作一个包含点 P 在内的任一闭合曲面 S，S 所限定的体积为 ΔV，当体积 ΔV 以任意方式缩向点 P 时，取下列极限

$$\lim_{\Delta V\to 0}\frac{\oint_S \boldsymbol{A}\cdot \mathrm{d}\boldsymbol{S}}{\Delta V}$$

如果上式的极限存在，则称此极限为矢量场 $\boldsymbol{A}$ 在点 P 处的散度(divergence)，记作

$$\operatorname{div}\boldsymbol{A}=\lim_{\Delta V\to 0}\frac{\oint_S \boldsymbol{A}\cdot \mathrm{d}\boldsymbol{S}}{\Delta V}$$

在直角坐标系中，散度的表达式为

$$\operatorname{div}\boldsymbol{A}=\frac{\partial A_x}{\partial x}+\frac{\partial A_y}{\partial y}+\frac{\partial A_z}{\partial z}$$

也可以用哈密顿算子表示，即

$$\nabla\cdot\boldsymbol{A}=\left(\boldsymbol{e}_x\frac{\partial}{\partial x}+\boldsymbol{e}_y\frac{\partial}{\partial y}+\boldsymbol{e}_z\frac{\partial}{\partial z}\right)\cdot(A_x\boldsymbol{e}_x+A_y\boldsymbol{e}_y+A_z\boldsymbol{e}_z)=\frac{\partial A_x}{\partial x}+\frac{\partial A_y}{\partial y}+\frac{\partial A_z}{\partial z}$$

可见，$\nabla\cdot\boldsymbol{A}$ 为一标量，表示场中一点处的通量对体积的变化率，也就是在该点处对一个单位体积来说所穿出的通量，称为该点处源的强度，它描述的是场分量在各自方向上的变化规律.当 $\nabla\cdot\boldsymbol{A}$ 的值不为零时，其符号为正或为负.当 $\nabla\cdot\boldsymbol{A}$ 的值为正时，表示矢量场 $\boldsymbol{A}$ 在该点处有散发通量之正源，称为源点；当 $\nabla\cdot\boldsymbol{A}$ 的值为负时，表示矢量场 $\boldsymbol{A}$ 在该点处有吸收通量之负源，称之为汇点；当 $\nabla\cdot\boldsymbol{A}$ 的值等于零时，则表示矢量场 $\boldsymbol{A}$ 在该点处无源.我们称 $\nabla\cdot\boldsymbol{A}\equiv 0$ 的场是连续的或无散的矢量

场,在第四章讲的磁场就是连续的或无散的矢量场.

(2) 高斯散度定理

在矢量分析中,一个重要的定理是

$$\int_V \nabla \cdot \boldsymbol{A} \mathrm{d}V = \oint_S \boldsymbol{A} \cdot \mathrm{d}\boldsymbol{S}$$

上式称为高斯散度定理,它说明了矢量场散度的体积分等于矢量场在包围该体积的闭合面上的法向分量沿闭合面的面积分.散度定理广泛地用于将一个封闭面积分变成等价的体积分,或者将一个体积分变成等价的封闭面积分.有关它的证明这里略去.

3. 矢量的环量及旋度

(1) 环量的定义

设有矢量场 $\boldsymbol{A}$,$\boldsymbol{l}$ 为场中的一条封闭的有向曲线,定义矢量场 $\boldsymbol{A}$ 环绕闭合路径 $\boldsymbol{l}$ 的线积分为该矢量的环量(circulation),记作

$$\Gamma = \oint_L \boldsymbol{A} \cdot \mathrm{d}\boldsymbol{l}$$

可见,矢量的环量也是一标量,如果矢量的环量不等于零,则在 $\boldsymbol{l}$ 内必然有产生这种场的旋涡源;如果矢量的环量等于零,则我们说在 $\boldsymbol{l}$ 内没有旋涡源.

(2) 旋度的定义

矢量的环量和矢量穿过闭合面的通量一样都是描绘矢量场 $\boldsymbol{A}$ 性质的重要物理量,它同样是一个积分量.为了知道场中每个点上旋涡源的性质,我们引入矢量场的旋度的概念.

设 P 为矢量场中的任一点,作一个包含点 P 的微小面元 ΔS,其周界为 $\boldsymbol{l}$,它的正向与面元 ΔS 的法向单位矢量 $\boldsymbol{e}_n$ 成右手螺旋关系,当曲面 ΔS 在点 P 处保持以 $\boldsymbol{e}_n$ 为法矢的条件下,以任意方式缩向点 P,则若矢量场 $\boldsymbol{A}$ 沿 $\boldsymbol{l}$ 之正向的环量与面积 ΔS 之比的极限

$$\lim_{\Delta S \to P} \frac{\oint_L \boldsymbol{A} \cdot \mathrm{d}\boldsymbol{l}}{\Delta S}$$

存在,则称它为矢量场在点 P 处沿 $\boldsymbol{e}_n$ 方向的环量面密度(亦即单位面积的环量).

显然,环量面密度与 $\boldsymbol{l}$ 所围成的面元 ΔS 的方向有关.例如,在流体情形中,某点附近的流体沿着一个面上呈漩涡状流动时,如果 $\boldsymbol{l}$ 围成的面元与漩涡面的方向重合,则环量面密度最大;如果所取面元与漩涡面之间有一夹角,得到的环量面密度总是小于最大值;若面元与漩涡面相垂直,则环量面密度等于零.可见,必存在某一固定矢量 $\boldsymbol{B}$,这个固定矢量 $\boldsymbol{B}$ 在任意面元方向上的投影就给出该方向上的环量面密度,$\boldsymbol{B}$ 的方向为环量面密度最大的方向,其模即为最大环量面密度的数值,我们称固定矢量 $\boldsymbol{B}$ 为矢量 $\boldsymbol{A}$ 的旋度(curl 或 rotation),记作

$$\mathrm{rot}\, \boldsymbol{A} = \boldsymbol{B}$$

该式为旋度矢量在 $\boldsymbol{e}_n$ 方向的投影,即

$$\lim_{\Delta S\to P}\frac{\oint_L \boldsymbol{A}\cdot \mathrm{d}\boldsymbol{l}}{\Delta S}=\mathrm{rot}_n\boldsymbol{A}$$

因此,矢量场的旋度仍为矢量.在直角坐标系中,旋度的表达式

$$\mathrm{rot}\ \boldsymbol{A}=\left(\frac{\partial A_z}{\partial y}-\frac{\partial A_y}{\partial z}\right)\boldsymbol{e}_x+\left(\frac{\partial A_x}{\partial z}-\frac{\partial A_z}{\partial x}\right)\boldsymbol{e}_y+\left(\frac{\partial A_y}{\partial x}-\frac{\partial A_x}{\partial y}\right)\boldsymbol{e}_z$$

也可以用算子 ∇表示,即

$$\nabla\times\boldsymbol{A}=\mathrm{rot}\ \boldsymbol{A}=\begin{vmatrix}\boldsymbol{e}_x & \boldsymbol{e}_y & \boldsymbol{e}_z\\ \dfrac{\partial}{\partial x} & \dfrac{\partial}{\partial y} & \dfrac{\partial}{\partial z}\\ A_x & A_y & A_z\end{vmatrix}$$

一个矢量场的旋度表示该矢量单位面积上的环量,它描述的是场分量沿着与它相垂直的方向上的变化规律.若矢量场的旋度不为零,则称该矢量场是有旋的.涡旋流动的水和台风是流体旋转速度场最好的例子.若矢量场的旋度等于零,则称此矢量场是无旋的或保守的,静电场中的电场强度就是一个保守场.

旋度的一个重要性质就是它的散度恒等于零,即

$$\nabla\cdot(\nabla\times\boldsymbol{A})\equiv 0$$

这就是说,如果有一个矢量场 $\boldsymbol{B}$ 的散度等于零,则这个矢量就可以用另一个矢量的旋度来表示,即如果

$$\nabla\cdot\boldsymbol{B}=0$$

则可令 $\boldsymbol{B}=\nabla\times\boldsymbol{A}$.这里 $\boldsymbol{B}$ 若表示磁感应强度,则 $\boldsymbol{A}$ 就是磁矢势.

(3) 斯托克斯定理(Stokes' theorem)

矢量分析中另一个重要定理是

$$\oint_L\boldsymbol{A}\cdot\mathrm{d}\boldsymbol{l}=\int_S(\nabla\times\boldsymbol{A})\cdot\mathrm{d}\boldsymbol{S}$$

称为斯托克斯定理,其中 S 是闭合路径 $\boldsymbol{l}$ 所围成的面积,它的方向与 $\boldsymbol{l}$ 的方向成右手螺旋关系,它说明矢量场 $\boldsymbol{A}$ 的旋度法向分量的面积分等于该矢量沿围绕此面积曲线边界的线积分.证明略去.

4. 一些标量场和矢量场运算的关系式

$$\nabla(u+v)=\nabla u+\nabla v$$

$$\nabla(u\cdot v)=u(\nabla v)+(\nabla u)v$$

$$\nabla(u^2)=2u(\nabla u)$$

若 $r=r(x,y,z)$,$\varphi=\varphi(x,y,z)$,则 $\mathrm{d}\varphi=\mathrm{d}\boldsymbol{r}\cdot\nabla\varphi$

若 $f=f(u)$,$u=u(x,y,z)$,则 $\nabla f=f'(u)\ \nabla u$

$$\nabla\cdot(\varphi\boldsymbol{A})=\varphi\ \nabla\cdot\boldsymbol{A}+\boldsymbol{A}\cdot\nabla\varphi$$

$$\nabla\cdot(\boldsymbol{A}\times\boldsymbol{B})=\boldsymbol{B}\cdot(\nabla\times\boldsymbol{A})-\boldsymbol{A}\cdot(\nabla\times\boldsymbol{B})$$

$$\nabla(\boldsymbol{A}\cdot\boldsymbol{B})=(\boldsymbol{A}\cdot\nabla)\boldsymbol{B}+(\boldsymbol{B}\cdot\nabla)\boldsymbol{A}+\boldsymbol{A}\times(\nabla\times\boldsymbol{B})+\boldsymbol{B}\times(\nabla\times\boldsymbol{A})$$

$$\nabla\times(\boldsymbol{A}\pm\boldsymbol{B})=\nabla\times\boldsymbol{A}\pm\nabla\times\boldsymbol{B}$$

$$\nabla\cdot(\boldsymbol{A}\pm\boldsymbol{B})=\nabla\cdot\boldsymbol{A}\pm\nabla\cdot\boldsymbol{B}$$

$$\nabla\times(\varphi\boldsymbol{A})=\varphi\nabla\times\boldsymbol{A}+\nabla\varphi\times\boldsymbol{A}$$

$$\nabla\cdot(\nabla\times\boldsymbol{A})=0$$

$$\nabla\times(\nabla\times\boldsymbol{A})=\nabla(\nabla\cdot\boldsymbol{A})-\nabla^2\boldsymbol{A}$$

$$\nabla\times(\boldsymbol{A}\times\boldsymbol{B})=\boldsymbol{A}\,\nabla\cdot\boldsymbol{B}-\boldsymbol{B}\,\nabla\cdot\boldsymbol{A}+(\boldsymbol{B}\cdot\nabla)\boldsymbol{A}-(\boldsymbol{A}\cdot\nabla)\boldsymbol{B}$$

$$\boldsymbol{A}\times(\nabla\times\boldsymbol{A})=\frac{1}{2}\nabla A^2-(\boldsymbol{A}\cdot\nabla)\boldsymbol{A}$$

$$\nabla\cdot(\nabla\varphi)=\nabla^2\varphi$$

$$\nabla\times(\nabla\varphi)=0$$

$$\nabla r=\frac{\boldsymbol{r}}{r}$$

$$\nabla\cdot\boldsymbol{r}=3$$

$$\nabla\times\boldsymbol{r}=0$$

$$\nabla(1/r)=-\frac{\boldsymbol{r}}{r^3}$$

$$\nabla\times(\boldsymbol{r}/r^3)=0$$

$$\nabla\mathrm{e}^{\mathrm{i}(\boldsymbol{a}\cdot\boldsymbol{r})}=\mathrm{i}\boldsymbol{a}\mathrm{e}^{\mathrm{i}(\boldsymbol{a}\cdot\boldsymbol{r})}\text{（}\boldsymbol{a}\text{ 为常矢量）}$$

5. 常用坐标系中的标量场和矢量场运算公式

（1）直角坐标系

$$\nabla\varphi=\frac{\partial\varphi}{\partial x}\boldsymbol{e}_x+\frac{\partial\varphi}{\partial y}\boldsymbol{e}_y+\frac{\partial\varphi}{\partial z}\boldsymbol{e}_z$$

$$\nabla\cdot\boldsymbol{A}=\frac{\partial A_x}{\partial x}+\frac{\partial A_y}{\partial y}+\frac{\partial A_z}{\partial z}$$

$$\nabla\times\boldsymbol{A}=\left(\frac{\partial A_z}{\partial y}-\frac{\partial A_y}{\partial z}\right)\boldsymbol{e}_x+\left(\frac{\partial A_x}{\partial z}-\frac{\partial A_z}{\partial x}\right)\boldsymbol{e}_y+\left(\frac{\partial A_y}{\partial x}-\frac{\partial A_x}{\partial y}\right)\boldsymbol{e}_z$$

$$\nabla^2\varphi=\frac{\partial^2\varphi}{\partial x^2}+\frac{\partial^2\varphi}{\partial y^2}+\frac{\partial^2\varphi}{\partial z^2}$$

$$\nabla^2\boldsymbol{A}=\left(\frac{\partial^2A_x}{\partial x^2}+\frac{\partial^2A_x}{\partial y^2}+\frac{\partial^2A_x}{\partial z^2}\right)\boldsymbol{e}_x+\left(\frac{\partial^2A_y}{\partial x^2}+\frac{\partial^2A_y}{\partial y^2}+\frac{\partial^2A_y}{\partial z^2}\right)\boldsymbol{e}_y+\left(\frac{\partial^2A_z}{\partial x^2}+\frac{\partial^2A_z}{\partial y^2}+\frac{\partial^2A_z}{\partial z^2}\right)\boldsymbol{e}_z$$

（2）柱坐标系

$$\nabla\varphi=\frac{\partial\varphi}{\partial r}\boldsymbol{e}_r+\frac{1}{r}\frac{\partial\varphi}{\partial\phi}\boldsymbol{e}_\phi+\frac{\partial\varphi}{\partial z}\boldsymbol{e}_z$$

$$\nabla\cdot\boldsymbol{A}=\frac{1}{r}\frac{\partial(rA_r)}{\partial r}+\frac{1}{r}\frac{\partial A_\phi}{\partial\phi}+\frac{\partial A_z}{\partial z}$$

$$\nabla\times\boldsymbol{A}=\left(\frac{1}{r}\frac{\partial A_z}{\partial\phi}-\frac{\partial A_\phi}{\partial z}\right)\boldsymbol{e}_r+\left(\frac{\partial A_r}{\partial z}-\frac{\partial A_z}{\partial r}\right)\boldsymbol{e}_\phi+\left(\frac{1}{r}\frac{\partial(rA_\phi)}{\partial r}-\frac{1}{r}\frac{\partial A_r}{\partial\phi}\right)\boldsymbol{e}_z$$

$$\nabla^2\varphi=\frac{1}{r}\frac{\partial}{\partial r}\left(r\frac{\partial\varphi}{\partial r}\right)+\frac{1}{r^2}\frac{\partial^2\varphi}{\partial\phi^2}+\frac{\partial^2\varphi}{\partial z^2}$$

$$\nabla^2\boldsymbol{A}=\left(\nabla^2A_r-\frac{A_r}{r^2}-\frac{2}{r^2}\frac{\partial A_\phi}{\partial\phi}\right)\boldsymbol{e}_r+\left(\nabla^2A_\phi-\frac{A_\phi}{r^2}+\frac{2}{r^2}\frac{\partial A_r}{\partial\phi}\right)\boldsymbol{e}_\phi+(\nabla^2A_z)\boldsymbol{e}_z$$

(3) 球坐标系

$$\nabla\varphi=\frac{\partial\varphi}{\partial r}\boldsymbol{e}_r+\frac{1}{r}\frac{\partial\varphi}{\partial\theta}\boldsymbol{e}_\theta+\frac{1}{r\sin\theta}\frac{\partial\varphi}{\partial\phi}\boldsymbol{e}_\phi$$

$$\nabla\cdot\boldsymbol{A}=\frac{1}{r^2}\frac{\partial(r^2A_r)}{\partial r}+\frac{1}{r\sin\theta}\frac{\partial(\sin\theta A_\theta)}{\partial\theta}+\frac{1}{r\sin\theta}\frac{\partial A_\phi}{\partial\phi}$$

$$\nabla\times\boldsymbol{A}=\frac{1}{r\sin\theta}\left(\frac{\partial(\sin\theta A_\phi)}{\partial\theta}-\frac{\partial A_\theta}{\partial\phi}\right)\boldsymbol{e}_r+\frac{1}{r}\left(\frac{1}{\sin\theta}\frac{\partial A_r}{\partial\phi}-\frac{\partial(rA_\phi)}{\partial r}\right)\boldsymbol{e}_\theta+\frac{1}{r}\left(\frac{\partial(rA_\theta)}{\partial r}-\frac{1}{r}\frac{\partial A_r}{\partial\theta}\right)\boldsymbol{e}_\phi$$

$$\nabla^2\varphi=\frac{1}{r^2}\frac{\partial}{\partial r}\left(r^2\frac{\partial\varphi}{\partial r}\right)+\frac{1}{r^2\sin\theta}\frac{\partial}{\partial\theta}\left(\sin\theta\frac{\partial\varphi}{\partial\theta}\right)+\frac{1}{r^2\sin^2\theta}\frac{\partial^2\varphi}{\partial\phi^2}$$

$$\begin{aligned}\nabla^2\boldsymbol{A}=&\left\{\nabla^2A_r-\frac{1}{r^2\sin\theta}\left[\sin\theta A_r+\frac{\partial}{\partial\theta}(\sin\theta A_\theta)+\frac{\partial A_\phi}{\partial\phi}\right]\right\}\boldsymbol{e}_r\\&+\left\{\nabla^2A_\theta+\frac{2}{r^2\sin\theta}\left(\sin\theta\frac{\partial A_r}{\partial\theta}-\frac{A_\theta}{2\sin\theta}-\frac{\cos\theta}{\sin\theta}\frac{\partial A_\phi}{\partial\phi}\right)\right\}\boldsymbol{e}_\theta\\&+\left\{\nabla^2A_\phi+\frac{2}{r^2\sin\theta}\left(\frac{\partial A_r}{\partial\phi}+\frac{\cos\theta}{\sin\theta}\frac{\partial A_\theta}{\partial\phi}-\frac{A_\phi}{2\sin\theta}\right)\right\}\boldsymbol{e}_\phi\end{aligned}$$

四、级数展开和级数求和

1. 二项式级数

$$(1+x)^n=1+nx+\frac{n(n-1)}{2!}x^2+\frac{n(n-1)(n-2)}{3!}x^3+\cdots$$

2. 一维泰勒级数展开

$$f(a+x)=f(a)+xf^{(1)}(a)+\frac{x^2}{2!}f^{(2)}(a)+\cdots+\frac{x^{n-1}}{(n-1)!}f^{(n-1)}(a)+\cdots$$

3. 二维泰勒级数展开

$$f(\boldsymbol{a}+\boldsymbol{x})=f(\boldsymbol{a})+(\boldsymbol{x}\cdot\nabla)f\Big|_a+\frac{(\boldsymbol{x}\cdot\nabla)^2}{2!}f\Big|_a+\frac{(\boldsymbol{x}\cdot\nabla)^3}{3!}f\Big|_a+\cdots$$

4. 常用级数展开

$$\mathrm{e}^x=1+x+\frac{x^2}{2!}+\frac{x^3}{3!}+\cdots$$

$$\ln(1+x)=x-\frac{x^2}{2}+\frac{x^3}{3}-\frac{x^4}{4}+\cdots$$

$$\ln\left(\frac{1+x}{1-x}\right)=2\left(x+\frac{x^3}{3}+\frac{x^5}{5}+\frac{x^7}{7}+\cdots\right)$$

$$\cos x=1-\frac{x^2}{2!}+\frac{x^4}{4!}-\frac{x^6}{6!}+\cdots$$

$$\sin x=x-\frac{x^3}{3!}+\frac{x^5}{5!}-\frac{x^7}{7!}+\cdots$$

$$\tan x=x+\frac{x^3}{3}+\frac{2x^5}{15}+\frac{17x^7}{315}+\cdots$$

$$\mathrm{sh}\ x=x+\frac{x^3}{3!}+\frac{x^5}{5!}+\frac{x^7}{7!}+\cdots$$

$$\mathrm{ch}\ x=1+\frac{x^2}{2!}+\frac{x^4}{4!}+\frac{x^6}{6!}+\cdots$$

5. 常用级数求和

$$\sum_{i=1}^{n} i=\frac{n}{2}(n+1)$$

$$\sum_{i=1}^{n} i^2=\frac{n}{6}(n+1)(2n+1)$$

$$\sum_{i=1}^{n} i^3=\frac{n^2}{4}(n+1)^2$$

$$\sum_{i=1}^{n} i^4=\frac{n}{50}(n+1)(2n+1)(3n^2+3n-1)$$

$$\sum_{i=1}^{\infty}\frac{(-1)^{i+1}}{i}=1-\frac{1}{2}+\frac{1}{3}-\frac{1}{4}+\cdots=\ln 2$$

$$\sum_{i=1}^{\infty}\frac{(-1)^{i+1}}{2i-1}=1-\frac{1}{3}+\frac{1}{5}-\frac{1}{7}+\cdots=\frac{\pi}{4}$$

$$\sum_{i=1}^{\infty}\frac{1}{i^2}=1+\frac{1}{4}+\frac{1}{9}+\frac{1}{16}+\cdots=\frac{\pi^2}{6}$$